中国国家标准汇编

419

GB 23529～23575
（2009 年制定）

中国标准出版社　编

中国标准出版社
北　京

图书在版编目(CIP)数据

中国国家标准汇编：2009年制定.419：GB 23529～23575/中国标准出版社编.—北京：中国标准出版社，2010

ISBN 978-7-5066-6018-1

Ⅰ.①中… Ⅱ.①中… Ⅲ.①国家标准-汇编-中国-2009 Ⅳ.①T-652.1

中国版本图书馆CIP数据核字（2010）第166494号

中国标准出版社出版发行
北京复兴门外三里河北街16号
邮政编码：100045
网址 www.spc.net.cn
电话：68523946 68517548
中国标准出版社秦皇岛印刷厂印刷
各地新华书店经销

*

开本 880×1230 1/16 印张 39 字数 1 119 千字
2010年9月第一版 2010年9月第一次印刷

*

定价 220.00 元

ISBN 978-7-5066-6018-1

出 版 说 明

1.《中国国家标准汇编》是一部大型综合性国家标准全集。自1983年起，按国家标准顺序号以精装本、平装本两种装帧形式陆续分册汇编出版。它在一定程度上反映了我国建国以来标准化事业发展的基本情况和主要成就，是各级标准化管理机构，工矿企事业单位，农林牧副渔系统，科研、设计、教学等部门必不可少的工具书。

2.《中国国家标准汇编》收入我国每年正式发布的全部国家标准，分为"制定"卷和"修订"卷两种编辑版本。

"制定"卷收入上一年度我国发布的、新制定的国家标准，顺延前年度标准编号分成若干分册，封面和书脊上注明"20××年制定"字样及分册号，分册号一直连续。各分册中的标准是按照标准编号顺序连续排列的，如有标准顺序号缺号的，除特殊情况注明外，暂为空号。

"修订"卷收入上一年度我国发布的、修订的国家标准，视篇幅分设若干分册，但与"制定"卷分册号无关联，仅在封面和书脊上注明"20××年修订-1，-2，-3，……"字样。"修订"卷各分册中的标准，仍按标准编号顺序排列(但不连续)；如有遗漏的，均在当年最后一分册中补齐。需提请读者注意的是，个别非顺延前年度标准编号的新制定的国家标准没有收入在"制定"卷中，而是收入在"修订"卷中。

读者配套购买《中国国家标准汇编》"制定"卷和"修订"卷则可收齐上一年度我国制定和修订的全部国家标准。

3. 由于读者需求的变化，自1996年起，《中国国家标准汇编》仅出版精装本。

4. 2009年我国制修订国家标准共3158项。本分册为"2009年制定"卷第419分册，收入国家标准GB 23529～23575的最新版本。

中国标准出版社

2010年8月

目　录

ICS 67.180.20
X 31

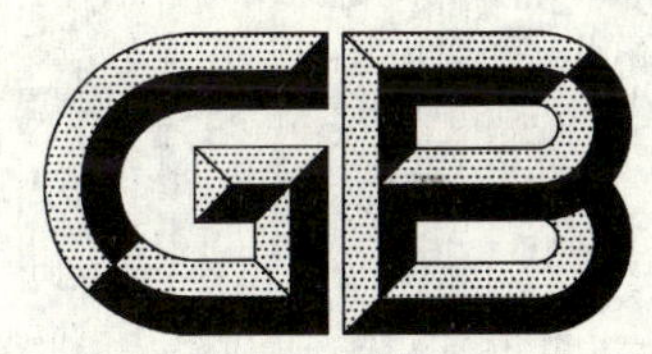

中华人民共和国国家标准

GB/T 23529—2009

海藻糖

Trehalose

2009-04-27 发布　　2009-11-01 实施

中华人民共和国国家质量监督检验检疫总局
中国国家标准化管理委员会　发布

前　言

本标准由中国轻工业联合会提出。

本标准由全国食品工业标准化技术委员会工业发酵分技术委员会归口。

本标准起草单位:南宁中诺生物工程有限责任公司、中国食品发酵工业研究院。

本标准主要起草人:韦航、张蔚、蒙健宗、郭新光、张云光、韦玉琴。

引　言

海藻糖是1832年由Wiggers氏将其从黑麦的麦角菌中首次提取出来，之后通过发酵酵母、灰树花细胞提取或用淀粉经酶转化而大量生产，我国是从2000年开始工业化生产。海藻糖的甜度约相当于蔗糖的45%，具有甜度温和、味感爽口、食后无后味的特点，并且对热和酸非常稳定。由于海藻糖是非还原性糖，在与氨基酸、蛋白质共存时，即使加热也不会产生褐变（美拉德反应）；海藻糖吸湿性低，即使相对湿度达到95%仍不变潮。此外，海藻糖还具有独特的防止淀粉老化、防止蛋白质变性、抑制脂质氧化等作用，可作为一种优良的食品成分，直接食用或作为食品配料使用。同时由于其特殊双糖分子构成的非还原糖特性，能够在高温、高寒、干燥失水等恶劣的条件下在细胞表面形成特殊的保护膜，有效地保护生物分子结构不被破坏，因此可广泛用于生物制剂、医药、化妆品及农业等各行业。

海 藻 糖

1 范围

本标准规定了海藻糖的产品分类、要求、试验方法、检验规则和标志、包装、运输、贮存。

本标准适用于以酶法转化海藻糖的生产、检验与销售。

2 规范性引用文件

下列文件中的条款通过本标准的引用而成为本标准的条款。凡是注日期的引用文件，其随后所有的修改单(不包括勘误的内容)或修订版均不适用于本标准，然而，鼓励根据本标准达成协议的各方研究是否可使用这些文件的最新版本。凡是不注日期的引用文件，其最新版本适用于本标准。

GB/T 191 包装储运图示标志(GB/T 191—2008,ISO 780:1997,MOD)

GB 7718 预包装食品标签通则

3 术语和定义

下列术语和定义适用于本标准。

3.1

海藻糖 trehalose (α-D-glucopyranosyl-α-D-glucopyranoside)

由两个吡喃环葡萄糖分子以1,1糖苷键连结而成的非还原性双糖。

4 化学名称、分子式、结构式和相对分子质量

4.1 化学名称:*α*-D-吡喃葡萄糖-*α*-D-吡喃葡萄糖苷。

4.2 结晶海藻糖分子式:$C_{12}H_{22}O_{11} \cdot 2H_2O$。

4.3 结构式:

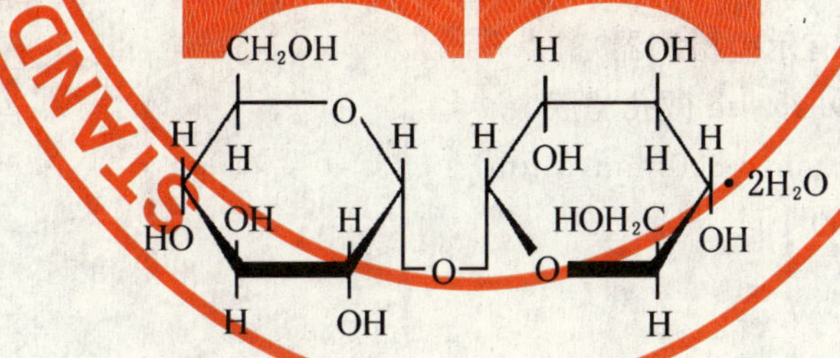

4.4 结晶海藻糖相对分子质量:378.33。

5 分类

按有无结晶水分为无水海藻糖、结晶海藻糖。

6 要求

6.1 感官要求

6.1.1 无水海藻糖

白色，干燥松散粉末，无肉眼可见异物;味甜、无异味。

6.1.2 结晶海藻糖

白色，干燥松散晶粒，无肉眼可见异物;味甜、无异味。

6.2 理化要求

应符合表1的规定。

表1 海藻糖理化要求

项　　目		无水海藻糖	结晶海藻糖	
		优级	优级	一级
海藻糖含量(以干基计)/%	≥	99.0	99.0	98.0
pH		5.0～6.7	5.0～6.7	
灼烧残渣/%	≤	0.02	0.02	0.05
干燥失重/%	≤	1.0	1.0	1.5
色度	≤	0.100	0.100	
浊度	≤	0.05	0.05	

6.3 卫生要求

应符合国家有关规定。

7 试验方法

7.1 感官检验

取适量样品，在自然光线下，用肉眼观察样品的颜色和形态，检查有无杂质；取少量样品，仔细品尝其味(品尝第二个样品之前，须用清水漱口)，做好记录。

7.2 含量(高效液相色谱法)

7.2.1 原理

同一时刻进入色谱柱的各组分，由于在流动相和固定相之间溶解、吸附、渗透或离子交换等作用的不同，随流动相在色谱柱两相之间反复多次的分配，由于各组分在色谱柱中的移动速度不同，经过一定长度的色谱柱后，彼此分离开来，按顺序流出色谱柱，进入信号检测器，在记录仪上或数据处理装置上显示出各组分的谱峰数值，根据保留时间用归一化法或外标法定量。

7.2.2 仪器

7.2.2.1 高效液相色谱仪(配有示差检测器)。

7.2.2.2 流动相脱气装置及0.45 μm微孔滤膜。

7.2.2.3 色谱柱：氨基柱(4.6 mm×300 mm，5 μm)。

7.2.2.4 分析天平：感量0.000 1 g。

7.2.2.5 微量进样器：10 μL。

7.2.3 试剂

7.2.3.1 水：二次蒸馏水或超纯水。

7.2.3.2 乙腈：色谱纯。

7.2.3.3 海藻糖标准品：纯度≥99.5%。

注：若以结晶海藻糖为标准品，则无水海藻糖纯度需乘以换算系数(342.30/378.33=0.90)。

7.2.4 分析步骤

7.2.4.1 标准品制备

标准品需在60 ℃电热恒温干燥箱中干燥5 h后用于称量。称取海藻糖标准品(7.2.3.3)约0.5 g，精确至0.000 1 g，用水(7.2.3.1)溶解并定容至50 mL，摇匀。用0.45 μm微孔滤膜(7.2.2.2)过滤，收集滤液供测定用。

7.2.4.2 样品制备

样品需在60 ℃电热恒温干燥箱中干燥5 h后用于称量。称取海藻糖试样约0.5 g，精确至0.000 1 g，用水(7.2.3.1)溶解并定容至 50 mL,摇匀。用 0.45 μm 微孔滤膜(7.2.2.2)过滤,收集滤液供测定用。

7.2.4.3 **试样的测定**

流动相为乙腈∶水=70∶30。在测定的前一天接通示差检测器的电源,预热稳定,装上色谱柱,以 0.1 mL/min 的流速通入流动相,平衡过夜。正式进样分析前,将所用流动相输入参比池 20 min 以上,再恢复正常流路,使流动相经过样品池,调节流速至 1.0 mL/min,走基线,待基线走稳后,将标准溶液(7.2.4.1)和制备好的试样(7.2.4.2)分别进样 10 μL。根据标准品的保留时间定性样品中的糖组分,根据样品的峰面积,以外标法计算糖组分的百分含量。

7.2.4.4 **结果计算**

海藻糖含量按式(1)计算:

$$X_1 = \frac{A_x \cdot m_s}{A_s \cdot m_x} \times 100 \quad \cdots\cdots(1)$$

式中:

X_1——海藻糖含量,%;

A_x——样品峰面积;

m_s——标准品质量,单位为克(g);

A_s——标准品峰面积;

m_x——样品质量,单位为克(g)。

计算结果保留一位小数。

7.2.5 **精密度**

在重复性条件下获得的两次独立测定结果的绝对差值应不超过算术平均值的 5%。

7.3 **pH**

7.3.1 **仪器**

pH 计(酸度计):精度±0.02pH。

7.3.2 **分析步骤**

称取试样约 30 g,精确至 0.1 g,加入不含二氧化碳的水溶解并定容至 100 mL,摇匀,作为试样液。用试样液洗涤电极,然后将电极插入试样液中,调整 pH 计温度补偿旋钮至 25 ℃,测定试样液的pH 值。重复操作,直至 pH 读数稳定 1 min,记录结果。

测定结果准确至小数点后第一位。

7.3.3 **精密度**

在重复性条件下获得的两次独立测定结果之差不得超过 0.05pH。

7.4 **灼烧残渣**

7.4.1 **仪器**

7.4.1.1 高温炉:控温 700 ℃~800 ℃。

7.4.1.2 分析天平:感量 0.000 1 g。

7.4.1.3 瓷坩锅:50 mL。

7.4.1.4 干燥器:用变色硅胶作干燥剂。

7.4.2 **操作步骤**

称取试样 1 g,精确至 0.000 2 g,于灼烧至恒重的坩锅中,先在电炉上缓缓加热,小心炭化,直至无烟,再移入高温炉内,在 700 ℃~800 ℃灼烧 2 h 后,炉温降至 200 ℃左右,取出坩锅,加盖,放入干燥器中,冷却至室温,称量。然后,再移入高温炉内灼烧 1 h,取出,冷却,称量,至恒重。

7.4.3 **结果计算**

灼烧残渣按式(2)计算:

$$X_2 = \frac{m_2 - m}{m_1 - m} \times 100 \quad \cdots\cdots(2)$$

式中：

X_2——试样的灼烧残渣，%；

m_2——灼烧至恒重，坩锅加残渣的质量，单位为克(g)；

m——坩锅的质量，单位为克(g)；

m_1——灼烧前坩锅加试样的质量，单位为克(g)。

计算结果保留两位小数。

7.4.4 精密度

在重复性条件下获得的两次独立测定结果的绝对差值应不超过算术平均值的2%。

7.5 干燥失重

7.5.1 仪器

7.5.1.1 电热干燥箱。

7.5.1.2 称量瓶：50 mm×30 mm。

7.5.1.3 干燥器。

7.5.1.4 分析天平：感量0.000 1 g。

7.5.2 分析步骤

用烘至恒重的称量瓶称取试样2 g，精确至0.000 1 g，结晶海藻糖置于60 ℃±1 ℃电热干燥箱中(无水海藻糖置于130 ℃±1 ℃电热干燥箱中)，烘干5 h，取出，加盖，放入干燥器中，冷却至室温(30 min)，称量。

7.5.3 结果计算

样品的干燥失重按式(3)计算：

$$X_3 = \frac{m_5 - m_3}{m_4 - m_3} \times 100 \quad \cdots\cdots(3)$$

式中：

X_3——试样的干燥失重，%；

m_5——干燥后称量瓶和试样的质量，单位为克(g)；

m_3——称量瓶的质量，单位为克(g)；

m_4——干燥前称量瓶和试样的质量，单位为克(g)。

计算结果精确至小数点后第一位。

7.5.4 精密度

在重复性条件下获得的两次独立测定结果的绝对差值应不超过算术平均值的10%。

7.6 色度、浊度

7.6.1 仪器

紫外可视分光光度计。

7.6.2 分析步骤

称取试样30 g，精确至0.1 g，加水溶解并定容至100 mL，摇匀。用1 cm比色皿，以水为空白对照，分别在波长420 nm和720 nm下测定试样液的吸光度，记录读数。

7.6.3 结果计算

7.6.3.1 色度

色度按式(4)计算：

$$X_4 = OD_{420} - OD_{720} \quad \cdots\cdots(4)$$

式中：

X_4——试样的色度值；

OD_{420}——试样液于420 nm处的吸光度；

OD_{720}——试样液于 720 nm 处的吸光度。

7.6.3.2 **浊度**

试样于 720 nm 处的吸光度即为试样的浊度值。

7.6.4 **精密度**

在重复性条件下获得的两次独立测定结果的绝对差值应不超过算术平均值的 0.2%。

8 检验规则

8.1 产品以一次烘干为一批，最大批量不应超过班产量。

8.2 每批产品应经生产厂的检验部门检验合格后出厂，并附有产品质量合格证明。

8.3 取样方法

8.3.1 按表 2、表 3 规定抽取样本。

表 2 海藻糖袋装产品取样要求

批量范围/箱	抽取样本数/箱	抽取单位包装数/袋(瓶)
<100	4	1
100～250	6	1
251～500	10	1
>500	20	1

表 3 海藻糖桶装产品取样要求

批量范围/桶	抽取样本数/桶
<50	2
50～100	4
>100	6

8.3.2 桶装产品须从表面 10 cm 以下处抽取样品。取样器应符合食品卫生标准。

8.3.3 桶装产品每份取样量不得少于 1 kg；瓶装产品取样总量不得少于 600 g。

8.3.4 抽取的样品混匀后分作两份，签封。粘贴标签，在标签上注明产品名称、生产厂名及地址、批号、取样日期及地点、取样人姓名。一份送检，一份封存，保留半个月备查。需做微生物检验时，取样器和玻璃瓶应事先灭菌(样品不得接触瓶口)。

8.4 检验分类

8.4.1 出厂检验

8.4.1.1 产品出厂前，应由生产厂的质量监督检验部门按本标准规定逐批进行检验，检验合格，并附上质量合格证明的，方可出厂。

8.4.1.2 检验项目：感官、含量、pH 值、干燥失重、色度、浊度、菌落总数。

8.4.2 型式检验

8.4.2.1 检验项目：本标准中全部要求项目。

8.4.2.2 一般情况下，同一类产品的型式检验每半年至少进行一次，有下列情况之一者，亦应进行：

a) 原辅材料有较大变化时；

b) 更改关键工艺或设备时；

c) 新试制的产品或正常生产的产品停产 3 个月后，重新恢复生产时；

d) 出厂检验与上次型式检验结果有较大差异时；

e) 国家质量监督检验机构按有关规定需要抽检时。

8.5 判定规则

8.5.1 检验结果如有感官或1项～2项理化指标不合格时，可以从该批产品中加倍量抽取样品，对不合格项目进行复检，复检结果只要有一项不合格，判该批产品为不合格。

8.5.2 卫生指标有一项不合格，判该批产品为不合格。

9 标志、包装、运输和贮存

9.1 预包装产品标签应符合GB 7718的要求。

9.2 包装储运图示标志宜符合GB/T 191的规定。

包装外应注有产品名称、制造厂名、厂址、净含量、生产日期、保质期、执行标准编号及质量等级。

9.3 包装物和容器应整洁、卫生、无破损。

9.4 运输过程中，应防尘、防蝇、防晒、防雨，严禁与有毒、有害物质混装混运。

9.5 成品应贮于干燥、通风、清洁的库房中；堆放在距离墙壁、暖气管或水泥柱0.3 m以外，糖堆下面应有垫层以防受潮；堆放高度以确保安全为原则。根据先入仓先出仓原则，依次调拨运出。

9.6 在正常贮存条件下，无水海藻糖、结晶海藻糖保质期不小于30个月。

ICS 67.220.20
X 69

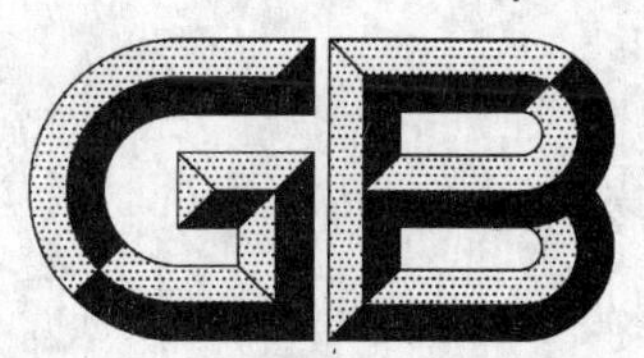

中华人民共和国国家标准

GB/T 23530—2009

酵母抽提物

Yeast extract

2009-04-27 发布　　　　2009-11-01 实施

中华人民共和国国家质量监督检验检疫总局
中国国家标准化管理委员会　发布

前 言

本标准以行业标准 QB 2582—2003《酵母抽提物》为基础制定。

本标准由全国食品工业标准化技术委员会提出。

本标准由全国食品工业标准化技术委员会工业发酵分技术委员会归口。

本标准起草单位：湖北安琪酵母股份有限公司、广东一品鲜生物科技有限公司、中国食品发酵工业研究院。

本标准主要起草人：李沛、彭立云、张蔚、潘丽芳、伍劲松、郭新光、罗必英。

酵 母 抽 提 物

1 范围

本标准规定了酵母抽提物的定义、产品分类、要求、试验方法、检验规则和标志、包装、运输、贮存。

本标准适用于酵母抽提物的生产、检验与销售。

2 规范性引用文件

下列文件中的条款通过本标准的引用而成为本标准的条款。凡是注日期的引用文件，其随后所有的修改单(不包括勘误的内容)或修订版均不适用于本标准，然而，鼓励根据本标准达成协议的各方研究是否可使用这些文件的最新版本。凡是不注日期的引用文件，其最新版本适用于本标准。

GB/T 191 包装储运图示标志(GB/T 191—2008,ISO 780:1997,MOD)

GB/T 601 化学试剂 标准滴定溶液的制备

GB/T 5009.91 食品中钾、钠的测定

GB 7718 预包装食品标签通则

3 术语和定义、缩略语

3.1 术语和定义

下列术语和定义适用于本标准。

3.1.1

酵母抽提物 yeast extract

以食品用酵母为主要原料，在酵母自身的酶或外加食品级酶的作用下，酶解自溶(可再经分离提取)后得到的产品，并富含氨基酸、肽、多肽等酵母细胞中的可溶性成分。根据需要可添加适量辅料进行调配，也可在生产后期增加美拉德反应工艺，属于食品配料。

3.2 缩略语

下列缩略语适用于本标准。

I+G:5′-肌苷酸二钠和5′-鸟苷酸二钠的总和[disodium 5′-inosinate (IMP) and disodium 5′-guanylate (GMP)]

4 产品分类

根据生产工艺配方的不同分为：

4.1 纯品型:纯酵母抽提物，可添加食盐。

4.2 I+G 型:以高核酸酵母为原料，生产的 I+G 型酵母抽提物，其天然 I+G 含量高。

4.3 风味型:以纯酵母抽提物为基料而制得的产品。

5 要求

5.1 感官要求

应符合表1的规定。

表 1 酵母抽提物感官要求

项目		纯品型	I+G 型	风味型
色泽	液状	黄色至褐色	—	黄色至褐色
	膏状	黄色至褐色		
	粉状	黄色		
形态	液状	液浆形		
	膏状	液浆形或膏状形		
	粉状	粉末形		
气味		特有的气味,无异味		
外观		无正常视力可见杂质		
滋味		具有该产品特有的滋味		

5.2 理化要求

5.2.1 纯品型

应符合表 2 的规定。

表 2 纯品型理化要求

项目		液状	膏状	粉状
水分/%	≤	62.0	40.0	6.0
pH		4.0～7.5		
总氮(除盐干基计)/%	≥	9.0		
氨基酸态氮(除盐干基计)/%	≥	3.0		
氨基酸态氮转化率/%		25.0～55.0		
铵盐(以氮计,以除盐干基计)/%	≤	2.0		
灰分(除盐干基计)/%	≤	15.0		
氯化钠/%	≤	50		
钾/%	≤	5.0		
不溶物/%	≤	2.0		
谷氨酸/%	≤	12.0		

5.2.2 I+G 型

应符合表 3 的规定。

表 3 I+G 型理化要求

项目		膏状	粉状
水分/%	≤	40.0	6.0
I+G 含量(以钠盐水合物干基计)/%	≥	2.0	
总氮(除盐干基计)/%	≥	7.0	
谷氨酸/%	≤	12	
(IMP+GMP)∶(CMP+UMP)[a]	≤	2.1∶1	
铵盐(以氮计,以除盐干基计)/%	≤	2.0	

表 3（续）

项　　目		膏状	粉状
灰分(除盐干基计)/%	≤	15.0	
氯化钠/%	≤	50	
pH		4.5～6.5	
[a] CMP:5′-胞苷酸二钠;UMP:5′-尿苷酸二钠。			

5.2.3　风味型

应符合表 4 的规定。

表 4　风味型理化要求

项　　目		液状	膏状	粉状
水分/%	≤	62.0	40.0	8.0
总氮(除盐干基计)/%	≥	5.0		3.5
灰分(除盐干基计)/%	≤	15.0		
氯化钠/%	≤	50		
pH		4.5～7.5		
铵盐(以氮计,除盐干基计)/%	≤	1.5		

5.3　卫生要求

应符合国家有关规定。

6　试验方法

本标准所用的水,在未注明其他要求时,均指蒸馏水或去离子水。

本标准所用的试剂,在未注明规格时,均指分析纯(AR)。

本标准的溶液,在未注明用何种溶液配制时,均指水溶液。

6.1　感官检验

取适量样品,放入无色、洁净、干燥的玻璃杯(或 50 mL 烧杯)中,置于明亮处,在自然光下用肉眼观察其形态、色泽,嗅其气味,检查有无正常视力可见杂质等,并将样品配成 2%的溶液,品尝其滋味。

6.2　水分

6.2.1　原理

样品于 103 ℃±2 ℃直接干燥,所失质量的百分数即为样品的水分。

6.2.2　仪器

6.2.2.1　电热干燥箱:控温精度±1 ℃。

6.2.2.2　分析天平:感量 0.1 mg。

6.2.2.3　称量皿:50 mm×30 mm。

6.2.2.4　干燥器:用变色硅胶做干燥剂。

6.2.3　分析步骤

称取试样 2 g(精确至 0.01 g)于烘干至恒重的称量瓶皿中,然后放入 103 ℃±2 ℃电热干燥箱内,烘 6 h后,加盖取出移入干燥器内冷却,30 min 后称量。

6.2.4　结果计算

水分的含量按式(1)计算,其数值以%表示。

$$X_1 = \frac{m_1 - m_2}{m_1 - m} \times 100 \qquad \cdots\cdots(1)$$

式中：

X_1——样品的水分含量，%；

m_1——烘干前称量皿加样品的质量，单位为克(g)；

m_2——烘干后称量皿加样品的质量，单位为克(g)；

m——称量皿的质量，单位为克(g)。

6.2.5 精密度

在重复性条件下获得的两次独立测定结果的绝对差值应不超过算术平均值的5%。

6.3 氯化钠

6.3.1 原理

样品溶液经处理，以铬酸钾作指示剂，用硝酸银标准溶液滴定，测定氯化钠含量。

6.3.2 仪器

6.3.2.1 容量瓶：250 mL。

6.3.2.2 移液管：25 mL。

6.3.2.3 酸式滴定管：25 mL。

6.3.3 试剂和溶液

6.3.3.1 硝酸银标准滴定溶液(0.1 mol/L)：按GB/T 601配制和标定。

6.3.3.2 铬酸钾溶液(100 g/L)：称取铬酸钾10 g，用水溶解，并定容到100 mL。

6.3.3.3 乙酸铅饱和溶液(200 g/L)：称取乙酸铅[$Pb(CH_3COO)_2$]50 g，用水溶解，并定容到250 mL。

6.3.3.4 磷酸氢二钠溶液(100 g/L)：称取磷酸氢二钠(Na_2HPO_4)50 g，用水溶解，并定容到500 mL。

6.3.4 样品处理

蛋白质能吸附银的化合物而影响测定结果。因此，高蛋白质的样品溶液在测氯化钠前应先除去蛋白质。

蛋白质的除去：称取样品5.0 g(精确至0.000 1 g)，溶解后移入250 mL容量瓶，加入乙酸铅饱和溶液(6.3.3.3)15 mL，摇匀静置5 min，加入磷酸氢二钠溶液(6.3.3.4)20 mL，摇匀，加蒸馏水稀释至刻度。

6.3.5 滴定

将处理后的样品过滤，弃去初滤液，取滤液25 mL，加入铬酸钾溶液(6.3.3.2)0.5 mL～1.0 mL，用硝酸银标准滴定溶液(6.3.3.1)滴定至终点。同时做空白试验。

6.3.6 结果计算

氯化钠含量按式(2)计算，其数值以%表示。

$$X_2 = \frac{c \times (V - V_0) \times 0.058\,45}{m \times 25/250} \times 100 \quad \cdots\cdots\cdots\cdots(2)$$

式中：

X_2——样品的氯化钠含量，%；

c——硝酸银标准滴定溶液的摩尔浓度，单位为摩尔每升(mol/L)；

V——样品滴定时消耗硝酸银标准滴定溶液的体积，单位为毫升(mL)；

V_0——空白滴定时消耗硝酸银标准滴定溶液的体积，单位为毫升(mL)；

0.058 45——与1.00 mL浓度为1.000 0 mol/L的硝酸银标准溶液相当的以克表示的氯化钠的质量；

m——称取样品的质量，单位为克(g)。

6.4 总氮

6.4.1 原理

酵母抽提物经加硫酸酸化使蛋白质分解，其中氮素与硫酸化合生成硫酸铵，然后加碱蒸馏使氨游离，用硼酸液吸收后，再用盐酸或硫酸标准溶液滴定，根据盐酸或硫酸溶液的消耗量，计算总氮。

6.4.2 仪器

6.4.2.1 凯氏定氮仪:成套仪器或自行组装的仪器。

6.4.2.2 分析天平:感量 0.1 mg。

6.4.2.3 滴定管:50 mL。

6.4.3 试剂和溶液

以下试剂均用不含氨的蒸馏水配制。

6.4.3.1 浓硫酸:98%。

6.4.3.2 氢氧化钠溶液(400 g/L):称取氢氧化钠 400 g,溶于 1 L 水中,静置,吸取上层清液于带橡皮塞的瓶内。

6.4.3.3 硼酸溶液(30 g/L):称取硼酸 3 g,用水溶解,并定容至 100 mL。

6.4.3.4 混合催化剂:a)将硫酸钾、硫酸铜($CuSO_4 \cdot 5H_2O$)按 97∶3 的比例混合,或 b)用硒粉、硫酸钾按 0.1∶100 的比例混合。

6.4.3.5 盐酸标准滴定溶液[$c(HCl)=0.1$ mol/L]:按 GB/T 601 配制与标定。

6.4.3.6 溴甲酚绿混合指示液:将溴甲酚绿乙醇溶液(1 g/L)和甲基红乙醇溶液(1 g/L)按 10∶4 混合。

6.4.4 分析步骤

成套仪器按使用说明书进行样品测定。自行组装的仪器按下述方法进行操作。

6.4.4.1 样品消化

称取适量样品(相当于含氮 30 mg~40 mg),小心转移到已干燥的凯氏烧瓶中,加入混合催化剂[6.4.3.4a)5 g或 6.4.3.4b)2.5 g],缓缓加入浓硫酸 20 mL,摇匀,小心加热,待内容物全部炭化,泡沫完全停止后,加强火力,并保持瓶内液体微沸,至液体呈蓝绿色澄清透明后,再继续加热 30 min。

6.4.4.2 蒸馏

待消化液冷却后,缓缓加入水 250 mL,摇匀,冷却,并加入几块小瓷片。连接凯氏烧瓶与蒸馏装置,馏出管的尖端插入盛有 25 mL 硼酸溶液(6.4.3.3)和 4 滴溴甲酚绿混合指示液(6.4.3.6)的锥形瓶中,馏出管尖端应在液面之下。通过加液漏斗加入 70 mL 氢氧化钠溶液(6.4.3.2)于凯氏烧瓶中,轻轻摇匀,使内容物混匀,然后加热蒸馏。待馏出液达到 180 mL 时,停止蒸馏。

6.4.4.3 滴定

用盐酸标准滴定溶液(6.4.3.5)滴定馏出液,颜色由绿色消失转变为灰红色即为终点。记录消耗盐酸标准滴定溶液的毫升数。

按上述操作同时进行空白试验。

6.4.5 结果计算

总氮含量按式(3)计算,其数值以%表示。

$$X_3 = \frac{(V_2 - V_1) \times c \times 0.014}{m \times \frac{100 - X_2 - X_1}{100}} \times 100 \qquad \cdots\cdots\cdots\cdots(3)$$

式中:

X_3——样品的总氮含量,%;

V_2——样品滴定时消耗盐酸标准滴定溶液的体积,单位为毫升(mL);

V_1——空白滴定时消耗盐酸标准滴定溶液的体积,单位为毫升(mL);

c——盐酸标准滴定溶液的浓度,单位为摩尔每升(mol/L);

0.014——与 1.00 mL 盐酸标准溶液[$c(HCl)=1.000$ mol/L]相当的以克表示的氮的质量;

m——样品的质量,单位为克(g);

X_2——样品的氯化钠含量,%;

X_1——样品的水分含量,%。

所得结果表示至一位小数。

6.4.6 **精密度**

在重复性条件下获得的两次独立测定结果的绝对差值应不超过算术平均值的2%。

6.5 氨基酸态氮

6.5.1 **原理**

氨基酸为两性电介质。在接近中性的水溶液中,全部解离为双极离子。当甲醛溶液加入后,与中性的氨基酸中的非解离型氨基反应,生成单羟甲基和二羟甲基诱导体,此反应完全定量进行。此时放出氢离子可用标准碱液滴定,根据碱液的消耗量,计算出氨基态氮的含量。

6.5.2 **试剂和溶液**

6.5.2.1 氢氧化钠标准滴定溶液[c(NaOH)=0.05 mol/L]:按GB/T 601配制与标定。

6.5.2.2 甲醛溶液(36%)。

6.5.3 **仪器**

6.5.3.1 酸度计:直接读数,测量范围(0~14)pH,精度±0.02pH。

6.5.3.2 电磁搅拌器。

6.5.3.3 碱式滴定管。

6.5.4 **分析步骤**

称取样品5 g(精确至0.000 2 g),加水溶解并定容至100 mL。

吸取样品溶液5.0 mL于100 mL烧杯中,加入55 mL水,用氢氧化钠标准滴定溶液(6.5.2.1)滴定至pH =8.20,并保持1 min不变,此结果为游离酸度,不予计量体积。慢慢加入甲醛溶液(6.5.2.2)10 mL,放置1 min后,用氢氧化钠标准滴定溶液(6.5.2.1)滴定至pH=9.20,记录消耗氢氧化钠标准滴定溶液的毫升数。同时做空白试验,记录加入甲醛溶液后,空白试验所消耗氢氧化钠标准滴定溶液的毫升数。

6.5.5 **结果计算**

氨基酸态氮的含量按式(4)计算,其数值以%表示。

$$X_4=\frac{c\times(V_2-V_1)\times 20\times 0.014}{m\times\frac{100-X_1-X_2}{100}}\times 100 \quad\cdots\cdots(4)$$

式中:

X_4——样品的氨基酸态氮的含量,%;

c——氢氧化钠标准滴定溶液的浓度,单位为摩尔每升(mol/L);

V_2——加入甲醛溶液后,滴定样品消耗氢氧化钠标准滴定溶液的体积,单位为毫升(mL);

V_1——加入甲醛溶液后,空白试验时消耗氢氧化钠标准滴定溶液的体积,单位为毫升(mL);

20——样品稀释倍数;

0.014——与1.00 mL氢氧化钠标准溶液[c(NaOH)=1.000 mol/L]相当的以克表示的氨基酸态氮的质量;

m——样品的质量,单位为克或毫升(g或mL);

X_1——样品的水分含量,%;

X_2——样品的氯化钠含量,%。

所得结果表示至一位小数。

6.5.6 **精密度**

在重复性条件下获得的两次独立测定结果的绝对差值应不超过算术平均值的5%。

6.6 氨基酸态氮转化率

6.6.1 原理

根据样品中的氨基酸态氮含量和总氮含量的比值,求得氨基酸态氮转化率。

6.6.2 结果计算

氨基酸态氮转化率按式(5)计算,其数值以%表示。

$$X_5=\frac{X_4}{X_3} \quad\cdots\cdots(5)$$

式中:

X_5——样品氨基酸态氮转化率,%;

X_4——氨基酸态氮含量,%;

X_3——总氮含量,%。

6.7 pH

6.7.1 仪器

酸度计(pH 计)。

6.7.2 分析步骤

称取试样 2 g(精确至 0.02 g),加 100 mL 水溶解,用酸度计测定溶液 pH。

6.7.3 允许差

在重复性条件下获得的两次独立测定结果的绝对差值应不超过 0.04pH。

6.8 灰分

6.8.1 原理

样品经 550 ℃灼烧后所残留的物质,以百分数表示,即为该样品的灰分。

6.8.2 仪器

6.8.2.1 高温炉:温度 550 ℃±20 ℃。

6.8.2.2 分析天平:感量 0.1 mg。

6.8.2.3 瓷坩埚:50 mL。

6.8.2.4 干燥器:用变色硅胶作干燥剂。

6.8.3 分析步骤

称取样品 1 g(精确至 0.000 2 g)于灼烧至恒重的坩埚中,先在电炉上缓缓加热,小心炭化,直至无烟,移入高温炉内,在 550 ℃±25 ℃灼烧 4 h 后,炉温降至 200 ℃左右,取出坩埚,加盖,放入干燥器中,冷却至室温,称量。然后,再移入高温炉内灼烧 1 h,取出,冷却,称量,直至恒重。

6.8.4 结果计算

灰分含量按式(6)计算,其数值以%表示。

$$X_6=\frac{(m_2-m)/(m_1-m)-\frac{X_2}{100}}{\frac{100-X_2-X_1}{100}}\times 100 \quad\cdots\cdots(6)$$

式中:

X_6——样品的灰分含量,%;

m_2——灼烧至恒重,坩埚加残渣的质量,单位为克(g);

m——坩埚的质量,单位为克(g);

m_1——灼烧前坩埚加样品的质量,单位为克(g);

X_2——样品的氯化钠含量,%;

X_1——样品的水分含量,%。

所得结果表示至一位小数。

6.8.5 精密度

在重复性条件下获得的两次独立测定结果的绝对差值应不超过算术平均值的5%。

6.9 铵盐

6.9.1 仪器

同6.4.2。

6.9.2 试剂

同6.4.3。

6.9.3 分析步骤

预先在接收瓶中加入25 mL硼酸(30 g/L)以及1滴～2滴溴甲酚绿混合指示液，并使冷凝管的下端伸入液面下。

称取样品1.0 g～2.0 g，用少量水溶解并无损地转移到凯氏定氮装置的反应室中。将10 mL氢氧化钠溶液(400 g/L)倒入小玻杯中，提起玻塞使其缓缓流入反应室，立即将玻塞塞紧，并加水于小玻杯内以防漏气。夹紧螺旋夹，开始蒸馏。蒸馏5 min，移动接收瓶，液面离开冷凝管下端，在蒸馏1 min。然后用少量水冲洗冷凝管下端外部。

取下接收瓶，用盐酸标准滴定溶液滴定至绿色消失转变为灰红色为终点。

同时做空白试验，使用2 g蔗糖代替样品。

6.9.4 结果计算

铵盐含量按式(7)计算，其数值以%表示。

$$X_7 = \frac{c \times (V_1 - V_2) \times 0.014}{m \times \frac{100 - X_1 - X_2}{100}} \times 100 \qquad \cdots\cdots(7)$$

式中：

X_7——样品中铵盐的含量(以氮计)，%；

c——盐酸标准滴定溶液的浓度，单位为摩尔每升(mol/L)；

V_1——样品消耗盐酸标准滴定溶液的体积，单位为毫升(mL)；

V_2——试剂空白消耗盐酸标准滴定溶液的体积，单位为毫升(mL)；

0.014——与1.00 mL盐酸[c(HCl)=1.000 mol/L]相当的以克表示的氮的质量；

m——样品的质量，单位为克(g)；

X_1——样品的水分含量，%；

X_2——样品的氯化钠含量，%。

所得结果保留至两位小数。

6.9.5 精密度

在重复性条件下获得的两次独立测定结果的绝对差值应不超过算术平均值的10%。

6.10 钾

按GB/T 5009.91规定的方法测定。

6.11 不溶物

6.11.1 仪器

6.11.1.1 三角瓶：250 mL。

6.11.1.2 G3玻璃坩埚过滤器。

6.11.1.3 电热干燥箱：控温精度±1 ℃。

6.11.1.4 分析天平：感量±0.000 1 g。

6.11.1.5 干燥器：用变色硅胶作干燥剂。

6.11.2 分析步骤

称取样品5 g(精确至0.01 g)于250 mL三角瓶中，加75 mL水，充分溶解。盖上表面皿，微沸

2 min,用已知重量的G3玻璃坩埚过滤器过滤,将G3玻璃坩埚过滤器过滤连同滤渣置于105 ℃干燥1 h,取出放入干燥器内,冷却后称量。

6.11.3 结果计算

不溶物的含量按式(8)计算,其数值以%表示。

$$X_8 = \frac{m_1 - m_2}{m} \times 100 \qquad \cdots\cdots(8)$$

式中:

X_8——样品的不溶物含量,%;

m_1——烘干后坩埚加样品的质量,单位为克(g);

m_2——坩埚的质量,单位为克(g);

m——样品的质量,单位为克(g)。

6.12 谷氨酸

6.12.1 原理

使用离子交换氨基酸分析仪,样品经色谱柱分离后与(水合)茚三酮试剂混合,通过记录仪连续不断地自动测量反应产物在570 nm的吸光度。

6.12.2 仪器

6.12.2.1 离子交换氨基酸分析仪。

6.12.2.2 容量瓶:100 mL、1 000 mL。

6.12.2.3 分析天平:感量±0.000 1 g。

6.12.2.4 滤膜:0.2 μm。

6.12.3 试剂和溶液

6.12.3.1 盐酸溶液[$c(HCl)=0.02$ mol/L]:量取1.8 mL浓盐酸,注入1 000 mL的高纯水中,摇匀。

6.12.3.2 谷氨酸标准储备溶液:称取0.735 6 g谷氨酸于100 mL容量瓶,用盐酸溶液(6.12.3.1)溶解,并稀释至刻度。该溶液含谷氨酸0.05 mol/L。

6.12.3.3 谷氨酸标准使用溶液:吸取谷氨酸标准储备溶液1 mL,用盐酸溶液(6.12.3.1)稀释至1 000 mL。每50 μL该溶液含有2.5 nmol的谷氨酸,相当于50 μL该溶液含有谷氨酸367.83 ng。

6.12.4 分析步骤

6.12.4.1 样品制备

称取样品1 g(精确至0.000 1 g),加入40 mL盐酸溶液(6.12.3.1),充分搅拌溶解后,全部转移至100 mL容量瓶中,并用盐酸溶液(6.12.3.1)稀释至刻度。

取上述溶液1.00 mL,用盐酸溶液(6.12.3.1)稀释至100 mL,再用滤膜过滤。该溶液为样品待测液。

注:当谷氨酸含量大于7%时,应适当减少称样量。

6.12.4.2 测定

分别取50 μL的谷氨酸标准使用溶液和样品待测液上机测定。仪器最佳条件选择和操作方法依照设备制造商的操作说明。根据获得的色谱图,比较标准溶液和样品溶液的保留时间来鉴别谷氨酸所产生的峰。记录样品中谷氨酸的峰面积为A_u,标准溶液中谷氨酸的峰面积为A_s。

6.12.5 结果计算

谷氨酸的含量按式(9)计算,其数值以%表示。

$$X_9 = \frac{\frac{A_u}{A_s} \times m_s \times \frac{100 \times 10^3}{50} \times \frac{100}{1} \times 10^{-9}}{m} \times 100 = \frac{\frac{A_u}{A_s} \times m_s}{50 \times m} \qquad \cdots\cdots(9)$$

式中：

X_9——样品中谷氨酸的含量，%；

A_u——50 μL 样品待测液在仪器上产生的峰面积；

A_s——50 μL 谷氨酸标准使用溶液在仪器上产生的峰面积；

m_s——50 μL 谷氨酸标准使用溶液中含有谷氨酸的质量，单位为纳克(ng)；

m——样品的质量，单位为克(g)。

6.13 IMP，GMP，CMP，UMP，I+G（以钠盐水合物计，以干基计）

6.13.1 原理

同一时间进入色谱柱的各组分，由于在流动相和固定相之间溶解、吸附、渗透或离子交换等作用的不同，随流动相在色谱柱两相之间进行反复多次的分配，由于各组分在色谱柱中的移动速度不同，经过一定长度的色谱柱后，彼此分离开来，按顺序流出色谱柱，进入信号检测器，在记录仪或数据处理装置上显示出各组分的谱峰数值，根据保留时间用归一化法或外标法定量。

6.13.2 仪器

6.13.2.1 高效液相色谱仪（配有紫外检测器和柱恒温系统）。

6.13.2.2 色谱柱：C_{18}柱（如：如 intersil C_{18} 250 mm×4.6 mm），也可采用其他等同性能的分析柱。

6.13.2.3 过滤装置：1 000 mL 真空抽滤器，0.2 μm 或 0.45 μm 滤膜。

6.13.2.4 真空抽滤脱气装置。

6.13.2.5 容量瓶：100 mL。

6.13.2.6 分析天平：感量 0.1 mg。

6.13.2.7 微量进样器。

6.13.3 试剂溶液

6.13.3.1 高纯水。

6.13.3.2 磷酸二氢铵溶液：0.02 mmol/L，pH=5.4。准确称取 2.30 g 磷酸二氢氨，用高纯水溶解，加水至 900 mL，用 0.1 mol/L 氢氧化钠调节 pH 为 5.40±0.10，定容到 1 L。

6.13.3.3 甲醇：色谱级。

6.13.3.4 5′-肌苷酸二钠(IMP)：分子式为 $C_{10}H_{11}N_4Na_2O_8P$，纯度≥98%。

6.13.3.5 5′-鸟苷酸二钠(GMP)：分子式为 $C_{10}H_{12}N_5Na_2O_8P$，纯度≥98%。

6.13.3.6 5′-尿苷酸二钠(UMP)：分子式 $C_9H_{11}N_2Na_2O_9P$，纯度≥98%。

6.13.3.7 5′-胞苷酸二钠(CMP)：分子式 $C_9H_{12}N_3Na_2O_8P$，纯度≥98%。

6.13.3.8 核苷酸标准储备溶液：分别准确称取在 120 ℃±2 ℃干燥 4 h 的 IMP、GMP、UMP、CMP 各 0.020 0 g，用高纯水溶解，定容到 100 mL，分别制成浓度为 200 μg/mL 的标准储备溶液。

6.13.4 分析步骤

6.13.4.1 色谱条件：见表 5。

表 5 色谱条件

时间/min	甲醇/%	0.02 mmol/L 磷酸二氢铵/%	流速/(mL/min)	波长/nm
0	0	100	0.5	254
10	5	95	0.5	254
15	5	95	0.5	254
15.01	0	100	0.5	254
25	0	100	0.5	254

6.13.4.2 样品制备：称取样品 1 g～2 g(精确至 0.000 1 g)，加水溶解，移入 100 mL 容量瓶中并用水定容至刻度。根据样品中核苷酸的对溶液进行适当的稀释(稀释倍数为 F)。用 0.45 μm 水相微孔膜过滤，滤液备用。

6.13.4.3 标准系列溶液的准备：见表 6。

表 6 标准系列溶液的准备

序号	标准储备溶液去用量	定容体积/mL	每种核苷酸的浓度/(μg/mL)
1	吸取 IMP、GMP、UMP、CMP 各 0mL	200	0
2	吸取 IMP、GMP、UMP、CMP 各 10mL	200	10
3	吸取 IMP、GMP、UMP、CMP 各 20mL	200	20
4	吸取 IMP、GMP、UMP、CMP 各 30mL	200	30
5	吸取 IMP、GMP、UMP、CMP 各 40mL	200	40
6	吸取 IMP、GMP、UMP、CMP 各 50mL	200	50

6.13.4.4 测定：将制备好混标系列和样品溶液分别进样，进样量为 20 μL，根据标准品的保留时间定性样品中 IMP、GMP、UMP、AMP 的色谱峰。根据样品的峰面积，以外标法计算各组分的百分含量。

6.13.5 结果计算

IMP/GMP/UMP/CMP 的含量按式(10)计算，其数值以%表示。

$$X_{10}=\frac{A\times F}{m\times\frac{V_2}{V_1}\times 1\,000\times 1\,000\times\frac{100-X_1}{100}}\times 100 \quad \cdots\cdots(10)$$

式中：

X_{10}——样品中 IMP/GMP/UMP/CMP 的含量，%；

A——进样体积中 IMP/GMP/UMP/CMP 的质量，单位为微克(μg)；

F——稀释因子；

m——称取样品质量，单位为克(g)；

V_2——进样体积，单位为毫升(mL)；

V_1——样品定容体积，单位为毫升(mL)；

X_1——样品的水分含量，%。

结果保留至小数点后两位。

I+G 的含量按式(11)计算，其数值以%表示。

$$X_{11}=(X_{12}+X_{13})\times 1.3 \quad \cdots\cdots(11)$$

式中：

X_{11}——样品中 I+G 的含量(以钠盐水合物计，以干基计)，%；

X_{12}——样品中 IMG 的含量，%；

X_{13}——样品中 GMG 的含量，%。

6.13.6 精密度

在重复性条件下获得的两次独立测定结果的绝对差值不得超过算术平均值的 10%。

7 检验规则

7.1 组批

同原料、同配方、同工艺生产的，同一包装线当天包装出厂(或入库)的，具有同样质量检验报告单的产品为一批。

7.2 抽样

7.2.1 按表7抽取样本。

表7 抽样表

批量/箱或桶	样本大小/袋或桶
1～50	2
51～500	3
>500	5

7.2.2 将抽取的样本分为两份,一份作感官和理化分析,另一份保留备查。当抽取的样本总量少于200 g时,应适当加大抽样比例。

7.3 检验分类

7.3.1 出厂检验

7.3.1.1 产品出厂前,应由生产厂的质量监督检验部门按本标准规定逐批进行检验,检验合格,并附上质量合格证明的,方可出厂。

7.3.1.2 检验项目:感官要求、水分、总氮、氨基酸态氮(纯品型)、氯化钠、I+G含量(I+G型)、pH、菌落总数。

7.3.2 型式检验

7.3.2.1 检验项目:本标准中全部要求项目。

7.3.2.2 一般情况下,同一类产品的型式检验每年至少进行一次,有下列情况之一者,亦应进行:

a) 原辅材料有较大变化时;

b) 更改关键工艺或设备时;

c) 新试制的产品或正常生产的产品停产3个月后,重新恢复生产时;

d) 出厂检验与上次型式检验结果有较大差异时;

e) 国家质量监督检验机构按有关规定需要抽检时。

7.4 判定规则

7.4.1 验收项目均合格时,判为整批产品合格。

7.4.2 如有一项指标不合格,应重新自同批产品中抽取两倍量样品进行复验,以复验结果为准。若仍有一项不合格,则判整批产品为不合格。

8 标志、包装、运输和贮存

8.1 标志

8.1.1 销售产品的标签应符合GB 7718的有关规定,并标明产品所属类型。

8.1.2 外包装箱上应标明产品名称、生产日期(批号)、厂名、厂址、净重。

8.1.3 储运图示的标志应符合GB/T 191的有关规定。

8.2 运输

8.2.1 运输工具应保持清洁、干燥,无外来气味和污染物。

8.2.2 产品在运输时,箱子上不应压重物,保持干燥、洁净,不得与有毒、有害、有腐蚀性物品混装混运,避免日晒和雨淋。

8.2.3 货物装卸时应轻拿轻放。

8.3 贮存

8.3.1 成品不得露天堆放，不得与有霉变、有毒、有异味、有腐蚀性物质存放在一起。

8.3.2 成品仓库要保持阴凉、干燥、通风（最适温度<25 ℃，相对湿度<75%）。仓库内应有防潮湿、防霉烂、防鼠虫害、防变质设施，并定期检查。

ICS 07.100.30
X 60

中华人民共和国国家标准

GB/T 23531—2009

食品加工用酶制剂企业良好生产规范

Good manufacturing practice for enzyme preparations used in food processing

2009-04-27 发布 2009-11-01 实施

中华人民共和国国家质量监督检验检疫总局
中国国家标准化管理委员会 发布

前　言

本标准由全国食品工业标准化技术委员会提出。

本标准由全国食品工业标准化技术委员会工业发酵分技术委员会技术归口。

本标准起草单位:中国食品发酵工业研究院、诺维信(中国)生物技术有限公司、无锡赛德生物工程有限公司、山东隆大生物工程有限公司、丹尼斯克(中国)有限公司。

本标准主要起草人:张蔚、池方、胡嫣桐、郭庆文、文焱、郭新光、陈娟。

食品加工用酶制剂企业良好生产规范

1 范围

本标准规定了食品加工用酶制剂生产企业的厂区环境、厂房和设施、设备和工器具、人员管理和培训、卫生管理、质量管理、物料控制和管理、工艺和控制、成品贮存和运输、文件和记录以及投诉处理和产品召回等方面的基本要求。

本标准适用于食品加工用酶制剂生产企业的设计、建造、改造、生产管理和技术管理。

2 规范性引用文件

下列文件中的条款通过本标准的引用而成为本标准的条款。凡是注日期的引用文件，其随后所有的修改单(不包括勘误的内容)或修订版均不适用于本标准，然而，鼓励根据本标准达成协议的各方研究是否可使用这些文件的最新版本。凡是不注日期的引用文件，其最新版本适用于本标准。

GB 5749　生活饮用水卫生标准

GB 8978　污水综合排放标准

GB/T 15091　食品工业基本术语

GB 16297　大气污染物综合排放标准

3 术语和定义

GB/T 15091 中确立的以及下列术语和定义适用于本标准。

3.1

食品加工用酶制剂　enzyme preparations used in food processing

作为加工助剂用于食品生产加工的酶制剂产品。

3.2

物料　material

所有与食品加工用酶制剂生产相关的原辅料，还包括清洗剂、消毒剂、加工助剂、添加剂和包装材料等。

4 厂区环境

4.1　厂房应建在周围环境无有碍食品卫生的区域，厂区周围应清洁卫生，无物理、化学、生物等污染源，不存在害虫滋生环境。厂区周界应有适当防范外来污染源的设计与构筑。

4.2　厂区内路面坚硬平整，有良好排水系统，无积水，主要通道铺设水泥等硬质路面，空地应绿化。

4.3　厂区内应没有有害(毒)气体、煤烟或其他有碍卫生的设施。

4.4　厂区内不应饲养与生产加工无关的动物(警戒用犬除外，但应适当管理以避免污染产品)。

4.5　卫生间应有冲水、洗手、防蝇、防虫、防鼠设施。墙裙以浅色、平滑、不透水、无毒、耐腐蚀的材料建造，并保持清洁。

4.6　应有合理的供水、排水系统。废弃物应集中存放，远离车间并及时清理出厂。

4.7　应建有与生产能力相适应的原料、辅料、成品、化学物品、包装物料等的储存设施并分开设置。应有废物、垃圾暂存的设施。

4.8　应按工艺要求布局，生产区与生活区隔离，锅炉房应远离车间，并设在下风向位置。

4.9　生产用水和污水的管道不得形成交叉，且易于辨认。

4.10 厂区如有员工宿舍和食堂,应与生产区域隔离。

5 厂房和设施

5.1 厂房和场地

5.1.1 食品加工用酶厂房(以下简称厂房)应依生产工艺流程合理布局,便于卫生管理和清洗、消毒,厂房和设施物流、人流的设计应避免交叉污染。

5.1.2 厂房和设施应有足够空间,以便有秩序地放置设备和物料。厂房内设备与设备之间或设备与墙壁之间,应留有适当的距离,便于通行和维修。

5.1.3 应根据生产对洁净度要求的不同,对厂区内的生产车间和公共场所实行分级卫生管理。

5.1.4 生产区域应具备适当的通风系统,以提供清洁的空气,通风系统中空气的流向应由卫生等级高的区域流向卫生等级低的区域。

5.1.5 厂房内配电设施应防水。

5.1.6 电源应有接地线与漏电保护装置,不同电压的电源应明确标示。

5.1.7 厂房应按国家消防法规要求,安装火警警报系统。

5.1.8 对会产生一定量粉尘的操作区域,应采用防爆型电气设备。

5.1.9 厂区内应建立明确的废弃物处理区域,以便废弃物的收集、存放、处理及废弃。

5.1.10 相关生产车间应配置适当的防滑工作鞋。

5.2 建筑材料及设计

5.2.1 应使用具有防水、防吸收、无毒无害、易于清洁的材料来建筑生产区间,包括地面、墙壁和顶棚。相关建筑应不产生灰尘、有害物并抗腐蚀。

5.2.2 应避免在地面、墙壁、顶篷等建筑上聚集灰尘,易于清洁及维护。

5.2.3 不应在墙壁上有与外界连通的空道(包括管道穿孔的四周)。

5.2.4 地面应保持足够的斜度,以利于液体的定向排放。排水沟应有足够的尺寸,并保持顺畅,且沟内不得设置其他管路,应防止倒虹吸。墙面与地面的夹角及窗台与墙面的夹角应做圆角处理。

5.2.5 发酵、发酵后加工、包装工序的墙壁和天花板应避免产生滴漏、剥落,应有防霉措施,防止霉菌生长。

5.2.6 所有区域都应提供足够的自然光或人工照明以便于操作及维护。照明设施不应发生变换颜色的情形。

5.2.7 工厂应有足够的生产用水。如需配备贮水设施,应有防止污染的措施。水质应符合 GB 5749 的规定。

5.2.8 直接用于蒸煮原材料的蒸汽用水不得含有影响人体健康和污染产品的物质。

5.2.9 非与产品生产接触的蒸汽用水、冷却用水、消防用水应用单独管道输送,不应与生产水系统交叉连接,并易于区别。

5.2.10 工厂应设有废水、废气处理系统。该系统应经常检查、维修,保持良好的工作状态。废水、废气的排放应分别符合 GB 8978 和 GB 16297 的规定。

5.3 门窗

门窗应具有平滑且不吸附的表面。门能够关闭自如,且关闭后的缝隙不得大于 6 mm。对于下列区域,应有门户来分割:

——执行不同卫生要求的区域;

——具有潜在污染危害的房间;

——生产区和非生产区;

——向户外开放处。

向外开启的窗户上,应安装防范害虫进入的网格(孔径不得大于 1.2 mm)。如果外界可能通过窗户给生产区带来污染(气体,灰尘等等),该窗户不应开放。

5.4 更衣室

工厂应设有与生产车间人数相适应的更衣室。

5.5 洗手消毒设施

无菌室内及进口处,纯种微生物培养车间(室)进口处应设有方便的、不用手开关的冷/热水洗手设施和供洗手用的清洗剂、消毒剂以及擦手纸或烘干设备。包装车间的适当位置应设有方便的洗手设施。洗手设施的下水管应经反水弯引入排水管,废水不得外溢,以防止污染环境。洗手消毒设施应做明确的标示,避免用于其他用途。

5.6 厕所、浴室

厂内应设有与职工人数相适应的、灯光明亮、通风良好、清洁卫生、无气味的厕所及淋浴室;门窗不得直接开向生产车间。厕所内应安装纱窗、纱门;地面平整,便于清洗、消毒。坑式厕所应远离生产车间;坑应采用防渗材料建造。厕所应设有洗手消毒设施,要求同5.5。

6 设备和工器具

6.1 生产企业应具备基本的酶制剂生产设备和分析检测设备。

6.2 设备的选型、安装应符合生产要求,易于清洗、消毒或灭菌,便于生产操作、维修和保养,并能减少污染。设备内部焊缝应尽可能光滑,避免物料、半成品或产品的积存。

6.3 凡与产品接触的机械设备、容器、管路等,应采用无毒、不吸水、易清洗、无异味及不与产品起化学反应的材料制作。

6.4 与料液直接接触的设备表面应光洁、平整、易清洗消毒、耐腐蚀,不与料液发生化学反应或吸附料液。设备内部焊缝应尽可能光滑,避免物料的积存。设备所用的润滑剂、冷却剂等不得对料液或容器造成污染。

6.5 与设备连接的主要固定管道应标明管内物料名称、流向。

6.6 用于生产和检验的仪器、仪表、量具、衡器等,其适用范围和精密度应符合生产和检验要求,有明显的合格标志,并定期校验。

6.7 建立健全维修保养制度。生产设备应定期维修、保养和验证。维修、保养的措施不得影响产品的质量。应有使用、维修、保养、校验记录,并由专人管理。

6.8 应保存一套现有设备及其布置的图纸。

7 人员管理和培训

7.1 健康状况

从事食品用酶生产的人员应身体健康、无不良嗜好,如果具有以下的一种或更多种症状或疾病,应停止生产操作,直到恢复健康:

a) 化脓的伤口;

b) 发烧(>38 ℃);

c) 沙门氏菌感染(雇员或家庭成员中的一人);

d) 超过两天的腹泻;

e) 黄疸。

在手或前臂上的外露的伤口,如戴塑料/胶皮手套可进行操作。

7.2 个人卫生

7.2.1 应保持良好的个人卫生和健康习惯。

7.2.2 在工作岗位上不得有妨碍生产操作和产品安全的行为。在生产及仓储区域不得饮食、吸烟和咀嚼口香糖等。

7.2.3 食品加工用酶区域内生产操作工应穿戴干净的工作服/帽/鞋。易掉落的东西应放在腰部以下的口袋中。不允许穿短裤/短裙。

进行开放性操作的区域不允许佩戴不牢靠的饰品，如：项链、耳环、手表、有镶嵌物的戒指等。

进行任何接触产品或设备内表面的操作时，应佩戴干净的新的一次性手套(防渗透材料)。劳保手套应保持清洁。

7.2.4 进行开放性操作的区域蓄须的操作人员应佩戴胡须罩。

7.3 外部人员

7.3.1 制定外部人员的管理制度。

7.3.2 进入食品加工用酶生产、加工和操作处理区的外部人员，应穿防护工作服并遵守本章中其他的个人卫生要求。

7.4 教育和培训

7.4.1 企业应建立各级人员的定期培训制度，并设立考核机制，持证上岗。

7.4.2 新进入企业的人员应根据工作岗位分别进行上岗培训和生产基本知识的相关培训，经考核合格后，方可上岗工作。

7.4.3 企业员工应定期进行生产和食品安全理论知识培训，并对培训和培训效果进行评估。

7.4.4 培训应有记录，并存档。

8 卫生管理

8.1 机构

8.1.1 生产企业应有相应的卫生管理机构或人员，对本企业的卫生工作进行全面管理。

8.1.2 相关人员应经专业培训。

8.2 职责(任务)

8.2.1 宣传和贯彻食品卫生法规和有关规章制度，监督、检查在本企业的执行情况，定期向食品卫生监督部门报告。

8.2.2 制定和修订本单位的各项卫生管理制度和规划。

8.2.3 组织卫生宣传教育工作，培训有关人员。

8.2.4 定期组织本企业人员的健康检查，并做好善后处理工作。

8.3 清洗和消毒工作

8.3.1 应制定有效的清洗及消毒方法和制度，以确保所有场所设备管路清洁卫生，防止污染。

8.3.2 使用清洗剂和消毒剂时，应采取适当措施，以防止人身伤害和产品污染。

8.4 鼠虫害控制

8.4.1 厂区应定期或在必要时进行除虫灭害工作，应采取措施防止鼠类、蚊、蝇、昆虫等的聚集和滋生。

8.4.2 鼠药与杀虫剂应从有相关资质的单位处采购，并保证杀虫剂及鼠药符合当地法规的要求。

8.4.3 杀虫剂及鼠药禁止用于存放生产物料所的相关区域及生产区域。

8.4.4 使用各类杀虫剂或其他药剂前，应做好对人身、设备、工具的污染和中毒的预防措施。用药后应将所有设备、工具彻底清洗，消除污染。

8.5 有毒有害物管理

8.5.1 清洗剂、消毒剂及其他有毒有害物品，均应有易于辨认的包装，并明确标示“有毒品”字样，贮存于专门库房或柜橱内，加锁并由专人负责保管，建立管理制度。

8.5.2 使用时应由经过培训的人员按照使用方法进行，防止污染和人身中毒。

8.5.3 清洗剂、消毒剂均不应在生产车间长期存放。

8.5.4 各种药剂的使用品种和范围应符合国家的有关规定。

8.6 卫生设施的管理

洗手、消毒池,更衣室、淋浴室、厕所等卫生设施应有专人管理,建立管理制度,责任到人,应经常保持良好状态。

8.7 工作服

应有清洗保洁制度。工作服应定期更换,保持清洁。

9 质量管理

9.1 质量管理标准

应制定涵盖完整生产流程的质量管理标准,并经相关部门批准后实施。

9.2 检测与质量控制

9.2.1 生产企业应设有与生产能力相适应的卫生、质量检验室,配备经专业培训、考核合格的检验人员。

9.2.2 生产企业应具备一定的检验设备。检验设备应定期校验,精确度和灵敏度要符合有关检验要求。在检定规程规定的最长周期内,至少应委托国家计量检验机构校正一次,并做好记录。

9.2.3 企业的质量管理部门应负责生产全过程的质量管理和检验,受企业负责人直接领导。

9.3 生产过程质量管理

9.3.1 应找出生产过程中的控制点,并制定控制措施,包括:检验项目、检验标准、抽样及检验方法等,并做好执行记录。

9.3.2 应检查设备使用前是否保持清洁,并处于正常状态。

9.3.3 生产过程中质量管理结果若发现异常现象时,应迅速追查原因并进行处理。

9.4 成品质量管理

9.4.1 应按照国家和企业制定的质量管理标准,详细制定出成品检验项目、检验标准、抽样及检验方法。

9.4.2 应制定成品留样保存计划,每批成品应做留样保存实验,保存时间应不短于成品标示的保质期。

9.4.3 每批成品须经质量部门检验,不合格品不得出厂。

9.4.4 严格控制不合格品的存储/丢弃,避免污染合格品。若允许返工则可以再加工以去除污染;不允许将卫生指标不合格品与合格品混合,用以稀释不合格品,并使其检验合格。

9.5 仪器或设备校准

依据相关的计量规定对检测仪器进行校准,并做好记录。

在没有国家或行业测量设备校准方法时,企业可制定校准规范,以企业标准形式发布和实施,用以满足测量设备检修的需要。但在相应的国家或行业校准规范发布后,企业校准规范应废止。

10 物料控制和管理

10.1 物料接收

10.1.1 所有与食品加工用酶生产相关的原辅料、清洗剂、消毒剂、加工助剂、添加剂、包装材料均应符合国家的有关法规或标准的要求。国家和行业标准未涵盖到的,生产企业应建立企业内控标准。物料应按标准进行接收检验,应有物料接受检验程序。大容积如槽车运输至少应在接收前进行目测。检验情况应进行记录存档。

10.1.2 在接收时或不定期地在装卸后对容器和运输设施进行清洁检查,以避免任何物料污染。

10.1.3 物料在接收时的所有检测,无论是合格或不合格都应进行记录并存档。

10.1.4 怀疑可产生致病微生物的物料应经检验或有供应商提供的微生物级数的证明。

10.1.5 物料怀疑有黄曲霉毒素或按相关规定要求的其他自然毒素染菌(如玉米浆、豆粕粉)。这些物料应经检验或应有供应商提供的证明。

10.1.6 对有毒物质或变质物质(如有毒的金属、杀虫剂)的要求同上。

10.1.7 致病微生物和毒素要求应包含在物料规格内。需符合上述要求的物料在放行前应记录存档。

10.1.8 对于物料和再加工物料如怀疑感染了除规格要求外的不良微生物或昆虫应进行检测或有供应商提供的证明。

10.1.9 生产过程中可使用国家允许使用的食用级的添加剂。清洗剂、消毒剂等应在每一独立包装上有明显的中文名称标示;清洗剂、消毒剂等使用应依“先进先出”的原则,并做仓贮存量与领用管理记录。

10.2 物料的运输

10.2.1 用于包装、盛放物料的包装袋/容器应适合物料的运输。包装袋/容器应无毒、干燥、洁净。

10.2.2 运输工具应干燥、洁净。不得将有毒、有害、有污染的物品与物料混装混运,防止造成污染。

10.3 物料的贮藏

10.3.1 物料及需再加工的物料应在适宜的温度和相对湿度下贮存在指定贮罐、贮仓及仓库中,以避免污染,并有防虫、防鼠、防雀设施。成品、中间品及物料应分开存储,并不得与设备、技术仪器或其他不相关的物品存储在一起。

10.3.2 需进行再加工的物料应进行适宜的标识和隔离以防止不适宜使用。

10.3.3 需冷冻的材料应保持冷冻状态,如在使用前需融解,应采取适当方式以防止原料及其他组分变质。

10.3.4 清洗剂、消毒剂、加工助剂及添加剂贮存时,应采取有效的防止污损的措施,并应严格按照其性能特点,防止出现质量下降现象或产生质量事故。

11 工艺和控制

11.1 总体要求

11.1.1 所有涉及食品加工用酶制剂的各工序的操作应按特定的卫生程序进行,并应包含在各公司/部门的质量文件中。

11.1.2 应对相关生产过程制定操作规程。对实际操作加以记录,由专人定期检查,并规定相关记录的保留时间。

11.1.3 所有物料或产品均应有标识以确保其完成的可追溯性。

11.1.4 应在关键工艺控制点采取必要的检测手段来识别卫生问题或可能的污染。包装材料经批准才可用于食品。

11.1.5 对定期清洁任务及日常车间清洁应做出程序化的书面的计划并记录存档。

11.1.6 至少每季度应进行一次由多部门代表组成的小组进行内部 GMP 检查。检查情况应进行记录存档。

11.2 发酵过程

11.2.1 发酵罐、种子罐、管路、设备应保持清洁。保持生产环境的清洁,避免生长霉菌和其他杂菌。软管、跨接管等临时设备,使用前/后应及时清洗、消毒,防止污染。

11.2.2 菌种管理需制定严格的操作制度,菌种保存、扩大培养的生产过程应做到无菌操作,人员需进行微生物和菌种相关知识的培训,并具有相关技能。

11.2.3 发酵过程应制定操作规程,实际操作应进行记录,生产负责人或工艺管理人员应定期对记录进行检查,应有书面规定记录的留存时间。

11.3 发酵后加工过程

11.3.1 后加工车间的墙壁、地面以及设备、工器具、管路应保持清洁,避免生长霉菌和其他杂菌。间断使用须用清洗剂、消毒剂彻底清洗、消毒。

11.3.2 加工助剂和添加剂应严格按国家规定采购和使用。

11.4 包装过程

11.4.1 包装材料应符合国家有关标准的规定。

11.4.2 包装材料在使用前应避免受到污染。包装过程中应避免引入异物。

12 成品贮存和运输

12.1 成品贮存及运输使用的车辆/机械应可以有效地保护成品不受到化学、物理及微生物的污染。

12.2 仓库应经常清理,贮存物品不得直接放置地面。成品仓库应按生产日期、品名、包装形式及批号分别堆置,应设明确标识,并做记录。

12.3 为确保成品质量,应定期查看,如有异常情况需进行处理。

12.4 每批成品应经检验,确实符合产品质量标准后,方可出货,并遵行"先进先出"原则。

12.5 成品的贮存应有存量记录,成品出厂应做出货记录。内容应包括批号、出货时间、地点、对象、数量等,便于质量追踪。

12.6 对于有外包装的成品,运输车辆应适合成品的运输,便于清洁,并且不得运输可能污染成品的非食品级物料。对于散装成品的运输,运输车辆应是专门用于食品级物料的车辆,在装卸成品前应检查车辆/容器的卫生情况,并做相关记录。

13 文件和记录

13.1 生产管理、质量管理的各项制度和记录

13.1.1 应有厂房、设施和设备的使用、维护、保养、检修等制度和记录。

13.1.2 应有物料验收、生产操作、检验、发放、成品销售和用户投诉等制度和记录。

13.1.3 应有不合格品管理、物料退库和报废、紧急情况处理等制度和记录。

13.1.4 应有环境、厂房、设备、人员等卫生管理制度和记录。

13.1.5 应有本标准和专业技术培训等制度和记录。

13.2 产品生产管理文件

13.2.1 应有生产工艺规程、岗位操作法或标准操作规程生产工艺规程。

13.2.2 应有批生产记录,内容包括:产品名称、生产批号、生产日期、操作者、复核者的签名,有关操作与设备、相关生产阶段的产品数量、物料平衡的计算、生产过程的控制记录及特殊问题记录。

13.3 产品质量管理文件

13.3.1 应有物料、中间产品和成品质量标准及其检验操作规程。

13.3.2 应有产品质量稳定性考察文件。

13.3.3 应有批检验记录。

13.4 文件的起草、修订、审批、保管

生产企业应建立文件的起草、修订审查、批准、撤销、印制及保管的管理制度。分发、使用的文件应为批准的现行文本。已撤销和过时的文件除留档备查外,不应在工作现场出现。

13.5 生产管理文件和质量管理文件的编制要求

13.5.1 文件的标题应能清楚地说明文件的性质。

13.5.2 各类文件应有便于识别其文本、类别的系统编码和日期。

13.5.3 文件使用的语言应确切、易懂。

13.5.4 填写数据时应有足够的空格。

13.5.5 文件制定、审查和批准的责任应明确,并有责任人签名。

14 投诉处理和产品召回

14.1 建立投诉处理制度

所有投诉,无论以口头或书面方式收到,都应根据书面程序进行记录和调查。质量管理负责人(必

要时，应协调其他有关部门)应及时追查，妥善解决。

14.2 投诉记录与处理

14.2.1 投诉人姓名地址及联系方式。

14.2.2 投诉内容(包括产品名称和批号)。

14.2.3 收到投诉日期。

14.2.4 最初采取的措施(包括回复日期和回复者)。

14.2.5 随后采取的措施。

14.2.6 对投诉人的回复(包括发出回复的日期)。

14.2.7 对该投诉的最终处理。

14.2.8 投诉记录宜定期统计，并分送有关部门参考并加以改进。

14.3 产品召回

14.3.1 应有书面文件规定，在何种情况下应考虑召回产品，根据危害程度，对召回产品进行分类，相应制定不同级别的召回制度。

14.3.2 召回程序应规定参与评估情况的人员、启动召回的方法、召回应通知到的对象，以及召回后产品的处理方法。

14.3.3 宜定期进行模拟召回，并记录存档。

15 产品信息和宣传引导

15.1 批次的标识

每个包装上应有清晰不易脱落的标识，以便于辨认生产厂和生产批次。

15.2 产品信息

所有的产品都应具有或提供充分的产品信息，并提供产品安全数据表，以使下一个经营者或者消费者能够安全、正确地对产品进行处理、展示、贮存和使用。

ICS 67.180
X 30

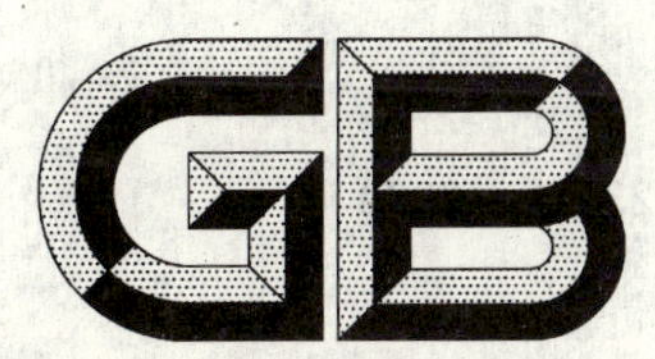

中华人民共和国国家标准

GB/T 23532—2009

木 糖

D-xylose

2009-04-27 发布　　　　2009-11-01 实施

中华人民共和国国家质量监督检验检疫总局
中国国家标准化管理委员会　发布

前　言

本标准由全国食品工业标准化技术委员会提出。

本标准由全国食品工业标准化技术委员会工业发酵分技术委员会归口。

本标准起草单位：中国发酵工业协会、山东福田药业有限公司、浙江华康药业有限公司、河南辉县宏泰化工有限公司、永清天成化工有限公司、山东高密同利化工有限公司、中国食品发酵工业研究院。

本标准主要起草人：尤新、石维忱、杜军、郭新光、方春雷、姚雪宏、潘新丽、肖长征、马永安。

木　　糖

1　范围

本标准规定了木糖的要求、试验方法、检验规则、标志、包装、运输、贮存和保质期。

本标准适用于以玉米芯等为原料，在硫酸催化剂存在的条件下经水解、脱色、净化、蒸发、结晶、干燥等工艺加工生产的木糖的生产、检验与销售。

2　规范性引用文件

下列文件中的条款通过本标准的引用而成为本标准的条款。凡是注日期的引用文件，其随后所有的修改单(不包括勘误的内容)或修订版均不适用于本标准，然而，鼓励根据本标准达成协议的各方研究是否可使用这些文件的最新版本。凡是不注日期的引用文件，其最新版本适用于本标准。

GB/T 6682　分析实验室用水规格和试验方法(GB/T 6682—2008，ISO 3696:1987，MOD)

GB/T 6678　化工产品采样总则

GB 7718　预包装食品标签通则

GB 15203　淀粉糖卫生标准

GB/T 20880　食用葡萄糖

GB/T 20884　麦芽糊精

3　分子式、相对分子质量和结构式

3.1　分子式：$C_5H_{10}O_5$。

3.2　相对分子质量：150.13(按1991年国际原子量表)。

3.3　结构式：

```
      O
      ‖
      C—H
      |
  H—C—OH      (   [环状结构：O, OH, ~OH, HO, OH]   )
      |
 HO—C—H
      |
  H—C—OH
      |
  H—C—OH
      |
      H
```

4　要求

4.1　感官要求

为白色结晶体或结晶性粉末，无异味，易溶于水，无杂质。

4.2　理化要求

应符合表1的规定。

表 1 理化要求

项 目		指 标	
		优级品	合格品
纯度/%	≥	99.0	98.5
透光率(10%水溶液)/%	≥	98.0	96.0
水分/%	≤	0.3	
灼烧残渣/%	≤	0.05	
比旋光度/(°)		+18.5~+19.5	
pH		5.0~7.0	
氯化物/%	≤	0.005	
硫酸盐/%	≤	0.005	

4.3 卫生要求

按 GB 15203 执行。

5 试验方法

本标准所用试剂和水除另有注明外均使用分析纯试剂和 GB/T 6682 中规定的水。

5.1 感官

取适量样品,在自然光线下,用肉眼观察样品的颜色和形态,有无杂质。

5.2 纯度

5.2.1 原理

同一时刻进入色谱柱的各组分,由于在流动相和固定相之间溶解、吸附、渗透或离子交换等作用的不同,随流动相在色谱柱两相之间进行反复多次的分配,由于各个组分在色谱柱中的移动速度不同,经过一定长度的色谱柱后,彼此分离开来,按顺序流出色谱柱,进入信号检测器,在记录仪上或数据处理装置上显示出各组分的谱峰数值,根据保留时间用外标法或面积归一化法定量,以外标法为仲裁法。

5.2.2 仪器

5.2.2.1 高效液相色谱仪:配有示差检测器和柱恒温系统。

5.2.2.2 色谱柱:REZEX 8μ 8%Ca · Monos (RCM) 300 mm×7.8 mm(或同等分析效果的色谱柱)。

5.2.2.3 超纯水处理器。

5.2.2.4 分析天平:感量 0.000 1 g。

5.2.2.5 超声波溶解器。

5.2.2.6 微孔滤膜:0.2 μm 或 0.45 μm。

5.2.2.7 容量瓶:50 mL。

5.2.2.8 微量进样器:10 μL。

5.2.3 试剂

5.2.3.1 水:二次蒸馏水或超纯水(过 0.45 μm 水系微孔滤膜)。

5.2.3.2 木糖标准品:纯度≥99.0%。

5.2.3.3 木糖标准溶液:用超纯水将木糖标准品配成 40 mg/mL 的水溶液。

5.2.4 色谱条件

流动相:超纯水。

柱温:75 ℃。

流速:0.6 mL/min~0.8 mL/min。

5.2.5 分析步骤

5.2.5.1 样品制备

称取适量样品(木糖含量应在5.2.5.2.2标准溶液线性范围内),用超纯水定容至100 mL,摇匀后,用0.45 μm膜过滤,收集滤液,作为待测试样溶液。

5.2.5.2 测定

5.2.5.2.1 安上色谱柱,柱温为室温,接通示差折光检测器电源,预热稳定,以0.1 mL/min的流速通入流动相平衡。正式进样分析前,将所用流动相以0.1 mL/min的流速输入参比池20 min以上,再恢复正常流路使流动相经过样品池,调节流速至0.6 mL/min~0.8 mL/min走基线,待基线走稳后即可进样,进样量为5 μL~10 μL。

5.2.5.2.2 将标准溶液在0.4 mg/mL~40 mg/mL范围内配制6个不同浓度的标准液系列,分别进样后,以标样浓度对峰面积作标准曲线。线性相关系数应为0.999 0以上,否则需调整浓度范围。

5.2.5.2.3 将标准溶液和制备好的试样分别进样。根据标样的保留时间定性样品中各种糖组分的色谱峰,根据样品的峰面积,以外标法或峰面积归一化法计算各种糖分的百分含量。

5.2.5.3 结果计算

样品中木糖的百分含量(外标法)按式(1)计算:

$$X_1 = \frac{A_i \times \dfrac{m_s}{V_s}}{A_s \times \dfrac{m}{V}} \times 100 \qquad \cdots\cdots(1)$$

式中:

X_1——样品中木糖的百分含量(质量分数),%;

A_i——样品中木糖的峰面积;

m_s——木糖标准品的质量,单位为克(g);

V_s——木糖标准品的稀释体积,单位为毫升(mL);

A_s——木糖标准品的峰面积;

m——称取样品的质量,单位为克(g);

V——样品的稀释体积,单位为毫升(mL)。

样品中木糖的百分含量(面积归一化法)按式(2)计算:

$$X_2 = \frac{A_i}{\sum A_i} \times 100\% \qquad \cdots\cdots(2)$$

式中:

X_2——样品中木糖的百分含量(质量分数),%;

A_i——样品中木糖的峰面积;

$\sum A_i$——样品中所有成分峰面积的总和。

计算结果保留至一位小数。

5.2.5.4 精密度

在重复性条件下获得的两次独立测定结果的绝对差值不应超过平均值的5%。

5.3 透光率

5.3.1 原理

当一束平行单色光通过溶液时,溶液的吸光度与溶液的浓度及液层厚度成正比。溶液的吸光度愈小,则透光率愈大,溶液愈清澈透明。

5.3.2 仪器

5.3.2.1 分光光度计(波长380 nm~850 nm)。

5.3.2.2 比色皿:0.5 cm。

5.3.3 分析步骤

称取样品 10 g,加水 100 mL 溶解完全,摇匀,即为 10%浓度的待测液。用水作空白调零点,在 420 nm 波长下测其透光率,结果表示至一位小数。

5.4 水分

按 GB/T 20884 规定的方法进行测定。

5.5 灼烧残渣

5.5.1 仪器

5.5.1.1 瓷坩埚。

5.5.1.2 高温炉。

5.5.1.3 电炉。

5.5.1.4 坩埚钳。

5.5.1.5 普通干燥器。

5.5.2 试剂

浓硫酸。

5.5.3 操作

称取供试品 1 g(准确至 0.000 1 g),放入已炽灼至恒重的瓷坩埚中,在电炉上缓缓炽灼至完全炭化,冷却至室温。加入 0.5 mL 浓硫酸使湿润,低温加热至硫酸蒸气出尽。然后移入高温炉中(800 ℃±25 ℃)炽灼,至完全灰化。移至干燥器内,放冷至室温后称量,进行检查性灼烧,直至恒重。

5.5.4 灼烧残渣的计算

样品灼烧残渣的按式(3)计算:

$$X_3 = \frac{m_1 - m_2}{m} \times 100\% \qquad \cdots\cdots(3)$$

式中:

X_3——样品的灼烧残渣,%;

m_1——炽灼后瓷坩埚与残渣质量,单位为克(g);

m_2——空坩埚质量,单位为克(g);

m——样品质量,单位为克(g)。

计算结果保留至一位小数。

5.6 比旋光度

按 GB/T 20880 规定的方法进行测定。

5.7 pH

5.7.1 仪器

酸度计:精度±0.01pH,备有玻璃电极和甘汞电极(或复合电极)。

5.7.2 分析步骤

5.7.2.1 按仪器使用说明书调试和校正酸度计。

5.7.2.2 测定:称取样品 20 g(称准至 0.01 g)于 100 mL 小烧杯中,用除去二氧化碳的中性水 100 mL 溶解,用蒸馏水冲洗电极探头,用滤纸轻轻吸干,然后将电极插入待测样液中,稳定后读数。

所得结果表示至一位小数。

5.7.3 精密度:在重复性条件下获得的两次独立测定结果的绝对差值不应超过平均值的 1%。

5.8 氯化物

除氯化物标准使用液配成含 Cl^- 0.005 mg/mL 外,其余操作按 GB/T 20880 规定的方法测定。

5.9 **硫酸盐的测定**

5.9.1 **试剂和溶液**

5.9.1.1 稀盐酸溶液。

5.9.1.2 标准硫酸钾溶液：称取硫酸钾 0.181 g 置于 1 000 mL 量瓶中，加水适量使溶解并稀释至刻度，摇匀即得(每 1 mL 相当于 100 μg 的 SO_4^{2-})。

5.9.1.3 氯化钡溶液：25%的溶液。

5.9.2 **分析步骤**

称取本品 4.0 g，加水溶解使成约 40 mL(溶液如显碱性，可滴加盐酸使成中性)；溶液如不澄清，应滤过；置 50 mL 纳氏比色管中，加稀盐酸 2 mL，摇匀得供试液。另取标准硫酸钾溶液 2 mL，置 50 mL 纳氏比色管中，加水稀释成约 40 mL，加稀盐酸 2 mL，摇匀得对照液。于两溶液中分别加入 25%氯化钡溶液 5 mL，用水稀释至 50 mL，充分摇匀，同置黑色背景上，从比色管上方观察、比较，供试液不得比对照液更深。

6 检验规则

6.1 产品应经生产厂的质量检测部门按本标准规定对其生产的产品进行逐批检验，合格的产品应附有生产厂质量检测部门签发的质量合格证，方可出厂。

6.2 以同一次投料生产、同一规格、同一品种的产品为一批。

6.3 抽样与留样

6.3.1 抽样

采样单元数按 GB 6678 规定采样，所取样品总量不得少于 500 g。

6.3.2 留样

将所取样品混匀后密闭保存于包装袋或磨口瓶中，粘贴标签，并注明生产厂名、产品名称、批号、数量、取样日期。

6.4 出厂检验

出厂检验项目为感官、纯度、透光率、水分、灼烧残渣、比旋光度、pH、氯化物、硫酸盐。

6.5 型式检验

检验项目为本标准要求中规定的全部项目。一般情况下，型式检验半年进行一次。有下列情况之一时，亦应进行型式检验：

a) 原辅材料有较大变化时；

b) 更改关键工艺或设备时；

c) 新试制的产品或正常生产的产品停产 3 个月后，重新恢复生产时；

d) 出厂检验与上次型式检验结果有较大差异时；

e) 国家质量监督检验机构按有关规定需要抽检时。

6.6 判定规则

检验结果如有感官或 1 项～2 项理化指标不合格，可以从该批产品中加倍抽样，对不合格项目进行复检，复检结果只要有一项不合格，则判为不合格品。

7 标志、包装、运输、贮存和保质期

7.1 **标志**

标志应符合 GB 7718 规定。对有特殊要求的包装及标志，按需方要求进行包装及标志。

7.2 **包装**

外包装为纸/塑不织布复合包装袋、纸箱、纸袋或集装袋，内包装为食品级聚乙烯塑料的复合包装袋(或合同中规定的符合贮存、运输要求的其他形式的包装)，经检验合格后方可使用。袋口严格密封，以

防产品吸潮和漏出袋外。

7.3 运输

在运输过程中应覆盖苫布或用集装箱，运输工具应清洁、防止撞击，禁止与有毒品混装混运，应避免受潮、受压、曝晒。

7.4 贮存

应储存在通风、干燥的仓库内，并应离地离墙，不得与有毒物品混放。

7.5 保质期

保质期为自生产之日起两年(长期存放可能产生结块，但不影响其品质，在保质期内可继续使用)。

ICS 67.220.20
X 69

中华人民共和国国家标准

GB/T 23533—2009

固定化葡萄糖异构酶制剂

Immobilized glucose isomerase preparations

2009-04-27 发布　　2009-11-01 实施

中华人民共和国国家质量监督检验检疫总局
中国国家标准化管理委员会　发布

前言

本标准的附录A为资料性附录。

本标准由中国轻工业联合会提出。

本标准由全国食品工业标准化技术委员会工业发酵分技术委员会归口。

本标准起草单位：中国食品发酵工业研究院、诺维信(中国)生物技术有限公司。

本标准主要起草人：张蔚、滕智津、郭新光、唐辰、翟文景。

固定化葡萄糖异构酶制剂

1 范围

本标准规定了固定化葡萄糖异构酶制剂的术语和定义、要求、试验方法、检验规则和标志、包装、运输、贮存及保质期。

本标准适用于经淀粉质(或糖质)为原料,经微生物发酵、提纯、固定化制得的固定化葡萄糖异构酶制剂产品的生产、检验和销售。

2 规范性引用文件

下列文件中的条款通过本标准的引用而成为本标准的条款。凡是注日期的引用文件,其随后所有的修改单(不包括勘误的内容)或修订版均不适用于本标准,然而,鼓励根据本标准达成协议的各方研究是否可使用这些文件的最新版本。凡是不注日期的引用文件,其最新版本适用于本标准。

GB/T 191 包装储运图示标志(GB/T 191—2008,ISO 780:1997,MOD)

3 术语和定义

下列术语和定义适用于本标准。

3.1

葡萄糖异构酶 glucose isomerase

能将 D-葡萄糖转化为 D-果糖的酶。

3.2

固定化葡萄糖异构酶 immobilized glucose isomerase

经载体固定化而成的葡萄糖异构酶。

3.3

葡萄糖异构酶活力 activity of glucose isomerase

葡萄糖异构酶活力以葡萄糖异构酶活力单位表示,定义为 1 g 固体化葡萄糖异构酶,在本标准规定的反应条件下,1 h 转化产生 1 mg 果糖,即为 1 个酶活力单位,以 u/g 表示。

3.4

生产能力 productivity

在适宜的工作条件下,酶活力降至原活力的 10%的过程中,1 kg 固定化酶能转化绝干葡萄糖为绝干果葡糖的量。

4 要求

4.1 外观

不结块,无异味。

4.2 固定化载体

所使用的固定化载体需符合相关标准要求。

4.3 理化要求

应符合表 1 的规定。

表 1 固定化葡萄糖异构酶制剂的理化要求

项 目		要 求
酶活力[a]/(u/g)	≥	2 000
生产能力/(t/kg)	≥	5
强度		合格
干燥失重/%	≤	8.0
[a] 可按供需双方合同规定的酶活力规格执行。		

4.4 卫生要求

应符合国家有关规定。

5 试验方法

除非另有说明,在分析中仅使用分析纯试剂和蒸馏水或去离子水或相当纯度的水。

5.1 外观

称取样品 10 g(或 10 mL),观察、嗅闻作出判断,做好记录。

5.2 酶活力

5.2.1 适用于链霉菌(*Streptomyces* sp.)生产的葡萄糖异构酶制剂

5.2.1.1 溶液和试剂

5.2.1.1.1 葡萄糖溶液(700 g/L)

称取 70 g 葡萄糖加入沸水中,使其完全溶解,冷却后用蒸馏水定容至 100 mL。

5.2.1.1.2 磷酸缓冲溶液(pH=7.5)

分别称取磷酸二氢钠 1.96 g 和十二水磷酸氢二钠 39.62 g,用水溶解并定容到 500 mL。如需要,调节溶液的 pH 到 7.5±0.05。

5.2.1.1.3 硫酸镁溶液(61 g/L)

称取 12.3 g 七水合硫酸镁($MgSO_4 \cdot 7H_2O$),加水溶解并定容至 100 mL。

5.2.1.1.4 高氯酸溶液(210 mL/L)

量取市售的高氯酸试剂 21 mL,用水定容至 500 mL。

5.2.1.2 分析步骤

称取适量固定化酶完整颗粒,用 1 mL 磷酸缓冲溶液(5.2.1.1.2)于 3 ℃~7 ℃浸泡 16 h 后,加 1.5 mL 磷酸缓冲溶液,0.5 mL 硫酸镁溶液(5.2.1.1.3)和 1.5 mL 葡萄糖溶液(5.2.1.1.1),再加水调整至总体积 5 mL,于 70 ℃反应 1 h。加 5 mL 高氯酸溶液(5.2.1.1.4)终止反应,测定果糖含量。

5.2.2 适用于游动放线菌(*Actinoplanes* sp.)生产的葡萄糖异构酶制剂

5.2.2.1 溶液和试剂

5.2.2.1.1 葡萄糖溶液(540 g/L)

称取 54.0 g 无水葡萄糖加入沸水中,使其完全溶解,冷却后用蒸馏水定容至 100 mL;

5.2.2.1.2 磷酸缓冲溶液(pH=7.0)

分别称取磷酸氢二钠 12.36 g 和十二水合磷酸二氢钠 41.0 g,加水溶解并定容至 1 L。如需要,调节溶液的 pH 到 7.0±0.05。

5.2.2.1.3 硫酸镁溶液(3.66 g/L)

称取 0.739 g 七水合硫酸镁($MgSO_4 \cdot 7H_2O$),加水溶解并定容至 100 mL。

5.2.2.1.4 硫酸钴溶液(0.46 g/L)

称取 0.084 3 g 七水合硫酸钴($CoSO_4 \cdot 7H_2O$),加水溶解并定容至 100 mL。

5.2.2.2 分析步骤

称取适量固定化酶完整颗粒，用1 mL磷酸缓冲溶液(5.2.2.1.2)于3 ℃～7 ℃浸泡16 h后，加0.5 mL磷酸缓冲溶液，0.5 mL硫酸镁溶液(5.2.2.1.3)，0.5 mL硫酸钴溶液(5.2.2.1.4)和2.5 mL葡萄糖溶液(5.2.2.1.1)，再加水调整至总体积5 mL，于75 ℃反应1 h。加5 mL高氯酸溶液(5.2.1.1.4)终止反应，测定果糖含量。

5.2.3 果糖的测定

5.2.3.1 溶液和试剂

5.2.3.1.1 半胱氨酸盐酸盐溶液(15 g/L)

称取生化试剂半胱氨酸盐酸盐0.375 g，用水溶解定容至25 mL。

5.2.3.1.2 咔唑酒精溶液(1.2 g/L)

称取咔唑30.0 mg，用无水酒精溶解定容至25 mL，放置在棕色瓶中，24 h后使用。

5.2.3.1.3 硫酸溶液

取市售浓硫酸450 mL，在不断搅拌下徐徐倒入190 mL水中。

5.2.3.1.4 标准果糖溶液

称取55 ℃真空干燥至恒重的果糖125.0 mg，精确至0.000 1 g，用水定容至25 mL(即5 mg/mL)，存放于冰箱备用。使用时稀释100倍(即50 μg/mL)。

5.2.3.2 分析步骤

5.2.3.2.1 绘制标准曲线

取25 mL比色管分别加入50 μg/mL果糖标准溶液0 mL、0.2 mL、0.4 mL、0.6 mL和0.8 mL，分别用蒸馏水补充至1 mL后，于每管中加入0.2 mL半胱氨酸盐酸盐溶液(5.2.3.1.1)、6 mL硫酸溶液(5.2.3.1.3)，摇匀后，立即加入0.2 mL咔唑酒精溶液(5.2.3.1.2)，摇匀，于60 ℃水浴中保温10 min，取出，用水冷却，用10 mm比色皿于560 nm波长下比色，以吸光度对果糖作图，即得标准曲线。

5.2.3.2.2 样品测定

将5.2.1.2或5.2.2.2的反应终止液适当稀释后(使果糖含量在20 μg/mL～30 μg/mL范围内)，准确吸取1.0 mL于25 mL比色管，加入0.2 mL半胱氨酸盐酸盐溶液、6 mL硫酸溶液，摇匀后，立即加入0.2 mL咔唑酒精溶液，摇匀，于60 ℃水浴中保温10 min，取出，用水冷却，用10 mm比色皿于560 nm波长下比色，记录吸光度后，在标准曲线图上查得相应的果糖含量。

5.2.4 计算

5.2.4.1 酶反应液产生果糖含量的计算

酶反应液产生果糖的含量按式(1)计算：

$$X_1 = m_1 \times n \times 1\,000 \quad \cdots\cdots(1)$$

式中：

X_1——酶反应液产生果糖的质量，单位为克(g)；

m_1——吸光度在标准曲线上查得的果糖质量，单位为微克(μg)；

n——稀释倍数；

1 000——质量换算系数。

结果保留至整数位。

5.2.4.2 样品酶活力的计算

样品的酶活力按式(2)计算：

$$X_2 = \frac{U}{m_2} \quad \cdots\cdots(2)$$

式中：

X_2——样品的酶活力，u/g；

U——酶活力单位，u；

m_2——样品质量，单位为克(g)。

5.2.5 **精密度**

在重复性条件下获得的两次独立测定结果的绝对差值应不超过算术平均值的2%。

5.3 **生产能力**

生产能力按式(3)计算：

$$X_3 = \frac{\sum S}{m_3 \times 1\ 000} \qquad \cdots\cdots(3)$$

式中：

X_3——生产能力，单位为吨每千克(t/kg)；

$\sum S$——转化糖量的总和，单位为千克(kg)；

m_3——转化时所用固定化酶的量，单位为千克(kg)。

果葡糖中果糖含量按42%(质量分数)计。

5.4 **强度**

固定化酶用60 ℃蒸馏水浸没，缓慢搅动20 h，用两个手指用力挤压，放开后不成浆(或极少量成浆)仍硬，为合格。否则为不合格。

5.5 **干燥失重**

5.5.1 **仪器**

5.5.1.1 电热干燥箱。

5.5.1.2 分析天平：精度为0.000 1 g。

5.5.1.3 称量瓶：50 mm×30 mm。

5.5.2 **分析步骤**

用烘干至恒重的称量瓶称取酶样约2 g，精确至±0.000 2 g，置于103 ℃±2 ℃电热干燥箱中将盖取下，侧放在称量瓶旁，烘干2 h，取出，加盖，放入干燥器中冷却至室温，称量。

5.5.3 **计算**

干燥失重按照式(4)计算：

$$X_4 = \frac{m_5 - m_6}{m_5 - m_4} \times 100 \qquad \cdots\cdots(4)$$

式中：

X_4——样品的干燥失重，%；

m_5——干燥前称量瓶加样品的质量，单位为克(g)；

m_6——干燥后称量瓶加样品的质量，单位为克(g)；

m_4——称量瓶的质量，单位为克(g)。

所得结果表示至一位小数。

6 检验规则

6.1 **批次的确定**

由生产单位按照其相应的规则负责确定产品的批号，批内产品的品质应均一。

6.2 **取样规则和样本量**

6.2.1 取样应均匀分布在整个灌装过程中，或均匀分布于灌装后的成品中。

6.2.2 取样时应采用适宜的方法保证取样具有代表性，保证取样部位和取样瓶的清洁。对用于微生物检验的取样,应使用无菌操作。

6.2.3 成品抽样的样本量见表2。取样的样本量可按照估计的批量参照表2执行,或由生产企业和(或)相关方确定。批取样量不得少于300 mL(或300 g),不足者应按比例适当加取。

表2 成品抽样的样本量

批量/桶或箱	样本量/桶或袋
<50	2
51~500	3
>500	4
注:批量是指批中所包含的单位商品数,单位为桶或箱。样本量是指样本中所包含的样本单位数,单位为桶或袋。	

6.3 检验分类

6.3.1 出厂检验

6.3.1.1 产品出厂前,应由生产厂的质量监督检验部门按本标准规定逐批进行检验,检验合格,并附上质量合格证明的,方可出厂。

6.3.1.2 检验项目:外观、酶活力、干燥失重和菌落总数。

6.3.2 型式检验

6.3.2.1 检验项目:本标准中全部要求项目。

6.3.2.2 一般情况下,同一类产品的型式检验每年至少进行一次,有下列情况之一者,亦应进行:

a) 原辅材料有较大变化时;

b) 更改关键工艺或设备时;

c) 新试制的产品或正常生产的产品停产3个月后,重新恢复生产时;

d) 出厂检验与上次型式检验结果有较大差异时;

e) 国家质量监督检验机构按有关规定需要抽检时。

6.4 判定规则

6.4.1 出厂检验和(或)型式检验合格时,由质量检验部门出具产品合格证。

6.4.2 出厂检验和(或)型式检验不合格时,在原批次基础上加倍取样分析。如仍不合格,判定该产品为不合格品,不得出厂。

7 标志、包装、运输及贮存

7.1 标志

7.1.1 产品的外包装宜使用符合GB/T 191要求的标志。

7.1.2 产品的包装上应贴有牢固的标签。标志内容应包括品名、产地、厂名、规格(酶活力)、生产日期、批号或代号、保质期等。

7.2 包装

产品的内包装和(或)包装容器的内涂料应采用国家批准的材料,食品工业用产品应符合相应的食品包装用/食品容器卫生标准的材料。

7.3 运输

产品在运输过程中应轻拿轻放,严防雨淋和曝晒。运输工具应清洁、无毒、无污染。严禁与有毒、有害、有腐蚀性的物质混装混运。

7.4 贮存

产品应贮存在阴凉干燥的环境下。严禁与有毒、有害、有腐蚀性的物质同存。

8 保质期

8.1 在4 ℃以下固定化葡萄糖异构酶制剂保质期不少于90天，企业应按上述要求具体标示。在保质期内实测酶活力不应低于标示酶活力。

8.2 酶制剂是含有生物活性物质的产品。在保质期外，保存期内，酶活力可能降低，但仍具有使用价值。

附 录 A
(资料性附录)
固定化葡萄糖异构酶活力的测定

A.1 范围

本方法适用于测定样品中固定化葡萄糖异构酶的活力。

A.2 原理和反应条件

A.2.1 原理

利用葡萄糖异构酶可以将葡萄糖转化为果糖的原理，把酶装填在柱子中并在标准条件下与葡萄糖浆反应。用旋光仪检测由葡萄糖转化来的果糖，从转化速率计算酶的活力。

A.2.2 反应条件

葡萄糖：450 g/kg。

底物 pH：7.5。

温度：60 ℃。

Mg^{2+}：99 mg/L（1.0 g/L $MgSO_4 \cdot 7H_2O$）。

Ca^{2+}：<2 μg/g。

激活因子，SO_2：100 μg/g（0.18 g/L $Na_2S_2O_5$）。

转化率：0.40～0.45。

缓冲液，Na_2CO_3：2 mmol/L。

A.3 缩略语

下列缩略语适用于本附录。

IGIU：immobilized glucose isomerase units，葡萄糖异构酶的活力单位。

A.4 专一性和灵敏度

本方法的定量限为 160 IGIU/g。

注：IGIU 表示在标准条件下每分钟转化 1 μmol 葡萄糖所需的酶量。

A.5 仪器和设备

A.5.1 恒温水浴：精度±0.2 ℃。

A.5.2 2.5 cm×20 cm 玻璃柱。

A.5.3 变速蠕动泵。

A.5.4 折光仪。

A.5.5 自动进样器。

A.6 试剂

除非另有说明，在分析中仅使用确认为分析纯的试剂和蒸馏水或去离子水或相当纯度的水。

A.6.1 硫酸镁储备液(226 g/L)

称取七水合硫酸镁 463.0 g，用水溶解并定容到 1 000 mL。

A.6.2 硫酸镁工作液(0.226 g/L)

取上述溶液 1.0 mL,用水定容到 1 000 mL。该溶液使用前配制。

A.6.3 氢氧化钠溶液 1(40 g/L)

取氢氧化钠片剂 40.0 g,用水溶解并定容到 1 000 mL。

A.6.4 氢氧化钠溶液 2(160 g/L)

取氢氧化钠片剂 160.0 g,用水溶解并定容到 1 000 mL。

A.6.5 碳酸钠溶液(105.99 g/L)

取碳酸钠 105.99 g,用水溶解并定容到 1 000 mL。

A.6.6 硫酸溶液

取市售浓硫酸 27.2 mL,在搅拌的条件下缓慢倒入一定量的水中,待冷却到室温后用水定容到 1 000 mL。

A.6.7 葡萄糖底物(450 g/kg,pH=7.5)

分别称取 539.0 g 无水葡萄糖、1.0 g 七水合硫酸镁、0.21 g 碳酸钠和 0.18 g 焦亚硫酸钠,在加热(最高 70 ℃)和搅拌下完全溶于 700 mL 去离子水中。冷却到 25 ℃,用 0.5 mol/L H_2SO_4(A.6.6)调节 pH 到 7.50±0.03,然后用去离子水定容至 1 000 mL 或定重到 1 199 g。

然后分别取硫酸镁储备液(A.6.1)87.0 mL,碳酸钠溶液(A.6.5)80.0 mL,焦亚硫酸钠 7.12 g 和硫酸溶液(A.6.6)约 28.5 mL 到上述定容的葡萄糖底物中,搅拌均匀。检查溶液的 pH,如需要,用氢氧化钠溶液(A.6.4)或硫酸溶液调节到 7.50±0.03。

A.7 标准对照品

如可能,在每次试验中应加一个标准对照品,以检查测定的稳定性。如标准对照品的检测值与标志值超过精密度所规定的范围,需要重新进行试验。

A.8 试验步骤

分析试验持续 3 天。其中第一天主要用来安装设备和酶样品的填柱处理,第二天用来进行预试验,第三天用来正式测定样品的活力。

以下分别描述第一天、第二天和第三天的试验步骤。

A.8.1 第一天

A.8.1.1 准备底物

按照 A.6.7 所规定的方法准备底物。

A.8.1.2 准备水浴

水浴锅中加水直到足够浸没玻璃柱(A.5.2)。设定温度到 60 ℃。达到温度后将空玻璃柱放入水浴中。

A.8.1.3 流速选择和样品量

依据预期的样品酶活力选择样品量和配套的流速(见表 A.1)。使用前样品的预期活力先乘以 0.7 作校正。

将管线接到变速蠕动泵和玻璃柱上。启动泵使管路环线中充满底物。

表 A.1 样品与流速的选择

估计活力/IGIU	样品质量/g	流速/(mL/min)
550	6	1.20
500	6	1.20
440	6	1.20

表 A.1(续)

估计活力/IGIU	样品质量/g	流速/(mL/min)
420	7	1.20
380	7	1.20
350	7	1.0
320	8	1.0
280	8	1.0
250	8	0.8
220	9	0.8
190	9	0.6
160	9	0.6

A.8.1.4 样品溶胀

称取一定量的样品到 100 mL 烧杯中,加入约 40 mL 底物。放置 60 min。头 15 min 每 5 min 搅拌一次,然后定时搅拌。

A.8.1.5 装填柱子

将溶胀的酶搅拌后注入玻璃柱中,烧杯中剩余的酶用硫酸镁工作液(A.6.2)清洗注入柱中。待溶胀的酶沉降下来,将浸透 1.88 mmol/L 的硫酸镁工作液的棉塞(约 0.69 g~0.71 g)推入柱中,距酶表面约 1 cm~2 cm。尽量避免棉塞中有气泡。

待柱中充满液体后将柱子盖上,盖子要固定在架子上。将架子架在水浴中,架子的两翼要在水浴外。然后将泵管连在盖子上,将出口连上出口管。检查一下,保证所有出口都能滴液。接着将架子两翼折好,架子放下深入到水浴中,盖上水浴盖。再检查一下,保证所有出口都能滴液及所有出口管都连在出口上。

如果出口管不滴液则有可能被堵塞。这种情况下检查是否少量固定化酶堵塞了通路。如需要,可以采用反向通液的方法来尝试解决。

A.8.2 第二天

在第二天和第三天收集转化产物时需保持反应环境温度的稳定。由于水浴将散发出大量的热,可以考虑采用使用空调的方法来调节环境温度。第二天收集的第一个转化产物作为葡萄糖转化为果糖过程的参考品。这个对照品可以用来调节流速以保证第三天活力测定时转化率在 0.40~0.45 之间。

A.8.2.1 pH 调节

检查底物 pH 为 7.5±0.03。读取底物的折光值。

如果底物的 pH 不是 7.5±0.03,用硫酸溶液(A.6.6)或氢氧化钠溶液 1(A.6.3)调节。调节 pH 2 h 之内不能取样测定。

如果 pH 在范围之内,收集转化产物约 10 mL 用于下一步测试。

A.8.2.2 测试

向所有收集的转化产物中加入 0.1 mL 氢氧化钠溶液 1(A.6.4)以使变旋作用更快达到平衡。

从完成收集转化产物到完成测试应在 45 min 之内,这是为了防止蒸发。收集的样品用旋光数值测定转化率。

样品可按下列顺序测试:

用水设零→2 次底物→2 次水→转化产物。

重复操作直到完成所有分析。最后用 2 次水、2 次乙醇和 2 次水清洗仪器。

记录样品的折光值、样品称重和旋光值。应做检查以保证折光常数在0.992～1.008之间。

如果折光常数超出范围，折光值和旋光值要重新测试。

A.8.2.3 转化率

要保证转化率在0.40～0.45之间。如果不行，需要考虑改变流速：

——转化率>0.45：考虑更高的流速；

——转化率<0.40：考虑更低的流速。

A.8.3 第三天

在测定转化率48 h后收集转化产物。

检查底物pH为7.5±0.03。读取底物的折光值。

将转化产物收集在玻璃瓶中，测净重。

在1 h和3 h后分别从玻璃瓶中取样。测定样品的折光值。两次测定的相关系数CV应≤2%。

A.9 计算

A.9.1 计算方法

本反应为可逆反应，果糖浓度的上升与葡萄糖的浓度以及果糖形成速度之间的关系十分复杂。

A.9.1.1 葡萄糖溶液密度的计算

对于浓度为450 g/L的葡萄糖溶液，密度按照式(A.1)计算：

$$\rho = 0.005\,16 \times DS + 0.966\,3 \qquad \text{(A.1)}$$

式中：

ρ——底物密度，单位为克每毫升(g/mL)；

DS——底物葡萄糖含量。

A.9.1.2 转化率的计算

利用旋光仪的读数，用式(A.2)计算转化率：

$$A = \frac{\alpha_G}{\alpha_G - \alpha_F} \times \left(L - \frac{\alpha_S \times 100}{\alpha_G \times L \times DS \times \rho} \right) \qquad \text{(A.2)}$$

式中：

A——计算的转化率；

α_G——葡萄糖的特征旋光度(实测值，20 ℃)；

α_F——果糖的特征旋光度(实测值，20 ℃)；

α_S——样品旋光度；

L——样品池长，10 cm；

DS——底物葡萄糖含量；

ρ——底物密度，单位为克每毫升(g/mL)。

A.9.1.3 酶活力的计算

用式(A.3)计算样品的酶活力：

$$X_5 = 0.926 \times \frac{F}{m} \times Xe \times DS \times \ln \frac{Xe}{Xe - A} \qquad \text{(A.3)}$$

式中：

X_5——样品的酶活力，IGIU/g；

0.926——转化因子(g/h到mmol/min)；

F——流速，单位为克每小时(g/h)；

m——酶样品的质量，单位为克(g)；

DS——底物葡萄糖含量；

Xe——平衡时转化率(0.507,60 ℃)；

A——转化率[由式(A.2)计算所得]。

A.9.2 结果表示

测试值给出三位有效数字。

A.10 精密度

在重复性条件下获得的两次独立测定结果的绝对差值不应超过平均值的3%。

ICS 67.180.20
X 31

中华人民共和国国家标准

GB/T 23534—2009

曲　　酸

Kojic acid

2009-04-27 发布　　　　2009-11-01 实施

中华人民共和国国家质量监督检验检疫总局
中国国家标准化管理委员会　发布

前言

本标准由中国轻工业联合会提出。

本标准由全国食品工业标准化技术委员会工业发酵分技术委员会归口。

本标准起草单位：无锡赛德生物工程有限公司、中国食品发酵工业研究院、四川省食品发酵工业设计研究院。

本标准主要起草人：胡嫣桐、张蔚、谢光蓉、华家荣、郭新光、王玲。

曲　　酸

1　范围

本标准规定了曲酸的要求、分析方法、检验规则和标志、包装、运输、贮存。

本标准适用于由葡萄糖经黑曲霉(*Aspergillus niger*)发酵、提纯制取的曲酸产品的生产、检验与销售。

2　规范性引用文件

下列文件中的条款通过本标准的引用而成为本标准的条款。凡是注日期的引用文件,其随后所有的修改单(不包括勘误的内容)或修订版均不适用于本标准,然而,鼓励根据本标准达成协议的各方研究是否可使用这些文件的最新版本。凡是不注日期的引用文件,其最新版本适用于本标准。

GB/T 602　化学试剂　杂质测定用标准溶液的制备(GB/T 602—2002,ISO 6353-1:1982,NEQ)

GB/T 617　化学试剂　熔点范围测定通用方法(GB/T 617—2006,ISO 6353-1:1982,NEQ)

GB/T 6682　分析实验室用水规格和试验方法(GB/T 6682—2008,ISO 3696:1987,MOD)

3　化学名称、结构式、分子式和相对分子质量

3.1　化学名称:5-羟基-2-羟甲基-4-吡喃酮(5-hydroxy-*a*-hydroxymethyl-4-pyrone)。

3.2　结构式:

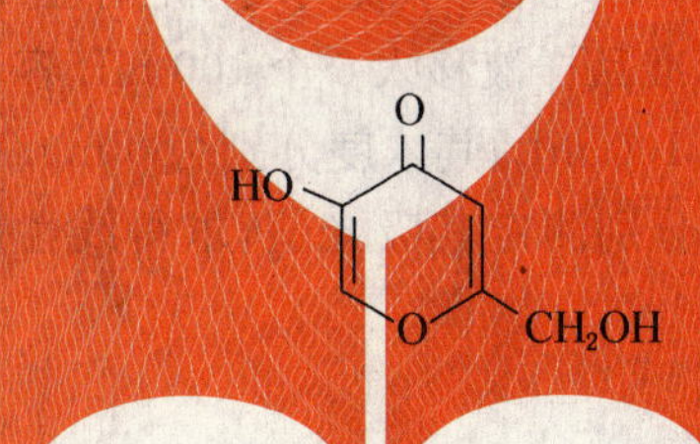

3.3　分子式:$C_6H_6O_4$。

3.4　相对分子质量:142.1(按2003年国际相对原子质量计)。

4　要求

4.1　感官要求

白色至淡黄色针状晶体,无异味。

4.2　理化要求

应符合表1的规定。

表1　理化要求

项　　目		指　　标
曲酸含量/%	≥	99
熔点/℃		152～156
干燥失重/%	≤	1.0
灼烧残渣/%	≤	0.2
氯化物(以Cl计)/(mg/kg)	≤	100

4.3 微生物要求

应符合国家有关规定。

5 分析方法

本标准中所用的水，在未注明其他要求时，均指符合 GB/T 6682 中三级以上的水。

本标准中所用的试剂，在未注明规格时，均指分析纯(AR)。若有特殊要求须另作明确规定。

本标准所用溶液在未注明用何种溶剂配制时，均指水溶液。

5.1 外观

取适量样品置于清洁、干燥的白瓷盘中，在自然光线下，观察其色泽，嗅其味。

5.2 曲酸含量

5.2.1 原理

在酸性溶液中，曲酸与三价铁生成稳定的红色络合物，在波长 500 nm 处有吸收峰，用分光光度计测其吸光度，在曲酸的一定浓度范围内，所生成的红色络合物的颜色深浅和曲酸的浓度成正比，并可从标准曲线上查得曲酸量。

5.2.2 仪器

721 或 722 分光光度计。

5.2.3 试剂和溶液

5.2.3.1 曲酸：标准品，纯度≥99.5%。

5.2.3.2 显色剂：称取 10 g 氯化铁($FeCl_3$)，加入 22.5 mL 浓盐酸(HCl)。用蒸馏水定容到 1 000 mL。

5.2.4 分析步骤

5.2.4.1 回归方程的确定

准确称取曲酸标准品(5.2.3.1)0.100 0 g，溶于蒸馏水中，定容至 100 mL，用吸管分别吸取 0 mL、1 mL、2 mL、3 mL、4 mL、5 mL 共 6 个标准品样液移入 6 个 100 mL 容量瓶中，补加蒸馏水约 50 mL，分别加入显色剂(5.2.3.2)2 mL，再定容至 100 mL，其浓度分别为 0 mg/L、10 mg/L、20 mg/L、30 mg/L、40 mg/L、50 mg/L，在波长为 500 nm 下分别测定其吸光值，求得线性回归方程，其线性相关系数应为 0.999 0 以上。

注：标准曲线浓度需根据标准品纯度折算。

5.2.4.2 样品的测定

准确称取待测样品 0.1 g，精确至 0.1 mg，溶于蒸馏水中，定容至 100 mL。取 2 mL 于 100 mL 容量瓶中，加入 2 mL 显色剂(5.2.3.2)，再定容至 100 mL。在波长 500 nm 处测其吸光值。代入以上求得的线性方程即得曲酸含量。

5.3 干燥失重

5.3.1 仪器

5.3.1.1 低型称量瓶：瓶径×瓶高(35 mm×25 mm)。

5.3.1.2 干燥器：以变色硅胶为干燥剂。

5.3.1.3 分析天平：感量 0.1 mg。

5.3.1.4 电热恒温干燥箱：103 ℃±2 ℃。

5.3.2 操作步骤

用恒重的称量瓶称取试样 2 g，精确至 0.5 mg，放入 103 ℃±2 ℃电热恒温干燥箱中，将盖取下，侧放在瓶边，烘干 2 h，加盖，取出，置于干燥器中，冷却至室温(约 30 min)，称量。

5.3.3 计算

干燥失重按式(1)计算：

$$X = \frac{m_1 - m_2}{m_1 - m_0} \times 100 \qquad \cdots\cdots(1)$$

式中：

X——样品的干燥失重(质量分数)，%；

m_1——干燥前，试样加称量瓶的质量，单位为克(g)；

m_2——干燥后，试样加称量瓶的质量，单位为克(g)；

m_0——恒重后称量瓶的质量，单位为克(g)。

计算结果表示至小数点后两位。

5.3.4 精密度

在重复性条件下获得的两次独立测定结果的绝对差值不得超过算术平均值的1%。

5.4 灼烧残渣

5.4.1 仪器

5.4.1.1 石英或铂坩埚。

5.4.1.2 干燥器：以变色硅胶为干燥剂。

5.4.1.3 分析天平：感量 0.1 mg。

5.4.1.4 高温炉：650 ℃±50 ℃。

5.4.2 分析步骤

用已于 650 ℃±50 ℃下灼烧至恒重的坩埚称取试样 2 g，精确至 0.2 mg，用少量硫酸湿润样品，先在通风橱内的电炉上用小火缓慢加热碳化，冷却至室温，再加入约 1 mL 硫酸湿润残渣，缓缓加热至硫酸白烟消尽。移入高温炉中，在 650 ℃±50 ℃灼烧 2 h，取出，冷却至 200 ℃以下后，置于干燥器中冷却至室温，称量。

5.4.3 计算

灼烧残渣按式(2)计算：

$$X=\frac{m_2-m_0}{m_1-m_0}\times 100 \qquad \cdots\cdots(2)$$

式中：

X——样品的灼烧残渣(质量分数)，%；

m_2——灼烧后，恒重坩埚加残渣的质量，单位为克(g)；

m_0——恒重后坩埚的质量，单位为克(g)；

m_1——试样加恒重坩埚的质量，单位为克(g)。

计算结果表示至小数点后两位。

5.4.4 精密度

在重复性条件下获得的两次独立测定结果的绝对差值不得超过算术平均值的1%。

5.5 氯化物

5.5.1 原理

在硝酸介质中，氯离子与银离子生成难溶的氯化银。当氯离子含量很低时，在一定时间内氯化银呈悬浮体，使溶液混浊，可用目视比浊法测定。

5.5.2 试剂和溶液

5.5.2.1 硝酸溶液(2 mol/L)：量取浓硝酸 47.7 mL，加水稀释至 250 mL。

5.5.2.2 硝酸银溶液(0.1 mol/L)：称取硝酸银 4.25 g，用水溶解并定容至 250 mL，贮存于棕色试剂瓶中。

5.5.2.3 氯化物标准贮备溶液(0.1 mg/mL Cl^-)：按 GB/T 602 制备。

5.5.2.4 氯化物标准使用溶液(0.005 mg/mL Cl^-)：吸取氯化物标准贮备溶液 5.0 mL，用水定容至 100 mL。

5.5.3 测定步骤

5.5.3.1 称取试样 1 g,精确至 0.01 g。置于 50 mL 比色管(B)中,加水溶解并稀释至 25 mL,混匀。同时吸取氯化物标准使用溶液(5.5.2.4)5.0 mL 于比色管(A)中,加水稀释至 25 mL。

5.5.3.2 分别向上述管中各加入 2 mol/L 硝酸溶液(5.5.2.1)5.0 mL,再立即加入 0.1 mol/L 硝酸银溶液(5.5.2.2)1.0 mL,混匀,于避光处静置 2 min 后取出,进行横向目视比浊,若试样管(B)的浊度不超过标准管(A),则判氯化物含量合格(即氯化物≤25 mg/kg)。

5.6 熔点

按 GB/T 617 执行。

6 检验规则

6.1 组批

在同一时间经同一混合机混合后,质量均匀的产品为一批。

6.2 取样

按表 2 规定确定抽取的包装件数。每批随机抽取 500 g。型式检验的样本,应从出厂检验合格的产品中随机抽取。

表 2 抽样表

批量/桶或箱	样本量/桶或袋
<50	2
51～500	3
>500	5

6.3 出厂检验

6.3.1 产品出厂前,按本标准规定逐批进行检验。

6.3.2 出厂检验项目:感官要求、曲酸含量、干燥失重、灼烧残渣、菌落总数。

6.4 型式检验

6.4.1 型式检验项目

型式检验项目为要求中全部项目。

6.4.2 产品一般情况下,型式检验每三个月一次,遇有下列情况之一时亦需检验:

——正常生产时,如原料、配方或工艺有较大改变,可能影响产品质量时;

——产品长期停产,重新恢复生产时;

——出厂检验结果与平常记录有较大差别时;

——国家质量监督部门提出要求时。

6.5 判定规则

6.5.1 当检验结果中,有一项检验项目不合格时,应重新自同批产品中抽取两倍量样本进行复验,以复验结果为准。如仍有一项不合格,则判整批产品为不合格品。

6.5.2 当供需双方对产品质量发生异议时,由双方协商选定仲裁单位,按本标准进行复验。

7 标志、包装、运输和贮存

7.1 标志

外包装应标明:产品名称、规格、净含量、生产日期、保质期、生产厂名、厂址、标准号。

7.2 包装

7.2.1 产品内包装材料需符合食品包装材料的卫生要求。

7.2.2 包装要求:内包装封口严密,不得透气,外包装不得受到污染。

7.3 **贮存、运输**

7.3.1 产品在运输过程中应轻拿轻放，严防污染、雨淋和曝晒。

7.3.2 运输工具应清洁、无毒、无污染。严禁与有毒、有害、有腐蚀性的物质混装混运。

7.3.3 产品应贮存在阴凉、干燥、通风无污染的环境下，不应露天堆放。适宜贮存温度 30 ℃、相对湿度 50％以下保存。

ICS 67.220.20
X 60

中华人民共和国国家标准

GB/T 23535—2009

脂肪酶制剂

Lipase preparations

2009-04-27 发布　　　　　　　　　　　　2009-11-01 实施

中华人民共和国国家质量监督检验检疫总局
中国国家标准化管理委员会　发布

前言

本标准以 QB 1805.4—1993《工业用脂肪酶制剂》为基础制定。

本标准的附录 A 为资料性附录。

本标准由中国轻工业联合会提出。

本标准由全国食品工业标准化技术委员会工业发酵分技术委员会归口。

本标准起草单位：中国食品发酵工业研究院、诺维信（中国）生物技术有限公司。

本标准主要起草人：张蔚、郑海峰、郭新光、唐辰、曹振宇、康忆隆。

脂肪酶制剂

1 范围

本标准规定了脂肪酶制剂的术语和定义、产品分类、要求、试验方法、检验规则和标志、包装、运输、贮存。

本标准适用于以淀粉质(或糖质)为原料,经微生物发酵、提纯制得的中性脂肪酶制剂的生产、检验和销售。

2 规范性引用文件

下列文件中的条款通过本标准的引用而成为本标准的条款。凡是注日期的引用文件,其随后所有的修改单(不包括勘误的内容)或修订版均不适用于本标准,然而,鼓励根据本标准达成协议的各方研究是否可使用这些文件的最新版本。凡是不注日期的引用文件,其最新版本适用于本标准。

GB/T 191 包装储运图示标志(GB/T 191—2008,ISO 780:1997,MOD)

GB/T 601 化学试剂 标准滴定溶液的制备

GB/T 603 化学试剂 试验方法中所用制剂及制品的制备(GB/T 603—2002,ISO 6353-1:1982,NEQ)

3 术语和定义

下列术语和定义适用于本标准。

3.1

脂肪酶 lipase

能水解甘油三酯或脂肪酸酯产生单或双甘油酯和游离脂肪酸,将天然油脂水解为脂肪酸及甘油,同时也能催化酯合成和酯交换反应的酶。

3.2

脂肪酶活力 activity of lipase

脂肪酶活力以脂肪酶活力单位表示,定义为 1 g 固体酶粉(或 1 mL 液体酶),在一定温度和 pH 条件下,1 min 水解底物产生 1 μmol 的可滴定的脂肪酸,即为 1 个酶活力单位,以 u/g(u/mL)表示。

4 产品分类

4.1 按产品的应用领域

A 类产品——食品工业和饲料工业用酶制剂。

B 类产品——其他工业用酶制剂。

4.2 按产品形态

固体剂型酶制剂和液体剂型酶制剂。

5 要求

5.1 外观

固体剂型:白色至黄褐色粉末或颗粒,无结块、无潮解现象。无异味。有特殊发酵气味。

液体剂型:浅黄色至棕褐色液体,允许有少量凝聚物。无异味。有特殊发酵气味。

5.2 理化要求

应符合表1的规定。

表1 脂肪酶制剂的理化要求

项　目		固体剂型	液体剂型
酶活力[a]/[u/mL(或 u/g)]	≥	5 000	
干燥失重[b]/%	≤	8.0	—
a 可按供需双方合同规定的酶活力规格执行。 b 不适用于颗粒产品。			

5.3 卫生要求

应符合国家有关规定。

6 试验方法

除非另有说明,在分析中仅使用分析纯试剂和蒸馏水或去离子水或相当纯度的水。

6.1 外观

称取样品10 g(或10 mL),观察、嗅闻作出判断,做好记录。

6.2 酶活力

6.2.1 原理

脂肪酶在一定条件下,能使甘油三酯水解成脂肪酸、甘油二酯、甘油单酯和甘油,所释放的脂肪酸可用标准碱溶液进行中和滴定,用pH计或酚酞指示液指示反应终点,根据消耗的碱量,计算其酶活力。反应式为:

$$RCOOH + NaOH \rightarrow RCOONa + H_2O$$

注1:酯酶的存在会使检测的脂肪酶的活力增加。蛋白酶的存在会降解脂肪酶,从而使检测到的脂肪酶的活力减小。

注2:洗涤剂的存在会严重影响本方法。依不同洗涤剂的类型和浓度不同,这种影响表现为从完全抑制到激活。

注3:酶会附着在塑料上,因此应用玻璃器皿溶解稀释,同时也应用玻璃器皿滴定。在溶液的转移中如果时间很短,且选择适当的塑料材质,可以使用塑料移液枪头。

6.2.2 仪器和设备

6.2.2.1 分光光度计。

6.2.2.2 恒温水浴:精度±0.2 ℃。

6.2.2.3 自动移液器。

6.2.2.4 高速匀浆机。

6.2.2.5 pH计:精度为0.01pH单位。

6.2.2.6 电磁搅拌器。

6.2.2.7 微量滴定管:10 mL,分刻度≤0.05 mL。

6.2.3 试剂和溶液

6.2.3.1 聚乙烯醇(PVA):聚合度1 750±50。

6.2.3.2 橄榄油:试验试剂。

6.2.3.3 95%(体积分数)乙醇。

6.2.3.4 底物溶液:

——称取聚乙烯醇(PVA)(6.2.3.1)40 g(精确至0.1 g),加水800 mL,在沸水浴中加热,搅拌,直至全部溶解,冷却后定容至1 000 mL。用干净的双层纱布过滤,取滤液备用。

——量取上述滤液150 mL,加橄榄油50 mL,用高速匀浆机处理6 min(分两次处理,间隔5 min,每次处理 3 min)，即得乳白色 PVA 乳化液。该溶液现用现配。

6.2.3.5 磷酸缓冲溶液(pH=7.5)：分别称取磷酸二氢钾 1.96 g 和十二水磷酸氢二钠 39.62 g，用水溶解并定容到 500 mL。如需要，调节溶液的 pH 到 7.5±0.05。

6.2.3.6 氢氧化钠标准溶液[$c(NaOH)=0.05$ mol/L]：按 GB/T 601 配制与标定。使用时，准确稀释 10 倍。

6.2.3.7 酚酞指示液(10 g/L)：按 GB/T 603 配制。

6.2.4 分析步骤

6.2.4.1 待测酶液的制备

——称取酶样品 1 g～2 g，精确至 0.000 2 g，用磷酸缓冲液(6.2.3.5)溶解并稀释。如果样品为粉状，可用少量磷酸缓冲液溶解后用玻璃棒捣研，然后将上清液小心倾入容量瓶中。若有剩余残渣，再加少量磷酸缓冲液充分研磨，最终样品全部移入容量瓶中，用磷酸缓冲液定容至刻度，摇匀，转入高速匀浆机组织捣碎机捣研 3 min 后供测定。

——测定时控制酶液浓度，样品与对照消耗碱量之差控制在 1 mL～2 mL 范围内。

吸取样品时，应将酶液摇匀后再取。

6.2.4.2 测定

6.2.4.2.1 电位滴定法(第一法)

a) 按 pH 计使用说明书进行仪器校正；

b) 取两个 100 mL 烧杯，于空白杯(A)和样品杯(B)中各加入底物溶液(6.2.3.4)4.00 mL 和磷酸缓冲液 5.00 mL，再于 A 杯中加入 95%乙醇(6.2.3.3)15.00 mL，于 40 ℃±0.2 ℃水浴中预热 5 min，然后于 A、B 杯中各加待测酶液 1.00 mL，立即混匀计时，准确反应 15 min 后，于 B 杯中立即补加 95%乙醇 15.00 mL 终止反应，取出；

c) 在烧杯中加入一枚转子，置于电磁搅拌器上，边搅拌，边用氢氧化钠标准溶液(6.2.3.6)滴定，直至 pH10.3，为滴定终点，记录消耗氢氧化钠标准溶液的体积。

6.2.4.2.2 指示剂滴定法(第二法)

a) 取两个 100 mL 三角瓶，分别于空白瓶(A)和样品瓶(B)中各加入底物溶液 4.00 mL 和磷酸缓冲液 5.00 mL，再于 A 瓶中加入 95%乙醇 15.00 mL，于 40 ℃±0.2 ℃水浴中预热 5 min，然后于 A、B 瓶中各加待测酶液 1.00 mL，立即混匀计时，准确反应 15 min 后，于 B 瓶中立即补加 95%乙醇 15.0 mL 终止反应，取出；

b) 于空白和样品溶液中各加酚酞指示液两滴，用氢氧化钠标准溶液滴定，直至微红色并保持 30 s 不褪色为滴定终点，记录消耗氢氧化钠标准溶液的体积。

6.2.4.3 计算

脂肪酶制剂的酶活力按式(1)计算：

$$X_1=\frac{(V_1-V_2)\times c\times 50\times n_1}{0.05}\times\frac{1}{15} \qquad \cdots\cdots(1)$$

式中：

X_1——样品的酶活力，u/g；

V_1——滴定样品时消耗氢氧化钠标准溶液的体积，单位为毫升(mL)；

V_2——滴定空白时消耗氢氧化钠标准溶液的体积，单位为毫升(mL)；

c——氢氧化钠标准溶液浓度，单位为摩尔每升(mol/L)；

50——0.05 mol/L 氢氧化钠溶液 1.00 mL 相当于脂肪酸 50 μmol；

n_1——样品的稀释倍数；

0.05——氢氧化钠标准溶液浓度换算系数；

$\frac{1}{15}$——反应时间 15 min，以 1 min 计。

所得结果表示至整数。

6.2.5 精密度

在重复性条件下获得的两次独立测定结果的绝对差值不得超过算术平均值的2%。

6.3 干燥失重

6.3.1 仪器

6.3.1.1 电热干燥箱。

6.3.1.2 分析天平:精度为0.000 1 g。

6.3.1.3 称量瓶:50 mm×30 mm。

6.3.2 分析步骤

用烘干至恒重的称量瓶称取酶样约2 g,精确至±0.000 2 g,置于103 ℃±2 ℃电热干燥箱中,将盖取下,侧放在称量瓶旁,烘干2 h,取出,加盖,放入干燥器中冷却至室温,称量。

6.3.3 计算

干燥失重按式(2)计算:

$$X_2 = \frac{m_1 - m_2}{m_1 - m} \times 100 \qquad \cdots\cdots(2)$$

式中:

X_2——样品的干燥失重,%;

m_1——干燥前称量瓶加样品的质量,单位为克(g);

m_2——干燥后称量瓶加样品的质量,单位为克(g);

m——称量瓶的质量,单位为克(g)。

所得结果表示至一位小数。

7 检验规则

7.1 批次的确定

由生产单位按照其相应的规则负责确定产品的批号,批内产品的品质应均一。

7.2 取样规则和样本量

7.2.1 取样应均匀分布在整个灌装过程中,或均匀分布于灌装后的成品中。

7.2.2 取样时应采用适宜的方法保证取样具有代表性,保证取样部位和取样瓶的清洁。对用于微生物检验的取样,应使用无菌操作。

7.2.3 成品抽样的样本量见表2。取样的样本量可按照估计的批量参照表2执行,或由生产企业和(或)相关方确定。批取样量不得少于300 mL(或300 g),不足者应按比例适当加取。

表2 成品抽样的样本量

批量/桶或箱	样本量/桶或袋
<50	2
51～500	3
>500	4
注:批量是指批中所包含的单位商品数,单位为桶或箱。样本量是指样本中所包含的样本单位数,单位为桶或袋。	

7.3 检验分类

7.3.1 出厂检验

7.3.1.1 产品出厂前,应由生产厂的质量监督检验部门按本标准规定逐批进行检验,检验合格,并附上质量合格证明的,方可出厂。

7.3.1.2 检验项目：外观、酶活力、干燥失重(固体)和A类产品的菌落总数。

7.3.2 型式检验

7.3.2.1 检验项目：本标准中全部要求项目。

7.3.2.2 一般情况下，同一类产品的型式检验每年至少进行一次，有下列情况之一者，亦应进行：

a) 原辅材料有较大变化时；

b) 更改关键工艺或设备时；

c) 新试制的产品或正常生产的产品停产3个月后，重新恢复生产时；

d) 出厂检验与上次型式检验结果有较大差异时；

e) 国家质量监督检验机构按有关规定需要抽检时。

7.4 判定规则

7.4.1 出厂检验和(或)型式检验合格时，由质量检验部门出具产品合格证。

7.4.2 出厂检验和(或)型式检验不合格时，在原批次基础上加倍取样分析。如仍不合格，判定该产品为不合格品，不得出厂。

8 标志、包装、运输及贮存

8.1 标志

8.1.1 产品的外包装宜使用符合GB/T 191要求的标志。

8.1.2 产品的包装上应贴有牢固的标签。标志内容应包括品名、产地、厂名、规格(酶活力)、生产日期、批号或代号、保质期等。

8.2 包装

产品的内包装和(或)包装容器的内涂料应采用国家批准的材料，A类产品应符合相应的食品包装用/食品容器卫生标准的材料。

8.3 运输

产品在运输过程中应轻拿轻放，严防雨淋和曝晒。运输工具应清洁、无毒、无污染。严禁与有毒、有害、有腐蚀性的物质混装混运。

8.4 贮存

产品应贮存在阴凉干燥的环境下。严禁与有毒、有害、有腐蚀性的物质同存。

9 保质期

9.1 在冷藏4 ℃～8 ℃条件下，液体酶制剂保质期不少于90天；在25 ℃下，固体酶制剂保质期不少于180天，企业应按上述要求具体标示。保质期内实测酶活力不应低于标示酶活力。

9.2 酶制剂是含有生物活性物质的产品。在保质期外，保存期内，酶活力可能降低，但仍具有使用价值。

附　录　A
（资料性附录）
动态滴定法测定脂肪酶的酶活力

A.1　范围

本方法适用于测定含有或混有脂肪酶/酯酶样品中的脂肪酶活力。

特殊的脂肪酶或特殊的成品制剂在样品制备阶段需采用特殊的稳定或抽提手段以保证检测到所有的脂肪酶活力。

A.2　原理

脂肪酶水解甘油三酯生成脂肪酸，使反应体系的 pH 不断下降。通过连续加入碱的方法保持反应体系的 pH 恒定。碱滴定的速率与酶活力成比例。

注 1：酯酶的存在会使检测的脂肪酶的活力增加。蛋白酶的存在会降解脂肪酶，从而使检测到的脂肪酶的活力减小。

注 2：洗涤剂的存在会严重影响本方法。依不同洗涤剂的类型和浓度不同，这种影响表现为从完全抑制到激活。

注 3：酶会附着在塑料上，因此应用玻璃器皿溶解稀释，同时也应用玻璃器皿滴定。在溶液的转移中如果时间很短，且选择适当的塑料材质，可以使用塑料移液枪头。

A.2.1　反应式

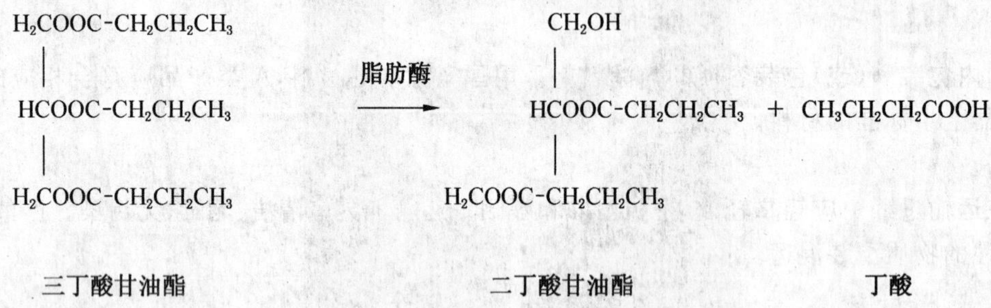

三丁酸甘油酯　　　　二丁酸甘油酯　　　　丁酸

A.2.2　反应条件

温度：30 ℃±1 ℃。

pH：7.00。

底物浓度：0.16 mol/L 的三丁酸甘油酯。

反应时间：至少 1.5 min（只有线性反应区用于计算斜率）。

A.2.3　分析范围

样品的分析范围是 0.2 u/mL～4.0 u/mL。如果可能，所有样品应在 1.5 u/mL～4.0 u/mL 的范围内被分析。

A.2.4　检测限

对于液体样品检测限为 20 u/g，相当于 2.5 g 样品溶解在 10 mL 溶液中，然后再稀释 25 倍。对于固体样品检测限为 50 u/g，相当于 1.0 g 样品溶解在 10 mL 溶液中，然后再稀释 25 倍。

A.3　仪器和设备

A.3.1　具有动态滴定（pH-stat）功能的滴定仪。在动态滴定仪中还要注意选择适当的 pH 电极（对 pH 值响应快）和滴定分配样品准确（特别是滴定氢氧化钠）。还要选择玻璃滴定容器（带水浴夹套）和有效的搅拌器（棒状螺旋搅拌器优于磁力搅拌），这样才构成完整的系统。

A.3.2 乳化器。

A.3.3 恒温水浴：精度±0.2 ℃。

A.3.4 温度计：精度±0.2 ℃。

A.3.5 自动移液器。

A.4 试剂

除非另有说明，在分析中仅使用确认为分析纯的试剂和蒸馏水或去离子水或相当纯度的水。

A.4.1 三丁酸甘油酯（$C_{15}H_{26}O_6$）。

A.4.2 氯化钠（NaCl）。

A.4.3 磷酸二氢钾（KH_2PO_4）。

A.4.4 阿拉伯胶。

A.4.5 甘氨酸（H_2NCH_2COOH）。

A.4.6 甘油[$HOCH_2CH(OH)CH_2OH$]。

A.4.7 氢氧化钠片剂（NaOH）。

A.4.8 电极校正液（pH 7.0）。

A.4.9 电极校正液（pH 4.01）。

A.4.10 96%乙醇。

A.4.11 氮气（N_2）。

A.4.12 氢氧化钠溶液[c(NaOH)=1 mol/L]：按照 GB/T 601 配制。

A.4.13 氢氧化钠滴定液[c(NaOH)=0.025 mol/L]：取上述溶液 25 mL，用水稀释并定容到 1 000 mL。

配好后需用适宜的设备脱气。

A.4.14 氢氧化钠滴定液[c(NaOH)=0.005 mol/L]：取氢氧化钠滴定液（A.4.13）25 mL，用水稀释并定容到 5 000 mL。

A.4.15 乳化剂：分别称取阿拉伯胶 30.0 g、氯化钠 53.7 g 和磷酸二氢钾 1.20 g。量取甘油 1 620 mL。

将大约 180 mL 去离子水倒入 400 mL 的烧杯中，加入搅拌子，开始高速搅拌，将阿拉伯胶缓慢倒入水中，不断搅拌直至全部溶解。将称好的氯化钠和磷酸二氢钾转入到 3 L 容量瓶中，加 350 mL 水充分搅拌直至完全溶解，将甘油全部加入。将阿拉伯胶溶液转入容量瓶中，充分搅拌后用水定容。

A.4.16 底物乳剂：称取三丁酸甘油酯 62.5 g，分别量取乳化剂（A.4.15）200 mL 和水 940 mL，混合。将混合液匀浆器处理 3 min（7 000 r/min）。匀浆后的溶液先用普通的磁力搅拌搅拌至少 20 min，然后调节 pH 到 4.75±0.05。

不同来源和批号的三丁酸甘油酯和阿拉伯胶对试验结果有影响，在更换产品或批号前需进行有效性确认。

A.4.17 甘氨酸缓冲液 1（7.51 g/L）：称取甘氨酸 37.54 g 和氢氧化钠片剂 18.5 g，用水溶解并定容到 5 L。如需要，调节溶液的 pH 到 10.8±0.05。

A.4.18 甘氨酸缓冲液 2（0.75 g/L）：取 100 mL 上述甘氨酸缓冲液 1，用水定容到 1 000 mL。如需要，调节溶液的 pH 到 10.8±0.05。

A.5 标准曲线和样品处理

A.5.1 标准曲线

称取一定量的已知活力酶标准品，精确到 0.000 1 g。然后用甘氨酸缓冲液 2（A.4.18）溶解并稀释，制成标准储备液。标准储备液的浓度为 20 u/mL。然后按照表 A.1 配制溶液，并绘制标准曲线。

表 A.1　标准曲线

标准点	脂肪酶活力/(u/mL)	标准储备液所用体积/mL	用水定容至/mL
1	0.200	1.00	100
2	0.500	2.50	100
3	1.000	5.00	100
4	2.000	10.0	100
5	3.000	15.0	100
6	4.000	20.0	100

A.5.2　标准对照

可使用已知活力的样品作为标准对照。标准对照的处理同样品。

A.5.3　样品处理

不同的样品需做不同的预处理，以激活或保护在样品基质中的脂肪酶。

可考虑采用甘氨酸缓冲液 1(A.4.17)和水来分别溶解和稀释样品的方法，或甘氨酸缓冲液 2 来溶解和稀释样品的方法，或直接用水溶解和稀释样品的方法，以求得到最好的效果。样品的溶解液和稀释液应充分搅拌均匀。

样品应最终稀释到酶活力在 1.5 u/mL～4.0 u/mL 范围内。

如可能，样品稀释完应立即测定。

A.6　分析步骤

A.6.1　系统准备

按照无水乙醇、适当的肥皂水、热水、去离子水、底物的顺序清洗滴定容器和管路。

保证水浴的温度在 30.0 ℃±0.5 ℃。

校正 pH 电极：每天使用前要校正 pH 电极的灵敏度在 95%～102%；pH7.00 应在 6.985～6.989 之间；pH4.01 应在 4.009～4.012 之间。如果达不到此标准，按照 pH 电极使用说明进行冲洗并再次校正。

A.6.2　分析

pH 电极用后浸泡在饱和的氯化钾(KCl)溶液中，使用前冲洗。

在反应溶液表面用氮气吹充，以防止空气中二氧化碳的干扰。分析前一定要保证底物的温度为 30.0 ℃±0.5 ℃。

在分析每个样品前要用 0.005 mol/L 的氢氧化钠溶液(A.4.14)冲洗滴定皿和管路。

试验步骤如下：

——将 15 mL 的底物加入到滴定皿中。滴定前 pH 电极的读数应小于 7.0。

——加 1 mL 样品稀释液加入到滴定皿中。反应体系的 pH 在滴定过程中保持在 7.0。记录为保持恒定 pH 而加入的滴定液的量。

——滴定结束后滴定仪打印出滴定曲线线性范围的平均斜率(如果使用不同的设备，数据可能以其他形式输出)。滴定曲线应有一段持续 1.5 min 的线性输出。

——先分析标准曲线(每个标准点分析 1 次)，然后分析一个标准对照，再分析样品(每个样品分析 1 次)。重要的是一天之中非一次运行的样品不能使用相同的标准曲线。事先应知道每一次运行的样品的个数。如果样品在当天晚些时候分析，标准溶液要重新分析。

——每个样品分析前和最后一个样品完成分析后，系统将进行冲洗。排空底物容器和管路，并用乙醇冲洗。如果系统将会在 1 周以上时间不再使用，则需要用去离子水进行冲洗并用氢氧化钠溶液(A.4.14)或相同浓度的盐酸溶液充满敏感部件,避免出现盐类结晶。

A.7 计算

A.7.1 结果计算

利用标准点的测定值作标准曲线,其中 X 轴为标准品酶活力,Y 轴为相应的滴定反应的平均斜率(mL/min)。标准曲线应该是一条直线。样品稀释液的活力从标准曲线中读出,然后按式(A.1)计算:

$$X_3 = \frac{A \times V_3 \times n_2}{m_3} \qquad \text{(A.1)}$$

式中:

X_3——样品的酶活力,u/g;

A——稀释样品在标准曲线上读出的酶活力,u/mL;

V_3——样品溶解用的容量瓶体积,单位为毫升(mL);

n_2——第二次稀释的倍数;

m_3——样品的质量,单位为克(g)。

A.7.2 结果的确认

当满足以下条件时可以确认本次分析有效:

——标准对照的检测值在本方法所规定的可接受偏差范围内;

——标准曲线的斜率应满足:1)标准点 1 小于 0.02 mL/min;2)标准点 6 在 0.14 mL/min~0.18 mL/min 之间;

——标准曲线的相关系数(r^2)大于等于 0.995;

——标准点 3~点 6 的相关系数(r^2)应大于 0.999 5。标准点 1~2 的 r^2 大于 0.995 是可接受的。如果达不到此条件,应检查分析系统。

A.7.3 结果的表示

结果给出 3 位有效数字。如果结果低于检测限,则表示为<20 u/g(液体)或<50 u/g(固体)。

A.8 精密度

在重复性条件下获得的两次独立测定结果的绝对差值不得超过算术平均值的 5%。

ICS 25.100.70
J 43

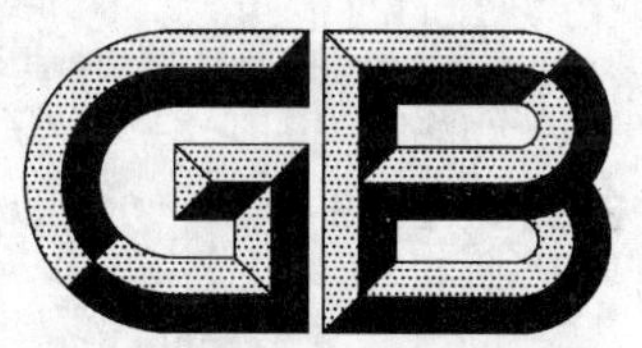

中华人民共和国国家标准

GB/T 23536—2009
部分代替 GB/T 6405—1994

超硬磨料 人造金刚石品种

Superabrasive—Types of synthetic diamond

2009-04-23 发布 2009-12-01 实施

中华人民共和国国家质量监督检验检疫总局
中国国家标准化管理委员会 发布

前　言

本标准部分代替 GB/T 6405—1994《人造金刚石和立方氮化硼　品种》。

本标准与 GB/T 6405—1994 相比主要变化如下：

——增加了规范性引用文件(本标准的第 2 章)；

——增加了品种的中文名称(本标准的 3.2)；

——对品种代号为 RVD、MBD、SMD、DMD 的人造金刚石的适用范围进行了修改(GB/T 6405—1994 的第 2 章，本标准的 3.2)；

——修改了微粉的代号(GB/T 6405—1994 的第 2 章，本标准的 3.2)；

——删除了人造金刚石适用范围中粒度的宽范围(GB/T 6405—1994 的第 2 章)；

——删除了人造金刚石代号 SCD(GB/T 6405—1994 的第 2 章)。

本标准由中国机械工业联合会提出。

本标准由全国磨料磨具标准化技术委员会(SAC/TC 139)归口。

本标准起草单位：郑州磨料磨具磨削研究所、河南黄河旋风股份有限公司、南阳中南金刚石有限公司、河南华晶超硬材料股份有限公司。

本标准主要起草人：王伟涛、张长伍、王裕昌、张凤岭、邵静茹。

本标准所代替标准的历次版本发布情况为：

——GB/T 6405—1986、GB/T 6405—1994。

超硬磨料　人造金刚石品种

1　范围

本标准规定了人造金刚石品种、代号及适用范围。

本标准适用于静压法合成的人造金刚石产品。

2　规范性引用文件

下列文件中的条款通过本标准的引用而成为本标准的条款。凡是注日期的引用文件，其随后所有的修改单(不包括勘误的内容)或修订版均不适用于本标准，然而，鼓励根据本标准达成协议的各方研究是否可使用这些文件的最新版本。凡是不注日期的引用文件，其最新版本适用于本标准。

GB/T 6406　超硬磨料　金刚石或立方氮化硼颗粒尺寸

JB/T 7990　超硬磨料　人造金刚石微粉和立方氮化硼微粉

3　品种、代号及适用范围

3.1　人造金刚石粒度符合 GB/T 6406 和 JB/T 7990 的规定。

3.2　人造金刚石品种、代号及适用范围见表 1。

表 1　人造金刚石品种、代号及使用范围

人造金刚石品种、代号		适　用　范　围	
品种	代号	粒度 窄范围	推荐用途
磨料级	RVD	35/40～325/400	陶瓷、树脂结合剂磨具；研磨工具等
	MBD		金属结合剂磨具；电镀制品等
锯切级	SMD	16/18～70/80	锯切、钻探工具、电镀制品等
修整级	DMD	30/35 及以粗	修整工具；单粒或多粒修整器等
微粉	MPD	M0/0.5～M36/54	精磨、研磨、抛光工具；聚晶复合材料等

ICS 25.100.70
J 43

中华人民共和国国家标准

GB/T 23537—2009

超硬磨料制品 金刚石或立方氮化硼砂轮和磨头 极限偏差和圆跳动公差

Superabrasives—Limit deviations and run-out tolerances for grinding wheels with diamond or cubic boron nitride and mounted points

(ISO 22917:2004,Superabrasives—Limit deviations and run-out tolerances for grinding wheels with diamond or cubic boron nitride,MOD)

2009-04-23 发布　　2009-12-01 实施

中华人民共和国国家质量监督检验检疫总局
中国国家标准化管理委员会　发布

前言

本标准修改采用 ISO 22917:2004《超硬磨料制品　金刚石或立方氮化硼砂轮　极限偏差和圆跳动公差》(英文版)。

本标准根据 ISO 22917:2004 重新起草。

由于我国发展要求和工业的特殊需要,本标准在采用国际标准时进行了修改。这些技术性差异用垂直单线标识在他们所涉及的条款的页边空白处。

本标准与 ISO 22917:2004 相比主要技术差异如下:

——增加了一些特殊用途砂轮的极限偏差、圆跳动要求;

——调整了砂轮要求做圆跳动的最小直径。

为便于使用,本标准还做了下列编辑性修改:

——"国际标准"一词改为"本标准";

——删除国际标准的前言,增加国家标准的前言。

本标准由中国机械工业联合会提出。

本标准由全国磨料磨具标准化技术委员会(SAC/TC 139)归口。

本标准起草单位:苏州远东砂轮有限公司、郑州磨料磨具磨削研究所。

本标准主要起草人:莫运水、吕申峰、丁元斌、朱嘉。

超硬磨料制品　金刚石或立方氮化硼砂轮和磨头　极限偏差和圆跳动公差

1　范围

本标准规定了金属结合剂、陶瓷结合剂和树脂结合剂金刚石或立方氮化硼砂轮和磨头的极限偏差和圆跳动公差。

本标准适用于金属结合剂、陶瓷结合剂和树脂结合剂金刚石或立方氮化硼砂轮和磨头。

2　规范性引用文件

下列文件中的条款通过本标准的引用而成为本标准的条款。凡是注日期的引用文件，其随后所有的修改单(不包括勘误的内容)或修订版均不适用于本标准，然而，鼓励根据本标准达成协议的各方研究是否可使用这些文件的最新版本。凡是不注日期的引用文件，其最新版本适用于本标准。

GB/T 1800.2　产品几何技术规范(GPS)极限与配合　第2部分：标准公差等级和孔、轴极限偏差表(GB/T 1800.2—2009，ISO 286-2：1988，MOD)

3　术语和定义

下列术语和定义适用于本标准。

3.1

尺寸　size

以特定单位表示线性尺寸值的数值。

3.1.1

基本尺寸　basic size

通过它应用上、下偏差可算出极限尺寸的尺寸。

注：基本尺寸可以是整数或小数。如32，15，8.75，0.5等。

3.1.2

实际尺寸　actual size

通过测量获得的某一孔、轴的尺寸。

3.1.3

极限尺寸　limits of size

一个孔或轴允许的尺寸的两个极端。

3.1.3.1

最大极限尺寸　maximum limit of size

孔或轴允许的最大尺寸。

3.1.3.2

最小极限尺寸　minimum limit of size

孔或轴允许的最小尺寸。

3.2

偏差　deviation

某一尺寸(实际尺寸、极限尺寸等)减其基本尺寸所得的代数差。

3.2.1

极限偏差 limit deviation

上偏差和下偏差。

注：轴的偏差用小写字母表示(es,ei)，孔的偏差用大写字母表示(ES,EI)。

3.2.1.1

上偏差 upper deviation

最大极限尺寸减其基本尺寸所得的代数差。

3.2.1.2

下偏差 lower deviation

最小极限尺寸减其基本尺寸所得的代数差。

3.3

尺寸公差 size tolerance

最大极限尺寸减最小极限尺寸之差，或上偏差减下偏差之差。

注：尺寸公差是一个没有符号的绝对值。

4 极限偏差与圆跳动公差缩写符号

下列符号(见表1)适用于本标准。

表1 极限偏差与圆跳动公差缩写符号

符号	名称	
	砂轮	磨头
T_D	外径的极限偏差	外径的极限偏差
T_E	砂轮孔处厚度的极限偏差	
T_H	孔径的极限偏差	
T_J	凸面直径的极限偏差	
T_K	凹槽直径的极限偏差	
T_L		总长度的极限偏差
T_{L4}		柄缩径部位的长度极限偏差
T_{PL}	端面圆跳动公差	
T_R	圆弧半径极限偏差	
T_{RL}	径向圆跳动公差	径向圆跳动公差
T_{Sd}		柄直径的极限偏差
T_{Sl}		柄缩径部位直径的极限偏差
T_T	总厚度的极限偏差	厚度的极限偏差
T_U	磨料层厚度的极限偏差	
T_W	磨料层宽度的极限偏差	
T_X	磨料层深度的极限偏差	磨料层深度的极限偏差
T_a	角度的极限偏差	

5 周边磨削砂轮、端面磨削砂轮

5.1 周边磨削砂轮

5.1.1 名称

见表 2。

表 2 周边磨削砂轮名称、示意图和基体形状代号

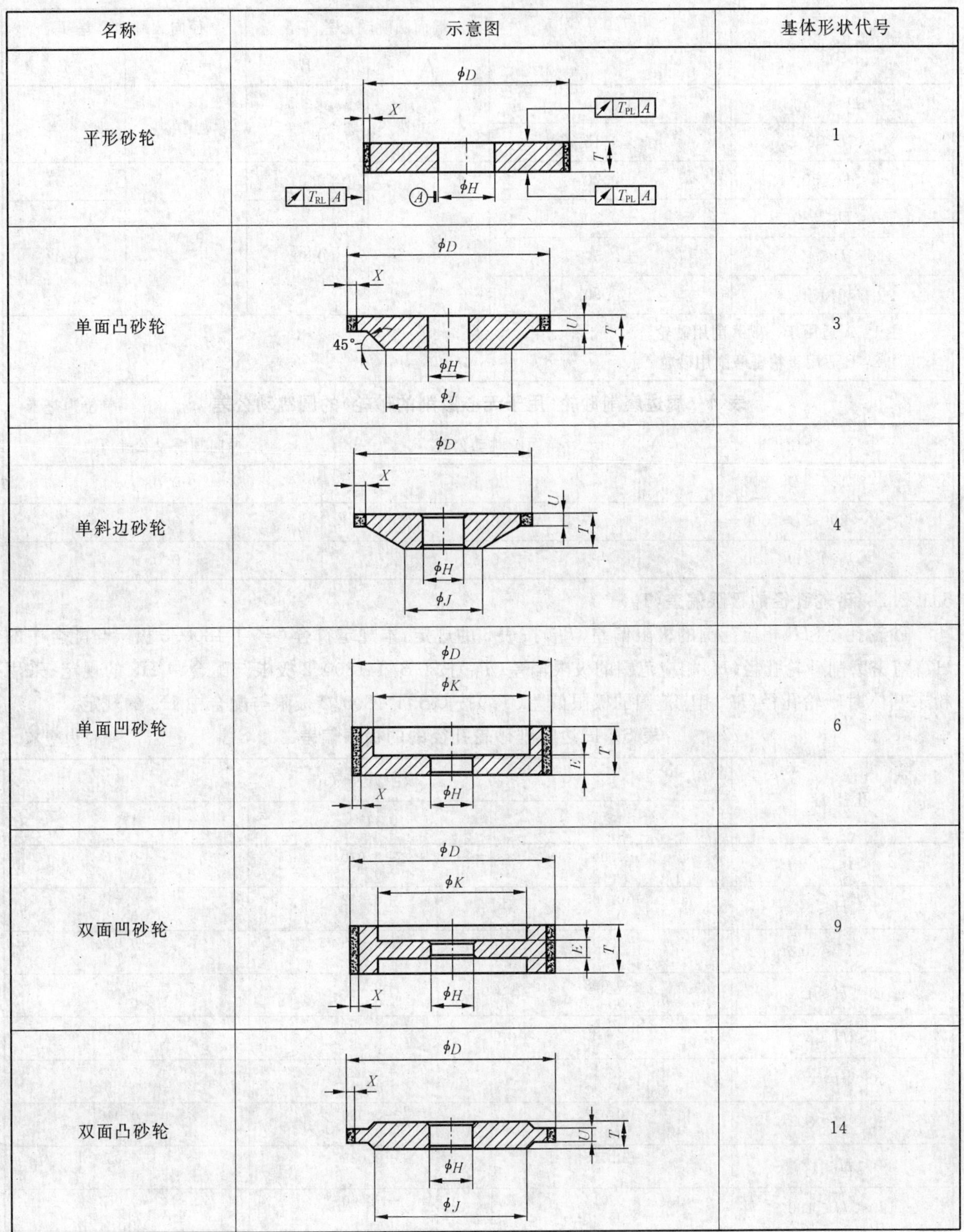

名称	示意图	基体形状代号
平形砂轮		1
单面凸砂轮		3
单斜边砂轮		4
单面凹砂轮		6
双面凹砂轮		9
双面凸砂轮		14

5.1.2 周边磨削砂轮的极限偏差和圆跳动公差

5.1.2.1 外径的极限偏差(T_D)、端面圆跳动公差(T_{PL})和径向圆跳动公差(T_{RL})

一般砂轮外径(D)相应范围的极限偏差(T_D)、端面圆跳动公差(T_{PL})和径向圆跳动公差(T_{RL})按表3规定;用于无心磨削的砂轮,外径(D)相应范围的极限偏差(T_D)按表3规定;端面圆跳动公差(T_{PL})和径向圆跳动公差(T_{RL})按表4规定。

表3 周边磨削砂轮外径的极限偏差和周边磨削砂轮(一般砂轮)的圆跳动公差 单位为毫米

外径 D	极限偏差 T_D	端面圆跳动公差 T_{PL}		径向圆跳动公差 T_{RL}	
		A	B	A	B
$D \leqslant 3$	±0.10	—	—	—	—
$3 < D \leqslant 6$	±0.15				
$6 < D \leqslant 50$	±0.20	0.08	0.01	0.06	0.01
$50 < D \leqslant 120$	±0.30		0.02		0.02
$120 < D \leqslant 400$	±0.50				
$D > 400$	±0.80				

注1:A适用于一般磨削用砂轮。

注2:B适用于精密磨削用砂轮。

表4 周边磨削砂轮(用于无心磨削的砂轮)的圆跳动公差 单位为毫米

外径 D	端面圆跳动公差 T_{PL}	径向圆跳动公差 T_{RL}
$100 \leqslant D \leqslant 200$	0.10	0.03
$200 < D \leqslant 500$	0.15	0.04
$500 < D \leqslant 750$	0.20	0.05

5.1.2.2 砂轮孔径的极限偏差(T_H)

砂轮孔径(H)相应范围的极限偏差(T_H)按表5的规定,本规定符合GB/T 1800.2极限与配合中的H7;精密磨削砂轮孔径(H)相应范围的极限偏差(T_H)按GB/T 1800.2极限与配合中H5的规定;采用粉末基体时砂轮孔径(H)相应范围的极限偏差(T_H)按GB/T 1800.2极限与配合中H8的规定。

表5 周边磨削砂轮孔径的的极限偏差 单位为毫米

孔径 H	极限偏差 T_H		
	H5	H7	H8
$H \leqslant 3$	$^{+0.004}_{0}$	$^{+0.010}_{0}$	$^{+0.014}_{0}$
$3 < H \leqslant 6$	$^{+0.005}_{0}$	$^{+0.012}_{0}$	$^{+0.018}_{0}$
$6 < H \leqslant 10$	$^{+0.006}_{0}$	$^{+0.015}_{0}$	$^{+0.022}_{0}$
$10 < H \leqslant 18$	$^{+0.008}_{0}$	$^{+0.018}_{0}$	$^{+0.027}_{0}$
$18 < H \leqslant 30$	$^{+0.009}_{0}$	$^{+0.021}_{0}$	$^{+0.033}_{0}$
$30 < H \leqslant 50$	$^{+0.011}_{0}$	$^{+0.025}_{0}$	$^{+0.039}_{0}$
$50 < H \leqslant 80$	$^{+0.013}_{0}$	$^{+0.030}_{0}$	$^{+0.046}_{0}$
$80 < H \leqslant 120$	$^{+0.015}_{0}$	$^{+0.035}_{0}$	$^{+0.054}_{0}$
$120 < H \leqslant 180$	$^{+0.018}_{0}$	$^{+0.040}_{0}$	$^{+0.063}_{0}$

表 5（续） 单位为毫米

孔径 H	极限偏差 T_H		
	H5	H7	H8
$180<H\leqslant250$	$^{+0.020}_{0}$	$^{+0.046}_{0}$	$^{+0.072}_{0}$
$250<H\leqslant315$	$^{+0.023}_{0}$	$^{+0.052}_{0}$	$^{+0.081}_{0}$
$315<H\leqslant400$	$^{+0.025}_{0}$	$^{+0.057}_{0}$	$^{+0.089}_{0}$
$400<H\leqslant500$	$^{+0.027}_{0}$	$^{+0.063}_{0}$	$^{+0.097}_{0}$

5.1.2.3 砂轮总厚度的极限偏差(T_T)和磨料层厚度的极限偏差(T_U)

一般砂轮总厚度(T)相应范围的极限偏差(T_T)和磨料层厚度(U)相应范围的极限偏差(T_U)按表 6 的规定；用于切割的砂轮其总厚度(T)相应范围的极限偏差(T_T)按表 7 的规定。

表 6 周边磨削砂轮(一般砂轮)总厚度的极限偏差和周边磨削砂轮磨料层厚度的极限偏差 单位为毫米

厚度 T 和 U	总厚度极限偏差 T_T	磨料层厚度极限偏差 T_U
T 或 $U\leqslant30$	±0.2	±0.2
$30<T$ 或 $U\leqslant120$	±0.5	±0.3
$120<T$ 或 $U\leqslant400$	±0.8	±0.5
$400<T$ 或 $U\leqslant500$	±1.0	±0.8

表 7 周边磨削砂轮(用于切割的砂轮)总厚度的极限偏差 单位为毫米

厚度 T	极限偏差 T_T
$T\leqslant0.3$	±0.05
$0.3<T\leqslant0.8$	±0.08
$0.8<T\leqslant3$	±0.12

5.1.2.4 磨料层深度的极限偏差(T_X)

一般砂轮磨料层深度(X)相应范围的极限偏差(T_X)按表 8 的规定；用于切割的砂轮其磨料层深度(X)相应范围的极限偏差(T_X)按表 9 的规定。

表 8 周边磨削砂轮(一般砂轮)磨料层深度的极限偏差 单位为毫米

磨料层深度 X	极限偏差 T_X
$0.5\leqslant X\leqslant1$	$^{+0.2}_{0}$
$1<X\leqslant6$	$^{+0.2}_{-0.1}$
$6<X\leqslant30$	$^{+0.3}_{-0.2}$

表 9 周边磨削砂轮(用于切割的砂轮)磨料层深度的极限偏差 单位为毫米

磨料层深度 X	极限偏差 T_X
$X\leqslant6$	±0.20
$6<X\leqslant10$	±0.25
$X>10$	±0.30

5.1.2.5 砂轮孔径处厚度的极限偏差(T_E)

单面凹砂轮(基体形状代号 6)和双面凹砂轮(基体形状代号 9)砂轮孔径处厚度(E)的极限偏差(T_E)按表 10 规定。

表 10 周边磨削砂轮单面凹砂轮和双面凹砂轮孔径处厚度的极限偏差　　单位为毫米

孔径处厚度 E	极限偏差 T_E
$E \leqslant 6$	±0.1
$6 < E \leqslant 30$	±0.2
$30 < E \leqslant 120$	±0.3

5.1.2.6 基体凸面直径的极限偏差(T_J)和凹面直径的极限偏差(T_K)

砂轮外径(D)相应范围的基体凸面直径(基体形状代号 3、4、14)的极限偏差(T_J)和凹面直径(基体形状代号 6、9 型)的极限偏差(T_K)按表 11 规定。

表 11 周边磨削砂轮基体凸面直径和凹面直径的极限偏差　　单位为毫米

外径 D	极限偏差 T_J、T_K
$6 \leqslant D \leqslant 120$	±1
$D > 120$	±2

5.1.2.7 半径的极限偏差(T_R)

砂轮半径(R)(例如图 1～图 3 中磨料层断面形状 F、FF 和 Q)相应范围的半径极限偏差(T_R)按表 12 规定。

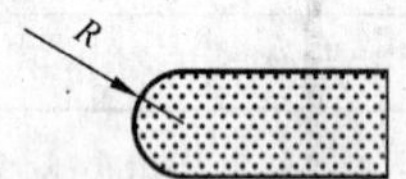

图 1 F 型断面

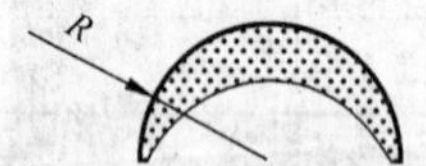

图 2 FF 型断面

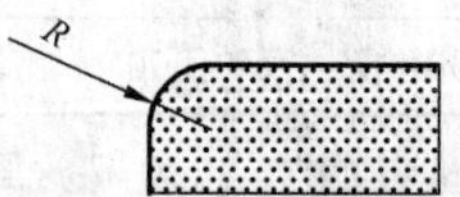

图 3 Q 型断面

表 12 周边磨削砂轮半径的极限偏差　　单位为毫米

半径 R	极限偏差 T_R	
	A	B
$R \leqslant 3$	±0.2	±0.1
$3 < R \leqslant 6$	±0.5	±0.3
$6 < R \leqslant 30$	±1.0	±0.5

注 1：A 适用于一般磨削用砂轮。

注 2：B 适用于沟道磨削用砂轮。

5.1.2.8 角度(α)的极限偏差(T_α)

砂轮角度(α)(例如图 4 和图 5 中 B 与 E 磨料层断面)相应范围的极限偏差(T_α)按表 13 规定。

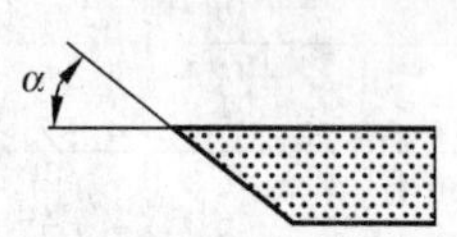

图 4 B 形断面

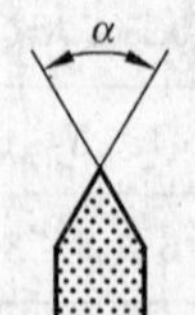

图 5 E 形断面

表 13 周边磨削砂轮角度的极限偏差　　单位为度

角度 α	极限偏差 T_α
$\alpha \leqslant 50$	±0.5
$50 < \alpha \leqslant 120$	±1

5.2 端面磨削砂轮

5.2.1 名称

见表 14。

表 14 端面磨削砂轮名称、示意图和基体形状代号

名　　称	示意图	基体形状代号
平形砂轮	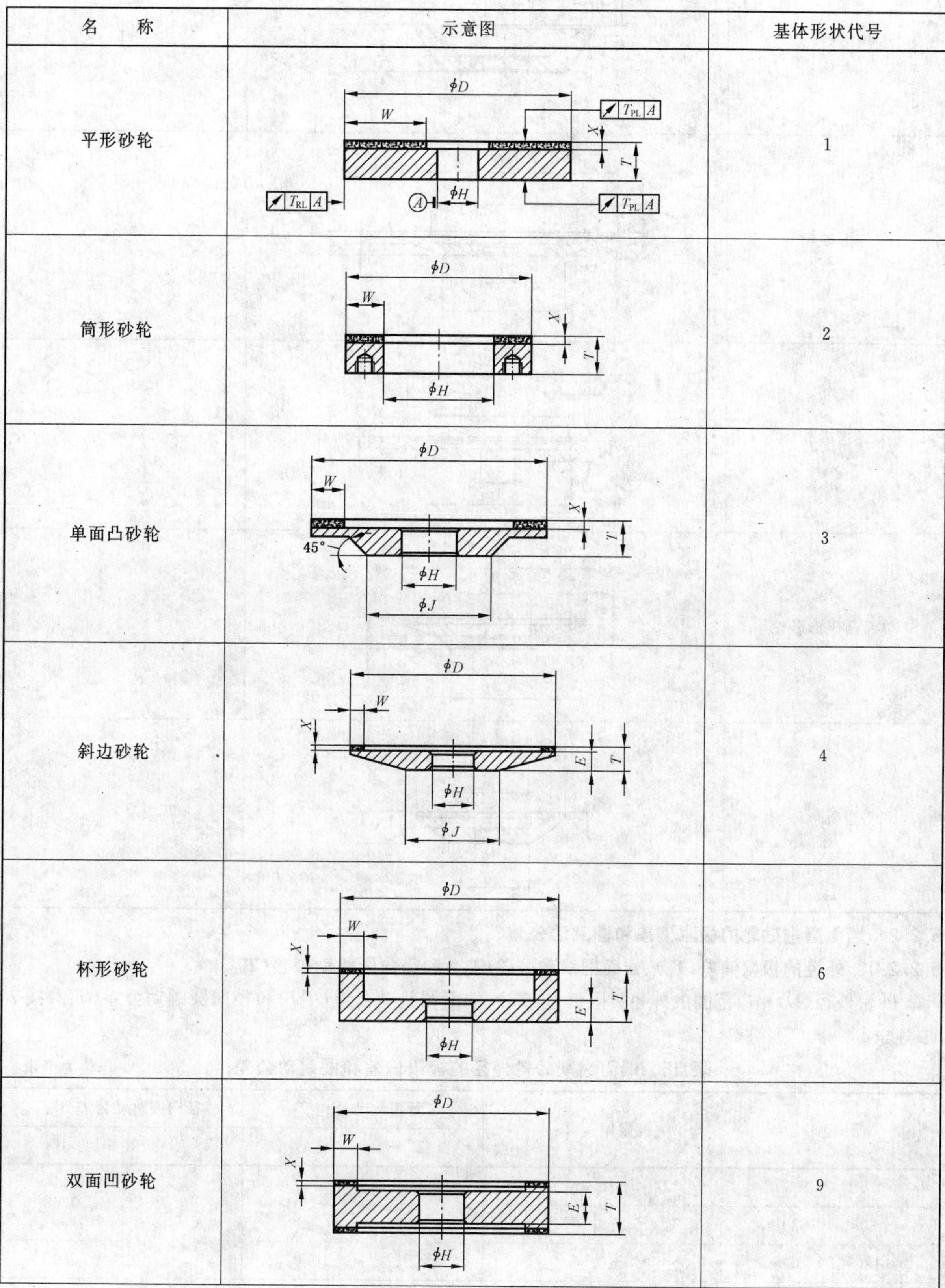	1
筒形砂轮		2
单面凸砂轮		3
斜边砂轮		4
杯形砂轮		6
双面凹砂轮		9

表 14（续）

名　　称	示意图	基体形状代号
碗形砂轮	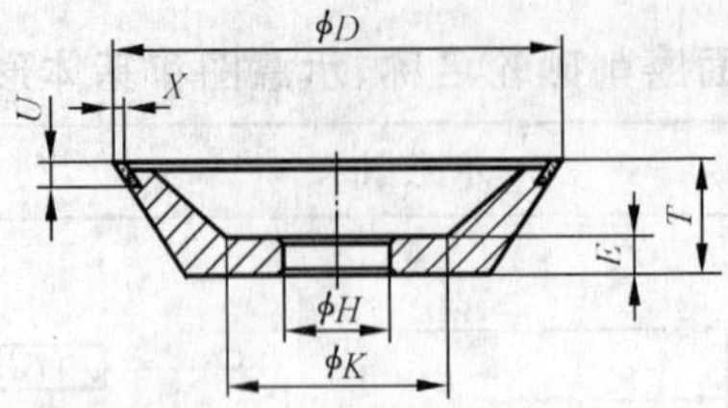 ϕD X U T E ϕH ϕK	11
碟形砂轮	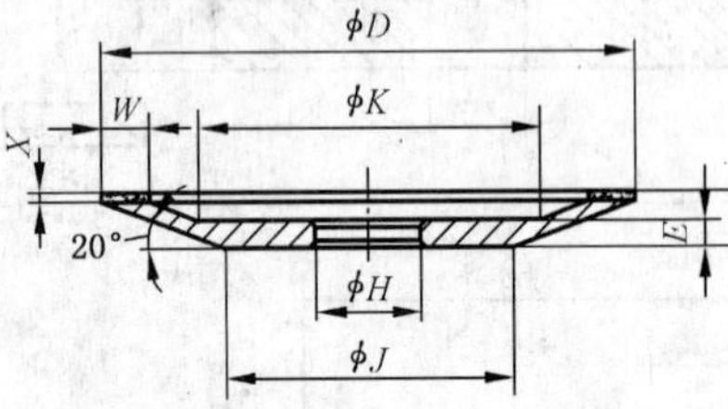 ϕD ϕK W X 20° E T ϕH ϕJ	12(20°)
碟形砂轮	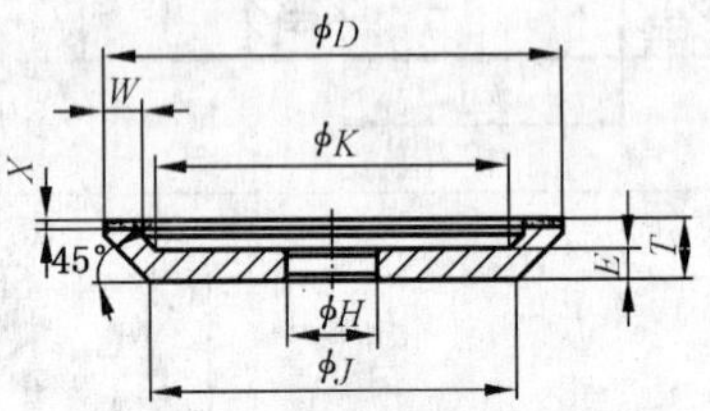 ϕD W ϕK X 45° T E ϕH ϕJ	12(45°)
单面凸碟形砂轮	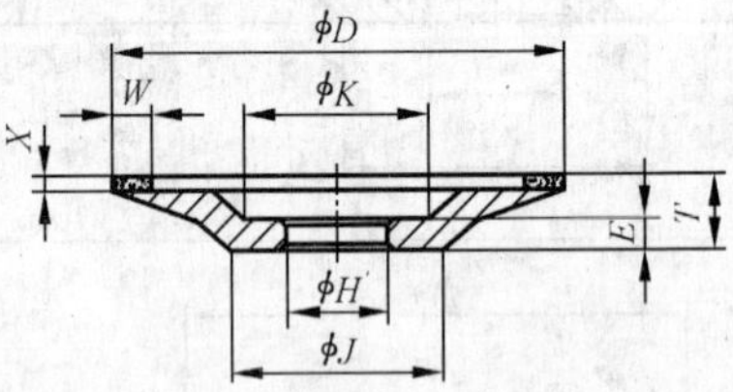 ϕD W ϕK X T E ϕH ϕJ	13
双斜边碗形砂轮	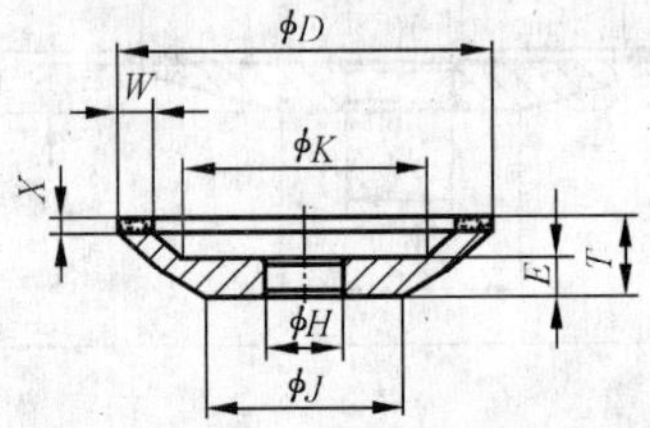 ϕD W ϕK X T E ϕH ϕJ	15

5.2.2　端面磨削砂轮的极限偏差和圆跳动公差

5.2.2.1　外径的极限偏差(T_D)、端面圆跳动公差(T_{PL})和径向圆跳动公差(T_{RL})

砂轮外径(D)相应范围的外径极限偏差(T_D)、端面圆跳动公差(T_{PL})和径向圆跳动公差(T_{RL})按表15规定。

表 15　端面磨削砂轮外径的极限偏差和圆跳动公差　　单位为毫米

外径 D	极限偏差 T_D	端面圆跳动公差 T_{PL}		径向圆跳动公差 T_{RL}	
		A	B	A	B
$D \leqslant 30$	±0.3	0.05	0.01	0.08	0.03
$30 < D \leqslant 120$	±0.4				
$120 < D \leqslant 300$	±0.5		0.02		0.05

表 15（续） 单位为毫米

外径 D	极限偏差 T_D	端面圆跳动公差 T_{PL}		径向圆跳动公差 T_{RL}	
		A	B	A	B
$D>300$	±0.8	0.08	0.03	0.12	0.10
注 1：A 适用于一般磨削用砂轮。 注 2：B 适用于精密磨削用砂轮。					

5.2.2.2 **孔径的极限偏差(T_H)**

砂轮孔径(H)相应范围的极限偏差(T_H)按表 16 规定，本规定符合 GB/T 1800.2 极限与配合 H7 公差带。

表 16 端面磨削砂轮孔径的极限偏差 单位为毫米

孔径 H	极限偏差 T_H
$H\leqslant3$	$^{+0.010}_{0}$
$3<H\leqslant6$	$^{+0.012}_{0}$
$6<H\leqslant10$	$^{+0.015}_{0}$
$10<H\leqslant18$	$^{+0.018}_{0}$
$18<H\leqslant30$	$^{+0.021}_{0}$
$30<H\leqslant50$	$^{+0.025}_{0}$
$50<H\leqslant80$	$^{+0.030}_{0}$
$80<H\leqslant120$	$^{+0.035}_{0}$
$120<H\leqslant180$	$^{+0.040}_{0}$
$180<H\leqslant250$	$^{+0.046}_{0}$
$250<H\leqslant315$	$^{+0.052}_{0}$
$315<H\leqslant400$	$^{+0.057}_{0}$
$400<H\leqslant500$	$^{+0.063}_{0}$

5.2.2.3 **总厚度的极限偏差(T_T)、磨料层厚度的极限偏差(T_U)和磨料层宽度的极限偏差(T_W)**

砂轮总厚度(T)、磨料层厚度(U)和磨料层宽度(W)相应范围的极限偏差(T_T)、(T_U)和(T_W)按表 17 规定。

表 17 端面磨削砂轮总厚度、磨料层厚度和磨料层宽度的极限偏差 单位为毫米

总厚度 T，磨料层厚度 U，磨料层宽度 W	极限偏差 T_T、T_U、T_W
T 或 U 或 $W\leqslant30$	±0.2
$30<T$ 或 U 或 $W\leqslant120$	±0.3
$120<T$ 或 U 或 $W\leqslant400$	±0.5
T 或 U 或 $W>400$	±0.8

5.2.2.4 **孔径处厚度的极限偏差(T_E)**

基体单面减薄(基体形状代号 6、11、12、13、15)砂轮或双面凹砂轮孔径处厚度(E)相应范围的极限偏差(T_E)按表 18 规定。

表 18 端面磨削砂轮基体单面减薄或双面凹砂轮孔径处厚度的极限偏差 单位为毫米

孔径处厚度 E	极限偏差 T_E	
	A	B
$E \leqslant 6$	±0.3	±0.1
$6 < E \leqslant 30$	±0.5	±0.2
$30 < E \leqslant 120$	±1.0	±0.3
$120 < E \leqslant 230$	±1.5	±0.5
注 1：A 适用于一般磨削用砂轮。 注 2：B 适用于精密磨削用砂轮。		

5.2.2.5 **磨料层深度的极限偏差(T_X)**

砂轮磨料层深度(X)相应范围的极限偏差(T_X)按表 19 规定。

表 19 端面磨削砂轮磨料层深度的极限偏差 单位为毫米

磨料层深度 X	极限偏差 T_X
$0.5 \leqslant X \leqslant 1$	$^{+0.2}_{0}$
$1 < X \leqslant 6$	$^{+0.2}_{-0.1}$
$6 < X \leqslant 30$	$^{+0.3}_{-0.2}$

5.2.2.6 **基体凸面直径的极限偏差(T_J)和凹面直径极限偏差(T_K)**

砂轮外径(D)相应范围的基体凸面直径极限偏差(T_J)和凹面直径的极限偏差(T_K)按表 20 规定。

表 20 端面磨削砂轮基体凸面、凹面直径的极限偏差 单位为毫米

外径 D	极限偏差 T_J、T_K
$D \leqslant 400$	±1
$D > 400$	±2

6 磨头

6.1 名称

见表 21。

表 21 磨头名称、示意图和基体形状代号

名 称	示意图	基体形状代号
磨头	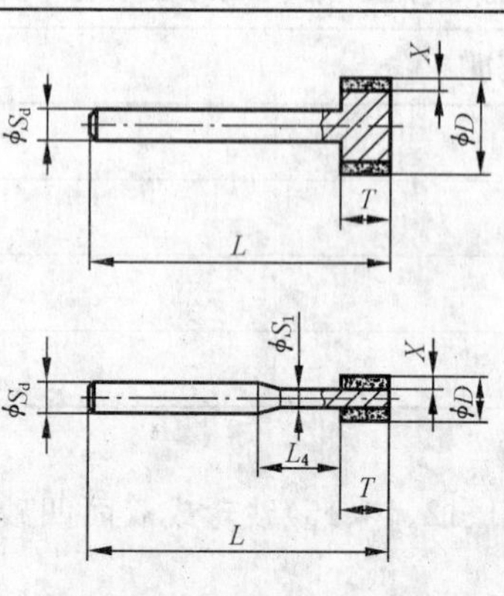 ϕS_d, X, ϕD, T, L ϕS_1, ϕS_d, X, ϕD, L_4, T, L	1

6.2 极限偏差和圆跳动公差

6.2.1 外径的极限偏差($\boldsymbol{T_D}$)、厚度的极限偏差($\boldsymbol{T_T}$)、磨料层深度的极限偏差($\boldsymbol{T_X}$)和径向圆跳动公差($\boldsymbol{T_{RL}}$)

磨头外径(D)、厚度(T)和磨料层深度(X)相应范围的极限偏差(T_D)、(T_T)、(T_X)和径向圆跳动公差(T_{RL})按表 22 规定。

表 22 磨头外径、厚度、磨料层深度的极限偏差和径向圆跳动公差 单位为毫米

外径 D、厚度 T、磨料层深度 X	极限偏差 T_D	极限偏差 T_T	极限偏差 T_X	径向圆跳动公差 T_{RL}
$0.5 \leqslant T$ 或 D 或 $X \leqslant 3$	±0.1	±0.1	$^{+0.2}_{0}$	0.03
$3 < T$ 或 D 或 $X \leqslant 6$	±0.2		$^{+0.2}_{-0.1}$	
$6 < T$ 或 D 或 $X \leqslant 30$	±0.5	+0.2	$^{+0.3}_{-0.2}$	

6.2.2 磨头柄直径的极限偏差($\boldsymbol{T_{Sd}}$)、磨头柄缩径部位直径的极限偏差($\boldsymbol{T_{S1}}$)

磨头柄直径(S_d)相应范围的极限偏差(T_{Sd})按表 23 规定,本规定符合 GB/T 1800.2 中公差与配合 g6。磨头柄缩径部位直径(S_1)相应范围的极限偏差(T_{S1})按表 23 规定。

表 23 磨头柄直径和缩径部位直径的极限偏差 单位为毫米

磨头柄直径 S_d、缩径部位直径 S_1	极限偏差 T_{Sd}	极限偏差 T_{S1}
$1 \leqslant S_d$ 或 $S_1 \leqslant 3$	$^{-0.002}_{-0.008}$	±0.1
$3 < S_d$ 或 $S_1 \leqslant 6$	$^{-0.004}_{-0.012}$	
$6 < S_d$ 或 $S_1 \leqslant 10$	$^{-0.005}_{-0.014}$	±0.2
$10 < S_d$ 或 $S_1 \leqslant 18$	$^{-0.006}_{-0.017}$	
$18 < S_d$ 或 $S_1 \leqslant 30$	$^{-0.007}_{-0.020}$	±0.5

6.2.3 磨头总长度的极限偏差($\boldsymbol{T_L}$)和柄缩径部位长度的极限偏差($\boldsymbol{T_{L4}}$)

磨头总长度(L)和柄缩径部位长度(L_4)相应范围的极限偏差(T_L)、(T_{L4})按表 24 规定。

表 24 磨头总长度和柄缩径部位长度的极限偏差 单位为毫米

磨头总长度 L、柄缩径部位长度 L_4	极限偏差 T_L、T_{L4}
L 或 $L_4 \leqslant 120$	±1

7 手持磨削砂轮

7.1 名称

见表 25。

表 25 手持磨削砂轮名称、示意图和基体形状代号

名　　称	示意图	基体形状代号
单面凸碟形砂轮	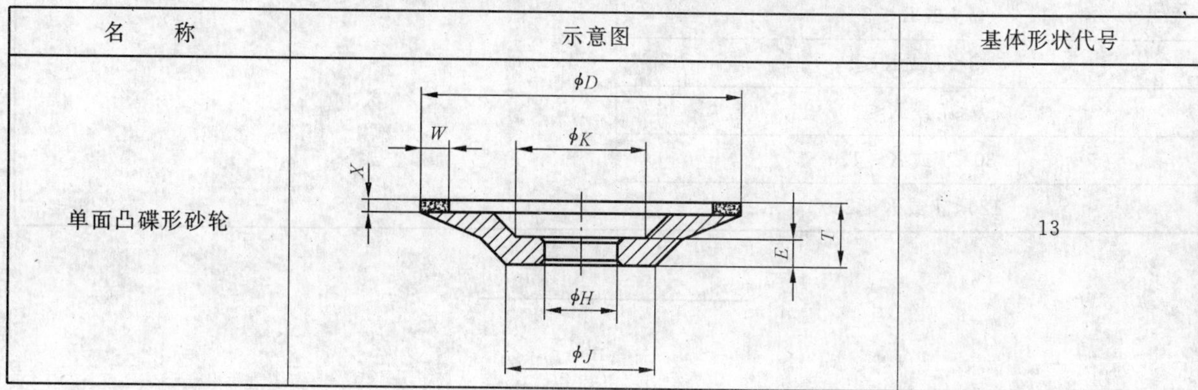	13

7.2 极限偏差和圆跳动公差

7.2.1 外径的极限偏差(T_D)、总厚度的极限偏差(T_T)和端面圆跳动公差(T_{PL})、径向圆跳动公差(T_{RL})

砂轮外径(D)、总厚度(T)相应范围的极限偏差(T_D)、(T_T)和端面圆跳动公差(T_{PL})、径向圆跳动公差(T_{RL})见表 26。

表 26 手持磨削砂轮外径、总厚度的极限偏差和圆跳动公差　　单位为毫米

外径 D	极限偏差 T_D	极限偏差 T_T	端面圆跳动公差 T_{PL}	径向圆跳动公差 T_{RL}
$30 \leqslant D \leqslant 120$	±0.8	±0.5	0.02	0.03
$120 < D \leqslant 230$	±1.2			

7.2.2 砂轮孔径的极限偏差(T_H)

砂轮孔径 H 相应范围的孔径极限偏差(T_H)按表 27 规定，本规定符合 GB/T 1800.2 中极限与配合 H7 公差带。

表 27 手持磨削砂孔径的极限偏差　　单位为毫米

孔径 H	极限偏差 T_H
$6 \leqslant H \leqslant 10$	$^{+0.015}_{0}$
$10 < H \leqslant 18$	$^{+0.018}_{0}$
$18 < H \leqslant 30$	$^{+0.021}_{0}$
$30 < H \leqslant 50$	$^{+0.025}_{0}$
$50 < H \leqslant 80$	$^{+0.030}_{0}$

7.2.3 磨料层宽度的极限偏差(T_W)

磨料层宽度(W)相应范围的极限偏差(T_W)按表 17 的规定。

7.2.4 孔径处厚度相应范围的极限偏差(T_E)

砂轮孔径处厚度(E)相应范围的极限偏差(T_E)按表 18 的规定。

7.2.5 磨料层深度的极限偏差(T_X)

磨料层深度(X)相应范围的极限偏差(T_X)按表 19 的规定。

7.2.6 基体凸面直径的极限偏差(T_J)和凹槽直径相应范围的极限偏差(T_K)

基体凸面直径(J)和凹槽直径(K)相应范围的极限偏差(T_J)和(T_K)按表 28 的规定。

表 28 手持磨削砂轮基体凸面和凹槽直径的极限偏差　　单位为毫米

凸面直径 J、凹槽直径 K	极限偏差 T_J、T_K
J 或 $K \leqslant 3$	±1
$3 < J$ 或 $K \leqslant 6$	
$6 < J$ 或 $K \leqslant 30$	
$30 < J$ 或 $K \leqslant 120$	
$120 < J$ 或 $K \leqslant 230$	

ICS 25.100.70
J 43

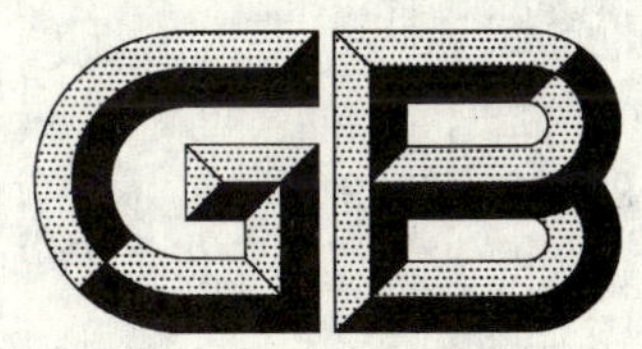

中华人民共和国国家标准

GB/T 23538—2009

普通磨料　球磨韧性测定方法

Conventional abrasive—Testing method for toughness (Ball mill method)

2009-04-23 发布　　　　2009-12-01 实施

中华人民共和国国家质量监督检验检疫总局
中国国家标准化管理委员会　发布

前　言

本标准的附录 A 为规范性附录。

本标准由中国机械工业联合会提出。

本标准由全国磨料磨具标准化技术委员会(SAC/TC 139)归口。

本标准起草单位:郑州磨料磨具磨削研究所。

本标准主要起草人:彭振宇、赵明新、郜迎君、刘红军、崔绳道、史纪民。

普通磨料　球磨韧性测定方法

1　范围

本标准规定了粒度为F8～F150的普通磨料球磨韧性的测定方法。

本标准适用于粒度为F8～F150的普通磨料球磨韧性的测定。

2　规范性引用文件

下列文件中的条款通过本标准的引用而成为本标准的条款。凡是注日期的引用文件，其随后所有的修改单(不包括勘误的内容)或修订版均不适用于本标准，然而，鼓励根据本标准达成协议的各方研究是否可使用这些文件的最新版本。凡是不注日期的引用文件，其最新版本适用于本标准。

GB/T 308　滚动轴承　钢球(GB/T 308—2002,ISO 3290:1998,NEQ)

GB/T 2481.1　固结磨具用磨料　粒度组成的检测和标记　第1部分：粗磨粒F4～F220(GB/T 2481.1—1998,eqv ISO 8486-1:1996)

GB/T 4676　普通磨料　取样方法(GB/T 4676—2003,ISO 9138:1993,MOD)

3　术语和定义

下列术语和定义适用于本标准。

3.1

球磨韧性　toughness (ball mill method)

球磨韧性是指以本标准所规定的试验条件及试验方法所求得的磨料抵抗破碎的能力，以百分比表征。

4　试验装置与标准试样[1)]

4.1　试验装置

4.1.1　筛机

技术要求符合GB/T 2481.1之规定。

4.1.2　试验筛

技术要求符合GB/T 2481.1之规定。

4.1.3　PR-B型普通磨料球磨韧性测定装置(或其他可以达到同等技术参数的球磨韧性测定装置)

PR-B型普通磨料球磨韧性测定装置应满足下列条件：

——回转速度：(75±1)r/min；

——球磨罐内侧尺寸：ϕ165 mm×190 mm；

——球磨罐容积：约4 000 cm^3；

——球磨罐材质：45钢(淬硬40 HRC～45 HRC)。

4.1.4　钢球

技术要求符合GB/T 308之规定的G60钢球，钢球直径为ϕ20 mm(约32.6 g)。

4.1.5　天平

天平的分度值不大于0.1 g，最大称量不小于500 g。

1)　试验装置与标准试样的有关信息可咨询全国磨料磨具标准化技术委员会秘书处。

4.2 标准试样

标准试样为给出韧性基准值的 F16 和 F60 棕刚玉磨料。

5 试验方法

5.1 试样的制备

5.1.1 取试样 500 g,分成两份,每一份 250 g。试样的抽取和缩分按 GB/T 4676 进行。

5.1.2 试样应干燥。干燥方法为:将待测试样置于烘箱中,于(110±5)℃下干燥 1 h,冷却至室温。

5.1.3 根据试样的粒度号,按照 GB/T 2481.1 的规定选择试验筛。取一份试样(250 g)置于选定的顶层试验筛上,在筛机上筛分 10 min。

5.1.4 把第三层试验筛上存留的全部磨料取出,其余试验筛上的磨料清除干净。然后将第三层试验筛上存留的全部磨料重新置于选定的顶层试验筛上,在筛机上再筛分 10 min。

5.1.5 把经过两次筛分(共筛分 20 min)后第三层试验筛上存留的磨料取出作为球磨试验用试样。

5.1.6 如果经两次筛分后第三层试验筛上存留的磨料质量小于 100 g,可以在步骤 5.1.1 中适当增加试样量直至保证收集的试样质量不小于 100 g。

5.2 装置的调整

装置在使用前应按照本标准附录 A 的规定进行调整。

5.3 操作方法

5.3.1 准确称量 100 g 按照本标准 5.1 之规定制备的球磨试验用试样(精确至 0.1 g),放入球磨罐中。

5.3.2 在球磨罐中放入(1 000±20)g 钢球(新钢球为 31 粒)。

5.3.3 将球磨韧性测定装置的总回转数设定为依据附录 A 之规定获得的总回转数,对试样进行球磨。

5.3.4 将球磨罐卸下,取出球磨罐中的物料,用刷子把球磨罐和钢球刷净,收回球磨后的试样。

5.3.5 准确称量回收的球磨后的试样的质量 M_1(精确至 0.1 g)。

5.3.6 如果球磨后试样的回收量不足 99 g,则应重做。

5.3.7 把球磨后的试样用步骤 5.1.3 所选定的试验筛在同一台筛机上进行筛分,筛分时间为 5 min。

5.3.8 筛分完成后,准确称量第三层试验筛上存留的试样的质量 m_1(精确至 0.1 g)。

5.3.9 按步骤 5.1.3～5.3.8 的规定对另一份试样进行处理,获得数据 M_2、m_2。

5.4 数据处理

按公式(1)计算被测试样的韧性值:

$$韧性值 = \frac{m_1 + m_2}{M_1 + M_2} \times 100\% \qquad (1)$$

式中:

m_1——第一份球磨后的试样筛分后在第三层试验筛上的存留量,单位为克(g);

m_2——第二份球磨后的试样筛分后在第三层试验筛上的存留量,单位为克(g);

M_1——第一份球磨后的试样的回收量,单位为克(g);

M_2——第二份球磨后的试样的回收量,单位为克(g)。

6 检验报告

用 5.4 计算得到的值作为被测样品的韧性值,保留小数点后一位数。

参考精度:该测试结果的标准偏差为 $\delta = 0.9$,或不确定度 $\beta = \pm 1.8$(置信度:95%)。

附 录 A
（规范性附录）
球磨韧性测定装置的调整方法

A.1 调整装置的目的

为获得由正文5.4计算得到的韧性值的精度，应用标准试样对球磨韧性测定装置进行调整。

A.2 适用范围

本附录适用于试验所用钢球量的调整以及球磨韧性测定装置总回转数的调整。

A.3 钢球量的调整

A.3.1 放入球磨罐里的钢球质量为(1 000±20)g。每次试验后应记录钢球的质量，当低于下限时，下次试验再追加一个新钢球。新钢球应预先用煤油或其他溶剂洗净后才可使用。

A.3.2 新钢球追加到三个后，如质量还低于下限，则应全部更换为新钢球。

A.4 总回转数的调整

A.4.1 根据待测试样的粒度号选择标准试样。标准试样的粒度为F16、F60，如待测试样为F60以粗的磨料，则以F16标准试样调整装置；如待测试样为F60及F60以细的磨料，则以F60标准试样调整装置。

A.4.2 按正文5.1之规定对标准试样进行处理。

A.4.3 将球磨韧性测定装置的总回转数设定为1 200转。

A.4.4 按正文5.3规定的操作方法和5.4规定的数据处理方法，求出韧性值。

A.4.5 如果获得的韧性值大于标准试样基准值+1，则适当增加总回转数，并按照A.4.2和A.4.4规定的方法重新进行试验，直到获得的标准试样的韧性值达到基准值±1为止。

A.4.6 如果获得的韧性值小于标准试样基准值−1，则适当减少总回转数，并按照A.4.2和A.4.4规定的方法重新进行试验，直到获得的标准试样的韧性值达到基准值±1为止。

A.4.7 把获得的标准试样韧性值达到基准值±1时的总回转数，作为正文5.3.3中的总回转数。

ICS 25.100.70
J 43

中华人民共和国国家标准

GB/T 23539—2009

涂附磨具 带轴页轮

Coated abrasives—Flap wheels with shaft

(ISO 3919:2005,MOD)

2009-04-23 发布 2009-12-01 实施

中华人民共和国国家质量监督检验检疫总局
中国国家标准化管理委员会 发布

前　言

本标准修改采用 ISO 3919:2005《涂附磨具　带轴页轮》(英文版)。

本标准根据 ISO 3919:2005 重新起草。

由于我国发展要求和工业的特殊需要,本标准在采用国际标准时进行了修改。这些技术性差异用垂直单线标识在它们所涉及的条款的页边空白处。

本标准与 ISO 3919:2005 的主要技术性差异如下:

——将轴径 S_d 公差 h9 改为 0～－0.10;

——页轮直径增加了 25 mm 的尺寸;

——页轮宽度增加了 25 mm 的尺寸。

为便于使用,本标准还做了下列编辑性修改:

——“本国际标准”一词改为“本标准”;

——删除了国际标准前言。

本标准由中国机械工业联合会提出。

本标准由全国磨料磨具标准化技术委员会(SAC/TC 139)归口。

本标准起草单位:佛山市顺德区大唐研磨材料有限公司。

本标准主要起草人:张庆祝、刘田军。

涂附磨具　带轴页轮

1　范围

本标准规定了带轴页轮的常用尺寸和极限偏差。

本标准适用于用在手持式磨削机上的带轴页轮。

2　要求

见图1和表1。

图1

表1　带轴页轮尺寸

单位为毫米

D ≈	T±1							S_d ${}^{0}_{-0.10}$	L ±3
	10	15	20	25	30	40	50		
25	—	—	—	×	—	—	—	3 或 6	30 或 40
30	×	×	×	×	—	—	—		
40	—	×	×	×	×	—	—		
50	—	—	×	×	×	—	—	6	
60	—	×	×	×	×	×	—		
80	—	—	—	×	×	×	×		

3　标记

符合本标准的带轴页轮应标记的内容为：

a）“带轴页轮”；

b）产品执行标准编号：GB/T 23539—2009；

c）页轮直径 D，单位为毫米；

d）页轮宽度 T，单位为毫米；

e）轴径 S_d，单位为毫米；

f）轴自由长度 L，单位为毫米。

示例：直径 D=60 mm，宽度 T=20 mm，轴径 S_d=6 mm，轴自由长度 L=30 mm 的带轴页轮按以下内容标记：

带轴页轮　GB/T 23539—2009　60×20×6×30

4　标志

带轴页轮应标识的内容为：

a）生产厂家名称或注册商标；

b）尺寸；

c）最大工作线速度；

d）最大允许转速；

e）粒度。

ICS 25.100.70
J 43

中华人民共和国国家标准

GB/T 23540—2009

涂附磨具　装有卡盘或未装卡盘的页轮

Coated abrasives—Flap wheels with incorporated flanges or separate flanges

(ISO 5429:2005,MOD)

2009-04-23 发布　　2009-12-01 实施

中华人民共和国国家质量监督检验检疫总局
中国国家标准化管理委员会　发布

前　言

本标准修改采用 ISO 5429:2005《涂附磨具　装有卡盘或未装卡盘的页轮》(英文版)。

本标准根据 ISO 5429:2005 重新起草。

由于我国发展要求和工业的特殊需要，本标准在采用国际标准时进行了修改。这些技术性差异用垂直单线标识在他们所涉及的条款的页边空白处。

本标准与 ISO 5429:2005 的主要技术差异如下：

——增加了宽度 T 为 30 mm 和 150 mm 的系列尺寸组合；

——当宽度 T=100 mm 和 150 mm 时，增加 D≈300 mm 尺寸组合。

为便于使用，本标准还做了下列编辑性修改：

——"本国际标准"一词改为"本标准"；

——删除了国际标准前言。

本标准由中国机械工业联合会提出。

本标准由全国磨料磨具标准化技术委员会(SAC/TC 139)归口。

本标准起草单位：白鸽磨料磨具有限公司。

本标准主要起草人：郭志邦、王建伟。

涂附磨具　装有卡盘或未装卡盘的页轮

1　范围

本标准规定了页轮的常用尺寸和极限偏差。

本标准适用于用在固定磨削机上的装有卡盘或未装卡盘的页轮。

2　要求

见图 1 和表 1。

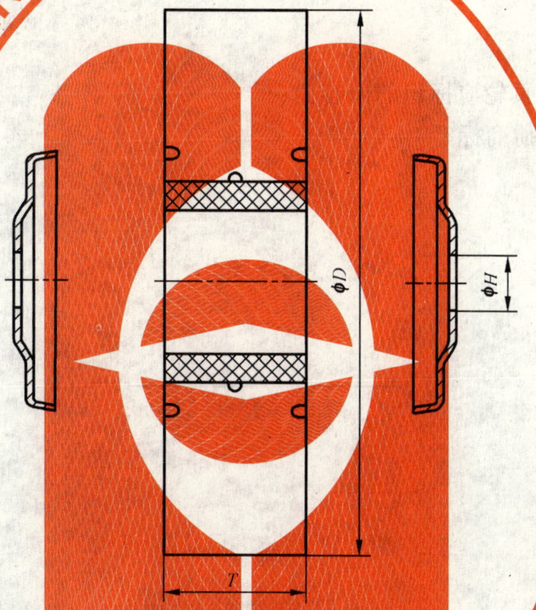

图 1　卡盘和页轮

注：该卡盘草图仅作为参考信息，不能预先判断卡盘和页轮的形状或卡盘的装入方法。

表 1　页轮尺寸和极限偏差

单位为毫米

T ±1	D ≈								
	100	150	165	200	250	300	350	400	500
25	×	×	×	×	×	×	—	—	—
30	×	×	×	×	×	×	—	—	—
50	×	×	×	×	×	×	×	×	—
75	—	×	×	×	×	×	×	×	—
100	—	—	—	—	—	×	×	×	×
150	—	—	—	—	—	×	×	×	×
H	[a]								

[a] 孔径 H 尺寸由制造商自己掌握。

3 标记

符合本标准的装有卡盘或未装卡盘的页轮应标记的内容为：

a) “页轮”；

b) 产品执行标准编号:GB/T 23540；

c) 装有卡盘的页轮为A型,未装卡盘的页轮为B型；

d) 页轮的直径 D,单位为毫米；

e) 页轮的宽度 T,单位为毫米；

f) 页轮的孔径 H,单位为毫米。

示例：直径 D=350 mm,宽度 T=75 mm,和孔径 H=40 mm,装有卡盘的A型页轮按以下内容标记：

页轮 GB/T 23540-A 350×75×40

4 标志

装有卡盘或未装卡盘的页轮应标识的内容为：

a) 生产厂家名称或注册商标；

b) 尺寸；

c) 最大工作线速度；

d) 最大允许转速；

e) 粒度。

ICS 25.100.70
J 43

中华人民共和国国家标准

GB/T 23541—2009

固结磨具 磨钢球砂轮

Bonded abrasive products—Grinding wheel for steel balls

2009-04-23 发布 2009-12-01 实施

中华人民共和国国家质量监督检验检疫总局
中国国家标准化管理委员会 发布

前　言

本标准由中国机械工业联合会提出。

本标准由全国磨料磨具标准化技术委员会(SAC/TC 139)归口。

本标准起草单位:江苏耐尔坚砂轮有限公司。

本标准主要起草人:黄敬民、常书明、钱存松。

固结磨具　磨钢球砂轮

1　范围

本标准规定了磨钢球砂轮的形状、尺寸、技术要求、试验方法、检验规则、标志和包装。

本标准适用于陶瓷结合剂磨钢球砂轮(以下简称砂轮)。

2　规范性引用文件

下列文件中的条款通过本标准的引用而成为本标准的条款。凡是注日期的引用文件,其随后所有的修改单(不包括勘误的内容)或修订版均不适用于本标准,然而,鼓励根据本标准达成协议的各方研究是否可使用这些文件的最新版本。凡是不注日期的引用文件,其最新版本适用于本标准。

GB/T 2476　普通磨料　代号

GB/T 2481.1　固结磨具用磨料　粒度组成的检测和标记　第1部分:粗磨粒 F4～F220(GB/T 2481.1—1998,eqv ISO 8486-1:1996)

GB/T 2481.2　固结磨具用磨料　粒度组成的检测和标记　第2部分:微粉

GB/T 2490　固结磨具　硬度检验

GB/T 2495　普通磨具　包装

JB/T 7992　普通磨具　外观、尺寸和形位公差试验方法

JB/T 10450　普通磨具　检验规则

3　形状和尺寸

3.1　砂轮代号为1型,形状见图1,尺寸见表1。

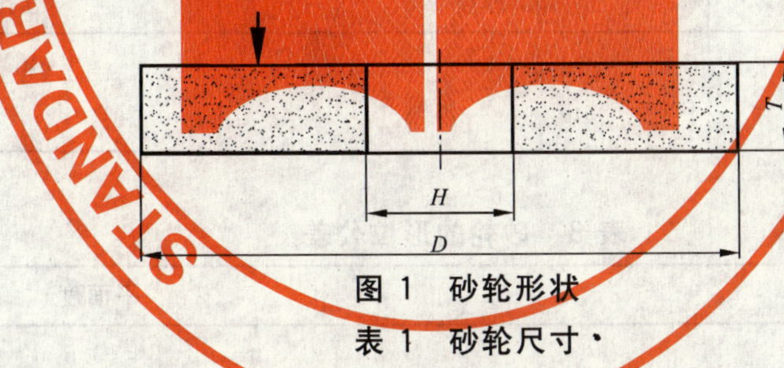

图1　砂轮形状

表1　砂轮尺寸

单位为毫米

外径 D	厚度 T			孔径 H
	80	100	110	
420	×	—	—	150
560	—	×	—	290
600	—	×	—	
650	—	×	—	
700	—	×	—	
720	×	×	—	
	—	×	—	360
760	—	×	—	305

表 1（续）

单位为毫米

<table>
<tr><th rowspan="2">外径 D</th><th colspan="3">厚度 T</th><th rowspan="2">孔径 H</th></tr>
<tr><th>80</th><th>100</th><th>110</th></tr>
<tr><td rowspan="4">800</td><td>—</td><td>×</td><td>—</td><td>290</td></tr>
<tr><td>—</td><td>×</td><td>—</td><td>360</td></tr>
<tr><td>—</td><td>×</td><td>—</td><td>420</td></tr>
<tr><td>—</td><td>×</td><td>—</td><td>450</td></tr>
<tr><td rowspan="2">820</td><td>—</td><td>×</td><td>—</td><td>290</td></tr>
<tr><td>—</td><td>—</td><td>×</td><td>305</td></tr>
<tr><td>860</td><td>—</td><td>×</td><td>—</td><td>290</td></tr>
<tr><td rowspan="2">900</td><td>—</td><td>×</td><td>—</td><td>360</td></tr>
<tr><td>—</td><td>×</td><td>—</td><td>400</td></tr>
</table>

4 标记

标记示例：

外径 D=800 mm，厚度 T=100 mm，孔径 H=360 mm，棕刚玉 A 和黑碳化硅 C 混合磨料，F180/F240 混合粒度，硬度 Y，陶瓷结合剂 V 的磨钢球砂轮标记为：

磨钢球砂轮 GB/T 23541—2009 1-800×100×360 A/C F180/F240 Y V

5 技术要求

5.1 磨料的代号、粒度按照 GB/T 2476、GB/T 2481.1、GB/T 2481.2 的规定。

5.2 砂轮尺寸的极限偏差见表 2。

表 2 砂轮尺寸的极限偏差

单位为毫米

外径 D	厚度 T	孔径 H
±6	±4	$^{+6}_{-4}$

5.3 砂轮的形位公差见表 3。

表 3 砂轮的形位公差

单位为毫米

平行度	平面度
≤1.0	≤0.5

5.4 砂轮不得有夹杂、起层、裂纹，砂轮工作面不得有发泡层和尺寸大于 2 mm 的空洞。

5.5 砂轮应进行喷砂硬度和硬度均匀性检验。喷砂硬度坑深值不大于 0.6 mm，硬度均匀性不大于0.15 mm。

6 试验方法

6.1 砂轮外观缺陷、尺寸偏差、形位公差按 JB/T 7992 规定进行。

6.2 砂轮硬度按 GB/T 2490 规定进行，检验硬度时用 28 cm^3 砂室进行检验，每点喷砂测量坑深 3 次，以第 3 次与第 2 次坑深值的差值为最终硬度检验数据。砂轮硬度均匀性为两点硬度值差值的绝对值。

7 检验规则

7.1 砂轮的检验按第 5 章的规定进行。

7.2 不合格项分类按表4的规定。

表4 不合格项分类

项目	分类		
	BⅠ类不合格	BⅡ类不合格	C类不合格
外径	×	—	—
厚度、孔径	—	—	×
外观缺陷	×	—	—
形位公差	—	×	—
硬度	—	×	—
标志	—	—	×

7.3 抽样方案和判别水平按JB/T 10450的规定。

8 标志和包装

8.1 砂轮表面应有下列标志：

a) 制造单位名称；

b) 商标；

c) 磨料；

d) 粒度；

e) 硬度；

f) 工作面标识；

g) 生产日期。

8.2 砂轮包装可采用木箱、条篓或草绳包装，并符合GB/T 2495的规定。

ICS 67.160.10
X 62

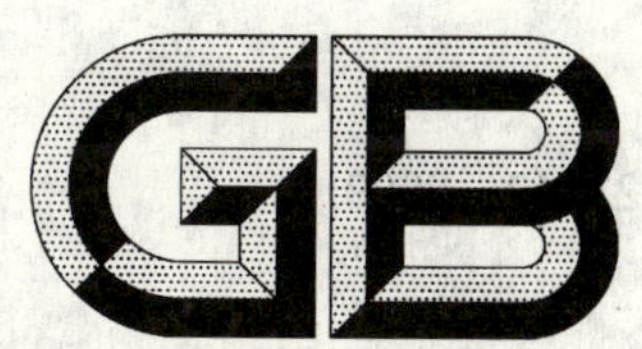

中华人民共和国国家标准

GB/T 23542—2009

黄酒企业良好生产规范

Good manufacturing practice for Chinese rice wine enterprises

2009-04-14 发布　　　　2009-12-01 实施

中华人民共和国国家质量监督检验检疫总局
中国国家标准化管理委员会　发布

前言

本标准由全国食品工业标准化技术委员会提出。

本标准由全国酿酒标准化技术委员会归口。

本标准起草单位：中国食品发酵工业研究院、中国绍兴黄酒集团有限公司、上海金枫酿酒有限公司、浙江塔牌绍兴酒有限公司、中粮绍兴酒有限公司。

本标准主要起草人：熊正河、钟其顶、郭新光、傅建伟、毛严根、金国辉、杨楠、邹慧君、何喜红、潘兴祥、吕兴龙。

黄酒企业良好生产规范

1 范围

本标准规定了黄酒企业的厂区环境、厂房与设施、设备与工器具、人员管理与培训、物料控制与管理、生产过程控制、质量管理、卫生管理、成品储存和运输、文件和记录、投诉处理和产品召回以及产品信息和宣传引导等方面的基本要求。

本标准适用于黄酒企业的设计、建造(改扩建)、生产管理和质量管理。

2 规范性引用文件

下列文件中的条款通过本标准的引用而成为本标准的条款。凡是注日期的引用文件,其随后所有的修改单(不包括勘误的内容)或修订版均不适用于本标准,然而,鼓励根据本标准达成协议的各方研究是否可使用这些文件的最新版本。凡是不注日期的引用文件,其最新版本适用于本标准。

GB 2760 食品添加剂使用卫生标准

GB 5749 生活饮用水卫生标准

GB 8817 食品添加剂 焦糖色(亚硫酸铵法、氨法、普通法)

GB 10344 预包装饮料酒标签通则

GB/T 13662 黄酒

GB 14936 硅藻土卫生标准

GB/T 15091 食品工业基本术语

3 术语和定义

GB/T 15091 确立的以及下列术语和定义适用于本标准。

3.1

黄酒 Chinese rice wine

以稻米、黍米等为主要原料,加曲、酵母等糖化发酵剂酿制而成的发酵酒。

4 厂区环境

4.1 工厂应建在水源充足,无有害气体、烟雾、灰沙等污染物和其他危及黄酒生产安全卫生的地区。

4.2 厂区环境应随时保持清洁,厂区的道路应硬化,空地应绿化。

4.3 厂区内不应有不良气味、有害(毒)气体或其他有碍卫生的设施,否则应有相应的控制措施。

4.4 厂区内禁止饲养动物。

4.5 厂区应具备与生产系统相匹配的排水系统,排水道应有适当斜度,不应有严重积水、渗漏、淤泥、污秽、破损。

4.6 厂区周界应有适当防范外来污染源的设计与构筑。

4.7 生活区应与生产区域隔离。

5 厂房与设施

5.1 厂房和场地

5.1.1 厂房建筑、设备应依照黄酒生产工艺流程合理布局,能满足生产工艺、卫生管理、设备维修的要求,人流、物流设置合理,避免交叉污染。

5.1.2 厂房和设施应有足够空间，以便有秩序地放置设备和物料。厂房内设备与设备之间或设备与墙壁之间应留有适当的距离，便于员工通行和维修。

5.1.3 厂区应保持道路、院落和停车场清洁卫生，应管理好废物处理处置系统，使其不成为黄酒的污染源。

5.1.4 厂房内配电设施应能防水，电源应有漏断电防护系统，不同电压的电源应明确标示。

5.1.5 厂房设计及设施应符合国家消防法规要求，配备有消防设施。

5.1.6 粉碎操作区域的电气设备应有防爆措施，生产过程中敞开式操作区域，应采用防护型照明设备。

5.1.7 相关生产车间应配置防水、防滑工作鞋。

5.2 设施的卫生与控制

5.2.1 厂房地板、墙壁、天花板易清扫，能保持清洁和维修良好，能满足与物料加工条件相匹配的卫生要求，浸米、发酵、压榨、灌装车间地面应使用易清洗、消毒的材料铺设。

5.2.2 生产车间地面应有适当的排水坡度及排水系统，车间污水排放应遵循高清洁区向低清洁区排放的原则。

5.2.3 生产场所应保持通风良好，必要时应装设有效的换气设施。

5.2.4 灌装车间的墙壁和天花板应有防霉措施，防止霉菌生长。

5.2.5 厕所应设于较方便的地点，并与生产场所保持一定距离，其数量应能满足员工使用。厕所门窗不应直接开向生产车间，应采用冲水式厕所。厕所采光、排气良好。

5.2.6 生产场所应提供充足的照明或自然光，保证照明灯的光泽不改变产品的本色，亮度满足工作场所和操作人员的正常需要。

5.2.7 应注重环境保护，应有"三废"处理措施，"三废"的排放应符合国家或地方排放标准。

6 设备与工器具

6.1 企业应具备基本的黄酒生产设备和分析检测设备。

6.2 设备的选型、安装应符合生产要求，与物料或黄酒接触的表面应平滑、边角圆滑、无死角和裂缝，易于清洗、消毒，便于生产操作、维修和保养。

6.3 凡与原辅料、半成品和成品直接接触的机械设备、容器、管路及工器具，应采用无毒、易清洗、无异味且不与其起反应的材料制作。

6.4 设备所用的润滑剂等不得对料液或容器造成污染。

6.5 连接设备的主要固定管道应标明管内物料名称及流向。

6.6 用于生产及检验的监视、测量装置等，其适用范围和精密度应符合生产和检验要求，有有效合格标识。

6.7 生产设备应定期维修、保养和验证，维修、保养的措施不得影响产品的质量，应有使用、维修、保养和验证记录，并由专人管理。

6.8 应保存现有设备清单及其布置的图纸。

7 人员管理与培训

7.1 总体要求

7.1.1 从事黄酒生产的人员应身体健康，须持有有效健康证。

7.1.2 企业应根据岗位需要配备与企业规模相适应的专业人员。

7.2 卫生管理

7.2.1 应保持良好的个人卫生，防止污染。

7.2.2 进入灌装车间前，应穿戴整洁工作服，并保持双手洁净。

7.2.3 工作期间不得有抽烟、饮食、饮酒或其他有碍生产操作的行为。

7.2.4 生产车间不得带入或存放个人生活用品。

7.2.5 制定参观人员卫生管理制度，设立参观设施，若进入生产场所应符合相应的卫生要求。

7.3 教育与培训

7.3.1 企业应建立各级人员的培训制度，以确保员工具备相应岗位所需技能水平。

7.3.2 新进人员应进行岗前培训，合格后方可上岗工作。

7.3.3 应定期对员工进行黄酒生产和安全理论知识培训，并对培训内容和培训效果进行评估。

7.3.4 培训应有记录，并存档。

8 物料控制与管理

8.1 物料采购与安全控制

8.1.1 与生产相关的原辅料、加工助剂、添加剂、包装材料均应符合国家的有关法规或标准的要求，国家和行业标准未涵盖到的，应建立内控标准。

8.1.2 应建立对物料供货商定期评价管理制度，制定相应的物料采购要求，并确保实施。

8.1.3 每批物料需向供应商索证，经质量检验部门检验、验证合格后，方可进厂使用。

8.1.4 检验合格的物料，应以"先进先用"为原则，对储存时间较长质量有可能发生变化的物料(保质期内)，使用前应重新抽样检验，确认质量合格。

8.1.5 酿造用水应符合 GB 5749 有关规定，每年至少一次委托有资质的检测机构对水质进行检验。

8.1.6 应建立文件化的物料的接收、检验、储存、运输及不合格处理程序。

8.1.7 生产特种黄酒的特殊辅料应使用国家批准既是食品又是药品名单中的物品，并符合相应的标准。

8.2 物料的储存

根据原辅料的特性，选择合适的储存条件，不同用途物料分别储存。仓库应通风良好，原料米、小麦仓库须具备防潮、防鼠、防虫等措施。

8.3 加工助剂与添加剂的管理

8.3.1 加工助剂和添加剂的使用应符合 GB 2760 及相关法规、标准的规定。

8.3.2 加工助剂和添加剂储存时，应采取有效措施防止污染、损失。

9 生产过程管理

9.1 总体要求

9.1.1 应制定生产和卫生操作规程，由专人负责管理。生产过程应做好记录，并规定记录存留时间，负责人需定期对记录进行审核。

9.1.2 与原料/料液接触的仪器设备、管道及工器具等使用前后应清洗，必要时进行消毒处理。

9.2 原辅料处理

9.2.1 原辅料投产前须经筛选处理，严禁使用霉变或被有毒、有害物污染的原辅料进行生产。

9.2.2 应制定生产曲药和纯种糖化发酵剂(菌种)的质量标准，并确保实施。

9.2.3 饭蒸熟后需冷却，使用工器具及盛器应符合食品卫生要求。

9.3 发酵

应根据工艺要求，对发酵过程工艺参数进行有效监控，防止发酵异常或遭受微生物污染。

9.4 压榨、煎酒、陈酿(贮酒)

9.4.1 压滤所用滤布、橡胶板应符合食品卫生要求。

9.4.2 煎酒过程中应有效控制煎酒温度和时间，确保产品质量安全。

9.4.3 贮存仓库应通风良好，保持适宜湿度和温度，防止温度过高。

9.4.4 对原酒信息做好记录和标识，确保相关信息齐全、准确，内容应包括生产日期、批次、入库时间、入库量等。

9.5 勾兑、过滤

9.5.1 调色用焦糖色应符合 GB 8817 和 GB 2760 的相关规定。

9.5.2 助滤用硅藻土应符合 GB 14936 规定。

9.5.3 勾兑完成的半成品，在大罐中存放时间不宜过长，必要时进行冷冻处理。

9.6 成品灌装

9.6.1 制定灌装工序操作规程，对实际操作进行记录，由生产负责人审核。

9.6.2 灌装前容器应清洗干净，必要时进行消毒。清洗后容器应及时使用，以免受污染。

9.6.3 过滤后的黄酒应及时灌装，确保产品质量安全。

9.6.4 保持灌酒区域的洁净，使之符合生产规定要求。

9.6.5 灌装机使用前后进行清洗，必要时进行消毒，并定期对灌装机进行采样检测，防止微生物污染。

9.6.6 灌装好的瓶酒或杀菌后的瓶酒应进行灯光检测，灯检人员工作一定时间后应调换工种或休息一段时间。

9.6.7 应有效控制杀菌温度和时间，确保产品质量安全。

10 质量管理

10.1 总体要求

10.1.1 企业应有相应的质量管理机构和人员，进行全面质量管理。

10.1.2 应制定质量管理标准，质量管理标准应涉及：人员要求、设备使用、物料采购、生产过程控制、生产环境要求、产品分析检测等方面内容，经质量管理机构确认后实施。

10.2 检测与质量控制

10.2.1 生产企业应设有与生产能力相适应的卫生、质量检验室，配备经专业培训、考核合格的检验人员。

10.2.2 应具备一定的检验设备，对原料、半成品和成品进行检测。检验设备的精确度和灵敏度要符合有关检验要求。

10.2.3 企业的质量管理部门负责黄酒生产全过程的质量管理和检验，独立行使质量检测权和合格判定权。

10.3 生产过程质量控制

10.3.1 应确定生产过程中的关键控制点，制定相应的控制措施，包括：检验项目、检验标准、抽样及检验方法等，并做好执行记录。

10.3.2 应检查设备使用前是否保持清洁，并处于正常状态。

10.3.3 生产过程若发现异常现象时，应追查原因并及时进行纠正处置。

10.4 成品质量管理

10.4.1 应按照国家、行业或企业产品质量标准的要求，制定成品检验项目、检验标准、抽样及检验方法。

10.4.2 应制定规范化的成品留样保存计划，每批成品应按规定留样。

10.4.3 每批成品须经质量部门检验，黄酒成品应符合相应的产品技术标准规定，不合格品不得出厂。

10.5 仪器与设备校准

10.5.1 依据国家或行业相关计量规定对检测仪器进行定期校准，并做好记录。

10.5.2 在没有国家或行业测量设备校准方法时，企业可制定本单位的校准规范，以企业标准形式发布和实施，用以满足测量设备检修的需要。

11 卫生管理

11.1 总体要求

11.1.1 企业应设置专门的卫生管理机构及配备经培训合格的专职卫生管理人员。

11.1.2 制定黄酒企业卫生管理制度，宣传和贯彻企业卫生规章，监督、检查实际执行情况，组织卫生宣传教育工作，培训有关人员，定期组织本企业人员的健康检查和管理，确保黄酒企业生产卫生质量安全。

11.2 清洗与消毒工作

11.2.1 应制定有效的清洗及消毒方法和制度，以确保生产场所、设备、管路清洁卫生，防止污染。

11.2.2 使用清洗剂和消毒剂时，应采取适当措施，以防止人身伤害和黄酒污染。

11.3 除虫、灭害工作

11.3.1 厂区应制定病虫害防治计划，包括防治方法、防治区域等，定期或在必要时进行除虫灭害工作，应采取措施防止鼠、蚊、蝇、昆虫等的聚集和孳生。

11.3.2 生产场所禁止使用各种杀虫剂或其他药剂。

11.4 化学品管理

11.4.1 清洗剂、消毒剂以及其他化学品均应有固定包装，并在明显处标示“危害品”字样，储存于专门库房或柜橱内，加锁并由专人负责保管，建立保存和使用管理制度。

11.4.2 化学品应由经培训的人员按照说明进行使用，防止污染和人身中毒。

11.4.3 除卫生和工艺需要，不应在生产车间使用和存放可能污染产品的化学品。

11.5 卫生设施的管理

更衣室、厕所等卫生设施应有人管理，并保持良好状态。

11.6 工作服管理

11.6.1 工作服包括工作衣、裤、发帽、鞋靴等，某些工序（种）还应配备口罩、围裙、套袖等卫生防护用品。

11.6.2 工作服应有清洗保洁制度，定期更换，保持清洁。

12 成品储存与运输

12.1 成品（预包装产品）的储存环境和运输应避免日光直射、雨淋、冰冻和撞击。

12.2 仓库应经常清理，成品应按生产日期、品名、包装形式及批号分别堆置，加以适当标示，并做记录。

12.3 为确保成品质量，应按 GB/T 13662 规定储存。应定期查看，如有异常情况，及时处理。

12.4 每批成品应经检验，符合产品质量标准后，方可出库。

12.5 成品储存应有存量记录，成品应做进出库记录，内容应包括批号、出货时间、地点、对象、数量等，便于质量追踪。

12.6 装卸时应轻拿轻放，严禁与有腐蚀、有毒、有害的物品一起混装。

13 文件和记录

13.1 总体要求

企业应保证所有文件和记录及时归档，记录信息真实、准确、详细。

13.2 生产管理、质量管理的各项制度和记录

13.2.1 应有厂房、设施和设备的使用、维护、保养、检修等制度和记录。

13.2.2 应有物料验收、生产操作、检验、发放、成品销售和用户投诉等制度和记录。

13.2.3 应有不合格品管理、物料退库和报废、紧急情况处理等制度和记录。

13.2.4 应有环境、厂房、设备、人员等卫生管理制度和记录。

13.2.5 应有本标准和专业技术培训等制度和记录。

13.3 生产管理文件

13.3.1 应有生产工艺规程、岗位操作法或标准操作规程生产工艺规程。应对原料采购、发酵、贮存、灌装等生产过程进行如实记录、检查，并详细记录异常纠偏及防止再次发生的措施。

13.3.2 应有批生产记录，内容包括：产品名称、生产批号、生产日期、操作者、复核者的签名、有关操作与设备、相关生产阶段的产品数量、物料领用发放、生产过程的控制记录及特殊问题记录。

13.4 质量文件管理

13.4.1 应有物料、中间产品和成品质量标准及其检验操作规程。

13.4.2 应有批检验记录。

13.5 文件的起草、修订、审批、保管

应建立文件的起草、修订审查、批准、撤销、印制及保管的管理制度。分发、使用的文件应为批准的现行文本。已撤销和过时的文件除留档备查外，不应在工作现场出现。

13.6 生产管理文件和质量管理文件的编制要求

13.6.1 文件的标题应能清楚地说明文件的性质。

13.6.2 各类文件应有便于识别其文本、类别的系统编码和日期。

13.6.3 文件使用的语言应确切、易懂。

13.6.4 填写数据时应有足够的空格。

13.6.5 文件制定、审查和批准的责任应明确，并有责任人签名。

14 投诉处理和产品召回

14.1 每批成品均应有销售记录，根据销售记录能追溯每批黄酒售出情况，必要时应能及时全部追回。

14.2 企业应建立不良反应监察报告制度，对用户的质量投诉和不良反应应详细记录和调查处理，若出现质量安全问题时，应及时向当地质量监督管理部门报告。

14.3 应有书面文件规定何种情况下应考虑召回产品，并根据危害程度，建立召回产品分类、处置及报告制度。

14.4 召回程序应规定参与评估的人员、启动召回的方法、召回通知到的对象、以及召回后产品的处理方法。

14.5 应定期进行模拟召回训练，并记录存档。

14.6 鼓励企业建立产品信息化管理程序，确保产品质量安全信息管理。

15 产品信息和宣传引导

15.1 产品信息

所有的黄酒产品都应具有或提供充分的产品信息，预包装产品标签应符合 GB 10344 的有关规定，以便经营者或消费者能够安全、正确地对产品进行处理、展示、储存、使用和溯源。

15.2 对消费者的宣传引导

健康教育应包括产品安全常识，应能使消费者认识到黄酒产品信息的重要性，并能够按照产品说明健康消费。

ICS 67.160.10
X 62

中华人民共和国国家标准

GB/T 23543—2009

葡萄酒企业良好生产规范

Good manufacturing practice for wine enterprises

2009-04-14 发布　　2009-12-01 实施

中华人民共和国国家质量监督检验检疫总局
中国国家标准化管理委员会　发布

前 言

本标准由全国食品工业标准化技术委员会提出。

本标准由全国酿酒标准化技术委员会归口。

本标准起草单位:中国食品发酵工业研究院、中粮酒业有限公司、烟台张裕葡萄酿酒股份有限公司、中法合营王朝葡萄酿酒有限公司、青岛华东葡萄酿酒有限公司。

本标准主要起草人:熊正河、钟其顶、郭新光、杨楠、李记明、尹吉泰、夏广丽、张辉、吕振荣、张春娅、刘春生。

葡萄酒企业良好生产规范

1 范围

本标准规定了葡萄酒企业的厂区环境、厂房与设施、设备与工器具、人员管理与培训、物料控制与管理、生产过程控制、质量管理、卫生管理、成品储存与运输、文件和记录、投诉处理和产品召回以及产品信息和宣传引导等方面的基本要求。

本标准适用于葡萄酒企业的设计、建造(改扩建)、生产管理和质量管理。

2 规范性引用文件

下列文件中的条款通过本标准的引用而成为本标准的条款。凡是注日期的引用文件,其随后所有的修改单(不包括勘误的内容)或修订版均不适用于本标准,然而,鼓励根据本标准达成协议的各方研究是否可使用这些文件的最新版本。凡是不注日期的引用文件,其最新版本适用于本标准。

GB 2760 食品添加剂使用卫生标准

GB 4285 农药安全使用标准

GB 10344 预包装饮料酒标签通则

GB 15037 葡萄酒

GB/T 15091 食品工业基本术语

3 术语和定义

GB/T 15091 确立的以及下列术语和定义适用于本标准。

3.1

葡萄酒 wines

以鲜葡萄或葡萄汁为原料,经全部或部分发酵酿制而成的,含有一定酒精度的发酵酒。

4 厂区环境

4.1 工厂应建在无有害气体、烟雾、灰沙等污染物和其他危及葡萄酒生产卫生安全的地区。原酒生产场所应靠近葡萄种植区域,不应设置在易受污染区域。

4.2 厂区环境应随时保持清洁,厂区的道路应硬化,空地应绿化。

4.3 厂区内不应有不良气味、有害(毒)气体或其他有碍卫生的设施,否则应有相应的控制措施。

4.4 厂区内禁止饲养动物。

4.5 厂区应具备与生产系统相匹配的排水系统,排水道应有适当斜度,不应有严重积水、渗漏、淤泥、污秽、破损。

4.6 厂区周界应有适当防范外来污染源的设计与构筑。

4.7 生活区应与生产区域隔离。

5 厂房与设施

5.1 厂房和场地

5.1.1 厂房建筑、设备要依照葡萄酒生产工艺流程合理布局,能满足生产工艺、卫生管理、设备维修的要求,人流、物流的流向应布置合理,避免交叉污染。

5.1.2 厂房和设施应有足够空间,以便有秩序地放置设备和物料。厂房内设备与设备之间或设备与墙壁之间应留有适当的距离，便于员工通行和维修。

5.1.3 厂区应保持道路、院落和停车场清洁卫生，应配备废物处理处置设施，使其不成为葡萄酒污染源。

5.1.4 厂房应采取预防措施以防害虫和其他动物进入工作场所。灌装车间的灌装线、照明设施和天花板应有防护措施，防止异物进入酒中。

5.1.5 厂房内电源应有漏电保护装置，配电设施应能防水。

5.1.6 厂房设计及设施应符合国家消防有关规定，并安装消防设施。

5.1.7 相关生产车间应配置适当的劳动防护用品（如帽子、防滑工作鞋、工作服）。

5.2 设施的卫生与控制

5.2.1 厂房地板、墙壁、天花板易清扫，能保持清洁卫生和维修良好。

5.2.2 生产车间地面、内墙壁、屋顶应使用光滑、无毒、防水、不易脱落、易于清洗消毒的建材。顶角、墙角、地角应呈弧形，以便于冲洗、消毒。发酵、滤酒、灌装工序的墙壁和天花板应有防霉措施。

5.2.3 生产车间、仓库应有良好的通风设施，保持空气流通，温湿度适当。

5.2.4 生产车间地面应有适当的排水坡度及排水系统，排水沟应有足够的尺寸，并保持顺畅，且沟内不得设置其他管路，应防止倒虹吸。

5.2.5 所有区域都应提供充足的照明或自然光，保证照明灯的光泽不改变产品的本色，亮度满足工作场所和操作人员的正常需要。

5.2.6 厕所应设于较方便的地点，并与生产场所保持一定距离，其数量应能满足员工使用。厕所门窗不应直接开向生产车间，应采用冲水式厕所。厕所采光、排气良好。

5.2.7 葡萄酒生产企业应具有充足的水源，在葡萄酒的加工设备、用具清洗或员工卫生设施等其他需水的方面，提供适当压力的活水。

5.2.8 企业应注重环境保护，应有“三废”处理措施，“三废”的排放应符合国家或地方排放标准。

6 设备与工器具

6.1 企业应具备基本的葡萄酒生产设备和分析检测设备。

6.2 设备的选型、安装应符合生产要求，易于清洗、消毒或灭菌，便于生产操作、维修和保养，并能减少污染。

6.3 凡与葡萄汁/酒接触的设备、容器、管路等，应采用无毒、不吸水、易清洗、无异味且不与葡萄汁/酒起反应的材料制作。

6.4 设备所用的润滑剂等不得对料液或容器造成污染。

6.5 与设备连接的主要固定管道应标明管内物料名称、流向。

6.6 用于生产和检验的仪器、仪表、量具、衡器等，其适用范围和精密度应符合生产和检验要求，有明显的合格标志。

6.7 生产设备应定期维修、保养和验证，维修、保养的措施不得影响产品的质量，应有使用、维修、保养、校验记录，并由专人管理。

6.8 应保存现有设备清单及其布置的图纸。

7 人员管理与培训

7.1 总体要求

7.1.1 从事葡萄酒生产的人员应身体健康，须持有有效健康证。

7.1.2 企业应根据岗位需要配备与企业规模相适应的专业人员。

7.2 卫生管理

7.2.1 应保持良好的个人卫生，防止污染。

7.2.2 进入灌装车间前，应穿戴整洁工作服，并保持双手洁净。

7.2.3 工作期间不得有抽烟、饮食、饮酒或其他有碍生产操作的行为。

7.2.4 生产车间不得带入或存放个人生活用品。

7.2.5 制定参观人员卫生管理制度，设立参观设施，若进入生产场所应符合相应的卫生要求。

7.3 人员意识、能力、教育与培训

7.3.1 企业应建立各级人员的培训制度，以确保员工具备相应岗位所需技能水平。

7.3.2 新进人员应进行岗前培训，合格后方可上岗工作。

7.3.3 应定期对员工进行葡萄酒生产和安全理论知识培训，并对培训内容和培训效果进行评估。

7.3.4 培训应有记录，并存档。

8 物料控制与管理

8.1 物料采购和安全控制总体原则

8.1.1 与生产相关的原辅料、加工助剂、添加剂以及与产品直接接触的包装材料和容器等均应符合国家有关法规或标准的规定，国家和行业标准未涵盖到的，葡萄酒企业应建立企业内控标准。

8.1.2 企业应对物料采购和验收进行管控，坚持索证制度，必要时应配备基本的检验设备，对原辅料进行检验，保证原辅料的质量和安全。

8.1.3 应建立物料供货商评价及追踪管理制度，并制定原料及包装材料的检验验收标准和检验方法，并确保实施。

8.1.4 检验合格的物料应以“先进先用”为原则，如经长期储存，使用前应重新检验。

8.1.5 应建立文件化的物料接收程序和不合格处理程序。

8.2 葡萄原料控制与管理

要始终考虑到葡萄原料初级生产对葡萄酒的产品质量和安全性产生的重要影响，鼓励葡萄种植企业按照良好农业规范(GAP)等要求进行生产。

8.2.1 葡萄种植

8.2.1.1 葡萄栽培应在无污染的环境中进行，根据自然环境及品种特性，种植适栽品种。

8.2.1.2 葡萄种植过程中，根据土壤肥力的分析确定需要的施肥量，并以有机肥为主，化肥为辅。

8.2.1.3 葡萄病虫害防治应贯彻以综合防治为主的原则，采收前1个月不得使用杀虫剂，采摘前10天不得使用杀菌剂。葡萄农药使用应符合GB 4285的规定，使用国家允许的低毒化学杀虫剂，不得使用剧毒化学杀虫剂。

8.2.1.4 葡萄栽培中禁止使用催熟剂和着色剂，采收前1个月不能灌水。

8.2.1.5 葡萄产量：酿制优质白葡萄酒的葡萄每公顷产量不超过15 000 kg，酿制一般白葡萄酒的葡萄每公顷产量不超过20 000 kg。酿制优质红葡萄酒的葡萄每公顷产量不超过12 000 kg，酿制一般红葡萄酒的葡萄每公顷产量不超过18 000 kg。

8.2.1.6 葡萄含糖量：酿制优质白葡萄酒的葡萄含糖量不低于170 g/L，酿制一般白葡萄酒的葡萄含糖量不低于150 g/L。酿制优质红葡萄酒的葡萄含糖量不低于180 g/L，酿制一般红葡萄酒的葡萄含糖量不低于160 g/L(以葡萄糖计)。

8.2.1.7 葡萄采摘：根据葡萄成熟度确定最佳采收期，按照葡萄品种、质量等级采摘。盛装原料的容器应清洁、专用，禁止使用装过农药或其他可能对葡萄原料造成污染的容器。

8.2.1.8 应有文件记录葡萄原料品种、产地、产量和基本质量指标信息。

8.2.2 葡萄采购

8.2.2.1 采购的酿酒葡萄原料应是在无污染区域内种植和收获的产品。

8.2.2.2 采购的葡萄原料是按照葡萄种植相关技术规范执行的，并能出具相关证明。

8.2.2.3 采购时对葡萄原料的糖、酸等指标进行质量检验。

8.2.3　葡萄运输与贮藏

8.2.3.1　葡萄运输过程中注意不要挤压，基地原料就近处理，进厂的原料须在24 h内破碎完毕。长途运输需要帐篷或其他覆盖物，防止污染。

8.2.3.2　长时间运输和贮藏过程中可往葡萄里添加适量二氧化硫溶液、亚硫酸钾、无水亚硫酸钾、亚硫酸铵或亚硫酸氢铵，预防葡萄微生物污染，并起到抗氧化作用。

8.3　原酒采购

8.3.1　原酒生产企业应有相应的有效资质和生产许可证。

8.3.2　采购原酒时应按照国家有关规定或标准要求对原酒进行检验，国家和行业标准中未涵盖的指标，企业根据自身需要设定指标进行检验，检验合格的方可收购。

8.3.3　采购原酒时，需索要详细的生产过程记录材料，包括葡萄原料、添加剂、加工助剂等内容及有资质的检测机构出具的合格检验报告。

8.3.4　原酒收购使用的不锈钢罐、皮囊(食品级)和中转容器等应清洁卫生，并采取适当的措施保证运输过程中不受外界污染和防止原酒暴露空气而引起酒被氧化变坏。到酒厂后应马上采取处理措施。

8.4　加工助剂及添加剂的管理

8.4.1　葡萄酒生产过程使用的加工助剂和添加剂应符合GB 2760及相关法规、标准的规定。

8.4.2　加工助剂及添加剂储存时，应采取有效措施防止污染、损失。

9　生产过程控制

9.1　总体要求

9.1.1　应制定生产和卫生操作规程，由专人负责管理。生产过程应做好记录，并规定记录存留时间，负责人需定期对记录进行审核。

9.1.2　与葡萄汁/葡萄酒接触的容器、管道和工器具等应采取有效的防污染措施。

9.1.3　生产过程中添加剂的使用应双人复核、双人投料。

9.2　葡萄处理

9.2.1　葡萄处理过程中接触的容器、管道和工器具应清洁卫生，使用前后应进行清洗。

9.2.2　应去除生青、受损或腐烂的葡萄。

9.2.3　葡萄采收后应在最短的时间内破碎处理，根据工艺需要选择合适的破碎度，破碎过程中防止破碎果籽和果梗。

9.2.4　酿造白葡萄酒压榨分离葡萄浆果应在葡萄破碎后马上进行，以减少葡萄汁氧化、污染，压榨过程应采用软压取汁方式，不应压破或压碎葡萄果梗和果核。

9.2.5　酿制需浸提的葡萄酒(汁)需在除梗或除梗破碎后，采用传统带皮发酵，用机械的方法轻柔的使酒液通过皮渣层进行循环，或采用二氧化碳浸提、热浸提方法，根据酒种或品种的不同使葡萄的固体部分和液体部分保持或长或短一段时间的接触。

9.2.6　按照葡萄处理操作规程进行操作并做好记录，内容应包括葡萄原料入罐时间、品种、入罐量和采取的工艺措施、使用的添加剂和(或)加工助剂及加入量等，生产负责人或工艺管理人员应定期对记录进行检查，应有书面规定记录的留存时间。

9.3　葡萄汁处理

9.3.1　在破碎和压榨处理时添加二氧化硫或代用品，以防止微生物污染或者有利于工艺操作。所添加的二氧化硫或代用品应符合相关规定，并均匀分布在葡萄汁中。

9.3.2　澄清过程中使用的果胶酶、明胶、皂土(膨润土)等使用之前应做用量试验。

9.3.3　增糖可通过以下方法实现：果实采收后自然风干、添加浓缩葡萄汁、添加白砂糖，其中白砂糖加入量不得超过产生2%(体积分数)酒精的量。白砂糖的质量要求应符合相关标准的规定。

9.3.4 葡萄汁或葡萄酒酸度的调整

9.3.4.1 降酸过程中使用的加工助剂需符合相关标准规定，由降酸葡萄汁或经过降酸处理得到的葡萄酒中的酒石酸含量应不低于1 g/L。

9.3.4.2 增酸允许使用乳酸、苹果酸、酒石酸和柠檬酸。

9.3.5 按照葡萄汁处理操作规程进行操作并记录，包括工艺措施、使用的添加剂和(或)加工助剂、加入量、加入时间等，生产负责人或工艺管理人员应定期对记录进行检查，应有书面规定记录的留存时间。

9.4 发酵过程控制

9.4.1 对发酵车间、发酵过程中使用的仪器设备、容器进行消毒处理，确保发酵车间清洁卫生，防止杂菌生长。

9.4.2 所使用的活性干酵母应符合相关规定，菌种管理应制定严格的操作制度，菌种保存、扩大培养应按照规定严格执行。

9.4.3 酒精发酵过程中，为促进发酵或防止发酵意外中止，可以添加酵母促进剂、酵母菌皮，并适当采取通风等措施。添加的酵母促进剂应符合相关标准规定。

9.4.4 可采用自然诱发或添加乳酸菌进行苹果酸-乳酸发酵。

9.4.5 通过加热方法使发酵中止时不应引起葡萄醪液外观、颜色、香气与滋味的明显变化；过滤、离心等处理过程中使用的仪器应消毒处理，防止杂菌污染；通过添加酒精中断发酵时酒精应是葡萄蒸馏酒精或食用酒精。

9.4.6 按照葡萄酒发酵工艺规程进行操作并记录，包括菌种(酵母菌、乳酸菌)使用、工艺措施、使用的添加剂和(或)加工助剂、加入量、加入时间等，生产负责人或工艺管理人员应定期对记录进行检查，应有书面规定记录的留存时间。

9.5 原酒贮存和陈酿

9.5.1 用于原酒贮存和陈酿的水泥池、不锈钢罐、橡木桶和玻璃瓶等容器应清洁卫生，使用前应进行消毒杀菌处理。

9.5.2 应避免原酒在贮存容器中氧化，或与空气接触导致微生物繁殖。进行添酒工艺时添加的原酒应与容器中酒质相同。在隔绝空气倒酒时，容器要先用符合有关规定的惰性气体充满，可以是二氧化碳、氮气或氩气，中转设备和容器应清洁卫生，防止氧化和杂菌污染。

9.5.3 按照原酒贮存和陈酿工艺规程进行操作并记录，原酒记录应详细，可追溯。生产年份、产地和品种葡萄酒时，应确保相关信息记录齐全、准确。生产负责人或工艺管理人员应定期对记录进行检查，应有书面规定记录的留存时间。

9.6 葡萄酒后处理

9.6.1 葡萄酒澄清、过滤过程中使用的仪器设备应清洁卫生，使用前进行消毒处理。

9.6.2 葡萄酒进行冷冻、非生物稳定性处理过程中使用的加工助剂和酒中的最大残留量应符合相关规定。所用助剂使用量在使用前需做用量试验，应避免处理中的过度或不足，造成酒质量的下降。

9.6.3 进行热处理如巴氏杀菌处理时，升温和所用技术不应引起葡萄酒外观、香气和口感的明显变化。

9.6.4 按照葡萄酒后处理工艺规程进行操作并记录，包括添酒、倒酒记录、非生物稳定性、生物稳定性处理等，生产负责人或工艺管理人员应定期对记录进行检查，应有书面规定记录的留存时间。

9.7 葡萄酒过滤和灌装

9.7.1 过滤工序和灌装工序的墙壁、地面以及设备、工器具应保持清洁，避免生长霉菌和其他杂菌。

9.7.2 使用前应对包装容器及包装物进行卫生、质量严格检验，合格后方可使用。

9.7.3 每天生产前需对灌装机清洗消毒。如果连续生产超过24 h，需定时对灌装机进行清洗、检验，防止微生物污染。

9.7.4 按照灌装工艺规程进行操作并记录，并由负责人审核、留存。

10 质量管理

10.1 总体要求

10.1.1 企业应有相应的质量管理机构和人员，进行全面质量管理。

10.1.2 应制定质量管理标准，质量管理标准应涉及：人员要求、设备使用、物料采购、生产过程控制、生产环境要求、产品分析检测等方面内容，经质量管理机构确认后实施。

10.2 检测与质量控制

10.2.1 生产企业应设与葡萄酒生产能力相适应的卫生、质量检验室，配备经专业培训、考核合格的检验人员。

10.2.2 应具备一定的检验设备，对物料、半成品和成品进行检测，精确度和灵敏度要符合有关检验要求。

10.2.3 企业质量管理部门负责葡萄酒生产全过程的质量管理和检验，独立行使质量检测权和合格判定权。

10.3 生产过程质量管理

10.3.1 鼓励葡萄酒生产企业实施危害分析及关键控制点（HACCP）管理体系，找出生产过程中的质量控制点，并制定相应控制措施。

10.3.2 应检查设备使用前是否保持清洁，并处于正常状态。

10.3.3 生产过程中若发现有检验不合格或其他异常现象时，应迅速追查原因并妥善处理。

10.4 成品质量管理

10.4.1 应按照国家、行业或企业产品质量标准的要求，制定成品检验项目、检验标准、抽样及检验方法。

10.4.2 应制定规范化的成品留样保存计划，每批成品应按规定留样。

10.4.3 每批成品须经质量部门检验，葡萄酒成品应符合 GB 15037 和其他相关标准规定，不合格品不得出厂。

10.5 仪器或设备校准

10.5.1 依据国家或行业相关计量规定对检测仪器进行定期校准，并做好记录。

10.5.2 在没有国家或行业测量设备校准方法时，企业可制定校准规范，以企业标准形式发布和实施，用以满足测量设备检修的需要。

11 卫生管理

11.1 总体要求

11.1.1 企业应设置专门的卫生管理机构及配备经培训合格的专职卫生管理人员。

11.1.2 制定企业卫生管理制度，宣传和贯彻企业卫生规章，监督、检查实际执行情况，组织卫生宣传教育工作，培训有关人员，定期组织本企业人员的健康检查和管理，确保葡萄酒企业生产卫生质量安全。

11.2 清洗和消毒工作

11.2.1 应制定有效的清洗及消毒方法和制度，以确保生产场所、设备、管路清洁卫生，防止污染。

11.2.2 使用清洗剂和消毒剂时，应采取适当措施，防止人身、产品受到污染。

11.3 除虫、灭害的管理

11.3.1 厂区应制定病虫害防治加护，包括防治方法、防治区域等，定期或在必要时进行除虫灭害工作，防治鼠、蚊、蝇、昆虫等的聚集和孳生。

11.3.2 生产场所禁止使用各种杀虫剂或其他药剂。

11.4 化学品管理

11.4.1 清洗剂、消毒剂以及其他化学物品均应有固定包装，并在明显处标示“有害品”字样，储存于专门库房或柜橱内，加锁并由专人负责保管，建立保存和使用管理制度。

11.4.2 化学品应由经培训的人员按照说明进行使用，防止污染和人身中毒。

11.4.3 除卫生和工艺需要，均不应在生产车间使用和存放可能污染产品的化学品。

11.5 卫生设施的管理

更衣室、厕所等卫生设施，应有人管理，并保持良好状态。

11.6 工作服管理

11.6.1 工作服包括工作衣、裤、发帽、鞋靴等，某些工序(种)还应配备口罩、围裙、套袖等卫生防护用品。

11.6.2 工作服应有清洗保洁制度，定期更换，保持清洁。

12 成品储存与运输

12.1 成品(预包装产品)的储存环境和运输应避免日光直射、雨淋、冰冻和撞击。进货的容器、车辆应检查，以免造成原辅料或厂区污染。

12.2 仓库应经常清理，储存物品不得直接放置地面。成品仓库应按生产日期、品名、包装形式及批号分别堆置，加以适当标示，并做记录。

12.3 每批成品应经检验，符合产品质量标准后，方可出货。

12.4 成品贮放应有存量记录，成品应做进出库记录，内容应包括批号、出货时间、地点、对象、数量等，便于质量追踪。

12.5 装卸时应轻拿轻放，严禁与有腐蚀、有毒、有害的物品一起混装。

13 文件和记录

13.1 总体要求

企业应保证所有文件和记录及时归档，记录信息真实、准确、详细。

13.2 生产管理、质量管理的各项制度和记录

13.2.1 应有厂房、设施和设备的使用、维护、保养、检修等制度和记录。

13.2.2 应有物料验收、生产操作、检验、发放、成品销售和用户投诉等制度和记录。

13.2.3 应有不合格品管理、物料退库和报废、紧急情况处理等制度和记录。

13.2.4 应有环境、厂房、设备、人员等卫生管理制度和记录。

13.2.5 应有本标准和专业技术培训等制度和记录。

13.3 生产管理文件

13.3.1 应有生产工艺规程、岗位作业指导书或标准操作规程。应对葡萄采收、酿造、陈酿、灌装和贮存等生产过程进行如实记录、检查，并详细记录异常纠偏及防止再次发生的措施。

13.3.2 应有批生产记录，内容包括：产品名称、生产批号、生产日期、操作者、复核者的签名、有关操作与设备、相关生产阶段的产品数量、物料领用发放、生产过程的控制记录及特殊问题记录。

13.4 质量管理文件

13.4.1 应有物料、中间产品和成品质量标准及其检验操作规程。

13.4.2 应有批检验记录。

13.5 文件起草、修订、审批和保管

应建立文件的起草、修订审查、批准、撤销、印制及保管的管理制度。分发、使用的文件应为批准的现行文本。已撤销和过时的文件除留档备查外，不应在工作现场出现。

13.6 **制定生产管理文件和质量管理文件要求**

13.6.1 文件标题应能清楚地说明文件的性质。

13.6.2 各类文件应有便于识别其文本、类别的系统编码和日期。

13.6.3 文件使用的语言应确切、易懂。

13.6.4 填写数据时应有足够的空格。

13.6.5 文件制定、审查和批准的责任应明确，并有责任人签名。

14 投诉处理和产品召回

14.1 每批成品均应有销售记录，根据销售记录能追溯每批葡萄酒售出情况，必要时应能及时全部追回。

14.2 企业应建立不良反应监察报告制度，对用户的质量投诉和不良反应应详细记录和调查处理，若出现质量安全问题时，应及时向当地质量监督管理部门报告。

14.3 应有书面文件规定何种情况下考虑召回产品，并根据危害程度，建立召回产品分类、处置及报告制度。

14.4 召回程序应规定参与评估的人员、启动召回的方法、召回通知到的对象以及召回后产品的处理方法。

14.5 应定期进行模拟召回训练，并记录存档。

14.6 鼓励企业建立产品信息化管理程序，确保产品质量安全信息管理。

15 产品信息和宣传引导

15.1 产品信息

所有的产品都应具有或提供充分的产品信息，预包装产品标签应符合 GB 10344 的有关规定，以便经营者或消费者能够安全、正确地对产品进行处理、展示、储存、使用和溯源。

15.2 对消费者的宣传引导

健康教育应包括产品安全常识，应能使消费者认识到葡萄酒产品信息的重要性，并能够按照产品说明健康消费。

ICS 67.160.10
X 61

中华人民共和国国家标准

GB/T 23544—2009

白酒企业良好生产规范

Good manufacturing practice for Chinese spirits enterprises

2009-04-14 发布 2009-12-01 实施

中华人民共和国国家质量监督检验检疫总局
中国国家标准化管理委员会 发布

前言

本标准由全国食品工业标准化技术委员会提出。

本标准由全国白酒标准化技术委员会归口。

本标准起草单位:中国食品发酵工业研究院、四川宜宾五粮液集团有限公司、泸州老窖股份有限公司、中国贵州茅台酒厂有限责任公司、山西杏花村汾酒厂股份有限公司、北京顺鑫农业股份有限公司牛栏山酒厂、山东景芝酒业股份有限公司、北京中防昊通防伪科技中心。

本标准主要起草人:熊正河、郭新光、钟其顶、陈林、张宿义、汪地强、康健、李怀民、赵德义、刘凤翔、许德富、王莉、李建峰、李兰英、来安贵、王继坤。

白酒企业良好生产规范

1 范围

本标准规定了白酒企业的厂区环境、厂房与设施、设备与工器具、人员管理与培训、物料控制与管理、加工过程控制、质量管理、卫生管理、成品储存和运输、文件和记录、投诉处理和产品召回以及产品信息和产品宣传等方面的基本要求。

本标准适用于白酒企业的设计、建造(改扩建)、生产管理及质量管理。

2 规范性引用文件

下列文件中的条款通过本标准的引用而成为本标准的条款。凡是注日期的引用文件,其随后所有的修改单(不包括勘误的内容)或修订版均不适用于本标准,然而,鼓励根据本标准达成协议的各方研究是否可使用这些文件的最新版本。凡是不注日期的引用文件,其最新版本适用于本标准。

GB 2715 粮食卫生标准

GB 2757 蒸馏酒及配制酒卫生标准

GB 5749 生活饮用水卫生标准

GB 10343 食用酒精

GB 10344 预包装饮料酒标签通则

GB/T 15109 白酒工业术语

3 术语和定义

GB/T 15109 中确立的以及下列术语和定义适用于本标准。

3.1

白酒 Chinese spirits

以粮谷为主要原料,用大曲、小曲或麸曲及酒母等为糖化发酵剂,经蒸煮、糖化、发酵、蒸馏而制成的蒸馏酒。

4 厂区环境

4.1 工厂应建在水源充足,无有害气体、烟雾、沙尘等污染物和其他危及白酒生产安全卫生的地区。

4.2 厂区环境应随时保持清洁,厂区道路应铺设硬化路面,空地应绿化。

4.3 厂区内应无不良气味、有害(毒)气体或其他有碍卫生的设施,否则应有相应的控制措施。

4.4 厂区内禁止饲养与携带禽、畜及其他宠物(守护用犬除外,但应严格管理,不得进入生产区域或接触物料)。

4.5 厂区应具备与生产能力相匹配的供、排水系统,排水道应通畅,不应有严重积水、渗漏、淤泥、污秽、破损。

4.6 生活区应与生产区域隔离。

5 厂房与设施

5.1 厂房与场地

5.1.1 厂房建筑、设备应按照白酒生产工艺流程合理布局,能满足生产工艺、卫生管理、设备维修的要求,人流、物流设置合理,避免交叉污染。

5.1.2 厂房和设施应有足够空间，以便有秩序地放置设备和物料。厂房内设备与设备之间或设备与墙壁之间应留有适当的距离，便于员工通行和维修。

5.1.3 厂房设计和设施应符合国家消防法规要求，配备有消防设施。

5.1.4 电源应有接地线和漏、断电防护系统，不同电压的电源应明显标示。

5.1.5 原酒贮存、灌装及成品酒储存区域，应严禁烟火，设置明显的警示标志，并采用防爆型机电和照明设施。

5.2 卫生设施与控制

5.2.1 根据洁净程度要求，对厂区内的生产车间和公共场所实行分级卫生管理。

5.2.2 物料管道和生产车间地面应有适当的排水坡度及排水系统，车间污水应遵循从高清洁区向低清洁区排放的原则。

5.2.3 生产车间及储存场所应保持通风良好，必要时配备换气设施。

5.2.4 灌装车间地面应使用易清洗、消毒的材料铺设，墙壁和天花板应有防霉措施，防止霉菌生长。

5.2.5 厕所应设于较方便的地点，并与生产场所保持一定距离，其数量应能满足员工使用。厕所门窗不应直接开向生产车间，应采用冲水式厕所。厕所采光、排气良好。

5.2.6 所有区域都应提供充足的照明或自然光，以便于操作及维护。

5.2.7 企业应注重环境保护，有“三废”处理措施，“三废”的排放应符合国家或地方排放标准，鼓励白酒企业对酒糟进行综合利用。

6 设备与工器具

6.1 生产企业应具备基本的白酒生产设备和分析检测设备。

6.2 设备和工器具应符合生产要求，易于清洗、必要时可消毒或灭菌，便于生产操作、维修和保养，并能减少污染。

6.3 凡与原辅料、半成品和成品直接接触的机械设备、容器、管道和工具器等，均应采用无毒、易清洗、无异味及不与其起化学反应的材料制作。

6.4 设备所用的润滑剂、冷却剂等不得对料液或容器造成污染。

6.5 与设备连接的主要固定管道应标明管内物料名称及流向。

6.6 用于生产及检验、试验的仪器、装置、仪表、量具、衡器等，其适用范围和精密度应符合生产和检验要求，有明显的合格标志。

6.7 生产设备应定期维修、保养和验证，维修、保养的措施不得影响产品质量，应有使用、维修、保养、校验记录，并由专人管理。

6.8 应保存现有设备及其布置的图纸。

7 人员管理与培训

7.1 总体要求

7.1.1 从事白酒生产的人员应身体健康，须持有有效健康证。

7.1.2 企业应根据岗位需要配备与企业规模相适应的专业人员。

7.2 卫生管理

7.2.1 应保持良好的个人卫生，防止污染。

7.2.2 进入灌装车间前，应穿戴整洁工作服，并保持双手洁净。

7.2.3 工作期间不得有抽烟、饮食、饮酒或其他有碍生产操作的行为。

7.2.4 生产车间不得带入或存放个人生活用品。

7.2.5 制定参观人员卫生管理制度，设立参观设施，若进入生产场所应符合相应的卫生要求。

7.3 教育与培训

7.3.1 企业应建立各级人员的培训制度，以确保员工具备相应岗位所需技能水平。

7.3.2 新进人员应进行岗前培训，合格后方可上岗工作。

7.3.3 应定期对员工进行白酒生产和安全理论知识培训，并对培训内容和培训效果进行评估。

7.3.4 培训应有记录，并存档。

8 物料控制与管理

8.1 物料采购与安全控制

8.1.1 与生产相关的原辅料、加工助剂、添加剂及包装材料等应满足生产工艺技术要求，并符合国家有关标准法规的要求，国家和行业标准未涵盖到的，应建立企业内控标准。

8.1.2 应选择有资质、信誉好的供应商采购原辅材料，建立对物料供货商的定期评价及追踪管理制度，制定原辅料验收标准和检验方法，并确保实施。

8.1.3 每批物料需向供应商索证，经质量检验部门检验、验证合格后，方可进厂使用。粮食原料应符合 GB 2715 的规定。

8.1.4 检验合格的原料应以“先进先用”为原则，如经长期储存，使用前应重新检验。

8.1.5 酿造用水应符合 GB 5749 的有关规定，每年至少一次委托有资质的检测机构对水质进行检验。

8.1.6 应制定物料的接收、检验、储存、运输以及文件化的不合格处理程序。

8.2 物料储存

根据物料的物理、化学特性，选择合适的储存条件分别储存，并对物料的品种和质量状态做出标志。仓库应通风良好，具备防潮、防鼠、防虫等措施。

9 加工过程控制

9.1 总体要求

9.1.1 应制定生产和卫生操作规程，由专人负责管理。生产过程应做好记录，并规定记录存留时间，负责人需定期对记录进行审核。

9.1.2 与原料、半成品和成品接触的仪器设备、容器、管道、接口、阀门等应保持清洁卫生，并采取有效的防污染措施。

9.2 配料

9.2.1 生产酒及制曲用的原辅料，投产前应经过检验筛选，严禁使用变质、受污染的原辅料。

9.2.2 原辅料配比应按生产工艺要求进行，实际操作应作书面记录。

9.3 制曲

9.3.1 应建立制曲工艺规程和操作规范，并严格执行。

9.3.2 制曲车间的设备、墙壁及地面应符合制曲工艺要求；原料拌和前的场地、踩曲场及曲模等应打扫冲洗干净，以减少有害杂菌的侵染。

9.3.3 在制曲和曲块储存过程中应采取相应措施防止再次发酵、霉变和减轻酒曲害虫。

9.4 酿酒

9.4.1 酿酒过程应符合工艺规程要求，对发酵过程关键指标进行有效监控，防止发酵异常或遭受污染。

9.4.2 酿酒的发酵窖、池、缸、桶以及设备、工器具应根据特定工艺技术要求进行清理，去除不应有的残留物后，方可进行白酒发酵。液态法酿酒发酵容器，须清洗消毒，防止发酵污染。

9.4.3 白酒蒸馏应严格掌握量质摘酒，并采取适当的蒸馏排杂措施，产品应符合 GB 2757 卫生要求。

9.4.4 液态法白酒使用的食用酒精应符合 GB 10343 要求。

9.5 原酒贮存

9.5.1 半成品、原酒的贮存条件应符合相关工艺要求和消防要求。

9.5.2 原酒贮存过程中，应对每罐(缸)原酒进行明码编号，对入库酒的生产日期、批次、入库时间、入库量、酒度、酒质以及提取此罐(缸)原酒的时间、数量、勾兑成品酒的批次等有关操作做详细记录，以确保原酒信息的可追溯性。

9.5.3 原酒应按等级分别贮存，并记录原酒名称、酒度、等级、生产日期等详细信息。

9.5.4 酒库应经常清理查看，保持安全、整洁。

9.6 过滤、勾兑

9.6.1 滤酒车间的墙壁、地面以及设备、工器具、管道应保持清洁。

9.6.2 助滤剂应符合相关标准要求，妥善保管，防止污染。

9.6.3 加浆用水应符合 GB 5749 的要求。

9.7 灌装

9.7.1 制定灌装工序操作规程，对实际操作进行记录，由生产负责人审核。

9.7.2 包装容器使用前应进行检验，合格后方可使用。

9.7.3 灌装前应对包装容器进行彻底清洗。清洗后的容器应及时使用，以免受污染。

9.7.4 灌装好的半成品酒，应在规定时间内及时压盖(封装)，封装质量应符合有关标准要求。

9.7.5 灌装后的瓶酒应进行灯光检测，灯检人员工作一定时间后应调换工种或休息一段时间。

9.7.6 保持灌酒区域的洁净，使之符合生产规定要求。

9.7.7 应定时对灌装机进行清洗、检验、维护，防止污染。

10 质量管理

10.1 总体要求

10.1.1 企业应有相应的质量管理机构和人员，进行全面质量管理。

10.1.2 应制定质量管理标准，质量管理标准应涉及：人员要求、设备使用、物料采购、生产过程控制、生产环境要求、产品分析检测等方面内容，经质量管理机构确认后实施。

10.2 检测与质量控制

10.2.1 生产企业应设有与生产能力相适应的卫生、质量检验室，配备经专业培训、考核合格的检验人员。

10.2.2 应具备一定的检验设备，对物料、半成品和成品进行检测。检验设备的精确度和灵敏度符合有关检验要求。

10.2.3 企业的质量管理部门负责白酒生产全过程的质量管理和检验，独立行使质量检测权和合格判定权。

10.3 生产过程质量控制

10.3.1 应找出生产过程中的关键控制点，并制定相应控制措施，包括：检验项目、检验标准、抽样及检验方法等，并做好执行记录。

10.3.2 应检查设备使用前是否保持清洁，并处于正常状态。

10.3.3 生产过程中质量管理结果若发现异常现象时，应迅速追查原因并及时处置。不合格品应按不合格程序处置，并如实记录。

10.4 成品质量管理

10.4.1 应按照国家、行业或企业产品质量标准的要求，制定成品检验项目、检验标准、抽样及检验方法。

10.4.2 应制定成品留样保存计划，每批成品应留样，并规定留样保存时间。

10.4.3 每批成品应经质量部门检验，白酒成品应符合相应的产品标准规定，不合格品不得出厂。

10.5 仪器与设备校准

10.5.1 依据国家或行业相关计量规定对检测仪器进行定期校准,并做好记录。

10.5.2 在没有国家或行业测量设备校准方法时,企业可制定校准检验规程,以企业标准形式发布和实施,以满足测量设备检修的需要。

11 卫生管理

11.1 总体要求

11.1.1 企业应设置专门的卫生管理机构及配备经培训合格的专职卫生管理人员。

11.1.2 制定企业卫生管理制度,宣传和贯彻企业卫生规章,监督、检查实际执行情况,组织卫生宣传教育工作,培训有关人员,定期组织本企业人员的健康检查和管理,确保白酒企业生产卫生质量安全。

11.2 维修、保养

应建立设备、工具器和卫生设施维修保养制度,定期检查、维修,杜绝隐患。

11.3 清洗

11.3.1 应制定有效的清洗制度,以确保生产场所、设备管路清洁卫生,防止污染。

11.3.2 使用清洗剂时,应采取防护措施,防止人身伤害和白酒污染。

11.4 除虫、灭害

厂区应制定病虫害防治计划,包括防治方法、防治区域等,定期或在必要时进行除虫灭害工作,防止鼠、蚊、蝇、昆虫等的聚集和孳生。

11.5 化学品管理

11.5.1 清洗剂、消毒剂以及其他有毒化学品,均应有固定包装,并在明显处标示"危害品"字样,储存于专门库房或柜橱内;对"剧毒品"实施双人双锁专人保管、发放、回收,建立严格管理制度。

11.5.2 化学品应由经培训的人员按照说明进行使用,防止使用过程中环境污染和人身中毒。

11.5.3 除卫生和工艺需要,均不应在生产车间使用和存放可能污染产品的化学品。

11.6 卫生设施管理

更衣室、厕所等卫生设施,应有人员管理,并保持良好状态。

11.7 工作服管理

11.7.1 根据不同工序配备工作服(包括工作衣、裤、帽、鞋、靴等),必要时还应为某些工序(种)配备口罩、围裙、套袖等卫生防护用品。

11.7.2 工作服应有清洗保洁制度。工作服应定期更换,保持整洁。

12 成品的储存和运输

12.1 成品(预包装产品)的储存环境和运输应避免日光直射、雨淋、冰冻和撞击。

12.2 成品应按生产日期、品名、包装形式及批号分别码放,加以适当标示,并做记录。

12.3 为确保成品质量和储存、运输过程安全,应按相关标准规定储存和运输。应定期查看,如有异常情况,及早处理。

12.4 每批成品应经检验,符合产品质量标准后,方可出库,并遵循"先进先出"的原则。

12.5 成品的储存应有记录,成品应做进出库记录。内容应包括批号、出库时间、地点、对象、数量等,便于质量追踪。

12.6 装卸时应轻拿轻放,严禁与有腐蚀、有毒、有害的物品一起放置。

13 文件和记录

13.1 总体要求

企业应保证所有文件和记录及时归档，记录信息真实、准确、详细。

13.2 生产管理、质量管理的各项制度和记录

13.2.1 应有厂房、设施和设备的使用、维护、保养、检修等制度和记录。

13.2.2 应有物料验收、生产操作、检验、发放、成品销售和用户投诉等制度和记录。

13.2.3 应有不合格品管理、物料退库和报废、紧急情况处理等制度和记录。

13.2.4 应有环境、厂房、设备、人员等卫生管理制度和记录。

13.2.5 应有本标准和专业技术培训等制度和记录。

13.3 生产管理文件

13.3.1 应有文件化的工艺文件及操作规程。

13.3.2 应有批生产记录，内容包括：产品名称、生产批号、生产日期、生产班组、检验员编号和复核者的签名、有关操作与设备、相关生产阶段的产品数量、物料平衡的计算、生产过程的控制记录及特殊问题记录。

13.4 质量管理文件

13.4.1 应有物料、中间产品和成品质量标准及其检验操作规程。

13.4.2 应有批检验记录。

13.5 文件的起草、修订、审批、保管

应建立文件的起草、修订审查、批准、撤销、印制及保管的管理制度。分发、使用的文件应为批准的现行文本。已撤销和过时的文件除留档备查外，不应在工作现场出现。

13.6 生产管理文件和质量管理文件的编制要求

13.6.1 文件的标题应能清楚地说明文件的性质。

13.6.2 各类文件应有便于识别其文本、类别的系统编码和日期。

13.6.3 文件使用的语言应确切、易懂。

13.6.4 填写数据时应有足够的空格。

13.6.5 文件制定、审查和批准的责任应明确，并有责任人签名。

14 投诉处理与产品召回

14.1 每批成品均应有销售记录。根据销售记录追溯每批白酒售出情况，必要时应能及时全部追回。

14.2 销售记录应保存至酒有效期后一年。未规定有效期的酒，销售记录至少应保存三年。

14.3 企业应建立不良反应监察报告制度，对用户的质量投诉和不良反应应详细记录和调查处理，若出现质量安全问题时，应及时向当地质量监督管理部门报告。

14.4 应有书面文件规定何种情况下应考虑召回产品，并根据危害程度，建立召回产品分类、处置及报告制度。

14.5 召回程序应规定参与评估的人员、启动召回的方法、召回通知到的对象以及召回后产品的处理方法。

14.6 应定期进行模拟召回训练，并记录存档。

14.7 鼓励企业建立产品信息化管理程序，确保产品质量安全信息管理。

15 产品信息与产品宣传

15.1 产品信息

所有白酒产品都应具有或提供充分的产品信息，预包装产品标签应符合 GB 10344 的有关规定，以

便经营者或消费者能够安全、正确地对产品进行处理、展示、储存、使用和溯源。

15.2 对消费者的宣传引导

加强健康教育应包括产品安全常识，应能使消费者认识到白酒产品信息的重要性，并能够按照产品说明健康消费。

ICS 67.040
C 53

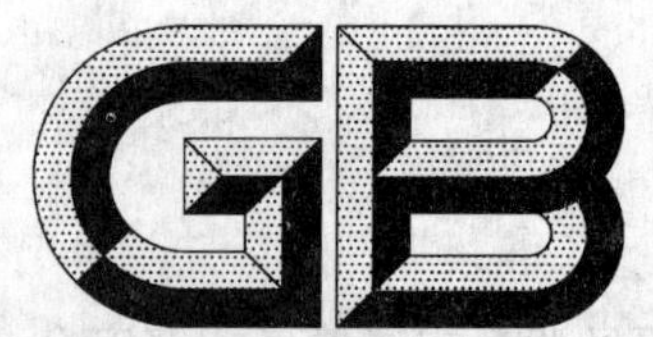

中华人民共和国国家标准

GB/T 23545—2009

白酒中锰的测定
电感耦合等离子体原子发射光谱法

Determination of manganese in white wine—Inductively coupled plasma atomic emission spectrometry

2009-04-14 发布　　2009-12-01 实施

中华人民共和国国家质量监督检验检疫总局
中国国家标准化管理委员会　发布

前　言

本标准由全国食品工业标准化技术委员会提出并归口。

本标准起草单位：中华人民共和国黑龙江出入境检验检疫局、中华人民共和国吉林出入境检验检疫局。

本标准主要起草人：程大明、张洪祥、韩广源、吴渺渺、程阳、康庆贺、马微、陈明岩。

引　言

锰是人体正常代谢必需的微量元素，但过量的锰进入机体可引起中毒。白酒中的锰的主要来源是用高锰酸钾处理酒而带入的。锰酸根离子在碱性或中性溶液中，锰的原子价由7价降于4价，反应生成二氧化锰。在锰的化合物中，锰的原子价愈低，毒性愈大。在卫生标准中要求酒中锰含量不得超过2 μg/mL（以Mn计）。本标准提出用ICP-AES法测定白酒中的锰，该法灵敏度高，回收率高，操作简单，易推广使用。

白酒中锰的测定 电感耦合等离子体原子发射光谱法

1 范围

本标准规定了白酒中锰的电感耦合等离子体原子发射光谱法测定方法。

本标准适用于各种白酒中锰的测定。

本标准检出限：0.002 μg/mL。

本标准检出范围：0.002 μg/mL～10 μg/mL。

2 规范性引用文件

下列文件中的条款通过本标准的引用而成为本标准的条款。凡是注日期的引用文件，其随后所有的修改单(不包括勘误的内容)或修订版均不适用于本标准，然而，鼓励根据本标准达成协议的各方研究是否可使用这些文件的最新版本。凡是不注日期的引用文件，其最新版本适用于本标准。

GB/T 601　化学试剂　标准滴定溶液的制备

GB/T 602　化学试剂　杂质测定用标准溶液的制备(GB/T 602—2002，ISO 6353-1:1982，NEQ)

GB/T 603　化学试剂　试验方法中所用制剂及制品的制备(GB/T 603—2002，ISO 6353-1:1982，NEQ)

GB/T 6682　分析实验室用水规格和试验方法(GB/T 6682—2008，ISO 3696:1987，MOD)

3 原理

白酒试样经湿法消解后，稀释定容至一定体积，将白酒试样溶液导入 ICP-AES 等离子焰中，测定锰的发射光谱强度，从校准曲线上确定其含量。

4 试剂

本标准所用试剂和水，在没有注明其他要求时，均指优级纯试剂和 GB/T 6682 中规定的二级水。试验中所需标准溶液、杂质标准溶液、制剂及制品，在没有注明其他要求时，均按 GB/T 601、GB/T 602、GB/T 603 的规定制备。

4.1　硝酸。

4.2　高氯酸。

4.3　混合酸消化液：硝酸＋高氯酸＝5＋1。

4.4　硝酸(5%)：取 5 份硝酸与 95 份水混合。

4.5　锰标准储备液(1 000 μg/mL)：锰的标准溶液按 GB/T 602 方法配制，或直接使用国家认可的标准物质。

4.6　锰标准使用液(100 μg/mL)：吸取 10.0 mL 锰标准储备液置于 100 mL 容量瓶中，以硝酸(5%水溶液)(4.4)定容至刻度。

5 仪器

5.1　电感耦合等离子体原子发射光谱仪。

5.2　水浴锅。

5.3 可调式电热板(可调式电炉)。

5.4 实验室常用设备。

6 分析步骤

6.1 试样预处理

6.1.1 湿式消解法:取 100 mL 白酒样品于 250 mL 三角瓶内。在水浴上蒸发至近干,加入 20 mL 硝酸高氯酸混合酸(4.3)在电热板上消化,当棕色气体消失并冒浓白烟时,取下冷却,补加 2 mL 硝酸继续消化,再冒白烟为止。这时溶液变清。用水定容至 25 mL,摇匀,待测,同时做试剂空白。

6.1.2 微波消解法:取 10 mL 白酒样品于消化罐中,在水浴中蒸至近干,加入 5 mL 硝酸于消化罐中,按各自微波设定最佳消解条件,在微波中进行消化,消化完毕后在电热板上赶酸,待干涸时取下,用水定容至 10 mL,待测,同时做试剂空白。

6.2 测定

6.2.1 标准曲线绘制

吸取 0.0、0.5、1.0、2.0、3.0、4.0 mL 锰标准使用液(4.6)分别置于 100 mL 容量瓶中,以硝酸溶液(4.4)定容,此标准溶液每毫升含 0.0、0.5、1.0、2.0、3.0、4.0 μg 铅。

将以上已配好的各容量瓶中锰标准溶液分别导入调至最佳条件的电感耦合等离子体发射光谱仪中,以锰含量对应吸光值绘制标准曲线。

6.2.2 试样测定

将处理后的样液、试剂空白液导入电感耦合等离子体发射光谱仪中进行测定,试样吸光值与曲线比较求出含量。

7 计算

试样中锰的含量按式(1)进行计算:

$$X = \frac{(c_1 - c_0) \times V_2 \times 1\,000}{V_1 \times 1\,000} \quad \cdots\cdots(1)$$

式中:

X——试样中锰含量,单位为毫克每升(mg/L);

c_1——测定样液中锰含量,单位为微克每毫升(μg/mL);

c_0——空白液中锰含量,单位为微克每毫升(μg/mL);

V_2——试样消化液定量总体积,单位为毫升(mL);

V_1——试样体积,单位为毫升(mL)。

计算结果表示到小数点后两位。

8 精密度

在重复性条件下获得的两次独立测定结果的绝对差值不得超过算术平均值的 10%。

ICS 67.160.10
X 62

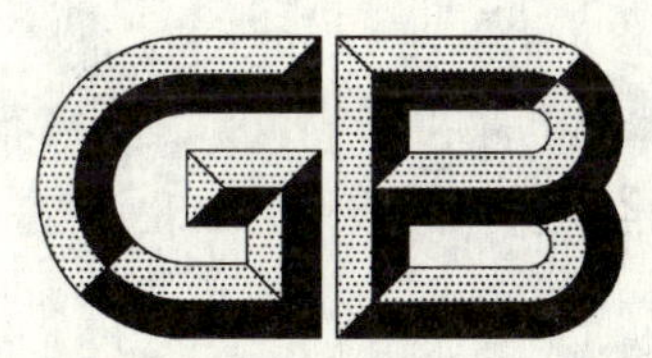

中华人民共和国国家标准

GB/T 23546—2009

奶酒

Milk wines

2009-04-14 发布 2009-12-01 实施

中华人民共和国国家质量监督检验检疫总局
中国国家标准化管理委员会 发布

前　言

本标准的附录 A、附录 B 为规范性附录。

本标准由全国食品工业标准化技术委员会提出。

本标准由全国酿酒标准化技术委员会归口。

本标准起草单位：内蒙古河套酒业集团股份有限公司、中国食品发酵工业研究院、内蒙古自治区酒业协会、内蒙古奶酒研究所、包头龙驹乳业有限责任公司、内蒙古标准化院。

本标准主要起草人：许聪、杨玉珍、郭新光、马飞、郝寻梅、唐芳。

奶　　酒

1　范围

本标准规定了奶酒的术语和定义、产品分类、要求、分析方法、检验规则和标志、包装、运输、贮存。

本标准适用于奶酒的生产、检验与销售。

2　规范性引用文件

下列文件中的条款通过本标准的引用而成为本标准的条款。凡是注日期的引用文件，其随后所有的修改单（不包括勘误的内容）或修订版均不适用于本标准，然而，鼓励根据本标准达成协议的各方研究是否可使用这些文件的最新版本。凡是不注日期的引用文件，其最新版本适用于本标准。

GB/T 191　包装储运图示标志

GB 317　白砂糖

GB/T 601　化学试剂　标准滴定溶液的制备

GB/T 603　化学试剂　试验方法中所用制剂及制品的制备（GB/T 603—2002，ISO 6353-1：1982，NEQ）

GB 2757　蒸馏酒及配制酒卫生标准

GB 2758　发酵酒卫生标准

GB/T 5009.48　蒸馏酒及配制酒卫生标准的分析方法

GB/T 6682　分析实验室用水规格和试验方法（GB/T 6682—2008，ISO 3696:1987，MOD）

GB/T 6914　生鲜牛乳收购标准

GB 10344　预包装饮料酒标签通则

GB 11674　乳清粉卫生标准

GB 19301　鲜乳卫生标准

QB/T 3782　脱盐乳清粉

JJF 1070　定量包装商品净含量计量检验规则

定量包装商品计量监督管理办法（国家质量监督检验检疫总局[2005]第75号令）

3　术语和定义

下列术语和定义适用于本标准。

3.1

奶酒　milk wines

以动物乳、乳清或乳清粉等为主要原料，经发酵等工艺酿制而成的饮料酒。

3.2

发酵型奶酒　fermented milk wines

以牛奶、乳清或乳清粉等为主要原料，经发酵、过滤、杀菌等工艺酿制而成的发酵酒。

注：指牛奶酒。如以马奶或羊奶为主要原料发酵酿制而成的，应称为马奶酒或羊奶酒，并执行相应的产品标准。

3.3

蒸馏型奶酒　distilled milk wines

以动物乳、乳清或乳清粉等为主要原料，经发酵、蒸馏等工艺酿制而成的蒸馏酒。

4 产品分类

4.1 按加工工艺分为发酵型奶酒和蒸馏型奶酒。

4.2 按含糖量发酵型奶酒分为:干型、半干型、半甜型和甜型。

5 要求

5.1 原辅料要求

5.1.1 牛乳应符合 GB/T 6914 和 GB 19301 的要求。

5.1.2 乳清粉应符合 QB/T 3782 和 GB 11674 的要求。

5.1.3 白砂糖应符合 GB 317 的要求。

5.2 感官要求

5.2.1 发酵型奶酒

发酵型奶酒的感官要求应符合表 1 的规定。

表 1 发酵型奶酒感官要求

项 目	干型、半干型	半甜型、甜型
外观	淡黄色或淡黄绿色,清亮透明。允许有少量蛋白沉淀	
香气	具有清雅、纯正的乳香,香气优雅	
口味	酒体丰满,舒适,爽口	酒体醇厚,酸甜协调
风格	具有本品典型风格	

5.2.2 蒸馏型奶酒

蒸馏型奶酒的感官要求应符合表 2 的规定。

表 2 蒸馏型奶酒感官要求

项 目	要 求
外观	无色、清亮透明,无悬浮物、无沉淀
香气	具有纯正、清雅的乳香与酒香
口味	酒体绵柔、醇和,无异味
风格	具有本品典型风格

5.3 理化要求

5.3.1 发酵型奶酒

发酵型奶酒的理化要求应符合表 3 的规定。

表 3 发酵型奶酒理化要求

项 目		干型	半干型	半甜型	甜型
酒精度[a]/(%vol)	≤	18			
总酸(以乳酸计)/(g/L)		4.0~8.0			
总糖(以葡萄糖计)/(g/L)		≤15.0	15.1~40.0	40.1~70.0	≥70.1
氨基酸态氮/(g/L)	≥	0.05			
[a] 酒精度标签标示值与实测值之差不得超过±1.0%vol。					

5.3.2 蒸馏型奶酒

蒸馏型奶酒的理化要求应符合表 4 的规定。

表4 蒸馏型奶酒理化要求

项目		要求
酒精度[a]/(%vol)		19～48
总酸(以乳酸计)/(g/L)	≥	0.5
总酯(以乙酸乙酯计)/(g/L)	≤	2.0
甲醇[b]/(g/L)	≤	0.1
氨基酸态氮/(g/L)	≥	0.01

a 酒精度标签标示值与实测值之差不得超过±1.0%vol。

b 甲醇按100%乙醇折算。

5.4 卫生要求

发酵型奶酒的卫生要求应符合GB 2758的规定;

蒸馏型奶酒的卫生要求应符合GB 2757的规定。

5.5 净含量

按国家质量监督检验检疫总局[2005]第75号令执行。

6 分析方法

本标准中所用的水,在未注明其他要求时,应符合GB/T 6682的规格。所用试剂,在未注明其他规格时,均指分析纯(AR)。

6.1 感官检查

6.1.1 酒样的准备

将酒样密码编号,置于水浴中,调温至20 ℃～25 ℃。将洁净、干燥的评酒杯对应酒样编号,对号注入酒样约25 mL。

6.1.2 外观评价

将注入酒样的评酒杯置于明亮处,举杯齐眉,用眼观察杯中酒的透明度、澄清度以及有无沉淀物等,做好详细记录。

6.1.3 香气与口味评价

手握杯柱,慢慢将酒杯置于鼻孔下方,嗅闻其挥发香气,慢慢摇动酒杯,嗅闻香气。用手握酒杯腹部2 min,摇动后,再嗅闻香气。依据上述程序,判断是原料香或有其他异香,写出评语。

饮入少量酒样(约2 mL)于口中,尽量均匀分布于味觉区,仔细品评口感,回味及后味,记录口感特征。

6.1.4 风格评价

依据外观、香气、口味的特征,综合评价酒样的风格及典型性程度,写出评价结论。

6.2 酒精度

6.2.1 原理

试样经过蒸馏,用酒精计测定馏出液中酒精的含量。

6.2.2 仪器

6.2.2.1 电炉:500 W～800 W。

6.2.2.2 冷凝管:直形。

6.2.2.3 酒精计:标准温度20 ℃,分度值为0.5。

6.2.2.4 温度计:50 ℃,分度值为0.1 ℃。

6.2.2.5 量筒:100 mL。

6.2.3 分析步骤

在约20 ℃时,用容量瓶量取试样100 mL,全部移入500 mL蒸馏瓶中。用100 mL水分次洗涤容量瓶,洗液并入蒸馏瓶中,加数粒玻璃珠。装上冷凝管,通入冷水,用原100 mL容量瓶接收馏出液(外加冰浴)。加热蒸馏,直至收集馏出液体积约95 mL时,停止蒸馏。于水浴中冷却至约20 ℃,用水定容。摇匀。倒入 100 mL 量筒中,测量馏出液的温度与酒精度。按测得的实际温度和酒精度标示值,发酵型奶酒查附录 A;蒸馏型奶酒查附录 B,换算成 20 ℃时的酒精度。

所得结果表示至一位小数。

6.2.4 **精密度**

在重复性条件下获得的两次独立测定结果的绝对差值不得超过算术平均值的 5%。

6.3 总酸、氨基酸态氮

6.3.1 **原理**

氨基酸是两性化合物,分子中的氨基与甲醛反应后失去碱性,而使羧基呈酸性。用氢氧化钠标准溶液滴定羧基,通过氢氧化钠标准溶液消耗的量可以计算出氨基酸态氮的含量。

6.3.2 **试剂和溶液**

6.3.2.1 甲醛溶液:36%～38%(无缩合沉淀)。

6.3.2.2 无二氧化碳的水:按 GB/T 603 制备。

6.3.2.3 氢氧化钠标准滴定溶液(0.1 mol/L):按 GB/T 601 配制和标定。

6.3.3 **仪器**

6.3.3.1 酸度计或自动电位滴定仪:精度 0.01 pH。

6.3.3.2 磁力搅拌器。

6.3.3.3 分析天平:感量 0.1 mg。

6.3.4 **分析步骤**

按仪器使用说明书调试和校正酸度计。

吸取试样 10 mL 于 150 mL 烧杯中,加入无二氧化碳的水 50 mL。烧杯中放入磁力搅拌棒,置于电磁搅拌器上,开启搅拌,用氢氧化钠标准滴定溶液(6.3.2.3)滴定,开始时可快速滴加氢氧化钠标准滴定溶液,当滴定至 pH=7.0 时,放慢滴定速度,每次加半滴氢氧化钠标准滴定溶液,直至 pH=8.20 为终点。记录消耗 0.1 mol/L 氢氧化钠标准滴定溶液的体积(V_1)。加入甲醛溶液(6.3.2.1)10 mL,继续用氢氧化钠标准滴定溶液滴定至 pH=9.20,记录加甲醛后消耗氢氧化钠标准滴定溶液的体积(V_2)。同时做空白试验,分别记录不加甲醛溶液及加入甲醛溶液时,空白试验所消耗氢氧化钠标准滴定溶液的体积(V_3、V_4)。

6.3.5 **结果计算**

a) 试样中总酸含量按式(1)计算:

$$X_1 = \frac{(V_1 - V_3) \times c \times 90}{V \times 1\,000} \times 1\,000 \qquad (1)$$

式中:

X_1——试样中总酸的含量,单位为克每升(g/L);

V_1——测定试样时,消耗氢氧化钠标准滴定溶液的体积,单位为毫升(mL);

V_3——空白试验时,消耗氢氧化钠标准滴定溶液的体积,单位为毫升(mL);

c——氢氧化钠标准滴定溶液的浓度,单位为摩尔每升(mol/L);

90——乳酸的摩尔质量的数值,单位为克每摩尔(g/mol)[$M(C_3H_6O_3)=90$];

V——吸取试样的体积,单位为毫升(mL)。

b) 试样中氨基酸态氮含量按式(2)计算:

$$X_2 = \frac{(V_2 - V_4) \times c \times 14}{V \times 1\,000} \times 1\,000 \qquad (2)$$

式中:

X_2——试样中氨基酸态氮的含量,单位为克每升(g/L);

V_2——加甲醛后,测定试样时消耗氢氧化钠标准滴定溶液的体积,单位为毫升(mL);

V_4——加甲醛后,空白试验时消耗氢氧化钠标准滴定溶液的体积,单位为毫升(mL);

c——氢氧化钠标准滴定溶液的浓度,单位为摩尔每升(mol/L);

14——氮的摩尔质量的数值,单位为克每摩尔(g/mol)[$M(N)=14$];

V——吸取试样的体积，单位为毫升(mL)。

所得结果表示至一位小数。

6.3.6 精密度

在重复性条件下获得的两次独立测定结果的绝对差值不得超过算术平均值的5%。

6.4 总糖

6.4.1 廉爱农法

适用于甜型酒和半甜型酒。

6.4.1.1 原理

费林溶液与还原糖共沸，生成氧化亚铜沉淀。以次甲基蓝为指示液，用试样水解液滴定沸腾状态的费林溶液。达到终点时，稍微过量的还原糖将次甲基蓝还原成无色为终点，依据试样水解液的消耗体积，计算总糖含量。

6.4.1.2 试剂

6.4.1.2.1 费林甲液：称取硫酸铜($CuSO_4 \cdot 5H_2O$)69.28 g，加水溶解并定容至1 000 mL。

6.4.1.2.2 费林乙液：称取酒石酸钾钠346 g及氢氧化钠100 g，加水溶解并定容至1 000 mL，摇匀，过滤，备用。

6.4.1.2.3 葡萄糖标准溶液(2.5 g/L)：称取经103 ℃～105 ℃烘干至恒重的无水葡萄糖2.5 g(精确至0.000 1 g)，加水溶解，并加浓盐酸5 mL，再用水定容至1 000 mL。

6.4.1.2.4 次甲基蓝指示液(10 g/L)：称取次甲基蓝1.0 g，加水溶解并定容至100 mL。

6.4.1.2.5 盐酸溶液(6 mol/L)：量取浓盐酸50 mL，加水稀释至100 mL。

6.4.1.2.6 甲基红指示液(1 g/L)：称取甲基红0.10 g，溶于乙醇并稀释至100 mL。

6.4.1.2.7 氢氧化钠溶液(200 g/L)：称取氢氧化钠20 g，用水溶解并稀释至100 mL。

6.4.1.3 仪器

6.4.1.3.1 分析天平：感量0.1 mg。

6.4.1.3.2 分析天平：感量0.01 g。

6.4.1.3.3 电炉：300 W～500 W。

6.4.1.4 分析步骤

6.4.1.4.1 标定费林溶液的预滴定

准确吸取费林甲、乙液各5 mL于250 mL锥形瓶中，加水30 mL，混合后置于电炉上加热至沸腾。滴入葡萄糖标准溶液(6.4.1.2.3)，保持沸腾，待试液蓝色即将消失时，加入次甲基蓝指示液(6.4.1.2.4)两滴，继续用葡萄糖标准溶液滴定至蓝色消失为终点。记录消耗葡萄糖标准溶液的体积(V)。

6.4.1.4.2 费林溶液的标定

准确吸取费林甲、乙液各5 mL于250 mL锥形瓶中，加水30 mL。混匀后，加入比预滴定体积(V)少1 mL的葡萄糖标准溶液(6.4.1.2.3)，置于电炉上加热至沸，加入次甲基蓝指示液(6.4.1.2.4)两滴，保持沸腾2 min，继续用葡萄糖标准溶液滴定至蓝色刚好消失为终点，并记录消耗葡萄糖标准溶液的总体积(V_1)。全部滴定操作应在3 min内完成。

费林溶液的浓度按式(3)计算：

$$m_1 = \frac{m \times V_1}{1\,000} \qquad \cdots\cdots(3)$$

式中：

m_1——费林甲、乙液各5 mL相当于葡萄糖的质量，单位为克(g)；

m——称取葡萄糖的质量，单位为克(g)；

V_1——正式标定时，消耗葡萄糖标准溶液的总体积，单位为毫升(mL)。

6.4.1.4.3 试样的测定

吸取试样2 mL～10 mL(控制水解液总糖量为1 g/L～2 g/L)于500mL容量瓶中，加水50 mL和盐酸溶液(6.4.1.2.5)5 mL，在68 ℃～70 ℃水浴中加热15 min。冷却后，加入甲基红指示液(6.4.1.2.6)两滴，用氢氧化钠溶液(6.4.1.2.7)中和至红色消失(近似于中性)。加水定容,摇匀,用滤纸过滤后备用。

测定时,以试样水解液代替葡萄糖标准溶液,操作步骤同 6.4.1.4.2。

6.4.1.5 **结果计算**

试样中总糖含量按式(4)计算:

$$X = \frac{500 \times m_1}{V_2 \times V_3} \times 1\,000 \quad \cdots\cdots (4)$$

式中:

X——试样中总糖的含量,单位为克每升(g/L);

m_1——费林甲、乙液各 5 mL 相当于葡萄糖的质量,单位为克(g);

V_2——滴定时消耗试样稀释液的体积,单位为毫升(mL);

V_3——吸取试样的体积,单位为毫升(mL)。

所得结果表示至一位小数。

6.4.1.6 **精密度**

在重复性条件下获得的两次独立测定结果的绝对差值不得超过算术平均值的 5%。

6.4.2 **亚铁氰化钾滴定法**

适用于干型酒和半干型酒。

6.4.2.1 **原理**

费林溶液与还原糖共沸,在碱性溶液中将铜离子还原成亚铜离子,并与溶液中的亚铁氰化钾络合而呈黄色。以次甲基蓝为指示剂,达到终点时,稍微过量的还原糖将次甲基蓝还原成无色为终点。依据试样水解液的消耗体积,计算总糖含量。

6.4.2.2 **试剂和溶液**

6.4.2.2.1 甲溶液:称取硫酸铜($CuSO_4 \cdot 5H_2O$) 15.0 g 及次甲基蓝 0.05 g,加水溶解并定容至 1 000 mL,摇匀备用。

6.4.2.2.2 乙溶液:称取酒石酸钾钠 50 g、氢氧化钠 54 g、亚铁氰化钾 4 g,加水溶解并定客至 1 000 mL,摇匀备用。

6.4.2.2.3 葡萄糖标准溶液(1 g/L):称取经 103 ℃~105 ℃烘干至恒重的无水葡萄糖 1 g(精确至 0.000 1 g),加水溶解,并加浓盐酸 5 mL,用水定容至 1 000 mL,摇匀备用。

6.4.2.3 **仪器**

6.4.2.3.1 分析天平:感量 0.1 mg。

6.4.2.3.2 分析天平:感量 0.01 g。

6.4.2.3.3 电炉:300 W~500 W。

6.4.2.4 **分析步骤**

6.4.2.4.1 **空白试验**

准确吸取甲溶液(6.4.2.2.1)、乙溶液(6.4.2.2.2)各 5 mL 于 100 mL 锥形瓶中,加入葡萄糖标准溶液(6.4.2.2.3)9 mL,混匀后置于电炉上加热,在 2 min 内沸腾,然后以每滴 4 s~5 s 的速度继续滴入葡萄糖标准溶液,直至蓝色消失立即呈现黄色为终点,记录消耗葡萄糖标准溶液的总量(V_0)。

6.4.2.4.2 **试样的测定**

a) 吸取试样 2 mL~10 mL(控制水解液含糖量在 1 g/L~2 g/L)于 100 mL 容量瓶中,加水 30 mL和盐酸溶液(6.4.1.2.5)5 mL,在 68 ℃~70 ℃水浴中加热水解 15 min。冷却后,加入甲基红指示液(6.4.1.2.6)两滴,用氢氧化钠溶液(6.4.1.2.7)中和至红色消失(近似于中性),加水定容至 100 mL,摇匀,用滤纸过滤后,作为试样水解液备用。

b) 预滴定:准确吸取甲溶液(6.4.2.2.1)、乙溶液(6.4.2.2.2)各 5 mL 及试样水解液[6.4.2.4.2a)] 5 mL 于 100 mL 锥形瓶中,摇匀后置于电炉上加热至沸腾,用葡萄糖标准溶液(6.4.2.2.3)滴定至终点,记录消耗葡萄糖标准溶液的体积。

c) 滴定:准确吸取甲溶液(6.4.2.2.1)、乙溶液(6.4.2.2.2)各 5 mL 及试样水解液[6.4.2.4.2a)]

5 mL 于 100 mL 锥形瓶中，加入比预滴定少 1.00 mL 的葡萄糖标准溶液(6.4.2.2.3)，摇匀后置于电炉上加热至沸腾，继续用葡萄糖标准溶液滴定至终点。记录消耗葡萄糖标准溶液的体积(V)。接近终点时，滴入的葡萄糖标准溶液的用量应控制在 0.5 mL～1.0 mL。

6.4.2.5 **结果计算**

试样中总糖含量按式(5)计算：

$$X=\frac{(V_0-V)\times c\times n}{5}\times 1\,000 \quad \cdots\cdots\cdots\cdots(5)$$

式中：

X——试样中总糖的含量，单位为克每升(g/L)；

V_0——空白试验时，消耗葡萄糖标准溶液的体积，单位为毫升(mL)；

V——试样测定时，消耗葡萄糖标准溶液的体积，单位为毫升(mL)；

c——葡萄糖标准溶液的浓度，单位为克每毫升(g/mL)；

n——试样的稀释倍数。

所得结果表示至一位小数。

6.4.2.6 **精密度**

在重复性条件下获得的两次独立测定结果的绝对差值不得超过算术平均值的 5%。

6.5 **总酯**

6.5.1 **指示剂法**

6.5.1.1 **原理**

用碱中和样品中的游离酸，再准确加入一定量的碱，加热回流使酯类皂化。通过消耗碱的量计算出总酯的含量。

6.5.1.2 **试剂和溶液**

6.5.1.2.1 氢氧化钠标准滴定溶液[$c(NaOH)=0.1$ mol/L]：按 GB/T 601 配制与标定。

6.5.1.2.2 氢氧化钠标准溶液[$c(NaOH)=3.5$ mol/L]：按 GB/T 601 配制。

6.5.1.2.3 硫酸标准滴定溶液[$c(1/2\ H_2SO_4)=0.1$ mol/L]：按 GB/T 601 配制与标定。

6.5.1.2.4 乙醇(无酯)溶液[40%(体积分数)]：量取 95% 乙醇 600 mL 于 1 000 mL 回流瓶中，加氢氧化钠标准溶液(6.5.1.2.2)5 mL，加热回流皂化 1 h。然后移入蒸馏器中重蒸，再配成 40%(体积分数)乙醇溶液。

6.5.1.2.5 酚酞指示剂(10 g/L)：按 GB/T 603 配制。

6.5.1.3 **仪器**

6.5.1.3.1 全玻璃蒸馏器：500 mL。

6.5.1.3.2 全玻璃回流装置：回流瓶 1 000 mL、250 mL(冷凝管不短于 45 cm)。

6.5.1.3.3 碱式滴定管：25 mL 或 50 mL。

6.5.1.3.4 酸式滴定管：25 mL 或 50 mL。

6.5.1.4 **分析步骤**

吸取样品 50.0 mL 于 250 mL 回流瓶中，加两滴酚酞指示剂(6.5.1.2.5)，以氢氧化钠标准滴定溶液(6.5.1.2.1)滴定至粉红色(切勿过量)，记录消耗氢氧化钠标准滴定溶液的毫升数(也可作为总酸含量计算)。再准确加入氢氧化钠标准滴定溶液(6.5.1.2.1)25.00 mL(若样品总酯含量高时，可加入 50.00 mL)，摇匀，放入几颗沸石或玻璃珠，装上冷凝管(冷却水温度宜低于 15 ℃)，于沸水浴上回流 30 min，取下，冷却。然后，用硫酸标准滴定溶液(6.5.1.2.3)进行滴定，使微红色刚好完全消失为其终点，记录消耗硫酸标准滴定溶液的体积。同时吸取乙醇(无酯)溶液(6.5.1.2.4)50 mL，按上述方法同样操作做空白试验，记录消耗硫酸标准滴定溶液的体积。

6.5.1.5 **结果计算**

试样中的总酯含量按式(6)计算：

$$X=\frac{c\times(V_0-V_1)\times 88\times 1\,000}{50.0\times 1\,000} \quad \cdots\cdots\cdots\cdots(6)$$

式中：

X——样品中总酯的质量分数(以乙酸乙酯计)，单位为克每升(g/L)；

c——硫酸标准滴定溶液的实际浓度，单位为摩尔每升(mol/L)；

V_0——空白试验样品消耗硫酸标准滴定溶液的体积，单位为毫升(mL)；

V_1——样品消耗硫酸标准滴定溶液的体积，单位为毫升(mL)；

88——乙酸乙酯的摩尔质量的数值，单位为克每摩尔(g/mol)[$M(C_4H_8O_2)=88$]；

50.0——吸取样品的体积，单位为毫升(mL)。

所得结果应表示至两位小数。

6.5.1.6 **精密度**

在重复性条件下获得的两次独立测定结果的绝对差值不应超过平均值的2%。

6.5.2 **电位滴定法**

6.5.2.1 **原理**

用碱中和样品中的游离酸，再加入一定量的碱，回流皂化。用硫酸溶液进行中和滴定，当滴定接近等当点时，利用pH变化指示终点。

6.5.2.2 **试剂和溶液**

同6.5.1.2。

6.5.2.3 **仪器**

6.5.2.3.1 电位滴定仪(或酸度计)：精度±0.02pH。

6.5.2.3.2 同6.5.1.3.1。

6.5.2.3.3 同6.5.1.3.2。

6.5.2.3.4 同6.5.1.3.3。

6.5.2.3.5 同6.5.1.3.4。

6.5.2.4 **分析步骤**

按使用说明书安装调试仪器，根据液温进行校正定位。

吸取样品50.0 mL于250 mL回流瓶中，加两滴酚酞指示剂(6.5.1.2.5)，以氢氧化钠标准滴定溶液(6.5.1.2.1)滴定至粉红色(切勿过量)，记录消耗氢氧化钠标准滴定溶液的毫升数(也可作为总酸含量计算)。再准确加入氢氧化钠标准滴定溶液(6.5.1.2.1)25.00 mL(若样品总酯含量高时，可加入50.00 mL)，摇匀，放入几颗沸石或玻璃珠，装上冷凝管(冷却水温度宜低于15 ℃)，于沸水浴上回流30 min，取下，冷却。将样液移入100 mL小烧杯中，用10 mL水分次冲洗回流瓶，洗液并入小烧杯。插入电极，放入一枚转子，置于电磁搅拌器上，开始搅拌，初始阶段可快速滴加硫酸标准滴定溶液(6.5.1.2.3)，当样液pH=9.00后，放慢滴定速度，每次滴加半滴溶液，直至pH=8.70为其终点，记录消耗硫酸标准滴定溶液的体积。同时吸取乙醇(无酯)溶液(6.5.1.2.4)50.00 mL，按上述方法同样操作做空白试验，记录消耗硫酸标准滴定溶液的体积。

6.5.2.5 **结果计算**

同6.5.1.5。

6.5.2.6 **精密度**

同6.5.1.6。

6.6 **甲醇**

按GB/T 5009.48检验。

6.7 **净含量**

按JJF 1070检验。

7 检验规则

7.1 **抽样**

7.1.1 按表5抽取样本，从每箱中任取一瓶，单件包装净含量小于500 mL，总取样量不足1 500 mL

时,可按比例增加抽样量。

表5 抽样表

批量范围/箱	样本数/箱	单位样本数/瓶
50 以下	3	3
50～1 200	5	2
1 201～35 000	8	1
35 000 以上	13	1

7.1.2 采样后应立即贴上标签,注明:样品名称、品种规格、数量、制造者名称、采样时间与地点、采样人。将样品分为两份,一份样品封存,保留1个月备查;另一份样品立即送化验室,进行感官、理化和卫生检验。

7.2 检验分类

7.2.1 出厂检验

7.2.1.1 产品出厂前,应由生产企业的质量检验部门按本标准规定逐批进行检验。检验合格并签发质量合格证明的产品,方可出厂。

7.2.1.2 出厂检验项目

发酵型奶酒——感官要求、酒精度、总酸、总糖、氨基酸态氮、菌落总数、净含量和标签。

蒸馏型奶酒——感官要求、酒精度、总酸、总酯、甲醇、净含量和标签。

7.2.2 型式检验

7.2.2.1 一般情况下,型式检验每年进行一次。有下列情况之一时,亦应进行型式检验:

a) 更换设备或停产半年以上,重新恢复生产时;

b) 出厂检验结果与上次型式检验有较大差异时;

c) 原辅材料有较大改变时。

7.2.2.2 型式检验项目:5.2～5.5 规定的全部项目。

7.3 判定规则

7.3.1 若受检样品项目全部合格时,判整批产品为合格。

7.3.2 微生物指标如有一项不符合要求,判整批产品为不合格。

7.3.3 其余指标如有一项(或两项)不符合要求时,可以在同批产品中抽取两倍量样品进行复验,以复验结果为准;若复验结果仍有一项不合格时,判整批产品为不合格。

8 标志、包装、运输、贮存

8.1 标志

8.1.1 产品标签除按 GB 10344 规定执行外,还应注明产品类型;发酵型奶酒应标明其含糖量。

8.1.2 包装标志应按 GB/T 191 的规定执行。

8.2 包装

包装材料应符合食品卫生要求。包装容器应封装严密、无渗漏。

8.3 运输

8.3.1 运输工具应清洁、卫生。产品不得与有毒、有害、有腐蚀性、易挥发或有异味的物品混装混运。

8.3.2 搬运时应轻拿轻放,不得扔摔、撞击、挤压。

8.3.3 运输过程中不得暴晒、雨淋、受潮。

8.4 贮存

8.4.1 产品不得与有毒、有害、有腐蚀性、易挥发或有异味的物品同库贮存。

8.4.2 产品应贮存于阴凉、干燥、通风的库房中;不得露天堆放、日晒、雨淋;不得直接接触潮湿地面,远离热源。

8.4.3 发酵型奶酒产品宜在 5 ℃～25 ℃贮存。

附　录
（规范性
温度 20 ℃时酒精计

表 A.1　温度 20 ℃时酒精计浓度与温度换算表

溶液温度/℃	酒精计									
	1	2	3	4	5	6	7	8	9	10
5	2.0	3.0	4.0	5.1	6.2	7.3	8.4	9.6	10.7	11.8
6	2.0	3.0	4.0	5.1	6.2	7.3	8.4	9.5	10.6	11.8
7	1.9	3.0	4.0	5.1	6.1	7.2	8.4	9.5	10.6	11.7
8	1.9	2.9	4.0	5.0	6.1	7.2	8.3	9.4	10.5	11.6
9	1.9	2.9	4.0	5.0	6.0	7.1	8.2	9.3	10.4	11.5
10	1.8	2.9	3.9	5.0	6.0	7.1	8.2	9.3	10.3	11.4
11	1.8	2.8	3.9	4.9	6.0	7.0	8.1	9.2	10.2	11.3
12	1.7	2.8	3.8	4.8	5.9	6.9	8.0	9.1	10.1	11.2
13	1.7	2.7	3.7	4.8	5.8	6.8	7.9	9.0	10.0	11.1
14	1.6	2.6	3.6	4.7	5.7	6.7	7.8	8.9	9.9	11.0
15	1.5	2.5	3.5	4.6	5.6	6.6	7.7	8.8	9.8	10.8
16	1.4	2.4	3.4	4.5	5.5	6.5	7.6	8.6	9.6	10.7
17	1.3	2.3	3.3	4.4	5.4	6.4	7.4	8.5	9.5	10.5
18	1.2	2.2	3.2	4.2	5.3	6.3	7.3	8.3	9.3	10.4
19	1.1	2.1	3.1	4.1	5.1	6.1	7.2	8.2	9.2	10.2
20	1.0	2.0	3.0	4.0	5.0	6.0	7.0	8.0	9.0	10.0
21	0.9	1.9	2.9	3.9	4.8	5.8	6.8	7.8	8.8	9.8
22	0.7	1.7	2.7	3.7	4.7	5.7	6.7	7.7	8.6	9.6
23	0.6	1.6	2.6	3.6	4.6	5.5	6.5	7.5	8.4	9.4
24	0.4	1.4	2.4	3.4	4.4	5.4	6.3	7.3	8.3	9.2
25	0.3	1.3	2.3	3.2	4.2	5.2	6.2	7.1	8.1	9.0
26	0.1	1.1	2.1	3.1	4.0	5.0	6.0	6.9	7.9	8.8
27	0.0	1.0	1.9	2.9	3.9	4.8	5.8	6.7	7.7	8.6
28	—	0.8	1.8	2.7	3.7	4.6	5.6	6.5	7.5	8.4
29	—	0.6	1.6	2.5	3.5	4.4	5.4	6.3	7.2	8.2
30	—	0.4	1.4	2.4	3.3	4.2	5.2	6.1	7.0	7.9
31	—	0.2	1.2	2.2	3.1	4.0	5.0	5.9	6.8	7.7

A

附录）

浓度与温度换算表

（酒精度范围 1%vol～21%vol，间隔 1%vol） 单位为%vol

示值/%vol

11	12	13	14	15	16	17	18	19	20	21
13.0	14.3	15.6	16.8	18.2	19.5	20.9	22.2	23.4	24.7	26.0
13.0	14.2	15.4	16.7	18.0	19.3	20.6	21.9	23.2	24.4	25.6
12.9	14.1	15.3	16.5	17.8	19.1	20.4	21.6	22.8	24.1	25.3
12.8	14.0	15.2	16.4	17.6	18.9	20.1	21.3	22.6	23.8	24.9
12.7	13.8	15.0	16.2	17.4	18.6	19.9	21.1	22.3	23.4	24.6
12.6	13.7	14.9	16.0	17.2	18.4	19.6	20.8	22.0	23.1	24.3
12.4	13.6	14.7	15.8	17.0	18.2	19.4	20.5	21.7	22.8	23.9
12.3	13.4	14.5	15.7	16.8	18.0	19.1	20.2	21.4	22.5	23.6
12.2	13.2	14.4	15.5	16.6	17.7	18.8	20.0	21.1	22.2	23.3
12.0	13.1	14.2	15.3	16.4	17.5	18.6	19.7	20.8	21.9	23.0
11.9	12.9	14.0	15.1	16.2	17.2	18.3	19.4	20.5	21.6	22.6
11.7	12.8	13.8	14.9	15.9	17.0	18.1	19.2	20.2	21.2	22.3
11.5	12.6	13.6	14.7	15.7	16.8	17.8	18.9	19.8	20.9	22.0
11.4	12.4	13.4	14.4	15.5	16.5	17.6	18.6	19.6	20.6	21.6
11.2	12.2	13.2	14.2	15.2	16.3	17.3	18.3	19.3	20.3	21.3
11.0	12.0	13.0	14.0	15.0	16.0	17.0	18.0	19.0	20.0	21.0
10.8	11.8	12.8	13.8	14.8	15.7	16.7	17.7	18.7	19.7	20.7
10.6	11.6	12.6	13.6	14.5	15.5	16.5	17.4	18.4	19.4	20.4
10.4	11.4	12.3	13.3	14.3	15.2	16.2	17.1	18.1	19.0	20.0
10.2	11.2	12.1	13.1	14.0	15.0	15.9	16.9	17.8	18.7	19.7
10.0	10.9	11.9	12.8	13.8	14.7	15.6	16.6	17.5	18.4	19.4
9.8	10.7	11.7	12.6	13.5	14.4	15.4	16.3	17.2	18.1	19.0
9.5	10.5	11.4	12.3	13.2	14.2	15.1	16.0	16.9	17.8	18.7
9.3	10.3	11.2	12.1	13.0	13.9	14.8	15.7	16.6	17.5	18.4
9.1	10.0	10.9	11.8	12.7	13.6	14.5	15.4	16.3	17.2	18.0
8.9	9.8	10.7	11.6	12.5	13.4	14.2	15.1	16.0	16.8	17.7
8.7	9.6	10.5	11.4	12.2	13.1	13.9	14.8	15.7	16.5	17.4

附 录

（规范性

温度20℃时酒精计

表 B.1 酒精计温度(t)、酒精度(ALC)换算表

酒精度/(%vol)	酒精计											
	10	10.5	11	11.5	12	12.5	13	13.5	14	14.5	15	15.5
18	20.80	20.66	20.52	20.38	20.25	20.11	19.97	19.83	19.69	19.55	19.41	19.27
18.1	20.92	20.78	20.64	20.50	20.36	20.22	20.08	19.94	19.80	19.66	19.52	19.38
18.2	21.04	20.90	20.76	20.61	20.47	20.33	20.19	20.05	19.91	19.77	19.62	19.48
18.3	21.16	21.01	20.87	20.73	20.59	20.44	20.30	20.16	20.02	19.88	19.73	19.59
18.4	21.28	21.13	20.99	20.84	20.70	20.56	20.41	20.27	20.13	19.98	19.84	19.70
18.5	21.39	21.25	21.10	20.96	20.81	20.67	20.53	20.38	20.24	20.09	19.95	19.80
18.6	21.51	21.37	21.22	21.07	20.93	20.78	20.64	20.49	20.35	20.20	20.06	19.91
18.7	21.63	21.48	21.34	21.19	21.04	20.90	20.75	20.60	20.46	20.31	20.16	20.02
18.8	21.75	21.60	21.45	21.30	21.16	21.01	20.86	20.71	20.57	20.42	20.27	20.13
18.9	21.87	21.72	21.57	21.42	21.27	21.12	20.97	20.82	20.68	20.53	20.38	20.23
19	21.99	21.83	21.68	21.53	21.38	21.23	21.08	20.94	20.79	20.64	20.49	20.34
19.1	22.10	21.95	21.80	21.65	21.50	21.35	21.20	21.05	20.90	20.75	20.60	20.45
19.2	22.22	22.07	21.92	21.76	21.61	21.46	21.31	21.16	21.01	20.85	20.70	20.55
19.3	22.34	22.18	22.03	21.88	21.72	21.57	21.42	21.27	21.12	20.96	20.81	20.66
19.4	22.46	22.30	22.15	21.99	21.84	21.68	21.53	21.38	21.22	21.07	20.92	20.77
19.5	22.57	22.42	22.26	22.11	21.95	21.80	21.64	21.49	21.33	21.18	21.03	20.87
19.6	22.69	22.53	22.38	22.22	22.06	21.91	21.75	21.60	21.44	21.29	21.14	20.98
19.7	22.81	22.65	22.49	22.33	22.18	22.02	21.86	21.71	21.55	21.40	21.24	21.09
19.8	22.93	22.77	22.61	22.45	22.29	22.13	21.98	21.82	21.66	21.51	21.35	21.19
19.9	23.04	22.88	22.72	22.56	22.40	22.25	22.09	21.93	21.77	21.61	21.46	21.30
20	23.16	23.00	22.84	22.68	22.52	22.36	22.20	22.04	21.88	21.72	21.57	21.41
20.1	23.28	23.12	22.95	22.79	22.63	22.47	22.31	22.15	21.99	21.83	21.67	21.52
20.2	23.39	23.23	23.07	22.91	22.74	22.58	22.42	22.26	22.10	21.94	21.78	21.62
20.3	23.51	23.35	23.18	23.02	22.86	22.69	22.53	22.37	22.21	22.05	21.89	21.73
20.4	23.63	23.46	23.30	23.13	22.97	22.81	22.64	22.48	22.32	22.16	22.00	21.83
20.5	23.74	23.58	23.41	23.25	23.08	22.92	22.75	22.59	22.43	22.26	22.10	21.94
20.6	23.86	23.69	23.53	23.36	23.19	23.03	22.86	22.70	22.54	22.37	22.21	22.05
20.7	23.98	23.81	23.64	23.47	23.31	23.14	22.97	22.81	22.65	22.48	22.32	22.15
20.8	24.09	23.92	23.75	23.59	23.42	23.25	23.09	22.92	22.75	22.59	22.42	22.26
20.9	24.21	24.04	23.87	23.70	23.53	23.36	23.20	23.03	22.86	22.70	22.53	22.37
21	24.33	24.15	23.98	23.81	23.64	23.47	23.31	23.14	22.97	22.81	22.64	22.47
21.1	24.44	24.27	24.10	23.93	23.76	23.59	23.42	23.25	23.08	22.91	22.75	22.58
21.2	24.56	24.38	24.21	24.04	23.87	23.70	23.53	23.36	23.19	23.02	22.85	22.69
21.3	24.67	24.50	24.32	24.15	23.98	23.81	23.64	23.47	23.30	23.13	22.96	22.79
21.4	24.79	24.61	24.44	24.26	24.09	23.92	23.75	23.58	23.41	23.24	23.07	22.90
21.5	24.90	24.73	24.55	24.38	24.20	24.03	23.86	23.69	23.51	23.34	23.17	23.01
21.6	25.02	24.84	24.66	24.49	24.31	24.14	23.97	23.79	23.62	23.45	23.28	23.11
21.7	25.13	24.95	24.78	24.60	24.43	24.25	24.08	23.90	23.73	23.56	23.39	23.22
21.8	25.25	25.07	24.89	24.71	24.54	24.36	24.19	24.01	23.84	23.67	23.49	23.32
21.9	25.36	25.18	25.00	24.83	24.65	24.47	24.30	24.12	23.95	23.77	23.60	23.43

B

附录）

浓度与温度换算表

（温度范围 10 ℃～22 ℃，间隔 0.5 ℃）

单位为%vol

温度/℃												
16	16.5	17	17.5	18	18.5	19	19.5	20	20.5	21	21.5	22
19.13	18.99	18.85	18.71	18.57	18.42	18.28	18.14	18.00	17.86	17.72	17.57	17.43
19.23	19.09	18.95	18.81	18.67	18.53	18.39	18.24	18.10	17.93	17.81	17.67	17.53
19.34	19.20	19.06	18.91	18.77	18.63	18.49	18.34	18.20	18.06	17.91	17.77	17.62
19.45	19.30	19.16	19.02	18.88	18.73	18.59	18.44	18.30	18.16	18.01	17.87	17.72
19.55	19.41	17.27	19.12	18.98	18.83	18.69	18.54	18.40	18.26	18.11	17.96	17.82
19.66	19.52	19.37	19.23	19.08	18.94	18.79	18.65	18.50	18.35	18.21	18.06	17.92
19.77	19.62	19.48	19.33	19.18	19.04	18.89	18.75	18.60	18.45	18.31	18.16	18.01
19.87	19.73	19.58	19.43	19.29	19.14	18.99	18.85	18.70	18.55	18.41	18.26	18.11
19.98	19.83	19.68	19.54	19.39	19.24	19.10	18.95	18.80	18.65	18.50	18.36	18.21
20.08	19.94	19.79	19.64	19.49	19.34	19.20	19.05	18.90	18.75	18.60	18.45	18.31
20.19	20.04	19.89	19.74	19.60	19.45	19.30	19.15	19.00	18.85	18.70	18.55	18.40
20.30	20.15	20.00	19.85	19.70	19.55	19.40	19.25	19.10	18.95	18.80	18.65	18.50
20.40	20.25	20.10	19.95	19.80	19.65	19.50	19.35	19.20	19.05	18.90	18.75	18.60
20.51	20.36	20.21	20.06	19.90	19.75	19.60	19.45	19.30	19.15	19.00	18.85	18.69
20.62	20.46	20.31	20.16	20.01	19.86	19.70	19.55	19.40	19.25	19.10	18.94	18.79
20.72	20.57	20.42	20.26	20.11	19.96	19.81	19.65	19.50	19.35	19.19	19.04	18.89
20.83	20.67	20.52	20.37	20.21	20.06	19.91	19.75	19.60	19.45	19.29	19.14	18.99
20.93	20.78	20.62	20.47	20.32	20.16	20.01	19.85	19.70	19.55	19.39	19.24	19.08
21.04	20.88	20.73	20.57	20.42	20.26	20.11	19.95	19.80	19.65	19.49	19.34	19.18
21.25	20.99	20.83	20.68	20.52	20.37	20.21	20.06	19.90	19.74	19.59	19.43	19.28
21.25	21.09	20.94	20.78	20.62	20.47	20.31	20.16	20.00	19.84	19.69	19.53	19.38
21.36	21.20	21.04	20.88	20.73	20.57	20.41	20.26	20.10	19.94	19.79	19.63	19.47
21.46	21.30	21.15	20.99	20.83	20.67	20.51	20.36	20.20	20.04	19.89	19.73	19.57
21.57	21.41	21.25	21.09	20.93	20.77	20.62	20.46	20.30	20.14	19.98	19.83	19.67
21.67	21.51	21.35	21.20	21.04	20.88	20.72	20.56	20.40	20.24	20.08	19.92	19.77
21.78	21.62	21.46	21.30	21.14	20.98	20.82	20.66	20.50	20.34	20.18	20.02	19.86
21.89	21.72	21.56	21.40	21.24	21.08	20.92	20.76	20.60	20.44	20.28	20.12	19.96
21.99	21.83	21.67	21.51	21.34	21.18	21.02	20.86	20.70	20.54	20.38	20.22	20.06
22.10	21.93	21.77	21.61	21.45	21.28	21.12	20.96	20.80	20.64	20.48	20.32	20.16
22.20	22.04	21.88	21.71	21.55	21.39	21.22	21.06	20.90	20.74	20.58	20.41	20.25
22.31	22.14	21.98	21.82	21.65	21.49	21.33	21.16	21.00	20.84	20.68	20.51	20.35
22.41	22.25	22.08	21.92	21.75	21.59	21.43	21.26	21.10	20.94	20.77	20.61	20.45
22.52	22.35	22.19	22.02	21.86	21.69	21.53	21.36	21.20	21.04	20.87	20.71	20.55
22.63	22.46	22.29	22.13	21.96	21.79	21.63	21.46	21.30	21.14	20.97	20.81	20.64
22.73	22.56	22.40	22.23	22.06	21.90	21.73	21.57	21.40	21.23	21.07	20.91	20.74
22.84	22.67	22.50	22.33	22.17	22.00	21.83	21.67	21.50	21.33	21.17	21.00	20.84
22.94	22.77	22.60	22.44	22.27	22.10	21.93	21.77	21.60	21.43	21.27	21.10	20.94
23.05	22.88	22.71	22.54	22.37	22.20	22.03	21.87	21.70	21.53	21.37	21.20	21.03
23.15	22.98	22.81	22.64	22.47	22.30	22.14	21.97	21.80	21.63	21.47	21.30	21.13
23.26	23.09	22.92	22.75	22.58	22.41	22.24	22.07	21.90	21.73	21.56	21.40	21.23

表 B.1

酒精度/(%vol)	酒精计											
	10	10.5	11	11.5	12	12.5	13	13.5	14	14.5	15	15.5
22	25.48	25.30	25.12	24.94	24.76	24.58	24.41	24.23	24.06	23.88	23.71	23.54
22.1	25.59	25.41	25.23	25.05	24.87	24.69	24.52	24.34	24.16	23.99	23.81	23.64
22.2	25.70	25.52	25.34	25.16	24.98	24.80	24.62	24.45	24.27	24.10	23.92	23.75
22.3	25.82	25.64	25.45	25.27	25.09	24.91	24.73	24.56	24.38	24.20	24.03	23.85
22.4	25.93	25.75	25.57	25.38	25.20	25.02	24.84	24.67	24.49	24.31	24.13	23.96
22.5	26.05	25.86	25.68	25.50	25.31	25.13	24.95	24.77	24.60	24.42	24.24	24.06
22.6	26.16	25.97	25.79	25.61	25.42	25.24	25.06	24.88	24.70	24.52	24.35	24.17
22.7	26.27	26.09	25.90	25.72	25.53	25.35	25.17	24.99	24.81	24.63	24.45	24.28
22.8	26.39	26.20	26.01	25.83	25.64	25.46	25.28	25.10	24.92	24.74	24.56	24.38
22.9	26.50	26.31	26.12	25.94	25.75	25.57	25.39	25.21	25.03	24.84	24.67	24.49
23	26.61	26.42	26.24	26.05	25.86	25.68	25.50	25.31	25.13	24.95	24.77	24.59
23.1	26.72	26.53	26.35	26.16	25.97	25.79	25.61	25.42	25.24	25.06	24.88	24.70
23.2	26.84	26.65	26.46	26.27	26.08	25.90	25.71	25.53	25.35	25.16	24.98	24.80
23.3	26.95	26.76	26.57	26.38	26.19	26.01	25.82	25.64	25.45	25.27	25.09	24.91
23.4	27.06	26.87	26.68	26.49	26.30	26.12	25.93	25.75	25.56	25.38	25.19	25.01
23.5	27.17	26.98	26.79	26.60	26.41	26.23	26.04	25.85	25.67	25.48	25.30	25.12
23.6	27.28	27.09	26.90	26.71	26.52	26.33	26.15	25.96	25.77	25.59	25.41	25.22
23.7	27.40	27.20	27.01	26.82	26.63	26.44	26.25	26.07	25.88	25.70	25.51	25.33
23.8	27.51	27.31	27.12	26.93	26.74	26.55	26.36	26.17	25.99	25.80	25.62	25.43
23.9	27.62	27.42	27.23	27.04	26.85	26.66	26.47	26.28	26.09	25.91	25.72	25.54
24	27.73	27.54	27.34	27.15	26.96	26.77	26.58	26.39	26.20	26.01	25.83	25.64
24.1	27.84	27.65	27.45	27.26	27.07	26.88	26.69	26.50	26.31	26.12	25.93	25.75
24.2	27.95	27.76	27.56	27.37	27.17	26.98	26.79	26.60	26.41	26.23	26.04	25.85
24.3	28.06	27.87	27.67	27.48	27.28	27.09	26.90	26.71	26.52	26.33	26.14	25.96
24.4	28.17	27.98	27.78	27.59	27.39	27.20	27.01	26.82	26.63	26.44	26.25	26.06
24.5	28.28	28.09	27.89	27.69	27.50	27.31	27.11	26.92	26.73	26.54	26.35	26.17
24.6	28.39	28.19	28.00	27.80	27.61	27.41	27.22	27.03	26.84	26.65	26.46	26.27
24.7	28.50	28.30	28.11	27.91	27.72	27.52	27.33	27.14	26.94	26.75	26.56	26.37
24.8	28.61	28.41	28.22	28.02	27.82	27.63	27.44	27.24	27.05	26.86	26.67	26.48
24.9	28.72	28.52	28.32	28.13	27.93	27.74	27.54	27.35	27.16	26.96	26.77	26.58
25	28.83	28.63	28.43	28.24	28.04	27.84	27.65	27.45	27.26	27.07	26.88	26.69
25.1	28.94	28.74	28.54	28.34	28.15	27.95	27.75	27.56	27.37	27.17	26.98	26.79
25.2	29.05	28.85	28.65	28.45	28.25	28.06	27.86	27.67	27.47	27.28	27.09	26.90
25.3	29.16	28.96	28.76	28.56	28.36	28.16	27.97	27.77	27.58	27.38	27.19	27.00
25.4	29.27	29.07	28.86	28.67	28.47	28.27	28.07	27.88	27.68	27.49	27.30	27.10
25.5	29.37	29.17	28.97	28.77	28.57	28.38	28.18	27.98	27.79	27.59	27.40	27.21
25.6	29.48	29.28	29.08	28.88	28.68	28.48	28.29	28.09	27.89	27.70	27.50	27.31
25.7	29.59	29.39	29.19	28.99	28.79	28.59	28.39	28.19	28.00	27.80	27.61	27.42
25.8	29.70	29.50	29.29	29.09	28.89	28.70	28.50	28.30	28.10	27.91	27.71	27.52
25.9	29.81	29.60	29.40	29.20	29.00	28.80	28.60	28.41	28.21	28.01	27.82	27.62
26	29.91	29.71	29.51	29.31	29.11	28.91	28.71	28.51	28.31	28.12	27.92	27.73
26.1	30.02	29.82	29.62	29.41	29.21	29.01	28.81	28.62	28.42	28.22	28.03	27.83
26.2	30.13	29.93	29.72	29.52	29.32	29.12	28.92	28.72	28.52	28.33	28.13	27.93
26.3	30.24	30.03	29.83	29.63	29.43	29.22	29.02	28.83	28.63	28.43	28.23	28.04
26.4	30.34	30.14	29.94	29.73	29.53	29.33	29.13	28.93	28.73	28.53	28.34	28.14

（续）

单位为%vol

温度/℃												
16	16.5	17	17.5	18	18.5	19	19.5	20	20.5	21	21.5	22
23.36	23.19	23.02	22.85	22.68	22.51	22.34	22.17	22.00	21.83	21.66	21.49	21.33
23.47	23.30	23.12	22.95	22.78	22.61	22.44	22.27	22.10	21.93	21.76	21.59	21.42
23.57	23.40	23.23	23.06	22.88	22.71	22.54	22.37	22.20	22.03	21.86	21.69	21.52
23.68	23.50	23.33	23.16	22.99	22.81	22.64	22.47	22.30	22.13	21.96	21.79	21.62
23.78	23.61	23.43	23.26	23.09	22.92	22.74	22.57	22.40	22.23	22.06	21.89	21.72
23.89	23.71	23.54	23.36	23.19	23.02	22.84	22.67	22.50	22.33	22.16	21.99	21.81
23.99	23.82	23.64	23.47	23.29	23.12	22.95	22.77	22.60	22.43	22.26	22.08	21.91
24.10	23.92	23.75	23.57	23.40	23.22	23.05	22.87	22.70	22.53	22.35	22.18	22.01
24.20	24.03	23.85	23.67	23.50	23.32	23.15	22.97	22.80	22.63	22.45	22.28	22.11
24.31	24.13	23.95	23.78	23.60	23.42	23.25	23.07	22.90	22.73	22.55	22.38	22.21
24.41	24.23	24.06	23.88	23.70	23.53	23.35	23.17	23.00	22.83	22.65	22.48	22.30
24.52	24.34	24.16	23.98	23.80	23.63	23.45	23.28	23.10	22.92	22.75	22.58	22.40
24.62	24.44	24.26	24.08	23.91	23.73	23.55	23.38	23.20	23.02	22.85	22.67	22.50
24.73	24.55	24.37	24.19	24.01	23.83	23.65	23.48	23.30	23.12	22.95	22.77	22.60
24.83	24.65	24.47	24.29	24.11	23.93	23.75	23.58	23.40	23.22	23.05	22.87	22.70
24.94	24.75	24.57	24.39	24.21	24.03	23.86	23.68	23.50	23.32	23.15	22.97	22.79
25.04	24.86	24.68	24.50	24.32	24.14	23.96	23.78	23.60	23.42	23.24	23.07	22.89
25.14	24.96	24.78	24.60	24.42	24.24	24.06	23.88	23.70	23.52	23.34	23.17	22.99
25.25	25.07	24.88	24.70	24.52	24.34	24.16	23.98	23.80	23.62	23.44	23.26	23.09
25.35	25.17	24.99	24.80	24.62	24.44	24.26	24.08	23.90	23.72	23.54	23.36	23.18
25.46	25.27	25.09	24.91	24.72	24.54	24.36	24.18	24.00	23.82	23.64	23.46	23.28
25.56	25.38	25.19	25.01	24.83	24.64	24.46	24.28	24.10	23.92	23.74	23.56	23.38
25.67	25.48	25.30	25.11	24.93	24.75	24.56	24.38	24.20	24.02	23.84	23.66	23.48
25.77	25.58	25.40	25.21	25.03	24.85	24.66	24.48	24.30	24.12	23.94	23.76	23.58
25.87	25.69	25.50	25.32	25.13	24.95	24.77	24.58	24.40	24.22	24.04	23.86	23.67
25.98	25.79	25.61	25.42	25.23	25.05	24.87	24.68	24.50	24.32	24.14	23.95	23.77
26.08	25.89	25.71	25.52	25.34	25.15	24.97	24.78	24.60	24.42	24.23	24.05	23.87
26.19	26.00	25.81	25.62	25.44	25.25	25.07	24.88	24.70	24.52	24.33	24.15	23.97
26.29	26.10	25.91	25.73	25.54	25.35	25.17	24.98	24.80	24.62	24.43	24.25	24.07
26.39	26.20	26.02	25.83	25.64	25.46	25.27	25.08	24.90	24.72	24.53	24.35	24.17
26.50	26.31	26.12	25.93	25.74	25.56	25.37	25.19	25.00	24.82	24.63	24.45	24.26
26.60	26.41	26.22	26.03	25.85	25.66	25.47	25.29	25.10	24.91	24.73	24.55	24.36
26.70	26.51	26.32	26.14	25.95	25.76	25.57	25.39	25.20	25.01	24.83	24.64	24.46
26.81	26.62	26.43	26.24	26.05	25.86	25.67	25.49	25.30	25.11	24.93	24.74	24.56
26.91	26.72	26.53	26.34	26.15	25.96	25.77	25.59	25.40	25.21	25.03	24.84	24.66
27.02	26.82	26.63	26.44	26.25	26.06	25.88	25.69	25.50	25.31	25.13	24.94	24.75
27.12	26.93	26.74	26.54	26.35	26.17	25.98	25.79	25.60	25.41	25.23	25.04	24.85
27.22	27.03	26.84	26.65	26.46	26.27	26.08	25.89	25.70	25.51	25.32	25.14	24.95
27.33	27.13	26.94	26.75	26.56	26.37	26.18	25.99	25.80	25.61	25.42	25.24	25.05
27.43	27.24	27.04	26.85	26.66	26.47	26.28	26.09	25.90	25.71	25.52	25.34	25.15
27.53	27.34	27.15	26.95	26.76	26.57	26.38	26.19	26.00	25.81	25.62	25.43	25.25
27.64	27.44	27.25	27.05	26.86	26.67	26.48	26.29	26.10	25.91	25.72	25.53	25.35
27.74	27.54	27.35	27.16	26.96	26.77	26.58	26.39	26.20	26.01	25.82	25.63	25.44
27.84	27.65	27.45	27.26	27.07	26.87	26.68	26.49	26.30	26.11	25.92	25.73	25.54
27.94	27.75	27.55	27.36	27.17	26.97	26.78	26.59	26.40	26.21	26.02	25.83	25.64

表 B.1

酒精度/(%vol)	酒精计											
	10	10.5	11	11.5	12	12.5	13	13.5	14	14.5	15	15.5
26.5	30.45	30.25	30.04	29.84	29.64	29.44	29.23	29.03	28.84	28.64	28.44	28.24
26.6	30.56	30.35	30.15	29.94	29.74	29.53	29.34	29.14	28.94	28.74	28.54	28.35
26.7	30.66	30.46	30.25	30.05	29.85	29.65	29.44	29.24	29.04	28.85	28.65	28.45
26.8	30.77	30.57	30.36	30.16	29.95	29.75	29.55	29.35	29.15	28.95	28.75	28.55
26.9	30.88	30.67	30.47	30.26	30.06	29.86	29.65	29.45	29.25	29.05	28.85	28.66
27	30.98	30.78	30.57	30.37	30.16	29.96	29.76	29.56	29.36	29.16	28.96	28.76
27.1	31.09	30.88	30.68	30.47	30.27	30.07	29.86	29.66	29.46	29.26	29.06	28.86
27.2	31.20	30.99	30.78	30.58	30.37	30.17	29.97	29.77	29.56	29.36	29.16	28.96
27.3	31.30	31.09	30.89	30.68	30.48	30.27	30.07	29.87	29.67	29.47	29.27	29.07
27.4	31.41	31.20	30.99	30.79	30.58	30.38	30.18	29.97	29.77	29.57	29.37	29.17
27.5	31.51	31.30	31.10	30.89	30.69	30.48	30.28	30.08	29.87	29.67	29.47	29.27
27.6	31.62	31.41	31.20	31.00	30.79	30.59	30.38	30.18	29.98	29.78	29.58	29.38
27.7	31.72	31.51	31.31	31.10	30.90	30.69	30.49	30.28	30.08	29.88	29.68	29.48
27.8	31.83	31.62	31.41	31.21	31.00	30.80	30.59	30.39	30.19	29.98	29.78	29.58
27.9	31.93	31.72	31.52	31.31	31.10	30.90	30.69	30.49	30.29	30.09	29.88	29.68
28	32.04	31.83	31.62	31.41	31.21	31.00	30.80	30.59	30.39	30.19	29.99	29.79
28.1	32.14	31.93	31.73	31.52	31.31	31.11	30.90	30.70	30.49	30.29	30.09	29.89
28.2	32.25	32.04	31.83	31.62	31.42	31.21	31.01	30.80	30.60	30.39	30.19	29.99
28.3	32.35	32.14	31.93	31.73	31.52	31.31	31.11	30.90	30.70	30.50	30.29	30.09
28.4	32.45	32.25	32.04	31.83	31.62	31.42	31.21	31.01	30.80	30.60	30.40	30.19
28.5	32.56	32.35	32.14	31.93	31.73	31.52	31.31	31.11	30.91	30.70	30.50	30.30
28.6	32.66	32.45	32.24	32.04	31.83	31.62	31.42	31.21	31.01	30.80	30.60	30.40
28.7	32.77	32.56	32.35	32.14	31.93	31.73	31.52	31.32	31.11	30.91	30.70	30.50
28.8	32.87	32.66	32.45	32.24	32.04	31.83	31.62	31.42	31.21	31.01	30.81	30.60
28.9	32.97	32.76	32.55	32.35	32.14	31.93	31.73	31.52	31.32	31.11	30.91	30.71
29	33.08	32.87	32.66	32.45	32.24	32.04	31.83	31.62	31.42	31.21	31.01	30.81
29.1	33.18	32.97	32.76	32.55	32.35	32.14	31.93	31.73	31.52	31.32	31.11	30.91
29.2	33.28	33.07	32.86	32.66	32.45	32.24	32.03	31.83	31.62	31.42	31.21	31.01
29.3	33.39	33.18	32.97	32.76	32.55	32.34	32.14	31.93	31.73	31.52	31.32	31.11
29.4	33.49	33.28	33.07	32.86	32.65	32.45	32.24	32.03	31.83	31.62	31.42	31.21
29.5	33.59	33.38	33.17	32.96	32.76	32.55	32.34	32.14	31.93	31.72	31.52	31.32
29.6	33.69	33.48	33.27	33.07	32.86	32.65	32.44	32.24	32.03	31.83	31.62	31.42
29.7	33.80	33.59	33.38	33.17	32.96	32.75	32.55	32.34	32.13	31.93	31.72	31.52
29.8	33.90	33.69	33.48	33.27	33.06	32.86	32.65	32.44	32.24	32.03	31.82	31.62
29.9	34.00	33.79	33.58	33.37	33.16	32.96	32.75	32.54	32.34	32.13	31.93	31.72
30	34.10	33.89	33.68	33.48	33.27	33.06	32.85	32.65	32.44	32.23	32.03	31.82
30.1	34.21	34.00	33.79	33.58	33.37	33.16	32.95	32.75	32.54	32.33	32.13	31.92
30.2	34.31	34.10	33.89	33.68	33.47	33.26	33.06	32.85	32.64	32.44	32.23	32.03
30.3	34.41	34.20	33.99	33.78	33.57	33.36	33.16	32.95	32.74	32.54	32.33	32.13
30.4	34.51	34.30	34.09	33.88	33.67	33.47	33.26	33.05	32.85	32.64	32.43	32.23
30.5	34.61	34.40	34.19	33.98	33.78	33.57	33.36	33.15	32.95	32.74	32.53	32.33
30.6	34.71	34.50	34.30	34.09	33.88	33.67	33.46	33.25	33.05	32.84	32.64	32.43
30.7	34.82	34.61	34.40	34.19	33.98	33.77	33.56	33.36	33.15	32.94	32.74	32.53
30.8	34.92	34.71	34.50	34.29	34.08	33.87	33.66	33.46	33.25	33.04	32.84	32.63
30.9	35.02	34.81	34.60	34.39	34.18	33.97	33.77	33.56	33.35	33.15	32.94	32.73

（续）

单位为%vol

温度/℃												
16	16.5	17	17.5	18	18.5	19	19.5	20	20.5	21	21.5	22
28.05	27.85	27.66	27.46	27.27	27.08	26.88	26.69	26.50	26.31	26.12	25.93	25.74
28.15	27.95	27.76	27.56	27.37	27.18	26.98	26.79	26.60	26.41	26.22	26.03	25.84
28.25	28.06	27.86	27.67	27.47	27.28	27.08	26.89	26.70	26.51	26.32	26.13	25.94
28.36	28.16	27.96	27.77	27.57	27.38	27.19	26.99	26.80	26.61	26.42	26.23	26.03
28.46	28.26	28.07	27.87	27.67	27.48	27.29	27.09	26.90	26.71	26.52	26.32	26.13
28.56	28.36	28.17	27.97	27.78	27.58	27.39	27.19	27.00	26.81	26.62	26.42	26.23
28.66	28.47	28.27	28.07	27.88	27.68	27.49	27.29	27.10	26.91	26.71	26.52	26.33
28.77	28.57	28.37	28.17	27.98	27.78	27.59	27.39	27.20	27.01	26.81	26.62	26.43
28.87	28.67	28.47	28.28	28.08	27.88	27.69	27.49	27.30	27.11	26.91	26.72	26.53
28.97	28.77	28.58	28.38	28.18	27.99	27.79	27.59	27.40	27.21	27.01	26.82	26.63
29.07	28.88	28.68	28.48	28.28	28.09	27.89	27.69	27.50	27.31	27.11	26.92	26.73
29.18	28.98	28.78	28.58	28.38	28.19	27.99	27.80	27.60	27.41	27.21	27.02	26.82
29.28	29.08	28.88	28.68	28.48	28.29	28.09	27.90	27.70	27.51	27.31	27.12	26.92
29.38	29.18	28.98	28.78	28.59	28.39	28.19	28.00	27.80	27.60	27.41	27.22	27.02
29.48	29.28	29.08	28.89	28.69	28.49	28.29	28.10	27.90	27.70	27.51	27.31	27.12
29.59	29.39	29.19	28.99	28.79	28.59	28.39	28.20	28.00	27.80	27.61	27.41	27.22
29.69	29.49	29.29	29.09	28.89	28.69	28.49	28.30	28.10	27.90	27.71	27.51	27.32
29.79	29.59	29.39	29.19	28.99	28.79	28.59	28.40	28.20	28.00	27.81	27.61	27.42
29.89	29.69	29.49	29.29	29.09	28.89	28.69	28.50	28.30	28.10	27.91	27.71	27.52
29.99	29.79	29.59	29.39	29.19	28.99	28.80	28.60	28.40	28.20	28.01	27.81	27.61
30.10	29.89	29.69	29.49	29.29	29.09	28.90	28.70	28.50	28.30	28.11	27.91	27.71
30.20	30.00	29.79	29.59	29.39	29.20	29.00	28.80	28.60	28.40	28.21	28.01	27.81
30.30	30.10	29.90	29.70	29.50	29.30	29.10	28.90	28.70	28.50	28.30	28.11	27.91
30.40	30.20	30.00	29.80	29.60	29.40	29.20	29.00	28.80	28.60	28.40	28.21	28.01
30.50	30.30	30.10	29.90	29.70	29.50	29.30	29.10	28.90	28.70	28.50	28.31	28.11
30.60	30.40	30.20	30.00	29.80	29.60	29.40	29.20	29.00	28.80	28.60	28.41	28.21
30.71	30.50	30.30	30.10	29.90	29.70	29.50	29.30	29.10	28.90	28.70	28.51	28.31
30.81	30.60	30.40	30.20	30.00	29.80	29.60	29.40	29.20	29.00	28.80	28.60	28.41
30.91	30.71	30.50	30.30	30.10	29.90	29.70	29.50	29.30	29.10	28.90	28.70	28.51
31.01	30.81	30.61	30.40	30.20	30.00	29.80	29.60	29.40	29.20	29.00	28.80	28.61
31.11	30.91	30.71	30.50	30.30	30.10	29.90	29.70	29.50	29.30	29.10	28.90	28.70
31.21	31.01	30.81	30.60	30.40	30.20	30.00	29.80	29.60	29.40	29.20	29.00	28.80
31.31	31.11	30.91	30.71	30.50	30.30	30.10	29.90	29.70	29.50	29.30	29.10	28.90
31.42	31.21	31.01	30.81	30.60	30.40	30.20	30.00	29.80	29.60	29.40	29.20	29.00
31.52	31.31	31.11	30.91	30.71	30.50	30.30	30.10	29.90	29.70	29.50	29.30	29.10
31.62	31.41	31.21	31.01	30.81	30.60	30.40	30.20	30.00	29.80	29.60	29.40	29.20
31.72	31.52	31.31	31.11	30.91	30.70	30.50	30.30	30.10	29.90	29.70	29.50	29.30
31.82	31.62	31.41	31.21	31.01	30.80	30.60	30.40	30.20	30.00	29.80	29.60	29.40
31.92	31.72	31.51	31.31	31.11	30.91	30.70	30.50	30.30	30.10	29.90	29.70	29.50
32.02	31.82	31.62	31.41	31.21	31.01	30.80	30.60	30.40	30.20	30.00	29.80	29.60
32.12	31.92	31.72	31.51	31.31	31.11	30.90	30.70	30.50	30.30	30.10	29.90	29.70
32.23	32.02	31.82	31.61	31.41	31.21	31.00	30.80	30.60	30.40	30.20	30.00	29.80
32.33	32.12	31.92	31.71	31.51	31.31	31.10	30.90	30.70	30.50	30.30	30.10	29.90
32.43	32.22	32.02	31.81	31.61	31.41	31.20	31.00	30.80	30.60	30.40	30.20	29.99
32.53	32.32	32.12	31.91	31.71	31.51	31.30	31.10	30.90	30.70	30.50	30.30	30.09

表 B.1

酒精度/(%vol)	酒精计											
	10	10.5	11	11.5	12	12.5	13	13.5	14	14.5	15	15.5
31	35.12	34.91	34.70	34.49	34.28	34.07	33.87	33.66	33.45	33.25	33.04	32.83
31.1	35.22	35.01	34.80	34.59	34.38	34.18	33.97	33.76	33.55	33.35	33.14	32.94
31.2	35.32	35.11	34.90	34.69	34.49	34.28	34.07	33.86	33.65	33.45	33.24	33.04
31.3	35.42	35.21	35.00	34.79	34.59	34.38	34.17	33.96	33.76	33.55	33.34	33.14
31.4	35.52	35.31	35.10	34.90	34.69	34.48	34.27	34.06	33.86	33.65	33.44	33.24
31.5	35.62	35.41	35.21	35.00	34.79	34.58	34.37	34.16	33.96	33.75	33.54	33.34
31.6	35.72	35.52	35.31	35.10	34.89	34.68	34.47	34.27	34.06	33.85	33.65	33.44
31.7	35.83	35.62	35.41	35.20	34.99	34.78	34.57	34.37	34.16	33.95	33.75	33.54
31.8	35.93	35.72	35.51	35.30	35.09	34.88	34.67	34.47	34.26	34.05	33.85	33.64
31.9	36.03	35.82	35.61	35.40	35.19	34.98	34.77	34.57	34.36	34.15	33.95	33.74
32	36.13	35.92	35.71	35.50	35.29	35.08	34.88	34.67	34.46	34.25	34.05	33.84
32.1	36.23	36.02	35.81	35.60	35.39	35.18	34.98	34.77	34.56	34.35	34.15	33.94
32.2	36.33	36.12	35.91	35.70	35.49	35.28	35.08	34.87	34.66	34.45	34.25	34.04
32.3	36.43	36.22	36.01	35.80	35.59	35.38	35.18	34.97	34.76	34.56	34.35	34.14
32.4	36.53	36.32	36.11	35.90	35.69	35.48	35.28	35.07	34.86	34.66	34.45	34.24
32.5	36.63	36.42	36.21	36.00	35.79	35.58	35.38	35.17	34.96	34.76	34.55	34.34
32.6	36.73	36.52	36.31	36.10	35.89	35.68	35.48	35.27	35.06	34.86	34.65	34.44
32.7	36.83	36.62	36.41	36.20	35.99	35.79	35.58	35.37	35.16	34.96	34.75	34.54
32.8	36.93	36.72	36.51	36.30	36.09	35.89	35.68	35.47	35.26	35.06	34.85	34.64
32.9	37.03	36.82	36.61	36.40	36.19	35.99	35.78	35.57	35.36	35.16	34.95	34.74
33	37.13	36.92	36.71	36.50	36.29	36.09	35.88	35.67	35.46	35.26	35.05	34.84
33.1	37.22	37.02	36.81	36.60	36.39	36.19	35.98	35.77	35.56	35.36	35.15	34.94
33.2	37.32	37.12	36.91	36.70	36.49	36.28	36.08	35.87	35.66	35.46	35.25	35.04
33.3	37.42	37.22	37.01	36.80	36.59	36.38	36.18	35.97	35.76	35.56	35.35	35.14
33.4	37.52	37.31	37.11	36.90	36.69	36.48	36.28	36.07	35.86	35.66	35.45	35.24
33.5	37.62	37.41	37.21	37.00	36.79	36.58	36.38	36.17	35.96	35.76	35.55	35.34
33.6	37.72	37.51	37.31	37.10	36.89	36.68	36.48	36.27	36.06	35.86	35.65	35.44
33.7	37.82	37.61	37.41	37.20	36.99	36.78	36.58	36.37	36.16	35.96	35.75	35.54
33.8	37.92	37.71	37.50	37.30	37.09	36.88	36.68	36.47	36.26	36.06	35.85	35.64
33.9	38.02	37.81	37.60	37.40	37.19	36.98	36.78	36.57	36.36	36.16	35.95	35.74
34	38.12	37.91	37.70	37.50	37.29	37.08	56.88	36.67	36.46	36.26	36.05	35.84
34.1	38.22	38.01	37.80	37.59	37.39	37.18	36.97	36.77	36.56	36.36	36.15	35.94
34.2	38.31	38.11	37.90	37.69	37.49	37.28	37.07	36.87	36.66	36.46	36.25	36.04
34.3	38.41	38.21	38.00	37.79	37.59	37.38	37.17	36.97	36.76	36.56	36.35	36.14
34.4	38.51	38.31	38.10	37.89	37.69	37.48	37.27	37.07	36.86	36.65	36.45	36.24
34.5	38.61	38.40	38.20	37.99	37.78	37.58	37.37	37.17	36.96	36.75	36.55	36.34
34.6	38.71	38.50	38.30	38.09	37.88	37.68	37.47	37.27	37.06	36.85	36.65	36.44
34.7	38.81	38.60	38.40	38.19	37.98	37.78	37.57	37.36	37.16	36.95	36.75	36.54
34.8	38.91	38.70	38.49	38.29	38.08	37.88	37.67	37.46	37.26	37.05	36.85	36.64
34.9	39.00	38.80	38.59	38.39	38.18	37.97	37.77	37.56	37.36	37.15	36.95	36.74
35	39.10	38.90	38.69	38.49	38.28	38.07	37.87	37.66	37.46	37.25	37.05	36.84
35.1	39.20	39.00	38.79	38.58	38.38	38.17	37.97	37.76	37.56	37.35	37.15	36.94
35.2	39.30	39.09	38.89	38.68	38.48	38.27	38.07	37.86	37.66	37.45	37.25	37.04
35.3	39.40	39.19	38.99	38.78	38.58	38.37	38.17	37.96	37.76	37.55	37.34	37.14
35.4	39.50	39.29	39.09	38.88	38.67	38.47	38.26	38.06	37.85	37.65	37.44	37.24

（续）

单位为%vol

温度/℃												
16	16.5	17	17.5	18	18.5	19	19.5	20	20.5	21	21.5	22
32.63	32.42	32.22	32.02	31.81	31.61	31.41	31.20	31.00	30.80	30.60	30.39	30.19
32.73	32.52	32.32	32.12	31.91	31.71	31.51	31.30	31.10	30.90	30.70	30.49	30.29
32.83	32.63	32.42	32.22	32.01	31.81	31.61	31.40	31.20	31.00	30.80	30.59	30.39
32.93	32.73	32.52	32.32	32.11	31.91	31.71	31.50	31.30	31.10	30.90	30.69	30.49
33.03	32.83	32.62	32.42	32.21	32.01	31.81	31.60	31.40	31.20	31.00	30.79	30.59
33.13	32.93	32.72	32.52	32.31	32.11	31.91	31.70	31.50	31.30	31.10	30.89	30.69
33.23	33.03	32.82	32.62	32.41	32.21	32.01	31.80	31.60	31.40	31.19	30.99	30.79
33.33	33.13	32.92	32.72	32.51	32.31	32.11	31.90	31.70	31.50	31.29	31.09	30.89
33.43	33.23	33.02	32.82	32.61	32.41	32.21	32.00	31.80	31.60	31.39	31.19	30.99
33.54	33.33	33.12	32.92	32.72	32.51	32.31	32.10	31.90	31.70	31.49	31.29	31.09
33.64	33.43	33.22	33.02	32.82	32.61	32.41	32.20	32.00	31.80	31.59	31.39	31.19
33.74	33.53	33.33	33.12	32.92	32.71	32.51	32.30	32.10	31.90	31.69	31.49	31.29
33.84	33.63	33.43	33.22	33.02	32.81	32.61	32.40	32.20	32.00	31.79	31.59	31.39
33.94	33.73	33.53	33.32	33.12	32.91	32.71	32.50	32.30	32.10	31.89	31.69	31.49
34.04	33.83	33.63	33.42	33.22	33.01	32.81	32.60	32.40	32.20	31.99	31.79	31.59
34.14	33.93	33.73	33.52	33.32	33.11	32.91	32.70	32.50	32.30	32.09	31.89	31.69
34.24	34.03	33.83	33.62	33.42	33.21	33.01	32.80	32.60	32.40	32.19	31.99	31.79
34.34	34.13	33.93	33.72	33.52	33.31	33.11	32.90	32.70	32.50	32.29	32.09	31.89
34.44	34.23	34.03	33.82	33.62	33.41	33.21	33.00	32.80	32.60	32.39	32.19	31.99
34.54	34.33	34.13	33.92	33.72	33.51	33.31	33.10	32.90	32.70	32.49	32.29	32.09
34.64	34.43	34.23	34.02	33.82	33.61	33.41	33.20	33.00	32.80	32.59	32.39	32.19
34.74	34.53	34.33	34.12	33.92	33.71	33.51	33.30	33.10	32.90	32.69	32.49	32.29
34.84	34.63	34.43	34.22	34.02	33.81	33.61	33.40	33.20	33.00	32.79	32.59	32.39
34.94	34.73	34.53	34.32	34.12	33.91	33.71	33.50	33.30	33.10	32.89	32.69	32.49
35.04	34.83	34.63	34.42	34.22	34.01	33.81	33.60	33.40	33.20	32.99	32.79	32.59
35.14	34.93	34.73	34.52	34.32	34.11	33.91	33.70	33.50	33.30	33.09	32.89	32.69
35.24	35.03	34.83	34.62	34.42	34.21	34.01	33.80	33.60	33.40	33.19	32.99	32.79
35.34	35.13	34.93	34.72	34.52	34.31	34.11	33.90	33.70	33.50	33.29	33.09	32.88
35.44	35.23	35.03	34.82	34.62	34.41	34.21	34.00	33.80	33.60	33.39	33.19	32.98
35.54	35.33	35.13	34.92	34.72	34.51	34.31	34.10	33.90	33.70	33.49	33.29	33.08
35.64	35.43	35.23	35.02	34.82	34.61	34.41	34.20	34.00	33.80	33.59	33.39	33.18
35.74	35.53	35.33	35.12	34.92	34.71	34.51	34.30	34.10	33.90	33.69	33.49	33.28
35.84	35.63	35.43	35.22	35.02	34.81	34.61	34.40	34.20	34.00	33.79	33.59	33.38
35.94	35.73	35.53	35.32	35.12	34.91	34.71	34.50	34.30	34.10	33.89	33.69	33.48
36.04	35.83	35.63	35.42	35.22	35.01	34.81	34.60	34.40	34.20	33.99	33.79	33.58
36.14	35.93	35.73	35.52	35.32	35.11	34.91	34.70	34.50	34.30	34.09	33.89	33.68
36.24	36.03	35.83	35.62	35.42	35.21	35.01	34.80	34.60	34.40	34.19	33.99	33.78
36.34	36.13	35.93	35.72	35.52	35.31	35.11	34.90	34.70	34.50	34.29	34.09	33.88
36.44	36.23	36.03	35.82	35.62	35.41	35.21	35.00	34.80	34.60	34.39	34.19	33.98
36.54	36.33	36.13	35.92	35.72	35.51	35.31	35.10	34.90	34.70	34.49	34.29	34.08
36.64	36.43	36.23	36.02	35.82	35.61	35.41	35.20	35.00	34.80	34.59	34.39	34.18
36.74	36.53	36.33	36.12	35.92	35.71	35.51	35.30	35.10	34.90	34.69	34.49	34.28
36.84	36.63	36.43	36.22	36.02	35.81	35.61	35.40	35.20	35.00	34.79	34.59	34.38
36.94	36.73	36.53	36.32	36.12	35.91	35.71	35.50	35.30	35.10	34.89	34.69	34.48
37.03	36.83	36.63	36.42	36.22	36.01	35.81	35.60	35.40	35.20	34.99	34.79	34.58

表 B.1

酒精度/(%vol)	酒精计											
	10	10.5	11	11.5	12	12.5	13	13.5	14	14.5	15	15.5
35.5	39.59	39.39	39.18	38.98	38.77	38.57	38.36	38.16	37.95	37.75	37.54	37.34
35.6	39.69	39.49	39.28	39.08	38.87	38.67	38.46	38.26	38.05	37.85	37.64	37.44
35.7	39.79	39.59	39.38	39.18	38.97	38.77	38.56	38.36	38.15	37.95	37.74	37.54
35.8	39.89	39.68	39.48	39.27	39.07	38.86	38.66	38.46	38.25	38.05	37.84	37.64
35.9	39.99	39.78	39.58	39.37	39.17	38.96	38.76	38.55	38.35	38.15	37.94	37.74
36	40.08	39.88	39.68	39.47	39.27	39.06	38.86	38.65	38.45	38.24	38.04	37.84
36.1	40.18	39.98	39.77	39.57	39.37	39.16	38.96	38.75	38.55	38.34	38.14	37.94
36.2	40.28	40.08	39.87	39.67	39.46	39.26	39.06	38.85	38.65	38.44	38.24	38.03
36.3	40.38	40.17	39.97	39.77	39.56	39.36	39.15	38.95	38.75	38.54	38.34	38.13
36.4	40.48	40.27	40.07	39.86	39.66	39.46	39.25	39.05	38.84	38.64	38.44	38.23
36.5	40.57	40.37	40.17	39.96	39.76	39.56	39.35	39.15	38.94	38.74	38.54	38.33
36.6	40.67	40.47	40.26	40.06	39.86	39.65	39.45	39.25	39.04	38.84	38.64	38.43
36.7	40.77	40.57	40.36	40.16	39.96	39.75	39.55	39.35	39.14	38.94	38.73	38.53
36.8	40.87	40.66	40.46	40.26	40.05	39.85	39.65	39.44	39.24	39.04	38.83	38.63
36.9	40.96	40.76	40.56	40.36	40.15	39.95	39.75	39.54	39.34	39.14	38.93	38.73
37	41.06	40.86	40.66	40.45	40.25	40.05	39.84	39.64	39.44	39.23	39.03	38.83
37.1	41.16	40.96	40.75	40.55	40.35	40.15	39.94	39.74	39.54	39.33	39.13	38.93
37.2	41.26	41.05	40.85	40.65	40.45	40.24	40.04	39.84	39.64	39.43	39.23	39.03
37.3	41.35	41.15	40.95	40.75	40.54	40.34	40.14	39.94	39.73	39.53	39.33	39.13
37.4	41.45	41.25	41.05	40.85	40.64	40.44	40.24	40.04	39.83	39.63	39.43	39.23
37.5	41.55	41.35	41.15	40.94	40.74	40.54	40.34	40.13	39.93	39.73	39.53	39.32
37.6	41.65	41.45	41.24	41.04	40.84	40.64	40.44	40.23	40.03	39.83	39.63	39.42
37.7	41.74	41.54	41.34	41.14	40.94	40.74	40.53	40.33	40.13	39.93	39.72	39.52
37.8	41.84	41.64	41.44	41.24	41.04	40.83	40.63	40.43	40.23	40.03	39.82	39.62
37.9	41.94	41.74	41.54	41.34	41.13	40.93	40.73	40.53	40.33	40.12	39.92	39.72
38	42.04	41.84	41.63	41.43	41.23	41.03	40.83	40.63	40.43	40.22	40.02	39.82
38.1	42.13	41.93	41.73	41.53	41.33	41.13	40.93	40.73	40.52	40.32	40.12	39.92
38.2	42.23	42.03	41.83	41.63	41.43	41.23	41.03	40.82	40.62	40.42	40.22	40.02
38.3	42.33	42.13	41.93	41.73	41.53	41.32	41.12	40.92	40.72	40.52	40.32	40.12
38.4	42.43	42.23	42.02	41.82	41.62	41.42	41.22	41.02	40.82	40.62	40.42	40.22
38.5	42.52	42.32	42.12	41.92	41.72	41.52	41.32	41.12	40.92	40.72	40.52	40.31
38.6	42.62	42.42	42.22	42.02	41.82	41.62	41.42	41.22	41.02	40.82	40.61	40.41
38.7	42.72	42.52	42.32	42.12	41.92	41.72	41.52	41.32	41.11	40.91	40.71	40.51
38.8	42.81	42.61	42.41	42.21	42.01	41.81	41.61	41.41	41.21	41.01	40.81	40.61
38.9	42.91	42.71	42.51	42.31	42.11	41.91	41.71	41.51	41.31	41.11	40.91	40.71
39	43.01	42.81	42.61	42.41	42.21	42.01	41.81	41.61	41.41	41.21	41.01	40.81
39.1	43.11	42.91	42.71	42.51	42.31	42.11	41.91	41.71	41.51	41.31	41.11	40.91
39.2	43.20	43.00	42.80	42.61	42.41	42.21	42.01	41.81	41.61	41.41	41.21	41.01
39.3	43.30	43.10	42.90	42.70	42.50	42.30	42.11	41.91	41.71	41.51	41.31	41.11
39.4	43.40	43.20	43.00	42.80	42.60	42.40	42.20	42.00	41.80	41.60	41.40	41.20
39.5	43.49	43.30	43.10	42.90	42.70	42.50	42.30	42.10	41.90	41.70	41.50	41.30
39.6	43.59	43.39	43.19	43.00	42.80	42.60	42.40	42.20	42.00	41.80	41.60	41.40
39.7	43.69	43.49	43.29	43.09	42.89	42.70	42.50	42.30	42.10	41.90	41.70	41.50
39.8	43.78	43.59	43.39	43.19	42.99	42.79	42.60	42.40	42.20	42.00	41.80	41.60
39.9	43.88	43.68	43.49	43.29	43.09	42.89	42.69	42.49	42.30	42.10	41.90	41.70

（续）

单位为%vol

温度/℃												
16	16.5	17	17.5	18	18.5	19	19.5	20	20.5	21	21.5	22
37.13	36.93	36.73	36.52	36.32	36.11	35.91	35.70	35.50	35.30	35.09	34.89	34.68
37.23	37.03	36.82	36.62	36.42	36.21	36.01	35.80	35.60	35.40	35.19	34.99	34.78
37.33	37.13	36.92	36.72	36.52	36.31	36.11	35.90	35.70	35.50	35.29	35.09	34.89
37.43	37.23	37.02	36.82	36.62	36.41	36.21	36.00	35.80	35.60	35.39	35.19	34.99
37.53	37.33	37.12	36.92	36.72	36.51	36.31	36.10	35.90	35.70	35.49	35.29	35.09
37.63	37.43	37.22	37.02	36.82	36.61	36.41	36.20	36.00	35.80	35.59	35.39	35.19
37.73	37.53	37.32	37.12	36.92	36.71	36.51	36.30	36.10	35.90	35.69	35.49	35.29
37.83	37.63	37.42	37.22	37.01	36.81	36.61	36.40	36.20	36.00	35.79	35.59	35.39
37.93	37.73	37.52	37.32	37.11	36.91	36.71	36.50	36.30	36.10	35.89	35.69	35.49
38.03	37.83	37.62	37.42	37.21	37.01	36.81	36.60	36.40	36.20	35.99	35.79	35.59
38.13	37.93	37.72	37.52	37.31	37.11	36.91	36.70	36.50	36.30	36.09	35.89	35.69
38.23	38.02	37.82	37.62	37.41	37.21	37.01	36.80	36.60	36.40	36.19	35.99	35.79
38.33	38.12	37.92	37.72	37.51	37.31	37.11	36.90	36.70	36.50	36.29	36.09	35.89
38.43	38.22	38.02	37.82	37.61	37.41	37.21	37.00	36.80	36.60	36.39	36.19	35.99
38.53	38.32	38.12	37.92	37.71	37.51	37.31	37.10	36.90	36.70	36.49	36.29	36.09
38.63	38.42	38.22	38.02	37.81	37.61	37.41	37.20	37.00	36.80	36.59	36.39	36.19
38.72	38.52	38.32	38.12	37.91	37.71	37.51	37.30	37.10	36.90	36.69	36.49	36.29
38.82	38.62	38.42	38.21	38.01	37.81	37.61	37.40	37.20	37.00	36.79	36.59	36.39
38.92	38.72	38.52	38.31	38.11	37.91	37.71	37.50	37.30	37.10	36.89	36.69	36.49
39.02	38.82	38.62	38.41	38.21	38.01	37.81	37.60	37.40	37.20	36.99	36.79	36.59
39.12	38.92	38.72	38.51	38.31	38.11	37.91	37.70	37.50	37.30	37.09	36.89	36.69
39.22	39.02	38.82	38.61	38.41	38.21	38.01	37.80	37.60	37.40	37.19	36.99	36.79
39.32	39.12	38.92	38.71	38.51	38.31	38.11	37.90	37.70	37.50	37.29	37.09	36.89
39.42	39.22	39.01	38.81	38.61	38.41	38.20	38.00	37.80	37.60	37.39	37.19	36.99
39.52	39.32	39.11	38.91	38.71	38.51	38.30	38.10	37.90	37.70	37.50	37.29	37.09
39.62	39.42	39.21	39.01	38.81	38.61	38.40	38.20	38.00	37.80	37.60	37.39	37.19
39.72	39.51	39.31	39.11	38.91	38.71	38.50	38.30	38.10	37.90	37.70	37.49	37.29
39.82	39.61	39.41	39.21	39.01	38.81	38.60	38.40	38.20	38.00	37.80	37.59	37.39
39.91	39.71	39.51	39.31	39.11	38.91	38.70	38.50	38.30	38.10	37.90	37.69	37.49
40.01	39.81	39.61	39.41	39.21	39.01	38.80	38.60	38.40	38.20	38.00	37.79	37.59
40.11	39.91	39.71	39.51	39.31	39.11	38.90	38.70	38.50	38.30	38.10	37.89	37.69
40.21	40.01	39.81	39.61	39.41	39.21	39.00	38.80	38.60	38.40	38.20	37.99	37.79
40.31	40.11	39.91	39.71	39.51	39.30	39.10	38.90	38.70	38.50	38.30	38.09	37.89
40.41	40.21	40.01	39.81	39.61	39.40	39.20	39.00	38.80	38.60	38.40	38.20	37.99
40.51	40.31	40.11	39.91	39.71	39.50	39.30	39.10	38.90	38.70	38.50	38.30	38.09
40.61	40.41	40.21	40.01	39.80	39.60	39.40	39.20	39.00	38.80	38.60	38.40	38.19
40.71	40.51	40.31	40.11	39.90	39.70	39.50	39.30	39.10	38.90	38.70	38.50	38.29
40.81	40.61	40.41	40.20	40.00	39.80	39.60	39.40	39.20	39.00	38.80	38.60	38.39
40.91	40.71	40.50	40.30	40.10	39.90	39.70	39.50	39.30	39.10	38.90	38.70	38.50
41.00	40.80	40.60	40.40	40.20	40.00	39.80	39.60	39.40	39.20	39.00	38.80	38.60
41.10	40.90	40.70	40.50	40.30	40.10	39.90	39.70	39.50	39.30	39.10	38.90	38.70
41.20	41.00	40.80	40.60	40.40	40.20	40.00	39.80	39.60	39.40	39.20	39.00	38.80
41.30	41.10	40.90	40.70	40.50	40.30	40.10	39.90	39.70	39.50	39.30	39.10	38.90
41.40	41.20	41.00	40.80	40.60	40.40	40.20	40.00	39.80	39.60	39.40	39.20	39.00
41.50	41.30	41.10	40.90	40.70	40.50	40.30	40.10	39.90	39.70	39.50	39.30	39.10

表 B.1

酒精度/(%vol)	酒精计										
	10	10.5	11	11.5	12	12.5	13	13.5	14	14.5	15	15.5
40	43.98	43.78	43.58	43.39	43.19	42.99	42.79	42.59	42.39	42.20	42.00	41.80
40.1	44.08	43.88	43.68	43.48	43.29	43.09	42.89	42.69	42.49	42.29	42.10	41.90
40.2	44.17	43.98	43.78	43.58	43.38	43.19	42.99	42.79	42.59	42.39	42.19	42.00
40.3	44.27	44.07	43.88	43.68	43.48	43.28	43.09	42.89	42.69	42.49	42.29	42.09
40.4	44.37	44.17	43.97	43.78	43.58	43.38	43.18	42.99	42.79	42.59	42.39	42.19
40.5	44.46	44.27	44.07	43.87	43.68	43.48	43.28	43.08	42.89	42.69	42.49	42.29
40.6	44.56	44.36	44.17	43.97	43.77	43.58	43.38	43.18	42.98	42.79	42.59	42.39
40.7	44.66	44.46	44.26	44.07	43.87	43.67	43.48	43.28	43.08	42.88	42.69	42.49
40.8	44.75	44.56	44.36	44.17	43.97	43.77	43.58	43.38	43.18	42.98	42.79	42.59
40.9	44.85	44.66	44.46	44.26	44.07	43.87	43.67	43.48	43.28	43.08	42.88	42.69
41	44.95	44.75	44.56	44.36	44.16	43.97	43.77	43.57	43.38	43.18	42.98	42.79
41.1	45.04	44.85	44.65	44.46	44.26	44.07	43.87	43.67	43.48	43.28	43.08	42.88
41.2	45.14	44.95	44.75	44.56	44.36	44.16	43.97	43.77	43.57	43.38	43.18	42.98
41.3	45.24	45.04	44.85	44.65	44.46	44.26	44.07	43.87	43.67	43.48	43.28	43.08
41.4	45.34	45.14	44.95	44.75	44.55	44.36	44.16	43.97	43.77	43.57	43.38	43.18
41.5	45.43	45.24	45.04	44.85	44.65	44.46	44.26	44.06	43.87	43.67	43.48	43.28
41.6	45.53	45.33	45.14	44.94	44.75	44.55	44.36	44.16	43.97	43.77	43.57	43.38
41.7	45.63	45.43	45.24	45.04	44.85	44.65	44.46	44.26	44.07	43.87	43.67	43.48
41.8	45.72	45.53	45.33	45.14	44.94	44.75	44.55	44.36	44.16	43.97	43.77	43.58
41.9	45.82	45.63	45.43	45.24	45.04	44.85	44.65	44.46	44.26	44.07	43.87	43.67
42	45.92	45.72	45.53	45.33	45.14	44.95	44.75	44.56	44.36	44.16	43.97	43.77
42.1	46.01	45.82	45.63	45.43	45.24	45.04	44.85	44.65	44.46	44.26	44.07	43.87
42.2	46.11	45.92	45.72	45.53	45.33	45.14	44.95	44.75	44.56	44.36	44.17	43.97
42.3	46.21	46.01	45.82	45.63	45.43	45.24	45.04	44.85	44.65	44.46	44.26	44.07
42.4	46.30	46.11	45.92	45.72	45.53	45.34	45.14	44.95	44.75	44.56	44.36	44.17
42.5	46.40	46.21	46.01	45.82	45.63	45.43	45.24	45.05	44.85	44.66	44.46	44.27
42.6	46.50	46.30	46.11	45.92	45.72	45.53	45.34	45.14	44.95	44.75	44.56	44.36
42.7	46.59	46.40	46.21	46.02	45.82	45.63	45.44	45.24	45.05	44.85	44.66	44.46
42.8	46.69	46.50	46.31	46.11	45.92	45.73	45.53	45.34	45.15	44.95	44.76	44.56
42.9	46.79	46.60	46.40	46.21	46.02	45.82	45.63	45.44	45.24	45.05	44.86	44.66
43	46.88	46.69	46.50	46.31	46.12	45.92	45.73	45.54	45.34	45.15	44.95	44.76
43.1	46.98	46.79	46.60	46.41	46.21	46.02	45.83	45.63	45.44	45.25	45.05	44.86
43.2	47.08	46.89	46.69	46.50	46.31	46.12	45.92	45.73	45.54	45.34	45.15	44.96
43.3	47.17	46.98	46.79	46.60	46.41	46.22	46.02	45.83	45.64	45.44	45.25	45.06
43.4	47.27	47.08	46.89	46.70	46.51	46.31	46.12	45.93	45.73	45.54	45.35	45.15
43.5	47.37	47.18	46.99	46.79	46.60	46.41	46.22	46.03	45.83	45.64	45.45	45.25
43.6	47.46	47.27	47.08	46.89	46.70	46.51	46.32	46.12	45.93	45.74	45.54	45.35
43.7	47.56	47.37	47.18	46.99	46.80	46.61	46.41	46.22	46.03	45.84	45.64	45.45
43.8	47.66	47.47	47.28	47.09	46.90	46.70	46.51	46.32	46.13	45.93	45.74	45.55
43.9	47.76	47.56	47.37	47.18	46.99	46.80	46.61	46.42	46.23	46.03	45.84	45.65
44	47.85	47.66	47.47	47.28	47.09	46.90	46.71	46.52	46.32	46.13	45.94	45.75
44.1	47.95	47.76	47.57	47.38	47.19	47.00	46.81	46.61	46.42	46.23	46.04	45.84
44.2	48.05	47.86	47.67	47.48	47.29	47.09	46.90	46.71	46.52	46.33	46.14	45.94
44.3	48.14	47.95	47.76	47.57	47.38	47.19	47.00	46.81	46.62	46.43	46.23	46.04
44.4	48.24	48.05	47.86	47.67	47.48	47.29	47.10	46.91	46.72	46.52	46.33	46.14

（续）

单位为%vol

温度/℃												
16	16.5	17	17.5	18	18.5	19	19.5	20	20.5	21	21.5	22
41.60	41.40	41.20	41.00	40.80	40.60	40.40	40.20	40.00	39.80	39.60	39.40	39.20
41.70	41.50	41.30	41.10	40.90	40.70	40.50	40.30	40.10	39.90	39.70	39.50	39.30
41.80	41.60	41.40	41.20	41.00	40.80	40.60	40.40	40.20	40.00	39.80	39.60	39.40
41.90	41.70	41.50	41.30	41.10	40.90	40.70	40.50	40.30	40.10	39.90	39.70	39.50
41.99	41.80	41.60	41.40	41.20	41.00	40.80	40.60	40.40	40.20	40.00	39.80	39.60
42.09	41.89	41.70	41.50	41.30	41.10	40.90	40.70	40.50	40.30	40.10	39.90	39.70
42.19	41.99	41.79	41.60	41.40	41.20	41.00	40.80	40.60	40.40	40.20	40.00	39.80
42.29	42.09	41.89	41.70	41.50	41.30	41.10	40.90	40.70	40.50	40.30	40.10	39.90
42.39	42.19	41.99	41.79	41.60	41.40	41.20	41.00	40.80	40.60	40.40	40.20	40.00
42.49	42.29	42.09	41.89	41.70	41.50	41.30	41.10	40.90	40.70	40.50	40.30	40.10
42.59	42.39	42.19	41.99	41.79	41.60	41.40	41.20	41.00	40.80	40.60	40.40	40.20
42.69	42.49	42.29	42.09	41.89	41.70	41.50	41.30	41.10	40.90	40.70	40.50	40.30
42.79	42.59	42.39	42.19	41.99	41.80	41.60	41.40	41.20	41.00	40.80	40.60	40.40
42.88	42.69	42.49	42.29	42.09	41.90	41.70	41.50	41.30	41.10	40.90	40.70	40.50
42.98	42.79	42.59	42.39	42.19	41.99	41.80	41.60	41.40	41.20	41.00	40.80	40.60
43.08	42.88	42.69	42.49	42.29	42.09	41.90	41.70	41.50	41.30	41.10	40.90	40.71
43.18	42.98	42.79	42.59	42.39	42.19	42.00	41.80	41.60	41.40	41.20	41.00	40.81
43.28	43.08	42.89	42.69	42.49	42.29	42.10	41.90	41.70	41.50	41.30	41.10	40.91
43.38	43.18	42.98	42.79	42.59	42.39	42.20	42.00	41.80	41.60	41.40	41.21	41.01
43.48	43.28	43.08	42.89	42.69	42.49	42.30	42.10	41.90	41.70	41.50	41.31	41.11
43.58	43.38	43.18	42.99	42.79	42.59	42.40	42.20	42.00	41.80	41.60	41.41	41.21
43.68	43.48	43.28	43.09	42.89	42.69	42.49	42.30	42.10	41.90	41.70	41.51	41.31
43.77	43.58	43.38	43.19	42.99	42.79	42.59	42.40	42.20	42.00	41.80	41.61	41.41
43.87	43.68	43.48	43.28	43.09	42.89	42.69	42.50	42.30	42.10	41.91	41.71	41.51
43.97	43.78	43.58	43.38	43.19	42.99	42.79	42.60	42.40	42.20	42.01	41.81	41.61
44.07	43.87	43.68	43.48	43.29	43.09	42.89	42.70	42.50	42.30	42.11	41.91	41.71
44.17	43.97	43.78	43.58	43.39	43.19	42.99	42.80	42.60	42.40	42.21	42.01	41.81
44.27	44.07	43.88	43.68	43.49	43.29	43.09	42.90	42.70	42.50	42.31	42.11	41.91
44.37	44.17	43.98	43.78	43.59	43.39	43.19	43.00	42.80	42.60	42.41	42.21	42.01
44.47	44.27	44.08	43.88	43.68	43.49	43.29	43.10	42.90	42.70	42.51	42.31	42.11
44.56	44.37	44.17	43.98	43.78	43.59	43.39	43.20	43.00	42.80	42.61	42.41	42.21
44.66	44.47	44.27	44.08	43.88	43.69	43.49	43.30	43.10	42.90	42.71	42.51	42.31
44.76	44.57	44.37	44.18	43.98	43.79	43.59	43.40	43.20	43.00	42.81	42.61	42.41
44.86	44.67	44.47	44.28	44.08	43.89	43.69	43.50	43.30	43.10	42.91	42.71	42.51
44.96	44.77	44.57	44.38	44.18	43.99	43.79	43.60	43.40	43.20	43.01	42.81	42.62
45.06	44.86	44.67	44.48	44.28	44.09	43.89	43.70	43.50	43.30	43.11	42.91	42.72
45.16	44.96	44.77	44.58	44.38	44.19	43.99	43.80	43.60	43.40	43.21	43.01	42.82
45.26	45.06	44.87	44.67	44.48	44.29	44.09	43.90	43.70	43.50	43.31	43.11	42.92
45.36	45.16	44.97	44.77	44.58	44.38	44.19	44.00	43.80	43.60	43.41	43.21	43.02
45.45	45.26	45.07	44.87	44.68	44.48	44.29	44.10	43.90	43.70	43.51	43.31	43.12
45.55	45.36	45.17	44.97	44.78	44.58	44.39	44.19	44.00	43.80	43.61	43.41	43.22
45.65	45.46	45.27	45.07	44.88	44.68	44.49	44.29	44.10	43.91	43.71	43.51	43.32
45.75	45.56	45.36	45.17	44.98	44.78	44.59	44.39	44.20	44.01	43.81	43.62	43.42
45.85	45.66	45.46	45.27	45.08	44.88	44.69	44.49	44.30	44.11	43.91	43.72	43.52
45.95	45.76	45.56	45.37	45.18	44.98	44.79	44.59	44.40	44.21	44.01	43.82	43.62

表 B.1

酒精度/(%vol)	酒精计											
	10	10.5	11	11.5	12	12.5	13	13.5	14	14.5	15	15.5
44.5	48.34	48.15	47.96	47.77	47.58	47.39	47.20	47.01	46.81	46.62	46.43	46.24
44.6	48.43	48.24	48.05	47.86	47.68	47.48	47.29	47.10	46.91	46.72	46.53	46.34
44.7	48.53	48.34	48.15	47.96	47.77	47.58	47.39	47.20	47.01	46.82	46.63	46.44
44.8	48.63	48.44	48.25	48.06	47.87	47.68	47.49	47.30	47.11	46.92	46.73	46.54
44.9	48.72	48.53	48.35	48.16	47.97	47.78	47.59	47.40	47.21	47.02	46.83	46.63
45	48.82	48.63	48.44	48.25	48.07	47.88	47.69	47.50	47.31	47.11	46.92	46.73
45.1	48.92	48.73	48.54	48.35	48.16	47.97	47.78	47.59	47.40	47.21	47.02	46.83
45.2	49.01	48.83	48.64	48.45	48.26	48.07	47.88	47.69	47.50	47.31	47.12	46.93
45.3	49.11	48.92	48.73	48.55	48.36	48.17	47.98	47.79	47.60	47.41	47.22	47.03
45.4	49.21	49.02	48.83	48.64	48.46	48.27	48.08	47.89	47.70	47.51	47.32	47.13
45.5	49.30	49.12	48.93	48.74	48.55	48.36	48.18	47.99	47.80	47.61	47.42	47.23
45.6	49.40	49.21	49.03	48.84	48.65	48.46	48.27	48.08	47.89	47.70	47.51	47.32
45.7	49.50	49.31	49.12	48.94	48.75	48.56	48.37	48.18	47.99	47.80	47.61	47.42
45.8	49.59	49.41	49.22	49.03	48.85	48.66	48.47	48.28	48.09	47.90	47.71	47.52
45.9	49.69	49.51	49.32	49.13	48.94	48.75	48.57	48.38	48.19	48.00	47.81	47.62
46	49.79	49.60	49.42	49.23	49.04	48.85	48.66	48.48	48.29	48.10	47.91	47.72
46.1	49.89	49.70	49.51	49.33	49.14	48.95	48.76	48.57	48.39	48.20	48.01	47.82
46.2	49.98	49.80	49.61	49.42	49.24	49.05	48.86	48.67	48.48	48.29	48.11	47.92
46.3	50.08	49.89	49.71	49.52	49.33	49.15	48.96	48.77	48.58	48.39	48.20	48.01
46.4	50.18	49.99	49.80	49.62	49.43	49.24	49.06	48.87	48.68	48.49	48.30	48.11
46.5	50.27	50.09	49.90	49.71	49.53	49.34	49.15	48.97	48.78	48.59	48.40	48.21
46.6	50.37	50.18	50.00	49.81	49.63	49.44	49.25	49.06	48.88	48.69	48.50	48.31
46.7	50.47	50.28	50.10	49.91	49.72	49.54	49.35	49.16	48.97	48.79	48.60	48.41
46.8	50.56	50.38	50.19	50.01	49.82	49.63	49.45	49.26	49.07	48.88	48.70	48.51
46.9	50.66	50.48	50.29	50.10	49.92	49.73	49.55	49.36	49.17	48.98	48.80	48.61
47	50.76	50.57	50.39	50.20	50.02	49.83	49.64	49.46	49.27	49.08	48.89	48.71
47.1	50.85	50.67	50.48	50.30	50.11	49.93	49.74	49.55	49.37	49.18	48.99	48.80
47.2	50.95	50.77	50.58	50.40	50.21	50.03	49.84	49.65	49.47	49.28	49.09	48.90
47.3	51.05	50.86	50.68	50.49	50.31	50.12	49.94	49.75	49.56	49.38	49.19	49.00
47.4	51.15	50.96	50.78	50.59	50.41	50.22	50.03	49.85	49.66	49.48	49.29	49.10
47.5	51.24	51.06	50.87	50.69	50.50	50.32	50.13	49.95	49.76	49.57	49.39	49.20
47.6	51.34	51.16	50.97	50.79	50.60	50.42	50.23	50.04	49.86	49.67	49.49	49.30
47.7	51.44	51.25	51.07	50.88	50.70	50.51	50.33	50.14	49.96	49.77	49.58	49.40
47.8	51.53	51.35	51.17	50.98	50.80	50.61	50.43	50.24	50.06	49.87	49.68	49.50
47.9	51.63	51.45	51.26	51.08	50.89	50.71	50.52	50.34	50.15	49.97	49.78	49.59
48	51.73	51.54	51.36	51.18	50.99	50.81	50.62	50.44	50.25	50.07	49.88	49.69
48.1	51.82	51.64	51.46	51.27	51.09	50.91	50.72	50.54	50.35	50.16	49.98	49.79
48.2	51.92	51.74	51.56	51.37	51.19	51.00	50.82	50.63	50.45	50.26	50.08	49.89
48.3	52.02	51.84	51.65	51.47	51.29	51.10	50.92	50.73	50.55	50.36	50.17	49.99
48.4	52.12	51.93	51.75	51.57	51.38	51.20	51.01	50.83	50.64	50.46	50.27	50.09
48.5	52.21	52.03	51.85	51.66	51.48	51.30	51.11	50.93	50.74	50.56	50.37	50.19
48.6	52.31	52.13	51.94	51.76	51.58	51.39	51.21	51.03	50.84	50.66	50.47	50.28
48.7	52.41	52.22	52.04	51.86	51.68	51.49	51.31	51.12	50.94	50.75	50.57	50.38
48.8	52.50	52.32	52.14	51.96	51.77	51.59	51.41	51.22	51.04	50.85	50.67	50.48
48.9	52.60	52.42	52.24	52.05	51.87	51.69	51.50	51.32	51.14	50.95	50.77	50.58

（续） 单位为%vol

温度/℃												
16	16.5	17	17.5	18	18.5	19	19.5	20	20.5	21	21.5	22
46.05	45.85	45.66	45.47	45.28	45.08	44.89	44.69	44.50	44.31	44.11	43.92	43.72
46.15	45.95	45.76	45.57	45.37	45.18	45.99	44.79	44.60	44.41	44.21	44.02	43.82
46.24	46.05	45.86	45.67	45.47	45.28	45.09	44.89	44.70	44.51	44.31	44.12	43.92
46.34	46.15	45.96	45.77	45.57	45.38	45.19	44.99	44.80	44.61	44.41	44.22	44.02
46.44	46.25	46.06	45.87	45.67	45.48	45.29	45.09	44.90	44.71	44.51	44.32	44.12
46.54	46.35	46.16	45.96	45.77	45.58	45.39	45.19	45.00	44.81	44.61	44.42	44.22
46.64	46.45	46.26	46.06	45.87	45.68	45.49	45.29	45.10	44.91	44.71	44.52	44.32
46.74	46.55	46.36	46.16	45.97	45.78	45.59	45.39	45.20	45.01	44.81	44.62	44.43
46.84	46.65	46.45	46.26	46.07	45.88	45.69	45.49	45.30	45.11	44.91	44.72	44.53
46.94	46.75	46.55	46.36	46.17	45.98	45.79	45.59	45.40	45.21	45.01	44.82	44.63
47.03	46.84	46.65	46.46	46.27	46.08	45.89	45.69	45.50	45.31	45.11	44.92	44.73
47.13	46.94	46.75	46.56	46.37	46.18	45.98	45.79	45.60	45.41	45.21	45.02	44.83
47.23	47.04	46.85	46.66	46.47	46.28	46.08	45.89	45.70	45.51	45.31	45.12	44.93
47.33	47.14	46.95	46.76	46.57	46.38	46.18	45.99	45.80	45.61	45.41	45.22	45.03
47.43	47.24	47.05	46.86	46.67	46.48	46.28	46.09	45.90	45.71	45.51	45.32	45.13
47.53	47.34	47.15	46.96	46.77	46.58	46.38	46.19	46.00	45.81	45.62	45.42	45.23
47.63	47.44	47.25	47.06	46.87	46.67	46.48	46.29	46.10	45.91	45.72	45.52	45.33
47.73	47.54	47.35	47.16	46.97	46.77	46.58	46.39	46.20	46.01	45.82	45.62	45.43
47.83	47.64	47.45	47.26	47.06	46.87	46.68	46.49	46.30	46.11	45.92	45.72	45.53
47.92	47.73	47.54	47.35	47.16	46.97	46.78	46.59	46.40	46.21	46.02	45.82	45.63
48.02	47.83	47.64	47.45	47.26	47.07	46.88	46.69	46.50	46.31	46.12	45.92	45.73
48.12	47.93	47.74	47.55	47.36	47.17	46.98	46.79	46.60	46.41	46.22	46.03	45.83
48.22	48.03	47.84	47.65	47.46	47.27	47.08	46.89	46.70	46.51	46.32	46.13	45.93
48.32	48.13	47.94	47.75	47.56	47.37	47.18	46.99	46.80	46.61	46.42	46.23	46.03
48.42	48.23	48.04	47.85	47.66	47.47	47.28	47.09	46.90	46.71	46.52	46.33	46.13
48.52	48.33	48.14	47.95	47.76	47.57	47.38	47.19	47.00	46.81	46.62	46.43	46.24
48.62	48.43	48.24	48.05	47.86	47.67	47.48	47.29	47.10	46.91	46.72	46.53	46.34
48.71	48.53	48.34	48.15	47.96	47.77	47.58	47.39	47.20	47.01	46.82	46.63	46.44
48.81	48.63	48.44	48.25	48.06	47.87	47.68	47.49	47.30	47.11	46.92	46.73	46.54
48.91	48.72	48.54	48.35	48.16	47.97	47.78	47.59	47.40	47.21	47.02	46.83	46.64
49.01	48.82	48.64	48.45	48.26	48.07	47.88	47.69	47.50	47.31	47.12	46.93	46.74
49.11	48.92	48.73	48.55	48.36	48.17	47.98	47.79	47.60	47.41	47.22	47.03	46.84
49.21	49.02	48.83	48.65	48.46	48.27	48.08	47.89	47.70	47.51	47.32	47.13	46.94
49.31	49.12	48.93	48.74	48.56	48.37	48.18	47.99	47.80	47.61	47.42	47.23	47.04
49.41	49.22	49.03	48.84	48.66	48.47	48.28	48.09	47.90	47.71	47.52	47.33	47.14
49.51	49.32	49.13	48.94	48.76	48.57	48.38	48.19	48.00	47.81	47.62	47.43	47.24
49.60	49.42	49.23	49.04	48.85	48.67	48.48	48.29	48.10	47.91	47.72	47.53	47.34
49.70	49.52	49.33	49.14	48.95	48.77	48.58	48.39	48.20	48.01	47.82	47.63	47.44
49.80	49.62	49.43	49.24	49.05	48.87	48.68	48.49	48.30	48.11	47.92	47.73	47.54
49.90	49.71	49.53	49.34	49.15	48.97	48.78	48.59	48.40	48.21	48.02	47.83	47.64
50.00	49.81	49.63	49.44	49.25	49.06	48.88	48.69	48.50	48.31	48.12	47.93	47.74
50.10	49.91	49.73	49.54	49.35	49.16	48.98	48.79	48.60	48.41	48.22	48.03	47.84
50.20	50.01	49.83	49.64	49.45	49.26	49.08	48.89	48.70	48.51	48.32	48.13	47.94
50.30	50.11	49.92	49.74	49.55	49.36	49.18	48.99	48.80	48.61	48.42	48.23	48.05
50.40	50.21	50.02	49.84	49.65	49.46	49.28	49.09	48.90	48.71	48.52	48.33	48.15

表 B.1

酒精度/(%vol)	酒精计											
	10	10.5	11	11.5	12	12.5	13	13.5	14	14.5	15	15.5
49	52.70	52.52	52.33	52.15	51.97	51.79	51.60	51.42	51.23	51.05	50.87	50.68
49.1	52.80	52.61	52.43	52.25	52.07	51.88	51.70	51.52	51.33	51.15	50.96	50.78
49.2	52.89	52.71	52.53	52.35	52.16	51.98	51.80	51.61	51.43	51.25	51.06	50.88
49.3	52.99	52.81	52.63	52.44	52.26	52.08	51.90	51.71	51.53	51.35	51.16	50.98
49.4	53.09	52.91	52.72	52.54	52.36	52.18	51.99	51.81	51.63	51.44	51.26	51.07
49.5	53.18	53.00	52.82	52.64	52.46	52.28	52.09	51.91	51.73	51.54	51.36	51.17
49.6	53.28	53.10	52.92	52.74	52.56	52.37	52.19	52.01	51.82	51.64	51.46	51.27
49.7	53.38	53.20	53.02	52.84	52.65	52.47	52.29	52.11	51.92	51.74	51.56	51.37
49.8	53.48	53.29	53.11	52.93	52.75	52.57	52.39	52.20	52.02	51.84	51.65	51.47
49.9	53.57	53.39	53.21	53.03	52.85	52.67	52.48	52.30	52.12	51.94	51.75	51.57
50	53.67	53.49	53.31	53.13	52.95	52.76	52.58	52.40	52.22	52.03	51.85	51.67

表 B.2 酒精计温度(*t*)、酒精度(ALC)换算表

酒精度/(%vol)	酒精计											
	22.5	23	23.5	24	24.5	25	25.5	26	26.5	27	27.5	28
18	17.29	17.14	17.00	16.86	16.71	16.57	16.42	16.28	16.13	15.99	15.84	15.69
18.1	17.38	17.24	17.09	16.95	16.81	16.66	16.51	16.37	16.22	16.08	15.93	15.78
18.2	17.48	17.34	17.19	17.04	16.90	16.75	16.61	16.46	16.32	16.17	16.02	15.87
18.3	17.58	17.43	17.29	17.14	19.99	16.85	16.70	16.55	16.41	16.26	16.11	15.96
18.4	17.67	17.53	17.38	17.23	17.09	16.94	16.79	16.65	16.50	16.35	16.20	16.06
18.5	17.77	17.62	17.48	17.33	17.18	17.03	16.89	16.74	16.59	16.44	16.29	16.15
18.6	17.87	17.72	17.57	17.42	17.28	17.13	16.98	16.83	16.68	16.53	16.39	16.24
18.7	17.96	17.82	17.67	17.52	17.37	17.22	17.07	16.92	16.78	16.63	16.48	16.33
18.8	18.06	17.91	17.76	17.61	17.46	17.32	17.17	17.02	16.87	16.72	16.57	16.42
18.9	18.16	18.01	17.86	17.71	17.56	17.41	17.26	17.11	16.96	16.81	16.66	16.51
19	18.25	18.10	17.95	17.80	17.65	17.50	17.35	17.20	17.05	16.90	16.75	16.60
19.1	18.35	18.20	18.05	17.90	17.75	17.60	17.45	17.29	17.14	16.99	16.84	16.69
19.2	18.45	18.30	18.14	17.99	17.84	17.69	17.54	17.39	17.24	17.08	16.93	16.78
19.3	18.54	18.39	18.24	18.09	17.94	17.78	17.63	17.48	17.33	17.18	17.02	16.87
19.4	18.64	18.49	18.34	18.18	18.03	17.88	17.73	17.57	17.42	17.27	17.11	16.96
19.5	18.74	18.58	18.43	18.28	18.13	17.97	17.82	17.67	17.52	17.36	17.20	17.05
19.6	18.83	18.68	18.53	18.37	18.22	18.07	17.91	17.76	17.60	17.45	17.30	17.14
19.7	18.93	18.78	18.62	18.48	18.31	18.16	18.01	17.85	17.70	17.54	17.39	17.23
19.8	19.03	18.87	18.72	18.56	18.41	18.25	18.10	17.94	17.79	17.63	17.48	17.32
19.9	19.12	18.97	18.81	18.66	18.50	18.35	18.19	18.04	17.88	17.73	17.57	17.41
20	19.22	19.06	18.91	18.75	18.60	18.44	18.29	18.13	17.97	17.82	17.66	17.50
20.1	19.32	19.16	19.00	18.85	18.69	18.53	18.38	18.22	18.07	17.91	17.75	17.60
20.2	19.41	19.26	19.10	18.94	18.79	18.63	18.47	18.31	18.16	18.00	17.84	17.69
20.3	19.51	19.35	19.20	19.04	18.88	18.72	18.57	18.41	18.25	18.09	17.93	17.78
20.4	19.61	19.45	19.29	19.13	18.97	18.82	18.66	18.50	18.34	18.18	18.03	17.87
20.5	19.70	19.55	19.39	19.23	19.07	18.91	18.75	18.59	18.43	18.28	18.12	17.96
20.6	19.80	19.64	19.48	19.32	19.16	19.00	18.85	18.69	18.53	18.37	18.21	18.05
20.7	19.90	19.74	19.58	19.42	19.26	19.10	18.94	18.78	18.62	18.46	18.30	18.14
20.8	20.00	19.83	19.67	19.51	19.35	19.19	19.03	18.87	18.71	18.55	18.39	18.23
20.9	20.09	19.93	19.77	19.61	19.45	19.29	19.13	18.97	18.80	18.64	18.48	18.32

(续)

单位为%vol

温度/℃												
16	16.5	17	17.5	18	18.5	19	19.5	20	20.5	21	21.5	22
50.49	50.31	50.12	49.94	49.75	49.56	49.38	49.19	49.00	48.81	48.62	48.43	48.25
50.59	50.41	50.22	50.04	49.85	49.66	49.48	49.29	49.10	48.91	48.72	48.54	48.35
50.69	50.51	50.32	50.13	49.95	49.76	49.57	49.39	49.20	49.01	48.82	48.64	48.45
50.79	50.61	50.42	50.23	50.05	49.86	49.67	49.49	49.30	49.11	48.92	48.74	48.55
50.89	30.70	50.52	50.33	50.15	49.96	49.77	49.59	49.40	49.21	49.02	48.84	48.65
50.99	50.80	50.62	50.43	50.25	50.06	49.87	49.69	49.50	49.31	49.12	48.94	48.75
51.09	50.90	50.72	50.53	50.35	50.16	49.97	49.79	49.60	49.41	49.23	49.04	48.85
51.19	51.00	50.82	50.63	50.45	50.26	50.07	49.89	49.70	49.51	49.33	49.14	48.95
51.29	51.10	50.92	50.73	50.55	50.36	50.17	49.99	49.80	49.61	49.43	49.24	49.05
51.38	51.20	51.02	50.83	50.64	50.46	50.27	50.09	49.90	49.71	49.53	49.34	49.15
51.48	51.30	51.11	50.93	50.74	50.56	50.37	50.19	50.00	49.81	49.63	49.44	49.25

(温度范围 22.5 ℃~35 ℃,间隔 0.5 ℃)

单位为%vol

温度/℃													
28.5	29	29.5	30	30.5	31	31.5	32	32.5	33	33.5	34	34.5	35
15.55	15.40	15.25	15.11	14.96	14.81	14.66	14.51	14.37	14.22	14.07	13.92	13.77	13.62
15.64	15.49	15.34	15.19	15.05	14.90	14.75	14.60	14.45	14.30	14.15	14.00	13.85	13.70
15.73	15.58	15.43	15.28	15.13	14.99	14.84	14.69	14.54	14.39	14.24	14.09	13.94	13.79
15.82	15.67	15.52	15.37	15.22	15.07	14.92	14.77	14.63	14.48	14.33	14.17	14.02	13.87
15.91	15.76	15.61	15.46	15.31	15.16	15.01	14.86	14.71	14.56	14.41	14.26	14.11	13.96
16.00	15.85	15.70	15.55	15.40	15.25	15.10	14.95	14.80	14.65	14.50	14.35	14.19	14.04
16.09	15.94	15.79	15.64	15.49	15.34	15.19	15.04	14.88	14.73	14.58	14.43	14.28	14.13
16.18	16.03	15.88	15.73	15.58	15.42	15.27	15.12	14.97	14.82	14.67	14.52	14.36	14.21
16.27	16.12	15.97	15.81	15.66	15.51	15.36	15.21	15.06	14.91	14.75	14.60	14.45	14.30
16.36	16.21	16.05	15.90	15.75	15.60	15.45	15.30	15.14	14.99	14.84	14.69	14.53	14.38
16.45	16.30	16.14	15.99	15.84	15.69	15.54	15.38	15.23	15.08	14.92	14.77	14.62	14.47
16.54	16.38	16.23	16.08	15.93	15.78	15.62	15.47	15.32	15.16	15.01	14.86	14.70	14.55
16.63	16.47	16.32	16.17	16.02	15.86	15.71	15.36	15.40	15.25	15.10	14.94	14.79	14.63
16.72	16.56	16.41	16.26	16.10	15.95	15.80	15.64	15.49	15.34	15.18	15.03	14.87	14.72
16.81	16.65	16.50	16.35	16.18	16.04	15.88	15.73	15.58	15.42	15.27	15.11	14.96	14.80
16.90	16.74	16.59	16.44	16.28	16.13	15.97	15.82	15.66	15.51	15.35	15.20	15.04	14.89
16.99	16.83	16.68	16.52	16.37	16.21	16.06	15.90	15.75	15.59	15.44	15.28	15.13	14.97
17.08	16.92	16.77	16.61	16.46	16.30	16.15	15.99	15.84	15.68	15.53	15.37	15.21	15.06
17.17	17.01	16.86	16.70	16.55	16.39	16.23	16.08	15.92	15.77	15.61	15.45	15.30	15.14
17.26	17.10	16.95	16.79	16.63	16.48	16.32	16.17	16.01	15.85	15.70	15.54	15.38	15.23
17.35	17.19	17.04	16.88	16.72	16.57	16.41	16.25	16.10	15.94	15.78	15.63	15.47	15.31
17.44	17.28	17.12	16.97	16.81	16.65	16.50	16.34	16.18	16.03	15.87	15.71	15.55	15.40
17.53	17.37	17.21	17.06	16.90	16.74	16.58	16.43	16.27	16.11	15.95	15.80	15.64	15.48
17.62	17.46	17.30	17.15	16.99	16.83	16.67	16.51	16.36	16.20	16.04	15.88	15.72	15.57
17.71	17.55	17.39	17.23	17.08	16.92	16.76	16.60	16.44	16.28	16.13	15.97	15.81	15.65
17.80	17.64	17.48	17.32	17.17	17.01	16.85	16.69	16.53	16.37	16.21	16.05	15.89	15.74
17.89	17.73	17.57	17.41	17.25	17.09	16.94	16.78	16.62	16.46	16.30	16.14	15.98	15.82
17.98	17.82	17.66	17.50	17.34	17.18	17.02	16.86	16.70	16.54	16.38	16.22	16.07	15.91
18.07	17.91	17.75	17.59	17.43	17.27	17.11	16.95	16.79	16.63	16.47	16.31	16.15	15.99
18.16	18.00	17.84	17.68	17.52	17.36	17.20	17.04	16.88	16.72	16.56	16.40	16.24	16.08

表 B.2

酒精度/(%vol)	酒精计											
	22.5	23	23.5	24	24.5	25	25.5	26	26.5	27	27.5	28
21	20.19	20.03	19.87	19.70	19.54	19.38	19.22	19.06	18.90	18.74	18.57	18.41
21.1	20.29	20.12	19.96	19.80	19.64	19.47	19.31	19.15	18.99	18.83	18.67	18.50
21.2	20.38	20.22	20.06	19.89	19.73	19.57	19.41	19.24	19.08	18.92	18.76	18.60
21.3	20.48	20.32	20.15	19.99	19.83	19.66	19.50	19.34	19.17	19.01	18.85	18.69
21.4	20.58	20.41	20.25	20.08	19.92	19.76	19.59	19.43	19.27	19.10	18.94	18.78
21.5	20.67	20.51	20.34	20.18	20.02	19.85	19.69	19.52	19.36	19.20	19.03	18.87
21.6	20.77	20.61	20.44	20.28	20.11	19.95	19.78	19.62	19.45	19.29	19.12	18.96
21.7	20.87	20.70	20.54	20.37	20.21	20.04	19.87	19.71	19.55	19.38	19.22	19.05
21.8	20.96	20.80	20.63	20.47	20.30	20.13	19.97	19.80	19.64	19.47	19.31	19.14
21.9	21.06	20.89	20.73	20.56	20.39	20.23	20.06	19.90	19.73	19.56	19.40	19.23
22	21.16	20.99	20.82	20.66	20.49	20.32	20.16	19.99	19.82	19.66	19.49	19.33
22.1	21.26	21.09	20.92	20.75	20.58	20.42	20.25	20.08	19.92	19.75	19.58	19.42
22.2	21.35	21.18	21.02	20.85	20.68	20.51	20.34	20.18	20.01	19.84	19.68	19.51
22.3	21.45	21.28	21.11	20.94	20.77	20.61	20.44	20.27	20.10	19.93	19.77	19.60
22.4	21.55	21.38	21.21	21.04	20.87	20.70	20.53	20.36	20.20	20.03	19.86	19.69
22.5	21.64	21.47	21.30	21.13	20.96	20.80	20.63	20.46	20.29	20.12	19.95	19.78
22.6	21.74	21.57	21.40	21.23	21.06	20.89	20.72	20.55	20.38	20.21	20.04	19.87
22.7	21.84	21.67	21.50	21.33	21.15	20.98	20.81	20.64	20.47	20.30	20.14	19.97
22.8	21.94	21.76	21.59	21.42	21.25	21.08	20.91	20.74	20.57	20.40	20.23	20.06
22.9	22.03	21.86	21.69	21.52	21.35	21.17	21.00	20.83	20.66	20.49	20.32	20.15
23	22.13	21.96	21.78	21.61	21.44	21.27	21.10	20.93	20.75	20.58	20.41	20.24
23.1	22.23	22.05	21.88	21.71	21.54	21.36	21.19	21.02	20.85	20.68	20.50	20.33
23.2	22.33	22.15	21.98	21.80	21.63	21.46	21.29	21.11	20.94	20.77	20.60	20.43
23.3	22.42	22.25	22.07	21.90	21.73	21.55	21.38	21.21	21.03	20.86	20.69	20.52
23.4	22.52	22.34	22.17	22.00	21.82	21.65	21.47	21.30	21.13	20.95	20.78	20.61
23.5	22.62	22.44	22.27	22.09	21.92	21.74	21.57	21.39	21.22	21.05	20.87	20.70
23.6	22.71	22.54	22.36	22.19	22.01	21.84	21.66	21.49	21.31	21.14	20.97	20.79
23.7	22.81	22.64	22.46	22.28	22.11	21.93	21.76	21.58	21.41	21.23	21.06	20.89
23.8	22.91	22.73	22.56	22.38	22.20	22.03	21.85	21.68	21.50	21.33	21.15	20.98
23.9	23.01	22.83	22.65	22.48	22.30	22.12	21.95	21.77	21.60	21.42	21.25	21.07
24	23.10	22.93	22.75	22.57	22.39	22.22	22.04	21.87	21.69	21.51	21.34	21.16
24.1	23.20	23.02	22.85	22.67	22.49	22.31	22.14	21.96	21.78	21.61	21.43	21.26
24.2	23.30	23.12	22.94	22.76	22.59	22.41	22.23	22.05	21.88	21.70	21.52	21.35
24.3	23.40	23.22	23.04	22.86	22.68	22.50	22.33	22.15	21.97	21.79	21.62	21.44
24.4	23.49	23.31	23.14	22.96	22.78	22.60	22.42	22.24	22.06	21.89	21.71	21.53
24.5	23.59	23.41	23.23	23.05	22.87	22.69	22.52	22.34	22.16	21.98	21.80	21.63
24.6	23.69	23.51	23.33	23.15	22.97	22.79	22.61	22.43	22.25	22.07	21.90	21.72
24.7	23.79	23.61	23.43	23.24	23.06	22.88	22.71	22.53	22.35	22.17	21.99	21.81
24.8	23.89	23.70	23.52	23.34	23.16	22.98	22.80	22.62	22.44	22.26	22.08	21.90
24.9	23.98	23.80	23.62	23.44	23.26	23.08	22.90	22.72	22.54	22.36	22.18	22.00
25	24.08	23.90	23.72	23.53	23.35	23.17	22.99	22.81	22.63	22.45	22.27	22.09
25.1	24.18	24.00	23.81	23.63	23.45	23.27	23.09	22.90	22.72	22.54	22.36	22.18
25.2	24.28	24.09	23.91	23.73	23.54	23.36	23.18	23.00	22.82	22.64	22.46	22.28
25.3	24.37	24.19	24.01	23.82	23.64	23.46	23.28	23.09	22.91	22.73	22.55	22.37
25.4	24.47	24.29	24.10	23.92	23.74	23.55	23.37	23.19	23.01	22.83	22.64	22.46

（续）

单位为%vol

温度/℃													
28.5	29	29.5	30	30.5	31	31.5	32	32.5	33	33.5	34	34.5	35
18.25	18.09	17.93	17.77	17.61	17.45	17.29	17.13	16.96	16.80	16.64	16.48	16.32	16.16
18.34	18.18	18.02	17.86	17.70	17.54	17.37	17.21	17.05	16.89	16.73	16.57	16.41	16.25
18.43	18.27	18.11	17.95	17.79	17.62	17.46	17.30	17.14	16.98	16.82	16.65	16.49	16.33
18.52	18.36	18.20	18.04	17.87	17.71	17.55	17.39	17.23	17.06	16.90	16.74	16.58	16.42
18.61	18.45	18.29	18.13	17.96	17.80	17.64	17.48	17.31	17.15	16.99	16.83	16.66	16.50
18.71	18.54	18.38	18.22	18.05	17.89	17.73	17.56	17.40	17.24	17.07	16.91	16.75	16.59
18.80	18.63	18.47	18.30	18.14	17.98	17.81	17.65	17.49	17.32	17.16	17.00	16.83	16.67
18.89	18.72	18.56	18.39	18.23	18.07	17.90	17.74	17.57	17.41	17.25	17.08	16.92	16.76
18.98	18.81	18.65	18.48	18.32	18.15	17.99	17.83	17.66	17.50	17.33	17.17	17.01	16.84
19.07	18.90	18.74	18.57	18.41	18.24	18.08	17.91	17.75	17.58	17.42	17.26	17.09	16.93
19.16	18.99	18.83	18.66	18.50	18.33	18.17	18.00	17.84	17.67	17.51	17.34	17.18	17.01
19.25	19.08	18.92	18.75	18.59	18.42	18.26	18.09	17.92	17.76	17.59	17.43	17.26	17.10
19.34	19.17	19.01	18.84	18.68	18.51	18.34	18.18	18.01	17.85	17.68	17.52	17.35	17.18
19.43	19.27	19.10	18.93	18.76	18.60	18.43	18.27	18.10	17.93	17.77	17.60	17.44	17.27
19.52	19.36	19.19	19.02	18.85	18.69	18.52	18.35	18.19	18.02	17.85	17.69	17.52	17.36
19.61	19.45	19.28	19.11	18.94	18.78	18.61	18.44	18.27	18.11	17.94	17.77	17.61	17.44
19.71	19.54	19.37	19.20	19.03	18.87	18.70	18.53	18.36	18.20	18.03	17.86	17.69	17.53
19.80	19.63	19.46	19.29	19.12	18.95	18.79	18.62	18.45	18.28	18.12	17.95	17.78	17.61
19.89	19.72	19.55	19.38	19.21	19.04	18.87	18.71	18.54	18.37	18.20	18.03	17.87	17.70
19.98	19.81	19.64	19.47	19.30	19.13	18.96	18.79	18.63	18.46	18.29	18.12	17.95	17.79
20.07	19.90	19.73	19.56	19.39	19.22	19.05	18.88	18.71	18.55	18.38	18.21	18.04	17.87
20.16	19.99	19.82	19.65	19.48	19.31	19.14	18.97	18.80	18.63	18.46	18.30	18.13	17.96
20.25	20.08	19.91	19.74	19.57	19.40	19.23	19.06	18.89	18.72	18.55	18.38	18.21	18.04
20.35	20.17	20.00	19.83	19.66	19.49	19.32	19.15	18.98	18.81	18.64	18.47	18.30	18.13
20.44	20.27	20.09	19.92	19.75	19.58	19.41	19.24	19.07	18.90	18.73	18.56	18.39	18.22
20.53	20.36	20.18	20.01	19.84	19.67	19.50	19.33	19.16	18.98	18.81	18.64	18.47	18.30
20.62	20.45	20.28	20.10	19.93	19.76	19.59	19.42	19.24	19.07	18.90	18.73	18.56	18.39
20.71	20.54	20.37	20.19	20.02	19.85	19.68	19.50	19.33	19.16	18.99	18.82	18.65	18.48
20.80	20.63	20.46	20.28	20.11	19.94	19.77	19.59	19.42	19.25	19.08	18.91	18.73	18.56
20.90	20.72	20.55	20.37	20.20	20.03	19.85	19.68	19.51	19.34	19.17	18.99	18.82	18.65
20.99	20.81	20.64	20.47	20.29	20.12	19.94	19.77	19.60	19.43	19.25	19.08	18.91	18.74
21.08	20.91	20.73	20.56	20.38	20.21	20.03	19.86	19.69	19.51	19.34	19.17	19.00	18.82
21.17	21.00	20.82	20.65	20.47	20.30	20.12	19.95	19.78	19.60	19.43	19.26	19.08	18.91
21.26	21.09	20.91	20.74	20.56	20.39	20.21	20.04	19.86	19.69	19.52	19.34	19.17	19.00
21.36	21.18	21.00	20.83	20.65	20.48	20.30	20.13	19.95	19.78	19.61	19.43	19.26	19.08
21.45	21.27	21.10	20.92	20.74	20.57	20.39	20.22	20.04	19.87	19.69	19.52	19.35	19.17
21.54	21.36	21.19	21.01	20.83	20.66	20.48	20.31	20.13	19.96	19.78	19.61	19.43	19.26
21.63	21.46	21.28	21.10	20.93	20.75	20.57	20.40	20.22	20.05	19.87	19.70	19.52	19.35
21.73	21.55	21.37	21.19	21.02	20.84	20.66	20.49	20.31	20.13	19.96	19.78	19.61	19.43
21.82	21.64	21.46	21.29	21.11	20.93	20.75	20.58	20.40	20.22	20.05	19.87	19.70	19.52
21.91	21.73	21.55	21.38	21.20	21.02	20.84	20.67	20.49	20.31	20.14	19.96	19.79	19.61
22.00	21.83	21.65	21.47	21.29	21.11	20.93	20.76	20.58	20.40	20.23	20.05	19.87	19.70
22.10	21.92	21.74	21.56	21.38	21.20	21.02	20.85	20.67	20.49	20.31	20.14	19.96	19.79
22.19	22.01	21.83	21.65	21.47	21.29	21.11	20.94	20.76	20.58	20.40	20.23	20.05	19.87
22.28	22.10	21.92	21.74	21.56	21.38	21.21	21.03	20.85	20.67	20.49	20.32	20.14	19.96

表 B.2

酒精度/(%vol)	酒精计											
	22.5	23	23.5	24	24.5	25	25.5	26	26.5	27	27.5	28
25.5	24.57	24.39	24.20	24.02	23.83	23.65	23.47	23.28	23.10	22.92	22.74	22.56
25.6	24.67	24.48	24.30	24.11	23.93	23.75	23.56	23.38	23.20	23.01	22.83	22.65
25.7	24.77	24.58	24.39	24.21	24.03	23.84	23.66	23.47	23.29	23.11	22.93	22.74
25.8	24.86	24.68	24.49	24.31	24.12	23.94	23.75	23.57	23.39	23.20	23.02	22.84
25.9	24.96	24.78	24.59	24.40	24.22	24.03	23.85	23.66	23.48	23.30	23.11	22.93
26	25.06	24.87	24.69	24.50	24.31	24.13	23.94	23.76	23.58	23.39	23.21	23.03
26.1	25.16	24.97	24.78	24.60	24.41	24.23	24.04	23.86	23.67	23.49	23.30	23.12
26.2	25.26	25.07	24.88	24.69	24.51	24.32	24.14	23.95	23.77	23.58	23.40	23.21
26.3	25.35	25.17	24.98	24.79	24.60	24.42	24.23	24.05	23.86	23.68	23.49	23.31
26.4	25.45	25.26	25.08	24.89	24.70	24.51	24.33	24.14	23.96	23.77	23.59	23.40
26.5	25.55	25.36	25.17	24.98	24.80	24.61	24.42	24.24	24.05	23.87	23.68	23.49
26.6	25.65	25.46	25.27	25.08	24.89	24.71	24.52	24.33	24.15	23.96	23.77	23.59
26.7	25.75	25.56	25.37	25.18	24.99	24.80	24.62	24.43	24.24	24.06	23.87	23.68
26.8	25.84	25.65	25.47	25.28	25.09	24.90	24.71	24.52	24.34	24.15	23.96	23.78
26.9	25.94	25.75	25.56	25.37	25.18	25.00	24.81	24.62	24.43	24.25	24.06	23.87
27	26.04	25.85	25.66	25.47	25.28	25.09	24.90	24.72	24.53	24.34	24.15	23.97
27.1	26.14	25.95	25.76	25.57	25.38	25.19	25.00	24.81	24.62	24.44	24.25	24.06
27.2	26.24	26.05	25.86	25.67	25.48	25.29	25.10	24.91	24.72	24.53	24.34	24.16
27.3	26.34	26.14	25.95	25.76	25.57	25.38	25.19	25.00	24.81	24.63	24.44	24.25
27.4	26.43	26.24	26.05	25.86	25.67	25.48	25.29	25.10	24.91	24.72	24.53	24.34
27.5	26.53	26.34	26.15	25.96	25.77	25.58	25.39	25.20	25.01	24.82	24.63	24.44
27.6	26.63	26.44	26.25	26.05	25.86	25.67	25.48	25.29	25.10	24.91	24.72	24.53
27.7	26.73	26.54	26.34	26.15	25.96	25.77	25.58	25.39	25.20	25.01	24.82	24.63
27.8	26.83	26.63	26.44	26.25	26.06	25.87	25.68	25.48	25.29	25.10	24.91	24.72
27.9	26.93	26.73	26.54	26.35	26.16	25.96	25.77	25.58	25.39	25.20	25.01	24.82
28	27.03	26.83	26.64	26.45	26.25	26.06	25.87	25.68	25.49	25.30	25.10	24.91
28.1	27.12	26.93	26.74	26.54	26.35	26.16	25.97	25.77	25.58	25.39	25.20	25.01
28.2	27.22	27.03	26.83	26.64	26.45	26.25	26.06	25.87	25.68	25.49	25.30	25.11
28.3	27.32	27.13	26.93	26.74	26.54	26.35	26.16	25.97	25.77	25.58	25.39	25.20
28.4	27.42	27.22	27.03	26.84	26.64	26.45	26.26	26.06	25.87	25.68	25.49	25.30
28.5	27.52	27.32	27.13	26.93	26.74	26.55	26.35	26.16	25.97	25.78	25.58	25.39
28.6	27.62	27.42	27.23	27.03	26.84	26.64	26.45	26.26	26.06	25.87	25.68	25.49
28.7	27.72	27.52	27.32	27.13	26.94	26.74	26.55	26.35	26.16	25.97	25.77	25.58
28.8	27.81	27.62	27.42	27.23	27.03	26.84	26.64	26.45	26.26	26.06	25.87	25.68
28.9	27.91	27.72	27.52	27.33	27.13	26.94	26.74	26.55	26.35	26.16	25.97	25.77
29	28.01	27.82	27.62	27.42	27.23	27.03	26.84	26.64	26.45	26.26	26.06	25.87
29.1	28.11	27.91	27.72	27.52	27.33	27.13	26.94	26.74	26.55	26.35	26.16	25.97
29.2	28.21	28.01	27.82	27.62	27.42	27.23	27.03	26.84	26.64	26.45	26.26	26.06
29.3	28.31	28.11	27.91	27.72	27.52	27.33	27.13	26.94	26.74	26.55	26.35	26.16
29.4	28.41	28.21	28.01	27.82	27.62	27.42	27.23	27.03	26.84	26.64	26.45	26.25
29.5	28.51	28.31	28.11	27.91	27.72	27.52	27.33	27.13	26.93	26.74	26.55	26.35
29.6	28.61	28.41	28.21	28.01	27.82	27.62	27.42	27.23	27.03	26.84	26.64	26.45
29.7	28.70	28.51	28.31	28.11	27.91	27.72	27.52	27.32	27.13	26.93	26.74	26.54
29.8	28.80	28.60	28.41	28.21	28.01	27.82	27.62	27.42	27.23	27.03	26.84	26.64
29.9	28.90	28.70	28.51	28.31	28.11	27.91	27.72	27.52	27.32	27.13	26.93	26.74

（续）

单位为%vol

温度/℃													
28.5	29	29.5	30	30.5	31	31.5	32	32.5	33	33.5	34	34.5	35
22.38	22.20	22.01	21.83	21.66	21.48	21.30	21.12	20.94	20.76	20.58	20.40	20.23	20.05
22.47	22.29	22.11	21.93	21.75	21.57	21.39	21.21	21.03	20.85	20.67	20.49	20.32	20.14
22.56	22.38	22.20	22.02	21.84	21.66	21.48	21.30	21.12	20.94	20.76	20.58	20.40	20.23
22.66	22.47	22.29	22.11	21.93	21.75	21.57	21.39	21.21	21.03	20.85	20.67	20.49	20.31
22.75	22.57	22.38	22.20	22.02	21.84	21.66	21.48	21.30	21.12	20.94	20.76	20.58	20.40
22.84	22.66	22.48	22.30	22.11	21.93	21.75	21.57	21.39	21.21	21.03	20.85	20.67	20.49
22.94	22.75	22.57	22.39	22.21	22.02	21.84	21.66	21.48	21.30	21.12	20.94	20.76	20.58
23.03	22.85	22.66	22.48	22.30	22.12	21.93	21.75	21.57	21.39	21.21	21.03	20.85	20.67
23.12	22.94	22.76	22.57	22.39	22.21	22.02	21.84	21.66	21.48	21.30	21.12	20.94	20.76
23.22	23.03	22.85	22.66	22.48	22.30	22.12	21.93	21.75	21.57	21.39	21.21	21.03	20.85
23.31	23.13	22.94	22.76	22.57	22.39	22.21	22.03	21.84	21.66	21.48	21.30	21.12	20.94
23.40	23.22	23.03	22.85	22.67	22.48	22.30	22.12	21.93	21.75	21.57	21.39	21.21	21.03
23.50	23.31	23.13	22.94	22.76	22.57	22.39	22.21	22.03	21.84	21.66	21.48	21.30	21.12
23.59	23.41	23.22	23.04	22.85	22.67	22.48	22.30	22.12	21.93	21.75	21.57	21.39	21.20
23.69	23.50	23.31	23.13	22.94	22.76	22.58	22.39	22.21	22.02	21.84	21.66	21.48	21.29
23.78	23.59	23.41	23.22	23.04	22.85	22.67	22.48	22.30	22.12	21.93	21.75	21.57	21.38
23.87	23.69	23.50	23.32	23.13	22.94	22.76	22.57	22.39	22.21	22.02	21.84	21.66	21.47
23.97	23.78	23.59	23.41	23.22	23.04	22.85	22.67	22.48	22.30	22.11	21.93	21.75	21.56
24.06	23.88	23.69	23.50	23.32	23.13	22.94	22.76	22.57	22.39	22.20	22.02	21.84	21.65
24.16	23.97	23.78	23.59	23.41	23.22	23.04	22.85	22.67	22.48	22.30	22.11	21.93	21.74
24.25	24.06	23.88	23.69	23.50	23.31	23.13	22.94	22.76	22.57	22.39	22.20	22.02	21.83
24.35	24.16	23.97	23.78	23.59	23.41	23.22	23.03	22.85	22.66	22.48	22.29	22.11	21.92
24.44	24.25	24.06	23.88	23.69	23.50	23.31	23.13	22.94	22.76	22.57	22.38	22.20	22.01
24.54	24.35	24.16	23.97	23.78	23.59	23.41	23.22	23.03	22.85	22.66	22.48	22.29	22.11
24.63	24.44	24.25	24.06	23.88	23.69	23.50	23.31	23.13	22.94	22.75	22.57	22.38	22.20
24.72	24.54	24.35	24.16	23.97	23.78	23.59	23.40	23.22	23.03	22.84	22.66	22.47	22.29
24.82	24.63	24.44	24.25	24.06	23.87	23.69	23.50	23.31	23.12	22.94	22.75	22.56	22.38
24.91	24.72	24.53	24.35	24.16	23.97	23.78	23.59	23.40	23.22	23.03	22.84	22.65	22.47
25.01	24.82	24.63	24.44	24.25	24.06	23.87	23.68	23.50	23.31	23.12	22.93	22.75	22.56
25.10	24.91	24.72	24.53	24.34	24.15	23.97	23.78	23.59	23.40	23.21	23.02	22.84	22.65
25.20	25.01	24.82	24.63	24.44	24.25	24.06	23.87	23.68	23.49	23.30	23.12	22.93	22.74
25.30	25.10	24.91	24.72	24.53	24.34	24.15	23.96	23.77	23.59	23.40	23.21	23.02	22.83
25.39	25.20	25.01	24.82	24.63	24.44	24.25	24.06	23.87	23.68	23.49	23.30	23.11	22.93
25.49	25.29	25.10	24.91	24.72	24.53	24.34	24.15	23.96	23.77	23.58	23.39	23.20	23.02
25.58	25.39	25.20	25.01	24.82	24.62	24.43	24.24	24.05	23.86	23.67	23.49	23.30	23.11
25.68	25.48	25.29	25.10	24.91	24.72	24.53	24.34	24.15	23.96	23.77	23.58	23.39	23.20
25.77	25.58	25.39	25.20	25.00	24.81	24.62	24.43	24.24	24.05	23.86	23.67	23.48	23.29
25.87	25.68	25.48	25.29	25.10	24.91	24.72	24.52	24.33	24.14	23.95	23.76	23.57	23.38
25.96	25.77	25.58	25.39	25.19	25.00	24.81	24.62	24.43	24.24	24.05	23.86	23.67	23.48
26.06	25.87	25.67	25.48	25.29	25.10	24.90	24.71	24.52	24.33	24.14	23.95	23.76	23.57
26.16	25.96	25.77	25.58	25.38	25.19	25.00	24.81	24.62	24.42	24.23	24.04	23.85	23.66
26.25	26.06	25.87	25.67	25.48	25.29	25.09	24.90	24.71	24.52	24.33	24.14	23.94	23.75
26.35	26.15	25.96	25.77	25.57	25.38	25.19	25.00	24.80	24.61	24.42	24.23	24.04	23.85
26.45	26.25	26.06	25.86	25.67	25.48	25.28	25.09	24.90	24.71	24.51	24.32	24.13	23.94
26.54	26.35	26.15	25.96	25.76	25.57	25.38	25.18	24.99	24.80	24.61	24.42	24.22	24.03

表 B.2

酒精度/(%vol)	酒精计											
	22.5	23	23.5	24	24.5	25	25.5	26	26.5	27	27.5	28
30	29.00	28.80	28.60	28.41	28.21	28.01	27.81	27.62	27.42	27.22	27.03	26.83
30.1	29.10	28.90	28.70	28.50	28.31	28.11	27.91	27.71	27.52	27.32	27.13	26.93
30.2	29.20	29.00	28.80	28.60	28.41	28.21	28.01	27.81	27.62	27.42	27.22	27.03
30.3	29.30	29.10	28.90	28.70	28.50	28.31	28.11	27.91	27.71	27.52	27.32	27.12
30.4	29.40	29.20	29.00	28.80	28.60	28.40	28.21	28.01	27.81	27.61	27.42	27.22
30.5	29.50	29.30	29.10	28.90	28.70	28.50	28.30	28.11	27.91	27.71	27.51	27.32
30.6	29.60	29.40	29.20	29.00	28.80	28.60	28.40	28.20	28.01	27.81	27.61	27.41
30.7	29.70	29.50	29.30	29.10	28.90	28.70	28.50	28.30	28.10	27.91	27.71	27.51
30.8	29.79	29.59	29.39	29.19	29.00	28.80	28.60	28.40	28.20	28.00	27.81	27.61
30.9	29.89	29.69	29.49	29.29	29.09	28.90	28.70	28.50	28.30	28.10	27.90	27.71
31	29.99	29.79	29.59	29.39	29.19	28.99	28.79	28.60	28.40	28.20	28.00	27.80
31.1	30.09	29.89	29.69	29.49	29.29	29.09	28.89	28.69	28.50	28.30	28.10	27.90
31.2	30.19	29.99	29.79	29.59	29.39	29.19	28.99	28.79	28.59	28.39	28.20	28.00
31.3	30.29	30.09	29.89	29.69	29.49	29.29	29.09	28.89	28.69	28.49	28.29	28.10
31.4	30.39	30.19	29.99	29.79	29.59	29.39	29.19	28.99	28.79	28.59	28.39	28.19
31.5	30.49	30.29	30.09	29.89	29.69	29.49	29.29	29.09	28.89	28.69	28.49	28.29
31.6	30.59	30.39	30.19	29.99	29.79	29.59	29.39	29.19	28.99	28.79	28.59	28.39
31.7	30.69	30.49	30.29	30.09	29.88	29.68	29.48	29.28	29,08	28.88	28.69	28.49
31.8	30.79	30.59	30.39	30.18	29.98	29.78	29.58	29.38	29.18	28.98	28.78	28.58
31.9	30.89	30.69	30.48	30.28	30.08	29.88	29.68	29.48	29.28	29.08	28.88	28.68
32	30.99	30.79	30.58	30.38	30.18	29.98	29.78	29.58	29.38	29.18	28.98	28.78
32.1	31.09	30.88	30.68	30.48	30.28	30.08	29.88	29.68	29.48	29.28	29.08	28.88
32.2	31.19	30.98	30.78	30.58	30.38	30.18	29.98	29.78	29.58	29.38	29.18	28.98
32.3	31.29	31.08	30.88	30.68	30.48	30.28	30.08	29.88	29.67	29.47	29.27	29.07
32.4	31.39	31.18	30.98	30.78	30.58	30.38	30.18	29.97	29.77	29.57	29.37	29.17
32.5	31.48	31.28	31.08	30.88	30.68	30.48	30.27	30.07	29.87	29.67	29.47	29.27
32.6	31.58	31.38	31.18	30.98	30.78	30.57	30.37	30.17	29.97	29.77	29.57	29.37
32.7	31.68	31.48	31.28	31.08	30.88	30.67	30.47	30.27	30.07	29.87	29.67	29.47
32.8	31.78	31.58	31.38	31.18	30.97	30.77	30.57	30.37	30.17	29.97	29.77	29.57
32.9	31.88	31.68	31.48	31.28	31.07	30.87	30.67	30.47	30.27	30.07	29.87	29.66
33	31.98	31.78	31.58	31.38	31.17	30.97	30.77	30.57	30.37	30.17	29.96	29.76
33.1	32.08	31.88	31.68	31.48	31.27	31.07	30.87	30.67	30.47	30.26	30.06	29.86
33.2	32.18	31.98	31.78	31.57	31.37	31.17	30.97	30.77	30.56	30.36	30.16	29.96
33.3	32.28	32.08	31.88	31.67	31.47	31.27	31.07	30.87	30.66	30.46	30.26	30.06
33.4	32.38	32.18	31.98	31.77	31.57	31.37	31.17	30.96	30.76	30.56	30.36	30.16
33.5	32.48	32.28	32.08	31.87	31.67	31.47	31.27	31.06	30.86	30.66	30.46	30.26
33.6	32.58	32.38	32.18	31.97	31.77	31.57	31.37	31.16	30.96	30.76	30.56	30.36
33.7	32.68	32.48	32.28	32.07	31.87	31.67	31.47	31.26	31.06	30.86	30.66	30.46
33.8	32.78	32.58	32.38	32.17	31.97	31.77	31.56	31.36	31.16	30.96	30.76	30.55
33.9	32.88	32.68	32.47	32.27	32.07	31.87	31.66	31.46	31.26	31.06	30.86	30.65
34	32.98	32.78	32.57	32.37	32.17	31.97	31.76	31.56	31.36	31.16	30.95	30.75
34.1	33.08	32.88	32.67	32.47	32.27	32.07	31.86	31.66	31.46	31.26	31.05	30.85
34.2	33.18	32.98	32.77	32.57	32.37	32.17	31.96	31.76	31.56	31.36	31.15	30.95
34.3	33.28	33.08	32.87	32.67	32.47	32.27	32.06	31.86	31.66	31.46	31.25	31.05
34.4	33.38	33.18	32.97	32.77	32.57	32.37	32.16	31.96	31.76	31.55	31.35	31.15

（续） 单位为%vol

温度/℃													
28.5	29	29.5	30	30.5	31	31.5	32	32.5	33	33.5	34	34.5	35
26.64	26.44	26.25	26.05	25.86	25.67	25.47	25.28	25.09	24.89	24.70	24.51	24.32	24.13
26.73	26.54	26.34	26.15	25.96	25.76	25.57	25.37	25.18	24.99	24.80	24.60	24.41	24.22
26.83	26.64	26.44	26.25	26.05	25.86	25.66	25.47	25.28	25.08	24.89	24.70	24.50	24.31
26.93	26.73	26.54	26.34	26.15	25.95	25.76	25.56	25.37	25.18	24.98	24.79	24.60	24.41
27.02	26.83	26.63	26.44	26.24	26.05	25.85	25.66	25.46	25.27	25.08	24.88	24.69	24.50
27.12	26.92	26.73	26.53	26.34	26.14	25.95	25.75	25.56	25.37	25.17	24.98	24.79	24.59
27.22	27.02	26.83	26.63	26.43	26.24	26.04	25.85	25.65	25.46	25.27	25.07	24.88	24.69
27.31	27.12	26.92	26.73	26.53	26.33	26.14	25.94	25.75	25.56	25.36	25.17	24.97	24.78
27.41	27.21	27.02	26.82	26.63	26.43	26.23	26.04	25.84	25.65	25.46	25.26	25.07	24.87
27.51	27.31	27.11	26.92	26.72	26.53	26.33	26.14	25.94	25.75	25.55	25.36	25.16	24.97
27.61	27.41	27.21	27.01	26.82	26.62	26.43	26.23	26.04	25.84	25.65	25.45	25.26	25.06
27.70	27.51	27.31	27.11	26.91	26.72	26.52	26.33	26.13	25.94	25.74	25.55	25.35	25.16
27.80	27.60	27.41	27.21	27.01	26.81	26.62	26.42	26.23	26.03	25.84	25.64	25.45	25.25
27.90	27.70	27.50	27.30	27.11	26.91	26.71	26.52	26.32	26.13	25.93	25.74	25.54	25.35
27.99	27.80	27.60	27.40	27.20	27.01	26.81	26.61	26.42	26.22	26.03	25.83	25.64	25.44
28.09	27.89	27.70	27.50	27.30	27.10	26.91	26.71	26.51	26.32	26.12	25.93	25.73	25.54
28.19	27.99	27.79	27.60	27.40	27.20	27.00	26.81	26.61	26.41	26.22	26.02	25.83	25.63
28.29	28.09	27.89	27.69	27.49	27.30	27.10	26.90	26.71	26.51	26.31	26.12	25.92	25.73
28.39	28.19	27.99	27.79	27.59	27.39	27.20	27.00	26.80	26.61	26.41	26.21	26.02	25.82
28.48	28.28	28.09	27.89	27.69	27.49	27.29	27.10	26.90	26.70	26.50	26.31	26.11	25.92
28.58	28.38	28.18	27.98	27.79	27.59	27.39	27.19	26.99	26.80	26.60	26.40	26.21	26.01
28.68	28.48	28.28	28.08	27.88	27.68	27.49	27.29	27.09	26.89	26.70	26.50	26.30	26.11
28.78	28.58	28.38	28.18	27.98	27.78	27.58	27.39	27.19	26.99	26.79	26.60	26.40	26.20
28.87	28.68	28.48	28.28	28.08	27.88	27.68	27.48	27.28	27.09	26.89	26.69	26.50	26.30
28.97	28.77	28.57	28.37	28.18	27.98	27.78	27.58	27.38	27.18	26.99	26.79	26.59	26.39
29.07	28.87	28.67	28.47	28.27	28.07	27.88	27.68	27.48	27.28	27.08	26.88	26.69	26.49
29.17	28.97	28.77	28.57	28.37	28.17	27.97	27.77	27.58	27.38	27.18	26.98	26.78	26.59
29.27	29.07	28.87	28.67	28.47	28.27	28.07	27.87	27.67	27.47	27.28	27.08	26.88	26.68
29.37	29.17	28.97	28.77	28.57	28.37	28.17	27.97	27.77	27.57	27.37	27.17	26.98	26.78
29.46	29.26	29.06	28.86	28.66	28.46	28.26	28.07	27.87	27.67	27.47	27.27	27.07	26.87
29.56	29.36	29.16	28.96	28.76	28.56	28.36	28.16	27.96	27.77	27.57	27.37	27.17	26.97
29.66	29.46	29.26	29.06	28.86	28.66	28.46	28.26	28.06	27.86	27.66	27.46	27.27	27.07
29.76	29.56	29.36	29.16	28.96	28.76	28.56	28.36	28.16	27.96	27.76	27.56	27.36	27.16
29.86	29.66	29.46	29.26	29.06	28.86	28.66	28.46	28.26	28.06	27.86	27.66	27.46	27.26
29.96	29.76	29.56	29.35	29.15	28.95	28.75	28.55	28.35	28.15	27.96	27.76	27.56	27.36
30.06	29.86	29.65	29.45	29.25	29.05	28.85	28.65	28.45	28.25	28.05	27.85	27.65	27.46
30.16	29.95	29.75	29.55	29.35	29.15	28.95	28.75	28.55	28.35	28.15	27.95	27.75	27.55
30.25	30.05	29.85	29.65	29.45	29.25	29.05	28.85	28.65	28.45	28.25	28.05	27.85	27.65
30.35	30.15	29.95	29.75	29.55	29.35	29.15	28.95	28.75	28.55	28.35	28.15	27.95	27.75
30.45	30.25	30.05	29.85	29.65	29.45	29.24	29.04	28.84	28.64	28.44	28.24	28.04	27.84
30.55	30.35	30.15	29.95	29.75	29.54	29.34	29.14	28.94	28.74	28.54	28.34	28.14	27.94
30.65	30.45	30.25	30.05	29.84	29.64	29.44	29.24	29.04	28.84	28.64	28.44	28.24	28.04
30.75	30.55	30.35	30.14	29.94	29.74	29.54	29.34	29.14	28.94	28.74	28.54	28.34	28.14
30.85	30.65	30.44	30.24	30.04	29.84	29.64	29.44	29.24	29.04	28.84	28.64	28.43	28.23
30.95	30.75	30.54	30.34	30.14	29.94	29.74	29.54	29.34	29.13	28.93	28.73	28.53	28.33

表 B.2

酒精度/(%vol)	酒精计											
	22.5	23	23.5	24	24.5	25	25.5	26	26.5	27	27.5	28
34.5	33.48	33.28	33.07	32.87	32.67	32.46	32.26	32.06	31.86	31.65	31.45	31.25
34.6	33.58	33.38	33.17	32.97	32.77	32.56	32.36	32.16	31.96	31.75	31.55	31.35
34.7	33.68	33.48	33.27	33.07	32.87	32.66	32.46	32.26	32.06	31.85	31.65	31.45
34.8	33.78	33.58	33.37	33.17	32.97	32.76	32.56	32.36	32.16	31.95	31.75	31.55
34.9	33.88	33.68	33.47	33.27	33.07	32.86	32.66	32.46	32.26	32.05	31.85	31.65
35	33.98	33.78	33.57	33.37	33.17	32.96	32.76	32.56	32.36	32.15	31.95	31.75
35.1	34.08	33.88	33.67	33.47	33.27	33.06	32.86	32.66	32.46	32.25	32.05	31.85
35.2	34.18	33.98	33.77	33.57	33.37	33.16	32.96	32.76	32.56	32.35	32.15	31.95
35.3	34.28	34.08	33.87	33.67	33.47	33.26	33.06	32.86	32.66	32.45	32.25	32.05
35.4	34.38	34.18	33.97	33.77	33.57	33.36	33.16	32.96	32.76	32.55	32.35	32.15
35.5	34.48	34.28	34.07	33.87	33.67	33.46	33.26	33.06	32.86	32.65	32.45	32.25
35.6	34.58	34.38	34.17	33.97	33.77	33.56	33.36	33.16	32.96	32.75	32.55	32.35
35.7	34.68	34.48	34.27	34.07	33.87	33.66	33.46	33.26	33.06	32.85	32.65	32.45
35.8	34.78	34.58	34.37	34.17	33.97	33.76	33.56	33.36	33.16	32.96	32.75	32.55
35.9	34.88	34.68	34.48	34.27	34.07	33.87	33.66	33.46	33.26	33.05	32.85	32.65
36	34.98	34.78	34.58	34.37	34.17	33.97	33.76	33.56	33.36	33.15	32.95	32.75
36.1	35.08	34.88	34.68	34.47	34.27	34.07	33.86	33.66	33.46	33.25	33.05	32.85
36.2	35.18	34.98	34.78	34.57	34.37	34.17	33.96	33.76	33.56	33.35	33.15	32.95
36.3	35.28	35.08	34.88	34.67	34.47	34.27	34.06	33.86	33.66	33.45	33.25	33.05
36.4	35.38	35.18	34.98	34.77	34.57	34.37	34.16	33.96	33.76	33.55	33.35	33.15
36.5	35.48	35.28	35.08	34.87	34.67	34.47	34.26	34.06	33.86	33.65	33.45	33.25
36.6	35.58	35.38	35.18	34.97	34.77	34.57	34.36	34.16	33.96	33.76	33.55	33.35
36.7	35.68	35.48	35.28	35.07	34.87	34.67	34.46	34.26	34.06	33.86	33.65	33.45
36.8	35.78	35.58	35.38	35.17	34.97	34.77	34.57	34.36	34.16	33.96	33.75	33.55
36.9	35.88	35.68	35.48	35.27	35.07	34.87	34.67	34.46	34.26	34.06	33.85	33.65
37	35.98	35.78	35.58	35.38	35.17	34.97	34.77	34.56	34.36	34.16	33.95	33.75
37.1	36.08	35.88	35.68	35.48	35.27	35.07	34.87	34.66	34.46	34.26	34.05	33.85
37.2	36.19	35.98	35.78	35.58	35.37	35.17	34.97	34.76	34.56	34.36	34.16	33.95
37.3	36.29	36.08	35.88	35.68	35.47	35.27	35.07	34.86	34.66	34.46	34.26	34.05
37.4	36.39	36.18	35.98	35.78	35.57	35.37	35.17	34.97	34.76	34.56	34.36	34.15
37.5	36.49	36.28	36.08	35.88	35.67	35.47	35.27	35.07	34.86	34.66	34.46	34.25
37.6	36.59	36.38	36.18	35.98	35.78	35.57	35.37	35.17	34.96	34.76	34.56	34.36
37.7	36.69	36.48	36.28	36.08	35.88	35.67	35.47	35.27	35.06	34.86	34.66	34.46
37.8	36.79	36.58	36.38	36.18	35.98	35.77	35.57	35.37	35.17	34.96	34.76	34.56
37.9	36.89	36.69	36.48	36.28	36.08	35.87	35.67	35.47	35.27	35.06	34.86	34.66
38	36.99	36.79	36.58	36.38	36.18	35.98	35.77	35.57	35.37	35.16	34.96	34.76
38.1	37.09	36.89	36.68	36.48	36.28	36.08	35.87	35.67	35.47	35.27	35.06	34.86
38.2	37.19	36.99	36.78	36.58	36.38	36.18	35.97	35.77	35.57	35.37	35.16	34.96
38.3	37.29	37.09	36.88	36.68	36.48	36.28	36.07	35.87	35.67	35.47	35.26	35.06
38.4	37.39	37.19	36.99	36.78	36.58	36.38	36.18	35.97	35.77	35.57	35.37	35.16
38.5	37.49	37.29	37.09	36.88	36.68	36.48	36.28	36.07	35.87	35.67	35.47	35.26
38.6	37.59	37.39	37.19	36.98	36.78	36.58	36.38	36.17	35.97	35.77	35.57	35.36
38.7	37.69	37.49	37.29	37.08	36.88	36.68	36.48	36.28	36.07	35.87	35.67	35.47
38.8	37.79	37.59	37.39	37.19	36.98	36.78	36.58	36.38	36.17	35.97	35.77	35.57
38.9	37.89	37.69	37.49	37.29	37.08	36.88	36.68	36.48	36.28	36.07	35.87	35.67

(续)

单位为%vol

温度/℃													
28.5	29	29.5	30	30.5	31	31.5	32	32.5	33	33.5	34	34.5	35
31.05	30.85	30.64	30.44	30.24	30.04	29.84	29.64	29.43	29.23	29.03	28.83	28.63	28.43
31.15	30.94	30.74	30.54	30.34	30.14	29.94	29.73	29.53	29.33	29.13	28.93	28.73	28.53
31.25	31.04	30.84	30.64	30.44	30.24	30.03	29.83	29.63	29.43	29.23	29.03	28.83	28.63
31.35	31.14	30.94	30.74	30.54	30.34	30.13	29.93	29.73	29.53	29.33	29.13	28.93	28.73
31.45	31.24	31.04	30.84	30.64	30.43	30.23	30.03	29.83	29.63	29.43	29.23	29.02	28.82
31.55	31.34	31.14	30.94	30.74	30.53	30.33	30.13	29.93	29.73	29.53	29.32	29.12	28.92
31.64	31.44	31.24	31.04	30.84	30.63	30.43	30.23	30.03	29.83	29.62	29.42	29.22	29.02
31.74	31.54	31.34	31.14	30.93	30.73	30.53	30.33	30.13	29.93	29.72	29.52	29.32	29.12
31.84	31.64	31.44	31.24	31.03	30.83	30.63	30.43	30.23	30.02	29.82	29.62	29.42	29.22
31.94	31.74	31.54	31.34	31.13	30.93	30.73	30.53	30.33	30.12	29.92	29.72	29.52	29.32
32.04	31.84	31.64	31.44	31.23	31.03	30.83	30.63	30.42	30.22	30.02	29.82	29.62	29.42
32.14	31.94	31.74	31.54	31.33	31.13	30.93	30.73	30.52	30.32	30.12	29.92	29.72	29.51
32.24	32.04	31.84	31.64	31.43	31.23	31.03	30.83	30.62	30.42	30.22	30.02	29.82	29.61
32.34	32.14	31.94	31.74	31.53	31.33	31.13	30.93	30.72	30.52	30.32	30.12	29.91	29.71
32.44	32.24	32.04	31.84	31.63	31.43	31.23	31.03	30.82	30.62	30.42	30.22	30.01	29.81
32.54	32.34	32.14	31.94	31.73	31.53	31.33	31.13	30.92	30.72	30.52	30.32	30.11	29.91
32.64	32.44	32.24	32.04	31.83	31.63	31.43	31.23	31.02	30.82	30.62	30.42	30.21	30.01
32.74	32.54	32.34	32.14	31.93	31.73	31.53	31.33	31.12	30.92	30.72	30.52	30.31	30.11
32.84	32.64	32.44	32.24	32.03	31.83	31.63	31.43	31.22	31.02	30.82	30.62	30.41	30.21
32.95	32.74	32.54	32.34	32.13	31.93	31.73	31.53	31.32	31.12	30.92	30.71	30.51	30.31
33.05	32.84	32.64	32.44	32.23	32.03	31.83	31.63	31.42	31.22	31.02	30.81	30.61	30.41
33.15	32.94	32.74	32.54	32.33	32.13	31.93	31.73	31.52	31.32	31.12	30.91	30.71	30.51
33.25	33.04	32.84	32.64	32.43	32.23	32.03	31.83	31.62	31.42	31.22	31.01	30.81	30.61
33.35	33.14	32.94	32.74	32.54	32.33	32.13	31.93	31.72	31.52	31.32	31.12	30.91	30.71
33.45	33.24	33.04	32.84	32.64	32.43	32.23	32.03	31.82	31.62	31.42	31.22	31.01	30.81
33.55	33.34	33.14	32.94	32.74	32.53	32.33	32.13	31.92	31.72	31.52	31.32	31.11	30.91
33.65	33.45	33.24	33.04	32.84	32.63	32.43	32.23	32.02	31.82	31.62	31.42	31.21	31.01
33.75	33.55	33.34	33.14	32.94	32.73	32.53	32.33	32.13	31.92	31.72	31.52	31.31	31.11
33.85	33.65	33.44	33.24	33.04	32.83	32.63	32.43	32.23	32.02	31.82	31.62	31.41	31.21
33.95	33.75	33.54	33.34	33.14	32.94	32.73	32.53	32.33	32.12	31.92	31.72	31.51	31.31
34.05	33.85	33.65	33.44	33.24	33.04	32.83	32.63	32.43	32.22	32.02	31.82	31.62	31.41
34.15	33.95	33.75	33.54	33.34	33.14	32.93	32.73	32.53	32.32	32.12	31.92	31.72	31.51
34.25	34.05	33.85	33.64	33.44	33.24	33.04	32.83	32.63	32.43	32.22	32.02	31.82	31.61
34.35	34.15	33.95	33.75	33.54	33.34	33.14	32.93	32.73	32.53	32.32	32.12	31.92	31.71
34.45	34.25	34.05	33.85	33.64	33.44	33.24	33.03	32.83	32.63	32.42	32.22	32.02	31.81
34.56	34.35	34.15	33.95	33.74	33.54	33.34	33.13	32.93	32.73	32.53	32.32	32.12	31.92
34.66	34.45	34.25	34.05	33.85	33.64	33.44	33.24	33.03	32.83	32.63	32.42	32.22	32.02
34.76	34.55	34.35	34.15	33.95	33.74	33.54	33.34	33.13	32.93	32.73	32.52	32.32	32.12
34.86	34.66	34.45	34.25	34.05	33.84	33.64	33.44	33.24	33.03	32.83	32.63	32.42	32.22
34.96	34.76	34.55	34.35	34.15	33.95	33.74	33.54	33.34	33.13	32.93	32.73	32.52	32.32
35.06	34.86	34.66	34.45	34.25	34.05	33.84	33.64	33.44	33.23	33.03	32.83	32.62	32.42
35.16	34.96	34.76	34.55	34.35	34.15	33.95	33.74	33.54	33.34	33.13	32.93	32.73	32.52
35.26	35.06	34.86	34.66	34.45	34.25	34.05	33.84	33.64	33.44	33.23	33.03	32.83	32.62
35.36	35.16	34.96	34.76	34.55	34.35	34.15	33.94	33.74	33.54	33.34	33.13	32.93	32.73
35.47	35.26	35.06	34.86	34.66	34.45	34.25	34.05	33.84	33.64	33.44	33.23	33.03	32.83

表 B.2

酒精度/(%vol)	酒精计											
	22.5	23	23.5	24	24.5	25	25.5	26	26.5	27	27.5	28
39	37.99	37.79	37.59	37.39	37.19	36.98	36.78	36.58	36.38	36.17	35.97	35.77
39.1	38.09	37.89	37.69	37.49	37.29	37.08	36.88	36.68	36.48	36.28	36.07	35.87
39.2	38.19	37.99	37.79	37.59	37.39	37.18	36.98	36.78	36.58	36.38	36.17	35.97
39.3	38.29	38.09	37.89	37.69	37.49	37.29	37.08	36.88	36.68	36.48	36.28	36.07
39.4	38.39	38.19	37.99	37.79	37.59	37.39	37.18	36.98	36.78	36.58	36.38	36.17
39.5	38.49	38.29	38.09	37.89	37.69	37.49	37.29	37.08	36.88	36.68	36.48	36.28
39.6	38.60	38.39	38.19	37.99	37.79	37.59	37.39	37.19	36.98	36.78	36.58	36.38
39.7	38.70	38.49	38.29	38.09	37.89	37.69	37.49	37.29	37.08	36.88	36.68	36.48
39.8	38.80	38.60	38.39	38.19	37.99	37.79	37.59	37.39	37.19	36.98	36.78	36.58
39.9	38.90	38.70	38.50	38.29	38.09	37.89	37.69	37.49	37.29	37.09	36.88	36.68
40	39.00	38.80	38.60	38.39	38.19	37.99	37.79	37.59	37.39	37.19	36.98	36.78
40.1	39.10	38.90	38.70	38.50	38.29	38.09	37.89	37.69	37.49	37.29	37.09	36.88
40.2	39.20	39.00	38.80	38.60	38.40	38.19	37.99	37.79	37.59	37.39	37.19	36.99
40.3	39.30	39.10	38.90	38.70	38.50	38.30	38.09	37.89	37.69	37.49	37.29	37.09
40.4	39.40	39.20	39.00	38.80	38.60	38.40	38.20	37.99	37.79	37.59	37.39	37.19
40.5	39.50	39.30	39.10	38.90	38.70	38.50	38.30	38.10	37.89	37.69	37.49	37.29
40.6	39.60	39.40	39.20	39.00	38.80	38.60	38.40	38.20	38.00	37.80	37.59	37.39
40.7	39.70	39.50	39.30	39.10	38.90	38.70	38.50	38.30	38.10	37.90	37.70	37.49
40.8	39.80	39.60	39.40	39.20	39.00	38.80	38.60	38.40	38.20	38.00	37.80	37.60
40.9	39.90	39.70	39.50	39.30	39.10	38.90	38.70	38.50	38.30	38.10	37.90	37.70
41	40.00	39.80	39.60	39.40	39.20	39.00	38.80	38.60	38.40	38.20	38.00	37.80
41.1	40.10	39.90	39.70	39.50	39.30	39.10	38.90	38.70	38.50	38.30	38.10	37.90
41.2	40.20	40.00	39.81	39.61	39.41	39.21	39.01	38.80	38.60	38.40	38.20	38.00
41.3	40.31	40.11	39.91	39.71	39.51	39.31	39.11	38.91	38.71	38.51	38.30	38.10
41.4	40.41	40.21	40.01	39.81	39.61	39.41	39.21	39.01	38.81	38.61	38.41	38.21
41.5	40.51	40.31	40.11	39.91	39.71	39.51	39.31	39.11	38.91	38.71	38.51	38.31
41.6	40.61	40.41	40.21	40.01	39.81	39.61	39.41	39.21	39.01	38.81	38.61	38.41
41.7	40.71	40.51	40.31	40.11	39.91	39.71	39.51	39.31	39.11	38.91	38.71	38.51
41.8	40.81	40.61	40.41	40.21	40.01	39.81	39.61	39.41	39.21	39.01	38.81	38.61
41.9	40.91	40.71	40.51	40.31	40.11	39.91	39.71	39.51	39.31	39.11	38.91	38.71
42	41.01	40.81	40.61	40.41	40.21	40.01	39.82	39.62	39.42	39.22	39.02	38.82
42.1	41.11	40.91	40.71	40.51	40.32	40.12	39.92	39.72	39.52	39.32	39.12	38.92
42.2	41.21	41.01	40.81	40.62	40.42	40.22	40.02	39.82	39.62	39.42	39.22	39.02
42.3	41.31	41.11	40.91	40.72	40.52	40.32	40.12	39.92	39.72	39.52	39.32	39.12
42.4	41.41	41.21	41.02	40.82	40.62	40.42	40.22	40.02	39.82	39.62	39.42	39.22
42.5	41.51	41.31	41.12	40.92	40.72	40.52	40.32	40.12	39.92	39.72	39.53	39.33
42.6	41.61	41.42	41.22	41.02	40.82	40.62	40.42	40.22	40.03	39.83	39.63	39.43
42.7	41.71	41.52	41.32	41.12	40.92	40.72	40.52	40.33	40.13	39.93	39.73	39.53
42.8	41.81	41.62	41.42	41.22	41.02	40.82	40.63	40.43	40.23	40.03	39.83	39.63
42.9	41.92	41.72	41.52	41.32	41.12	40.93	40.73	40.53	40.33	40.13	39.93	39.73
43	42.02	41.82	41.62	41.42	41.23	41.03	40.83	40.63	40.43	40.23	40.03	39.84
43.1	42.12	41.92	41.72	41.52	41.33	41.13	40.93	40.73	40.53	40.34	40.14	39.94
43.2	42.22	42.02	41.82	41.63	41.43	41.23	41.03	40.83	40.64	40.44	40.24	40.04
43.3	42.32	42.12	41.92	41.73	41.53	41.33	41.13	40.94	40.74	40.54	40.34	40.14
43.4	42.42	42.22	42.02	41.83	41.63	41.43	41.23	41.04	40.84	40.64	40.44	40.24

(续)

单位为%vol

温度/℃													
28.5	29	29.5	30	30.5	31	31.5	32	32.5	33	33.5	34	34.5	35
35.57	35.36	35.16	34.96	34.76	34.55	34.35	34.15	33.94	33.74	33.54	33.34	33.13	32.93
35.67	35.47	35.26	35.06	34.86	34.66	34.45	34.25	34.05	33.84	33.64	33.44	33.23	33.03
35.77	35.57	35.36	35.16	34.96	34.76	34.55	34.35	34.15	33.94	33.74	33.54	33.34	33.13
35.87	35.67	35.47	35.26	35.06	34.86	34.66	34.45	34.25	34.05	33.84	33.64	33.44	33.23
35.97	35.77	35.57	35.37	35.16	34.96	34.76	34.55	34.35	34.15	33.95	33.74	33.54	33.34
36.07	35.87	35.67	35.47	35.26	35.06	34.86	34.66	34.45	34.25	34.05	33.84	33.64	33.44
36.18	35.97	35.77	35.57	35.37	35.16	34.96	34.76	34.55	34.35	34.15	33.95	33.74	33.54
36.28	36.07	35.87	35.67	35.47	35.26	35.06	34.86	34.66	34.45	34.25	34.05	33.84	33.64
36.38	36.18	35.97	35.77	35.57	35.37	35.16	34.96	34.76	34.56	34.35	34.15	33.95	33.74
36.48	36.28	36.08	35.87	35.67	35.47	35.27	35.06	34.86	34.66	34.45	34.25	34.05	33.85
36.58	36.38	36.18	35.97	35.77	35.57	35.37	35.17	34.96	34.76	34.56	34.35	34.15	33.95
36.68	36.48	36.28	36.08	35.87	35.67	35.47	35.27	35.06	34.86	34.66	34.46	34.25	34.05
36.78	36.58	36.38	36.18	35.98	35.77	35.57	35.37	35.17	34.96	34.76	34.56	34.35	34.15
36.89	36.68	36.48	36.28	36.08	35.88	35.67	35.47	35.27	35.07	34.86	34.66	34.46	34.25
36.99	36.79	36.58	36.38	36.18	35.98	35.78	35.57	35.37	35.17	34.97	34.76	34.56	34.36
37.09	36.89	36.69	36.48	36.28	36.08	35.88	35.68	35.47	35.27	35.07	34.86	34.66	34.46
37.19	36.99	36.79	36.59	36.38	36.18	35.98	35.78	35.57	35.37	35.17	34.97	34.76	34.56
37.29	37.09	36.89	36.69	36.49	36.28	36.08	35.88	35.68	35.47	35.27	35.07	34.87	34.66
37.39	37.19	36.99	36.79	36.59	36.39	36.18	35.98	35.78	35.58	35.37	35.17	34.97	34.77
37.50	37.29	37.09	36.89	36.69	36.49	36.29	36.08	35.88	35.68	35.48	35.27	35.07	34.87
37.60	37.40	37.20	36.99	36.79	36.59	36.39	36.19	35.98	35.78	35.58	35.38	35.17	34.97
37.70	37.50	37.30	37.10	36.89	36.69	36.49	36.29	36.09	35.88	35.68	35.48	35.28	35.07
37.80	37.60	37.40	37.20	37.00	36.79	36.59	36.39	36.19	35.99	35.78	35.58	35.38	35.18
37.90	37.70	37.50	37.30	37.10	36.90	36.69	36.49	36.29	36.09	35.89	35.68	35.48	35.28
38.01	37.80	37.60	37.40	37.20	37.00	36.80	36.60	36.39	36.19	35.99	35.79	35.58	35.38
38.11	37.91	37.71	37.50	37.30	37.10	36.90	36.70	36.50	36.29	36.09	35.89	35.69	35.48
38.21	38.01	37.81	37.61	37.40	37.20	37.00	36.80	36.60	36.40	36.19	35.99	35.79	35.59
38.31	38.11	37.91	37.71	37.51	37.31	37.10	36.90	36.70	36.50	36.30	36.09	35.89	35.69
38.41	38.21	38.01	37.81	37.61	37.41	37.21	37.01	36.80	36.60	36.40	36.20	36.00	35.79
38.51	38.31	38.11	37.91	37.71	37.51	37.31	37.11	36.91	36.70	36.50	36.30	36.10	35.90
38.62	38.42	38.22	38.01	37.81	37.61	37.41	37.21	37.01	36.81	36.61	36.40	36.20	36.00
38.72	38.52	38.32	38.12	37.92	37.72	37.51	37.31	37.11	36.91	36.71	36.51	36.30	36.10
38.82	38.62	38.42	38.22	38.02	37.82	37.62	37.42	37.21	37.01	36.81	36.61	36.41	36.20
38.92	38.72	38.52	38.32	38.12	37.92	37.72	37.52	37.32	37.12	36.91	36.71	36.51	36.31
39.02	38.82	38.62	38.42	38.22	38.02	37.82	37.62	37.42	37.22	37.02	36.81	36.61	36.41
39.13	38.93	38.73	38.53	38.33	38.12	37.92	37.72	37.52	37.32	37.12	36.92	36.72	36.51
39.23	39.03	38.83	38.63	38.43	38.23	38.03	37.83	37.62	37.42	37.22	37.02	36.82	36.62
39.33	39.13	38.93	38.73	38.53	38.33	38.13	37.93	37.73	37.53	37.33	37.12	36.92	36.72
39.43	39.23	39.03	38.83	38.63	38.43	38.23	38.03	37.83	37.63	37.43	37.23	37.03	36.82
39.53	39.33	39.14	38.94	38.74	38.53	38.33	38.13	37.93	37.73	37.53	37.33	37.13	36.93
39.64	39.44	39.24	39.04	38.84	38.64	38.44	38.24	38.04	37.84	37.63	37.43	37.23	37.03
39.74	39.54	39.34	39.14	38.94	38.74	38.54	38.34	38.14	37.94	37.74	37.54	37.33	37.13
39.84	39.64	39.44	39.24	39.04	38.84	38.64	38.44	38.24	38.04	37.84	37.64	37.44	37.24
39.94	39.74	39.54	39.34	39.15	38.95	38.75	38.55	38.34	38.14	37.94	37.74	37.54	37.34
40.04	39.85	39.65	39.45	39.25	39.05	38.85	38.65	38.45	38.25	38.05	37.85	37.64	37.44

表 B.2

酒精度/(%vol)	酒精计											
	22.5	23	23.5	24	24.5	25	25.5	26	26.5	27	27.5	28
43.5	42.52	42.32	42.13	41.93	41.73	41.53	41.34	41.14	40.94	40.74	40.54	40.35
43.6	42.62	42.42	42.23	42.03	41.83	41.64	41.44	41.24	41.04	40.84	40.65	40.45
43.7	42.72	42.52	42.33	42.13	41.93	41.74	41.54	41.34	41.14	40.95	40.75	40.55
43.8	42.82	42.62	42.43	42.23	42.03	41.84	41.64	41.44	41.25	41.05	40.85	40.65
43.9	42.92	42.73	42.53	42.33	42.14	41.94	41.74	41.54	41.35	41.15	40.95	40.75
44	43.02	42.83	42.63	42.43	42.24	42.04	41.84	41.65	41.45	41.25	41.05	40.86
44.1	43.12	42.93	42.73	42.53	42.34	42.14	41.94	41.75	41.55	41.35	41.16	40.96
44.2	43.22	43.03	42.83	42.64	42.44	42.24	42.05	41.85	41.65	41.45	41.26	41.06
44.3	43.32	43.13	42.93	42.74	42.54	42.34	42.15	41.95	41.75	41.56	41.36	41.16
44.4	43.43	43.23	43.03	42.84	42.64	42.45	42.25	42.05	41.86	41.66	41.46	41.26
44.5	43.53	43.33	43.13	42.94	42.74	42.55	42.35	42.15	41.96	41.76	41.56	41.37
44.6	43.63	43.43	43.24	43.04	42.84	42.65	42.45	42.26	42.06	41.86	41.67	41.47
44.7	43.73	43.53	43.34	43.14	42.95	42.75	42.55	42.36	42.16	41.96	41.77	41.57
44.8	43.83	43.63	43.44	43.24	43.05	42.85	42.65	42.46	42.26	42.07	41.87	41.67
44.9	43.93	43.73	43.54	43.34	43.15	42.95	42.76	42.56	42.36	42.17	41.97	41.77
45	44.03	43.83	43.64	43.44	43.25	43.05	42.86	42.66	42.47	42.27	42.07	41.88
45.1	44.13	43.94	43.74	43.55	43.35	43.16	42.96	42.76	42.57	42.37	42.17	41.98
45.2	44.23	44.04	43.84	43.65	43.45	43.26	43.06	42.87	42.67	42.47	42.28	42.08
45.3	44.33	44.14	43.94	43.75	43.55	43.36	43.16	42.97	42.77	42.57	42.38	42.18
45.4	44.43	44.24	44.04	43.85	43.65	43.46	43.26	43.07	42.87	42.68	42.48	42.28
45.5	44.53	44.34	44.14	43.95	43.76	43.56	43.37	43.17	42.97	42.78	42.58	42.39
45.6	44.63	44.44	44.25	44.05	43.86	43.66	43.47	43.27	43.08	42.88	42.68	42.49
45.7	44.73	44.54	44.35	44.15	43.96	43.76	43.57	43.37	43.18	42.98	42.79	42.59
45.8	44.84	44.64	44.45	44.25	44.06	43.86	43.67	43.47	43.28	43.08	42.89	42.69
45.9	44.94	44.74	44.55	44.35	44.16	43.97	43.77	43.58	43.38	43.19	42.99	42.80
46	45.04	44.84	44.65	44.46	44.26	44.07	43.87	43.68	43.48	43.29	43.09	42.90
46.1	45.14	44.94	44.75	44.56	44.36	44.17	43.97	43.78	43.58	43.39	43.19	43.00
46.2	45.24	45.04	44.85	44.66	44.46	44.27	44.08	43.88	43.69	43.49	43.30	43.10
46.3	45.34	45.15	44.95	44.76	44.57	44.37	44.18	43.98	43.79	43.59	43.40	43.20
46.4	45.44	45.25	45.05	44.86	44.67	44.47	44.28	44.08	43.89	43.70	43.50	43.31
46.5	45.54	45.35	45.15	44.96	44.77	44.57	44.38	44.19	43.99	43.80	43.60	43.41
46.6	45.64	45.45	45.26	45.06	44.87	44.68	44.48	44.29	44.09	43.90	43.70	43.51
46.7	45.74	45.55	45.36	45.16	44.97	44.78	44.58	44.39	44.20	44.00	43.81	43.61
46.8	45.84	45.65	45.46	45.26	45.07	44.88	44.68	44.49	44.30	44.10	43.91	43.71
46.9	45.94	45.75	45.56	45.37	45.17	44.98	44.79	44.59	44.40	44.20	44.01	43.82
47	46.04	45.85	45.66	45.47	45.27	45.08	44.89	44.69	44.50	44.31	44.11	43.92
47.1	46.14	45.95	45.76	45.57	45.37	45.18	44.99	44.80	44.60	44.41	44.21	44.02
47.2	46.24	46.05	45.86	45.67	45.48	45.28	45.09	44.90	44.70	44.51	44.32	44.12
47.3	46.35	46.15	45.96	45.77	45.58	45.38	45.19	45.00	44.81	44.61	44.42	44.22
47.4	46.45	46.25	46.06	45.87	45.68	45.49	45.29	45.10	44.91	44.71	44.52	44.33
47.5	46.55	46.36	46.16	45.97	45.78	45.59	45.39	45.20	45.01	44.82	44.62	44.43
47.6	46.65	46.46	46.26	46.07	45.88	45.69	45.50	45.30	45.11	44.92	44.72	44.53
47.7	46.75	46.56	46.37	46.17	45.98	45.79	45.60	45.41	45.21	45.02	44.83	44.63
47.8	46.85	46.66	46.47	46.28	46.08	45.89	45.70	45.51	45.31	45.12	44.93	44.74
47.9	46.95	46.76	46.57	46.38	46.18	45.99	45.80	45.61	45.42	45.22	45.03	44.84

（续） 单位为%vol

温度/℃													
28.5	29	29.5	30	30.5	31	31.5	32	32.5	33	33.5	34	34.5	35
40.15	39.95	39.75	39.55	39.35	39.15	38.95	38.75	38.55	38.35	38.15	37.95	37.75	37.55
40.25	40.05	39.85	39.65	39.45	39.25	39.05	38.85	38.65	38.45	38.25	38.05	37.85	37.65
40.35	40.15	39.95	39.75	39.56	39.36	39.16	38.96	38.76	38.56	38.36	38.16	37.95	37.75
40.45	40.25	40.06	39.86	39.66	39.46	39.26	39.06	38.86	38.66	38.46	38.26	38.06	37.86
40.56	40.36	40.16	39.96	39.76	39.56	39.36	39.16	38.96	38.76	38.56	38.36	38.16	37.96
40.66	40.46	40.26	40.06	39.86	39.66	39.46	39.27	39.07	38.87	38.67	38.47	38.26	38.06
40.76	40.56	40.36	40.16	39.97	39.77	39.57	39.37	39.17	38.97	38.77	38.57	38.37	38.17
40.86	40.66	40.47	40.27	40.07	39.87	39.67	39.47	39.27	39.07	38.87	38.67	38.47	38.27
40.96	40.77	40.57	40.37	40.17	39.97	39.77	39.57	39.37	39.18	38.98	38.78	38.58	38.37
41.07	40.87	40.67	40.47	40.27	40.07	39.88	39.68	39.48	39.28	39.08	38.88	38.68	38.48
41.17	40.97	40.77	40.57	40.38	40.18	39.98	39.78	39.58	39.38	39.18	38.98	38.78	38.58
41.27	41.07	40.87	40.68	40.48	40.28	40.08	39.88	39.68	39.48	39.29	39.09	38.89	38.69
41.37	41.18	40.98	40.78	40.58	40.38	40.18	39.99	39.79	39.59	39.39	39.19	38.99	38.79
41.47	41.28	41.08	40.88	40.68	40.49	40.29	40.09	39.89	39.69	39.49	39.29	39.09	38.89
41.58	41.38	41.18	40.98	40.79	40.59	40.39	40.19	39.99	39.79	39.60	39.40	39.20	39.00
41.68	41.48	41.28	41.09	40.89	40.69	40.49	40.29	40.10	39.90	39.70	39.50	39.30	39.10
41.78	41.58	41.39	41.19	40.99	40.79	40.60	40.40	40.20	40.00	39.80	39.60	39.40	39.20
41.88	41.69	41.49	41.29	41.09	40.90	40.70	40.50	40.30	40.10	39.91	39.71	39.51	39.31
41.99	41.79	41.59	41.39	41.20	41.00	40.80	40.60	40.41	40.21	40.01	39.81	39.61	39.41
42.09	41.89	41.69	41.50	41.30	41.10	40.90	40.71	40.51	40.31	40.11	39.91	39.71	39.51
42.19	41.99	41.80	41.60	41.40	41.21	41.01	40.81	40.61	40.41	40.22	40.02	39.82	39.62
42.29	42.10	41.90	41.70	41.51	41.31	41.11	40.91	40.72	40.52	40.32	40.12	39.92	39.72
42.39	42.20	42.00	41.81	41.61	41.41	41.21	41.02	40.82	40.62	40.42	40.22	40.03	39.83
42.50	42.30	42.10	41.91	41.71	41.51	41.32	41.12	40.92	40.72	40.53	40.33	40.13	39.93
42.60	42.40	42.21	42.01	41.81	41.62	41.42	41.22	41.02	40.83	40.63	40.43	40.23	40.03
42.70	42.51	42.31	42.11	41.92	41.72	41.52	41.33	41.13	40.93	40.73	40.53	40.34	40.14
42.80	42.61	42.41	42.22	42.02	41.82	41.63	41.43	41.23	41.03	40.84	40.64	40.44	40.24
42.91	42.71	42.51	42.32	42.12	41.93	41.73	41.53	41.33	41.14	40.94	40.74	40.54	40.35
43.01	42.81	42.62	42.42	42.22	42.03	41.83	41.63	41.44	41.24	41.04	40.85	40.65	40.45
43.11	42.91	42.72	42.52	42.33	42.13	41.93	41.74	41.54	41.34	41.15	40.95	40.75	40.55
43.21	43.02	42.82	42.63	42.43	42.23	42.04	41.84	41.64	41.45	41.25	41.05	40.85	40.66
43.31	43.12	42.92	42.73	42.53	42.34	42.14	41.94	41.75	41.55	41.35	41.16	40.96	40.76
43.42	43.22	43.03	42.83	42.64	42.44	42.24	42.05	41.85	41.65	41.46	41.26	41.06	40.86
43.52	43.32	43.13	42.93	42.74	42.54	42.35	42.15	41.95	41.76	41.56	41.36	41.17	40.97
43.62	43.43	43.23	43.04	42.84	42.65	42.45	42.25	42.06	41.86	41.66	41.47	41.27	41.07
43.72	43.53	43.33	43.14	42.94	42.75	42.55	42.36	42.16	41.96	41.77	41.57	41.37	41.18
43.83	43.63	43.44	43.24	43.05	42.85	42.66	42.46	42.26	42.07	41.87	41.67	41.48	41.28
43.93	43.73	43.54	43.34	43.15	42.95	42.76	42.56	42.37	42.17	41.97	41.78	41.58	41.38
44.03	43.84	43.64	43.45	43.25	43.06	42.86	42.67	42.47	42.27	42.08	41.88	41.68	41.49
44.13	43.94	43.74	43.55	43.35	43.16	42.96	42.77	42.57	42.38	42.18	41.98	41.79	41.59
44.24	44.04	43.85	43.65	43.46	43.26	43.07	42.87	42.68	42.48	42.28	42.09	41.89	41.70
44.34	44.14	43.95	43.75	43.56	43.37	43.17	42.98	42.78	42.58	42.39	42.19	42.00	41.80
44.44	44.25	44.05	43.86	43.66	43.47	43.27	43.08	42.88	42.69	42.49	42.30	42.10	41.90
44.54	44.35	44.15	43.96	43.77	43.57	43.38	43.18	42.99	42.79	42.60	42.40	42.20	42.01
44.64	44.45	44.26	44.06	43.87	43.67	43.48	43.28	43.09	42.89	42.70	42.50	42.31	42.11

表 B.2

酒精度/(%vol)	酒精计											
	22.5	23	23.5	24	24.5	25	25.5	26	26.5	27	27.5	28
48	47.05	46.86	46.67	46.48	46.29	46.09	45.90	45.71	45.52	45.33	45.13	44.94
48.1	47.15	46.96	46.77	46.58	46.39	46.20	46.00	45.81	45.62	45.43	45.23	45.04
48.2	47.25	47.06	46.87	46.68	46.49	46.30	46.11	45.91	45.72	45.53	45.34	45.14
48.3	47.35	47.16	46.97	46.78	46.59	46.40	46.21	46.02	45.82	45.63	45.44	45.25
48.4	47.45	47.26	47.07	46.88	46.69	46.50	46.31	46.12	45.92	45.73	45.54	45.35
48.5	47.55	47.36	47.17	46.98	46.79	46.60	46.41	46.22	46.03	45.83	45.64	45.45
48.6	47.65	47.46	47.27	47.08	46.89	46.70	46.51	46.32	46.13	45.94	45.74	45.55
48.7	47.75	47.57	47.38	47.18	46.99	46.80	46.61	46.42	46.23	46.04	45.85	45.65
48.8	47.86	47.67	47.48	47.29	47.10	46.90	46.71	46.52	46.33	46.14	45.95	45.76
48.9	47.96	47.77	47.58	47.39	47.20	47.01	46.82	46.62	46.43	46.24	46.05	45.86
49	48.06	47.87	47.68	47.49	47.30	47.11	46.92	46.73	46.54	46.34	46.15	45.96
49.1	48.16	47.97	47.78	47.59	47.40	47.21	47.02	46.83	46.64	46.45	46.25	46.06
49.2	48.26	48.07	47.88	47.69	47.50	47.31	47.12	46.93	46.74	46.55	46.36	46.16
49.3	48.36	48.17	47.98	47.79	47.60	47.41	47.22	47.03	46.84	46.65	46.46	46.27
49.4	48.46	48.27	48.08	47.89	47.70	47.51	47.32	47.13	46.94	46.75	46.56	46.37
49.5	48.56	48.37	48.18	47.99	47.80	47.61	47.42	47.23	47.04	46.85	46.66	46.47
49.6	48.66	48.47	48.28	48.09	47.91	47.72	47.53	47.34	47.15	46.95	46.76	46.57
49.7	48.76	48.57	48.38	48.20	48.01	47.82	47.63	47.44	47.25	47.06	46.87	48.68
49.8	48.86	48.67	48.49	48.30	48.11	47.92	47.73	47.54	47.35	47.16	46.97	46.78
49.9	48.96	48.77	48.59	48.40	48.21	48.02	47.83	47.64	47.45	47.26	47.07	46.88
50	49.06	48.88	48.69	48.50	48.31	48.12	47.93	47.74	47.55	47.36	47.17	46.98

（续）

单位为%vol

温度/℃													
28.5	29	29.5	30	30.5	31	31.5	32	32.5	33	33.5	34	34.5	35
44.75	44.55	44.36	44.17	43.97	43.78	43.58	43.39	43.19	43.00	42.80	42.61	42.41	42.21
44.85	44.66	44.46	44.27	44.07	43.88	43.69	43.49	43.30	43.10	42.91	42.71	42.51	42.32
44.95	44.76	44.56	44.37	44.18	43.98	43.79	43.59	43.40	43.20	43.01	42.81	42.62	42.42
45.05	44.86	44.67	44.47	44.28	44.09	43.89	43.70	43.50	43.31	43.11	42.92	42.72	42.53
45.16	44.96	44.77	44.58	44.38	44.19	43.99	43.80	43.61	43.41	43.22	43.02	42.83	42.63
45.26	45.06	44.87	44.68	44.49	44.29	44.10	43.90	43.71	43.51	43.32	43.12	42.93	42.73
45.36	45.17	44.97	44.78	44.59	44.39	44.20	44.01	43.81	43.62	43.42	43.23	43.03	42.84
45.46	45.27	45.08	44.88	44.69	44.50	44.30	44.11	43.92	43.72	43.53	43.33	43.14	42.94
45.56	45.37	45.18	44.99	44.79	44.60	44.41	44.21	44.02	43.82	43.63	43.44	43.24	43.05
45.67	45.47	45.28	45.09	44.90	44.70	44.51	44.32	44.12	43.93	43.73	43.54	43.34	43.15
45.77	45.58	45.38	45.19	45.00	44.81	44.61	44.42	44.23	44.03	43.84	43.64	43.45	43.25
45.87	45.68	45.49	45.29	45.10	44.91	44.72	44.52	34.33	44.13	43.94	43.75	43.55	43.36
45.97	45.78	45.59	45.40	45.20	45.01	44.82	44.63	44.43	44.24	44.04	43.85	43.66	43.46
46.08	45.88	45.69	45.50	45.31	45.11	44.92	44.73	44.53	44.34	44.15	43.95	43.76	43.56
46.18	45.99	45.79	45.60	45.41	45.22	45.02	44.83	44.64	44.44	44.25	44.06	43.86	43.67
46.28	46.09	45.90	45.70	45.51	45.32	45.13	44.93	44.74	44.55	44.35	44.16	43.97	43.77
46.38	46.19	46.00	45.81	45.61	45.42	45.23	45.04	44.84	44.65	44.46	44.26	44.07	43.88
46.48	46.29	46.10	45.91	45.72	45.53	45.33	45.14	44.95	44.75	44.56	44.37	44.17	43.98
46.59	46.40	46.20	46.01	45.82	45.63	45.44	45.24	45.05	44.86	44.66	44.47	44.28	44.08
46.69	46.50	46.31	46.11	45.92	45.73	45.54	45.35	45.15	44.96	44.77	44.57	44.38	44.19
46.79	46.60	46.41	46.22	46.03	45.83	45.64	45.45	45.26	45.06	44.87	44.68	44.49	44.29

ICS 67.160.10
X 61

中华人民共和国国家标准

GB/T 23547—2009

浓酱兼香型白酒

Nong jiang-flavour Chinese spirits

2009-04-14 发布　　2009-12-01 实施

中华人民共和国国家质量监督检验检疫总局
中国国家标准化管理委员会　发布

前　言

本标准以 QB/T 2524—2001《浓酱兼香型白酒》为基础制定，在本标准实施之日起，QB/T 2524—2001 自行作废。

本标准由全国食品工业标准化技术委员会提出。

本标准由全国白酒标准化技术委员会归口。

本标准起草单位：湖北白云边股份有限公司、黑龙江省玉泉酒业有限责任公司、中国食品发酵工业研究院。

本标准主要起草人：熊小毛、张庆毅、郭新光、张玉柱、杨团元、张蔚。

浓酱兼香型白酒

1 范围

本标准规定了浓酱兼香型白酒的定义、产品分类、要求、分析方法、检验规则和标志、包装、运输、贮存。

本标准适用于浓酱兼香型白酒的生产、检验与销售。

2 规范性引用文件

下列文件中的条款通过本标准的引用而成为本标准的条款。凡是注日期的引用文件，其随后所有的修改单(不包括勘误的内容)或修订版均不适用于本标准，然而，鼓励根据本标准达成协议的各方研究是否可使用这些文件的最新版本。凡是不注日期的引用文件，其最新版本适用于本标准。

GB 2757 蒸馏酒及配制酒卫生标准

GB 10344 预包装饮料酒标签通则

GB/T 10345 白酒分析方法

GB/T 10346 白酒检验规则和标志、包装、运输、贮存

3 术语和定义

下列术语和定义适用于本标准。

3.1

浓酱兼香型白酒 nong jiang-flavour Chinese spirits

以粮谷为原料，经传统固态法发酵、蒸馏、陈酿、勾兑而成的，未添加食用酒精及非白酒发酵产生的呈香呈味物质，具有浓香兼酱香独特风格的白酒。

4 产品分类

按产品的酒精度分为：

高度酒——酒精度 41%vol～68%vol；

低度酒——酒精度 18%vol～40%vol。

5 要求

5.1 感官要求

高度酒、低度酒的感官要求应分别符合表1、表2要求。

表1 高度酒感官要求

项　目	优　级	一　级
色泽和外观	无色或微黄，清亮透明，无悬浮物，无沉淀[a]	
香气	浓酱谐调，幽雅馥郁	浓酱较谐调，纯正舒适
口味	细腻丰满，回味爽净	醇厚柔和，回味较爽
风格	具有本品典型的风格	具有本品明显的风格

[a] 当酒的温度低于10 ℃时，允许出现白色絮状沉淀物质或失光。10 ℃以上时应逐渐恢复正常。

表 2 低度酒感官要求

项 目	优 级	一 级
色泽和外观	无色或微黄,清亮透明,无悬浮物,无沉淀[a]	
香气	浓酱谐调,幽雅舒适	浓酱较谐调,纯正舒适
口味	醇和丰满,回味爽净	醇甜柔和,回味较爽
风格	具有本品典型的风格	具有本品明显的风格
[a] 当酒的温度低于 10 ℃时,允许出现白色絮状沉淀物质或失光。10 ℃以上时应逐渐恢复正常。		

5.2 理化要求

高度酒、低度酒的理化要求应分别符合表 3、表 4 的规定。

表 3 高度酒理化要求

项 目		优 级	一 级
酒精度/(%vol)		41～68	
总酸(以乙酸计)/(g/L)	≥	0.50	0.30
总酯(以乙酸乙酯计)/(g/L)	≥	2.00	1.00
正丙醇/(g/L)		0.25～1.20	
己酸乙酯/(g/L)		0.60～2.00	0.60～1.80
固形物/(g/L)	≤	0.8	

表 4 低度酒理化要求

项 目		优 级	一 级
酒精度/(%vol)		18～40	
总酸(以乙酸计)/(g/L)	≥	0.30	0.20
总酯(以乙酸乙酯计)/(g/L)	≥	1.40	0.60
正丙醇/(g/L)		0.20～1.00	
己酸乙酯/(g/L)		0.50～1.60	0.50～1.30
固形物/(g/L)	≤	0.8	

5.3 卫生要求

应符合 GB 2757 的规定。

6 分析方法

按 GB/T 10345 执行。

7 检验规则和标志、包装、运输、贮存

7.1 检验规则和标志、包装、运输、贮存按 GB/T 10346 执行。

7.2 标签应符合 GB 10344 的规定。酒精度实测值与标签标示值允许差为±1.0%vol,酒精度可表示为%vol。

ICS 65.100.20
G 25

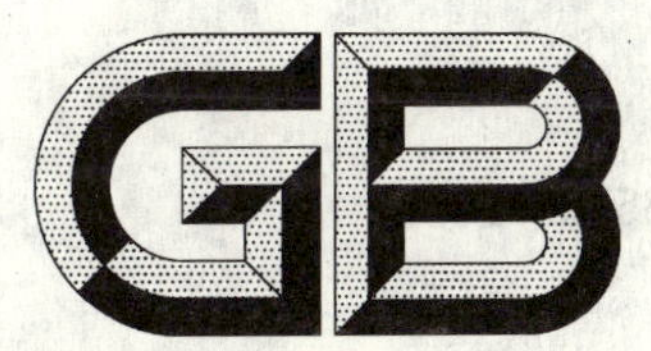

中华人民共和国国家标准

GB 23548—2009

噻吩磺隆可湿性粉剂

Thifensulfuron-methyl wettable powders

2009-04-27 发布　　　　2009-11-01 实施

中华人民共和国国家质量监督检验检疫总局
中国国家标准化管理委员会　发布

前　言

本标准的第3章和第5章为强制性的，其余为推荐性的。

本标准由中国石油和化学工业协会提出。

本标准由全国农药标准化技术委员会(SAC/TC 133)归口。

本标准负责起草单位：农业部农药检定所。

本标准参加起草单位：安徽丰乐农化有限公司、江苏省激素研究所有限公司、江苏瑞邦农药厂。

本标准主要起草人：吴进龙、陈铁春、于荣、胡琴、王桂英、孔繁蕾、步康明。

噻吩磺隆可湿性粉剂

本产品有效成分噻吩磺隆的其他名称、结构式和基本物化参数如下：

ISO 通用名称：thifensulfuron-methyl

CIPAC 数字代号：452

CA 登记号：79277-27-3

化学名称：3-(4-甲氧基-6-甲基-1,3,5-三嗪-2-基)-1-(2-甲氧基甲酰基噻吩-3-基)-磺酰脲

结构式：

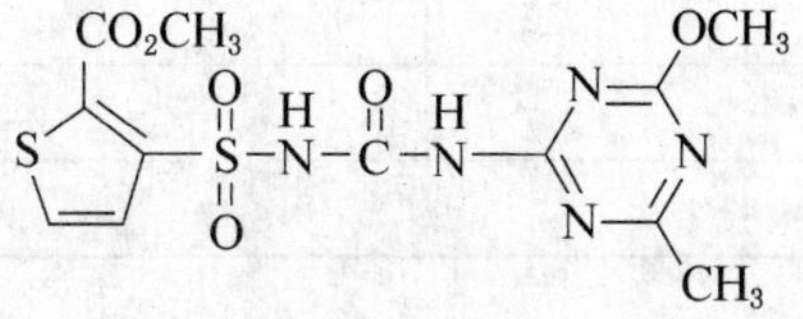

实验式：$C_{12}H_{13}N_5O_6S_2$

相对分子质量：387.4(按 2005 年国际相对原子质量计)

生物活性：除草

熔点：176 ℃(原药 171 ℃)

蒸气压(25 ℃)：1.7×10^{-8} Pa

溶解度(g/L,25 ℃)：水中 0.223(pH5),2.240(pH7),8.830(pH9)；正己烷<0.1,邻二甲苯 0.212,乙酸乙酯 3.3,甲醇 2.8,乙腈 7.7,丙酮 10.3,二氯甲烷 23.8

稳定性：在中性、弱碱性水溶液中较稳定，在偏酸性水溶液中水解加速 DT_{50} 4-6 d(pH5)

1 范围

本标准规定了噻吩磺隆可湿性粉剂的要求、试验方法以及标志、标签、包装和贮运。

本标准适用于由噻吩磺隆原药与适宜的助剂和填料加工成的噻吩磺隆可湿性粉剂。

2 规范性引用文件

下列文件中的条款通过本标准的引用而成为本标准的条款。凡是注日期的引用文件，其随后所有的修改单(不包括勘误的内容)或修订版均不适用于本标准，然而，鼓励根据本标准达成协议的各方研究是否可使用这些文件的最新版本。凡是不注日期的引用文件，其最新版本适用于本标准。

GB/T 1600　农药水分测定方法

GB/T 1601　农药 pH 值测定方法

GB/T 1604　商品农药验收规则

GB/T 1605—2001　商品农药采样方法

GB 3796　农药包装通则

GB/T 5451　农药可湿性粉剂润湿性测定方法

GB/T 14825—2006　农药可湿性粉剂悬浮率测定方法

GB/T 16150　农药粉剂、可湿性粉剂细度测定方法

GB/T 19136　农药热贮稳定性测定方法

3 要求

3.1 组成和外观

本品应由符合标准的噻吩磺隆原药与适宜的助剂和填料加工制成，应为均匀的疏松粉末，不应有团块。

3.2 技术指标

噻吩磺隆可湿性粉剂应符合表1要求。

表1 噻吩磺隆可湿性粉剂控制项目指标

项目		指标	
噻吩磺隆质量分数/%		$25.0^{+1.5}_{-1.5}$	$15.0^{+0.9}_{-0.9}$
噻吩磺隆悬浮率/%	≥	75	
pH值范围		6.0～9.0	
水分/%	≤	3.0	
润湿时间/s	≤	120	
细度(通过45 μm试验筛)/%	≥	98	
热贮稳定性[a]		合格	
[a] 热贮稳定性试验,每3个月至少检验1次。			

4 试验方法

4.1 抽样

按照GB/T 1605—2001“固体制剂采样”方法进行。用随机取样方法确定抽样的包装件,最终抽样量不应少于300 g。

4.2 鉴别试验

高效液相色谱法——本鉴别试验可与噻吩磺隆含量测定同时进行。在相同的色谱操作条件下,试样溶液中某一个色谱峰的保留时间与标样溶液中噻吩磺隆色谱峰的保留时间,其相对差值应在1.5%以内。

当用以上方法对有效成分鉴别有疑问时,可采用其他有效方法进行鉴别。

4.3 噻吩磺隆质量分数的测定

4.3.1 方法提要

试样用乙腈溶解,以甲醇+水为流动相,使用以C_{18}为填料的不锈钢柱和紫外检测器(250 nm),以外标法对试样中的噻吩磺隆进行反相高效液相色谱分离和测定。

4.3.2 试剂和溶液

甲醇:色谱级;

乙腈:色谱级;

磷酸:分析纯;

水:新蒸二次蒸馏水;

噻吩磺隆标样:已知质量分数$w \geqslant 98.0\%$。

4.3.3 仪器

高效液相色谱仪:具有紫外可变波长检测器;

色谱数据处理机或色谱工作站;

色谱柱:250 mm×4.6 mm(i.d.)不锈钢柱,内装ZORBAX SB-C_{18}、5 μm填充物(或其他同等效果色谱柱);

过滤器:滤膜孔径约0.45 μm;

微量进样器:50 μL;

定量进样管:5 μL;

超声波清洗器。

4.3.4 **高效液相色谱操作条件**

流动相：φ(甲醇：水)=65：35，其中水用磷酸调 pH=3，经滤膜过滤，并进行脱气；

流动相流量：1.0 mL/min；

柱温：30 ℃；

检测波长：250 nm；

进样体积：5.0 μL；

保留时间：噻吩磺隆约 4.0 min。

上述操作参数是典型的，可根据不同仪器及色谱柱特点，对给定操作参数作适当调整，以期获得最佳效果。典型的噻吩磺隆可湿性粉剂高效液相色谱图见图 1。

1——噻吩磺隆。

图 1 噻吩磺隆可湿性粉剂高效液相色谱图

4.3.5 **测定步骤**

4.3.5.1 **标样溶液配制**

称取噻吩磺隆标样 0.05 g(精确至 0.000 2 g)，置于 100 mL 容量瓶中，用乙腈溶解并稀释至刻度，摇匀。

4.3.5.2 **试样溶液配制**

称取含噻吩磺隆 0.05 g 的试样(精确至 0.000 2 g)，置于 100 mL 容量瓶中，用乙腈溶解并稀释至刻度，摇匀。经滤膜过滤，待用。

4.3.5.3 测定

在上述操作条件下，待仪器稳定后，连续注入数针标样溶液，待相邻两针的噻吩磺隆峰面积相对变化小于1.5%后，按标样溶液、试样溶液、试样溶液、标样溶液的顺序进行测定。

4.3.6 计算

将测得的两针试样溶液以及试样溶液前后两针标样溶液中噻吩磺隆峰面积分别进行平均。试样中噻吩磺隆的质量分数 w_1(%)按式(1)计算：

$$w_1 = \frac{A_2 \times m_1 \times w}{A_1 \times m_2} \qquad \cdots\cdots(1)$$

式中：

A_1——前后两针标样溶液中噻吩磺隆峰面积的平均值；

A_2——前后两针试样溶液中噻吩磺隆峰面积的平均值；

m_1——噻吩磺隆标样的质量，单位为克(g)；

m_2——试样的质量，单位为克(g)；

w——标样中噻吩磺隆的质量分数，以%表示。

4.3.7 允许差

两次平行测定结果之差应不大于0.5%，取其算术平均值作为测定结果。

4.4 悬浮率的测定

4.4.1 测定步骤

按GB/T 14825—2006中方法一进行。称样量约为1.0 g(精确至0.000 2 g)，用70 mL乙腈将留在量筒底部的1/10悬浮液和残留物转移到100 mL容量瓶中，充分振荡，乙腈超声溶解，定容。按4.3.5测定噻吩磺隆质量，计算其悬浮率。

4.4.2 允许差

两次平行测定结果之差，应不大于5%，取其算术平均值作为测定结果。

4.5 水分的测定

按GB/T 1600中"共沸蒸馏法"进行。

4.6 pH值的测定

按GB/T 1601进行。

4.7 润湿时间的测定

按GB/T 5451进行。

4.8 细度的测定

按GB/T 16150中"湿筛法"进行。

4.9 热贮稳定性试验

按GB/T 19136中"粉体制剂"的方法进行，于热贮后24 h内完成噻吩磺隆质量分数和悬浮率的测定。噻吩磺隆质量分数应不低于贮前质量分数的95%，悬浮率应符合标准要求。

4.10 产品的检验与验收

应符合GB/T 1604的规定。极限数值的处理采用修约值比较法。

5 标志、标签、包装、贮运

5.1 噻吩磺隆可湿性粉剂的标志、标签和包装，应符合GB 3796中的有关规定。

5.2 噻吩磺隆可湿性粉剂用铝塑复合袋包装，每袋净容量为50 g，外用纸箱作外包装，每箱净含量不超过10 kg。也可根据用户要求或定货协议，采用其他形式的包装，但要符合GB 3796中的有关规定。

5.3 包装件应存放在通风、干燥的库房中。

5.4 贮运时，严防潮湿和日晒，不得与食物、种子、饲料混放，避免与皮肤、眼睛接触，防止由口鼻吸入。

5.5 安全：在使用说明书上或包装容器上，除有醒目的毒性标志外，还应有毒性说明、使用注意事项、中毒症状、解毒方法和急救措施。

5.6 保证期：在规定的贮运条件下，噻吩磺隆可湿性粉剂的质量保证期，从生产日期算起为2年。

ICS 65.100.30
G 25

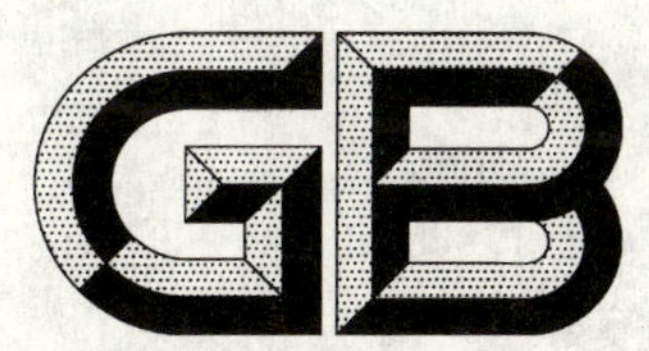

中华人民共和国国家标准

GB 23549—2009

丙环唑乳油

Propiconazole emulsifiable concentrates

2009-04-27 发布 2009-11-01 实施

中华人民共和国国家质量监督检验检疫总局
中国国家标准化管理委员会 发布

前　言

本标准的第3章、第5章为强制性的，其余为推荐性的。

本标准修改采用FAO规格408/EC/S/F(1993)《丙环唑乳油》(Propiconazole emulsifiable concentrates)。

本标准修改采用国外先进标准的方法为重新起草法。

本标准与FAO规格《丙环唑乳油》的主要技术性差异：

——本标准水分指标为≤1.0%，而FAO规格未做规定；

——本标准pH值范围为4.0～9.0，而FAO规格pH值范围为4～10。

本标准由中国石油和化学工业协会提出。

本标准由全国农药标准化技术委员会(SAC/TC 133)归口。

本标准负责起草单位：沈阳化工研究院。

本标准参加起草单位：江苏丰登农药有限公司、江苏七洲绿色化工股份有限公司、温州绿佳化工有限公司。

本标准主要起草人：高晓晖、武铁军、耿荣伟、胡春红、王学驹。

丙 环 唑 乳 油

该产品有效成分丙环唑的其他名称、结构式和基本物化参数如下：

ISO 通用名称：propiconazole

CIPAC 数字代码：408

化学名称：(±)1-[2-(2,4-二氯苯基)-4-丙基-1,3-二氧戊环-2-基甲基]-1H-1,2,4-三唑

丙环唑组成：丙环唑由一对立体异构体丙环唑 A 和丙环唑 B 组成

结构式：

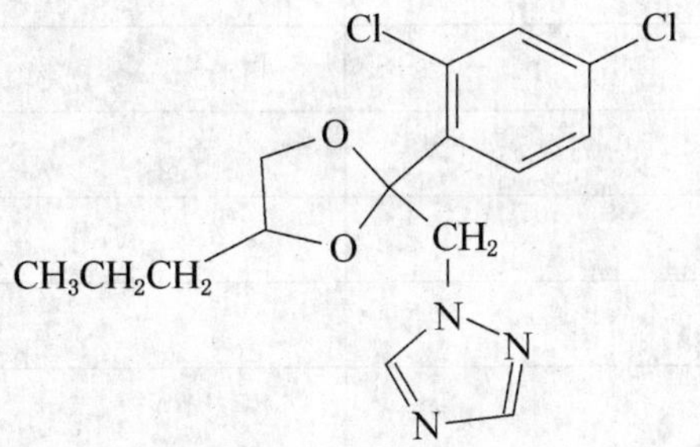

实验式：$C_{15}H_{17}Cl_2N_3O_2$

相对分子质量：342.2(按 2005 国际相对原子质量计)

生物活性：杀菌

沸点：180 ℃/13.3 Pa

蒸气压(20 ℃)：0.013 mPa

溶解度(20 ℃)：水中 110 mg/L，己烷 60 g/kg，与丙酮、甲醇、异丙醇互溶

稳定性：320 ℃以下稳定，对光较稳定，水解不明显，在酸性、碱性介质中较稳定，不腐蚀金属

1 范围

本标准规定了丙环唑乳油的要求、试验方法以及标志、标签、包装、贮运。

本标准适用于由丙环唑原药与乳化剂溶解在适宜的溶剂中配制成的丙环唑乳油。

2 规范性引用文件

下列文件中的条款通过本标准的引用而成为本标准的条款。凡是注日期的引用文件，其随后所有的修改单(不包括勘误的内容)或修订版均不适用于本标准，然而，鼓励根据本标准达成协议的各方研究是否可使用这些文件的最新版本。凡是不注日期的引用文件，其最新版本适用于本标准。

GB/T 1600　农药水分测定方法

GB/T 1601　农药 pH 值的测定方法

GB/T 1603　农药乳液稳定性测定方法

GB/T 1604　商品农药验收规则

GB/T 1605—2001　商品农药采样方法

GB/T 4472　化工产品密度、相对密度测定通则

GB 4838　农药乳油包装

GB/T 19136　农药热贮稳定性测定方法

GB/T 19137　农药低温稳定性测定方法

3 要求

3.1 组成和外观

本品应由符合标准的丙环唑原药制成，外观为均相液体，无明显的悬浮物和沉淀。

3.2 技术指标

丙环唑乳油应符合表1要求。

表1 丙环唑乳油控制项目指标

项　目		指　标
丙环唑质量分数[a]/% 或质量浓度(20 ℃)/(g/L)		$25.0^{+1.5}_{-1.5}$ 250^{+15}_{-15}
水分/%	≤	1.0
pH值范围		4.0～9.0
乳液稳定性(稀释200倍)		合格
低温稳定性[b]		合格
热贮稳定性[b]		合格

[a] 当发生争议时，以丙环唑质量分数为仲裁。

[b] 正常生产时，低温稳定性和热贮稳定性试验，每3个月至少测定一次。

4 试验方法

4.1 抽样

按GB/T 1605—2001中"液体制剂采样"方法进行。用随机数表法确定抽样的包装件；最终抽样量应不少于200 mL。

4.2 鉴别试验

液相色谱法——本鉴别试验可与丙环唑含量的测定同时进行。在相同的色谱操作条件下，试样溶液中某两个色谱峰的保留时间与标样溶液中丙环唑A和丙环唑B色谱峰的保留时间，其相对差值应在1.5%以内。

气相色谱法——本鉴别试验可与丙环唑含量的测定同时进行。在相同的色谱操作条件下，试样溶液中某两个色谱峰的保留时间与标样溶液中丙环唑A和丙环唑B色谱峰的保留时间，其相对差值应在1.5%以内。

4.3 丙环唑质量分数的测定

4.3.1 气相色谱法(仲裁法)

4.3.1.1 方法提要

试样用三氯甲烷溶解，以邻苯二甲酸二环己酯为内标物，使用HP-5为涂壁的毛细柱和氢火焰离子化检测器，对试样中的丙环唑进行气相色谱分离和测定，内标法定量。

4.3.1.2 试剂和溶液

三氯甲烷；

丙环唑标样：已知质量分数 $w \geqslant 98.0\%$；

内标物：邻苯二甲酸二环己酯；应没有干扰分析的杂质；

内标溶液：称取4.0 g的邻苯二甲酸二环己酯，置于500 mL容量瓶中，用三氯甲烷溶解并稀释至刻度，摇匀。

4.3.1.3 仪器

气相色谱仪：具有氢火焰离子化检测器；

色谱数据处理机或工作站；

色谱柱：30 m×0.32 mm(i.d.)毛细管柱，键合 HP-5(5%苯甲基硅酮)，膜厚 0.25 μm。

4.3.1.4 气相色谱操作条件

温度(℃)：柱温：210，气化室 250，检测器室 280；

气体流量(mL/min)：载气(N_2)2.0，氢气 40，空气 400，补偿气 25；

分流比：20∶1；

进样量：1.0 μL；

保留时间(min)：丙环唑 A 9.1，丙环唑 B 9.4，邻苯二甲酸二环己酯 15.4。

上述操作参数是典型的，可根据不同仪器特点，对给定的操作参数作适当调整，以期获得最佳效果。典型的丙环唑乳油与内标物的气相色谱图见图 1。

1——丙环唑 A；

2——丙环唑 B；

3——内标物(邻苯二甲酸二环己酯)。

图 1 丙环唑乳油与内标物的气相色谱图

4.3.1.5 测定步骤

4.3.1.5.1 标样溶液的制备

称取丙环唑标样 0.1 g(精确至 0.000 2 g)，置于 15 mL 具塞玻璃瓶中，用移液管准确加入 10 mL 内标液，摇匀。

4.3.1.5.2 试样溶液的制备

称取丙环唑乳 0.4 g 试样(精确至 0.000 2 g)，置于 15 mL 具塞玻璃瓶中，用 4.3.2.5.1 中使用的同一支移液管准确加入 10 mL 内标液，摇匀。

4.3.1.5.3 测定

在上述操作条件下，待仪器稳定后，连续注入数针标样溶液，直至相邻两针丙环唑峰面积相对变化小于1.2%后，按照标样溶液、试样溶液、试样溶液、标样溶液的顺序进行测定。

4.3.1.6 计算

将测得的两针试样溶液以及试样前后两针标样溶液中丙环唑A与丙环唑B峰面积的和与内标物的峰面积比分别进行平均。试样中丙环唑的质量分数 w_1(%)，按式(1)计算；丙环唑质量浓度 ρ_1(g/L)按式(2)计算：

$$w_1 = \frac{r_2 \cdot m_1 \cdot w}{r_1 \cdot m_2} \quad \cdots\cdots(1)$$

$$\rho_1 = \frac{r_2 \cdot m_1 \cdot \rho \cdot w \times 10}{r_1 \cdot m_2} \quad \cdots\cdots(2)$$

式中：

r_1——标样溶液中，丙环唑A与丙环唑B的峰面积和与内标物峰面积比的平均值；

r_2——试样溶液中，丙环唑A与丙环唑B的峰面积和与内标物峰面积比的平均值；

m_1——标样的质量，单位为克(g)；

m_2——试样的质量，单位为克(g)；

ρ——20 ℃时试样的密度，单位为克每毫升(g/mL)(按GB/T 4472进行测定)；

w——标样中，丙环唑的质量分数，以%表示。

4.3.1.7 允许差

丙环唑质量分数两次平行测定结果之差应不大于0.8%，取其算术平均值作为测定结果。

4.3.2 液相色谱法

4.3.2.1 方法提要

试样用甲醇溶解，以甲醇+水为流动相，使用以Eclipse XDB C8为填料的不锈钢柱和紫外检测器(230 nm)，对试样中的丙环唑进行反相高效液相色谱分离，外标法定量。

4.3.2.2 试剂和溶液

甲醇；

水：新蒸二次蒸馏水；

丙环唑标样：已知质量分数 $w \geq 98.0\%$。

4.3.2.3 仪器

高效液相色谱仪：具有可变波长紫外检测器；

色谱数据处理机或工作站；

色谱柱：150 mm×4.6 mm(i.d.)不锈钢柱，内装Eclipse XDB C8、5 μm填充物(或具等同效果的色谱柱)；

过滤器：滤膜孔径约0.45 μm；

微量进样器：50 μL；

定量进样管：5 μL；

超声波清洗器。

4.3.2.4 高效液相色谱操作条件

流动相：φ(甲醇：水)=65：35，经滤膜过滤，并进行脱气；

流量：1.0 mL/min；

柱温：室温(温差变化应不大于2 ℃)；

检测波长：230 nm；

进样体积：5 μL；

保留时间：丙环唑A 11.7 min，丙环唑B 12.6 min。

上述操作参数是典型的，可根据不同仪器特点，对给定的操作参数作适当调整，以期获得最佳效果。典型的丙环唑乳油高效液相色谱图见图2。

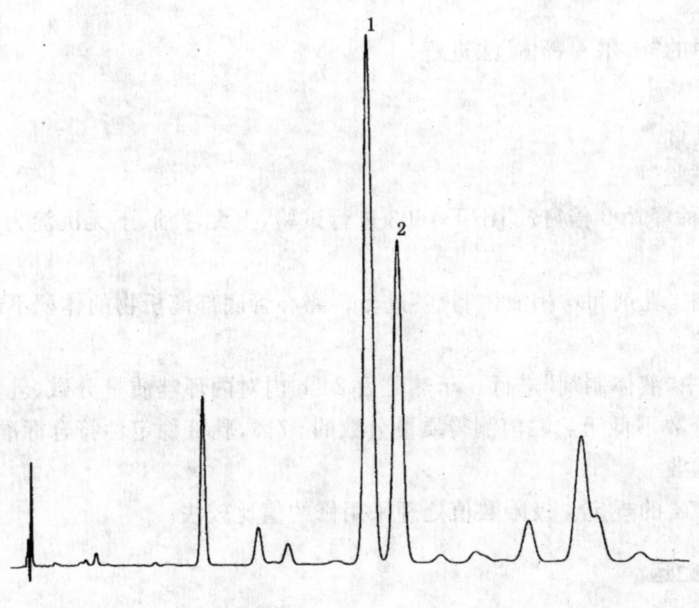

1——丙环唑A；

2——丙环唑B。

图2 丙环唑乳油的高效液相色谱图

4.3.2.5 测定步骤

4.3.2.5.1 标样溶液的制备

称取丙环唑标样0.06 g(精确至0.000 2 g)，置于50 mL容量瓶中，用甲醇溶解并稀释至刻度，摇匀。

4.3.2.5.2 试样溶液的制备

称取丙环唑0.24 g试样(精确至0.000 2 g)，置于50 mL容量瓶中，用甲醇溶解并稀释至刻度，摇匀。

4.3.2.5.3 测定

在上述操作条件下，待仪器稳定后，连续注入数针标样溶液，直至相邻两针丙环唑峰面积相对变化小于1.2%后，按照标样溶液、试样溶液、试样溶液、标样溶液的顺序进行测定。

4.3.2.6 计算

将测得的两针试样溶液以及试样前后两针标样溶液中丙环唑A与丙环唑B峰面积的和进行平均。试样中丙环唑的质量分数w_2(%)，按式(3)计算；丙环唑质量浓度ρ_2(g/L)按式(4)计算：

$$w_2=\frac{A_2\cdot m_1\cdot w}{A_1\cdot m_2} \quad \cdots\cdots(3)$$

$$\rho_2=\frac{A_2\cdot m_1\cdot \rho\cdot w\times 10}{A_1\cdot m_2} \quad \cdots\cdots(4)$$

式中：

A_1——标样溶液中，丙环唑A与丙环唑B峰面积和的平均值；

A_2——试样溶液中，丙环唑A与丙环唑B峰面积和的平均值；

m_1——标样的质量，单位为克(g)；

m_2——试样的质量，单位为克(g)；

ρ——20 ℃时试样的密度，单位为克每毫升(g/mL)(按GB/T 4472进行测定)；

w——标样中丙环唑的质量分数，以%表示。

4.3.2.7 **允许差**

丙环唑质量分数两次平行测定结果之差应不大于0.8%,取其算术平均值作为测定结果。

4.4 **水分的测定**

按GB/T 1600中的"卡尔·费休"法进行。

4.5 **pH值的测定**

按GB/T 1601进行。

4.6 **乳液稳定性的试验**

试样用标准硬水稀释200倍,按GB/T 1603进行试验,上无浮油、下无沉淀为合格。

4.7 **低温稳定性**

按GB/T 19137中"乳剂和均相液体制剂"进行。离心管底部离析物的体积不超过0.3 mL为合格。

4.8 **热贮稳定性试验**

按GB/T 19136中"液体制剂"进行。于热贮后24 h内对丙环唑质量分数、乳液稳定性项目进行检测,贮后丙环唑质量分数不低于热贮前测得质量分数的97%,乳液稳定性符合标准要求,即为合格。

4.9 **产品的检验与验收**

应符合GB/T 1604的规定。极限数值处理采用修约值比较法。

5 标志、标签、包装、贮运

5.1 丙环唑乳油的标志、标签、包装应符合GB 4838的规定。

5.2 丙环唑乳油采用聚酯瓶或聚乙烯瓶包装,每瓶净含量为250 mL、500 mL,外包装为纸箱、瓦楞纸板箱或钙塑箱,每箱净含量不超过10 kg。也可根据用户要求或订货协议,采用其他形式的包装,但需符合GB 4838的规定。

5.3 丙环唑乳油包装件应贮存在通风、干燥的库房中。

5.4 贮运时,严防潮湿和日晒,不得与食物、种子、饲料混放,避免与皮肤、眼睛接触,防止由口鼻吸入。

5.5 **安全:丙环唑属低毒杀菌剂。使用本品时应戴防护手套、穿干净的防护服。施药后应立即用肥皂水洗净。如皮肤和眼睛接触药液时,要用大量清水冲洗。如发生中毒现象,应及时去医院治疗。**

5.6 **保证期**:在规定的贮运条件下,丙环唑乳油的保证期,从生产日期算起为2年。

ICS 65.100.10
G 25

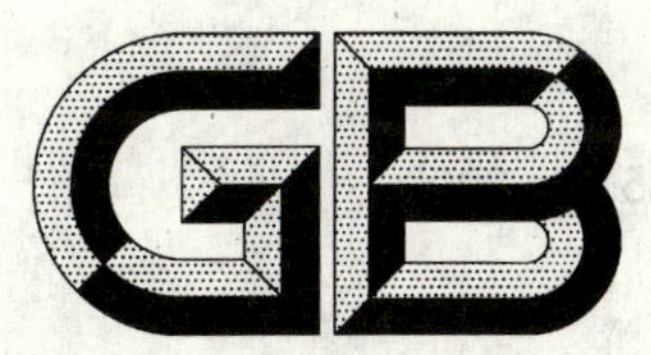

中华人民共和国国家标准

GB 23550—2009

35%水胺硫磷乳油

35% Isocarbophos emulsifiable concentrates

2009-04-27 发布　　2009-11-01 实施

中华人民共和国国家质量监督检验检疫总局
中国国家标准化管理委员会　发布

前　言

本标准的第3章、第5章为强制性的，其余为推荐性的。

本标准自实施之日起，原化工行业标准 HG 2199—1991《水胺硫磷乳油》作废。

本标准由中国石油和化学工业协会提出。

本标准由全国农药标准化技术委员会(SAC/TC 133)归口。

本标准负责起草单位：沈阳化工研究院。

本标准参加起草单位：湖北仙隆化工股份有限公司、河北威远生物化工股份有限公司。

本标准主要起草人：姜敏怡、于亮、张雪、杨锦蓉、次素英。

35％水胺硫磷乳油

该产品有效成分水胺硫磷的其他名称、结构式和基本物化参数如下：

ISO 通用名称：lsocarbophos

CAS 登录号：24353-61-5

化学名称：O-甲基-O-(2-异丙氧基甲酰基苯基)硫代磷酰胺

结构式：

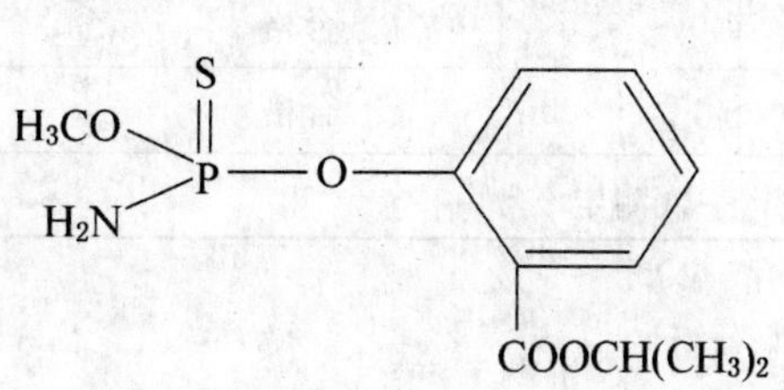

$$\begin{array}{c} S \\ \| \\ H_3CO-P-O-C_6H_4-COOCH(CH_3)_2 \\ | \\ H_2N \end{array}$$

实验式：$C_{11}H_{16}NO_4PS$

相对分子质量：288.0（按 2003 年国际相对原子质量计）

生物活性：杀虫、杀螨

熔点：45 ℃～46 ℃

溶解性：能溶于乙醇、乙醚、苯、丙酮及乙酸乙酯，不溶于水和石油醚

稳定性：在中性及微酸性条件下比较稳定，遇碱易分解

1 范围

本标准规定了 35％水胺硫磷乳油的要求、试验方法以及标志、标签、包装、贮运。

本标准适用于由水胺硫磷原药与乳化剂溶解在适宜的溶剂中配制而成的 35％水胺硫磷乳油。

2 规范性引用文件

下列文件中的条款通过本标准的引用而成为本标准的条款。凡是注日期的引用文件，其随后所有的修改单(不包括勘误的内容)或修订版均不适用于本标准，然而，鼓励根据本标准达成协议的各方研究是否可使用这些文件的最新版本。凡是不注日期的引用文件，其最新版本适用于本标准。

GB/T 601 化学试剂标准滴定溶液的制备

GB/T 1600 农药水分测定方法

GB/T 1603 农药乳液稳定性测定方法

GB/T 1604 商品农药验收规则

GB/T 1605—2001 商品农药采样方法

GB 4838 农药乳油包装

GB/T 19136 农药热贮稳定性测定方法

GB/T 19137 农药低温稳定性测定方法

3 要求

3.1 组成和外观

本品应由符合标准的水胺硫磷原药与乳化剂溶解在适宜的溶剂中配制而成，应为稳定的均相液体，无可见的悬浮物和沉淀。

3.2 技术指标

35%水胺硫磷乳油应符合表1要求。

表1 35%水胺硫磷乳油质量控制项目指标

项目		指标
水胺硫磷质量分数/%		$35.0^{+1.8}_{-1.8}$
水分/%	≤	0.5
酸度(以 H_2SO_4 计)/%	≤	0.3
乳液稳定性(稀释200倍)		合格
低温稳定性[a]		合格
热贮稳定性[a]		合格

a 正常生产时低温稳定性和热贮稳定性试验,每3个月至少进行一次测定。

4 试验方法

4.1 抽样

按 GB/T 1605—2001 中"液体制剂采样"方法进行。用随机数表法确定抽样的包装件;最终抽样量应不少于 250 mL。

4.2 鉴别试验

液相色谱法——本鉴别试验可与水胺硫磷质量分数的测定同时进行。在相同的色谱操作条件下,试样溶液中某色谱峰的保留时间与标样溶液中主色谱峰的保留时间,其相对差值应在1.5%以内。

4.3 水胺硫磷质量分数的测定

4.3.1 高效液相色谱法(仲裁法)

4.3.1.1 方法提要

试样用甲醇溶解,以甲醇+水为流动相,使用以 BDS Hypersil C_{18} 为填料的不锈钢柱和紫外检测器(225 nm),对试样中的水胺硫磷进行高效液相色谱分离和测定。

4.3.1.2 试剂和溶液

甲醇;

水:新蒸二次蒸馏水;

水胺硫磷标样:已知质量分数 $w \geq 99.0\%$。

4.3.1.3 仪器

高效液相色谱仪:具有可变波长紫外检测器;

色谱数据处理机或工作站;

色谱柱:150 mm×4.6 mm(i.d.)不锈钢柱,内装 BDS Hypersil C_{18} 5 μm 填充物(或同等效果的色谱柱);

过滤器:滤膜孔径约 0.45 μm;

微量进样器:50 μL;

定量进样管:5 μL;

超声波清洗器。

4.3.1.4 高效液相色谱操作条件

流动相:$\varphi(CH_3OH : H_2O)=60:40$;

流速:1.0 mL/min;

柱温:室温(温差变化应不大于2 ℃);

检测波长:225 nm;

进样体积:5 μL;

保留时间:水胺硫磷约 5.6 min。

上述操作参数是典型的,可根据不同仪器特点,对给定的操作参数作适当调整,以期获得最佳效果。典型的 35%水胺硫磷乳油高效液相色谱图见图 1。

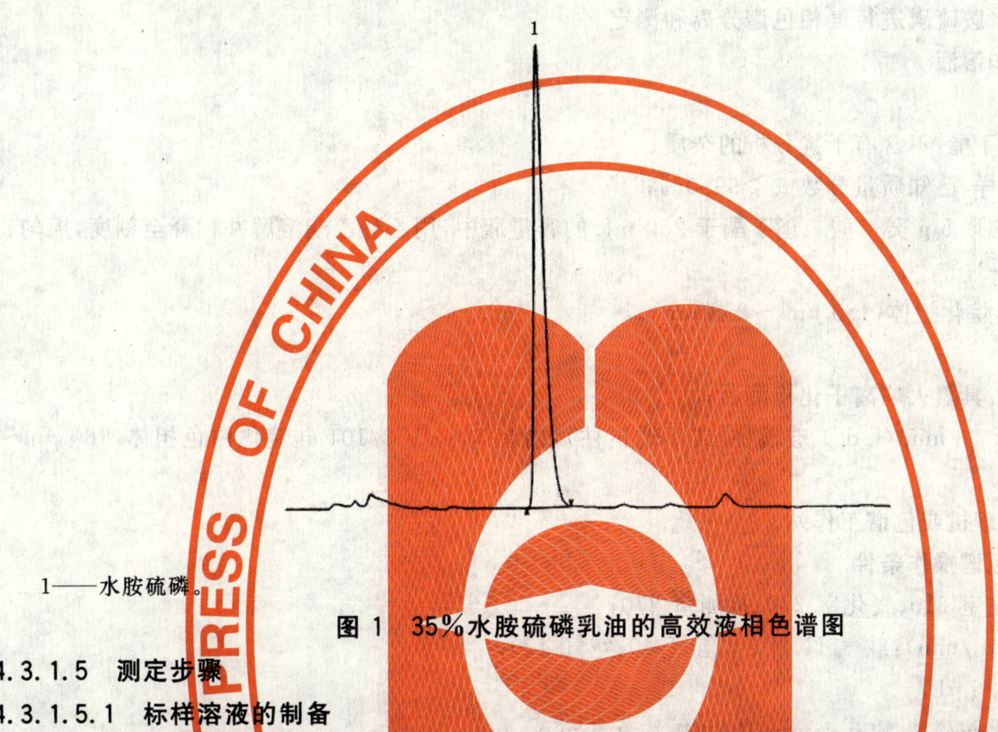

1——水胺硫磷。

图 1　35%水胺硫磷乳油的高效液相色谱图

4.3.1.5　测定步骤

4.3.1.5.1　标样溶液的制备

称取 0.1 g 水胺硫磷标样(精确至 0.000 2 g),置于 50 mL 容量瓶中,用甲醇稀释至刻度,超声波振荡 5 min 使试样溶解,冷却至室温,摇匀。用移液管移取上述溶液 5 mL 于 50 mL 容量瓶中,用甲醇稀释至刻度,摇匀。

4.3.1.5.2　试样溶液的制备

称取 0.3 g(精确至 0.000 2 g)水胺硫磷试样,置于 50 mL 容量瓶中,用甲醇稀释至刻度,超声波振荡 5 min 使试样溶解,冷却至室温,摇匀。用移液管移取上述溶液 5 mL 于 50 mL 容量瓶中,用甲醇稀释至刻度,摇匀。

4.3.1.6　测定

在上述操作条件下,待仪器稳定后,连续注入数针标样溶液,直至相邻两针水胺硫磷峰面积相对变化小于 1.2%后,按照标样溶液、试样溶液、试样溶液、标样溶液的顺序进行测定。

4.3.1.7　计算

试样中水胺硫磷的质量分数 w_1(%),按式(1)计算:

$$w_1 = \frac{A_2 \cdot m_1 \cdot w}{A_1 \cdot m_2} \qquad \cdots\cdots(1)$$

式中:

A_1——标样溶液中,水胺硫磷峰面积的平均值;

A_2——试样溶液中,水胺硫磷峰面积的平均值;

m_1——标样的质量,单位为克(g);

m_2——试样的质量,单位为克(g);

w——水胺硫磷标样的质量分数,以%表示。

4.3.1.8 允许差

水胺硫磷质量分数两次平行测定结果之差应不大于 0.5%,取其算术平均值作为测定结果。

4.3.2 气相色谱法

4.3.2.1 方法提要

试样用乙酸乙酯溶解,以癸二酸二正丁酯为内标物,使用 5%OV-3 填充柱,和氢火焰离子化检测器,对试样中的水胺硫磷进行气相色谱分离和测定。

4.3.2.2 试剂和溶液

乙酸乙酯;

癸二酸二正丁酯:不含有干扰分析的杂质;

水胺硫磷标样:已知质量分数 $w\geqslant 99.0\%$;

内标溶液:称取 5 g 癸二酸二正丁酯于 250 mL 的容量瓶中,用乙酸乙酯溶解并稀释至刻度,摇匀;

固定液:OV-3;

载体:101 硅烷化担体(180 μm ~250 μm)。

4.3.2.3 仪器

气相色谱仪:具氢火焰离子化检测器;

色谱柱:1 m×3 mm (i.d.) 玻璃柱(或不锈钢柱),内装 5%OV-3/101 硅烷化白色担体(180 μm~250 μm)填充物。

色谱数据处理机或色谱工作站。

4.3.2.4 气相色谱操作条件

温度(℃):柱室 210、气化室 270、检测室 270;

气体流量(mL/min):载气 (N_2) 60、氢气 40、空气 400;

进样体积:0.6 μL;

保留时间:水胺硫磷 约 6.1 min、内标物 约 9.5 min。

上述气相色谱操作条件,系典型操作参数。可根据不同仪器特点,对给定的操作参数作适当调整,以期获得最佳效果。典型的 35%水胺硫磷乳油与内标物的气相色谱图见图 2。

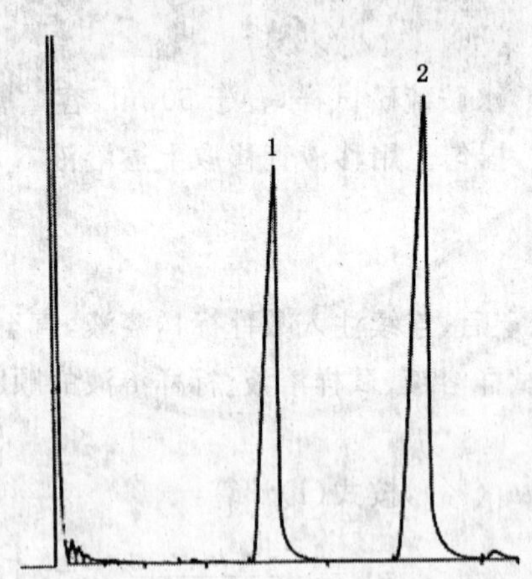

1——水胺硫磷;

2——内标物。

图 2 35%水胺硫磷乳油与内标物的气相色谱图

4.3.2.5 测定步骤

4.3.2.5.1 标样溶液的配制

称取水胺硫磷标样 0.2 g(精确至 0.000 2 g),置于一具塞玻璃瓶中,用移液管准确加入 5 mL 内标溶液，摇匀。

4.3.2.5.2　试样溶液的配制

称取0.6 g(精确至0.000 2 g)水胺硫磷试样，置于一具塞的玻璃瓶中，用与4.3.2.5.1中使用的同一支移液管准确加入5 mL内标溶液，摇匀。

4.3.2.6　测定

在上述色谱操作条件下，待仪器稳定后，连续注入数针标样溶液，直至相邻两针水胺硫磷与内标物的峰面积比的相对变化小于1.2%后，按照标样溶液、试样溶液、试样溶液、标样溶液的顺序进行分析测定。

4.3.2.7　计算

将测得的两针试样溶液以及试样前后两针标样溶液中水胺硫磷与内标物的峰面积比分别进行平均。试样中水胺硫磷质量分数 w_2(%)按式(2)计算：

$$w_2=\frac{\gamma_2\times m_1\times w}{\gamma_1\times m_2} \qquad \cdots\cdots(2)$$

式中：

γ_1——标样溶液中水胺硫磷与内标物峰面积比的平均值；

γ_2——试样溶液中水胺硫磷与内标物峰面积比的平均值；

m_1——标样的质量，单位为克(g)；

m_2——试样的质量，单位为克(g)；

w——标样中水胺硫磷的质量分数，以%表示。

4.3.2.8　允许差

两次平行测定结果之差应不大于0.5%，取其算术平均值作为测定结果。

4.4　水分的测定

按GB/T 1600中的“卡尔·费休法”进行。

4.5　酸度的测定

4.5.1　试剂和溶液

无水乙醇；

氢氧化钠标准滴定溶液 $c(NaOH)=0.02$ mol/L，按GB/T 601配制和标定；

溴酚兰乙醇溶液：ρ(溴酚兰)=1 g/L。

4.5.2　测定步骤

称取试样2 g(精确至0.002 g)，置于一个250 mL锥形瓶中，加入无水乙醇20 mL，摇动使试样溶解。加入3滴溴酚兰指示剂，用氢氧化钠标准滴定溶液滴定至兰色即为终点。同时做空白测定。

4.5.3　计算

试样的酸度 w_3(%)，按式(3)计算：

$$w_3=\frac{c(V_1-V_0)\times M}{m\times 1\,000}\times 100 \qquad \cdots\cdots(3)$$

式中：

c——氢氧化钠标准滴定溶液的实际浓度，单位为摩尔每升(mol/L)；

V_1——滴定试样溶液，消耗氢氧化钠标准滴定溶液的体积，单位为毫升(mL)；

V_0——滴定空白溶液，消耗氢氧化钠标准滴定溶液的体积，单位为毫升(mL)；

m——试样的质量，单位为克(g)；

M——硫酸的摩尔质量的数值，单位为克每摩尔(g/mol)，$[M(\frac{1}{2}H_2SO_4)=49$ g/mol$]$。

4.6　乳液稳定性试验

试样用标准硬水稀释200倍，按GB/T 1603进行试验和判定。

4.7 低温稳定性试验

按 GB/T 19137 中“乳剂和均相液体制剂”进行，离心管底部离析物的体积不超过 0.3 mL 为合格。

4.8 热贮稳定性试验

按 GB/T 19136 中“液体制剂”进行。热贮后，水胺硫磷质量分数不应低于热贮前测得质量分数的 90%；乳液稳定性仍应符合标准要求。

4.9 产品的检验和验收

产品的检验与验收应符合 GB/T 1604 的规定。极限数值的处理采用修约值比较法。

5 标志、标签、包装、贮运

5.1 35%水胺硫磷乳油的标志、标签和包装，应符合 GB 4838 的规定。

5.2 35%水胺硫磷乳油用洁净、干燥的玻璃瓶或聚酯瓶包装，每瓶净含量为 280 g(mL)、320 g (mL)等，外用瓦楞纸箱包装，每箱净含量不大于 20 kg。也可根据用户要求或订货协议，采用其他形式的包装，但需符合 GB 4838 的规定。

5.3 35%水胺硫磷乳油包装件应贮存在通风、干燥的库房中。

5.4 贮运时，严防潮湿和日晒，不得与食物、种子、饲料混放，避免与皮肤、眼睛接触，防止由口鼻吸入。

5.5 安全：本品属有机磷杀虫剂。吞噬和吸入均有毒，可经皮肤渗入。使用本品时要戴防护镜和胶皮手套穿必要的防护衣物。施药后，应立即用肥皂和大量清水冲洗。如发生中毒时，应立即送医院对症治疗。可用阿托品或解磷定解毒。

5.6 **保证期**：在规定的贮存、运输条件下，35%水胺硫磷乳油的保证期，从生产日期算起为 2 年。在保证期内水胺硫磷含量应不低于 32.0%。

ICS 65.100.20
G 25

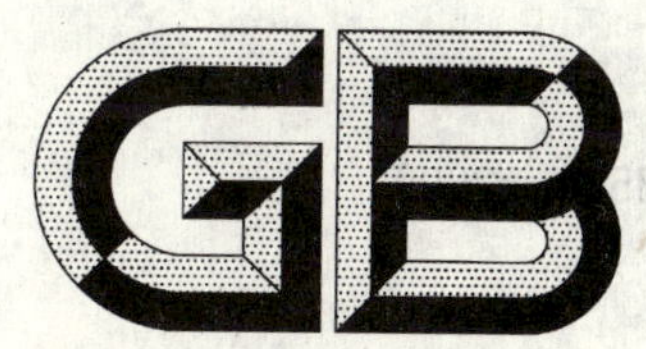

中华人民共和国国家标准

GB 23551—2009

异噁草松乳油

Clomazone emulsifiable concentrates

2009-04-27 发布

2009-11-01 实施

中华人民共和国国家质量监督检验检疫总局
中国国家标准化管理委员会 发布

前言

本标准的第3章、第5章为强制性的，其余为推荐性的。

本标准由中国石油和化学工业协会提出。

本标准由全国农药标准化技术委员会(SAC/TC 133)归口。

本标准负责起草单位:沈阳化工研究院。

本标准参加起草单位:江苏长青农化股份有限公司、江苏龙灯化学有限公司、大连松辽化工有限公司。

本标准主要起草人:侯春青、昝艳坤、吉瑞香、冯秀珍、苗革新。

异嗯草松乳油

该产品有效成分的其他名称、结构式和基本物化参数如下：

a) 异噁草松

ISO 通用名称：clomazone

CIPAC 数字代码：509

化学名称：2-(2-氯苄基)-4,4-二甲基异噁唑-3-酮

结构式：

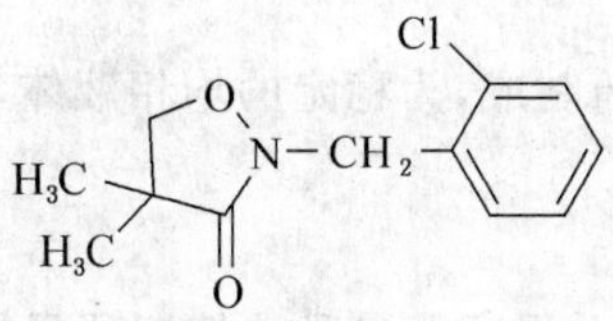

实验式：$C_{12}H_{14}ClNO_2$

相对分子质量：239.7(按 2005 年国际相对原子质量计)

生物活性：除草

蒸气压(25 ℃)：19.2 mPa

沸点：275.4 ℃

熔点：25 ℃

溶解性(20 ℃)：水 1.1 g/L，易溶于丙酮、乙腈、三氯甲烷、环己酮、二氯甲烷、甲醇、甲苯、正己烷、二甲基甲酰胺

稳定性：在室温下至少 2 年稳定，50 ℃下至少 3 个月稳定，日光下，水溶液中 DT_{50} 大于 30 d

b) 氮酮

英文名称：Azone

化学名称：1-正十二烷基氮杂环庚-2-酮

结构式：

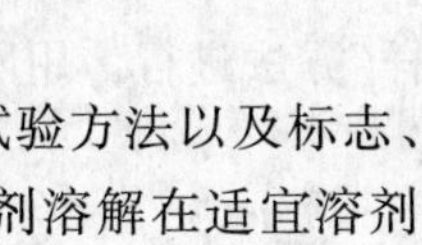

实验式：$C_{18}H_{35}NO$

相对分子质量：281.48(按 2001 年国际相对原子质量计)

溶解性：在无水乙醇、丙酮、正己烷、三氯甲烷、乙醚中极易溶解；在水中几乎不溶

1 范围

本标准规定了异噁草松乳油的要求、试验方法以及标志、标签、包装、贮运。

本标准适用于由异噁草松原药与乳化剂溶解在适宜溶剂中配制成的异噁草松乳油。

2 规范性引用文件

下列文件中的条款通过本标准的引用而成为本标准的条款。凡是注日期的引用文件，其随后所有的修改单(不包括勘误的内容)或修订版均不适用于本标准，然而，鼓励根据本标准达成协议的各方研究是否可使用这些文件的最新版本。凡是不注日期的引用文件，其最新版本适用于本标准。

GB/T 1600 农药水分测定方法

GB/T 1601　农药 pH 值测定方法

GB/T 1603　农药乳液稳定性测定方法

GB/T 1604　商品农药验收规则

GB/T 1605—2001　商品农药采样方法

GB/T 4472　化工产品密度、相对密度的测定

GB 4838　农药乳油包装

GB/T 19136　农药热贮稳定性测定方法

GB/T 19137　农药低温稳定性测定方法

3　要求

3.1　组成和外观

本品应由符合标准的异噁草松原药制成，为稳定的均相液体，无可见悬浮物和沉淀。

3.2　技术指标

异噁草松乳油还应符合表 1 要求。

表 1　异噁草松乳油控制项目指标

项　　目		指　　标	
		480 g/L	360 g/L
异噁草松质量浓度(20 ℃)/(g/L) 或质量分数[a]/%		480^{+24}_{-24} $45.0^{+2.2}_{-2.2}$	360^{+18}_{-18} $35.0^{+1.7}_{-1.7}$
渗透剂（氮酮）质量分数[b]/%	≥	—	2.0
渗透时间/s	≤	—	150
水分/%	≤	0.5	
pH 值范围		5.0～8.0	
乳液稳定性(稀释 200 倍)		合格	
低温稳定性[c]		合格	
热贮稳定性[c]		合格	

[a] 当质量发生争议时，以质量分数为仲裁。

[b] 允许使用其他渗透剂，其他渗透剂检测方法及其相应指标要求可在全国农药标准化技术委员会获得。

[c] 正常生产时热贮稳定性试验、低温稳定性试验每 3 个月至少测定一次。

4　试验方法

4.1　抽样

按 GB/T 1605—2001 中“液体制剂采样”方法进行。用随机数表法确定抽样的包装件，最终抽样量应不少于 200 mL。

4.2　鉴别试验

高效液相色谱法——本鉴别试验可与异噁草松质量分数的测定同时进行。在相同的色谱操作条件下，试样溶液中某色谱峰的保留时间与标样溶液中异噁草松色谱峰的保留时间，其相对差值应在 1.5% 以内。

4.3　异噁草松质量浓度(质量分数)的测定

4.3.1　方法提要

试样用甲醇溶解，以乙腈＋水为流动相，使用以 Agilent TC-C_{18} 为填料的不锈钢柱和紫外检测器在

波长 236 nm 下，对试样中的异噁草松进行反相高效液相色谱分离和测定，外标法定量。

4.3.2 试剂和溶液

甲醇：色谱级；

乙腈：色谱级；

水：新蒸二次蒸馏水；

异噁草松标样：已知质量分数 $w \geqslant 98.0\%$。

4.3.3 仪器

高效液相色谱仪：具有可变波长紫外检测器；

色谱数据处理机或色谱工作站；

色谱柱：250 mm×4.6 mm(i. d.)不锈钢柱，内装 Agilent TC-C_{18}、5 μm 填充物(或具等同效果的色谱柱)；

过滤器：滤膜孔径约 0.45 μm；

微量进样器：50 μL；

定量进样管：5 μL；

超声波清洗器。

4.3.4 高效液相色谱操作条件

流动相：φ(乙腈：水)＝50：50，经滤膜过滤，并进行脱气；

流速：1.0 mL/min；

柱温：室温(温差变化应不大于 2 ℃)；

检测波长：236 nm；

进样体积：5 μL；

保留时间：异噁草松 11.0 min。

上述操作参数是典型的，可根据不同仪器特点，对给定的操作参数作适当调整，以期获得最佳效果。典型的异噁草松乳油高效液相色谱图见图 1。

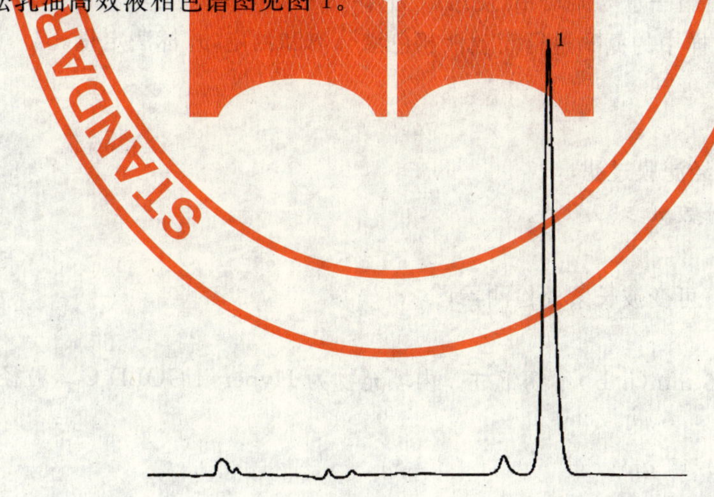

1——异噁草松。

图 1 异噁草松乳油的高效液相色谱图

4.3.5 测定步骤

4.3.5.1 标样溶液的制备

称取 0.2 g(精确至 0.000 2 g)异噁草松标样于 50 mL 容量瓶中，用甲醇溶解并稀释至刻度，摇匀。用移液管移取上述溶液 10 mL 于 50 mL 容量瓶中，用甲醇稀释至刻度，摇匀。

4.3.5.2　**试样溶液的制备**

称取含异噁草松0.2 g(精确至0.000 2 g)的试样于50 mL容量瓶中,用甲醇溶解并稀释至刻度,摇匀。用移液管移取上述溶液10 mL于50 mL容量瓶中,用甲醇稀释至刻度,摇匀。

4.3.5.3　**测定**

在上述操作条件下,待仪器稳定后,连续注入数针标样溶液,直至相邻两针异噁草松峰面积相对变化小于1.2%后,按照标样溶液、试样溶液、试样溶液、标样溶液的顺序进行测定。

4.3.6　**计算**

将测得的两针试样溶液以及试样前后两针标样溶液中异噁草松峰面积分别进行平均。试样中异噁草松的质量分数 w_1(%)按式(1)计算;质量浓度 ρ_1(g/L)按式(2)计算:

$$w_1 = \frac{A_2 \cdot m_1 \cdot w}{A_1 \cdot m_2} \quad \cdots\cdots(1)$$

$$\rho_1 = \frac{A_2 \cdot m_1 \cdot w \cdot \rho}{A_1 \cdot m_2} \times 10 \quad \cdots\cdots(2)$$

式中:

A_1——标样溶液中异噁草松峰面积的平均值;

A_2——试样溶液中异噁草松峰面积的平均值;

m_1——标样的质量,单位为克(g);

m_2——试样的质量,单位为克(g);

ρ——20 ℃时试样的密度,单位为克每毫升(g/mL)(按GB/T 4472进行测定);

w——异噁草松标样的质量分数,以%表示。

4.3.7　**允许差**

异噁草松质量分数的两次平行测定结果之差应不大于0.8%,取其算术平均值作为测定结果。

4.4　**氮酮质量分数的测定**

4.4.1　**方法提要**

试样用乙腈溶解,以乙腈+水为流动相,使用以Hypersil GOLD C_{18}为填料的不锈钢柱和紫外检测器,在波长210 nm下对试样中的氮酮进行高效液相色谱分离和测定,外标法定量。

4.4.2　**试剂和溶液**

乙腈:色谱纯;

水:新蒸二次蒸馏水,经滤膜过滤;

氮酮标样:已知质量分数 $w \geq 99.0\%$。

4.4.3　**仪器**

高效液相色谱仪:具有可变波长紫外检测器;

色谱数据工作站;

色谱柱:150 mm×4.6 mm(i.d.)不锈钢柱。内填充物为Hypersil GOLD C_{18},粒径5 μm;

微量进样器:50 μL;

过滤器:滤膜孔径为0.45 μm。

4.4.4　**高效液相色谱操作条件**

流动相:φ(乙腈:水)=90:10,经滤膜过滤,并进行脱气;

流速:1.0 mL/min;

柱温:室温;

检测波长:210 nm;

进样量:10 μL;

保留时间:氮酮6.2 min。

上述操作参数是典型的，可根据不同仪器特点对给定操作参数作适当调整，以期获得最佳效果。典型的 360 g/L 异噁草松乳油中氯酮的高效液相色谱图见图 2。

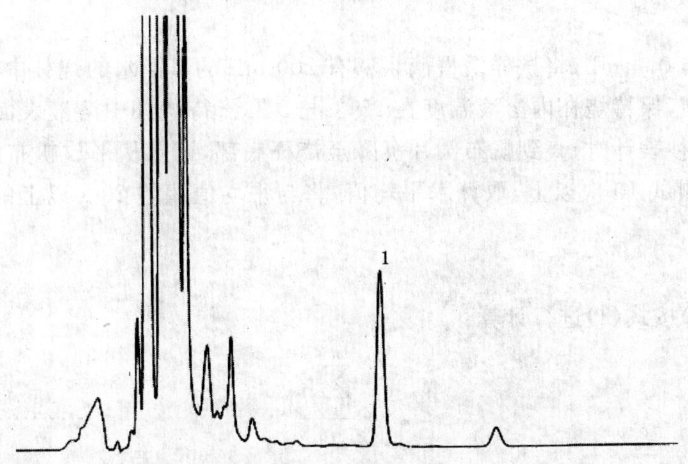

1——氯酮。

图 2　异噁草松乳油中氯酮测定的高效液相色谱图

4.4.5　测定步骤

4.4.5.1　标样溶液的配制

称取氯酮标样 0.02 g（精确至 0.000 2 g），置于 100 mL 容量瓶中，加乙腈溶解，用流动相稀释至刻度，摇匀。

4.4.5.2　试样溶液的配制

称取试样 1 g（精确至 0.000 2 g），置于 100 mL 容量瓶中，加乙腈溶解，用流动相稀释至刻度，摇匀。

4.4.5.3　测定

在上述操作条件下，待仪器基线稳定后，连续注入数针标样溶液，计算各针响应值，待相邻两针的响应值相对变化小于 1.0%，按照标样溶液、试样溶液、试样溶液、标样溶液的顺序进行测定。

4.4.6　计算

将测得的两针试样溶液以及试样前后两针标样溶液中氯酮的峰面积分别进行平均，试样中氯酮质量分数 w_2（%），按式(3)计算：

$$w_2 = \frac{A_2 \cdot m_1 \cdot w}{A_1 \cdot m_2} \quad \cdots\cdots(3)$$

式中：

A_1——氯酮标样峰面积的平均值；

A_2——试样中氯酮峰面积的平均值；

m_1——氯酮标样的质量，单位为克(g)；

m_2——试样的质量，单位为克(g)；

w——氯酮标样的质量分数，以%表示。

4.4.7　允许差

氯酮质量分数的两次平行测定结果相对偏差应不大于 10%，取其算术平均值作为测定结果。

4.5　渗透时间的测定

4.5.1　仪器

烧杯：200 mL；

移液管：2 mL；

直形量筒：100 mL；

温度计：0 ℃～100 ℃；

恒温水浴:25 ℃±2 ℃;

棉制布片:21 支 3 股×21 支 3 股细帆布,制成直径 30.0 mm 的圆片备用。

4.5.2 测定步骤

用移液管吸取试样 0.4 mL,将试样缓慢滴入盛有 200 mL 的蒸馏水的烧杯中,用玻璃棒轻轻搅匀。将烧杯置于恒温水浴中,保持烧杯内溶液温度在 25 ℃±2 ℃。待烧杯中溶液表面泡沫消失,将帆布圆片放于溶液表面后,用秒表计时,直到帆布圆片沉降至烧杯底部,记录从平放帆布到沉降至底部所用的时间(以秒计)。重复测试 10 次以上,取算术平均值,将与平均值相差 20 s 以上的数据舍去,再求平均值,即为渗透时间。

4.5.3 计算

试样渗透时间 t(s)按式(4)进行计算:

$$t = \frac{\sum_{i=1}^{n} t_i}{n} \qquad \cdots\cdots(4)$$

式中:

t_i——每次测帆布圆片降至烧杯底部的时间,单位为秒(s);

n——测样的次数。

4.6 水分的测定

按 GB/T 1600 中的"卡尔·费休法"进行。

4.7 pH 值的测定

按 GB/T 1601 进行。

4.8 乳液稳定性试验

试样用标准硬水稀释 200 倍,按 GB/T 1603 进行试验,上无浮油、下无沉淀为合格。

4.9 低温稳定性试验

按 GB/T 19137 中"乳剂和均相液体制剂"进行,离心管底部离析物的体积不超过 0.3 mL 为合格。

4.10 热贮稳定性试验

按 GB/T 19136 中"液体制剂"进行。热贮后异嗪草松含量应不低于热贮前的 97%,乳液稳定性应符合本标准要求为合格。

4.11 产品的检验与验收

应符合 GB/T 1604 的规定。极限数值处理采用修约值比较法。

5 标志、标签、包装、贮运

5.1 异嗪草松乳油的标志、标签、包装应符合 GB 4838 的规定。

5.2 异嗪草松乳油应用玻璃瓶或塑料聚酯瓶包装,每瓶净含量为 500 g 或 1 000 g;每箱净重 10 kg,或 12 kg。也可根据用户要求或订货协议采用其他形式的包装,但需符合 GB 4838 的规定。

5.3 异嗪草松乳油包装件应贮存在通风、干燥的库房中。

5.4 贮运时,严防潮湿和日晒,不得与食物、种子、饲料混放,避免与皮肤、眼睛接触,防止由口鼻吸入。

5.5 **安全:本品属低毒农药。吞噬和吸入均有毒,可经皮肤渗入。使用本品时要戴防护镜和胶皮手套穿必要的防护衣物。施药后应用肥皂和清水冲洗。误服者应立即送医院对症治疗。**

5.6 **保证期**:在规定的贮运条件下,异嗪草松乳油的保证期,从生产日期算起为 2 年。

ICS 65.100.30
G 25

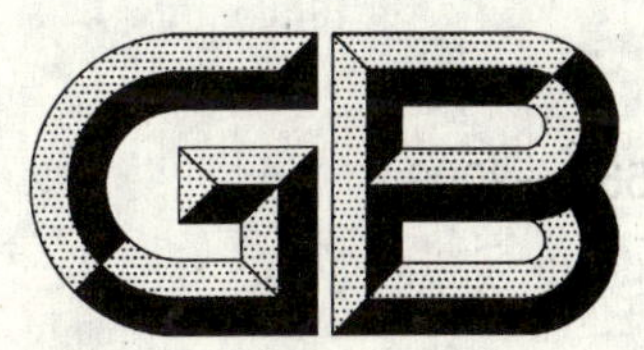

中华人民共和国国家标准

GB 23552—2009

甲基硫菌灵可湿性粉剂

Thiophanate-methyl wettable powders

2009-04-27 发布　　　　2009-11-01 实施

中华人民共和国国家质量监督检验检疫总局
中国国家标准化管理委员会　发布

前　言

本标准的第3章、第5章为强制性的，其余为推荐性的。

本标准修改采用FAO规格262/WP/S/P(1993)《甲基硫菌灵可湿性粉剂》(Thiophanate-methyl Wettable Powders)。

本标准修改采用国外先进标准的方法为重新起草法。

本标准与FAO《甲基硫菌灵可湿性粉剂》(Thiophanate-methyl Wettable Powders)的主要技术差异：

——本标准规定70%、50%两种规格中DAP(2,3-二氨基吩嗪)质量分数≤4.0 mg/kg、≤3.0 mg/kg，FAO规格规定DAP(2,3-二氨基吩嗪)质量分数≤0.4 mg/kg、≤0.3 mg/kg；

——本标准规定pH值范围6.0～9.0，FAO规格规定pH值范围4.0～7.0；

——本标准规定悬浮率≥70%，FAO规格规定悬浮率≥60%；

——FAO规格控制持久泡沫量指标，本标准未控制该项指标；

——本标准规定润湿时间≤90 s，FAO规格规定润湿时间≤60 s。

本标准自实施之日起，原化工行业标准HG 2462.2—1993《甲基硫菌灵可湿性粉剂》作废。

本标准由中国石油和化学工业协会提出。

本标准由全国农药标准化技术委员会(SAC/TC 133)归口。

本标准负责起草单位：沈阳化工研究院。

本标准参加起草单位：江苏蓝丰生物化工股份有限公司、海利贵溪化工农药有限公司、江苏龙灯化学有限公司。

本标准主要起草人：梅宝贵、邢红、谢印刚、黄新华、冯秀珍、马林。

甲基硫菌灵可湿性粉剂

该产品有效成分甲基硫菌灵的其他名称、结构式和基本物化参数如下：

ISO 通用名称：thiophanate-methyl

CIPAC 数字代码：262

化学名称：4,4'-(1,2-亚苯基)双(3-硫代脲基甲酸甲酯)

结构式：

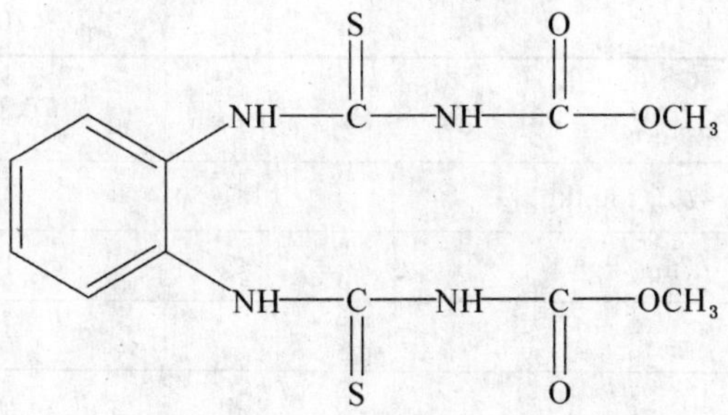

实验式：$C_{12}H_{14}N_4O_4S_2$

相对分子质量：342.40(按 2005 国际相对原子质量计)

生物活性：杀菌剂

沸点：172 ℃(分解)

蒸汽压(25 ℃)：0.009 5 mPa

溶解性(23 ℃)：水 26.6 mg/L，丙酮 58 g/kg，三氯甲烷 26 g/kg，环己酮 43 g/kg，甲醇 29 g/kg，乙腈 24 g/kg，乙酸乙酯 11.9 g/kg；微溶于正己烷

稳定性：在室温、中性水溶液中稳定；对空气和阳光稳定；在室温、弱酸性溶液中非常稳定；可与铜盐形成络合物，在植物组织及悬浮液中长期贮存时可形成多菌灵

1 范围

本标准规定了甲基硫菌灵可湿性粉剂的要求、试验方法以及标志、标签、包装、贮运。

本标准适用于由甲基硫菌灵原药与适宜的助剂和填料加工制成的甲基硫菌灵可湿性粉剂。

2 规范性引用文件

下列文件中的条款通过本标准的引用而成为本标准的条款。凡是注日期的引用文件，其随后所有的修改单(不包括勘误的内容)或修订版均不适用于本标准，然而，鼓励根据本标准达成协议的各方研究是否可使用这些文件的最新版本。凡是不注日期的引用文件，其最新版本适用于本标准。

GB/T 1601 农药 pH 值测定方法

GB/T 1604 商品农药验收规则

GB/T 1605—2001 商品农药采样方法

GB 3796 农药包装通则

GB/T 5451 农药可湿性粉剂润湿性测定方法

GB/T 14825 农药悬浮率测定方法

GB/T 16150 农药粉剂、可湿性粉剂细度测定方法

GB/T 19136 农药热贮稳定性测定方法

3 要求

3.1 组成和外观

本品应由符合标准的甲基硫菌灵原药与适宜的助剂和填料加工制成，为均匀的疏松粉末，不应有团块。

3.2 技术指标

甲基硫菌灵可湿性粉剂还应符合表1要求。

表1 甲基硫菌灵可湿性粉剂控制项目指标

项目		指标	
		70%	50%
甲基硫菌灵质量分数/%		$70.0^{+2.5}_{-2.5}$	$50.0^{+2.5}_{-2.5}$
HAP(2-氨基-3-羟基吩嗪)质量分数[a]/(mg/kg)	≤	0.4	0.3
DAP(2,3-二氨基吩嗪)质量分数[a]/(mg/kg)	≤	4.0	3.0
pH值范围		6.0～9.0	
细度(通过45 μm标准筛)/%	≥	98	
悬浮率/%	≥	70	
润湿时间/s	≤	90	
热贮稳定性试验[a]/%		合格	
[a] 正常生产时，HAP质量分数、DAP质量分数、热贮稳定性试验每3个月至少检测一次。			

4 试验方法

4.1 抽样

按GB/T 1605—2001中"固体制剂采样"方法进行。用随机数表法确定抽样的包装件；最终抽样量应不少于300 g。

4.2 鉴别试验

高效液相色谱法——本鉴别试验可与甲基硫菌灵质量分数的测定同时进行。在相同的色谱操作条件下，试样溶液中某一色谱峰的保留时间与标样溶液中甲基硫菌灵色谱峰的保留时间相对差值应在1.5%以内。

当用以上方法对有效成分鉴别有疑问时，可采用其他有效方法进行鉴别。

4.3 甲基硫菌灵质量分数的测定

4.3.1 方法提要

试样用甲醇溶解，以甲醇＋水为流动相，使用以Hypersil-ODS为填料的不锈钢柱和紫外检测器(269 nm)，对试样中的甲基硫菌灵进行高效液相色谱分离，外标法定量。

4.3.2 试剂和溶液

甲醇：色谱纯；

水：新蒸二次蒸馏水；

甲基硫菌灵标样：已知甲基硫菌灵质量分数 $w\geqslant98.0\%$。

4.3.3 仪器

高效液相色谱仪：具有紫外可变波长检测器；

色谱数据处理机；

色谱柱:200 mm×4.6 mm(i.d.)不锈钢柱,内装 Hypersil-ODS、5 μm 填充物;

过滤器:滤膜孔径约 0.45 μm;

微量进样器:50 μL;

定量进样管:10 μL;

超声波清洗器。

4.3.4 **高效液相色谱操作条件**

流动相:φ(甲醇:水)=60:40,经滤膜过滤,并进行脱气;

流速:1.0 mL/min;

柱温:室温;

检测波长:269 nm;

进样体积:10 μL;

保留时间:甲基硫菌灵 约 10.4 min。

上述操作参数是典型的,可根据不同仪器特点,对给定的操作参数作适当调整,以期获得最佳效果。典型的甲基硫菌灵可湿性粉剂高效液相色谱图见图 1。

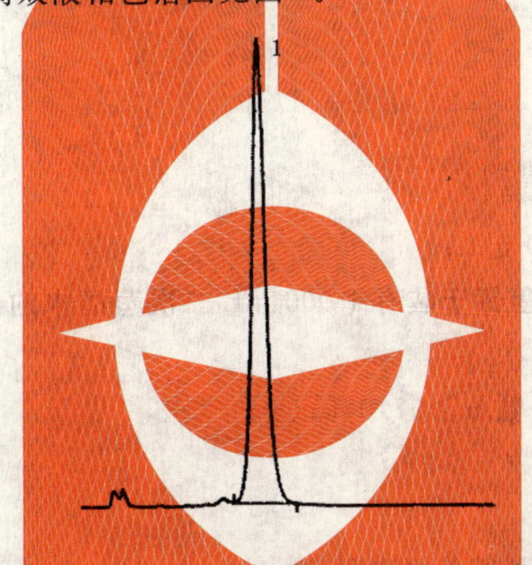

1——甲基硫菌灵。

图 1 甲基硫菌灵可湿性粉剂的高效液相色谱图

在上述操作条件下,待仪器稳定后,连续注入数针标样溶液,直至相邻两针甲基硫菌灵峰面积相对变化小于 1.2%后,按照标样溶液、试样溶液、试样溶液、标样溶液的顺序进行测定。

4.3.5 **测定步骤**

4.3.5.1 **标样溶液的制备**

称取甲基硫菌灵标样 0.1 g(精确至 0.000 2 g),置于 50 mL 容量瓶中,用甲醇溶解并稀释至刻度,摇匀。用移液管吸取 5 mL 上述试液于另一 50 mL 容量瓶中用甲醇稀释至刻度,摇匀。

4.3.5.2 **试样溶液的制备**

称取含甲基硫菌灵 0.1 g 的试样(精确至 0.000 2 g),置于 50 mL 容量瓶中,用甲醇溶解并稀释至刻度,摇匀。用移液管吸取 5 mL 上述试液于另一 50 mL 容量瓶中用甲醇稀释至刻度,摇匀。

4.3.5.3 **测定**

在上述操作条件下,待仪器稳定后,连续注入数针标样溶液,直至相邻两针甲基硫菌灵峰面积相对变化小于 1.2%后,按照标样溶液、试样溶液、试样溶液、标样溶液的顺序进行测定。

4.3.6 **计算**

将测得的两针试样溶液以及试样前后两针标样溶液中甲基硫菌灵峰面积分别进行平均。试样中甲基硫菌灵的质量分数 w_1(%),按式(1)计算:

$$w_1 = \frac{A_2 \cdot m_1 \cdot w}{A_1 \cdot m_2} \qquad \cdots\cdots(1)$$

式中：

A_1——标样溶液中，甲基硫菌灵峰面积的平均值；

A_2——试样溶液中，甲基硫菌灵峰面积的平均值；

m_1——标样的质量，单位为克(g)；

m_2——试样的质量，单位为克(g)；

w——标样中甲基硫菌灵的质量分数，以%表示。

4.3.7 允许差

甲基硫菌灵质量分数的两次平行测定结果之差应不大于1.0%，取其算术平均值作为测定结果。

4.4 HAP和DAP质量分数的测定

4.4.1 方法提要

试样用流动相溶解，以pH 8.0的磷酸二氢钾缓冲溶液+甲醇+水为流动相，使用以Hypersil ODS为填料的不锈钢柱和紫外-可见检测器(453 nm)，对试样中的HAP和DAP进行反相高效液相色谱分离，外标法定量(HAP、DAP的检出限为2×10^{-9} g，相当于0.1 mg/kg)。

4.4.2 试剂和溶液

甲醇：色谱级；

磷酸二氢钾；

水：新蒸二次蒸馏水；

氢氧化钠溶液：$\rho(NaOH)=40$ g/L；

缓冲溶液：称取6.8 g磷酸二氢钾于装有1 000 mL二次蒸馏水的试剂瓶中，超声振荡使其完全溶解，用氢氧化钠溶液调pH至8.0；

HAP标样：已知HAP质量分数$w\geqslant97.0\%$；

DAP标样：已知DAP质量分数$w\geqslant99.0\%$。

4.4.3 仪器

高效液相色谱仪：具有可变波长紫外检测器；

色谱数据处理机；

色谱柱：200 mm×4.6 mm(i.d.)不锈钢柱，内装Hypersil-ODS、5 μm填充物；

过滤器：滤膜孔径约0.45 μm；

微量进样器：250 μL；

定量进样管：50 μL；

超声波清洗器；

离心机。

4.4.4 高效液相色谱操作条件

流动相：φ(甲醇：水：缓冲溶液)=45：25：30；

流量：1.0 mL/min；

柱温：室温(温差变化应不大于2 ℃)；

检测波长：453 nm；

进样体积：50 μL；

保留时间：HAP约3.3 min；DAP约7.5 min。

上述操作参数是典型的，可根据不同仪器特点，对给定的操作参数作适当调整，以期获得最佳效果。HAP、DAP标样的高效液相色谱图见图2，甲基硫菌灵可湿性粉剂中HAP、DAP测定的高效液相色谱图见图3。

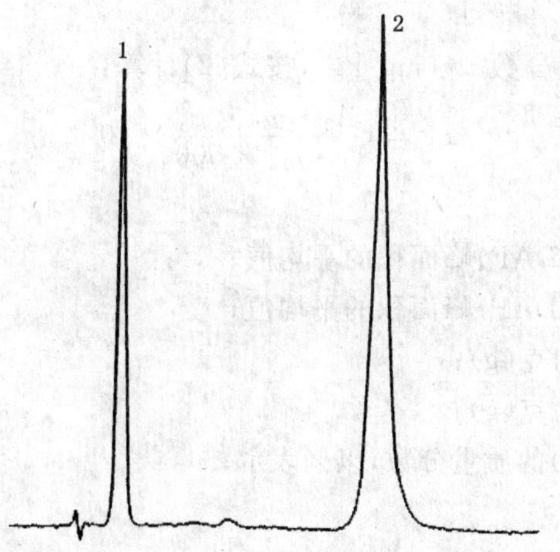

1——HAP；
2——DAP。

图 2 HAP 和 DAP 标样的液相色谱图

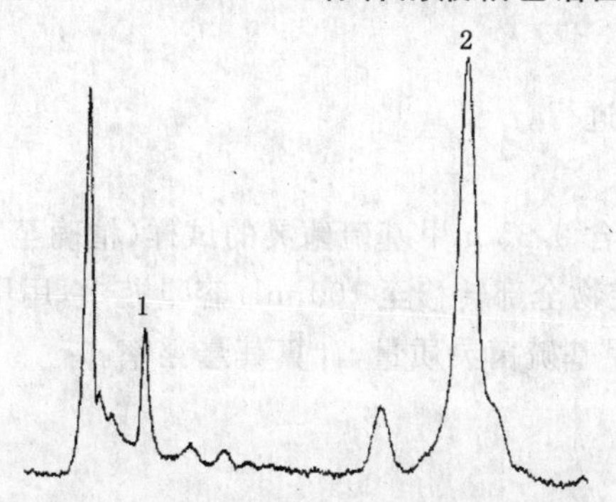

1——HAP；
2——DAP。

图 3 甲基硫菌灵可湿性粉剂中 HAP 和 DAP 测定的高效液相色谱图

4.4.5 测定步骤

4.4.5.1 标样溶液的制备

4.4.5.1.1 DAP 标样溶液的制备(A 溶液)

准确称取 DAP 标样 0.025 g(精确至 0.000 2 g)于 50 mL 棕色容量瓶中，用甲醇定容至刻度，在超声波下振荡 10 min 使其溶解，摇匀，放至室温，备用(该溶液在 4 ℃避光条件下 2 个月内稳定)。

4.4.5.1.2 HAP 标样溶液的制备(B 溶液)

准确称取 HAP 标样 0.015 g(精确至 0.000 2 g)于 50 mL 棕色容量瓶中，用甲醇定容至刻度，在超声波下振荡 10 min 使其溶解，摇匀，放至室温，备用(该溶液在 4 ℃避光条件下 2 个月内稳定)。

4.4.5.1.3 DAP、HAP 标样溶液的制备

移取 50 μL A 溶液、50 μL B 溶液于一 25 mL 棕色容量瓶中，用流动相稀释至刻度，摇匀(该标准溶液必须使用前制备)。

4.4.5.2 试样溶液的制备

准确称取 20.0 g(精确至 0.000 2 g)试样于 100 mL 棕色容量瓶中，用移液管加入 50 mL 流动相溶液，在超声波下振荡 20 min，摇匀，放至室温。再以 3 000 转/min 离心 5 min，取上清液过滤。

4.4.5.3 测定

在上述操作条件下，待仪器稳定后，连续注入数针标样溶液，直至相邻两针 HAP、DAP 峰面积相对变化均小于 20%后，按照标样溶液、试样溶液、试样溶液、标样溶液的顺序进行测定。

4.4.6 计算

试样中 HAP(DAP)的质量分数 w_2(mg/kg),按式(2)计算:

$$w_2 = \frac{A_2 \cdot m_1 \cdot w}{A_1 \cdot m_2 \times 500} \times 10^4 \quad \cdots\cdots\cdots\cdots(2)$$

式中:

A_1——标样溶液中,HAP(DAP)峰面积的平均值;

A_2——试样溶液中,HAP(DAP)峰面积的平均值;

m_1——标样的质量,单位为克(g);

m_2——试样的质量,单位为克(g);

w——标样中 HAP(DAP)的质量分数,以%表示;

500——标样稀释倍数。

4.4.7 允许差

两次平行测定结果的相对偏差应不大于 30%,取其算术平均值作为测定结果。

4.5 pH 值的测定

按 GB/T 1601 进行。

4.6 细度的测定

按 GB/T 16150 中"湿筛法"进行。

4.7 悬浮率的测定

按 GB/T 14825 进行。称取含 0.35 g 甲基硫菌灵的试样(精确至 0.000 2 g)。用 50 mL 甲醇将量筒内剩余的 25 mL 悬浮液及沉淀物全部转移至 100 mL 容量瓶中,用甲醇定容至刻度,在超声波下振荡 3 min,摇匀,过滤。按 4.3 测定甲基硫菌灵质量,计算其悬浮率。

4.8 润湿时间的测定

按 GB/T 5451 进行。

4.9 热贮稳定性试验

按 GB/T 19136 中"粉体制剂"进行。热贮后,甲基硫菌灵质量分数应不低于热贮前测得质量分数的 97%,悬浮率仍应符合标准要求。

4.10 产品的检验与验收

应符合 GB/T 1604 的规定。极限数值的处理采用修约值比较法。

5 标志、标签、包装、贮运

5.1 甲基硫菌灵可湿性粉剂的标志、标签、包装应符合 GB 3796 的规定。

5.2 甲基硫菌灵可湿性粉剂的包装应用清洁、干燥的铝箔袋包装,每袋净含量 200 g、250 g、500 g。也可根据用户要求或订货协议采用其他形式的包装,但需符合 GB 3796 的规定。

5.3 甲基硫菌灵可湿性粉剂包装件应贮存在通风、干燥的库房中。

5.4 贮运时,严防潮湿和日晒,不得与食物、种子、饲料混放,避免与皮肤、眼睛接触,防止由口鼻吸入。

5.5 **安全:甲基硫菌灵为低毒杀菌剂,对植物安全。使用本品时应穿戴防护用品,施药后应用肥皂洗净。本品一般不易发生中毒事故。如发生中毒,可在医生指导下使用阿托品解毒。**

5.6 **保证期**:在规定的贮运条件下,甲基硫菌灵可湿性粉剂的保证期,从生产日期算起为 2 年。

ICS 65.100.20
G 25

中华人民共和国国家标准

GB 23553—2009

扑草净可湿性粉剂

Prometryn wettable powders

2009-04-27 发布　　2009-11-01 实施

中华人民共和国国家质量监督检验检疫总局
中国国家标准化管理委员会　发布

前言

本标准的第3章、第5章为强制性的，其余为推荐性的。

本标准的附录A是资料性附录。

本标准自实施之日起，原行业标准 HG 2202—1991《扑草净可湿性粉剂》作废。

本标准由中国石油和化学工业协会提出。

本标准由全国农药标准化技术委员会(SAC/TC 133)归口。

本标准负责起草单位：沈阳化工研究院。

本标准参加起草单位：云南省化工研究院。

本标准主要起草人：王玉范、张雪冰、陈萌、梁雪松。

扑草净可湿性粉剂

该产品有效成分扑草净的其他名称、结构式和基本物化参数如下：

ISO 通用名称：prometryn

CIPAC 数字代码：93

化学名称：4,6-双异丙胺基-2-甲硫基均三嗪

结构式：

H_3CS N H N—CH$(CH_3)_2$

N N

HN—CH$(CH_3)_2$

实验式：$C_{10}H_{19}N_5S$

相对分子质量：241.4（按 2005 年国际相对原子质量计）

生物活性：除草

熔点：118 ℃～120 ℃

蒸气压（20 ℃）：0.133 mPa

溶解度（20 ℃）：水 33 mg/L；丙酮中 240 g/L；二氯甲烷中 300 g/L；己烷中 5.5 g/L；甲醇中 160 g/L；辛醇中 100 g/L；甲苯中 170 g/L。

稳定性：在中性、微酸或微碱介质中（20 ℃）对水解稳定。本品为碱性，土壤中 DT_{50} 40 d～70 d

1 范围

本标准规定了扑草净可湿性粉剂的要求、试验方法以及标志、标签、包装、贮运。

本标准适用于由扑草净原药、适宜的助剂和填料加工而成的扑草净可湿性粉剂。

2 规范性引用文件

下列文件中的条款通过本标准的引用而成为本标准的条款。凡是注日期的引用文件，其随后所有的修改单（不包括勘误的内容）或修订版均不适用于本标准，然而，鼓励根据本标准达成协议的各方研究是否可使用这些文件的最新版本。凡是不注日期的引用文件，其最新版本适用于本标准。

GB/T 1600　农药水分测定方法

GB/T 1601　农药　pH 值的测定方法

GB/T 1604　商品农药验收规则

GB/T 1605—2001　商品农药采样方法

GB 3796　农药包装通则

GB/T 5451　农药可湿性粉剂润湿性测定方法

GB/T 14825—2006　农药悬浮率测定方法

GB/T 16150　农药粉剂、可湿性粉剂细度测定方法

GB/T 19136　农药热贮稳定性测定方法

3 要求

3.1 组成和外观

本品应由符合标准的扑草净原药与适宜的助剂和填料加工制成，为均匀的疏松粉末，不应有团块。

3.2 技术指标

扑草净可湿性粉剂应符合表1要求。

表1 扑草净可湿性粉剂质量控制项目指标

项目		指标		
		50%	40%	25%
扑草净质量分数/%		$50.0^{+2.5}_{-2.5}$	$40.0^{+2.0}_{-2.0}$	$25.0^{+1.5}_{-1.5}$
水分/%	≤	3.0		
pH值范围		6.0～10.0		
悬浮率/%	≥	70		
润湿时间/s	≤	120		
细度(通过45 μm试验筛)/%	≥	98		
热贮稳定性试验[a]		合格		

[a] 正常生产时，热贮稳定性试验每3个月至少测定一次。

4 试验方法

4.1 抽样

按GB/T 1605—2001中"固体制剂采样"方法进行。用随机数表法确定抽样的包装件；最终抽样量应不少于300 g。

4.2 鉴别试验

气相色谱法——本鉴别试验可与扑草净质量分数的测定同时进行。在相同的色谱操作条件下，试样溶液中某个色谱峰的保留时间与标样溶液中扑草净的色谱峰的保留时间，其相对差值应在1.5%以内。

4.3 扑草净质量分数的测定

4.3.1 方法提要

试样用三氯甲烷溶解，以三唑酮为内标物，使用内壁键合聚乙二醇20 M的毛细管色谱柱和氢火焰离子化检测器，对试样中的扑草净进行气相色谱分离和测定。也可使用填充柱气相色谱法，色谱条件参见附录A。

4.3.2 试剂和溶液

三氯甲烷；

三唑酮：应不含有干扰分析的杂质，$w \geq 95\%$；

扑草净标样：已知扑草净质量分数$w \geq 99.0\%$；

内标溶液：称取8.6 g三唑酮，置于1 000 mL容量瓶中，用三氯甲烷溶解并稀释至刻度，摇匀。

4.3.3 仪器

气相色谱仪：具有氢火焰离子化检测器；

色谱数据处理机或色谱工作站；

色谱柱：30 m×0.32 mm(i.d.)毛细柱，内壁键合聚乙二醇20 M，膜厚0.25 μm；

微量进样器:10 μL。

4.3.4 气相色谱操作条件

温度(℃)柱温:195、气化室:230、检测室:230;

气体流速(mL/min):载气(氮气)2.0、氢气 30、空气 300;

进样体积(μL):1.0;

保留时间(min):扑草净约 4.2,内标物(三唑酮)约 5.6。

上述气相色谱操作条件,系典型操作参数。可根据不同仪器特点,对给定的操作参数作适当调整,以期获得最佳效果。典型的扑草净可湿性粉剂与内标物的气相色谱图见图 1。

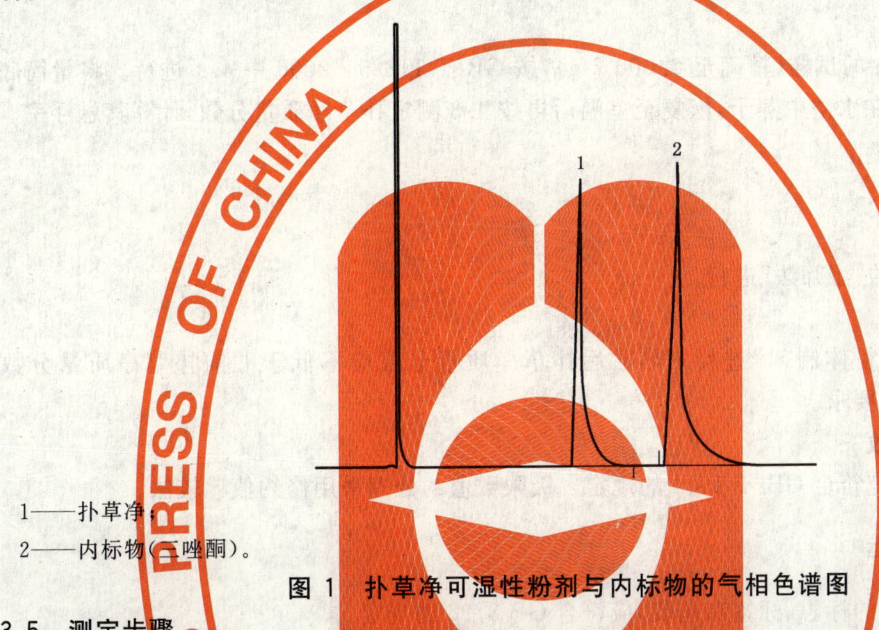

1——扑草净;

2——内标物(三唑酮)。

图 1 扑草净可湿性粉剂与内标物的气相色谱图

4.3.5 测定步骤

4.3.5.1 标样溶液的配制

称取扑草净标样 0.1 g(精确至 0.000 2 g),置于 15 mL 具塞玻璃瓶中,用移液管移入 10 mL 内标溶液,摇匀。

4.3.5.2 试样溶液的配制

称取约含扑草净 0.1 g 的试样(精确至 0.000 2 g),置于 15 mL 具塞玻璃瓶中,用 4.3.5.1 中使用的同一支移液管移入 10 mL 内标溶液,摇匀。

4.3.5.3 测定

在上述操作条件下,待仪器基线稳定后,连续注入数针标样溶液,计算各针扑草净与内标物峰面积之比的重复性,待相邻两针扑草净与内标物峰面积的比的相对变化小于 1.2%时,按照标样溶液、试样溶液、试样溶液、标样溶液的顺序进行测定。

4.3.6 计算

将测得的两针试样溶液以及试样前后两针标样溶液中扑草净与内标物的峰面积比分别进行平均。试样中扑草净的质量分数 w_1(%),按式(1)计算:

$$w_1 = \frac{r_2 \cdot m_1 \cdot w}{r_1 \cdot m_2} \qquad \cdots\cdots(1)$$

式中:

r_1——标样溶液中,扑草净与内标物峰面积比的平均值;

r_2——试样溶液中,扑草净与内标物峰面积比的平均值;

m_1——标样的质量,单位为克(g);

m_2——试样的质量,单位为克(g);

w——扑草净标样的质量分数,以%表示。

4.3.7 允许差

两次平行测定结果之差,25%应不大于0.5%,50%和40%应不大于1.0%,分别取其算术平均值作为测定结果。

4.4 水分的测定

按GB/T 1600中的"共沸蒸馏法"进行。

4.5 pH值的测定

按GB/T 1601进行。

4.6 悬浮率的测定

称取含扑草净0.4 g的试样(精确至0.000 2 g),按GB/T 14825—2006中4.1进行。将量筒底部25 mL悬浮液和沉淀物在水浴中蒸干,恢复至室温后再按4.3测定扑草净质量分数,计算其悬浮率。

4.7 润湿时间的测定

按GB/T 5451进行。

4.8 细度的测定

按GB/T 16150中的"湿筛法"进行。

4.9 热贮稳定性试验

按GB/T 19136中"粉体制剂"进行。热贮后扑草净质量分数应不低于贮前扑草净质量分数的97%,悬浮率应符合标准要求。

4.10 产品的检验与验收

产品的检验与验收应符合GB/T 1604的规定。极限数值的处理采用修约值比较法。

5 标志、标签、包装、贮运

5.1 扑草净可湿性粉剂的标志、标签和包装,应符合GB 3796的规定。

5.2 扑草净可湿性粉剂采用铝箔袋或塑料袋包装,每袋净含量为100 g、200 g、250 g、500 g;外包装可用纸箱、瓦楞纸板箱或钙塑箱,每箱净含量不超过20 kg。也可根据用户要求或订货协议,采用其他形式的包装,但需符合GB 3796的规定。

5.3 扑草净可湿性粉剂包装件应贮存在通风、干燥的库房中。

5.4 贮运时,严防潮湿和日晒,不得与食物、种子、饲料混放,避免与皮肤、眼睛接触,防止由口鼻吸入。

5.5 安全:扑草净属低毒除草剂。使用本品应带防护手套。防止口鼻吸入,皮肤或身体裸露部位接触本品后,应及时用肥皂和水洗净。万一发生中毒现象应及时请医生诊治。

5.6 **保证期**:在规定的贮运条件下,扑草净可湿性粉剂的保证期,从生产日期算起为2年。

附 录 A
（资料性附录）
扑草净质量分数填充柱气相色谱测定方法

A.1 方法提要

试样用三氯甲烷溶解，以三唑酮为内标物，使用聚乙二醇 20 M/Gas Chrom Q 填充色谱柱和氢火焰离子化检测器，对试样中的扑草净进行气相色谱分离和测定。

A.2 试剂和溶液

三氯甲烷；

三唑酮：应不含有干扰分析的杂质，$w \geqslant 95\%$；

扑草净标样：已知扑草净质量分数 $w \geqslant 99.0\%$；

内标溶液：称取 10.0 g 的三唑酮，置于 1 000 mL 容量瓶中，用三氯甲烷溶解并稀释至刻度，摇匀。

A.3 仪器

气相色谱仪：具有氢火焰离子化检测器；

色谱数据处理机或色谱工作站；

色谱柱：3%聚乙二醇 20 M/Gas Chrom Q(80 目～100 目)不锈钢柱(或玻璃柱)；

微量进样器：10 μL。

A.4 气相色谱操作条件

温度(℃)：柱温 200，气化室 230，检测器室 230；

气体流量(mL/min)：载气(N_2)80、氢气 40、空气 400；

进样量(μL)：1.0；

保留时间(min)：扑草净约 5.2，内标物约 7.0。

上述气相色谱操作条件，系典型操作参数。可根据不同仪器特点，对给定的操作参数作适当调整，以期获得最佳效果。典型的扑草净原药与内标物填充柱气相色谱图见图 A.1。

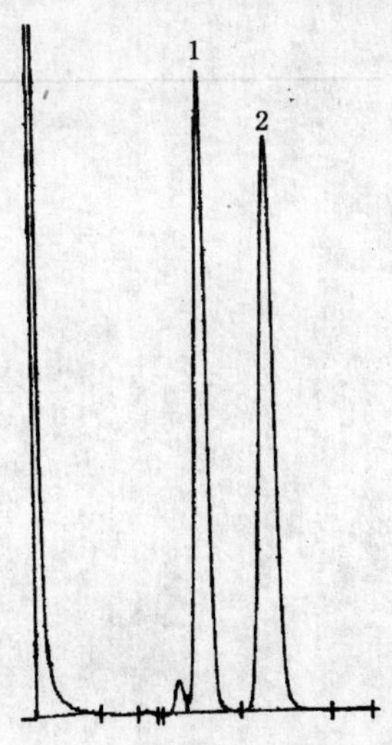

1——扑草净；

2——内标物(三唑酮)。

图 A.1 扑草净可湿性粉剂与内标物填充柱气相色谱图

A.5 测定步骤

A.5.1 标样溶液的配制

称取扑草净标样 0.1 g(精确至 0.000 2 g),置于 15 mL 具塞玻璃瓶中,用移液管准确移入 10 mL 内标溶液,摇匀。

A.5.2 试样溶液的配制

称取约含扑草净 0.1 g 的试样 (精确至 0.000 2 g),置于 15 mL 具塞玻璃瓶中,用 A.5.1 中使用的同一支移液管准确移入 10 mL 内标溶液,摇匀。

A.5.3 测定

在上述操作条件下,待仪器基线稳定后,连续注入数针标样溶液,计算各针扑草净与内标物峰面积之比的重复性,待相邻两针扑草净与内标物峰面积的比的相对变化小于 1.2%时,按照标样溶液、试样溶液、试样溶液、标样溶液的顺序进行测定。

A.6 计算

将测得的两针试样溶液以及试样前后两针标样溶液中扑草净和内标物的峰面积比分别进行平均。试样中扑草净的质量分数 w_1(%)按式(A.1)计算:

$$w_1 = \frac{r_2 \cdot m_1 \cdot w}{r_1 \cdot m_2} \quad \cdots\cdots\cdots(A.1)$$

式中:

r_1——标样溶液中,扑草净与内标物峰面积比的平均值;

r_2——试样溶液中,扑草净与内标物峰面积比的平均值;

m_1——标样的质量,单位为克(g);

m_2——试样的质量,单位为克(g);

w——扑草净标样的质量分数,以%表示。

A.7 允许差

两次平行测定结果之差,25%应不大于 0.5%,50%和 40%应不大于 1.0%,分别取其算术平均值作为测定结果。

ICS 65.100
G 25

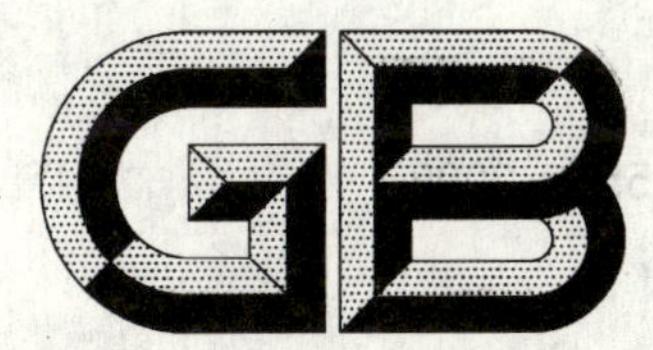

中华人民共和国国家标准

GB 23554—2009

40%乙烯利水剂

40% Ethephon aqueous solution

2009-04-27 发布　　2009-11-01 实施

中华人民共和国国家质量监督检验检疫总局
中国国家标准化管理委员会　发布

前言

本标准的第3章、第5章为强制性的，其余为推荐性的。

本标准修改采用FAO规格373/SL/S/F(2000)《乙烯利可溶液剂》(Ethephon Soluble Concentrates)。

本标准与FAO《乙烯利可溶液剂》(Ethephon Soluble Concentrates)的主要技术差异：

——FAO规格规定2-氯乙基膦酸2-氯乙基单酯质量分数≤0.08%，本标准未控制该项指标。

——本标准规定pH值范围1.5～3.0，FAO规格规定pH值范围1.5～2.0。

本标准自实施之日起，原化工行业标准HG 2312—1992《乙烯利水剂》作废。

本标准的附录A是资料性附录。

本标准由中国石油和化学工业协会提出。

本标准由全国农药标准化技术委员会(SAC/TC 133)归口。

本标准负责起草单位：沈阳化工研究院。

本标准参加起草单位：绍兴市东湖生化有限公司、江苏安邦电化有限公司、黄骅市鸿承企业有限公司、江苏龙灯化学有限公司。

本标准主要起草人：梅宝贵、邢红、张雪冰、季小英、姜育田、张明月、冯秀珍、李茂青。

40%乙烯利水剂

该产品有效成分乙烯利的其他名称、结构式和基本物化参数如下：

ISO 通用名称：ethephon

CIPAC 数字代码：373

化学名称：2-氯-乙基膦酸

结构式：

$$Cl—H_2CH_2C—\overset{\overset{O}{\|}}{P}\genfrac{}{}{0pt}{}{/OH}{\backslash OH}$$

实验式：$C_2H_6ClO_3P$

相对分子质量：144.5（按 2005 国际相对原子质量计）

生物活性：植物生长调节剂

熔点：74 ℃～75 ℃

相对密度：1.2～1.3

溶解性：水、乙醇、1,2-丙二醇中约 1 kg/L，微溶于芳香族溶剂

稳定性：75 ℃下及在实验室条件下的水溶液中稳定；在 pH≤3 时稳定，在 pH3 以上分解释放出乙烯。不能与碱、金属盐、金属（铝、铜、铁）共存

1 范围

本标准规定了 40%乙烯利水剂的要求、试验方法以及标志、标签、包装、贮运。

本标准适用于由乙烯利原药和水及适宜的助剂组成的 40%乙烯利水剂。

2 规范性引用文件

下列文件中的条款通过本标准的引用而成为本标准的条款。凡是注日期的引用文件，其随后所有的修改单（不包括勘误的内容）或修订版均不适用于本标准，然而，鼓励根据本标准达成协议的各方研究是否可使用这些文件的最新版本。凡是不注日期的引用文件，其最新版本适用于本标准。

GB/T 601　化学试剂　标准滴定溶液的制备

GB/T 1601　农药 pH 值测定方法

GB/T 1604　商品农药验收规则

GB/T 1605—2001　商品农药采样方法

GB 3796　农药包装通则

GB/T 19136　农药热贮稳定性测定方法

GB/T 19137　农药低温稳定性测定方法

3 要求

3.1 组成和外观

本品应由符合标准的乙烯利原药制成，为均相液体，无可见的悬浮物和沉淀物。

3.2 技术指标

40%乙烯利水剂还应符合表 1 要求。

表 1 40%乙烯利水剂控制项目指标

项 目		指 标
乙烯利质量分数/%		$40.0^{+2.0}_{-2.0}$
1,2-二氯乙烷质量分数[a]/%	≤	0.02
pH 值范围		1.5～3.0
稀释稳定性(稀释 20 倍)		合格
低温稳定性[a]		合格
热贮稳定性[a]		合格
[a] 正常生产时,1,2-二氯乙烷质量分数、低温稳定性试验、热贮稳定性试验每 3 个月至少测定一次。		

4 试验方法

4.1 抽样

按 GB/T 1605—2001 中“液体制剂采样”方法进行。用随机数表法确定抽样的包装件,最终抽样量应不少于 200 mL。

4.2 鉴别试验

气相色谱法——在相同的色谱操作条件下,试样与重氮甲烷反应后某色谱峰的保留时间与标样溶液中乙烯利甲酯的保留时间,其相对差值应在 1.5%以内。气相色谱定性条件见附录 A。

4.3 乙烯利质量分数的测定

4.3.1 方法原理

样品中和至碱性,生成乙烯利二钠盐,加热后生成乙烯和磷酸二氢钠,用氢氧化钠滴定测定磷酸二氢钠含量,由此求算乙烯利质量分数。

4.3.2 反应方程式

$$Cl{-}H_2CH_2C{-}P(=O)(OH)_2 + 2NaOH \longrightarrow Cl{-}H_2CH_2C{-}P(=O)(ONa)_2 + 2H_2O$$

$$Cl{-}H_2CH_2C{-}P(=O)(ONa)_2 + H_2O \xrightarrow{\Delta} H_2C{=\!=}CH_2 + NaCl + NaH_2PO_4$$

$$NaH_2PO_4 + NaOH \longrightarrow Na_2HPO_4 + H_2O$$

4.3.3 方法提要

称取 0.5 g 样品,用水溶解,以百里香酚蓝为指示剂,用氢氧化钠中和至溶液颜色由黄色变为蓝色。用沸水浴加热 30 min,冷却至室温,用氢氧化钠滴定至溶液由黄色变为蓝色为终点。

4.3.4 试剂

氢氧化钠溶液:$c(NaOH)=0.5$ mol/L;

氢氧化钠标准滴定溶液:$c(NaOH)=0.1$ mol/L,按 GB/T 601 配制和标定;

百里香酚蓝指示剂:ρ(百里香酚蓝)=1.0 g/L。

4.3.5 仪器

pH 计;

沸水浴;

三角瓶:250 mL。

4.3.6 测定步骤

4.3.6.1 样品的制备

称取 0.5 g(精确至 0.000 2 g)40%乙烯利水剂样品于 250 mL 三角瓶中，加入 100 mL 蒸馏水溶解，摇匀。

4.3.6.2 测定

向样品溶液中加入 10 滴百里香酚蓝指示剂，搅拌下加入氢氧化钠溶液使样品溶液 pH 值(用 pH 计测定)约为 8，再滴加氢氧化钠标准滴定溶液至样品溶液由黄色变为蓝色。立即将三角瓶置于沸水浴中加热 30 min，使乙烯利二钠盐完全分解，冷却至室温，搅拌下用氢氧化钠标准滴定溶液滴定至样品溶液由黄色变成蓝色为终点。

4.3.7 计算

乙烯利质量分数 w_1(%)按式(1)计算：

$$w_1 = \frac{c \cdot V \cdot M}{1\,000\, m} \times 100 \quad \cdots\cdots\cdots\cdots (1)$$

式中：

c——氢氧化钠标准滴定溶液的实际浓度，单位为摩尔每升(mol/L)；

V——滴定时耗用氢氧化钠标准滴定溶液的体积，单位为毫升(mL)；

m——样品质量，单位为克(g)；

M——乙烯利摩尔质量的数值，单位为克每摩尔(g/mol)，[M=144.5 g/mol]。

4.3.8 允许差

乙烯利质量分数两次平行测定结果之差应不大于 0.8%，取其算术平均值作为测定结果。

4.4 1,2-二氯乙烷质量分数的测定

4.4.1 方法提要

试样用水溶解，用二氯甲烷萃取，使用 HP-20 M 键合的石英毛细管柱，分流进样装置和氢火焰离子化检测器，对试样中的 1,2-二氯乙烷进行毛细管气相色谱分离，外标法定量。

4.4.2 试剂和溶液

二氯甲烷；

1,2-二氯乙烷标样：已知质量分数 $w \geq 99.0\%$。

4.4.3 仪器

气相色谱仪：具氢火焰离子化检测器；

色谱柱：30 m×0.32 mm (i.d.) 石英毛细柱，内壁键合 HP-20 M，膜厚 0.25 μm；

色谱数据处理机或色谱工作站；

进样系统：具有分流和石英内衬装置。

4.4.4 气相色谱操作条件

温度(℃)：柱室 50、气化室 150、检测室 260；

气体流量(mL/min)：载气(N_2)3.0、氢气 30、空气 300；

分流比：15∶1；

进样体积：1.0 μL

保留时间：1,2-二氯乙烷 7.2 min。

上述气相色谱操作条件系典型操作参数。可根据不同仪器特点，对给定的操作参数作适当调整，以期获得最佳效果。典型的 40%乙烯利水剂中 1,2-二氯乙烷测定的气相色谱图见图 1，1,2-二氯乙烷标样的气相色谱图见图 2。

1——1,2-二氯乙烷。

图 1　40%乙烯利水剂中 1,2-二氯乙烷测定的气相色谱图

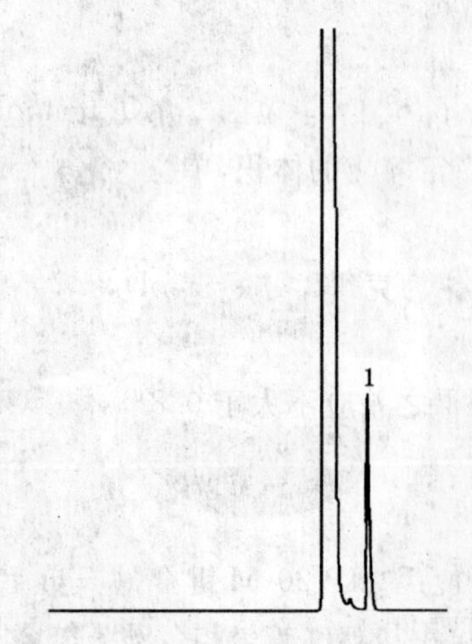

1——1,2-二氯乙烷。

图 2　1,2-二氯乙烷标样的气相色谱图

4.4.5　测定步骤

4.4.5.1　标样溶液的配制

称取 1,2-二氯乙烷标样 0.05 g(精确至 0.000 2 g),置于 50 mL 容量瓶中,用二氯甲烷稀释至刻度,摇匀。

4.4.5.2　试样溶液的配制

称取 30 g(精确至 0.000 2 g)40%乙烯利水剂试样置于 150 mL 分液漏斗中,振摇使试样溶解,用 40 mL 二氯甲烷分三次萃取,收集二氯甲烷层于 50 mL 容量瓶中,用二氯甲烷稀释至刻度,摇匀。

4.4.5.3　测定

在上述色谱操作条件下,待仪器稳定后,连续注入数针标样溶液,直至相邻两针 1,2-二氯乙烷的峰面积相对变化小于 20%后,按照标样溶液、试样溶液、试样溶液、标样溶液的顺序进行分析测定。

4.4.6　计算

将测得的两针试样溶液以及试样前后两针标样溶液中 1,2-二氯乙烷的峰面积分别进行平均。试样中 1,2-二氯乙烷质量分数 w_2(%)按式(2)计算:

$$w_2 = \frac{A_2 \times m_1 \times w}{A_1 \times m_2} \qquad \cdots\cdots(2)$$

式中:

A_1——标样溶液中,1,2-二氯乙烷峰面积的平均值;

A_2——试样溶液中，1，2-二氯乙烷峰面积的平均值；

m_1——标样的质量，单位为克(g)；

m_2——试样的质量，单位为克(g)；

w——标样中1，2-二氯乙烷的质量分数，以%表示。

4.4.7 允许差

两次平行测定结果之相对偏差应不大于20%，取其算术平均值作为测定结果。

4.5 pH值的测定

按GB/T 1601进行。

4.6 稀释稳定性的试验

4.6.1 试剂和仪器

标准硬水：$\rho(Mg^{2+}+Ca^{2+})=342$ mg/L；

量筒：100 mL；

恒温水浴：30 ℃±2 ℃；

移液管：5 mL。

4.6.2 试验步骤

用移液管吸取5 mL试样，置于100 mL量筒中，用标准硬水稀释至刻度，混匀。将此量筒放入30 ℃±2 ℃的恒温水浴中，静置1 h。稀释液均一、无析出物为合格。

4.7 低温稳定性试验

按GB/T 19137中"乳剂和均相液体制剂"进行。析出固体或油状物的体积不超过0.3 mL为合格。

4.8 热贮稳定性试验

按GB/T 19136中"液体制剂"进行。热贮后，乙烯利质量分数应不低于热贮前的97%；稀释稳定性仍应符合标准要求。

4.9 产品的检验与验收

应符合GB/T 1604的规定。极限数值处理采用修约值比较法。

5 标志、标签、包装、贮运

5.1 40%乙烯利水剂的标志、标签、包装应符合GB 3796的规定。

5.2 40%乙烯利水剂采用聚酯瓶或聚乙烯瓶包装，每瓶净含量为200 g(mL)、250 g(mL)、500 g(mL)或1 kg(L)，外包装为纸箱、瓦楞纸板箱或钙塑箱，每箱净含量不超过15 kg；也可采用塑料桶包装，每桶净含量25 kg(L)、200 kg(L)。也可以根据用户要求或订货协议采用其他形式的包装，但需符合GB 3796的规定。

5.3 40%乙烯利水剂包装件应贮存在通风、干燥的库房中。

5.4 贮运时，严防潮湿和日晒，不得与食物、种子、饲料及碱性物质混放，避免与皮肤、眼睛接触。

5.5 安全：乙烯利为低毒植物生长调节剂，有较强的酸性和腐蚀性。使用本品时应穿戴防护用品，施药后应用肥皂洗净。皮肤或身体裸露部位接触本品后应及时用肥皂和水清洗，万一误服，应立即送医院。

5.6 **保证期**：在规定的贮运条件下，40%乙烯利水剂的保证期从生产日期算起为2年。

附 录 A
（资料性附录）
乙烯利的定性鉴定

A.1 2-亚硝基-2-甲基脲的制备

称取 13.5 g 盐酸甲胺于 250 mL 烧瓶中，依次加入 67 mL 水、40.2 g 脲，缓慢加热回流 165 min 后，激烈回流 15 min，冷却至室温后，加入 20.2 g 亚硝酸钠，冷却至 0 ℃，得到甲基脲-亚硝酸盐溶液。在 1 L烧杯中加入 80 g 冰，置于冰盐浴中冷却，缓慢加入 7.2 mL 浓硫酸，边搅拌，边缓慢加入甲基脲-亚硝酸盐溶液，保持温度在 0 ℃以下，约 1 h 加完甲基脲-亚硝酸盐溶液。抽滤得到 2-亚硝基-2-甲基脲固体，用少量冰水洗涤后置于真空干燥器中干燥。

A.2 重氮甲烷饱和溶液的制备

取 10 mL 50％氢氧化钾水溶液与 5 mL 乙醚于 20 mL 试管中，在通风橱内加入 1 g 2-亚硝基-2-甲基脲，所释放出的重氮甲烷气体用装有 100 mL 乙醚的磨口瓶吸收至乙醚溶液呈深黄色，并有多余的重氮甲烷气泡溢出，即认为达到饱和(以上试验要求在冰水浴中进行)。制得的重氮甲烷乙醚饱和溶液应密封低温保存。

A.3 方法提要

试样用乙醚溶解后用重氮甲烷酯化，使用 HP-5 为填料的毛细管柱和氢火焰离子化检测器，对试样中的乙烯利进行气相色谱分离，保留时间定性。

A.4 试剂和溶液

乙醚；

丙酮；

重氮甲烷乙醚饱和溶液；

乙烯利标样：已知质量分数 $w \geqslant 98.0\%$。

A.5 仪器

气相色谱仪：具有氢火焰离子化检测器；

色谱处理机或色谱工作站；

色谱柱：30 m×0.32 mm(i.d.)毛细管柱，键合 HP-5(5％苯甲基硅酮)，膜厚 0.25 μm；

微量进样器：10 μL。

A.6 气相色谱操作条件

温度(℃)：柱温 170，气化室 220，检测器室 260；

气体流量(mL/min)：载气(N_2)1.8，氢气 30，空气 300；

进样量：1.0 μL；

保留时间(min)：乙烯利甲酯 3.4。

上述操作参数是典型的，可根据不同仪器特点，对给定的操作参数作适当调整，以期获得最佳效果。典型的 40％乙烯利水剂甲酯化产物的气相色谱图见图 A.1。

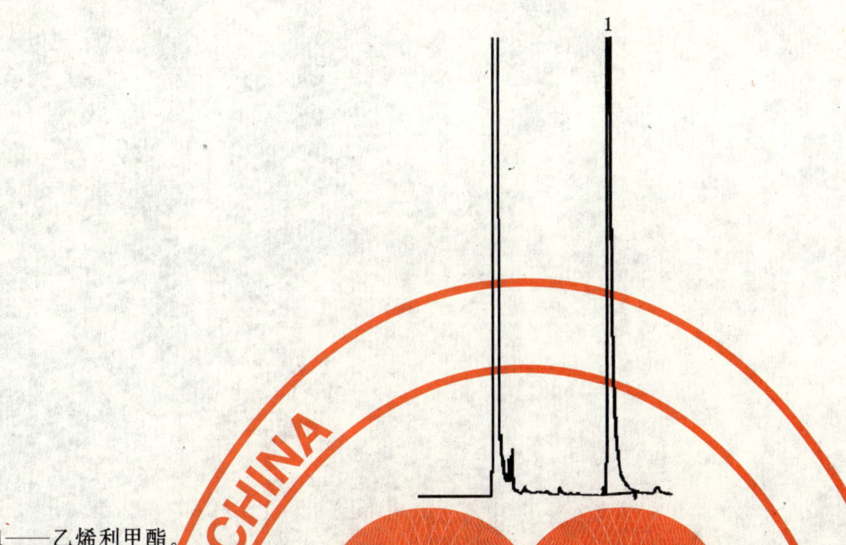

1——乙烯利甲酯。

图 A.1 40%乙烯利水剂甲酯化产物的气相色谱图

A.7 测定步骤

A.7.1 标样溶液的配制

称取乙烯利标样 0.06 g(精确至 0.01 g),置于一具塞玻璃瓶中,加入约 10 mL 饱和重氮甲烷乙醚溶液,保持样品溶液为黄色 15 min,在 50 ℃水浴中除去重氮甲烷和乙醚挥发至近干,用量筒加入 5 mL 丙酮,摇匀。

A.7.2 试样溶液的配制

称取 40%乙烯利水剂 0.15 g(精确至 0.01 g),置于一具塞玻璃瓶中,加入约 10 mL 饱和重氮甲烷乙醚溶液,保持样品溶液为黄色 15 min,在 50 ℃水浴中除去重氮甲烷和乙醚挥发至近干,用量筒加入 5 mL 丙酮,摇匀。

A.7.3 测定

在上述操作条件下,待仪器基线稳定后,连续注入数针标样溶液,待相邻两针乙烯利甲酯保留时间相对变化小于 1.0%时,按照标样溶液、试样溶液的顺序进行测定。

ICS 65.100.10
G 25

中华人民共和国国家标准

GB 23555—2009

25%噻嗪酮可湿性粉剂

25% Buprofezin wettable powders

2009-04-27 发布　　2009-11-01 实施

中华人民共和国国家质量监督检验检疫总局
中国国家标准化管理委员会　发布

前言

本标准的第3章、第5章为强制性的，其余为推荐性的。

本标准自实施之日起，HG 2463.2—1993《25％噻嗪酮可湿性粉剂》废止。

本标准的附录A是资料性附录。

本标准由中国石油和化学工业协会提出。

本标准由全国农药标准化技术委员会(SAC/TC 133)归口。

本标准负责起草单位：沈阳化工研究院。

本标准参加起草单位：江苏安邦电化有限公司、江苏常隆化工有限公司、上海悦联化工有限公司、江苏龙灯化学有限公司。

本标准主要起草人：张丕龙、昝艳坤、姜育田、芮燕春、虞祥发、冯秀珍、李茂青。

25%噻嗪酮可湿性粉剂

该产品有效成分噻嗪酮的其他名称、结构式和基本物化参数如下：

ISO 通用名称：buprofezin

化学名称：2-特-丁基亚氨基-3-异丙基-5-苯基-1,3,5-噻二嗪-4-酮

结构式：

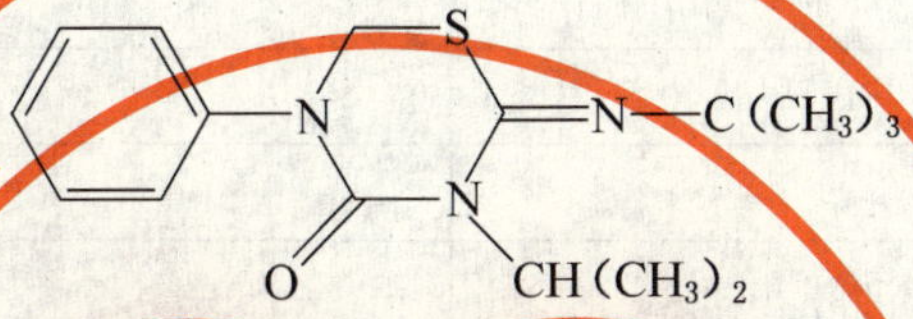

实验式：$C_{16}H_{23}N_3OS$

相对分子质量：305.4(按 2005 年国际相对原子质量计)

生物活性：杀虫

熔点：104.5 ℃～105.5 ℃

蒸气压(25 ℃)：1.25 mPa

相对密度(20 ℃)：1.118

溶解度(25 ℃,g/L)：水中 0.9 mg/L(20 ℃)，三氯甲烷 520、苯 370、甲苯 320、丙酮 240、乙醇 80、正己烷 20

稳定性：对酸或碱稳定，对光或热稳定

1 范围

本标准规定了 25%噻嗪酮可湿性粉剂的要求、试验方法以及标志、标签、包装、贮运。

本标准适用于由噻嗪酮原药、适宜的助剂和填料加工成的 25%噻嗪酮可湿性粉剂。

2 规范性引用文件

下列文件中的条款通过本标准的引用而成为本标准的条款。凡是注日期的引用文件，其随后所有的修改单(不包括勘误的内容)或修订版均不适用于本标准，然而，鼓励根据本标准达成协议的各方研究是否可使用这些文件的最新版本。凡是不注日期的引用文件，其最新版本适用于本标准。

GB/T 1600　农药水分测定方法

GB/T 1601　农药 pH 值的测定方法

GB/T 1604　商品农药验收规则

GB/T 1605—2001　商品农药采样方法

GB 3796　农药包装通则

GB/T 5451　农药可湿性粉剂润湿性测定方法

GB/T 14825　农药悬浮率测定方法

GB/T 16150　农药粉剂、可湿性粉剂细度测定方法

GB/T 19136　农药热贮稳定性测定方法

3 要求

3.1 组成和外观

本品应由符合标准的噻嗪酮原药与适宜的助剂和填料加工制成，为均匀的疏松粉末，不应有团块。

3.2 技术指标

25%噻嗪酮可湿性粉剂应符合表1要求。

表1 25%噻嗪酮可湿性粉剂控制项目指标

项目		指标
噻嗪酮质量分数/%		$25.0^{+1.5}_{-1.5}$
水分/%	≤	2.0
悬浮率/%	≥	75
细度(通过 45 μm 试验筛)/%	≥	98
润湿时间/s	≤	90
pH 值范围		6.0～10.5
热贮稳定性[a]		合格

[a] 热贮稳定性试验在正常生产情况下,至少每3个月测定一次。

4 试验方法

4.1 抽样

按照 GB/T 1605—2001 中"固体制剂采样"方法进行。用随机数表法确定抽样的包装件;最终抽样量应不少于 300 g。

4.2 鉴别试验

气相色谱法——本鉴别试验可与噻嗪酮含量的测定同时进行。在相同的色谱操作条件下,试样溶液中某色谱峰的保留时间与标样溶液中噻嗪酮的色谱峰的保留时间,其相对差值应在1.5%以内。

4.3 噻嗪酮质量分数的测定

4.3.1 方法提要

试样用三氯甲烷溶解,以邻苯二甲酸二环己酯为内标物,使用 HP-5(5%二苯基+95%二甲基聚硅酮)涂壁的毛细管色谱柱和氢火焰离子化检测器,对试样中的噻嗪酮进行气相色谱分离和测定。也可使用填充柱气相色谱法,色谱条件参见附录A。

4.3.2 试剂和溶液

三氯甲烷;

噻嗪酮标样:已知质量分数 $w\geqslant98.0\%$;

邻苯二甲酸二环己酯:不应含有干扰分析的杂质;

内标溶液:称取 4.0 g 的邻苯二甲酸二环己酯,置于 500 mL 容量瓶中,用三氯甲烷溶解并稀释至刻度,摇匀。

4.3.3 仪器

气相色谱仪:具有氢火焰离子化检测器;

色谱数据处理机或色谱工作站;

色谱柱:30 m×0.32 mm(i.d.)毛细柱,内壁涂 HP-5(5%二苯基 + 95%二甲基聚硅酮),膜厚 0.25 μm;

微量进样器:10 μL。

4.3.4 气相色谱操作条件

温度(℃):柱温 230,气化室 270,检测器室 280;

气体流量(mL/min):载气(N_2)2.0、氢气 30、空气 300、补偿气(N_2)25;

分流比:20∶1;

进样量(μL):1.0;

保留时间(min):噻嗪酮 3.8,内标物 7.0。

上述液相色谱操作条件,系典型操作参数。可根据不同仪器特点,对给定的操作参数作适当调整,以期获得最佳效果。典型的 25%噻嗪酮可湿性粉剂的毛细管气相色谱图见图 1。

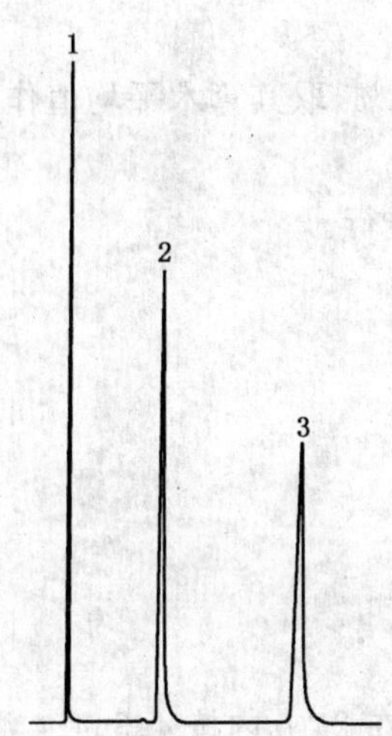

1——溶剂;

2——噻嗪酮;

3——内标物(邻苯二甲酸二环己酯)。

图 1 25%噻嗪酮可湿性粉剂与内标物的毛细管气相色谱图

4.3.5 测定步骤

4.3.5.1 标样溶液的配制

称取噻嗪酮标样 0.08 g(精确至 0.000 2 g)于 15 mL 具塞玻璃瓶中,用移液管准确加入 10 mL 内标溶液,摇匀。

4.3.5.2 试样溶液的配制

称取含噻嗪酮 0.08 g(精确至 0.000 2 g)的试样,于 15 mL 具塞玻璃瓶中,用与 4.3.5.1 同一支移液管准确加入 10 mL 内标溶液,摇匀。

4.3.5.3 测定

在上述操作条件下,待仪器基线稳定后,连续注入数针标样溶液,计算各针噻嗪酮与内标物峰面积之比的重复性,待相邻两针噻嗪酮与内标物峰面积比的相对变化小于 1.2%时,按照标样溶液、试样溶液、试样溶液、标样溶液的顺序进行测定。

4.3.6 计算

将测得的两针试样溶液以及试样前后两针标样溶液中噻嗪酮与内标物峰面积比分别进行平均。试样中噻嗪酮的质量分数 w_1(%)按式(1)计算:

$$w_1 = \frac{\gamma_2 \cdot m_1 \cdot w}{\gamma_1 \cdot m_2} \qquad \cdots\cdots(1)$$

式中:

γ_1——标样溶液中,噻嗪酮与内标物峰面积比的平均值;

γ_2——试样溶液中,噻嗪酮与内标物峰面积比的平均值;

m_1——噻嗪酮标样的质量,单位为克(g);

m_2——试样的质量,单位为克(g);

w——标样中噻嗪酮的质量分数,以%表示。

4.3.7 允许差

噻嗪酮质量分数的两次平行测定结果之差应不大于 0.5%,取其算术平均值作为测定结果。

4.4 悬浮率的测定

4.4.1 测定

按 GB/T 14825 进行。称取 0.5 g 试样(精确至 0.000 2 g),在剩余的 1/10 悬浮液沉淀物中,加入 10 mL 内标溶液,再加 10 mL 三氯甲烷,振摇萃取。按 4.3 测定噻嗪酮质量,计算悬浮率。

4.4.2 允许差

两次平行测定结果之差,应不大于 5%,取其算术平均值作为测定结果。

4.5 水分的测定

按 GB/T 1600 中的"共沸蒸馏法"进行。

4.6 pH 值的测定

按 GB/T 1601 进行。

4.7 润湿时间的测定

按 GB/T 5451 进行。

4.8 细度的测定

按 GB/T 16150 中"湿筛法"进行。

4.9 热贮稳定性试验

按 GB/T 19136 "粉体体剂"进行。在 24 h 内按 4.3、4.4 测定噻嗪酮含量、悬浮率。测定结果噻嗪酮质量分数允许降至贮前测定的 97%,实测悬浮率应不低于 65%。

4.10 产品的检验与验收

应符合 GB/T 1604 的规定。极限数值处理,采用修约值比较法。

5 标志、标签、包装、贮运

5.1 25%噻嗪酮可湿性粉剂的标志、标签和包装,应符合 GB 3796 的规定。

5.2 25%噻嗪酮可湿性粉剂用铝箔袋或塑料袋包装,每袋净含量为 100 g、200 g、250 g、500 g;外包装可用纸箱、瓦楞纸板箱或钙塑箱,每箱净含量不超过 25 kg。也可以根据用户要求或订货协议,采用其他形式的包装,但需符合 GB 3796 的规定。

5.3 25%噻嗪酮可湿性粉剂包装件应贮存在通风、干燥的库房中。

5.4 贮运时,严防潮湿和日晒,不得与食物、种子、饲料混放,避免与皮肤、眼睛接触,防止由口鼻吸入。

5.5 安全:噻嗪酮为低毒杀虫剂,吞噬或吸入均有毒。使用时,应戴好防护手套、口罩、穿干净防护服。使用后应立即用肥皂和水洗净。如发生中毒现象,应及时去医院检查治疗。

5.6 保证期:在规定的贮运条件下,从生产日期算起为 2 年。

附 录 A
（资料性附录）
噻嗪酮质量分数填充柱气相色谱测定方法

A.1 方法提要

试样用三氯甲烷溶解，以邻苯二甲酸二环己酯为内标物，使用5%OV-101/Gas chrom Q填充物的色谱柱和氢火焰离子化检测器，对试样中的噻嗪酮进行气相色谱分离和测定。

A.2 试剂和溶液

三氯甲烷；

固定液：OV-101；

载体：Gas chrom Q 粒径180 μm～250 μm；

邻苯二甲酸二环己酯：不得含有干扰分析的杂质；

内标溶液：称取4.0 g 邻苯二甲酸二环己酯，于500 mL容量瓶中，用三氯甲烷溶解并稀释至刻度，摇匀；

噻嗪酮标样：已知质量分数 $w \geqslant 98.0\%$。

A.3 仪器

气相色谱仪：具有氢火焰离子化检测器；

色谱数据处理机或色谱工作站；

色谱柱：1 m×3 mm (i.d.) 玻璃柱，内装5%OV-101/Gas chrom Q 粒径180 μm～250 μm 填充物（或具有相同柱效的其他色谱柱）。

A.4 气相色谱操作条件

温度(℃)：柱温200，气化室250，检测器室250；

气体流量(mL/min)：载气(N_2)30、氢气40、空气400；

保留时间(min)：噻嗪酮5；内标物10。

上述气相色谱操作条件，系典型操作参数。可根据不同仪器特点，对给定的操作参数作适当调整，以期获得最佳效果。典型的25%噻嗪酮可湿性粉剂填充柱气相色谱图见图A.1。

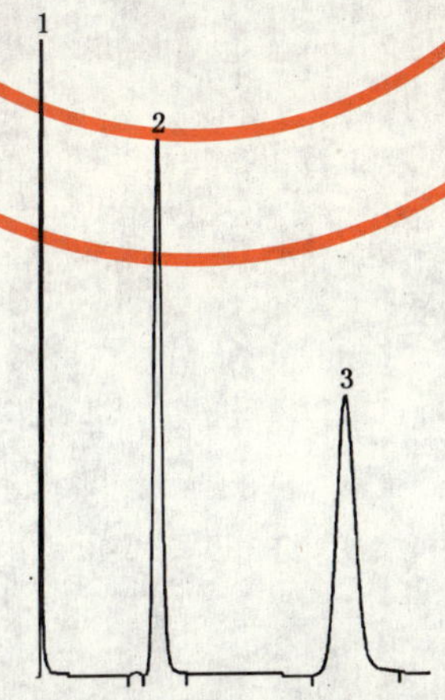

1——溶剂；

2——噻嗪酮；

3——内标物（邻苯二甲酸二环己酯）。

图 A.1 25%噻嗪酮可湿性粉剂与内标物的填充柱气相色谱图

A.5 测定步骤

A.5.1 标样溶液的配制

称取噻嗪酮标样 0.08 g(精确至 0.000 2 g)于 15 mL 具塞玻璃瓶中,用移液管准确移入 10 mL 内标液,摇匀。

A.5.2 试样溶液的配制

称取约含噻嗪酮 0.08 g 的试样 (精确至 0.000 2 g)于 15 mL 具塞玻璃瓶中,用 A.5.1 中使用的同一支移液管准确移入 10 mL 内标液,摇匀。

A.5.3 测定

在上述操作条件下,待仪器基线稳定后,连续注入数针标样溶液,计算各针噻嗪酮与内标物峰面积之比的重复性,待相邻两针噻嗪酮与内标物峰面积的比的相对变化小于 1.2%时,按照标样溶液、试样溶液、试样溶液、标样溶液的顺序进行测定。

A.6 计算

将测得的两针试样溶液以及试样前后两针标样溶液中噻嗪酮和内标物的峰面积比分别进行平均。试样中噻嗪酮的质量分数 w_1(%)按式(A.1)计算:

$$w_1 = \frac{\gamma_2 \cdot m_1 \cdot w}{\gamma_1 \cdot m_2} \qquad \cdots\cdots(A.1)$$

式中:

γ_1——标样溶液中,噻嗪酮与内标物峰面积比的平均值;

γ_2——试样溶液中,噻嗪酮与内标物峰面积比的平均值;

m_1——标样的质量,单位为克(g);

m_2——试样的质量,单位为克(g);

w——标样中噻嗪酮的质量分数,以%表示。

A.7 允许差

两次平行测定结果之差应不大于 0.5%,取其算术平均值作为测定结果。

ICS 65.100.10
G 25

中华人民共和国国家标准

GB 23556—2009

20%噻嗪酮乳油

20% Buprofezin emulsifiable concentrates

2009-04-27 发布　　2009-11-01 实施

中华人民共和国国家质量监督检验检疫总局
中国国家标准化管理委员会　发布

前言

本标准的第3章、第5章为强制性的，其余为推荐性的。

本标准自实施之日起，HG 2463.3—1993《噻嗪酮乳油》废止。

本标准的附录A是资料性附录。

本标准由中国石油和化学工业协会提出。

本标准由全国农药标准化技术委员会(SAC/TC 133)归口。

本标准负责起草单位：沈阳化工研究院。

本标准参加起草单位：江苏安邦电化有限公司、江苏常隆化工有限公司、上海悦联化工有限公司、江苏龙灯化学有限公司。

本标准主要起草人：张丕龙、昝艳坤、姜育田、芮燕春、虞祥发、冯秀珍、李茂青。

20%噻嗪酮乳油

该产品有效成分 噻嗪酮的其他名称、结构式和基本物化参数如下：

ISO通用名称：buprofezin

化学名称：2-特-丁基亚氨基-3-异丙基-5-苯基-1,3,5-噻二嗪-4-酮

结构式：

$$\text{(Ph)}-N\text{ ring: } CH_2-S-C(=N-C(CH_3)_3)-N(CH(CH_3)_2)-C(=O)-N$$

实验式：$C_{16}H_{23}N_3OS$

相对分子质量：305.4（按2005年国际相对原子质量计）

生物活性：杀虫

熔点：104.5 ℃～105.5 ℃

蒸气压(25 ℃)：1.25 mPa

密度(20 ℃)：1.18

溶解度(25 ℃,g/L)：水中0.9 mg/L(20 ℃)，三氯甲烷520、苯370、甲苯320、丙酮240、乙醇80、正己烷20

稳定性：对酸或碱稳定，对光或热稳定

1 范围

本标准规定了20%噻嗪酮乳油的要求、试验方法以及标志、标签、包装、贮运。

本标准适用于由噻嗪酮原药与乳化剂溶解在适宜的溶剂中配制成的20%噻嗪酮乳油。

2 规范性引用文件

下列文件中的条款通过本标准的引用而成为本标准的条款。凡是注日期的引用文件，其随后所有的修改单（不包括勘误的内容）或修订版均不适用于本标准，然而，鼓励根据本标准达成协议的各方研究是否可使用这些文件的最新版本。凡是不注日期的引用文件，其最新版本适用于本标准。

GB/T 1600 农药水分测定方法

GB/T 1601 农药pH值的测定方法

GB/T 1603 农药乳液稳定性测定方法

GB/T 1604 商品农药验收规则

GB/T 1605—2001 商品农药采样方法

GB 4838 农药乳油包装

GB/T 19136 农药热贮稳定性测定方法

GB/T 19137 农药低温稳定性测定方法

3 要求

3.1 组成和外观

本品应由符合标准的噻嗪酮原药制成，应是稳定的均相液体，无可见的悬浮物和沉淀。

3.2 技术指标

20%噻嗪酮乳油应符合表1要求。

表1 20%噻嗪酮乳油控制项目指标

项目	指标
噻嗪酮质量分数/%	$20.0^{+1.2}_{-1.2}$
水分/% ≤	0.5
pH值范围	5.0～9.0
乳液稳定性(稀释200倍)	合格
低温稳定性[a]	合格
热贮稳定性[a]	合格
[a] 低温稳定性、热贮稳定性试验在正常生产情况下,每3个月至少测定一次。	

4 试验方法

4.1 抽样

按照GB/T 1605—2001中"液体制剂采样"方法进行。用随机数表法确定抽样的包装件;最终抽样量应不少于200 mL。

4.2 鉴别试验

气相色谱法——本鉴别试验可与噻嗪酮质量分数的测定同时进行。在相同的色谱操作条件下,试样溶液某一色谱峰的保留时间与标样溶液中噻嗪酮色谱峰的保留时间,其相对差值应在1.5%以内。也可使用填充柱气相色谱法,色谱条件见附录A。

4.3 噻嗪酮质量分数的测定

4.3.1 方法提要

试样用三氯甲烷溶解,以邻苯二甲酸二环己酯为内标物,使用5%HP-5涂壁的毛细管色谱柱和氢火焰离子化检测器,对试样中的噻嗪酮进行气相色谱分离和测定。也可使用填充柱气相色谱法,色谱条件参见附录A。

4.3.2 试剂和溶液

三氯甲烷;

噻嗪酮标样:已知质量分数$w \geqslant 98.0\%$;

邻苯二甲酸二环己酯:不应含有干扰分析的杂质;

内标溶液:称取4.0 g的邻苯二甲酸二环己酯,置于500 mL容量瓶中,用三氯甲烷溶解并稀释至刻度,摇匀。

4.3.3 仪器

气相色谱仪:具有氢火焰离子化检测器;

色谱数据处理机或色谱工作站;

色谱柱:30 m×0.32 mm(i.d.)毛细管柱,内壁涂5%HP-5(5%二苯基+95%二甲基聚硅酮),膜厚0.25 μm;

微量进样器:10 μL。

4.3.4 气相色谱操作条件

温度(℃):柱温230,气化室270,检测器室280;

气体流量(mL/min):载气(N_2)2.0、氢气30、空气300、补偿气(N_2)25;

分流比:20∶1;

进样量(μL):1.0;

保留时间(min):噻嗪酮 3.8，内标物 7.0。

上述气相色谱操作条件，系典型操作参数。可根据不同仪器特点，对给定的操作参数作适当调整，以期获得最佳效果。典型的 20%噻嗪酮乳油测定的毛细管气相色谱图见图 1。

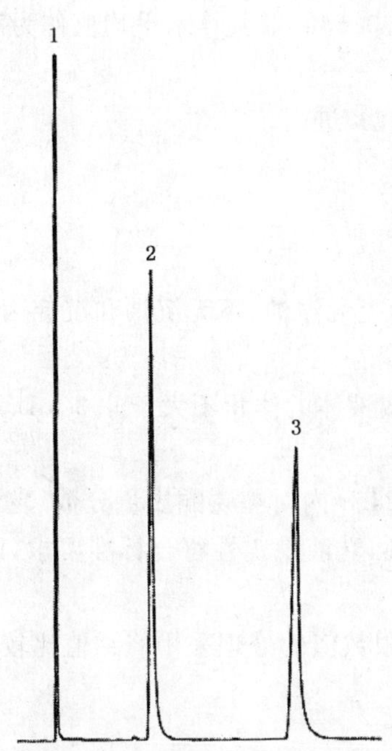

1——溶剂;

2——噻嗪酮;

3——内标物(邻苯二甲酸二环己酯)。

图 1 20%噻嗪酮乳油与内标物的毛细管气相色谱图

4.3.5 测定步骤

4.3.5.1 标样溶液的配制

称取噻嗪酮标样 0.08 g(精确至 0.000 2 g)于 15 mL 具塞玻璃瓶中，用移液管准确移入 10 mL 内标液，摇匀。

4.3.5.2 试样溶液的配制

称取约含噻嗪酮 0.08 g 的试样 (精确至 0.000 2 g)于 15 mL 具塞玻璃瓶中，用 4.3.5.1 中使用的同一支移液管准确移入 10 mL 内标液，摇匀。

4.3.5.3 测定

在上述操作条件下，待仪器基线稳定后，连续注入数针标样溶液，计算各针噻嗪酮与内标物峰面积之比的重复性，待相邻两针噻嗪酮与内标物峰面积比的相对变化小于 1.2%时，按照标样溶液、试样溶液、试样溶液、标样溶液的顺序进行测定。

4.3.6 计算

将测得的两针试样溶液以及试样前后两针标样溶液中噻嗪酮和内标物的峰面积比分别进行平均。试样中噻嗪酮的质量分数 w_1(%)按式(1)计算:

$$w_1 = \frac{\gamma_2 \cdot m_1 \cdot w}{\gamma_1 \cdot m_2} \quad \cdots\cdots(1)$$

式中:

γ_1——标样溶液中，噻嗪酮与内标物峰面积比的平均值;

γ_2——试样溶液中，噻嗪酮与内标物峰面积比的平均值;

m_1——标样的质量，单位为克(g)；

m_2——试样的质量，单位为克(g)；

w——标样中，噻嗪酮的质量分数，以%表示。

4.3.7 允许差

两次平行测定结果之差应不大于0.5%，取其算术平均值作为测定结果。

4.4 水分的测定

按GB/T 1600中的“卡尔·费休法”进行。

4.5 pH值的测定

按GB/T 1601进行。

4.6 乳液稳定性试验

按GB/T 1603进行。试验结果，上无浮油、下无沉油和沉淀为合格。

4.7 低温稳定性试验

按GB/T 19137进行，析出固体或液体的体积不大于0.3 mL为合格。

4.8 热贮稳定性试验

按GB/T 19136进行，于热贮后24 h内对噻嗪酮质量分数、乳液稳定性项目进行检测，贮后噻嗪酮质量分数不低于贮前质量分数的97%，乳液稳定性符合标准要求，即为合格。

4.9 产品的检验与验收

应符合GB/T 1604的规定。极限数值的处理采用修约值比较法。

5 标志、标签、包装、贮运

5.1 20%噻嗪酮乳油的标志、标签和包装，应符合GB 4838的规定。

5.2 20%噻嗪酮乳油应用带有内塞及瓶盖的玻璃瓶或聚酯瓶包装，每瓶净含量为250 mL、500 mL等；外包装用钙塑箱或瓦楞纸箱，每箱净含量应不超过20 kg。

5.3 根据用户要求或订货协议，可以采用其他形式的包装，但要符合GB 4838的规定。

5.4 包装件应贮存在通风、干燥的库房中。

5.5 贮运时，严防潮湿和日晒，不得与食物、种子、饲料混放，避免与皮肤、眼睛接触，防止由口鼻吸入。

5.6 **安全：噻嗪酮属低毒杀虫剂。使用本品应戴防护手套。喷雾时要顺风方向进行，防止口鼻吸入，皮肤或身体裸露部位接触本品后，应及时用肥皂和水洗净。万一发生中毒现象应及时请医生诊治。**

5.7 **保证期**：在规定的贮运条件下，20%噻嗪酮乳油的保证期，从生产日期算起为2年。

附 录 A
（资料性附录）
噻嗪酮质量分数填充柱气相色谱测定方法

A.1 方法提要

试样用三氯甲烷溶解，以邻苯二甲酸二环己酯为内标物，使用5%OV-101/Chromosorb Gas Chrom Q为填充物的玻璃柱（或不锈钢柱）和氢火焰离子化检测器，对噻嗪酮进行气相色谱分离和内标法定量。

A.2 试剂和溶液

三氯甲烷；

固定液：OV-101；

邻苯二甲酸二环己酯：不应含有干扰分析的杂质；

内标溶液：称取4.0 g的邻苯二甲酸二环己酯，置于500 mL容量瓶中，用三氯甲烷溶解并稀释至刻度，摇匀；

噻嗪酮标样：已知质量分数 $w \geqslant 98.0\%$。

A.3 仪器

气相色谱仪：具有氢火焰离子化检测器；

色谱数据处理机或色谱工作站；

色谱柱：1 m×3 mm (i.d.) 玻璃柱，内装5%OV-101/Gas Chrom Q粒径180 μm～250 μm填充物（或具有相同柱效的其他色谱柱）。

A.4 气相色谱操作条件

温度（℃）：柱温200，气化室250，检测器室250；

气体流量（mL/min）：载气（N_2）30、氢气40、空气400；

保留时间（min）：噻嗪酮5；邻苯二甲酸二环己酯10。

上述气相色谱操作条件，系典型操作参数。可根据不同仪器特点，对给定的操作参数作适当调整，以期获得最佳效果。典型的20%噻嗪酮乳油的填充柱气相色谱图见图A.1。

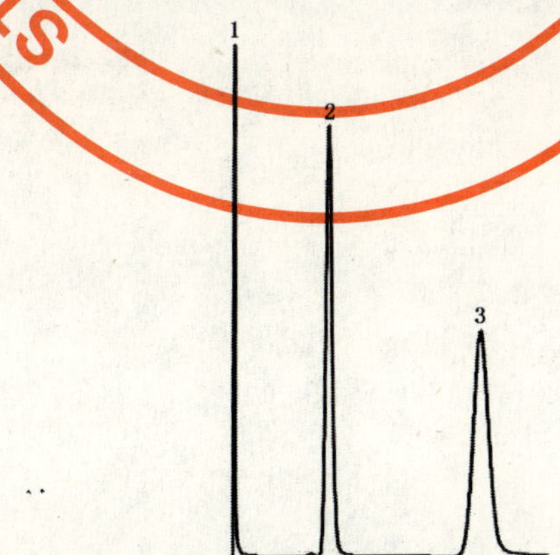

1——溶剂；

2——噻嗪酮；

3——内标物（邻苯二甲酸二环己酯）。

图 A.1 20%噻嗪酮乳油与内标物的填充柱气相色谱图

A.5 测定步骤

A.5.1 标样溶液的配制

称取噻嗪酮标样 0.08 g(精确至 0.000 2 g)于 15 mL 具塞玻璃瓶中,用移液管准确移入 10 mL 内标液,摇匀。

A.5.2 试样溶液的配制

称取约含噻嗪酮 0.08 g 的试样 (精确至 0.000 2 g)于 15 mL 具塞玻璃瓶中,用 A.5.1 中使用的同一支移液管准确移入 10 mL 内标液,摇匀。

A.5.3 测定

在上述操作条件下,待仪器基线稳定后,连续注入数针标样溶液,计算各针噻嗪酮与内标物峰面积之比的重复性,待相邻两针噻嗪酮与内标物峰面积的比的相对变化小于 1.2%时,按照标样溶液、试样溶液、试样溶液、标样溶液的顺序进行测定。

A.6 计算

将测得的两针试样溶液以及试样前后两针标样溶液中噻嗪酮和内标物的峰面积比分别进行平均。试样中噻嗪酮的质量分数 w_1(%)按式(A.1)计算:

$$w_1 = \frac{\gamma_2 \cdot m_1 \cdot w}{\gamma_1 \cdot m_2} \quad \cdots\cdots\cdots\cdots (\text{A.1})$$

式中:

γ_1——标样溶液中,噻嗪酮与内标物峰面积比的平均值;

γ_2——试样溶液中,噻嗪酮与内标物峰面积比的平均值;

m_1——标样的质量,单位为克(g);

m_2——试样的质量,单位为克(g);

w——标样中噻嗪酮的质量分数,以%表示。

A.7 允许差

两次平行测定结果之差应不大于 0.5%,取其算术平均值作为测定结果。

ICS 65.100.10
G 25

中华人民共和国国家标准

GB 23557—2009

灭多威乳油

Methomyl emulsifiable concentrates

2009-04-27 发布　　　　2009-11-01 实施

中华人民共和国国家质量监督检验检疫总局
中国国家标准化管理委员会　发布

前言

本标准的第3章、第5章为强制性的，其余为推荐性的。

本标准自实施之日起，原化工行业标准HG 2612—1994《20%灭多威乳油》作废。

本标准由中国石油和化学工业协会提出。

本标准由全国农药标准化技术委员会(SAC/TC 133)归口。

本标准负责起草单位：沈阳化工研究院。

本标准参加起草单位：海利贵溪化工农药有限公司、山东省农药研究所、江苏龙灯化学有限公司、江苏盐城利民农化有限公司。

本标准主要起草人：赵欣昕、李秀杰、黄新华、李东芹、冯秀珍、韦鸿胜。

灭 多 威 乳 油

该产品有效成分灭多威的其他名称、结构式和基本物化参数如下：

ISO 通用名称：methomyl

CIPAC 数字代号：264

化学名称：S-甲基 N-[(甲基氨基甲酰基)氧基]硫代乙酰亚胺酸酯

结构式：

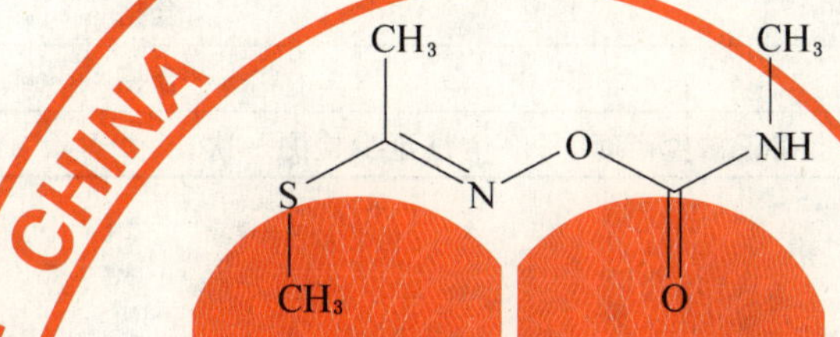

实验式：$C_5H_{10}N_2O_2S$

相对分子质量：162.20(按 2005 国际相对原子质量计)

生物活性：杀虫

熔点：78 ℃～79 ℃

蒸气压(25 ℃)：0.72 mPa

溶解度(g/L,25 ℃)：水 58；甲醇 1 000；丙酮 730；乙醇 420

稳定性：在室温下、水溶液中分解缓慢，在日光下、暴露在空气中及碱性介质中分解速度加快

1 范围

本标准规定了灭多威乳油的要求、试验方法以及标志、标签、包装、贮运。

本标准适用于由灭多威原药与乳化剂溶解在适宜溶剂中配制成的灭多威乳油。

2 规范性引用文件

下列文件中的条款通过本标准的引用而成为本标准的条款。凡是注日期的引用文件，其随后所有的修改单(不包括勘误的内容)或修订版均不适用于本标准，然而，鼓励根据本标准达成协议的各方研究是否可使用这些文件的最新版本。凡是不注日期的引用文件，其最新版本适用于本标准。

GB/T 1600　农药水分测定方法

GB/T 1601　农药 pH 值的测定方法

GB/T 1603　农药乳液稳定性测定方法

GB/T 1604　商品农药验收规则

GB/T 1605—2001　商品农药采样方法

GB 4838　农药乳油包装

GB/T 19136　农药热贮稳定性测定方法

GB/T 19137　农药低温稳定性测定方法

3 要求

3.1 组成和外观

本品应由符合标准的灭多威原药制成，为均相油状液体，无可见的悬浮物和沉淀物。

3.2 技术指标

灭多威乳油还应符合表1要求。

表1 灭多威乳油控制项目指标

项目	指标	
	20%	40%
灭多威质量分数/%	$20.0^{+1.2}_{-1.2}$	$40.0^{+2.0}_{-2.0}$
水分/% ≤	1.0	
pH值范围	5.0~8.0	
乳液稳定性(稀释200倍)	合格	
低温稳定性[a]	合格	
热贮稳定性[a]	合格	
[a] 低温稳定性试验、热贮稳定性试验在正常生产时,每3个月至少检测一次。		

4 试验方法

4.1 抽样

按GB/T 1605—2001中"液体制剂采样"方法进行。用随机数表法确定抽样的包装件,最终抽样量应不少于200 mL。

4.2 鉴别试验

液相色谱法——本鉴别试验可与灭多威质量分数的测定同时进行。在相同的色谱操作条件下,试样溶液中某色谱峰的保留时间与标样溶液中灭多威的保留时间,其相对差值应在1.5%以内。

4.3 灭多威质量分数的测定

4.3.1 方法提要

试样用甲醇溶解,以甲醇+水为流动相,使用以Spherisorb C_8为填料的不锈钢柱和紫外检测器(235 nm),对试样中的灭多威进行反相高效液相色谱分离和测定。

4.3.2 试剂和溶液

甲醇:色谱级;

水:新蒸二次蒸馏水;

灭多威标样:已知灭多威质量分数$w \geqslant 99.0\%$。

4.3.3 仪器

高效液相色谱仪:具有可变波长紫外检测器;

色谱数据处理机或色谱工作站;

色谱柱:200 mm×4.6 mm(i.d.)不锈钢柱,内装Spherisorb C_8、10 μm填充物(或具等同效果的C_8、C_{18}键合固定相);

过滤器:滤膜孔径约0.45 μm;

微量进样器:50 μL;

定量进样管:5 μL;

超声波清洗器。

4.3.4 高效液相色谱操作条件

流动相:φ(甲醇:水)=40:60,经滤膜过滤,并进行脱气;

流量:1.0 mL/min;

柱温:室温(温差变化应不大于2 ℃);

检测波长:235 nm;

进样体积:5 μL;

保留时间:灭多威约4.1 min。

上述操作参数是典型的，可根据不同仪器特点，对给定的操作参数作适当调整，以期获得最佳效果。典型的灭多威乳油高效液相色谱图见图1。

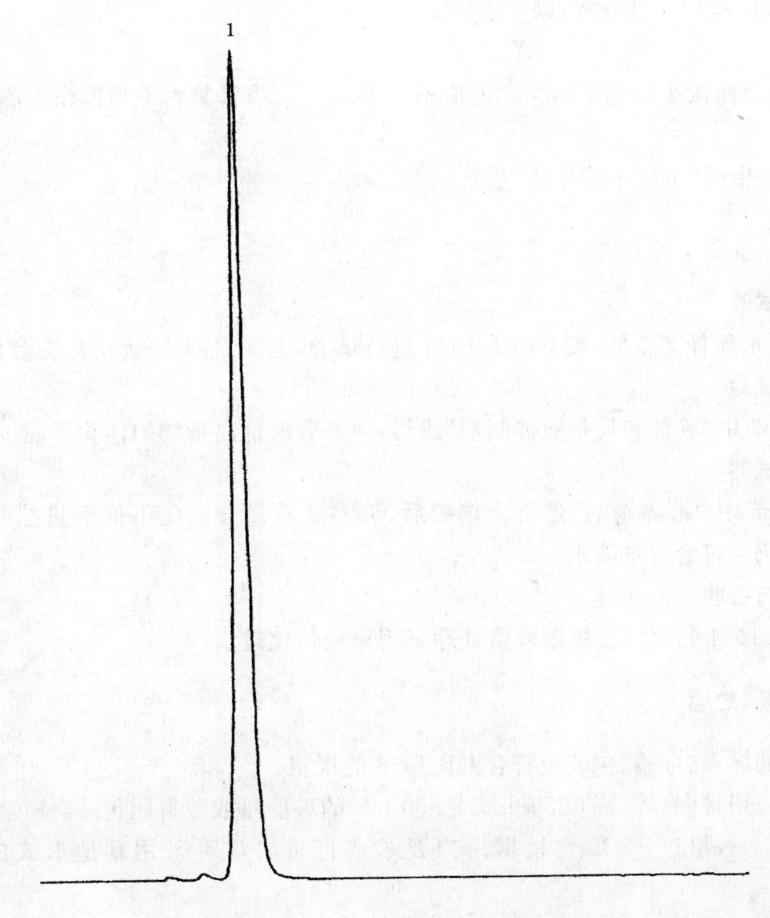

1——灭多威。

图1 灭多威乳油的高效液相色谱图

4.3.5 测定步骤

4.3.5.1 标样溶液的制备

称取灭多威标样0.10 g(精确至0.000 2 g)，置于50 mL容量瓶中，用甲醇稀释至刻度，摇匀。准确移取上述溶液10 mL于50 mL容量瓶中，用甲醇稀释至刻度，摇匀。

4.3.5.2 试样溶液的制备

称取含灭多威约0.10 g的乳油试样(精确至0.000 2 g)，置于50 mL容量瓶中，用甲醇稀释至刻度，摇匀。准确移取上述溶液10 mL于50 mL容量瓶中，用甲醇稀释至刻度，摇匀。

4.3.5.3 测定

在上述操作条件下，待仪器稳定后，连续注入数针标样溶液，直至相邻两针灭多威峰面积相对变化小于1.5%后，按照标样溶液、试样溶液、试样溶液、标样溶液的顺序进行测定。

4.3.6 计算

将测得的两针试样溶液以及试样前后两针标样溶液中灭多威峰面积分别进行平均。试样中灭多威的质量分数w_1(%)，按式(1)计算：

$$w_1 = \frac{A_2 \cdot m_1 \cdot w}{A_1 \cdot m_2} \qquad \cdots\cdots(1)$$

式中：

A_1——标样溶液中，灭多威峰面积的平均值；

A_2——试样溶液中，灭多威峰面积的平均值；

m_1——灭多威标样的质量,单位为克(g);

m_2——试样的质量,单位为克(g);

w——灭多威标样的质量分数,以%表示。

4.3.7 允许差

灭多威质量分数两次平行测定结果之差应不大于0.5%,取其算术平均值作为测定结果。

4.4 水分的测定

按GB/T 1600中的"卡尔·费休法"进行。

4.5 pH值的测定

按GB/T 1601进行。

4.6 乳液稳定性试验

试样用标准硬水稀释200倍,按GB/T 1603进行试验,上无浮油、下无沉淀为合格。

4.7 低温稳定性试验

按GB/T 19137中"乳剂和均相液体制剂"进行,离心管底部离析物的体积不超过0.3 mL为合格。

4.8 热贮稳定性试验

按GB/T 19136中"液体制剂"进行。热贮后,灭多威质量分数应不低于热贮前测得质量分数的95%,乳液稳定性仍应符合标准要求。

4.9 产品的检验与验收

应符合GB/T 1604的规定。极限数值处理采用修约值比较法。

5 标志、标签、包装、贮运

5.1 灭多威乳油的标志、标签、包装应符合GB 4838的规定。

5.2 灭多威乳油应用带内、外盖的250 mL或500 mL的玻璃瓶或塑料瓶包装,外包装用钙塑箱或瓦楞纸箱,每箱净含量应不超过15 kg。根据用户要求或订货协议可采用其他形式的包装,但需符合GB 4838的规定。

5.3 灭多威乳油包装件应贮存在通风、干燥的库房中。

5.4 贮运时,严防潮湿和日晒,不得与食物、种子、饲料混放,避免与皮肤、眼睛接触,防止由口鼻吸入。

5.5 安全:在使用说明书或包装容器上,除有相应的毒性标志外,还应有如下有关毒性的说明:

灭多威属高毒氨基甲酸酯杀虫剂,吸入有毒,吞噬可致死。使用本品应避免直接与皮肤及眼睛接触,不要吸入粉尘及喷雾。所有操作应在通风处进行,并对皮肤及眼睛采取适当保护措施,万一接触,应用水冲洗15 min,再用肥皂和水洗净皮肤,并接受医生治疗。阿托品是特效解毒药。

5.6 **保证期**:在规定的贮运条件下,灭多威乳油的保证期从生产日期算起为2年。

ICS 65.100.20
G 25

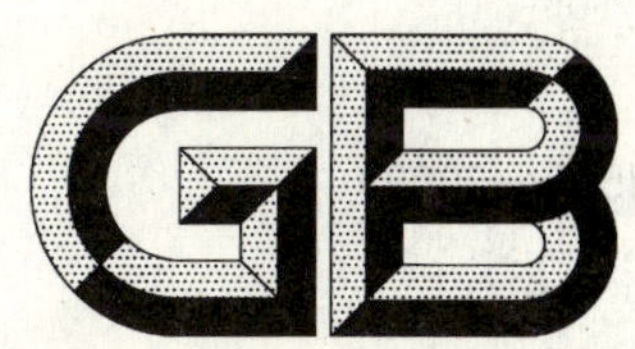

中华人民共和国国家标准

GB 23558—2009

苄嘧磺隆可湿性粉剂

Bensulfuron-methyl wettable powders

2009-04-27 发布　　2009-11-01 实施

中华人民共和国国家质量监督检验检疫总局
中国国家标准化管理委员会　发布

前　言

本标准的第3章、第5章为强制性的，其余为推荐性的。

本标准修改采用FAO规格502/WP(2002)《苄嘧磺隆可湿性粉剂》(Bensulfuron-methyl wettable powders)。

本标准修改采用国外先进标准的方法为重新起草法。

本标准与FAO规格《苄嘧磺隆可湿性粉剂》(Bensulfuron-methyl technical)的主要技术差异：

——本标准规定水分指标，FAO规格未控制该项指标；

——本标准规定pH值范围指标，FAO规格未控制该项指标；

——本标准规定悬浮率≥75%，FAO规定悬浮率≥60%；

——本标准规定润湿时间≤90 s，FAO规定润湿时间≤60 s；

——FAO规格规定持久泡沫量指标，本标准未控制该项指标。

本标准由中国石油和化学工业协会提出。

本标准由全国农药标准化技术委员会(SAC/TC 133)归口。

本标准负责起草单位：沈阳化工研究院。

本标准参加起草单位：江苏激素研究所有限公司、江苏快达农化有限公司、江苏龙灯化学有限公司。

本标准主要起草人：姜敏怡、邢君、孔繁蕾、陈杰、冯秀珍。

苄嘧磺隆可湿性粉剂

该产品有效成分苄嘧磺隆的其他名称、结构式和基本物化参数如下：

ISO通用名称：bensulfuron-methyl

CAS登录号：83055-99-6

CIPAC数字代码：502

化学名称：3-(4,6-二甲氧基嘧啶-2-基)-1-(2-甲氧基甲酰基苄基)磺酰脲

结构式：

实验式：$C_{16}H_{18}N_4O_7S$

相对分子质量：410.4(按2005年国际相对原子质量计)

生物活性：除草

熔点：约185 ℃～188 ℃

蒸气压(25 ℃)：2.8 mPa

溶解度(20 ℃,g/L)：丙酮1.38；乙腈5.38；二氯甲烷11.7；乙酸乙酯1.66；己烷0.31；二甲苯0.28；水中2.9 mg/L(25 ℃,pH5)、120 mg/L(25 ℃,pH7)

稳定性：在微碱性(pH8)水溶液中稳定，在微酸性水溶液中缓慢分解，DT_{50} 11 d(pH5)，143 d(pH7)

1 范围

本标准规定了苄嘧磺隆可湿性粉剂的要求、试验方法以及标志、标签、包装、贮运。

本标准适用于由苄嘧磺隆原药、适宜的助剂和填料加工而成的苄嘧磺隆可湿性粉剂。

2 规范性引用文件

下列文件中的条款通过本标准的引用而成为本标准的条款。凡是注日期的引用文件，其随后所有的修改单(不包括勘误的内容)或修订版均不适用于本标准，然而，鼓励根据本标准达成协议的各方研究是否可使用这些文件的最新版本。凡是不注日期的引用文件，其最新版本适用于本标准。

GB/T 1600 农药水分测定方法

GB/T 1601 农药 pH值的测定方法

GB/T 1604 商品农药验收规则

GB/T 1605—2001 商品农药采样方法

GB 3796 农药包装通则

GB/T 5451 农药可湿性粉剂润湿性测定方法

GB/T 14825—2006 农药悬浮率测定方法

GB/T 16150 农药粉剂、可湿性粉剂细度测定方法

GB/T 19136 农药热贮稳定性测定方法

3 要求

3.1 组成和外观

本品应由符合标准的苄嘧磺隆原药与适宜的助剂和填料加工制成，为均匀的疏松粉末，不应有团块。

3.2 技术指标

苄嘧磺隆可湿性粉剂应符合表1要求。

表1 苄嘧磺隆可湿性粉剂质量控制项目指标

项目		指标	
		10%	30%
苄嘧磺隆质量分数/%		$10.0^{+1.0}_{-1.0}$	$30.0^{+1.5}_{-1.5}$
水分/%	≤	3.0	
pH值范围		6～9	
悬浮率/%	≥	75	
润湿时间/s	≤	90	
细度(通过45 μm试验筛)/%	≥	98	
热贮稳定性试验[a]		合格	
[a] 正常生产时，热贮稳定性试验每3个月至少测定一次。			

4 试验方法

4.1 抽样

按GB/T 1605—2001中"固体制剂采样"方法进行。用随机数表法确定抽样的包装件；最终抽样量应不少于300 g。

4.2 鉴别试验

液相色谱法——本鉴别试验可与苄嘧磺隆质量分数的测定同时进行。在相同的色谱操作条件下，试样溶液中某个色谱峰的保留时间与标样溶液中苄嘧磺隆的色谱峰的保留时间，其相对差值应在1.5%以内。

4.3 苄嘧磺隆质量分数的测定

4.3.1 方法提要

试样用氨水甲醇溶液溶解，以乙腈＋水＋冰乙酸为流动相，使用以μBondapak C_{18}为填料的不锈钢柱和紫外检测器(235 nm)，对试样中的苄嘧磺隆进行高效液相色谱分离和测定。

4.3.2 试剂和溶液

冰乙酸；

乙腈：色谱纯；

水：新蒸二次蒸馏水；

氨水：$w(NH_3)$＝26%～30%；

氨水溶液：φ(氨水：水)＝1：300；

氨水甲醇溶液：φ(氨水溶液：甲醇)＝1：4；

苄嘧磺隆标样：已知苄嘧磺隆质量分数 $w \geqslant 98.0\%$。

4.3.3 仪器

高效液相色谱仪：具有可变波长紫外检测器；

色谱数据处理机；

色谱柱：150 mm×4.6 mm(i.d.)不锈钢柱，内装 μBondapak C_{18} 5 μm 填充物(或同等效果的色谱柱)；

过滤器：滤膜孔径约 0.45 μm；

微量进样器：50 μL；

定量进样管：5 μL；

超声波清洗器。

4.3.4 高效液相色谱操作条件

流动相：$\varphi(CH_3CN : H_2O : CH_3COOH)$＝50：50：0.16；

流速：1.0 mL/min；

柱温：室温(温差变化应不大于 2 ℃)；

检测波长：235 nm；

进样体积：5 μL；

保留时间：苄嘧磺隆约 4.6 min。

上述操作参数是典型的，可根据不同仪器特点，对给定的操作参数作适当调整，以期获得最佳效果。典型的苄嘧磺隆可湿性粉剂高效液相色谱图见图 1。

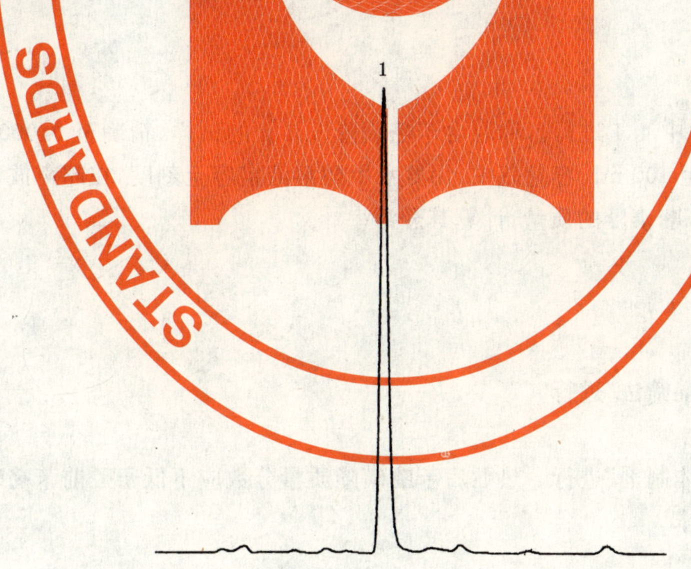

1——苄嘧磺隆。

图 1 苄嘧磺隆可湿性粉剂的高效液相色谱图

4.3.5 测定步骤

4.3.5.1 标样溶液的制备

称取 0.05 g 苄嘧磺隆标样(精确至 0.000 2 g)，置于 100 mL 容量瓶中，用氨水甲醇溶液稀释至刻度，超声波振荡 5 min 使试样溶解，冷却至室温，摇匀。

4.3.5.2 **试样溶液的制备**

称取含苄嘧磺隆 0.05 g 的试样(精确至 0.000 2 g),置于 100 mL 容量瓶中,用氨水甲醇溶液稀释至刻度,超声波振荡 5 min 使试样溶解,冷却至室温,摇匀,过滤。

4.3.5.3 **测定**

在上述操作条件下,待仪器稳定后,连续注入数针标样溶液,直至相邻两针苄嘧磺隆峰面积相对变化小于 1.2%后,按照标样溶液、试样溶液、试样溶液、标样溶液的顺序进行测定。

4.3.6 **计算**

试样中苄嘧磺隆的质量分数 w_1(%),按式(1)计算:

$$w_1 = \frac{A_2 \cdot m_1 \cdot w}{A_1 \cdot m_2} \qquad \cdots\cdots(1)$$

式中:

A_1——标样溶液中,苄嘧磺隆峰面积的平均值;

A_2——试样溶液中,苄嘧磺隆峰面积的平均值;

m_1——标样的质量,单位为克(g);

m_2——试样的质量,单位为克(g);

w——苄嘧磺隆标样的质量分数,以%表示。

4.3.7 **允许差**

两次平行测定结果之差,30%可湿性粉剂应不大于 0.5%,10%可湿性粉剂应不大于 0.3%,分别取其算术平均值作为测定结果。

4.4 **水分的测定**

按 GB/T 1600 中的"共沸蒸馏法"进行。

4.5 **pH 值的测定**

按 GB/T 1601 进行。

4.6 **悬浮率的测定**

按 GB/T 14825—2006 中 4.1 进行。称取含苄嘧磺隆 0.1 g 的试样(精确至 0.000 2 g),将量筒底部 25 mL 悬浮液全部转移至 100 mL 容量瓶中,用氨水甲醇溶液定容至刻度,在超声波下振荡 3 min,静置,过滤后,按 4.3.1 测定苄嘧磺隆的质量,计算其悬浮率。

4.7 **润湿时间的测定**

按 GB/T 5451 进行。

4.8 **细度的测定**

按 GB/T 16150 中的"湿筛法"进行。

4.9 **热贮稳定性试验**

按 GB/T 19136 中"粉体制剂"进行。热贮后苄嘧磺隆质量分数应不低于贮前苄嘧磺隆质量分数的 97%,悬浮率应符合标准要求。

4.10 **产品的检验与验收**

产品的检验与验收应符合 GB/T 1604 的规定。极限数值的处理采用修约值比较法。

5 标志、标签、包装、贮运

5.1 苄嘧磺隆可湿性粉剂的标志、标签和包装应符合 GB 3796 的规定。

5.2 苄嘧磺隆可湿性粉剂应用编织袋内衬清洁的塑料袋或纸板桶内衬清洁的塑料袋包装,每箱净含量一般不超过 20 kg。也可根据用户要求或订货协议,采用其他形式的包装,但需符合 GB 3796 的规定。

5.3 苄嘧磺隆可湿性粉剂包装件应贮存在通风、干燥的库房中。

5.4 贮运时，严防潮湿和日晒，不得与食物、种子、饲料混放，避免与皮肤、眼睛接触，防止由口鼻吸入。

5.5 **安全：本品属低毒除草剂。吞噬和吸入均有毒，可经皮肤渗入。使用本品时要避免与皮肤接触，施药后应用肥皂和清水冲洗。中毒者应立即送医院对症治疗。**

5.6 **保证期**：在规定的贮运条件下，苄嘧磺隆可湿性粉剂的保证期，从生产日期起为2年。

ICS 35.040
A 24

中华人民共和国国家标准

GB/T 23559—2009

服装名称代码编制规范

Criterion for clothing appellation code

2009-03-13 发布 2009-09-01 实施

中华人民共和国国家质量监督检验检疫总局
中国国家标准化管理委员会 发布

前　言

本标准由中国物品编码中心提出。

本标准由全国物品编码标准化技术委员会、全国服装标准化技术委员会归口。

本标准起草单位:中国物品编码中心、中国服装协会、上海市服装研究所。

本标准主要起草人:黄燕滨、许鉴、董晓文、杜岩冰、李素彩、聂雅渊。

本标准为首次发布。

服装名称代码编制规范

1 范围

本标准规定了服装名称代码的结构、服装名称代码的编制及服装名称代码表。

本标准适用于与服装的生产、管理、储运、销售、售后服务等有关的信息处理和信息交换。

2 规范性引用文件

下列文件中的条款通过本标准的引用而成为本标准的条款。凡是注日期的引用文件,其随后所有的修改单(不包括勘误的内容)或修订版均不适用于本标准,然而,鼓励根据本标准达成协议的各方研究是否可使用这些文件的最新版本。凡是不注日期的引用文件,其最新版本适用于本标准。

GB/T 7027 信息分类和编码的基本原则与方法

GB/T 10113 分类与编码通用术语

GB/T 12903 个人防护用品术语

GB/T 15557 服装术语

3 术语和定义

GB/T 10113、GB/T 12903、GB/T 15557 确立的以及下列术语和定义适用于本标准。

3.1

服装名称 clothing appellation

服装行业中唯一的、通用的标准称谓。

4 服装名称命名原则

4.1 服装名称在服装行业内命名唯一。

4.2 服装名称应体现出服装的通用功能和主要用途。

4.3 服装名称应简短、确切、准确、通俗易懂、符合常识。

4.4 服装名称不应是专利名称。

4.5 服装名称命名应具有实时性,与服装行业的发展现状同步。

5 服装名称代码

5.1 代码结构

采用5位全数字无含义的顺序码标识服装名称。代码结构示意图见图1。

$X_1\ \ X_2\ \ X_3\ \ X_4\ \ X_5$ ——————————服装名称代码

图1 代码结构示意图

5.2 代码编制原则

服装名称代码编制应符合 GB/T 7027 的规定,应具有唯一性、可扩展性、简短性、无含义性和规范性。

5.3 代码注册程序

服装名称代码应按以下程序进行注册:

a) 用户根据实际需求情况向国家标准化主管部门授权单位提出注册服装名称及代码,填写《服装名称代码注册表》,注册表格式见附录A。

b) 国家标准化主管部门授权单位对上述注册进行审议，并将审议结果报至国家物品编码机构；

c) 国家物品编码机构根据服装名称代码编制原则对该服装名称进行编码。将服装名称代码(新增、变更、删除)及时通报并通知国家标准化主管部门授权单位。

5.4 代码维护

服装名称代码应按以下原则进行维护：

a) 国家标准化主管部门授权单位与国家物品编码机构共同维护服装名称代码；

b) 采用信息资产生命周期管理的方法对代码进行管理；

c) 新增、变更、删除服装名称代码应符合服装名称代码的整体要求。

6 服装名称代码表

服装名称代码表见表1。

表1 服装名称代码表

代 码	名 称	说 明
00001	西服	西式上衣。按钉纽扣不同，可分为单排口西服、双排扣西服等；按驳头不同，可分为平驳头西服、戗驳头西服等
00002	中山装	
00003	青年装	
00004	茄克衫	
00005	猎装	
00006	衬衫	
00007	中西式上衣	中式，装袖的上衣，门襟可盘扣也可锁扣眼、钉扣，是在中国传统款式的基础上演变而来的款式
00008	中式上衣	中式领，连袖的上衣，有单、夹之分
00009	牛仔服	
00010	羽绒服	
00011	T恤衫	
00012	马甲	
00013	连衣裙	
00014	裙子	
00015	西服裙	
00016	西裤	
00017	中式裤	传统的大裤腰，无侧缝，无前后之分的裤子
00018	背带裤	有背带的裤子
00019	马裤	
00020	灯笼裤	
00021	裙裤	裤管展宽、外观似裙的裤子
00022	牛仔裤	
00023	连衣裤	上衣与裤子相连成一件式的裤装
00024	喇叭裤	

表 1（续）

代　码	名　称	说　　明
00025	棉裤	
00026	羽绒裤	
00027	超短裤	
00028	雨裤	
00029	套装	
00030	风衣	
00031	雨衣	
00032	披风	无袖，披在肩上的防风外衣
00033	斗篷	有帽子的披风
00034	大衣	
00035	旗袍	
00036	睡衣套	适合于就寝时穿着的服装
00037	睡袍	卧室中穿着的宽松而较长的袍服
00038	新娘礼服	
00039	晚礼服	
00040	燕尾服	为男士在特定场合穿着的礼服，前身短，后身如燕尾形呈二片开叉
00041	沙滩裤	
00042	比基尼	一种女子穿的游泳衣，由遮蔽面积很小的裤衩和乳罩组成，也称为“三点式游泳衣”
00043	泳装	
00044	文胸	
00045	汗背心	
00046	衬裙	
00047	内裤	
00048	塑身内衣	
00049	保暖内衣	
00050	针织内衣	
00051	帽子	
00052	头巾	
00053	领带	
00054	领结	
00055	围巾	
00056	披肩	
00057	手帕	
00058	手套	
00059	长袜	

表 1（续）

代 码	名 称	说 明
00060	短袜	
00061	连裤袜	
00062	腰带	
00063	皮鞋	
00064	皮靴	
00065	旅游鞋	
00066	胶鞋	
00067	布鞋	
00068	凉鞋	
00069	注塑鞋	
00070	雨鞋(靴)	
00071	腰包	
00072	单肩包	
00073	双肩包	
00074	旅行包	
00075	拉杆箱	
00076	手提包	
00077	公务包	
00078	书包	
00079	票夹	
00080	舞台服	
00081	飞行服	
00082	航天服	
00083	防液体化学品服	
00084	防气体化学品服	
00085	防固体化学品服	
00086	防毒服	
00087	防冲击撕裂服	
00088	防刺穿服	
00089	防切割服	
00090	抗摩擦服	
00091	阻燃防护服	
00092	高温隔热服	
00093	阻燃抗熔融服	
00094	阻燃抗熔融金属冲击服	

表 1（续）

代　码	名　称	说　　明
00095	水上救生服	
00096	抗浸保温服	
00097	防水透湿服	
00098	防雨服	
00099	防微波辐射服	
00100	防 X 射线服	
00101	抗油易去污防静电服	
00102	防虫服	
00103	防蚊服	
00104	防风防寒服	
00105	保暖服	
00106	隔热反射服	
00107	超净防尘服	
00108	防静电服	
00109	医用一次性防护服	
00110	防体液渗透服	
00111	职业高可视警视服	
00112	防弹服	
00113	防刺服	
00114	防紫外服	
00115	高压屏蔽服	
00116	绝缘服	
……	……	……

附 录 A
（规范性附录）
服装名称代码注册表

A.1 新增服装名称代码注册表

新增服装名称代码注册表见表 A.1。

表 A.1 新增服装名称代码注册表

申请单位公章

<table>
<tr><td colspan="2" rowspan="2">新增服装名称</td><td>中 文</td><td colspan="5"></td></tr>
<tr><td>英 文</td><td colspan="5"></td></tr>
<tr><td colspan="2" rowspan="6">申 请 单 位</td><td>单位名称</td><td colspan="5"></td></tr>
<tr><td>单位地址</td><td colspan="5"></td></tr>
<tr><td>单位类别</td><td colspan="5">□ 企业 □ 事业单位 □ 机关 □ 社会团体 □ 其他____</td></tr>
<tr><td>主管部门</td><td colspan="5"></td></tr>
<tr><td rowspan="2">联 系 人</td><td rowspan="2"></td><td>办公电话</td><td></td><td>移动电话</td><td></td></tr>
<tr><td>传 真</td><td></td><td>电子邮箱</td><td></td></tr>
<tr><td colspan="2">新增服装名称
的文字说明</td><td colspan="6"></td></tr>
<tr><td colspan="2">服装分类代码</td><td colspan="6">□□□□□□</td></tr>
<tr><td colspan="2">备 注</td><td colspan="6"></td></tr>
<tr><td rowspan="2">审
议
结
果</td><td colspan="3">国家标准化主管部门授权单位意见</td><td colspan="4">中国物品编码中心意见</td></tr>
<tr><td colspan="3">单位 章

经办人：
日期：</td><td colspan="4">单位 章

经办人：
日期：</td></tr>
</table>

填表说明：

1. 主管部门：企业、事业单位和机关等填写上一级行政主管部门的名称，社会团体等填写业务归口或业务主管部门的名称。
2. 新增服装的文字说明：申请单位需详细说明增加此服装名称的理由和此服装的特点。

A.2 变更服装名称代码注册表

变更服装名称代码注册表见表 A.2。

表 A.2 变更服装名称代码注册表

申请单位公章

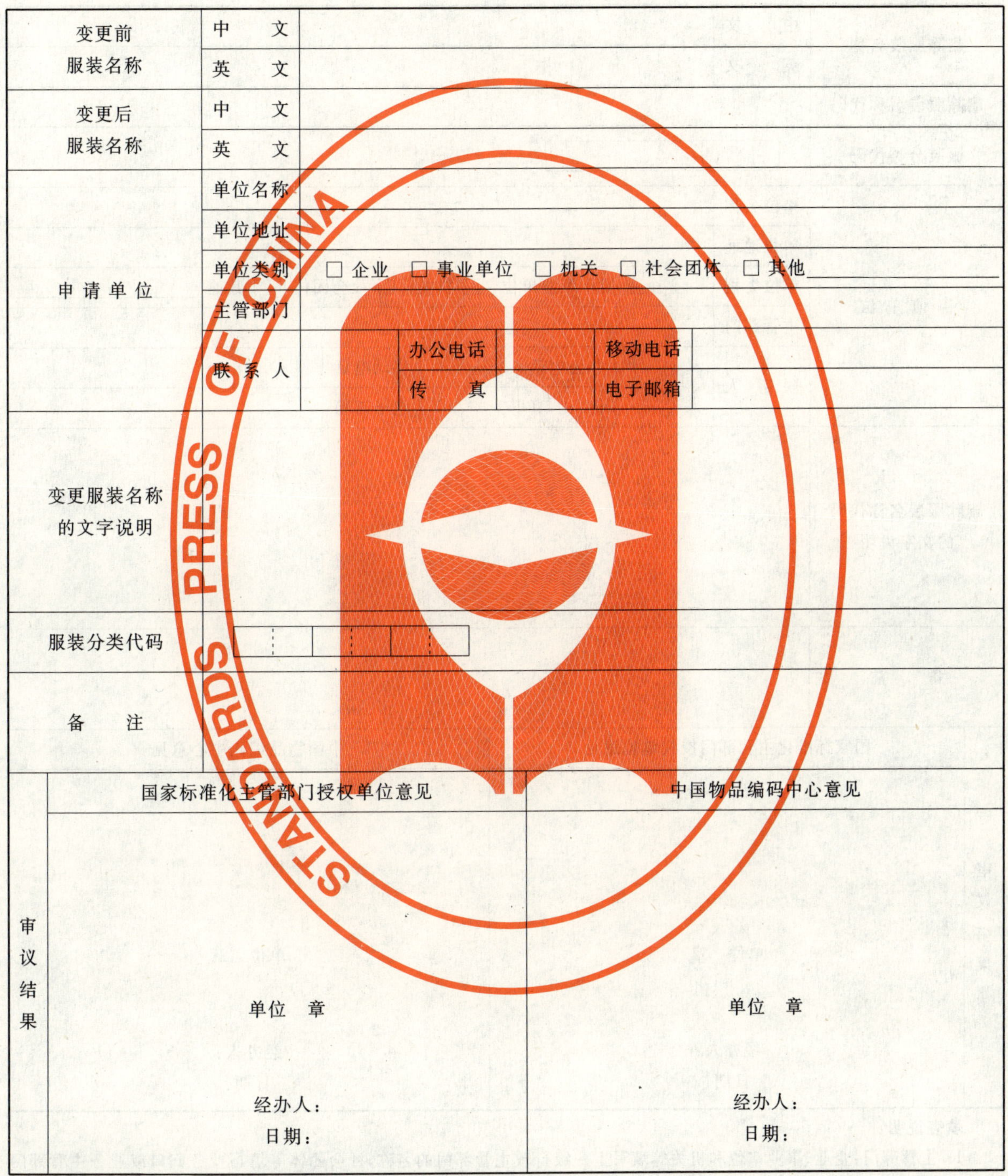

<table>
<tr><td colspan="2" rowspan="2">变更前
服装名称</td><td>中　　文</td><td colspan="4"></td></tr>
<tr><td>英　　文</td><td colspan="4"></td></tr>
<tr><td colspan="2" rowspan="2">变更后
服装名称</td><td>中　　文</td><td colspan="4"></td></tr>
<tr><td>英　　文</td><td colspan="4"></td></tr>
<tr><td colspan="2" rowspan="6">申 请 单 位</td><td>单位名称</td><td colspan="4"></td></tr>
<tr><td>单位地址</td><td colspan="4"></td></tr>
<tr><td>单位类别</td><td colspan="4">☐ 企业　☐ 事业单位　☐ 机关　☐ 社会团体　☐ 其他____</td></tr>
<tr><td>主管部门</td><td colspan="4"></td></tr>
<tr><td rowspan="2">联 系 人</td><td rowspan="2"></td><td>办公电话</td><td>移动电话</td><td></td></tr>
<tr><td>传　　真</td><td>电子邮箱</td><td></td></tr>
<tr><td colspan="2">变更服装名称
的文字说明</td><td colspan="5"></td></tr>
<tr><td colspan="2">服装分类代码</td><td colspan="5">☐☐☐☐☐☐</td></tr>
<tr><td colspan="2">备　　注</td><td colspan="5"></td></tr>
<tr><td rowspan="2">审
议
结
果</td><td colspan="3">国家标准化主管部门授权单位意见</td><td colspan="3">中国物品编码中心意见</td></tr>
<tr><td colspan="3">单位　章

经办人：
日期：</td><td colspan="3">单位　章

经办人：
日期：</td></tr>
</table>

填表说明：

1. 变更服装名称代码是指服装名称的变更。
2. 主管部门：企业、事业单位和机关等填写上一级行政主管部门的名称，社会团体等填写业务归口或业务主管部门的名称。
3. 变更服装名称的文字说明：申请单位需详细说明变更服装名称的理由。

A.3 删除服装名称代码注册表

删除服装名称代码注册表见表 A.3。

表 A.3 删除服装名称代码注册表

申请单位公章

<table>
<tr><td rowspan="2">删除服装名称</td><td>中　文</td><td colspan="5"></td></tr>
<tr><td>英　文</td><td colspan="5"></td></tr>
<tr><td>删除服装名称代码</td><td colspan="6"></td></tr>
<tr><td>服装分类代码</td><td colspan="6">□□□□□□</td></tr>
<tr><td rowspan="6">申 请 单 位</td><td>单位名称</td><td colspan="5"></td></tr>
<tr><td>单位地址</td><td colspan="5"></td></tr>
<tr><td>单位类别</td><td colspan="5">□ 企业　□ 事业单位　□ 机关　□ 社会团体　□ 其他________</td></tr>
<tr><td>主管部门</td><td colspan="5"></td></tr>
<tr><td rowspan="2">联 系 人</td><td rowspan="2"></td><td>办公电话</td><td></td><td>移动电话</td><td></td></tr>
<tr><td>传　真</td><td></td><td>电子邮箱</td><td></td></tr>
<tr><td>删除服装名称代码的文字说明</td><td colspan="6"></td></tr>
<tr><td>备　注</td><td colspan="6"></td></tr>
<tr><td rowspan="2">审议结果</td><td colspan="3">国家标准化主管部门授权单位意见</td><td colspan="3">中国物品编码中心意见</td></tr>
<tr><td colspan="3">单位　章

经办人：
日期：</td><td colspan="3">单位　章

经办人：
日期：</td></tr>
</table>

填表说明：

1. 主管部门：企业、事业单位和机关等填写上一级行政主管部门的名称，社会团体等填写业务归口或业务主管部门的名称。
2. 删除服装名称代码的文字说明：申请单位需说明删除此服装名称的理由。

ICS 35.040
A 24

中华人民共和国国家标准

GB/T 23560—2009

服装分类代码

Classification code for clothing

2009-03-13 发布　　　　2009-09-01 实施

中华人民共和国国家质量监督检验检疫总局
中国国家标准化管理委员会　发布

前　言

本标准由中国物品编码中心提出。

本标准由全国物品编码标准化技术委员会、全国服装标准化技术委员会归口。

本标准起草单位:中国物品编码中心、中国服装协会、上海市服装研究所、青岛市技术监督科技信息所、福建省技术监督局情报研究所。

本标准主要起草人:黄燕滨、许鉴、董晓文、杜岩冰、李素彩、聂雅渊、宋传民、董欣、卢江海。

服装分类代码

1 范围

本标准规定了服装分类、编码的原则和方法及服装分类代码表。

本标准适用于服装的管理、科研、教学、生产、销售等有关的信息处理和信息交换。

2 规范性引用文件

下列文件中的条款通过本标准的引用而成为本标准的条款。凡是注日期的引用文件，其随后所有的修改单(不包括勘误的内容)或修订版均不适用于本标准，然而，鼓励根据本标准达成协议的各方研究是否可使用这些文件的最新版本。凡是不注日期的引用文件，其最新版本适用于本标准。

GB/T 7027 信息分类和编码的基本原则与方法

GB/T 10113 分类与编码通用术语

GB/T 12903 个人防护用品术语

GB/T 15557 服装术语

GB/T 20001.3 标准编写规则 第3部分:信息分类编码

3 术语和定义

GB/T 10113、GB/T 12903、GB/T 15557 确立的以及下列术语和定义适用于本标准。

3.1

服装 clothing

包括机织服装、针织及钩编服装、毛皮及皮革服装、特种服装、服装配饰和个体防护装备等。

3.2

服装配饰 clothing accessories

服装中，装饰和保护身体的个人用品总称，包括帽、头巾、头饰带、领带、领结、围巾、披肩、手帕、手套、袜子、腰带、鞋(靴)、雨衣、雨具、箱包、票夹等。

3.3

特种服装 special clothing

包括军服、制式服装、专业服装等。

3.4

个体防护装备 personal protective equipment

以保护劳动者安全和健康为目的，直接与人体接触的装备或用品，以往称劳动防护用品。

注1：从涵盖范围，个体防护装备包括头部防护用品、呼吸防护用品、眼面部防护用品、躯干防护用品、手部防护用品、足部防护用品、防坠落用品等。

注2：躯干防护用品包括防化学品防护服、防机械损伤防护服、阻燃隔热防护服、防水防雨救生防护服、防电磁波防护服、抗油易去污防护服、防虫防护服、防寒保暖防护服、防寒保暖防护服、防静电防尘防护服、防血液体液接触防护服、高可视性防护服、特种防护防护服等。

4 分类原则和方法

4.1 分类原则

服装分类原则应符合 GB/T 7027 的规定，应具有科学性、系统性、可扩延性、兼容性和综合实用性。

4.2 分类方法

服装分类方法应符合 GB/T 7027 的规定，采用线分类法，分成 3 个层次，其中：

a) 第一层按服装的专业属性或应用领域分为 6 个类目，即机织服装、针织及钩编服装、毛皮及皮革服装、特种服装、服装配饰、个体防护装备；

b) 第二层主要是按人体部位、基本用途划分；

c) 第三层主要是按性别、年龄段、材质、功能划分。

5 编码原则和方法

5.1 编码原则

代码编码应具有唯一性、合理性、可扩充性、简单性、适用性和规范性。

5.2 编码方法

5.2.1 服装分类代码采用 3 层 6 位全数字型层次编码，每层级均以 2 位阿拉伯数字表示，6 位数字表示一个类目名称。

5.2.2 每层级代码从“01”开始，按升序排列，最多编至“99”。

5.2.3 各层级中数字为“99”的代码均表示收容类目，即不能归入已成系列类目中的产品均收入此类目中。

5.3 代码结构

代码结构示意图见图 1。

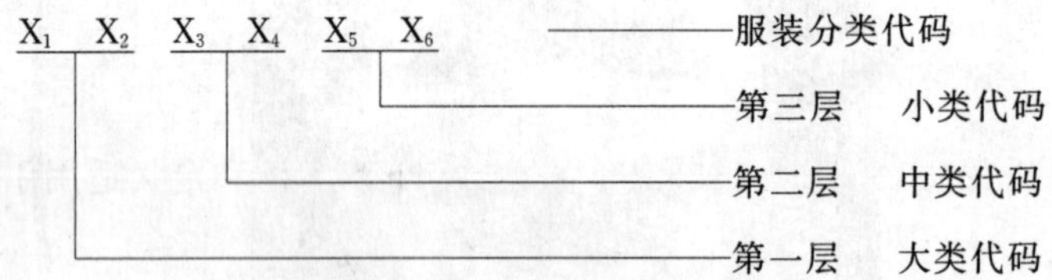

图 1 代码结构示意图

6 分类代码表

6.1 大类代码

大类代码见表 1。

表 1 大类代码

大类代码 X_1 X_2	名称
01	机织服装
02	针织及钩编服装
03	毛皮及皮革服装
04	特种服装
05	服装配饰
06	个体防护装备
99	其他服装

6.2 服装分类代码表

6.2.1 服装分类代码表的编写应符合 GB/T 20001.3 的规定。

6.2.2 服装分类代码表见表 2。

表 2　服装分类代码表

代　码	名　称	说　明
01	机织服装	不包括个体防护装备,个体防护装备见 06
0101	大衣	包括风衣
010101	男式大衣	
010102	女式大衣	
010103	男童大衣	
010104	女童大衣	
010199	其他大衣	
0102	茄克衫	
010201	男式茄克衫	
010202	女式茄克衫	
010203	男童茄克衫	
010204	女童茄克衫	
010299	其他茄克衫	
0103	披风、斗篷	
010301	男式披风、斗篷	
010302	女式披风、斗篷	
010303	男童披风、斗篷	
010304	女童披风、斗篷	
010399	其他披风、斗篷	
0104	防寒服	包括棉服装,不包括羽绒服,羽绒服见 0105
010401	男式防寒服	
010402	女式防寒服	
010403	男童防寒服	
010404	女童防寒服	
010499	其他防寒服	
0105	羽绒服	
010501	男式羽绒服	
010502	女式羽绒服	
010503	男童羽绒服	
010504	女童羽绒服	
010599	其他羽绒服	
0106	西服	
010601	男式西服	
010602	女式西服	
010603	男童西服	

表 2（续）

代　码	名　称	说　明
010604	女童西服	
010699	其他西服	
0107	马甲	
010701	男式马甲	
010702	女式马甲	
010703	男童马甲	
010704	女童马甲	
010799	其他马甲	
0108	衬衫	
010801	男式衬衫	
010802	女式衬衫	
010803	男童衬衫	
010804	女童衬衫	
010899	其他衬衫	
0109	T恤衫	
010901	男式T恤衫	
010902	女式T恤衫	
010903	男童T恤衫	
010904	女童T恤衫	
010999	其他T恤衫	
0110	裤子	包括长裤、短裤、背带裤
011001	男式裤子	
011002	女式裤子	
011003	男童裤子	
011004	女童裤子	
011099	其他裤子	
0111	裙子	不包括衬裙，衬裙见 012203
011101	女式裙子	
011102	女童裙子	
011103	女式连衣裙	
011104	女童连衣裙	
011105	女式裙裤	
011106	女童裙裤	
011199	其他裙子	
0112	套装	主要指西服套装等，不包括民族服装，民族服装见 0117

表 2（续）

代　码	名　称	说　明
011201	男式套装	
011202	女式套装	
011203	男童套装	
011204	女童套装	
011299	其他套装	
0113	休闲服	包括便服套装，不包括普通运动服，普通运动服见 0115
011301	男式休闲服	
011302	女式休闲服	
011303	男童休闲服	
011304	女童休闲服	
011399	其他休闲服	
0114	家居服	包括睡衣、浴衣
011401	男式睡衣	
011402	女式睡衣	
011403	男童睡衣	
011404	女童睡衣	
011405	男式浴衣	
011406	女式浴衣	
011407	男童浴衣	
011408	女童浴衣	
011499	其他家居服	
0115	普通运动服	不包括专业运动服，专业运动服见 040301
011501	男式普通运动服	
011502	女式普通运动服	
011503	男童普通运动服	
011504	女童普通运动服	
011599	其他普通运动服	
0116	泳装	
011601	男式泳装	
011602	女式泳装	
011603	男童泳装	
011604	女童泳装	
011699	其他泳装	
0117	民族服装	
011701	男式民族服装	

表 2（续）

代码	名称	说明
011702	女式民族服装	
011703	男童民族服装	
011704	女童民族服装	
011799	其他民族服装	
0118	婴幼儿服装	
011801	婴幼儿上装	
011802	婴幼儿下装	
011803	婴幼儿连身装	
011804	婴幼儿内衣	
011899	其他婴幼儿服装	
0119	孕妇服装	
011901	孕妇上衣	
011902	孕妇背心	
011903	孕妇裤子	
011904	孕妇裙子	
011905	孕妇连衣裙	
011906	孕妇内衣	
011999	其他孕妇服装	
0120	旗袍	
0121	婚纱、礼服	
012101	新娘礼服	
012102	晚礼服	
012103	燕尾服	
012199	其他婚纱、礼服	
0122	内衣	不包括婴幼儿内衣、孕妇内衣。 婴幼儿内衣、孕妇内衣分别见 011804、011906
012201	汗背心	又名汗衫
012202	文胸	
012203	衬裙	
012204	内裤	
012205	尿布	
012206	保暖内衣	
012299	其他内衣	
0199	其他机织服装	

表 2（续）

代　码	名　称	说　明
02	针织及钩编服装	不包括机织服装、特种服装、服装配饰、个体防护装备。 机织服装、特种服装、服装配饰、个体防护装备分别见 01、04、05、06
0201	针织及钩编上装	包括针织及钩编 T 恤、针织工艺衫、毛衣、羊绒衫等
0202	针织及钩编下装	
0203	针织及钩编套装	
0204	针织及钩编家居服	包括针织及钩编睡衣、针织及钩编浴衣
0205	针织及钩编普通运动服	
0206	针织及钩编泳装	
0207	针织及钩编内衣	
0299	其他针织及钩编服装	
03	毛皮及皮革服装	不包括机织服装、针织及钩编服装、特种服装、服装配饰、个体防护装备。 机织服装、针织及钩编服装、特种服装、服装配饰、个体防护装备分别见 01、02、04、05、06
0301	毛皮及皮革上装	
0302	毛皮及皮革下装	
0303	毛皮及皮革套装	
0304	毛皮及皮革连身装	
0399	其他毛皮及皮革服装	
04	特种服装	不包括机织服装、针织及钩编服装、毛皮及皮革服装、个体防护装备。 机织服装、针织及钩编服装、毛皮及皮革服装、个体防护装备分别见 01、02、03、06
0401	军服	
0402	制式服装	由国家、行业、企业等规定的、统一的服装
040201	国家制式服装	由国家规定的、统一的服装(见财行【2004】15 号《财政部、监察部、国务院纠风办关于做好整顿统一着装工作的实施意见》)
040202	行业制式服装	由行业规定的、统一的服装
040203	企业制式服装	由企业规定的、统一的服装
040299	其他制式服装	
0403	专业服装	
040301	专业运动服	
040302	舞台服	
040303	飞行服	
040304	航天服	
040399	其他专业服装	

表 2（续）

代　码	名　称	说　明
0499	其他特种服装	
05	服装配饰	不包括个体防护装备，个体防护装备见 06
0501	帽	
050101	缝制帽	
050102	针织、钩编帽	
050103	毡呢帽	
050104	毛皮、人造毛皮帽	
050105	皮革、人造革帽	
050199	其他帽	
0502	头巾、头饰带	
0503	领带、领结	
0504	围巾、披肩	
050401	丝绸围巾	
050402	毛皮围巾、毛皮披肩	
050499	其他围巾、披肩	
0505	手帕	
0506	手套	
050601	针织及钩编手套	
050602	日用皮手套	
050603	日用橡胶手套	
050604	运动手套	
050699	其他手套	
0507	袜子	
050701	长袜	
050702	短袜	
050703	连裤袜	
050799	其他袜子	
0508	腰带	
050801	机织腰带	
050802	皮腰带	
050899	其他腰带	
0509	鞋(靴)	
050901	皮鞋(靴)	
050902	胶鞋(靴)	
050903	布鞋	

表 2（续）

代　码	名　称	说　明
050904	旅游鞋	
050905	注塑鞋(靴)	
050906	凉鞋	
050907	拖鞋	
050908	雨鞋(靴)	
050909	专业运动鞋(靴)	
050999	其他鞋(靴)	
0510	雨衣、雨具	不包括雨鞋(靴)，雨鞋(靴)见 050908
051001	雨衣	
051099	其他雨衣、雨具	
0511	箱包、票夹	
0599	其他服装配饰	
06	个体防护装备	
0601	头部防护用品	
060101	防护帽	
060199	其他头部防护用品	
0602	呼吸防护用品	
060201	防护口罩	
060202	防护面罩	
060299	其他呼吸防护用品	
0603	眼面部防护用品	
060301	护目镜	
060302	防护面罩	
060399	其他眼面部防护用品	
0604	防化学品防护服	
060401	防液体化学品服	
060402	防气体化学品服	
060403	防固体化学品服	
060404	防毒服	
060499	其他防化学品防护服	
0605	防机械损伤防护服	
060501	防冲击撕裂服	
060502	防刺穿服	
060503	防切割服	
060504	抗摩擦服	

表 2（续）

代　码	名　称	说　明
060599	其他防机械损伤防护服	
0606	阻燃隔热防护服	
060601	阻燃防护服	
060602	高温隔热服	
060603	阻燃抗熔融服	
060604	阻燃抗熔融金属冲击服	包括焊接防护服
060699	其他阻燃隔热防护服	
0607	防水防雨救生防护服	
060701	水上救生服	
060702	抗浸保温服	
060703	防水透湿服	
060704	防雨服	
060799	其他防水防雨救生防护服	
0608	防电磁波防护服	
060801	防微波辐射服	
060802	防 X 射线服	
060899	其他防电磁波防护服	
0609	抗油易去污防护服	
060901	抗油易去污防静电服	
060999	其他抗油易去污防护服	
0610	防虫防护服	
061001	防虫服	
061002	防蚊服	
061099	其他防虫防护服	
0611	防寒保暖防护服	
061101	防风防寒服	
061102	保暖服	
061103	隔热反射服	
061199	其他防寒保暖防护服	
0612	防静电防尘防护服	
061201	超净防尘服	
061202	防静电服	
061299	其他防静电防尘防护服	
0613	防血液体液接触防护服	
061301	医用一次性防护服	

表 2（续）

代　码	名　称	说　明
061302	防体液渗透服	
061399	其他防血液体液接触防护服	
0614	高可视性防护服	
061401	职业高可视警视服	
061499	其他高可视性防护服	
0615	特种防护防护服	
061501	防弹服	
061502	防刺服	
061503	防紫外服	
061504	高压屏蔽服	
061505	绝缘服	
061599	其他特种防护防护服	
0616	手部防护用品	
061601	防护手套	
061699	其他手部防护用品	
0617	足部防护用品	
061701	防护鞋(靴)	
061799	其他足部防护用品	
0618	防坠落用品	
0699	其他个体防护装备	
99	其他服装	

ICS 73.010
D 04

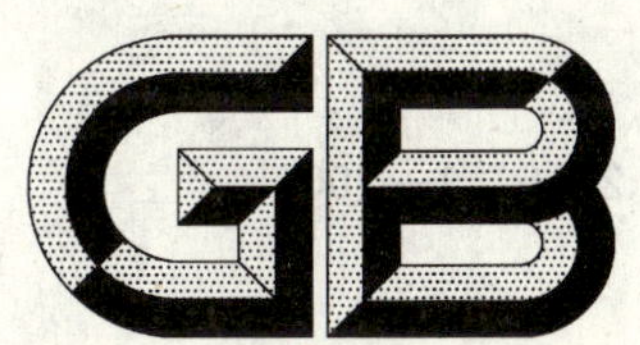

中华人民共和国国家标准

GB/T 23561.1—2009

煤和岩石物理力学性质测定方法 第1部分:采样一般规定

Methods for determining the physical and mechanical properties of coal and rock —Part 1: General requirements for sampling

2009-04-08 发布　　2009-12-01 实施

中华人民共和国国家质量监督检验检疫总局
中国国家标准化管理委员会　发布

前　言

GB/T 23561《煤和岩石物理力学性质测定方法》按部分发布，拟分为16个部分：

——第1部分：采样一般规定；

——第2部分：煤和岩石真密度测定方法；

——第3部分：煤和岩石块体密度测定方法；

——第4部分：煤和岩石孔隙率计算方法；

——第5部分：煤和岩石吸水性测定方法；

——第6部分：煤和岩石含水率测定方法；

——第7部分：单轴抗压强度测定及软化系数计算方法；

——第8部分：煤和岩石变形参数测定方法；

——第9部分：煤和岩石三轴强度及变形参数测定方法；

——第10部分：煤和岩石抗拉强度测定方法；

——第11部分：煤和岩石抗剪试验方法；

——第12部分：煤的坚固性系数测定方法；

——第13部分：煤和岩石点载荷强度测定方法；

——第14部分：岩石膨胀率测定方法；

——第15部分：岩石膨胀应力测定方法；

——第16部分：岩石耐崩解性指数测定方法。

本部分是GB/T 23561的第1部分。

本部分的附录A、附录B、附录C为规范性附录。

本部分由中国煤炭工业协会提出并归口。

本部分起草单位：煤炭科学研究总院开采设计研究分院和煤炭科学研究总院检测研究分院。

本部分主要起草人：齐庆新、李纪青、毛德兵、傅京昱、张学亮、王元杰。

煤和岩石物理力学性质测定方法
第1部分:采样一般规定

1 范围

GB/T 23561的本部分规定了煤和岩石物理力学性质测定所需煤样、岩样采样的术语和定义、设备工具和包装器材、技术要求、采样方法、记录与编号、封固与装箱和煤样、岩样后处理工作。

本部分适用于煤及与煤层相关岩层中岩石的基本性质测定及冲击倾向性测试等室内实验。

2 规范性引用文件

下列文件中的条款通过GB/T 23561的本部分的引用而成为本部分的条款。凡是注日期的引用文件,其随后所有的修改单(不包括勘误的内容)或修订版均不适用于本部分,然而,鼓励根据本部分达成协议的各方研究是否可使用这些文件的最新版本。凡是不注日期的引用文件,其最新版本适用于本部分。

GB/T 19222　煤岩样品采取方法

3 术语和定义

下列术语和定义适用于GB/T 23561的本部分。

3.1

煤样　coal sample

采集后基本能保持煤体原有结构和物理状态的煤块。

3.2

岩样　rock sample

采集后基本能保持岩体原有结构和物理状态的岩块。

4 设备工具和包装器材

4.1 设备工具

采样设备和工具主要有:煤电钻、风镐、地质钻机(钻取煤、岩心)、切割锯。

4.2 包装器材

试验样品的包装器材如下:

a) 具有一定厚度及强度的塑料布、宽胶带;

b) 容器、石蜡;

c) 木屑、泡沫塑料、木箱。

5 技术要求

5.1 采样基本要求

5.1.1 采样前应提取采样地点的地质综合柱状图,了解清楚采样地点的地层结构。

5.1.2 在研究某一局部地点的煤或岩性质时,应在所研究地点附近,寻找具有代表性的采样点采样。按照GB/T 19222的规定,常规煤样、岩样采样点应避开岩浆岩体侵入区、蚀变区、风化带、冲蚀带、断层破碎带及其影响区域等地段。煤样、岩样采样前应清理煤岩壁,使表面新鲜、平整。

5.1.3 在研究较大范围内的煤岩性质时，应根据岩性变化情况，分别在几个具有代表性的采样点采样。

5.1.4 当沿岩层厚度方向上岩性变化较大时应分别在上、中、下不同层位采样。

5.1.5 每一组煤样、岩样应采自岩性相同的同一层位与同一方向。

5.1.6 对岩性变化很大的岩层，不应将在不同地点和不同层位采取的煤样、岩样编为一组。

5.1.7 尽量不采用爆破方法采样。如只能用爆破方法采样时，应降低炮眼装药量，采取合理的炮眼布置方式，以达到减少或防止人为裂隙的产生。

5.1.8 对部分特殊试验的采样，应根据试验规定提出相应的要求。

5.2 采样技术要求

5.2.1 煤层采样

根据试验要求及煤层厚度分层采样，煤层厚度 3.5 m 以下，采一组煤样；煤层厚度 3.5 m～5.0 m 之间采两组煤样，一组靠近煤层顶板，另一组靠近煤层底板；煤层厚度 5.0 m～10 m 之间可分上、中、下采三组煤样；煤层厚度 10 m 以上，可根据煤层厚度，分更多层采样或用钻机采样。

5.2.2 岩层采样

5.2.2.1 如采样目的为测定岩层常规物理力学性质，应采煤层直接顶、基本顶和底板的岩样。

5.2.2.2 如采样目的为测定岩层冲击倾向性，应在煤层顶板或底板 30 m 以内的岩层中，分别取不同岩性、单层厚度大于 2 m 的各分层为一组，采各分层的岩样。

5.2.2.3 煤层底板可只采一组岩样。如有厚度小于 1.0 m 的伪底，除采此伪底层外，还应采其下另一组不同岩性的底板岩样。

5.2.2.4 如煤层中有夹矸层，应根据夹矸层的厚度、岩性及其对煤层开采影响的程度，酌情采取各夹矸层的岩样。

5.2.3 采样规格及数量

5.2.3.1 煤样每组七块，岩样每组四块。所采的煤样、岩样的规格大体为 25 cm×25 cm×20 cm，其高度方位应垂直煤、岩层的层理面。所采煤样、岩样不应有明显裂隙。

5.2.3.2 如煤体强度较低、解理和裂隙发育或为软岩采不出上述大块煤样、岩样，可采较小煤样、岩样，其最小尺寸应大于 15 cm×15 cm×15 cm，并相应增加煤样、岩样数量。

5.2.3.3 每组煤样或岩样的数量，应满足试样制备的需要，按要求测定的项目确定。各项试验所需标准试样尺寸与最低数量见表 1。考虑到加工中的损耗以及试样偏离度大于 20% 时数量应适当增多，采样时一般应按表 1 中所列数量的两倍采取。对于软岩，采样数量不应少于所列数量的 3 倍。

6 采样方法

6.1 试块采样

6.1.1 单一薄及中厚煤层采样

在单一薄及中厚煤层中可在回采、掘进工作面选取新冒落、没有裂隙并能辨别清楚层位的煤块、岩块作为试样。

6.1.2 巷道采样

在新掘出的穿层巷道或石门中可用煤电钻或风镐采取；在老巷道采样，应掘侧短巷或用钻机采取煤样、岩样。

6.2 钻取岩心采样

6.2.1 用地质钻机采样时，至少打两个钻孔，取两组岩心。

6.2.2 钻孔应尽量垂直岩层层理面钻进，偏斜度应小于 5°，并标明所取岩样与层理面的倾角。如偏斜角较大时，应加大取岩心直径。

6.2.3 钻取岩心的直径宜大于 70 mm。

6.2.4 如取样目的为测定岩层的冲击倾向性，取样深度应根据地质综合柱状图，在煤层顶板 30 m 以内的岩层中分别取不同岩层的岩样。

6.3 弯曲强度样品采样

表 1 各项试验所需标准试样尺寸与最低数量

序号	测定项目	标准试样尺寸/cm	标准试样最低数量	备注
1	真密度	岩粉	300 g	可用测块体密度的试样粉碎
2	块体密度、吸水性和含水率	—	—	用量积法测块体密度时，可采用测定力学性质的试件。用不规则试样时，可用加工规则试样时剩余的边角料
3	单轴抗压强度	直径 5，高 10	3 个	每个煤样、岩样尺寸不小于 15 cm。在煤岩层的上、中、下部位采取，其中，抗拉强度试样尺寸仅适用于巴西试验法
4	变形参数	直径 5，高 10	3 个	
5	抗拉强度	直径 5，高 2.5	5 个	
6	抗剪试验(变角法)	直径 5，高 5.0	16 个	
7	抗剪强度	直径 2.5，高 12	3 个	
8	三轴试验	直径 5，高 10	5 个	
9	煤冲击倾向性鉴定	直径 5，高 10	15 个	
10	坚固性系数	煤块	6 个	
11	膨胀率	高 2，径高比≥2.5	3 个	—
12	弯曲强度	直径 2.5，长 12	5 个	试件长轴平行岩层层面
13	膨胀应力	高 2，径高比≥2.5	3 个	—
14	耐崩解性	大致为球形，40 g～50 g	10 个	—
15	点荷载强度	直径 5，高径比 0.8～1.4	5 个～10 个	规则试验
		双点间距 3～5	15 个～20 个	不规则试验

在做岩层冲击倾向性测定试验中应测试该岩层的弯曲强度，要求试件的长轴平行岩层层面，最好采取岩块做试件。如用钻机取样，应平行岩层层面钻取岩心，其直径应大于 50 mm。在巷道或采煤工作面应将岩心直径加大到 12 cm～15 cm。

7 记录与编号

7.1 采样记录

采样时设专人做煤样、岩样描述记录与编号工作。描述采样点的岩性，包括节理、层理、裂隙、破碎程度等；记录采样地点、采样日期、采样方法等内容，见附录 A。在记录中，煤样、岩样的编号应与煤样、岩样一一对应。

7.2 采样编号

采样后应用红油漆对煤、岩样进行编号，编号方式可采用$(\frac{1-F-2}{3})$、$(\frac{2-C-4}{5})$等标记，其中分母数字表示该试样取自地质柱状图中煤层编号；分子上的第一数字表示第几个采样地点；第二个字母 R 表示为煤层顶板、F 表示为煤层底板、C 表示为煤层、M 表示为煤层夹矸；第三数字表示由上而下的分层层数。

示例:编号为$\frac{2-R-3}{4}$试样,分母数字 4 表明试样采自地质柱状图中的 4 号煤层;分子上的第一个数字 2 表明试样采自第二个采样地点;分子上的字母 R 表明试样采自煤层顶板;分子上的第三个数字 3 表明试样采自该煤层顶板自上而下的第三个分层(其上已采了 2 个顶板分层)。

7.3 层理方位标记

用红漆在煤、岩样上涂写箭头符号标明层理方向,箭头指向为垂直层理向上,见图 1。

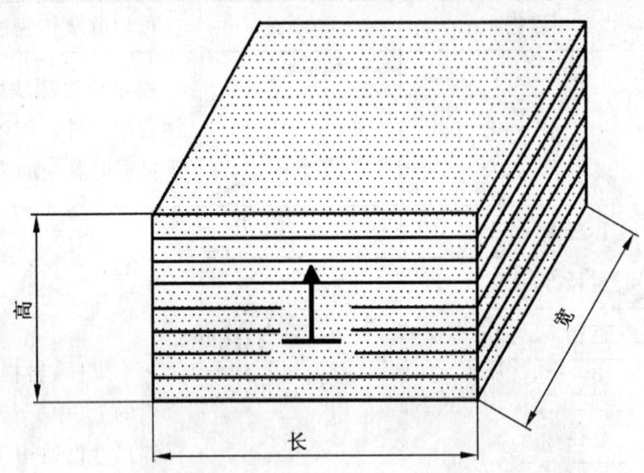

图 1 采集的煤样、岩样规格及标记示意图

8 封固与装箱

8.1 封固

8.1.1 包装

采得的煤样、岩样应在井下采样点立即用塑料布包好,按 7.2 要求进行编号,标明该煤样、岩样的特征,将说明卡片放入塑料包装内,外边用宽胶带将其捆扎紧,起到密封煤样、岩样的作用。塑料布应有足够的强度与厚度,如没有合适大小的塑料布,可用多层塑料布包裹煤样、岩样。

8.1.2 浸蜡

宜尽快将包装好的煤样、岩样运到井上,并立即浸蜡整体封固。

8.2 装箱

煤样、岩样包装密封后,应用人工或专人专车运至地面指定地点,装入木箱中。木箱四周及上下应用木屑或泡沫塑料填实,用封装带丝扎紧,并写明编号。装箱时填写“煤样、岩样送验单”见附录 B 及“煤样、岩样装箱编号对照表”见附录 C,各一式两份,一份随箱寄送,一份单位留底。木箱尺寸不宜过大,一般为 50 cm×50 cm×40 cm。

9 煤样、岩样后处理工作

9.1 试样在装箱和运输过程中,应采取防护措施避免试样损坏。

9.2 试样采好后,应尽快运至实验室进行试验,并进行登记、验收,妥善贮存。

9.3 试验单位制备试件剩余的大块煤样、岩样,自试验结果提交委托单位之日起保存 20 d。

9.4 “采样记录说明书”及“煤样、岩样送验单”等应与试验原始记录及结果一并归档,作为长期资料保存。

附　录　A
（规范性附录）
采样记录说明书

采样单位：________________　记录日期：________________　记录人：________________

采样点编号	煤岩名称	采样日期	采样方法	位置	地层年代及简要地质说明	煤岩层产状要素	岩性描述	备注

注1：位置包括矿井、巷道或工作面、采样点坐标等；

注2：简要地质说明包括：采样地点及其附近地质构造、裂隙、节理情况、含水状态等；

注3：岩性描述主要包括：岩石主要成分、颜色、颗粒、胶结物、岩（煤）层沿厚度岩性变化情况等。

附 录 B
（规范性附录）
煤样、岩样送验单

采样单位：____________ 采样日期：____________ 记录人：____________

柱状图	层次	累厚/m	层厚/m	煤岩名称	采样深（距地表__m至__m）	岩心总长度/cm	分段编号	分段长度/cm	岩(煤)样编号	试验目的和要求	备注
1	2	3	4	5	6	7	8	9	10	11	12

注 1：“柱状图”中应做出详细分层；

注 2：非钻孔采样时，本表 1、3、7 三栏取消，8 改为岩(煤)样块数编号，9 改为岩(煤)样规格。

附 录 C
（规范性附录）
煤样、岩样装箱编号对照表

采样单位：＿＿＿＿＿＿＿＿＿＿ 采样日期：＿＿＿＿＿＿＿＿＿＿ 记录人：＿＿＿＿＿＿＿＿＿＿

序号	木箱编号	所装岩(煤)样			备注
		煤、岩名称	岩(煤)样编号	封固情况	

ICS 73.010
D 04

中华人民共和国国家标准

GB/T 23561.2—2009

煤和岩石物理力学性质测定方法 第2部分:煤和岩石真密度测定方法

Methods for determining the physical and mechanical properties of coal and rock —Part 2:Methods for determining the true density of coal and rock

2009-04-08 发布

2009-12-01 实施

中华人民共和国国家质量监督检验检疫总局
中国国家标准化管理委员会 发布

前言

GB/T 23561《煤和岩石物理力学性质测定方法》按部分发布，分为 16 个部分：

——第 1 部分：采样一般规定；

——第 2 部分：煤和岩石真密度测定方法；

——第 3 部分：煤和岩石块体密度测定方法；

——第 4 部分：煤和岩石孔隙率计算方法；

——第 5 部分：煤和岩石吸水性测定方法；

——第 6 部分：煤和岩石含水率测定方法；

——第 7 部分：单轴抗压强度测定及软化系数计算方法；

——第 8 部分：煤和岩石变形参数测定方法；

——第 9 部分：煤和岩石三轴强度及变形参数测定方法；

——第 10 部分：煤和岩石抗拉强度测定方法；

——第 11 部分：煤和岩石抗剪试验方法；

——第 12 部分：煤的坚固性系数测定方法；

——第 13 部分：煤和岩石点载荷强度测定方法；

——第 14 部分：岩石膨胀率测定方法；

——第 15 部分：岩石膨胀应力测定方法；

——第 16 部分：岩石耐崩解性指数测定方法。

本部分是 GB/T 23561 的第 2 部分。

本部分的附录 C、附录 D 为规范性附录，附录 A、附录 B 为资料性附录。

本部分由中国煤炭工业协会提出并归口。

本部分起草单位：煤炭科学研究总院开采设计研究分院和煤炭科学研究总院检测研究分院。

本部分主要起草人：齐庆新、李纪青、毛德兵、傅京昱。

煤和岩石物理力学性质测定方法 第2部分:煤和岩石真密度测定方法

1 范围

GB/T 23561的本部分规定了煤和岩石真密度测定中涉及的术语和定义、仪器设备、试验步骤以及比重瓶法数据计算。

本部分采用比重瓶法或气体膨胀法真密度分析仪测定煤或岩石的真密度。

2 术语和定义

下列术语和定义适用于GB/T 23561的本部分。

2.1

煤真密度 true density of coal

煤固相物质的质量与其体积的比值。

2.2

岩石真密度 true density of rock

岩石固相物质的质量与其体积的比值。

3 仪器设备

3.1 气体膨胀法真密度分析仪

精确度0.02%(135 cm^3 大样品池)、0.03%(50 cm^3 中样品池)、0.03%(10 cm^3 小样品池);

重复性0.01%(135 cm^3 大样品池)、0.015%(50 cm^3 中样品池)、0.015%(10 cm^3 小样品池);

分辨率0.000 1 g/mL。仪器应可以连接真空泵进行原位真空脱气。

3.2 比重瓶法仪器和设备

主要仪器设备如下:

a) 岩石粉碎机;

b) 瓷钵或玛瑙钵;

c) 岩石研粉机,出料粒度0.2 mm~0.3 mm;

d) 分样筛:孔径0.2 mm或0.3 mm;

e) 天平:感量(最小分度值)0.001 g;

f) 烘箱;

g) 干燥器;

h) 沙浴或水浴;

i) 真空抽气装置:真空度至少可达0.001 MPa(约7 mmHg);

j) 短颈比重瓶:带磨口毛细管塞,容量100 mL或50 mL;

k) 移液管:容量10 mL(量筒);

l) 磁铁;

m) 恒温器:能保持(20±0.5)℃的恒温;

n) 温度计:量程(0~50)℃,最小分度值0.2 ℃。

3.3 试剂

十二烷基苯磺酸钠($C_{18}H_{29}NaSO_3$),分析纯,2%水溶液。

或十二烷基硫酸钠($C_{12}H_{25}NaSO_4$),化学纯,2%水溶液。

4 试验步骤

4.1 比重瓶法

4.1.1 试样制备

对于磁性岩石,取有代表性的岩样 100 g 左右,用瓷钵或玛瑙钵碾碎,并使其全部通过孔径 0.2 mm 或 0.3 mm 分样筛。

对于非磁性岩石或煤块,取有代表性的试样 300 g 左右,用粉碎机粉碎成小块,然后用研粉机研成粉末,并使其全部通过孔径 0.2 mm 或 0.3 mm 分样筛。用磁铁吸净混入岩粉中的铁屑。

将制备好的岩样在 105 ℃～110 ℃下干燥 24 h 后取出放在干燥器中冷却至室温。

4.1.2 岩样测试步骤

4.1.2.1 将蒸馏水煮沸并冷却至室温。

4.1.2.2 取瓶颈与瓶塞相符的 100 mL 比重瓶,用蒸馏水洗净,注入三分之一的蒸馏水,擦干瓶的外表面。

4.1.2.3 用四分法缩分并称取 15 g 试样粉末(精确至 0.001 g),借助漏斗小心倒入盛有三分之一蒸馏水的比重瓶中,注意勿使粉末撒落或粘在瓶颈上。

注:如采用 50 mL 比重瓶,则称取岩粉 10 g。

4.1.2.4 将盛有蒸馏水和岩粉的比重瓶放在沙浴或水浴上煮沸后再继续煮 1 h～1.5 h。

4.1.2.5 在煮沸过程中既要使试样粉末充分沸腾,又不要使试样粉末飞溅或外溢。

4.1.2.6 飞溅在瓶壁上的试样粉末,用滴定管沿瓶壁注水将其冲下。

4.1.2.7 如用真空抽气法,则将上述比重瓶放入真空抽气装置内。抽气的真空度为 0.001 MPa(约 7 mmHg)。开动真空泵抽气,直至瓶内无气泡发生为止,且抽气时间不小于 1 h。然后由三通开关放入空气。以下步骤与沙浴煮法相同。

4.1.2.8 含有水溶性矿物的岩石,应用煤油代替蒸馏水来测定,在这种情况下,只能用真空抽气法,而不能用沙浴煮沸法。煤油密度计算方法参见附录 A。

4.1.2.9 将煮沸后的比重瓶自然冷却至室温,然后注入蒸馏水,使液面与瓶塞刚好接触,注意不得留有气泡。擦干瓶的外表面,在天平上称重得 M_1(若比重瓶有刻度线,液面的弯月线应与刻度线齐平)。

4.1.2.10 校正比重瓶,参见附录 B,称瓶水合重得 M_2,精确至 0.001 g。

4.1.3 煤样测试步骤

4.1.3.1 准确称取粒度小于 0.2 mm 的煤粉分析样 2 g(精确至±0.001 g),通过无颈小漏斗全部仔细地移入比重瓶中。

4.1.3.2 用量筒向比重瓶中注入浓度为 2%的十二烷基苯磺酸钠或十二烷基硫酸钠溶液 3 mL,并注意将瓶壁上附着的煤粒冲入瓶中,轻轻转动比重瓶,放置 15 min 使试样浸透。然后沿瓶壁加入 25 mL 蒸馏水。

4.1.3.3 把比重瓶移到水浴或沙浴中煮沸 20 min,以排除吸附的气体。

4.1.3.4 取出比重瓶,加入新煮沸的蒸馏水至水面低于瓶口约 1 cm 处,并冷却至室温。然后置于(20±0.5)℃或略低于室温的恒温器中,恒温 1 h(也可以在室温下放置 3 h 以上。如用十二烷基硫酸钠溶液最好过夜),并记录下室温温度。

4.1.3.5 用吸管沿瓶颈加煮沸过的 20 ℃或室温蒸馏水至瓶口,盖上瓶塞,使过剩的水从瓶塞上的毛细管上溢出(这时瓶中和毛细管内不应有气泡存在,否则应重新加水盖瓶塞)。

4.1.3.6 迅速擦干比重瓶,立即称出比重瓶加煤粉样加润滑剂加水的质量。

4.2 气体膨胀法真密度分析仪法

4.2.1 试样制备:见 4.1.1。

4.2.2 仪器校准:放入与仪器配套的标准球,根据仪器的提示步骤完成校正。该校正每天开机后需要做一次,并且做完25个样品后应该进行一次复查。

4.2.3 称取试样质量:样品体积可取1 cm^3～135 cm^3之间。若样品量不受限制,尽可能多取。根据样品分析量选定样品池,用电子天平先称样品池重,再加入颗粒试样至样品池的2/3体积,称重精确至0.001 g,将样品池连同样品置入真密度分析仪中,并将称出样品的准确质量输入到真密度分析仪中。

4.2.4 精度设定:仪器可进行自动重复运行,直到所选取的多个测量值达到用户选择的允许精度。

4.2.5 平衡时间:自动选择或由用户选择压力。

4.2.6 脱气:采用脉冲吹扫脱气或原位真空脱气。

4.2.7 输入高纯氦气或氮气:利用气体扩展置换技术,直接测量出粉末试样的真实体积。

4.2.8 打印结果:连接计算机,打印试验结果及相关参数。

5 比重瓶法数据计算

比重瓶法数据按式(1)计算测定结果:

$$d=\frac{Md_s}{M+M_2-M_1} \qquad \cdots\cdots(1)$$

式中:

d——试样真密度,单位为克每立方厘米(g/cm^3);

M——试样质量,单位为克(g);

M_1——比重瓶、岩样和蒸馏水合重;或比重瓶、煤样、润滑剂和蒸馏水合重,单位为克(g);

M_2——比重瓶和满瓶蒸馏水合重,单位为克(g);

d_s——室温下蒸馏水的密度,单位为克每立方厘米(g/cm^3),$d_s \approx 1\ g/cm^3$。

当采用煤油代替蒸馏水进行测定时,则式中的M_1改为比重瓶、岩样和煤油合重或比重瓶、煤样、润滑剂和煤油合重(g),M_2改为比重瓶和满瓶煤油合重(g),蒸馏水的密度d_s改为煤油的密度d_m(d_m的计算参见附录A)即可计算测定结果。测定结果记录表见附录C和附录D。

平行测定两次,取算术平均值,计算结果取三位有效数字。若两次测定结果差值超过0.02 g/cm^3应重做。

附 录 A
（资料性附录）
煤油密度的计算

A.1 煤油的密度计算按公式(A.1)：

$$d_m = \frac{(M_3 - M_4)d_s}{M_2 - M_4} \quad \cdots\cdots(A.1)$$

式中：

d_m——室温下煤油的密度，单位为克每立方厘米(g/cm^3)；

M_3——比重瓶和满瓶煤油合重，单位为克(g)；

M_4——比重瓶质量，单位为克(g)；

M_2——比重瓶和满瓶蒸馏水合重，单位为克(g)；

d_s——试验时室温下蒸馏水的密度，单位为克每立方厘米(g/cm^3)，$d_s \approx 1\ g/cm^3$。

附 录 B
（资料性附录）
比重瓶的校正

可按试验的不同情况，选择以下任何一种方式校正比重瓶：

a) 如试验量小，可在每次试验时校正一次，算出瓶水合重；

b) 如试验量大，可在每年春秋两季，当室温为 20 ℃左右时，各校正一次比重瓶，计算出各温度下的瓶水合重，列表备用。计算按式(B.1)：

$$M_2 = \frac{d_{s2}(M_2' - M_4)[1 + \varepsilon_r(T_2 - T_1)]}{d_{s1}} + M_4 \quad \cdots\cdots(B.1)$$

式中：

M_2——在温度 T_2(计算温度)时的瓶水合重，单位为克(g)；

M_2'——在温度 T_1(校正温度)时的瓶水合重(M_2'称量三次，取算术平均值)，单位为克(g)；

M_4——在温度 T_1 时的比重瓶质量(要用蒸馏水将其洗净、烘干并冷却至室温后称量三次，取算术平均值)，单位为克(g)；

d_{s1}——在温度 T_1 时水的密度，单位为克每立方厘米(g/cm^3)；

d_{s2}——在温度 T_2 时水的密度，单位为克每立方厘米(g/cm^3)；

ε_r——玻璃胀缩系数，$\varepsilon_r = 2.4 \times 10^{-6}\ C^{-1}$。

c) 如试验在恒温条件下进行，在试验温度变化时，比重瓶也应相应地校正一次。

附　录　C
（规范性附录）
岩石真密度测定记录表

送样单位:＿＿＿＿＿＿＿＿　采样地点:＿＿＿＿＿＿＿＿　测定日期:＿＿＿＿＿＿＿＿

岩石名称:＿＿＿＿＿＿＿＿　岩样编号:＿＿＿＿＿＿＿＿　比重瓶编号:＿＿＿＿＿＿＿＿

测定次数	试样质量 M/g	比重瓶、试样和蒸馏水合重 M_1/g	比重瓶和满瓶蒸馏水合重 M_2/g	试验室温度 t/℃	室温下蒸馏水密度 d_s/(g/cm^3)	试样真密度 d/(g/cm^3)	岩石平均真密度 d_p/(g/cm^3)	备注
注：采用煤油代替蒸馏水进行测定时，表中蒸馏水改为煤油，蒸馏水密度 d_s 改为煤油密度 d_m。								

测定:　　　　　　　　计算:　　　　　　　　校核:

附 录 D
（规范性附录）
煤真密度测定记录表

送样单位：＿＿＿＿＿＿＿＿ 采样地点：＿＿＿＿＿＿＿＿ 测定日期：＿＿＿＿＿＿＿＿

岩石名称：＿＿＿＿＿＿＿＿ 岩样编号：＿＿＿＿＿＿＿＿ 比重瓶编号：＿＿＿＿＿＿＿＿

测定次数	试样质量 M/g	比重瓶、煤样、润滑剂和蒸馏水合重 M_1/g	比重瓶和满瓶蒸馏水合重 M_2/g	试验室温度 t/℃	室温下蒸馏水密度 d_s/(g/cm³)	煤样真密度 d/(g/cm³)	煤平均真密度 d_p/(g/cm³)	备注
注：采用煤油代替蒸馏水进行测定时，表中蒸馏水改为煤油，蒸馏水密度 d_s 改为煤油密度 d_m。								

测定： 计算： 校核：

ICS 73.010
D 04

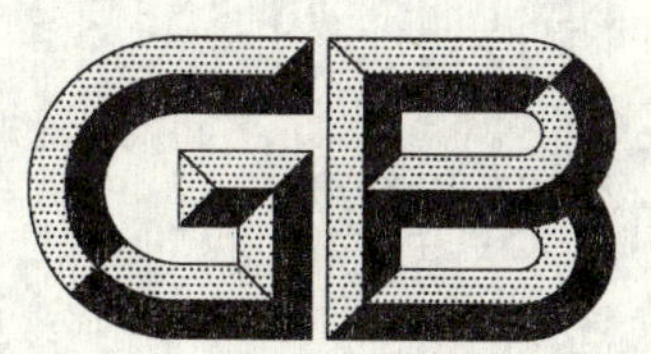

中华人民共和国国家标准

GB/T 23561.3—2009

煤和岩石物理力学性质测定方法 第3部分:煤和岩石块体密度测定方法

Methods for determining the physical and mechanical properties of coal and rock—Part 3: Methods for determining the block density of coal and rock

2009-04-08 发布　　2009-12-01 实施

中华人民共和国国家质量监督检验检疫总局
中国国家标准化管理委员会 发布

前　言

GB/T 23561《煤和岩石物理力学性质测定方法》按部分发布，分为16个部分：

——第1部分：采样一般规定；

——第2部分：煤和岩石真密度测定方法；

——第3部分：煤和岩石块体密度测定方法；

——第4部分：煤和岩石孔隙率计算方法；

——第5部分：煤和岩石吸水性测定方法；

——第6部分：煤和岩石含水率测定方法；

——第7部分：单轴抗压强度测定及软化系数计算方法；

——第8部分：煤和岩石变形参数测定方法；

——第9部分：煤和岩石三轴强度及变形参数测定方法；

——第10部分：煤和岩石抗拉强度测定方法；

——第11部分：煤和岩石抗剪试验方法；

——第12部分：煤的坚固性系数测定方法；

——第13部分：煤和岩石点载荷强度测定方法；

——第14部分：岩石膨胀率测定方法；

——第15部分：岩石膨胀应力测定方法；

——第16部分：岩石耐崩解性指数测定方法。

本部分是GB/T 23561的第3部分。

本部分的附录B、附录C为规范性附录，附录A为资料性附录。

本部分由中国煤炭工业协会提出并归口。

本部分起草单位：煤炭科学研究总院开采设计研究分院和煤炭科学研究总院检测研究分院。

本部分主要起草人：齐庆新、李纪青、毛德兵、傅京昱、张学亮。

煤和岩石物理力学性质测定方法
第3部分:煤和岩石块体密度测定方法

1 范围

GB/T 23561的本部分规定了煤和岩石块体密度测定中涉及的术语和定义、密封法和量积法所需的仪器和测定步骤。

本部分适用于煤和岩石块体密度的测定。密封法适用于所有煤和岩石,量积法适用于能加工成规则试件的煤或岩石。

2 术语和定义

下列术语和定义适用于GB/T 23561的本部分。

2.1

煤块体密度 block density of coal

煤试件质量与其体积的比值。

2.2

岩石块体密度 block density of rock

岩石试件质量与其体积的比值。

2.3

天然块体密度 natural block density

试件在天然含水状态下的块体密度。

2.4

自然块体密度 spontaneous block density

试件制备后,在下部贮水的干燥器内存放(1~2)d的块体密度。

2.5

干块体密度 dry block density

试件在(105~110)℃温度下干燥24 h后的块体密度。

2.6

饱和块体密度 saturated block density

试件在饱和水状态下的块体密度。

3 密封法

3.1 仪器设备

主要仪器设备有:

a) 烘箱;

b) 干燥箱;

c) 熔蜡锅;

d) 天平:感量(最小分度值)0.01 g;

e) 真空抽气装置,见图1,真空泵要求能达到0.001 MPa(约7 mmHg);

f) 水中称量装置,见图2;

g) 石蜡或高分子树脂涂料及配置设备；
h) 细线：丝线或尼龙线；
i) 测量平台；
j) 钻石机、切石机、磨石机和砂轮机；
k) 游标卡尺：量程 200 mm，最小分度值 0.02 mm。

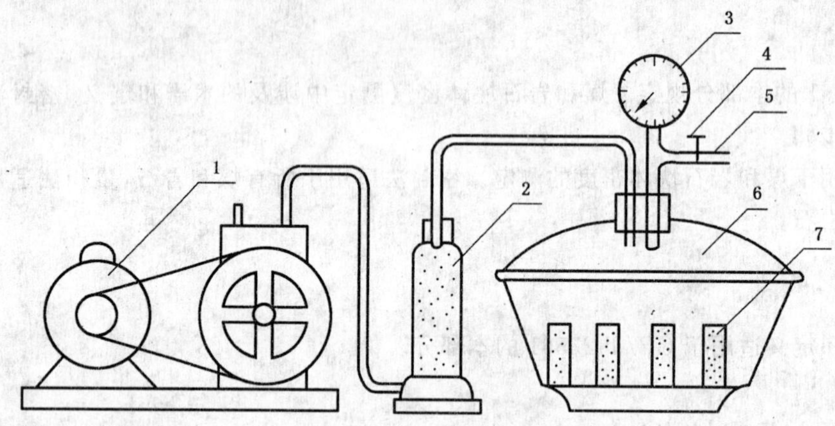

1——真空泵；
2——干燥塔；
3——真空压力表；
4——三通阀；
5——进水口；
6——真空抽气罐；
7——试件。

图 1 真空抽气装置

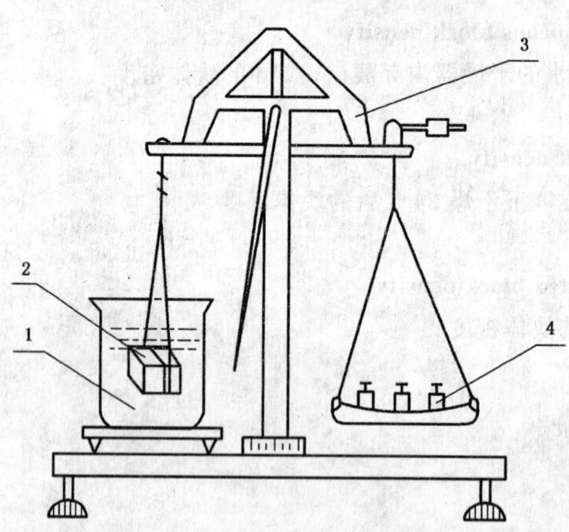

1——水；
2——试件；
3——天平；
4——砝码。

图 2 水中称重装置

3.2 干块体密度的测定与计算

3.2.1 从试样中选取有代表性的边长约 4 cm～5 cm 近似立方体作为试件，数量不少于三个，修平棱角，刷去表面粘着物，清除易掉落的岩屑。

3.2.2 将试件在 105 ℃～110 ℃下干燥 24 h 后取出，放在干燥器内冷却至室温，称重得 M。

3.2.3 用细线缚住试件，置于刚过熔点 60 ℃左右的石蜡中 1 s～2 s 提出，蜡膜厚度约 1 mm 左右，检查试件上的蜡膜有无气泡。若发现有气泡，可用小电烙铁或热针刺破并涂平孔眼，冷却后在天平上称重得 M_1。

3.2.4 再将蜡封后的试件挂在天平钩上，见图 2，在水中称重得 M_2。

3.2.5 将试件从中取出，擦去表面水分，重新在天平上称重。检查此时质量与 M_1 是否有差别，若质量差超过 0.05 g，说明水已浸入试件，测定应重做。

3.2.6 当采用高分子树脂胶作为密封材料时，试件的制备见 3.2.1 和 3.2.2。在配制高分子树脂胶时，按质量比称取聚氯乙烯树脂两份和环己酮八份，先将粉沫状的树脂倒入磨口玻璃瓶内，然后再将环己酮加入，用玻璃棒搅拌均匀，盖好瓶口，待粉末完全溶解成透明状胶液即可使用。将高分子树脂胶均匀在试件表面涂刷两遍，待溶剂挥发后，在试件表面形成一层薄膜，然后称密封试件质量 M_1。然后按 3.2.4 及 3.2.5 测得 M_2。

3.2.7 测定石蜡密度，参见附录 A。

3.2.8 按式(1)计算测定结果：

$$\rho_g = \frac{M}{\dfrac{M_1 - M_2}{d_s} - \dfrac{M_1 - M}{d_1}} \qquad \cdots\cdots(1)$$

式中：

ρ_g——试件的干块体密度，单位为克每立方厘米（g/cm^3）；

M——试件干重，单位为克（g）；

M_1——密封试件在空气中质量，单位为克（g）；

M_2——密封试件在水中质量，单位为克（g）；

d_s——水的密度，单位为克每立方厘米（g/cm^3），取近似值 $d_s = 1\ g/cm^3$；

d_1——石蜡或高分子树脂胶密度，单位为克每立方厘米（g/cm^3）。

平行测定三次，取算术平均值，计算结果取三位有效数字。三次测定结果的最大差值不应超过 0.03 g/cm^3，否则，整个测定应重做。

3.3 饱和块体密度的测定与计算

3.3.1 按 3.2.1 制备试件，试件数量不宜少于五个。

3.3.2 将试件放在真空抽气罐内带孔的板上，见图 1，间距不应小于 2 cm。

3.3.3 接上抽气系统，所有连接处均不应漏气。

3.3.4 开动真空泵，抽气 20 min～30 min，然后打开三通活塞，慢慢将水注入真空抽气罐内，至水面高出试件 2 cm～3 cm，继续抽气直至试件表面不再有气泡冒出，且抽气时间不少于 1 h。关闭真空泵，扭转三通活塞，使真空抽气罐与大气相通。抽气的真空度应保持在 0.001 MPa（约 7 mmHg）。

3.3.5 从真空抽气罐中取出试件，全部浸入盛水的容器中，静置 4 h 以上。

3.3.6 取出饱和试件，用温毛巾擦去表面水分，称饱和试件重 M_b。

3.3.7 以下测定步骤按 3.2.3～3.2.6 进行。

3.3.8 按式(2)计算测定结果：

$$\rho_b = \frac{M_b}{\dfrac{M_1 - M_2}{d_s} - \dfrac{M_1 - M_b}{d_1}} \qquad \cdots\cdots(2)$$

式中：

ρ_b——试件的饱和块体密度，单位为克每立方厘米(g/cm^3)；

M_b——水饱和试件在空气中的质量，单位为克(g)；

M_1——水饱和试件密封后在空气中的质量，单位为克(g)；

M_2——水饱和试件密封后在水中的质量，单位为克(g)；

d_s——水的密度，单位为克每立方厘米(g/cm^3)，取近似值 $d_s \approx 1\ g/cm^3$；

d_1——石蜡或高分子树脂胶密度，单位为克每立方厘米(g/cm^3)。

平行测定三次，取算术平均值，计算结果取三位有效数字。三次测定结果的最大差值不应超过 0.03 g/cm^3，否则整个测定应重做。

3.4 自然块体密度的测定与计算

3.4.1 按 4.2.1 制备试件。

3.4.2 试件放在下部贮水的干燥器内存放 1 d～2 d，注意试样不应与水接触，使之保持自然含水状态。

3.4.3 将试件取出放在天平上称重得 M_z。

3.4.4 以下测定步骤按 3.2.3～3.2.6 进行。

3.4.5 按式(3)计算测定结果：

$$\rho_z = \frac{M_z}{\dfrac{M_1 - M_2}{d_s} - \dfrac{M_1 - M_z}{d_1}} \qquad \cdots\cdots(3)$$

式中：

ρ_z——试件在自然含水状态下的块体密度，单位为克每立方厘米(g/cm^3)；

M_z——自然含水状态下的试件在空气中的质量，单位为克(g)；

M_1——自然含水状态下的试件密封后在空气中的质量，单位为克(g)；

M_2——自然含水状态的试件密封后在水中的质量，单位为克(g)；

d_s——水的密度，单位为克每立方厘米(g/cm^3)，取近似值 $d_s \approx 1\ g/cm^3$；

d_1——石蜡或高分子树脂胶密度，单位为克每立方厘米(g/cm^3)。

平行测定三次，取算术平均值，计算结果取三位有效数字。三次测定结果的最大差值不应超过 0.03 g/cm^3，否则整个测定应重做。

3.5 天然块体密度的测定与计算

3.5.1 在岩样启封后应立即制备有代表性的试件三个(或在现场当场取样当场测定)。

3.5.2 将试件立即在天平上称重得 M_t。

3.5.3 以下测定步骤按 3.2.3～3.2.6 进行。

3.5.4 按式(4)计算测定结果：

$$\rho_t = \frac{M_t}{\dfrac{M_1 - M_2}{d_s} - \dfrac{M_1 - M_t}{d_1}} \qquad \cdots\cdots(4)$$

式中：

ρ_t——保持天然含水状态的试样块体密度，单位为克每立方厘米(g/cm^3)；

M_t——保持天然含水状态的试件在空气中的质量，单位为克(g)；

M_1——保持天然含水状态的试件密封后在空气中的质量，单位为克(g)；

M_2——保持天然含水状态的试件密封后在水中的质量，单位为克(g)；

d_s——水的密度，单位为克每立方厘米(g/m^3)，取近似值 $d_s \approx 1\ g/cm^3$；

d_1——石蜡或高分子树脂胶密度，单位为克每立方厘米(g/cm^3)。

平行测定三次，取算术平均值，计算结果取三位有效数字。三次测定结果的最大差值不应超过0.03 g/cm^3，否则整个测定应重做。测定记录表见附录B。

4 量积法

4.1 仪器、设备

相关的仪器和设备有：

a) 试样加工机械，包括切石机、钻石机、磨石机；

b) 烘箱；

c) 干燥器；

d) 天平：感量(最小分度值)0.01 g；

e) 百分表架，百分表；

f) 卡尺：精度 0.02 mm；

g) 真空抽气装置，见图1。

4.2 测定步骤

4.2.1 试件制备：可利用做力学性质测定的试件，试件取三个。

4.2.2 尺寸测量要求如下：

a) 直径：测量两端和中间三个断面相隔120°的三个直径(共九个)，取其算术平均值；

b) 高度：测量试件中心和四周的五个高度，取其算术平均值；

c) 若是棱柱体试件，对长和宽需测上、中、下三个断面，六个尺寸取算术平均值。

4.2.3 试件尺寸误差要求如下：

a) 所有尺寸测量时，卡口与所测面应保持垂直或平行，不应歪斜；

b) 沿试件高度，直径或边长的误差不应大于0.3 mm；

c) 试件两端面不平行度误差不应大于0.05 mm；

d) 端面垂直试件轴线，最大偏差不应大于0.25°；

e) 方柱体或立方体试件相邻两面应互相垂直，最大偏差不应大于0.25°。

4.2.4 测干块体密度时，将试件在105 ℃～110 ℃下干燥24 h后取出，放在干燥器中冷却至室温，称干重得 M。

4.2.5 测饱和块体密度时，将试件按3.3.2～3.3.6进行饱和处理，称饱和重得 M_b。

4.2.6 测自然块体密度时，试件按3.4.2处理，称重得 M_z。

4.3 测定结果计算

按式(5)、式(6)、式(7)计算测定结果：

$$\rho_g = \frac{M}{F \cdot h} \quad \cdots\cdots(5)$$

$$\rho_b = \frac{M_b}{F \cdot h} \quad \cdots\cdots(6)$$

$$\rho_z = \frac{M_z}{F \cdot h} \quad \cdots\cdots(7)$$

式中：

ρ_g——岩石的干块体密度，单位为克每立方厘米(g/cm^3)；

ρ_b——岩石的饱和块体密度，单位为克每立方厘米(g/cm^3)；

ρ_z——岩石的自然块体密度，单位为克每立方厘米(g/cm^3)；

M——试件烘干后的质量，单位为克(g)；

M_b——试件水饱和后的质量，单位为克(g)；

M_z——试件自然含水状态下的质量，单位为克(g)；

F——试件截面积，单位为平方厘米(cm^2)；

h——试件的高度，单位为厘米(cm)。

平行测定三次，取算术平均值，计算结果取三位有效数字。三次测定结果的最大差值不应超过0.05 g/cm^3，否则只能报各试件单个测值，而不报出平均值。测定记录表见附录C。

附 录 A
（资料性附录）
石蜡密度的测定方法

A.1 将石蜡放入小铝锅中熔化，注入长 120 mm，直径 15 mm 的试管中约 20 mm，加热试管使蜡完全熔化，轻轻振动，逐出蜡内存在的气泡，然后将试管静置，使蜡冷却下来。等蜡完全凝固后，将试管四周微微加热，倒出蜡块（制成的蜡块应没有裂纹和气泡），称重得 M_1（精确至 0.01 g）。

A.2 将蜡块用细线系好，然后在蜡块下方系一金属块（重约 10 g～20 g），用金属块将蜡沉入 20 ℃的水中，注意勿使蜡和金属块接触装水的容器，称出蜡和金属块在水中的质量 M_2。再将金属块单独用细线系好浸入 20 ℃的水中，用同法称出其在水中的质量 M_3。按式（A.1）计算石蜡的密度：

$$d_1 = \frac{M_1 \cdot d_s}{M_1 - (M_2 - M_3)} \quad \cdots\cdots (A.1)$$

式中：

d_1——石蜡的密度，单位为克每立方厘米（g/cm^3）；

d_s——水的密度，单位为克每立方厘米（g/cm^3），$d_s \approx 1\ g/cm^3$；

M_1——石蜡块的质量，单位为克（g）；

M_2——石蜡块和金属块在水中的质量，单位为克（g）；

M_3——金属块在水中的质量，单位为克（g）。

平行测定三次，取算术平均值，计算结果取三位有效数字。三次测定结果的最大差值不应超过 0.01 g/cm^3，否则应重做。

A.3 每更换一次石蜡即应测定一次密度。

附　录　B
（规范性附录）
密封法块体密度测定记录表

送样单位：________采样地点：________试验日期：________

试样名称：________试样编号：________试件含水状态：________

试件编号	试件的干质量 M/g	密封试件在空气中的质量 M_1/g	密封试件在水中的质量 M_2/g	石蜡密度 d_1/(g/cm³)	试件干块体密度 ρ/(g/cm³)	试件平均干块体密度 ρ_p/(g/cm³)	备注

试验：　　　　　　　　　　　　　计算：　　　　　　　　　　　　　校核：

附　录　C
（规范性附录）
量积法块体密度测定记录表

送样单位：__________　　采样地点：__________　　试验日期：__________

试样名称：__________　　试样编号：__________　　试件含水状态：__________

试件编号	试件尺寸/cm			面积 F/cm^2	体积 $F\cdot h$/cm^3	质量 M/g	试件块体密度 ρ/(g/cm^3)	试件平均块体密度 ρ_p/(g/cm^3)	备注
	长(直径)	宽	高						

试验：　　　　　　　　计算：　　　　　　　　校核：

ICS 73.010
D 04

中华人民共和国国家标准

GB/T 23561.4—2009

煤和岩石物理力学性质测定方法 第4部分：煤和岩石孔隙率计算方法

Methods for determining the physical and mechanical properties of coal and rock—Part 4: Methods for calculating the porosity of coal and rock

2009-04-08 发布　　2009-12-01 实施

中华人民共和国国家质量监督检验检疫总局
中国国家标准化管理委员会　发布

前　言

GB/T 23561《煤和岩石物理力学性质测定方法》按部分发布，分为 16 个部分：

——第 1 部分：采样一般规定；

——第 2 部分：煤和岩石真密度测定方法；

——第 3 部分：煤和岩石块体密度测定方法；

——第 4 部分：煤和岩石孔隙率计算方法；

——第 5 部分：煤和岩石吸水性测定方法；

——第 6 部分：煤和岩石含水率测定方法；

——第 7 部分：单轴抗压强度测定及软化系数计算方法；

——第 8 部分：煤和岩石变形参数测定方法；

——第 9 部分：煤和岩石三轴强度及变形参数测定方法；

——第 10 部分：煤和岩石抗拉强度测定方法；

——第 11 部分：煤和岩石抗剪试验方法；

——第 12 部分：煤的坚固性系数测定方法；

——第 13 部分：煤和岩石点载荷强度测定方法；

——第 14 部分：岩石膨胀率测定方法；

——第 15 部分：岩石膨胀应力测定方法；

——第 16 部分：岩石耐崩解性指数测定方法。

本部分是 GB/T 23561 的第 4 部分。

本部分的附录 A 为规范性附录。

本部分由中国煤炭工业协会提出并归口。

本部分起草单位：煤炭科学研究总院开采设计研究分院和煤炭科学研究总院检测研究分院。

本部分主要起草人：齐庆新、李纪青、毛德兵、傅京昱、张学亮。

煤和岩石物理力学性质测定方法
第4部分:煤和岩石孔隙率计算方法

1 范围

GB/T 23561 的本部分规定了煤和岩石孔隙率计算的术语和定义、煤和岩石总孔隙率(即包括开口与闭合两部分孔隙)计算、煤和岩石有效孔隙率(即开口孔隙率)计算方法。

本部分适用于煤和岩石孔隙率的计算,其中有效孔隙率计算适用于遇水不崩解且体积不发生变化的试件。

2 规范性引用文件

下列文件中的条款通过 GB/T 23561 的本部分的引用而成为本部分的条款。凡是注日期的引用文件,其随后所有的修改单(不包括勘误的内容)或修订版均不适用于本部分,然而,鼓励根据本部分达成协议的各方研究是否可使用这些文件的最新版本。凡是不注日期的引用文件,其最新版本适用于本部分。

GB/T 23561.2—2009 煤和岩石物理力学性质测定方法 第2部分:煤和岩石真密度测定方法

GB/T 23561.3—2009 煤和岩石物理力学性质测定方法 第3部分:煤和岩石块体密度测定方法

GB/T 23561.5—2009 煤和岩石物理力学性质测定方法 第5部分:煤和岩石吸水性测定方法

3 术语和定义

下列术语和定义适用于 GB/T 23561 的本部分。

3.1

煤总孔隙率 total porosity of coal

煤的孔隙体积与其总体积之比。

3.2

岩石总孔隙率 total porosity of rock

岩石的孔隙体积与其总体积之比。

3.3

煤有效孔隙率 effective porosity of coal

煤的开口孔隙体积与其总体积之比。

3.4

岩石有效孔隙率 effective porosity of rock

岩石的开口孔隙体积与其总体积之比。

3.5

开口孔隙 open pore

在材料的表面与外界连通的孔隙。

3.6

闭合孔隙 closed pore

在材料内部被封闭的孔隙。

4 煤或岩石总孔隙率计算方法

按式(1)计算煤或岩石的总孔隙率：

$$n = \left(1 - \frac{\rho_g}{\rho}\right) \times 100\% \quad \cdots\cdots\cdots\cdots\cdots\cdots\cdots\cdots\cdots\cdots (1)$$

式中：

n——煤或岩石的总孔隙率；

ρ_g——煤或岩石的干块体密度，单位为克每立方厘米(g/cm^3)；

ρ——煤或岩石的真密度，单位为克每立方厘米(g/cm^3)。

ρ 与 ρ_g 可按 GB/T 23561.2—2009 与 GB/T 23561.3—2009 进行测定。计算结果取两位小数。计算结果记录见附录 A。

5 煤或岩石有效孔隙率测定

因煤或岩石有效孔隙率的数值等于煤或岩石强制（饱和）吸水率的数值，可按 GB/T 23561.5—2009 来测定煤或岩石的强制吸水率 w_q，则有式(2)：

$$n_y = w_q \quad \cdots\cdots\cdots\cdots\cdots\cdots\cdots\cdots\cdots\cdots (2)$$

式中：

n_y——有效孔隙率；

w_q——强制吸水率。

计算结果取两位小数。试验报告中列出各单个试件测值及三个测值的算术平均值。计算结果记录见附录 A。

附 录 A

（规范性附录）

煤或岩石孔隙率计算记录表

送样单位：________ 采样地点：________

试样名称：________ 测定日期：________

试样编号：________

试件编号	总孔隙率			有效孔隙率	
	试件干块体密度 ρ_g/(g/cm³)	试件真密度 ρ/(g/cm³)	试件总孔隙率 n/%	试件强制吸水率 w_q/%	试件有效孔隙率 n_y/%

测定： 计算： 审核：

ICS 73.010
D 04

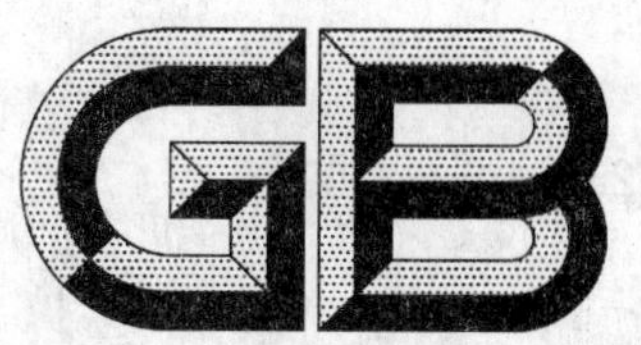

中华人民共和国国家标准

GB/T 23561.5—2009

煤和岩石物理力学性质测定方法 第5部分：煤和岩石吸水性测定方法

Methods for determining the physical and mechanical properties of coal and rock—
Part 5: Methods for determining the water absorbability of coal and rock

2009-04-08 发布 2009-12-01 实施

中华人民共和国国家质量监督检验检疫总局
中国国家标准化管理委员会 发布

前　言

GB/T 23561《煤和岩石物理力学性质测定方法》按部分发布，分为16个部分：

——第1部分：采样一般规定；

——第2部分：煤和岩石真密度测定方法；

——第3部分：煤和岩石块体密度测定方法；

——第4部分：煤和岩石孔隙率计算方法；

——第5部分：煤和岩石吸水性测定方法；

——第6部分：煤和岩石含水率测定方法；

——第7部分：单轴抗压强度测定及软化系数计算方法；

——第8部分：煤和岩石变形参数测定方法；

——第9部分：煤和岩石三轴强度及变形参数测定方法；

——第10部分：煤和岩石抗拉强度测定方法；

——第11部分：煤和岩石抗剪试验方法；

——第12部分：煤的坚固性系数测定方法；

——第13部分：煤和岩石点载荷强度测定方法；

——第14部分：岩石膨胀率测定方法；

——第15部分：岩石膨胀应力测定方法；

——第16部分：岩石耐崩解性指数测定方法。

本部分为GB/T 23561的第5部分。

本部分的附录A为规范性附录。

本部分由中国煤炭工业协会提出并归口。

本部分起草单位：煤炭科学研究总院开采设计研究分院和煤炭科学研究总院检测研究分院。

本部分主要起草人：齐庆新、李纪青、毛德兵、傅京昱、张学亮。

煤和岩石物理力学性质测定方法 第5部分:煤和岩石吸水性测定方法

1 范围

GB/T 23561的本部分规定了煤和岩石吸水性测定方法中涉及的术语和定义、自然吸水率的测定和强制吸水率的测定。

本部分适用于遇水不崩解、不溶解、不干缩湿胀的煤和岩石吸水性的测定。

2 术语和定义

下列术语和定义适用于GB/T 23561的本部分。

2.1

岩石自然吸水率 natural water absorption ratio of rock

岩石在标准大气压力和室温条件下吸入水的质量与试件固体质量的比值。

2.2

岩石强制吸水率 compulsory water absorption ratio of rock

岩石在强制状态下最大吸入水的质量与试件固体质量的比值。

2.3

煤自然吸水率 natural water absorption ratio of coal

煤在标准大气压力和室温条件下吸入水的质量与试件固体质量的比值。

2.4

煤强制吸水率 compulsory water absorption ratio of coal

煤在强制状态下最大吸入水的质量与试件固体质量的比值。

3 自然吸水率的测定

3.1 仪器设备

试验用到的仪器和设备如下:

a) 天平:感量(最小分度值)0.01 g;
b) 烘箱;
c) 干燥器;
d) 盛水容器;
e) 钻石机、切石机、磨石机和砂轮机;
f) 真空抽气设备和煮沸设备;
g) 水中称量装置;
h) 测量平台。

3.2 试验步骤

3.2.1 从试样中选取具有代表性的边长约4 cm~5 cm的近似立方体岩块三个作为试件,也可采用测定力学性质的试件,清除表面上的粘着物和易掉落的岩屑,注意不应造成人为裂隙。

对软岩和极软岩,试件应采取保护措施,防止试件在吸水过程中掉块或崩解。

3.2.2 将试件放在105 ℃~110 ℃的烘箱中干燥24 h,取出试件,放在干燥器中冷却至室温,称重得M。

3.2.3　在盛水容器中放置几根直径相同的玻璃棒，每根玻璃棒间距 1 cm～2 cm，将岩块架在玻璃棒上，每个试件间距 1 cm～2 cm。

3.2.4　向容器中注水至试件的四分之一高度处，以后每隔 2 h 注水一次，每次注水量为使容器液面升高数值等于试件高度的四分之一，直至最后液面高出试件 1 cm～2 cm 为止。

3.2.5　24 h 后将试件取出，用湿毛巾擦去表面水分，第一次称重。称重后仍放回盛水容器中，以后每隔 24 h 称重一次，直至前后两次质量差不超过 0.01 g 为止。最后一次的称重即为试件吸水后的质量 M_1。

3.3　数据计算

按式(1) 计算测定结果：

$$w_z = \left(\frac{M_1}{M} - 1\right) \times 100\% \qquad \cdots\cdots(1)$$

式中：

w_z——煤或岩石的自然吸水率；

M_1——试件自然饱和吸水后的质量，单位为克(g)；

M——试件烘干后的质量，单位为克(g)。

平行测定三次，取算术平均值，计算结果取两位小数。试验报告中，列出各单个试件的测值及三个测值的算术平均值。计算结果记录表见附录 A。

4　强制吸水率的测定

4.1　仪器设备

真空抽气装置见图 1，真空泵要求能达到 0.001 MPa(约 7 mmHg)。其他仪器设备与 3.1 相同。

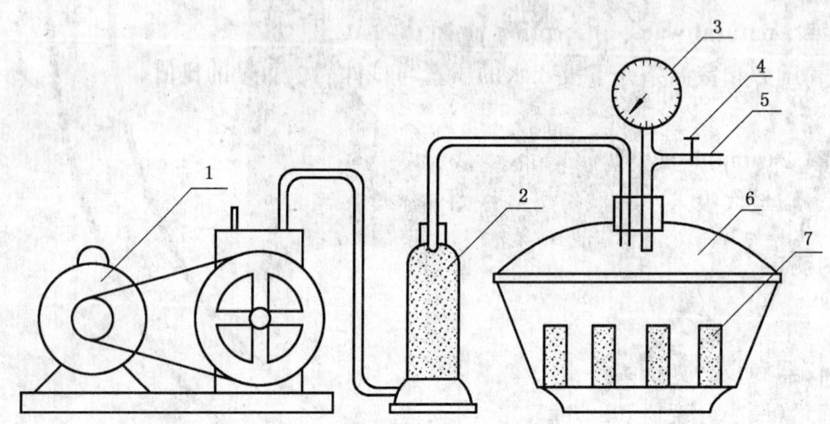

1——真空泵；

2——干燥塔；

3——真空压力表；

4——三通阀；

5——进水口；

6——真空抽气罐；

7——试件。

图 1　真空抽气装置

4.2　试验步骤

4.2.1　试件制备和烘干称重按 3.2.1 和 3.2.2 进行。

4.2.2　将烘干的试件放在真空抽气罐内的带孔板上见图 1，间距不应小于 2 cm。

4.2.3　接上抽气系统，所有连接处均不得漏气。

4.2.4　开动真空泵，抽气 20 min～30 min，然后打开三通阀，慢慢将水注入真空抽气罐内，至水面高出试件 2 cm～3 cm,再继续抽气,直至试件表面不再有气泡冒出,抽气时间不应小于 4 h;关闭真空泵,扭转三通阀,使真空抽气罐与大气相通。

4.2.5 抽气的真空度应保持在 0.001 MPa(约 7 mmHg)。

4.2.6 从真空抽气罐中取出试件,放入水位超过试件顶部的盛水容器中,静置 4 h 以上。

4.2.7 取出饱和试件,用湿毛巾擦去表面水分,称重得 M_2。

4.3 数据计算

按式(2) 计算测定结果:

$$w_q = \left(\frac{M_2}{M} - 1\right) \times 100\% \qquad \cdots\cdots(2)$$

式中:

w_q——煤或岩石强制吸水率;

M_2——试件强制吸水后的质量,单位为克(g);

M——试件烘干后的质量,单位为克(g)。

平行测定三次,取算术平均值,计算结果取两位小数。试验报告中,列出各单个试件的测值及三个值的算术平均值。计算结果记录表见附录 A。

附　录　A
（规范性附录）
煤或岩石吸水性测定记录表

送样单位：＿＿＿＿＿＿＿＿　采样地点：＿＿＿＿＿＿＿＿　测定日期：＿＿＿＿＿＿＿＿
试样名称：＿＿＿＿＿＿＿＿　试样编号：＿＿＿＿＿＿＿＿

试件编号	试件干质量 M/g	试件自然饱和吸水后的质量 M_1/g	试件强制吸水后的质量 M_2/g	自然吸水率 w_z/%		强制吸水率 w_q/%		备注
				实测	平均	实测	平均	

试验：　　　　　　　　　　计算：　　　　　　　　　　校核：

ICS 73.010
D 04

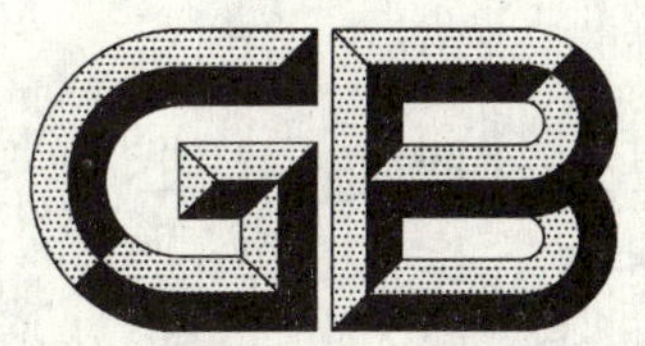

中华人民共和国国家标准

GB/T 23561.6—2009

煤和岩石物理力学性质测定方法
第6部分：煤和岩石含水率测定方法

Methods for determining the physical and mechanical properties of coal and rock—Part 6: Methods for determining the moisture content of coal and rock

2009-04-08 发布　　2009-12-01 实施

中华人民共和国国家质量监督检验检疫总局
中国国家标准化管理委员会　发布

前　言

GB/T 23561《煤和岩石物理力学性质测定方法》按部分发布，分为 16 个部分：

——第 1 部分：采样一般规定；

——第 2 部分：煤和岩石真密度测定方法；

——第 3 部分：煤和岩石块体密度测定方法；

——第 4 部分：煤和岩石孔隙率计算方法；

——第 5 部分：煤和岩石吸水性测定方法；

——第 6 部分：煤和岩石含水率测定方法；

——第 7 部分：单轴抗压强度测定及软化系数计算方法；

——第 8 部分：煤和岩石变形参数测定方法；

——第 9 部分：煤和岩石三轴强度及变形参数测定方法；

——第 10 部分：煤和岩石抗拉强度测定方法；

——第 11 部分：煤和岩石抗剪试验方法；

——第 12 部分：煤的坚固性系数测定方法；

——第 13 部分：煤和岩石点载荷强度测定方法；

——第 14 部分：岩石膨胀率测定方法；

——第 15 部分：岩石膨胀应力测定方法；

——第 16 部分：岩石耐崩解性指数测定方法。

本部分是 GB/T 23561 的第 6 部分。

本部分的附录 A 为规范性附录。

本部分由中国煤炭工业协会提出并归口。

本部分起草单位：煤炭科学研究总院开采设计研究分院煤炭科学研究总院检测研究分院。

本部分主要起草人：齐庆新、李纪青、毛德兵、傅京昱、张学亮。

煤和岩石物理力学性质测定方法
第6部分:煤和岩石含水率测定方法

1 范围

GB/T 23561 本部分规定了煤和岩石含水率测定中涉及的术语和定义、仪器设备、试验步骤和数据计算。

本部分适用于煤和岩石含水率的测定。本部分采用烘干法测试煤和岩石的含水率,适用于矿物不含结晶水和含结晶水的岩石。

2 术语和定义

下列术语和定义适用于 GB/T 23561 的本部分。

2.1

岩石含水率 moisture content of rock

岩石在天然状态下所含水分的质量与其烘干后的质量之比。

2.2

煤含水率 moisture content of coal

煤在天然状态下所含水分的质量与其烘干后的质量之比。

3 仪器设备

仪器设备主要有:

a) 天平:感量(最小分度值)0.01 g;

b) 烘箱;

c) 干燥器;

d) 钢丝刷、小锤;

e) 具有密封盖的试样盒。

4 试验步骤

4.1 取保持天然含水状态,尺寸大于组成岩石最大矿物颗粒直径的 10 倍,且质量不少于 50 g 的三个试件,立即称重得 M_1。

4.2 将不含结晶水的试样在 105 ℃~110 ℃的烘箱内烘干 24 h 后取出,放在干燥器内冷却至室温,称重得 M_2。

4.3 将含结晶水的试样在 55 ℃~65 ℃的烘箱内烘干 24 h 后取出,放在干燥器内冷却至室温,称重得 M_2。

5 数据计算

按式(1)计算测定结果:

$$w=\left(\frac{M_1}{M_2}-1\right)\times 100\% \qquad \cdots\cdots(1)$$

式中：

w——煤或岩石的天然含水率；

M_1——保持天然水分的试件质量，单位为克(g)；

M_2——烘干的试件质量,单位为克(g)。

平行测定三次,取算术平均值,计算结果取两位小数。试验报告中,列出各单个试件测值及三个试件的算术平均值。测定结果记录表见附录 A。

附 录 A
（规范性附录）
煤或岩石含水率测定记录表

送样单位：________________采样地点：________________测定日期：________________

试样名称：________________试样编号：________________

试件编号	试件描述	试件天然含水质量 M_1/g	试件烘干质量 M_2/g	试件含水率 w/%	试件平均含水率 w_p/%	备注

试验：　　　　　　　　　　　　计算：　　　　　　　　　　　　校核：

ICS 73.010
D 04

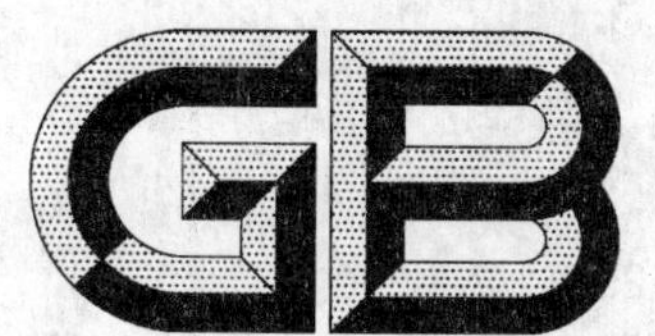

中华人民共和国国家标准

GB/T 23561.7—2009

煤和岩石物理力学性质测定方法 第7部分:单轴抗压强度测定及软化系数计算方法

Methods for determining the physical and mechanical properties of coal and rock—Part 7:Methods for determining the uniaxial compressive strength and counting softening coefficient

2009-04-08 发布　　2009-12-01 实施

中华人民共和国国家质量监督检验检疫总局
中国国家标准化管理委员会　发布

前　言

GB/T 23561《煤和岩石物理力学性质测定方法》按部分发布,分为 16 个部分:

——第 1 部分:采样一般规定;

——第 2 部分:煤和岩石真密度测定方法;

——第 3 部分:煤和岩石块体密度测定方法;

——第 4 部分:煤和岩石孔隙率计算方法;

——第 5 部分:煤和岩石吸水性测定方法;

——第 6 部分:煤和岩石含水率测定方法;

——第 7 部分:单轴抗压强度测定及软化系数计算方法;

——第 8 部分:煤和岩石变形参数测定方法;

——第 9 部分:煤和岩石三轴强度及变形参数测定方法;

——第 10 部分:煤和岩石抗拉强度测定方法;

——第 11 部分:煤和岩石抗剪试验方法;

——第 12 部分:煤的坚固性系数测定方法;

——第 13 部分:煤和岩石点载荷强度测定方法;

——第 14 部分:岩石膨胀率测定方法;

——第 15 部分:岩石膨胀应力测定方法;

——第 16 部分:岩石耐崩解性指数测定方法。

本部分是 GB/T 23561 的第 7 部分。

本部分的附录 A、附录 B 为规范性附录。

本部分由中国煤炭工业协会提出并归口。

本部分起草单位:煤炭科学研究总院开采设计研究分院和煤炭科学研究总院检测研究分院。

本部分主要起草人:齐庆新、李纪青、毛德兵、李宏艳。

煤和岩石物理力学性质测定方法 第7部分:单轴抗压强度测定及软化系数计算方法

1 范围

GB/T 23561的本部分规定了煤和岩石单轴抗压强度测定及软化系数计算中涉及的术语和定义、仪器设备、试件规格、试验步骤和数据计算。

本部分适用于在实验室条件下,能够加工成标准试件的煤及与煤层相关岩层中岩石的单轴抗压强度测定和软化系数的计算。

2 规范性引用文件

下列文件中的条款通过GB/T 23561的本部分的引用而成为本部分的条款。凡是注日期的引用文件,其随后所有的修改单(不包括勘误的内容)或修订版均不适用于本部分,然而,鼓励根据本部分达成协议的各方研究是否可使用这些文件的最新版本。凡是不注日期的引用文件,其最新版本适用于本部分。

GB/T 23561.3—2009 煤和岩石物理力学性质测定方法 第3部分:煤和岩石块体密度测定方法

3 术语和定义

下列术语和定义适用于GB/T 23561的本部分。

3.1

单轴抗压强度 uniaxial compressive strength

在实验室条件下,煤(或岩石)的标准试件在单轴压缩状态下承受的破坏载荷与其承压面面积的比值。

3.2

软化系数 softening coefficient

煤(或岩石)饱和水试件的单轴抗压强度与干燥试件或自然含水状态试件单轴抗压强度的比值。

4 仪器设备

4.1 加工机械

钻石机、锯石机、磨石机或磨床。

4.2 检验工具

试件检验工具如下:

a) 游标卡尺,最小分度值0.02 mm;

b) 万能角度尺、百分表架及百分表;

c) 水平检测台。

4.3 设备

4.3.1 材料试验机

材料试验机精度应不低于一级。加载范围应满足式(1):

$$1.25p_{max} < p_0 < 5p_{max} \quad (1)$$

式中：

p_0——材料试验机加载范围的最大值，单位为千牛(kN)；

p_{max}——预计试件的最大破坏载荷，单位为千牛(kN)。

4.3.2 电液伺服试验机

电液伺服试验机的精度应不低于一级，并能够以 0.5 MPa/s～1.0 MPa/s 的速率加载。

4.4 仪器

普通材料试验机升级改造中可选配如下仪器：

a) 载荷传感器；

b) 计算机数据采集处理系统；

c) 可采用其他设备和仪器，但精度等级不应低于本部分的相应规定。

5 试件规格

5.1 标准试件规格

标准试件宜采用直径为(50^{+6}_{-2})mm 的圆柱体，高径比为(2±0.2)，高径比小于 2 时，应考虑对试验结果的影响。如没有条件加工圆柱体试件时，可采用 50 mm×50 mm×100 mm 的方柱体。对于砾岩等特大颗粒岩石，试件尺寸应放大，其直径应大于岩石最大颗粒尺寸的 10 倍，高径比保持为(2±0.2)。由于特殊原因(例如，岩石松软)不能制取标准试件时，应在试验结果中加以说明。

5.2 加工精度及检查方法

5.2.1 试件两端面不平行度不应大于 0.05 mm。把试件放在水平检测台上，边移动边用百分表测定试件的高度，其最大值和最小值的偏差应控制在 0.05 mm 以内。把试件上下颠倒，重复以上操作。其检查方法见图 1。

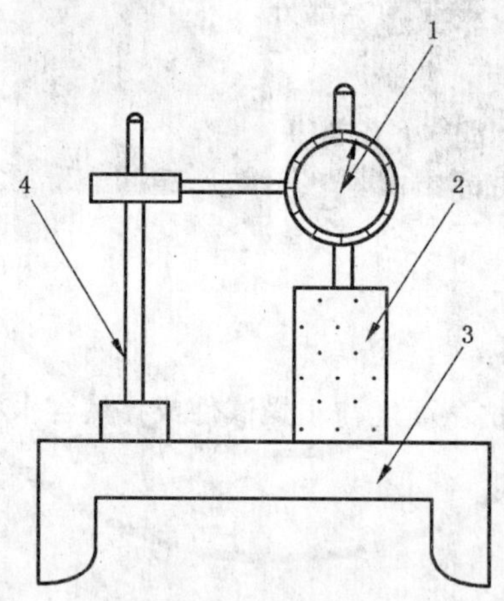

1——百分表；

2——试件；

3——水平检测台；

4——百分表架。

图 1 试件端面不平行度检查方法图

5.2.2 试件上、下端直径偏差不应大于 0.3 mm。

5.2.3 试件表面应光滑，并应避免因不规则表面而产生应力集中现象。

5.2.4 轴向偏差不应大于 0.25°。将试件立放在水平检测台上，用万能角度尺紧贴试件垂直侧边，测定其轴向偏斜角度，最大值应小于 0.25°，见图 2。

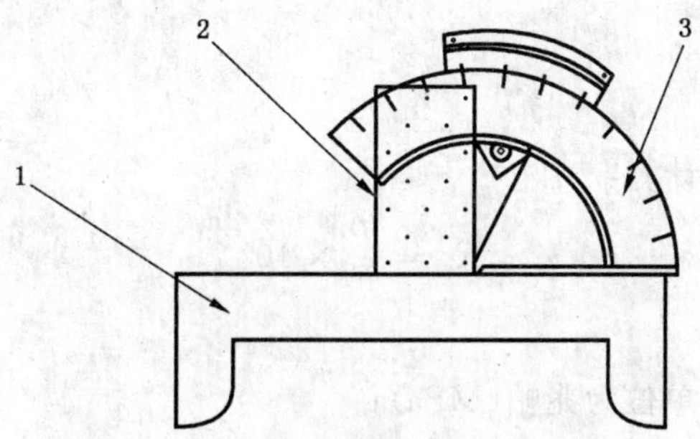

1——水平检测台；

2——试件；

3——万能角度尺。

图 2 试件轴向偏差检查方法图

5.3 试件数量

每种状态下同一层煤或岩石试件的数量不应少于三个。

5.4 试件含水状态

测定时可根据需要，选择下列各种含水状态的试件：

5.4.1 自然含水状态：试件制备后，室温条件下，放在底部有水的干燥器内 1 d～2 d，以保持一定的湿度，但试件不应接触水面。

5.4.2 干燥状态：将试件在 105 ℃～110 ℃下干燥 24 h。

5.4.3 饱和水状态：按照 GB/T 23561.3—2009 中 3.3.2～3.3.6 进行水饱和处理。

5.4.4 其他含水状态按委托单位的要求确定，但在试验报告中应加以说明。

6 试验步骤

6.1 测定前核对煤样、岩样的名称及其编号，对试件颜色、颗粒、层理、节理、裂隙、风化程度、含水状态以及加工过程中出现的问题等进行描述，并填入记录表内，见附录 A。

6.2 检查试件加工精度并填入记录表内：

a) 直径量测：在试件的上下端面附近以及中央附近的断面，测定相互垂直的两个方向的直径，取其算术平均值为试件的直径；

b) 高度量测：高度应在试件的过中心轴的两个相交的平面内各取两点，测定两个高度值，取其算术平均值作为试件的高度。

6.3 选择材料试验机时应符合 4.3.1。

6.4 开动材料试验机，使其处于工作状态。将试件置于材料试验机承压板中心，调整球形座，使试验机、上下承压板、试件三者中心线成一直线，并使试件上下面受力均匀。试件为脆性岩石时，应加设保护装置。

6.5 以 0.5 MPa/s～1.0 MPa/s 的速度加载直至破坏。如遇到软岩石时，应选用小量程的试验机，并应适当放慢加载速度；如用电液伺服试验机，应选用较小的加载速度。

6.6 如采用电液伺服试验机进行试验，或者采用计算机数据采集处理系统（自动检测系统），此时应将该系统调整至工作状态，并按上述加载速度连续加载直至试件破坏。当峰值出现后，继续测 3 s～5 s 后关机；如无峰值时，则至轴向应变达 15%～20%时关机。

6.7 记录破坏载荷以及加压过程中出现的现象，并对破坏后的试件进行描述或摄影。非干燥状态试件破坏后，应立即取出部分碎块用塑料袋封存，尽快测定其含水率，必要时应测定干块体密度，并填入记录表内。

7 数据计算

7.1 计算单轴抗压强度

试件单轴抗压强度按式(2)计算：

$$R_c = \frac{P}{F} \times 10 \qquad \cdots\cdots (2)$$

式中：

R_c——试件单轴抗压强度，单位为兆帕(MPa)；

P——试件破坏载荷，单位为千牛(kN)；

F——试件初始承压面积，单位为平方厘米(cm^2)。

计算结果取三位有效数字，试验报告中列出每个试件的测值。

7.2 计算软化系数

软化系数计算按式(3)和式(4)：

$$K_1 = \frac{R_b}{R_g} \qquad \cdots\cdots (3)$$

$$K_2 = \frac{R_b}{R_z} \qquad \cdots\cdots (4)$$

式中：

K_1——干燥试件的软化系数；

K_2——自然含水状态试件的软化系数；

R_b——水饱和试件的单轴抗压强度，单位为兆帕(MPa)；

R_g——干燥试件的单轴抗压强度，单位为兆帕(MPa)；

R_z——自然含水状态试件的单轴抗压强度，单位为兆帕(MPa)；

K_1、K_2 值取到小数点后两位。

7.3 采用数据采集处理系统计算测试结果

计算机数据采集处理系统可自动根据测试时采集的测试数据，给出试件破坏时的最大载荷数值，按已输入系统中的式(2)、式(3)、式(4)及该试件的基本参数进行计算，并以表格形式打印出该试件的单轴抗压强度、软化系数及相关的参数(试件初始直径、高度、承压面积、含水状态，试验机加载速率等)。单轴抗压强度测定记录表见附录A，软化系数记录表见附录B。

附　录　A
（规范性附录）
单轴抗压强度测定记录表

送样单位：________　采样地点：________　测定日期：________

煤岩样编号	送样名称	采样深度（距地表__m至__m）	试件编号	试件描述		试件含水状态	试件尺寸/mm				试件面积 F/cm^2	破坏载荷 P/kN	抗压强度 R_c/MPa	含水率/%	备注
				测定前	测定后		长	宽	直径	高					

测定：　　　　计算：　　　　校核：

附 录 B
（规范性附录）
软化系数记录表

送样单位：＿＿＿＿＿＿ 采样地点：＿＿＿＿＿＿ 测定日期：＿＿＿＿＿＿

岩样编号	岩石名称	试件编号	试件描述		试件含水状态	试件抗压强度/MPa			软化系数		备注
			测定前	测定后		干燥状态 R_g	自然含水状态 R_z	饱和水状态 R_b	干燥状态 K_1	自然含水状态 K_2	

测定： 计算： 校核：

ICS 73.010
D 04

中华人民共和国国家标准

GB/T 23561.8—2009

煤和岩石物理力学性质测定方法 第8部分:煤和岩石变形参数测定方法

Methods for determining the physical and mechanical properties of coal and rock—Part 8:Methods for determining the deformation parameters of coal and rock

2009-04-08 发布　　　　2009-12-01 实施

中华人民共和国国家质量监督检验检疫总局
中国国家标准化管理委员会　发布

前 言

GB/T 23561《煤和岩石物理力学性质测定方法》按部分发布，分为16个部分：

——第1部分：采样一般规定；

——第2部分：煤和岩石真密度测定方法；

——第3部分：煤和岩石块体密度测定方法；

——第4部分：煤和岩石孔隙率计算方法；

——第5部分：煤和岩石吸水性测定方法；

——第6部分：煤和岩石含水率测定方法；

——第7部分：单轴抗压强度测定及软化系数计算方法；

——第8部分：煤和岩石变形参数测定方法；

——第9部分：煤和岩石三轴强度及变形参数测定方法；

——第10部分：煤和岩石抗拉强度测定方法；

——第11部分：煤和岩石抗剪试验方法；

——第12部分：煤的坚固性系数测定方法；

——第13部分：煤和岩石点载荷强度测定方法；

——第14部分：岩石膨胀率测定方法；

——第15部分：岩石膨胀应力测定方法；

——第16部分：岩石耐崩解性指数测定方法。

本部分是GB/T 23561的第8部分。

本部分的附录A为规范性附录。

本部分由中国煤炭工业协会提出并归口。

本部分起草单位：煤炭科学研究总院开采设计研究分院和煤炭科学研究总院检测研究分院。

本部分主要起草人：齐庆新、李纪青、毛德兵。

煤和岩石物理力学性质测定方法
第8部分:煤和岩石变形参数测定方法

1 范围

GB/T 23561 的本部分规定了煤和岩石变形参数测定中涉及的术语和定义、主要仪器设备、试件规格、试验前准备工作、试验步骤和数据计算。

本部分适用于在实验室条件下,能够加工成标准试件的煤和岩石单轴压缩条件下割线模量 E_{50}、弹性模量 E_t、泊松比 μ 等变形参数的测定。

2 规范性引用文件

下列文件中的条款通过 GB/T 23561 的本部分的引用而成为本部分的条款。凡是注日期的引用文件,其随后所有的修改单(不包括勘误的内容)或修订版均不适用于本部分,然而,鼓励根据本部分达成协议的各方研究是否可使用这些文件的最新版本。凡是不注日期的引用文件,其最新版本适用于本部分。

GB/T 23561.7—2009 煤和岩石物理力学性质测定方法 第7部分:单轴抗压强度测定及软化系数计算方法

SL 264—2001 水利水电工程岩石试验规程

3 术语和定义

下列术语和定义适用于 GB/T 23561 的本部分。

3.1

割线模量 modulus of secant

根据试件在加载过程中的应力-纵向应变曲线上,原点与曲线上应力为50%抗压强度点连线的斜率。

3.2

弹性模量 modulus of elasticity

试件单轴受力时正应力 σ 与弹性正应变 ε 之比。

3.3

泊松比 Poisson's ratio

试件横向应变与纵向应变比的绝对值。

4 主要仪器设备

4.1 加工机械

钻石机、锯石机、磨石机或磨床。

4.2 检验工具

试验样品的检验工具如下:

a) 游标卡尺,最小分度值 0.02 mm;

b) 万能角度尺、百分表架及百分表;

c) 水平检测台。

4.3 设备

4.3.1 材料试验机

材料试验机精度应不低于一级。加载范围应满足式(1)：

$$1.25p_{max} < p_0 < 5p_{max} \quad \cdots\cdots(1)$$

式中：

p_0——材料试验机加载范围的最大值，单位为千牛(kN)；

p_{max}——预计试件的最大破坏载荷，单位为千牛(kN)。

4.3.2 电液伺服试验机

电液伺服试验机的精度应不低于一级，并能够以 0.5 MPa/s～1.0 MPa/s 的速率加载。上述 2 种试验机可任选一种。

4.4 测试系统

普通材料试验机升级改造中可选配如下仪器：

a) 载荷传感器；

b) 静态或动态电阻应变仪；

c) 位移传感器，量程不大于 50 mm；

d) 引伸计，量程 5 mm，测量精度±0.5%FS；

e) 计算机数据采集处理系统；

f) 可采用其他设备和仪器，但精度等级不得低于本部分的相应规定。

测试结果可由测表人工读数记录、电测数显记录、计算机数据采集处理系统自动检测和电液伺服试验机内部测试系统自动检测等方法之一获得。

4.5 材料

试验所需材料如下：

a) 电阻应变片(以下简称应变片)：常用标距 3×15 mm～3×20 mm，精度 0.2，电阻值为 (120±0.2)Ω；

b) 粘结剂：502 胶水，环氧树脂胶等或其他类似性能的粘结剂；

c) 防潮胶：环氧配胶、聚氯乙烯粘胶或聚乙烯缩醛胶；

d) 清洁剂：丙酮、分析纯乙醇、脱脂棉或纱布等。

5 试件规格

试件规格、加工精度、数量和含水状态等应符合 GB/T 23561.7—2009 中第 5 章的规定。

6 试验前准备工作

6.1 检验

粘贴应变片前，应对应变片进行检查，要求阻丝平直，间距均匀，阻丝与基底粘贴牢固，阻栅的长度要大于岩石最大颗粒的 10 倍，小于试样半径。同一组试件的工作片与温度补偿片的规格和灵敏系数应相同，温度补偿片电阻值允许偏差为±0.2 Ω。

6.2 粘贴应变片方法

应变片应粘贴在试件高度方向的中部，尽量避开裂隙、节理和伟晶处。每个试件纵向和横向粘贴应变片各 2 片～3 片。纵、横应变片的排列采用"⊢"形或"⊥"形，见图 1。贴片前，应在试件圆周三等分处画垂线，二分之一高度处画圆周线，以便贴片对中。对于岩性均一、加工精度高的试件，可以只在对称两侧中部粘贴纵、横应变片各一对。

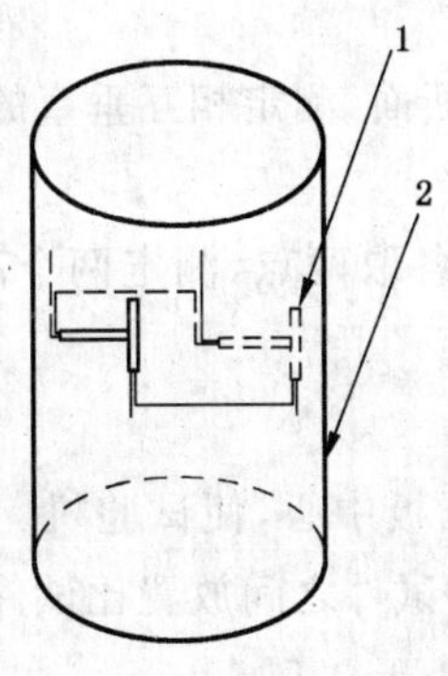

a) ├ 形连接方式

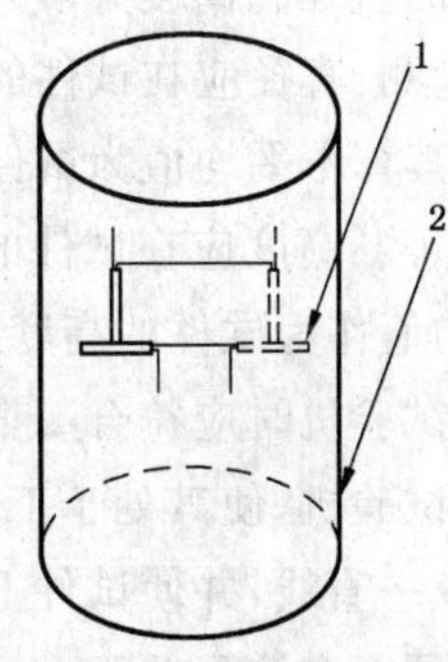

b) ┴ 形连接方式

1——应变片；

2——试件。

图 1 应变片粘贴方式示意图

6.3 应变片的粘贴工艺

6.3.1 清理表面

在粘贴部位先用零号砂纸打磨，其面积要大于应变片。再用纱布或脱脂棉蘸上丙酮等易挥发溶剂清洗表面，直至纱布或脱脂棉没有灰痕为止。

6.3.2 涂胶贴片

一般试件可用502胶水或环氧树脂胶等粘贴应变片。含水量多或饱和试件，需要采用防潮胶。胶水的弹性模量应小于试件的弹性模量。贴片时，先在试件贴片部位涂上一薄层粘结剂，待粘结剂干后，再在应变片背面涂上一薄层粘结剂，随即将应变片按要求的方向和部位贴上。然后在应变片上盖一小块塑料纸，用手指在上面滚压挤出应变片和试件之间的气泡和多余的粘结剂，约按压几十秒即可贴牢。

6.3.3 固化处理

粘结剂一般可在常温下自行固化。固化时间，应参照所用粘结剂的说明书。急用时，可按各类粘结剂的说明加热烘干。

6.3.4 接线

应变片尾端引线用绝缘导线焊接引出。焊前需先将导线固定，以防碰动导线时拉坏应变片。每根导线的长度、线径都要相同，长度不宜超过10 m。

6.4 防潮处理

6.4.1 防底潮：试件表面用丙酮清洗后，涂上厚度不超过0.1 mm的环氧树脂胶，面积要大于应变片，以防止水分从试件内部进入应变片。

6.4.2 防底潮胶固化后，贴应变片，并焊上短线引出。应变片贴好固化后，对地绝缘电阻应满足试验要求，一般应大于200 MΩ，然后再在应变片上涂上厚度1 mm左右的防潮胶，导线接头也做同样的防潮处理。水饱和处理后的试件，绝缘电阻值一般也应大于200 MΩ。

6.5 按SL 264—2001中5.1.7的规定，千分表主要用于测量变形较大，强度较低的软和极软煤与岩石的纵、横向变形。

6.5.1 将测表安装在磁性表架上，磁性表架安装在试验机的下承压板上，纵向测表的表头与上承压板边缘接触，横向测表的表头直接与试件接触，测读初始值。两对相互垂直的纵向测表和横向测表应分别安装在试件直径的对称位置上。

7 试验步骤

7.1 测定前核对煤、岩石名称和煤、岩样编号，对试件颜色、颗粒、层理、节理、裂隙、风化程度、含水状态以及加工过程中出现的问题等进行描述，填入记录表内，见附录A。

7.2　测量试件的直径和高度并填入记录表内，见附录 A：

a)　直径量测：直径应在试件的上下端面附近以及中央附近的断面，测定相互垂直的两个方向的直径，取其算术平均值为试件的直径；

b)　高度量测：高度应在试件的过中心轴的两个相交的平面内各取两点，测定两个高度值，取其算术平均值作为试件的高度。

7.3　选择材料试验机时应符合 4.3.1。

7.4　开动材料试验机，使其处于工作状态。将试件置于试验机承压板中心，使试验机、上下承压板、试件三者中心线成一直线，并使试件上下面受力均匀。上、下承压板与试件之间放置比试件直径略大的刚性垫块，垫块的硬度应该不低于 HRC58，垫块的厚度与直径比不应小于 0.5。

7.5　将电阻应变仪接上电源，预热 0.5 h，连接线路，预调平衡。接线方式可用全桥或半桥方式。施加初载荷，检查仪器工作情况，同时观察两边的应变值是否接近，如两边应变值相差较大，则应调整试件位置，使试件受力均匀。

7.6　按 0.5 MPa/s～1.0 MPa/s 的速度逐级加载。按估计破坏载荷的十分之一间隔读一次读数，记录载荷与应变值，直至破坏。每个测定过程，读数不应少于 10 个点，同一试件的所有应变值，应尽量同时测出。变形参数填入记录表内，见附录 A。

7.7　如采用电液伺服试验机进行试验，或者采用计算机数据采集处理系统(自动检测系统)，此时应将该系统调整至工作状态，并按上述加载速度连续加载直至试件破坏。当峰值出现后，继续测 3 s～5 s 后关机；如无峰值时，则至轴向应变达 15%～20%时关机。

7.8　记录破坏载荷值以及加载过程中出现的现象，并对试件的破坏进行描述或摄影。

8　数据计算

8.1　分级加载时测试数据处理方法

检查测定结果，分别计算纵向应力值、纵向应变值和横向应变值，以及体积应变值。

8.1.1　轴向应力按式(2)计算：

$$\sigma = \frac{P}{F} \times 10 \qquad \cdots\cdots(2)$$

式中：

σ——应力，单位为兆帕(MPa)；

P——与应变相对应的载荷，单位为千牛(kN)；

F——试件初始承载面积，单位为平方厘米(cm^2)。

计算结果取三位有效数字，试验报告中列出每个试件的测值。

8.1.2　纵向应变和横向应变取各测值的平均值。

8.1.3　体积应变按式(3)计算：

$$\varepsilon_v = \varepsilon_l + 2\varepsilon_d \qquad \cdots\cdots(3)$$

式中：

ε_v——体积应变值；

ε_l——纵向应变值；

ε_d——横向应变值。

计算结果取三位有效数字，试验报告中列出每个试件的测值。

8.1.4　根据上述计算数据，绘制纵向应力-纵向应变曲线和应力-横向应变曲线，必要时应绘制应力-体积应变曲线。应力-应变曲线见图 2。

1——σ 与 ε_d 曲线；

2——σ 与 ε_v 曲线；

3——σ 与 ε_l 曲线。

图 2 应力-应变曲线

8.1.5 单轴抗压强度见 GB/T 23561.7—2009 中的 7.1。

8.1.6 割线模量按式(4)计算：

$$E_{50}=\frac{\sigma_{50}}{\varepsilon_{50}} \qquad \cdots\cdots(4)$$

式中：

E_{50}——割线模量，单位为兆帕(MPa)；

σ_{50}——单轴抗压强度的 50%，单位为兆帕(MPa)；

ε_{50}——试件与 σ_{50} 对应的纵向应变值。

8.1.7 弹性模量按式(5)计算：

$$E_t=\frac{\sigma_b-\sigma_a}{\varepsilon_b-\varepsilon_a} \qquad \cdots\cdots(5)$$

式中：

E_t——弹性模量，单位为兆帕(MPa)；

σ_a——应力-应变曲线中直线段始点的应力，单位为兆帕(MPa)；

σ_b——应力-应变曲线中直线段终点的应力，单位为兆帕(MPa)；

ε_a——应力-应变曲线中直线段始点的应变值；

ε_b——应力-应变曲线中直线段终点的应变值。

计算结果取三位有效数字，试验报告中列出每个试件的测值。

8.1.8 根据应力-纵向应变和应力-横向应变两曲线上对应直线段部分横向应变和纵向应变的平均值计算泊松比 μ，计算按式(6)：

$$\mu=\frac{\varepsilon_{dp}}{\varepsilon_{lp}} \qquad \cdots\cdots(6)$$

式中：

ε_{dp}——应力-横向应变曲线上对应直线段部分的横向应变的平均值；

ε_{lp}——应力-纵向应变曲线上对应直线段部分的纵向应变的平均值。

计算结果精确至小数点后两位。

8.2 **计算机数据采集处理系统处理测试数据**

8.2.1 绘制应力-应变曲线

当采用计算机数据采集处理系统时,可由处理软件自动绘制应力值与纵向应变、横向应变值和体积应变值的曲线。

8.2.2 单轴抗压强度

由计算机软件直接给出应力-纵向应变曲线图中峰值点的数值,及已输入计算机内的试件初始承载面积值,计算出该试件的单轴抗压强度值。

8.2.3 割线模量

根据系统已计算出的试件单轴抗压强度,系统在应力-纵向应变曲线上自动绘制出原点与应力-纵向应力曲线上应力为50%抗压强度点连线,并按已输入机内的式(4)计算出该试件的割线模量。

8.2.4 弹性模量

在计算机绘制的应力-纵向应变曲线上取直线段,在此线段的两端各取一点的应力、应变数值,计算机可按已输入机内的式(5)计算出该试件的弹性模量。

8.2.5 泊松比

在计算机绘制的应力-纵向应变和应力-横向应变两曲线上取对应的直线段部分的纵向应变和横向应变的平均值,并按已输入机内的式(6)计算并出该试件的泊松比。

8.2.6 试验数据处理

在该试件测试数据处理完后,系统将以表格形式打印出上述计算参数及其他相关参数(试件初始直径、高度、截面积、含水状态,试验机加载速率等)。

8.2.7 变形参数的测定除用电阻应变仪外,还可使用具有0.001 mm精度的其他变形测定装置(如千分表、变形传感器及其固定装置),但用这类装置测出的值是试件的变形值,应除以测定的基长,使其值为应变值,然后再按本部分第8章进行计算与整理。如试验目的不要求提供应力-应变曲线时,本部分第8章可不进行。

8.3 **电液伺服试验机处理测试数据**

电液伺服试验机处理试验数据的方法与计算机数据采集处理系统处理测试数据的方式相同,按8.2规定进行。

附　录　A
（规范性附录）
煤和岩石变形参数测试记录表

送样单位：＿＿＿＿＿＿＿＿　　测定日期：＿＿＿＿＿＿＿＿

采样地点：＿＿＿＿＿＿＿＿　　试件直径：＿＿＿＿＿＿＿＿

岩石名称：＿＿＿＿＿＿＿＿　　试件高度：＿＿＿＿＿＿＿＿

岩样编号：＿＿＿＿＿＿＿＿　　试件截面积：＿＿＿＿＿＿＿＿

试样编号：＿＿＿＿＿＿＿＿　　试件含水状态：＿＿＿＿＿＿＿＿

序号	试件描述		纵向载荷 P/kN	纵向应力 σ/MPa	纵向应变 $\varepsilon_l(\mu)$				横向应变 $\varepsilon_d(\mu)$				体积应变 ε_v	备注
	测定前	测定后			1片	2片	3片	平均	1片	2片	3片	平均		
破坏载荷 P=						单轴抗压强度 R_c=								
变形参数 E_{50}=						E_t=					μ=			

测定：　　　　计算：　　　　校核：

ICS 73.010
D 04

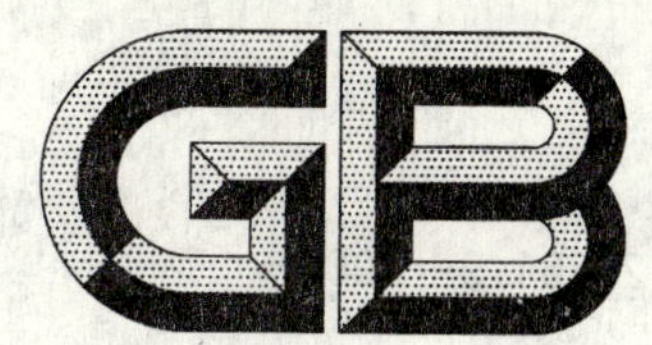

中华人民共和国国家标准

GB/T 23561.9—2009

煤和岩石物理力学性质测定方法 第9部分：煤和岩石三轴强度及变形参数测定方法

Methods for determining the physical and mechanical properties of coal and rock—Part 9: Methods for determining the triaxial strength and deformation parameters of coal and rock

2009-04-08 发布　　2009-12-01 实施

中华人民共和国国家质量监督检验检疫总局
中国国家标准化管理委员会　发布

前　言

GB/T 23561《煤和岩石物理力学性质测定方法》按部分发布，分为 16 个部分：

——第 1 部分：采样一般规定；

——第 2 部分：煤和岩石真密度测定方法；

——第 3 部分：煤和岩石块体密度测定方法；

——第 4 部分：煤和岩石孔隙率计算方法；

——第 5 部分：煤和岩石吸水性测定方法；

——第 6 部分：煤和岩石含水率测定方法；

——第 7 部分：单轴抗压强度测定及软化系数计算方法；

——第 8 部分：煤和岩石变形参数测定方法；

——第 9 部分：煤和岩石三轴强度及变形参数测定方法；

——第 10 部分：煤和岩石抗拉强度测定方法；

——第 11 部分：煤和岩石抗剪试验方法；

——第 12 部分：煤的坚固性系数测定方法；

——第 13 部分：煤和岩石点载荷强度测定方法；

——第 14 部分：岩石膨胀率测定方法；

——第 15 部分：岩石膨胀应力测定方法；

——第 16 部分：岩石耐崩解性指数测定方法。

本部分是 GB/T 23561 的第 9 部分。

本部分的附录 A、附录 B、附录 C 为规范性附录。

本部分由中国煤炭工业协会提出并归口。

本部分起草单位：煤炭科学研究总院开采设计研究分院和煤炭科学研究总院检测研究分院。

本部分主要起草人：齐庆新、李纪青、毛德兵。

煤和岩石物理力学性质测定方法
第9部分:煤和岩石三轴强度及变形参数测定方法

1 范围

GB/T 23561 的本部分规定了煤和岩石三轴压缩强度及变形参数测定中涉及的术语和定义、主要仪器设备、试件规格、试验步骤和数据计算。

本部分适用于在实验室条件下,能够加工成标准试件的煤和岩石在轴对称三向应力($\sigma_1>\sigma_2=\sigma_3$)条件下,煤和岩石试件强度和变形参数的测定。

2 规范性引用文件

下列文件中的条款通过 GB/T 23561 的本部分的引用而成为本部分的条款。凡是注日期的引用文件,其随后所有的修改单(不包括勘误的内容)或修订版均不适用于本部分,然而,鼓励根据本部分达成协议的各方研究是否可使用这些文件的最新版本。凡是不注日期的引用文件,其最新版本适用于本部分。

GB/T 23561.7—2009 煤和岩石物理力学性质测定方法 第7部分:单轴抗压强度测定及软化系数计算方法

GB/T 23561.8—2009 煤和岩石物理力学性质测定方法 第8部分:煤和岩石变形参数测定方法

3 术语和定义

下列术语和定义适用于 GB/T 23561 的本部分。

3.1

三轴压缩试验 triaxial compressive test

在恒定围压(即 $\sigma_2=\sigma_3$)下施加轴向压应力直至试件破坏的过程。

3.2

三轴压缩强度 triaxial compressive strength

煤或岩石试件在恒定围压作用下,达到破坏时所能承受的最大压应力。

4 主要仪器设备

4.1 试件加工机械

钻石机、锯石机、磨石机或磨床。

4.2 检验工具

试验样品的检验工具如下:

a) 游标卡尺,最小分度值 0.02 mm;

b) 万能角度尺、百分表架及百分表;

c) 水平检测台。

4.3 设备

4.3.1 材料试验机

材料试验机精度应不低于一级。加载范围应满足式(1):

$$1.25p_{max} < p_0 < 5p_{max} \quad\cdots\cdots(1)$$

式中：

p_0——材料试验机度盘最大值，单位为千牛(kN)；

p_{max}——预计试件的最大破坏载荷，单位为千牛(kN)。

试验机附加的三轴压力室及能保持侧向应力稳定的侧向加压装置。压力室内上、下承压板硬度应不低于 HRC58，不平行度应小于 0.02 mm，两承压板之一应带有球形座。

4.3.2 电液伺服三轴试验机

电液伺服三轴试验机的精度应不低于一级，并能够以 0.5 MPa/s～1.0 MPa/s 的速率加载。上述 2 种试验机可任选一种。

4.4 仪器

普通材料试验机升级改造中可选择配备的试验仪器如下：

a) 油压传感器；

b) 静态或动态电阻应变仪，工作频率应不小于 2 000 Hz；

c) 其他具有精度为 0.001 mm 的测量变形的装置(如变形传感器及其固定支座)；

d) 计算机数据采集处理系统。

4.5 材料

试验中所需材料如下：

a) 电阻应变片(以下简称电阻片)：标距 3×15 mm～3×20 mm，精度 0.2，电阻值为(120±0.2)Ω；

b) 粘结剂：502 胶水、环氧树脂胶或其他类似性能的粘结剂；

c) 防潮、防油剂：环氧配胶、聚氯乙烯粘胶或聚乙烯缩醛胶；

d) 清洁剂：丙酮、纱布、分析纯乙醇和脱脂棉等；

e) 防油套：各种能将试件与机油隔开的乳胶套、橡胶套和塑料套等。

5 试件规格

5.1 试件规格：标准试件采用圆柱体，其直径为承压板直径的(0.98～1.00)倍，取(50^{+6}_{-2})mm，高径比为(2±0.2)。

5.2 试件层理一般应同纵向加载方向垂直，其他方向应加以特别说明。

5.3 试件数量：每组煤样、岩样至少要选五个试件做不同侧压下的三轴压缩试验。

5.4 试件的加工精度及含水状态等应按 GB/T 23561.7—2009 中第 5 章的规定。

6 试验步骤

6.1 测定前核对煤、岩样的名称和编号，对试件的颜色、颗粒、层理、节理、裂隙、风化程度、含水状态、加载方向以及加工过程中出现的问题等进行描述，并填入记录表内，见附录 A。

6.2 检查试件加工精度，测量试件的直径和高度并填入记录表内，见附录 A。

a) 直径量测：直径应在试件的上下端面附近以及中央附近的断面，测定相互垂直的两个方向的直径，取其算术平均值为试件的直径。

b) 高度量测：高度应在试件的过中心轴的两个相交的平面内各取两点，测定两个高度值，取其算术平均值作为试件的高度。

6.3 侧压力的选择：如本组试件已做过单轴抗压强度试验，可以此为“零”侧压试验数据。最大侧压力可根据实际情况选定，侧压力等级可按等差级数或等比级数进行选择。

6.4 选择材料试验机时应符合 4.3.1。

6.5 试件安装：拭净上、下垫块端面，将试件置于上、下垫块间，使三者中心成一直线。垫块应按

GB/T 23561.8—2009中7.4的规定。再将试件与垫块套上防油套，用橡皮筋或密封带等封闭试件，试件安装见图1。必要时防油套与上、下垫块的接口处可涂上聚氯乙烯粘胶以增强封闭效果。然后将下部垫块置于压力室底座中心，上好压力室顶盖活塞。再将放好试件的压力室，置于材料试验机上、下加压板之间，并使压力室轴线与上、下加压板轴线相重合。开动材料试验机，施加0.1 kN～0.5 kN的压力，以固定试件。然后打开压力室的排气孔，启动侧压油泵，向压力室注油，边注油边排空气，当压力室空气排净后拧紧排气孔。

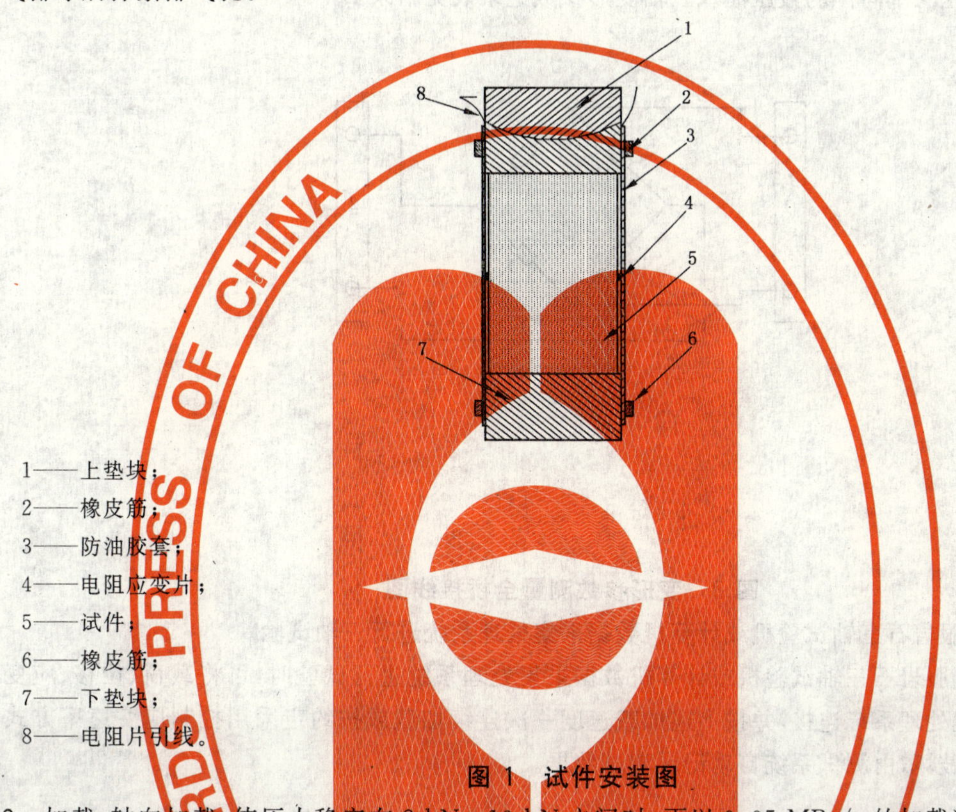

图1　试件安装图

6.6　加载：轴向加载，使压力稳定在2 kN～10 kN之间时，再以0.05 MPa/s的加载速度施加侧压力至某一预定侧向压力值，在试验过程中使此侧压力值始终保持恒定，变动范围不应超过选定值的±2%。此时可调整电阻应变仪读数使之为零，作为应变测量的起始点。然后再以0.5 MPa/s～1.0 MPa/s的稳定加载速率施加纵向载荷直至试件破坏，记下破坏载荷值。卸载后取出试件，记录其破坏状况。当有完整破坏面时，应量测破坏面与最大主应力作用面之间的夹角θ，见图2，用于检验求得的内摩擦角ϕ。

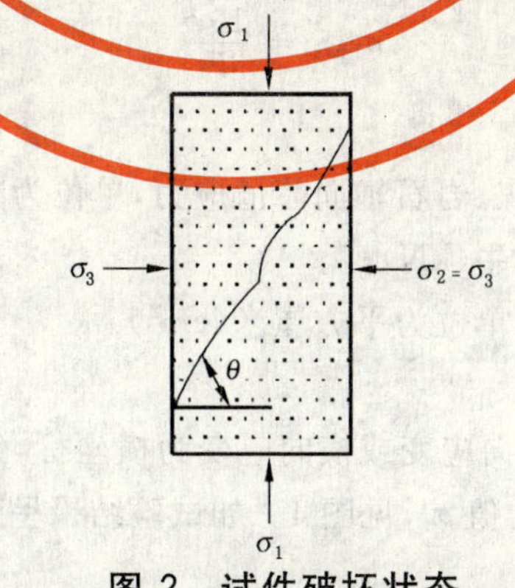

图2　试件破坏状态

做变形参数试验时，可按一定载荷级测记一次变形值。如用电液伺服岩石三轴试验机或计算机数据采集处理系统进行试验时，可按上述加载速度一次连续加载直至试件破坏，由其测试系统自动记录测试数据。三轴压缩试验记录表见附录A。

6.7 变形参数测定:试件的纵向和横向变形的测量可采用电阻应变法或其他精度为 0.01 mm 以上的变形测定装置,见 GB/T 23561.8—2009 中 8.2.7。

6.7.1 用电阻应变法测定变形时,电阻应变片粘贴和防潮处理按 GB/T 23561.8—2009 中第 6 章进行。一般采用全桥连接方式的测量电路,见图 3。在同一测量桥路中,补偿片与测量片的电阻值之差不应大于 0.5 Ω。补偿片应粘贴在与被测试件同种材料上,用防油套套好浸没在置于压力室附近的油盆内,油盆内放置与压力室同样的液压油。三轴变形参数记录表见附录 B。

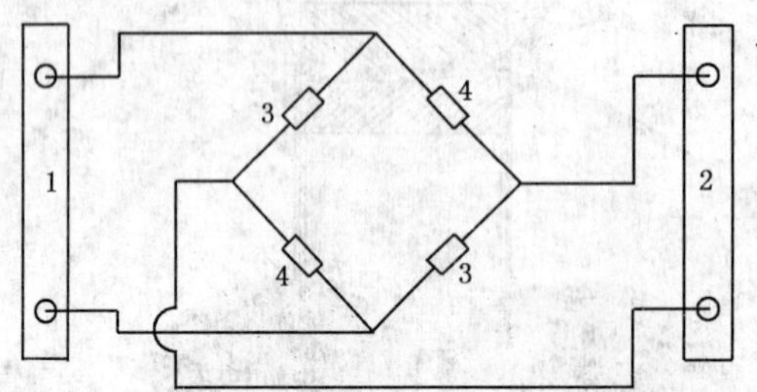

1——输入;
2——输出;
3——测试片;
4——补偿片。

图 3 变形参数测量全桥接线图

6.8 应用电液伺服岩石三轴试验机或计算机数据采集处理系统进行三轴试验。

当采用电液伺服岩石三轴试验机或计算机数据采集处理系统进行试验时,可将载荷、位移、应变测试仪器与数据采集处理系统连接,并按上述加载速度一次连续加载或按约定采用控制应变速率方式进行加载,直至试件破坏,由测试系统自动记录测试数据。

7 数据计算

7.1 手工计算试验结果

7.1.1 轴向最大主应力

在一定侧压力作用下的煤、岩石轴向最大主应力按式(2)计算:

$$\sigma_{1\max} = \frac{10p}{F} \qquad \cdots\cdots(2)$$

式中:

$\sigma_{1\max}$——在一定侧压力作用下的煤、岩石轴向峰值应力,单位为兆帕(MPa);

p——纵向破坏载荷,单位为千牛(kN);

F——受压试件初始承压面积,单位为平方厘米(cm^2)。

7.1.2 绘制应力-应变曲线

以主应力差($\sigma_1-\sigma_3$)为纵坐标,纵向应变或横向应变为横坐标,绘制主应力差与纵向或横向应变的关系曲线,在每条曲线上标出侧向压力值 σ_3,见图 4。如试验结果呈现较大离散时,可按附录 C 处理。

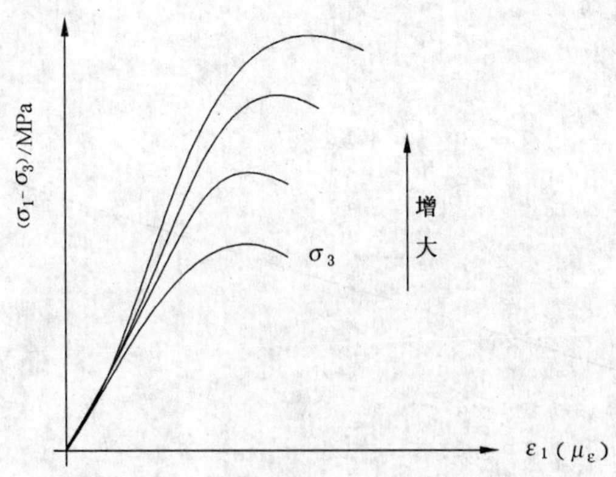

图 4 应力-应变关系曲线

纵向应力 σ_1 按式(3)计算：

$$\sigma_1 = \frac{10p}{F} \quad \cdots\cdots(3)$$

式中：

σ_1——纵向应力，单位为兆帕(MPa)；

p——纵向载荷，单位为千牛(kN)；

F——试件初始承压面积，单位为平方厘米(cm^2)。

7.1.3 弹性模量和泊松比

三轴应力状态下试件弹性模量计算按式(4)或式(5)，泊松比的计算按式(6)：

$$E = \frac{(\Delta\sigma_1 + 2\Delta\sigma_3)(\Delta\sigma_1 - \Delta\sigma_3)}{\Delta\sigma_3(\Delta\varepsilon_1 - 2\Delta\varepsilon_3) + \Delta\sigma_1\Delta\varepsilon_1} \quad \cdots\cdots(4)$$

$$E = \frac{\Delta\sigma_1 - 2\mu\Delta\sigma_3}{\Delta\varepsilon_1} \quad \cdots\cdots(5)$$

$$\mu = \frac{3\Delta\varepsilon_1 - \Delta\sigma_1\Delta\varepsilon_3}{(\Delta\sigma_1 + \Delta\sigma_3)\Delta\varepsilon_1 - 2\Delta\sigma_3\Delta\varepsilon_3} \quad \cdots\cdots(6)$$

式中：

E——三轴应力状态下试件的弹性模量，单位为兆帕(MPa)；

μ——泊松比；

$\Delta\sigma_1$——轴向应力增量，单位为兆帕(MPa)；

$\Delta\sigma_3$——侧向应力增量，单位为兆帕(MPa)；

$\Delta\varepsilon_1$——轴向应变增量；

$\Delta\varepsilon_3$——侧向应变增量。

弹性模量计算精确至小数点后两位；泊松比计算精确至 0.01。

7.1.4 计算内摩擦角 ϕ 和凝聚力 C

以侧压力 σ_3 为横坐标，纵向峰值应力 σ_{1max} 为纵坐标，将同组试件的侧压力与纵向峰值应力的关系在图上标出，见图 5。

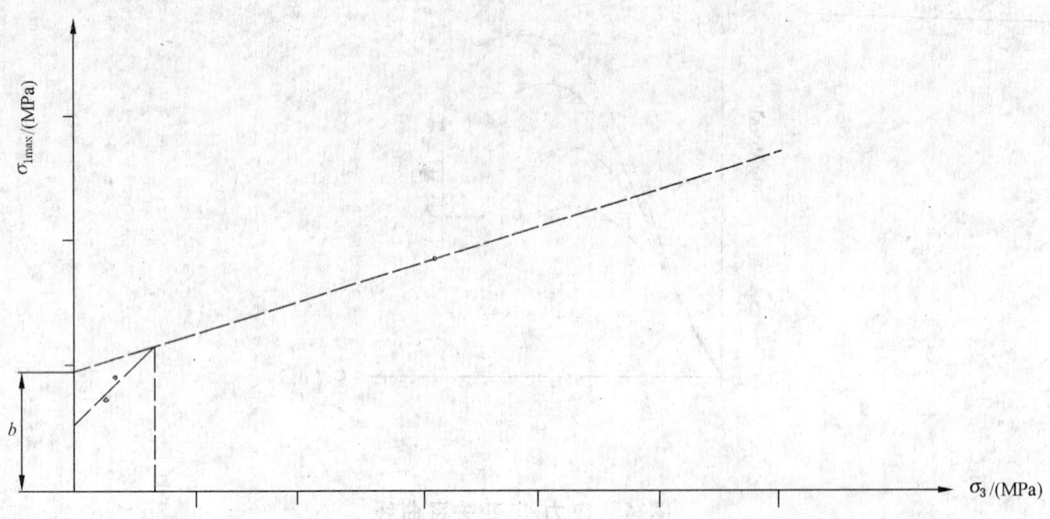

图5 侧压力与纵向抗压强度关系曲线示意图

通过上述各点绘制平均曲线，再从实际情况出发，在曲线上选取最适当的线段绘一条直线或在曲线上选取不同的线段绘出几条直线。对每条直线都要计算出它们的斜率 m 和纵轴上的截距 b。

各段直线方程的表达式为式(7)：

$$\sigma_1 = b + m\sigma_3 \qquad (7)$$

b,m 可分别用式(8)、式(9)计算：

$$b = \frac{\sum\sigma_3\sigma_1\sum\sigma_3 - \sum\sigma_1\sum{\sigma_3}^2}{(\sum\sigma_3)^2 - n\sum{\sigma_3}^2} \qquad (8)$$

$$m = \frac{\sum\sigma_3\sum\sigma_1 - n\sum\sigma_3\sigma_1}{(\sum\sigma_3)^2 - n\sum{\sigma_3}^2} \qquad (9)$$

n 为该直线段内的点数，σ_1,σ_3 分别为该直线段内各点相对应的纵向峰值应力与侧向压力值。利用参数 m 和 b，计算内摩擦角 ϕ 和凝聚力 C 的公式分别按式(10)、式(11)：

$$\phi = \arcsin\frac{m-1}{m+1} \qquad (10)$$

$$C = \frac{b(1-\sin\phi)}{2\cos\phi} \qquad (11)$$

7.1.5 绘制摩尔圆及其包络线

可采用以下方法绘制摩尔圆及包络线。

取纵、横坐标比例相同的坐标纸，采用以压应力为正的直角坐标系，按不同的侧压力 σ_3 及相应的纵向抗压强度 σ_1 绘出摩尔圆族。画摩尔圆时，可先根据实际情况在所研究的范围内选定3～5个 σ_3 值，然后运用该组 σ_1 所通过的直线方程 $\sigma_1=b+m\sigma_3$ 求出相对应的 σ_1，以($\frac{\sigma_1+\sigma_3}{2}$,0)为圆心，($\frac{\sigma_1-\sigma_3}{2}$)为半径绘出一组摩尔圆及其包络线，此包络线即为该组岩石的强度曲线，见图6，包络线在纵轴上的截距为凝聚力 C，与横轴的夹角为内摩擦角 ϕ。

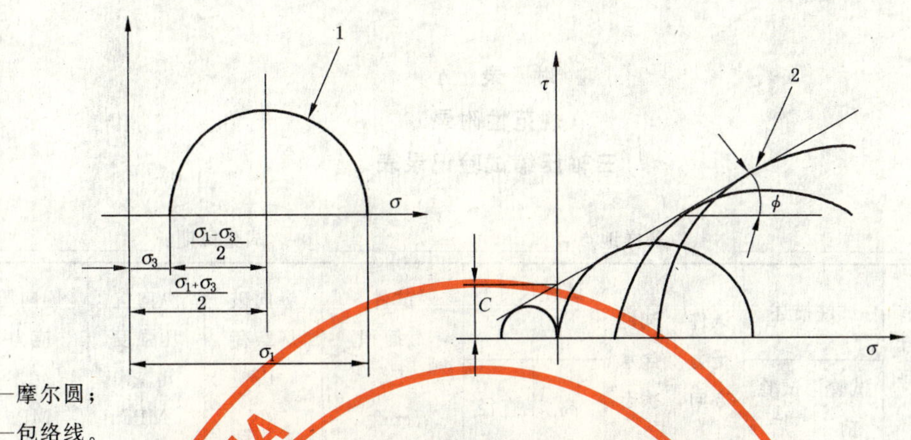

1——摩尔圆；

2——包络线。

图6 摩尔圆及其包络线

7.2 应用计算机数据采集处理系统或电液伺服三轴试验机整理试验结果

7.2.1 绘制应力-应变曲线

依据系统采集试验数据，由计算机软件直接绘制出以主应力差($\sigma_1-\sigma_3$)为纵坐标，纵向应变或横向应变为横坐标的主应力差与纵向或横向应变的关系曲线，并在每条曲线上标出侧向压力值 σ_3。

7.2.2 抗压强度

利用软件直接读出不同侧压力下主应力差与纵向或横向应变的关系曲线峰值载荷，并根据已输入系统的式(2)及试件的初始截面积(cm^2)，计算出该试件的抗压强度，并打印这一组试件(五块)抗压强度及相关参数(包括侧压、加载速率、试件直径、高度、初始截面积等)的测试结果表。

7.2.3 计算内摩擦角 ϕ 和凝聚力 C

由数据采集处理系统绘制侧压力与纵向抗压强度关系曲线以及相应的直线，并由计算机直接给出各拟合直线的 b、m 值，利用已输入数据处理系统的式(9)、式(10)和式(11)，计算并打印出该组试件的内摩擦角 ϕ 和凝聚力 C 及相关参数。

7.2.4 绘制摩尔圆及其包络线

当要求提供强度曲线时，数据采集处理系统能够直接绘制出此组试件的摩尔圆及其包络线，并在曲线图中标明凝聚力 C 和内摩擦角 ϕ。

附　录　A
（规范性附录）
三轴压缩试验记录表

送样单位：__________　　采样地点：__________　　试验日期：__________

煤岩样编号	岩石名称	试件编号	试件描述		试件受力方向	试件含水状态	试件尺寸/cm		试件截面积 F/cm^2	纵向破坏载荷 P/kN	纵向抗压强度 σ_{1max}/MPa	侧向压应力 σ_3/MPa	备注
			试验前	试验后			高	直径					

试验：　　　　　　　　计算：　　　　　　　　校核：

附 录 B
（规范性附录）
三轴变形参数试验记录表

送样单位：＿＿＿＿＿＿＿＿ 试件直径：＿＿＿＿＿＿＿＿

采样地点：＿＿＿＿＿＿＿＿ 试件高度：＿＿＿＿＿＿＿＿

岩石名称：＿＿＿＿＿＿＿＿ 试件截面积：＿＿＿＿＿＿＿＿

岩样编号：＿＿＿＿＿＿＿＿ 侧向压应力：＿＿＿＿＿＿＿＿

试件编号：＿＿＿＿＿＿＿＿ 试件含水状态：＿＿＿＿＿＿＿＿

序号	试件描述		纵向载荷 P/kN	纵向应变 $\varepsilon_1(\mu_\varepsilon)$				横向应变 $\varepsilon_d(\mu_\varepsilon)$				纵向应力/MPa	$(\sigma_1-\sigma_3)$/MPa	备注
	试验前	试验后		1片	2片	3片	平均	1片	2片	3片	平均			

试验： 计算： 校核：

附　录　C
（规范性附录）
试验数据整理方法

由于岩石的不均质性与不连续性，岩石三轴试验的结果往往呈现较大的分散性。当采用上述方法整理出直线方程 $\sigma_1=b+m\sigma_3$，其相关系数太小（例如小于0.9）时，可根据具体情况，作如下处理：

C.1　根据试件的初始条件及试验过程中的异常情况，舍弃可疑的数据或个别的异常值，然后再绘制 $\sigma_1-\sigma_3$ 关系曲线。

C.2　将所有得出的 σ_1，按其偏大、偏小值分为两族，分别绘制两条 $\sigma_1-\sigma_3$ 关系曲线及摩尔圆包络线，其中一条代表岩石强度的上限，另一条代表下限，然后根据作试验的具体目的分别选用上限或下限。

C.3　增加试验的块数，尤其是同一个侧压力下的试验块数。

ICS 25.120.30
J 46

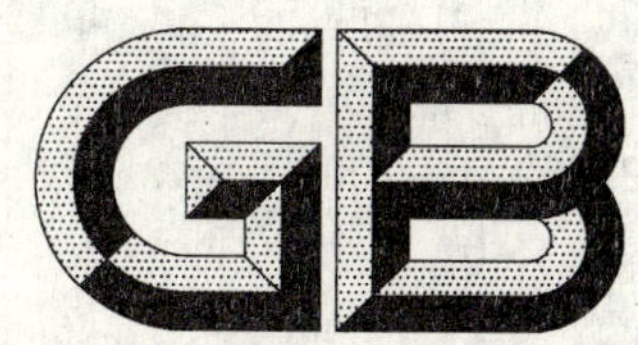

中华人民共和国国家标准

GB/T 23562.1—2009

冲模钢板下模座 第1部分:后侧导柱下模座

Steel-plate die holders of stamping dies—Part 1:Rear-pillar die holders

2009-04-02 发布　　2010-01-01 实施

中华人民共和国国家质量监督检验检疫总局
中国国家标准化管理委员会　发布

前　言

GB/T 23562《冲模钢板下模座》分为四部分：

——第1部分：后侧导柱下模座；

——第2部分：对角导柱下模座；

——第3部分：中间导柱下模座；

——第4部分：四导柱下模座。

本部分为GB/T 23562的第1部分。

本部分由全国模具标准化技术委员会(SAC/TC 33)提出并归口。

本部分起草单位：桂林电器科学研究所、桂林电子科技大学、杭州萧山精密模具标准件厂、镇江船山模架厂、佛山市南海区粤诚五金塑料模具有限公司。

本部分主要起草人：翁史振、廖宏谊、张玉琴、祁伟根、梁达志、奉双。

冲模钢板下模座
第1部分:后侧导柱下模座

1 范围

GB/T 23562 的本部分规定了冲模钢板下模座后侧导柱下模座的尺寸规格和标记。

本部分适用于冲模滑动导向与滚动导向钢板下模座的后侧导柱下模座。

2 规范性引用文件

下列文件中的条款通过 GB/T 23562 的本部分的引用而成为本部分的条款。凡是注日期的引用文件,其随后所有的修改单(不包括勘误的内容)或修订版均不适用于本部分,然而,鼓励根据本部分达成协议的各方研究是否可使用这些文件的最新版本。凡是不注日期的引用文件,其最新版本适用于本部分。

JB/T 8050 冲模模架技术条件

JB/T 8070—2008 冲模模架零件技术条件

3 尺寸规格

后侧导柱下模座的结构和尺寸规格见图1、表1。

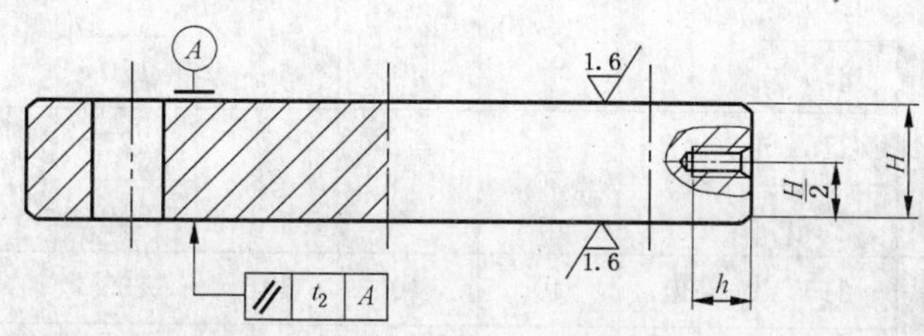

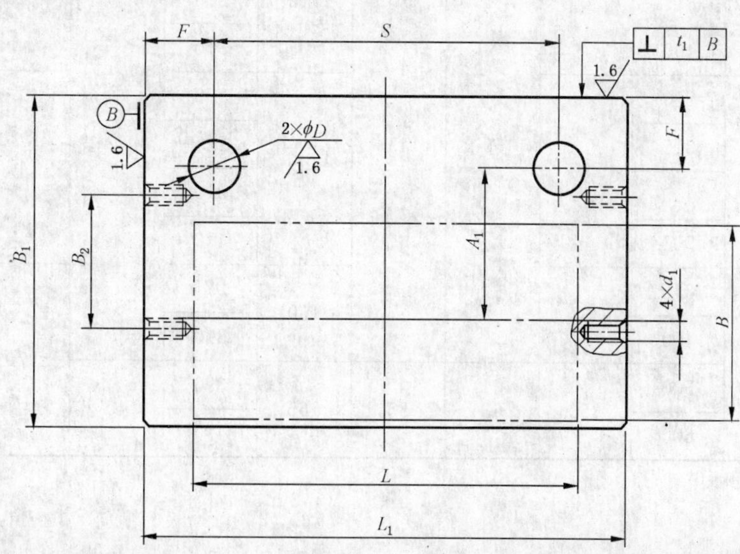

注:未注表面粗糙度 $Ra6.3\ \mu m$。

吊装螺孔的位置尺寸由制造者确定。

图1 后侧导柱下模座

表 1　后侧导柱下模座尺寸规格

单位为毫米

凹模周界		L_1	B_1	H	F	A_1	S	D R7	B_2	d_1-7H	h
L	B										
100	80	140	140	32	32	65	76	20	—	—	—
				40							
125		160		32			96				
				40							
160		200		32			136				
				40							
200		250	150		40	68	170	25	60	M12	25
250		315					235				
125	100	160	160	32	32	75	96	20	—	—	—
				40							
160		200	170		40	78	120	25			
200		250					170		60	M12	25
250		315					235				
125	125	160	200			92	80		—	—	—
160		200					120		60		
200		250					170				
250		315	210	50	45	98	225	32			
315		400					310				
160	160	215	230	40	40	110	135	25	90	M12	25
200		250	240	50	45	112	160	32			
250		315					225				
315		400					310				
200	200	280	280			132	190		140		
250		315					225				
315		400					310				
400		500					410				
250	250	315	335			160	225		170		
315		400					310				
400		500	350	63	55	165	390	40			
500		600					490				

4　材料和硬度

材料和硬度由制造者选定。

5　要求

图 1 形位公差 t_1、t_2 应符合 JB/T 8070—2008 表 1、表 2 的规定；孔距 S 的制造精度应符合

JB/T 8050 对模架装配的要求。

其余技术要求应符合 JB/T 8070—2008 的规定。

6 标记

本部分后侧导柱下模座的标记应有下列内容：

a） 后侧导柱下模座；

b） 模座的凹模周界 $L \times B$，以毫米为单位；

c） 模座厚度 H，以毫米为单位；

d） 本部分代号，即 GB/T 23562.1—2009。

示例：

L=200 mm、B=200 mm、H=50 mm 的后侧导柱下模座的标记如下：

后侧导柱下模座 200×200×50 GB/T 23562.1—2009

ICS 25.120.30
J 46

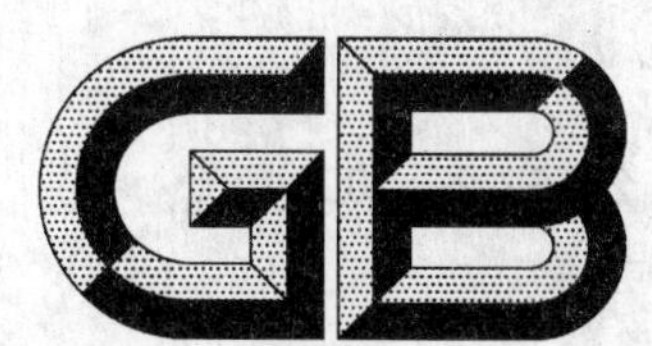

中华人民共和国国家标准

GB/T 23562.2—2009

冲模钢板下模座 第2部分:对角导柱下模座

**Steel-plate die holders of stamping dies—
Part 2:Diagonal-pillar die holders**

2009-04-02 发布　　2010-01-01 实施

中华人民共和国国家质量监督检验检疫总局
中国国家标准化管理委员会　发布

前　言

GB/T 23562《冲模钢板下模座》分为四部分：

——第 1 部分：后侧导柱下模座；

——第 2 部分：对角导柱下模座；

——第 3 部分：中间导柱下模座；

——第 4 部分：四导柱下模座。

本部分为 GB/T 23562 的第 2 部分。

本部分由全国模具标准化技术委员会(SAC/TC 33)提出并归口。

本部分起草单位：桂林电器科学研究所、桂林电子科技大学、杭州萧山精密模具标准件厂、镇江船山模架厂、佛山市南海区粤诚五金塑料模具有限公司。

本部分主要起草人：翁史振、廖宏谊、张玉琴、祁伟根、梁达志、奉双。

冲模钢板下模座
第2部分:对角导柱下模座

1 范围

GB/T 23562的本部分规定了冲模钢板下模座对角导柱下模座的尺寸规格和标记。

本部分适用于冲模滑动导向与滚动导向钢板下模座的对角导柱下模座。

2 规范性引用文件

下列文件中的条款通过GB/T 23562的本部分的引用而成为本部分的条款。凡是注日期的引用文件,其随后所有的修改单(不包括勘误的内容)或修订版均不适用于本部分,然而,鼓励根据本部分达成协议的各方研究是否可使用这些文件的最新版本。凡是不注日期的引用文件,其最新版本适用于本部分。

JB/T 8050 冲模模架技术条件

JB/T 8070—2008 冲模模架零件技术条件

3 尺寸规格

对角导柱下模座的结构和尺寸规格见图1、表1。

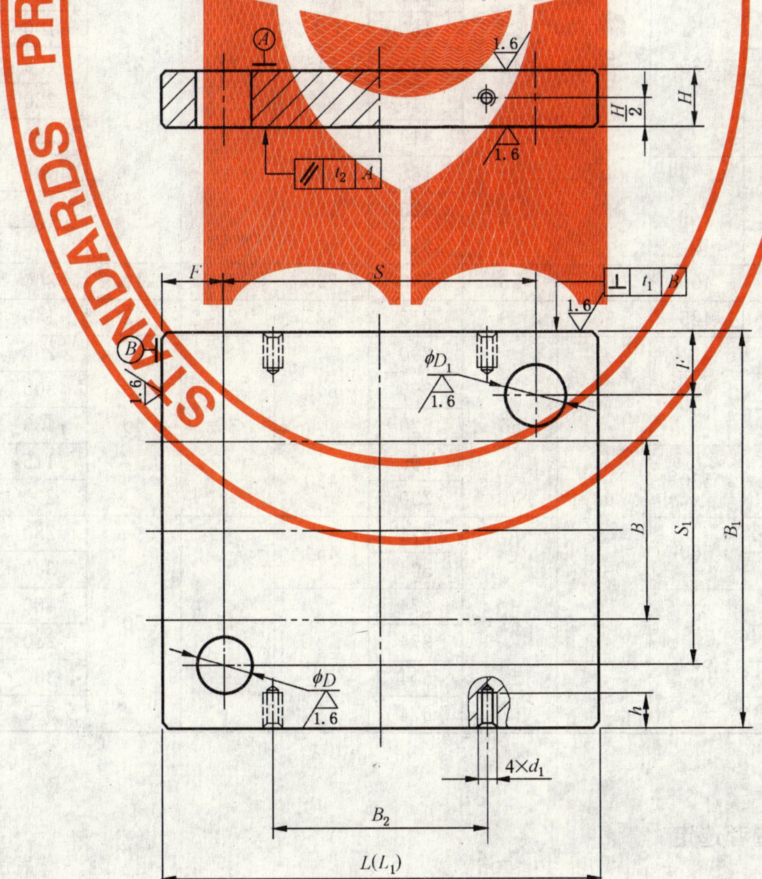

注:未注表面粗糙度 $Ra6.3$ μm。

图1 对角导柱下模座

表 1　对角导柱下模座尺寸规格

单位为毫米

凹模周界		L_1	B_1	H	F	S	S_1	D R7	D_1 R7	B_2	d_1-7H	h
L	B											
100	80	100	200	32 40	32	36	136	18	20	—	—	—
125		125		32 40		61						
160		160		32		96						
200		200	225	40	40	120	145	22	25	60	M12	25
250		250				170				100		
125	100	125		32	32	61	161	18	20	—	—	—
160		160	250	40	40	80	170	22	25	60	M12	25
200		200				120						
250		250				170				100		
315		315	265	50	45	225	175	28	32	155		
160	125	160	280	40	40	80	200	22	25	60		
200		200				120						
250		250		50	45	160	190	28	32	100		
315		315				225				155		
400		400				310				220		
200	160	200	335			110	245			60		
250		250				160				100		
315		315				225				155		
400		400				310				220		
500		500				410				320		
250	200	250	375			160	285			80		
315		315				225				155		
400		400				310				220		
500		500	400	63	55	390	290	35	40	300		
315	250	315	425	50	50	215	325	28	32	145		
400		400	450	63	55	290	340	35	40	200		
500		500				390				300	M16	30
630		630				520				430		
315	315	315	530			205	420			115		
400		400				290				200		
500		500	560		63	374	434	45	50	280		
630		630				504				380		
400	400	400	630			274	504			180		
500		500				374				280		
630		630		80		504				380		
800		800				674				550	M20	35

4　材料和硬度

材料和硬度由制造者选定。

5　要求

图 1 形位公差 t_1、t_2 应符合 JB/T 8070—2008 表 1、表 2 的规定；孔距 S、S_1 的制造精度应符合

JB/T 8050 对模架装配的要求。

其余技术要求应符合 JB/T 8070—2008 的规定。

6 标记

本部分对角导柱下模座的标记应有下列内容：

a) 对角导柱下模座；

b) 模座的凹模周界 $L\times B$,以毫米为单位；

c) 模座厚度 H,以毫米为单位；

d) 本部分代号,即 GB/T 23562.2—2009。

示例：

L=125 mm、B=100 mm、H=32 mm 的对角导柱下模座的标记如下：

对角导柱下模座 125×100×32 GB/T 23562.2—2009

ICS 25.120.30
J 46

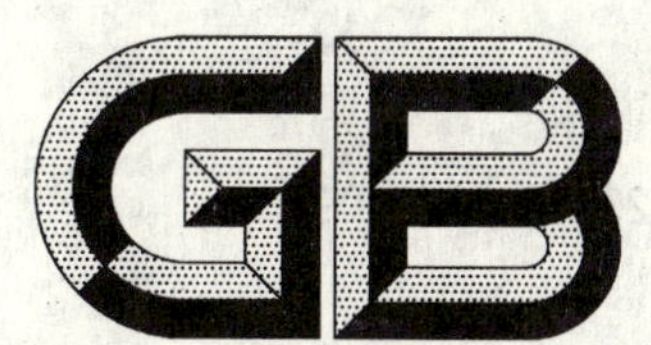

中华人民共和国国家标准

GB/T 23562.3—2009

冲模钢板下模座
第3部分:中间导柱下模座

Steel-plate die holders of stamping dies—Part 3:Center-pillar die holders

2009-04-02 发布　　2010-01-01 实施

中华人民共和国国家质量监督检验检疫总局
中国国家标准化管理委员会　发布

前　言

GB/T 23562《冲模钢板下模座》分为四部分：

——第 1 部分：后侧导柱下模座；

——第 2 部分：对角导柱下模座；

——第 3 部分：中间导柱下模座；

——第 4 部分：四导柱下模座。

本部分为 GB/T 23562 的第 3 部分。

本部分由全国模具标准化技术委员会(SAC/TC 33)提出并归口。

本部分起草单位：桂林电器科学研究所、桂林电子科技大学、杭州萧山精密模具标准件厂、佛山市南海区粤诚五金塑料模具有限公司、镇江船山模架厂。

本部分主要起草人：翁史振、廖宏谊、张玉琴、梁达志、祁伟根、奉双。

冲模钢板下模座
第3部分:中间导柱下模座

1 范围

GB/T 23562的本部分规定了冲模钢板下模座中间导柱下模座的尺寸规格和标记。

本部分适用于冲模滑动导向与滚动导向钢板下模座的中间导柱下模座。

2 规范性引用文件

下列文件中的条款通过GB/T 23562的本部分的引用而成为本部分的条款。凡是注日期的引用文件，其随后所有的修改单(不包括勘误的内容)或修订版均不适用于本部分，然而，鼓励根据本部分达成协议的各方研究是否可使用这些文件的最新版本。凡是不注日期的引用文件，其最新版本适用于本部分。

JB/T 8050 冲模模架技术条件

JB/T 8070—2008 冲模模架零件技术条件

3 尺寸规格

中间导柱下模座的结构和尺寸规格见图1、表1。

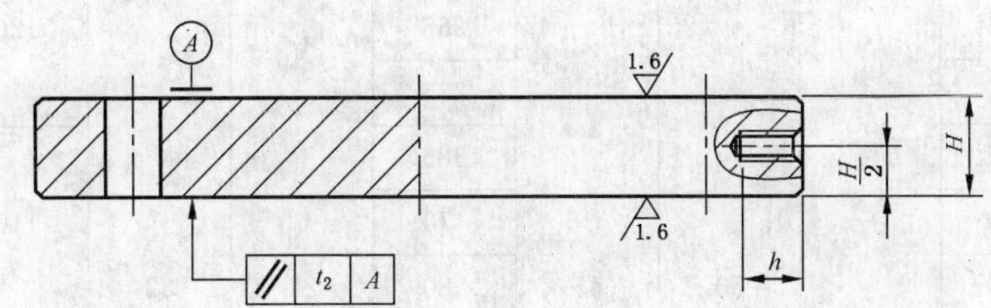

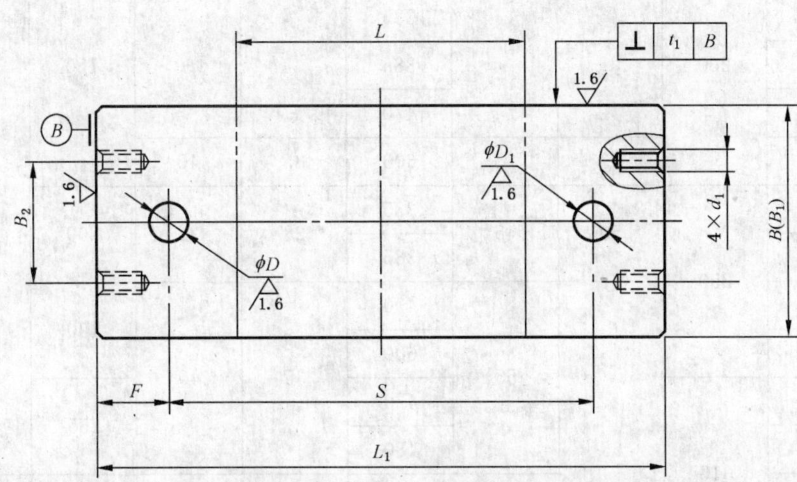

注：未注表面粗糙度 $Ra6.3\ \mu m$。

图1 中间导柱下模座

表 1　中间导柱下模座尺寸规格

单位为毫米

<table>
<tr><th colspan="2">凹模周界</th><th rowspan="2">L_1</th><th rowspan="2">B_1</th><th rowspan="2">H</th><th rowspan="2">F</th><th rowspan="2">S</th><th rowspan="2">D R7</th><th rowspan="2">D_1 R7</th><th rowspan="2">B_2</th><th rowspan="2">d_1-7H</th><th rowspan="2">h</th></tr>
<tr><th>L</th><th>B</th></tr>
<tr><td rowspan="2">100</td><td rowspan="8">100</td><td rowspan="2">215</td><td rowspan="8">100</td><td>25</td><td rowspan="4">32</td><td rowspan="2">151</td><td rowspan="4">18</td><td rowspan="4">20</td><td rowspan="6">—</td><td rowspan="6">—</td><td rowspan="6">—</td></tr>
<tr><td>32</td></tr>
<tr><td rowspan="2">125</td><td rowspan="2">250</td><td>25</td><td rowspan="2">186</td></tr>
<tr><td>32</td></tr>
<tr><td>160</td><td>315</td><td rowspan="3">40</td><td rowspan="3">40</td><td>235</td><td rowspan="3">22</td><td rowspan="3">25</td></tr>
<tr><td>200</td><td>355</td><td>275</td></tr>
<tr><td>250</td><td>400</td><td>320</td><td rowspan="2">60</td><td rowspan="2">M12</td><td rowspan="2">25</td></tr>
<tr><td>315</td><td>475</td><td>50</td><td>45</td><td>385</td><td>28</td><td>32</td></tr>
<tr><td>125</td><td rowspan="6">125</td><td>280</td><td rowspan="6">125</td><td rowspan="3">40</td><td rowspan="3">40</td><td>200</td><td rowspan="3">22</td><td rowspan="3">25</td><td rowspan="2">—</td><td rowspan="2">—</td><td rowspan="2">—</td></tr>
<tr><td>160</td><td>315</td><td>235</td></tr>
<tr><td>200</td><td>355</td><td>275</td><td rowspan="2">80</td><td rowspan="21">M12</td><td rowspan="21">25</td></tr>
<tr><td>250</td><td>400</td><td rowspan="3">50</td><td rowspan="3">45</td><td>310</td><td rowspan="3">28</td><td rowspan="3">32</td></tr>
<tr><td>315</td><td>475</td><td>385</td><td rowspan="2">75</td></tr>
<tr><td>400</td><td>560</td><td>470</td></tr>
<tr><td>160</td><td rowspan="6">160</td><td>315</td><td rowspan="6">160</td><td>40</td><td>40</td><td>235</td><td>22</td><td>25</td><td rowspan="3">120</td></tr>
<tr><td>200</td><td>355</td><td rowspan="9">50</td><td rowspan="9">45</td><td>265</td><td rowspan="9">28</td><td rowspan="9">32</td></tr>
<tr><td>250</td><td>425</td><td>335</td></tr>
<tr><td>315</td><td>475</td><td>385</td><td rowspan="3">110</td></tr>
<tr><td>400</td><td>560</td><td>470</td></tr>
<tr><td>500</td><td>670</td><td>580</td></tr>
<tr><td>200</td><td rowspan="5">200</td><td>375</td><td rowspan="5">200</td><td>285</td><td rowspan="5">150</td></tr>
<tr><td>250</td><td>425</td><td>335</td></tr>
<tr><td>315</td><td>475</td><td>385</td></tr>
<tr><td>400</td><td>560</td><td>470</td></tr>
<tr><td>500</td><td>710</td><td>63</td><td>55</td><td>600</td><td>35</td><td>40</td></tr>
<tr><td>250</td><td rowspan="4">250</td><td>425</td><td rowspan="4">250</td><td rowspan="2">50</td><td rowspan="2">45</td><td>335</td><td rowspan="2">28</td><td rowspan="2">32</td><td rowspan="2">200</td></tr>
<tr><td>315</td><td>475</td><td>385</td></tr>
<tr><td>400</td><td>600</td><td rowspan="7">63</td><td rowspan="4">55</td><td>490</td><td rowspan="4">35</td><td rowspan="4">40</td><td rowspan="2">190</td></tr>
<tr><td>500</td><td>710</td><td>600</td></tr>
<tr><td>315</td><td rowspan="4">315</td><td>530</td><td rowspan="4">315</td><td>420</td><td rowspan="2">255</td></tr>
<tr><td>400</td><td>600</td><td>480</td></tr>
<tr><td>500</td><td>750</td><td rowspan="4">63</td><td>624</td><td rowspan="4">45</td><td rowspan="4">50</td><td rowspan="2">235</td><td rowspan="4">M16</td><td rowspan="4">30</td></tr>
<tr><td>630</td><td>850</td><td>724</td></tr>
<tr><td>500</td><td rowspan="2">400</td><td>750</td><td rowspan="2">400</td><td>624</td><td rowspan="2">320</td></tr>
<tr><td>630</td><td>850</td><td>80</td><td>724</td></tr>
</table>

4 材料和硬度

材料和硬度由制造者选定。

5 要求

图1形位公差 t_1、t_2 应符合 JB/T 8070—2008 表1、表2的规定;孔距 S 的制造精度应符合 JB/T 8050 对模架装配的要求。

其余技术要求应符合 JB/T 8070—2008 的规定。

6 标记

本部分中间导柱下模座的标记应有下列内容:

a) 中间导柱下模座;

b) 模座的凹模周界 $L \times B$,以毫米为单位;

c) 模座厚度 H,以毫米为单位;

d) 本部分代号,即 GB/T 23562.3—2009。

示例:

L=160 mm、B=160 mm、H=40 mm 的中间导柱下模座的标记如下:

中间导柱下模座 160×160×40 GB/T 23562.3—2009

ICS 25.120.30
J 46

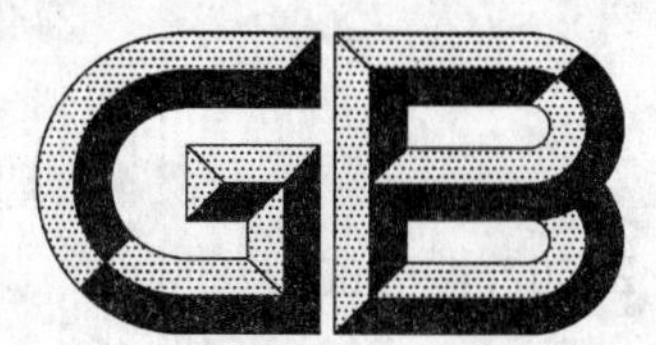

中华人民共和国国家标准

GB/T 23562.4—2009

冲模钢板下模座 第4部分:四导柱下模座

Steel-plate die holders of stamping dies—
Part 4:Four-pillar die holders

2009-04-02 发布　　2010-01-01 实施

中华人民共和国国家质量监督检验检疫总局
中国国家标准化管理委员会　发布

前　言

GB/T 23562《冲模钢板下模座》分为四部分：

——第 1 部分：后侧导柱下模座；

——第 2 部分：对角导柱下模座；

——第 3 部分：中间导柱下模座；

——第 4 部分：四导柱下模座。

本部分为 GB/T 23562 的第 4 部分。

本部分由全国模具标准化技术委员会(SAC/TC 33)提出并归口。

本部分起草单位：桂林电器科学研究所、桂林电子科技大学、杭州萧山精密模具标准件厂、佛山市南海区粤诚五金塑料模具有限公司、镇江船山模架厂。

本部分主要起草人：翁史振、廖宏谊、张玉琴、梁达志、祁伟根、奉双。

冲模钢板下模座
第 4 部分：四导柱下模座

1 范围

GB/T 23562 的本部分规定了冲模钢板下模座四导柱下模座的尺寸规格和标记。

本部分适用于冲模滑动导向与滚动导向钢板下模座的四导柱下模座。

2 规范性引用文件

下列文件中的条款通过 GB/T 23562 的本部分的引用而成为本部分的条款。凡是注日期的引用文件，其随后所有的修改单(不包括勘误的内容)或修订版均不适用于本部分，然而，鼓励根据本部分达成协议的各方研究是否可使用这些文件的最新版本。凡是不注日期的引用文件，其最新版本适用于本部分。

JB/T 8050　冲模模架技术条件

JB/T 8070—2008　冲模模架零件技术条件

3 尺寸规格

四导柱下模座的结构和尺寸规格见图 1、表 1。

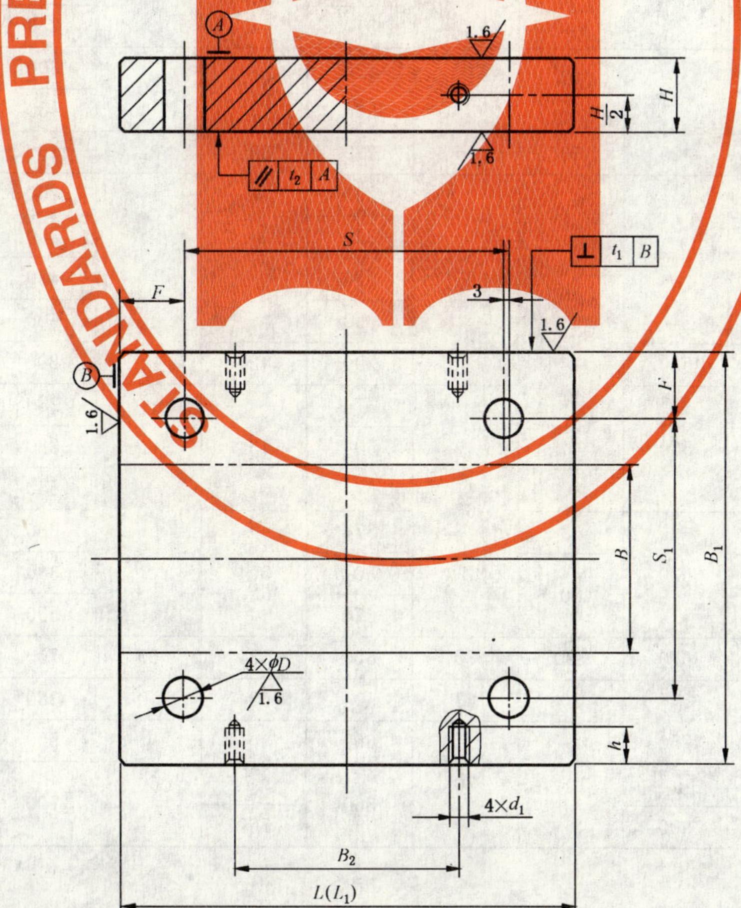

注：未注表面粗糙度 Ra6.3 μm。

图 1　四导柱下模座

表 1 四导柱下模座尺寸规格

单位为毫米

凹模周界		L_1	B_1	H	F	S	S_1	D R7	B_2	d_1-7H	h
L	B										
160	100	160	250	40	40	80	170	25	60	M12	25
200		200				120			80		
250		250				170			100		
315		315	265	50	45	225	175	32	155		
400		400				310			240		
200	125	200		40	40	120	185	25	80		
250		250	280	50	45	160	190	32	100		
315		315				225			155		
400		400				310			240		
500		500				410			330		
250	160	250	315			160	225		100		
315		315				225			155		
400		400				310			230		
500		500				410			330		
630		630	355	63	55	520	245	40	430		
250	200	250		50	45	160	265	32	100		
315		315				225			150		
400		400				310			230		
500		500	400	63	55	390	290	40	300		
630		630				520			430	M16	30
315	250	315	425	50	45	225	335	32	150	M12	25
400		400	450	63	55	290	340	40	200		
500		500				390			300	M16	30
630		630				520			430		
800		800				690			600		
400	315	400	530			290	420		200		
500		500	560		63	374	434	50	280		
630		630				504			380		
800		800		80		674			550		
500	400	500	630	63		374	504		280		
630		630		80		504			380		
800		800				674			550	M20	35
1 000		1 000	670	100	70	860	530	60	700		
630	500	630	750	80	63	504	624	50	380		
800		800		100	70	660	610	60	500		
1 000		1 000				860			700		
1 000	630	1 000	900				760				

4 材料和硬度

材料和硬度由制造者选定。

5 要求

图 1 形位公差 t_1、t_2 应符合 JB/T 8070—2008 表 1、表 2 的规定；孔距 S、S_1 的制造精度应符合 JB/T 8050 对模架装配的要求。

其余技术要求应符合 JB/T 8070—2008 的规定。

6 标记

本部分四导柱下模座的标记应有下列内容：

a) 四导柱下模座；

b) 模座的凹模周界 $L \times B$，以毫米为单位；

c) 模座厚度 H，以毫米为单位；

d) 本部分代号，即 GB/T 23562.4—2009。

示例：

L=250 mm、B=200 mm、H=50 mm 的四导柱下模座的标记如下：

四导柱下模座 250×200×50 GB/T 23562.4—2009

ICS 25.120.30
J 46

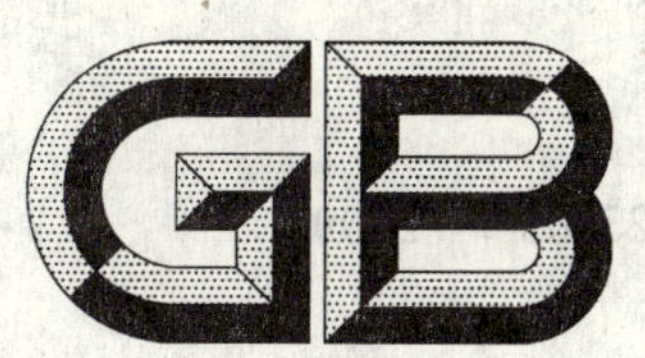

中华人民共和国国家标准

GB/T 23563.1—2009

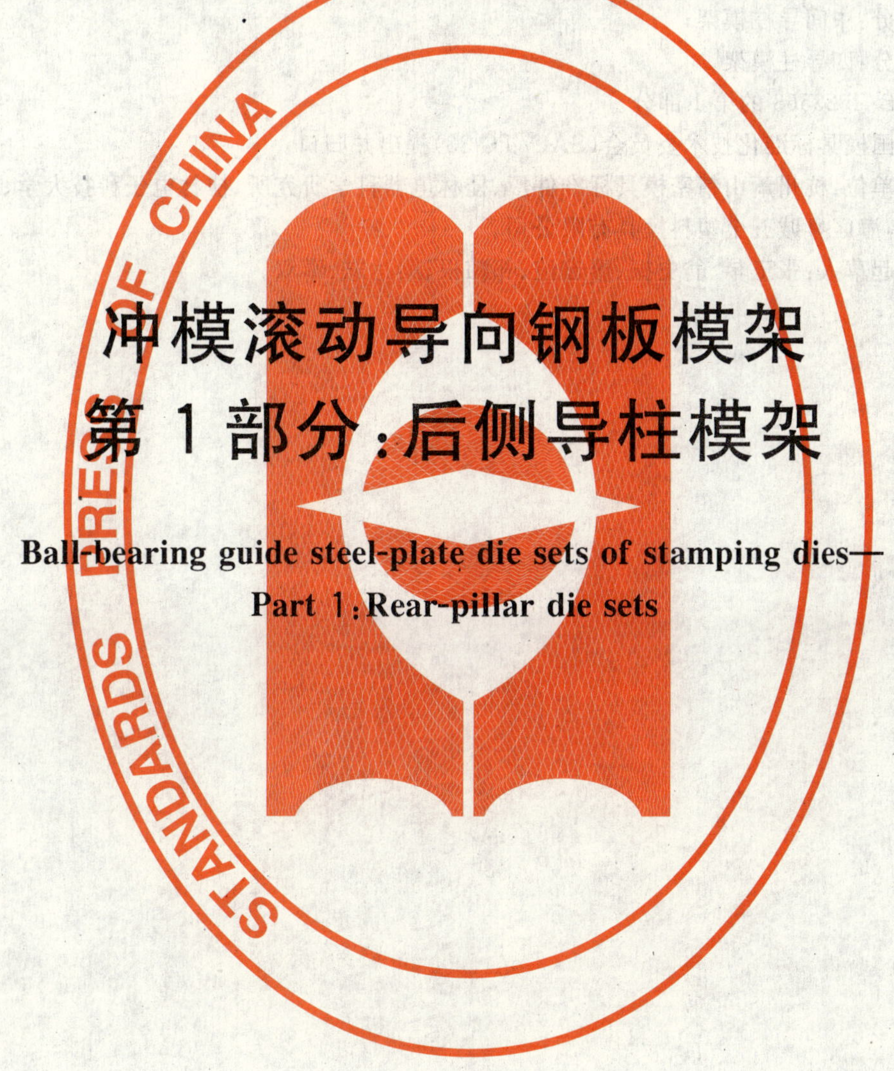

冲模滚动导向钢板模架 第1部分:后侧导柱模架

Ball-bearing guide steel-plate die sets of stamping dies—Part 1:Rear-pillar die sets

2009-04-02 发布　　　　2010-01-01 实施

中华人民共和国国家质量监督检验检疫总局
中国国家标准化管理委员会　发布

前言

GB/T 23563《冲模滚动导向钢板模架》分为四部分：

——第1部分：后侧导柱模架；

——第2部分：对角导柱模架；

——第3部分：中间导柱模架；

——第4部分：四导柱模架。

本部分为GB/T 23563的第1部分。

本部分由全国模具标准化技术委员会(SAC/TC 33)提出并归口。

本部分起草单位：杭州萧山精密模具标准件厂、桂林电器科学研究所、桂林电子科技大学、镇江船山模架厂、佛山市南海区粤诚五金塑料模具有限公司。

本部分主要起草人：张玉琴、翁史振、廖宏谊、祁伟根、梁达志、奉双。

冲模滚动导向钢板模架
第1部分:后侧导柱模架

1 范围

GB/T 23563的本部分规定了冲模滚动导向钢板模架后侧导柱模架的尺寸规格和标记。

本部分适用于冲模滚动导向钢板模架的后侧导柱模架。

2 规范性引用文件

下列文件中的条款通过GB/T 23563的本部分的引用而成为本部分的条款。凡是注日期的引用文件,其随后所有的修改单(不包括勘误的内容)或修订版均不适用于本部分,然而,鼓励根据本部分达成协议的各方研究是否可使用这些文件的最新版本。凡是不注日期的引用文件,其最新版本适用于本部分。

GB/T 70.1 内六角圆柱头螺钉

GB/T 2861.2 冲模导向装置 第2部分:滚动导向导柱

GB/T 2861.4 冲模导向装置 第4部分:滚动导向导套

GB/T 2861.5 冲模导向装置 第5部分:钢球保持圈

GB/T 2861.6 冲模导向装置 第6部分:圆柱螺旋压缩弹簧

GB/T 2861.11 冲模导向装置 第11部分:压板

GB/T 23562.1 冲模钢板下模座 第1部分:后侧导柱下模座

GB/T 23564.1 冲模滚动导向钢板上模座 第1部分:后侧导柱上模座

JB/T 8050 冲模模架技术条件

3 尺寸规格

滚动导向后侧导柱模架结构和尺寸规格见图1、表1。

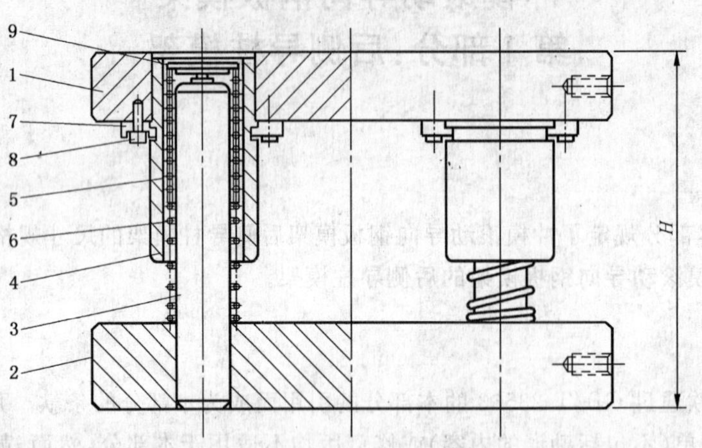

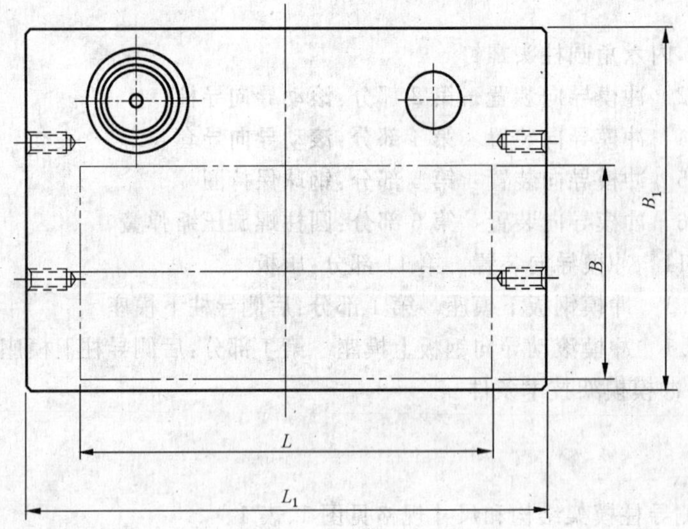

1——上模座；

2——下模座；

3——导柱；

4——导套；

5——钢球保持圈；

6——弹簧；

7——压板；

8——螺钉；

9——限程器。

注：限程器结构和尺寸由制造者确定。

导套与上模座装配允许采用粘接方式。

允许采用可卸导柱。

图 1　滚动导向后侧导柱模架

表 1　滚动导向后侧导柱模架尺寸规格

单位为毫米

凹模周界		外形尺寸		最大行程	最小闭合高度	零件件号、名称及标准编号							
						1	2	3	4	5	6	7	8
						上模座 GB/T 23564.1	下模座 GB/T 23562.1	导柱 GB/T 2861.2	导套 GB/T 2861.4	钢球保持圈 GB/T 2861.5	弹簧 GB/T 2861.6	压板 GB/T 2861.11	螺钉 GB/T 70.1
						数量							
L	B	L_1	B_1	S	H	1	1	2	2	2	2	4 或 6	4 或 6
						规格							
100	80	140	140	60	140	100×80×25	100×80×32	20×130	20×80×23	20×25.5×64	1.6×22×72	12×12	M4×14
				80	165	100×80×32	100×80×40	20×155	20×100×30				
125		160		60	140	125×80×25	125×80×32	20×130	20×80×23				
				80	165	125×80×32	125×80×40	20×155	20×100×30				
160		200		60	140	160×80×25	160×80×32	20×130	20×80×23				
				80	165	160×80×32	160×80×40	20×155	20×100×30				
200		250	150		170	200×80×32	200×80×40	25×160	25×100×30	25×30.5×64	1.6×29×79	16×20	M6×16
250		315				250×80×32	250×80×40						
125	100	160	160	60	140	125×100×25	125×100×32	20×130	20×80×23	20×25.5×64	1.6×22×72	12×12	M4×14
				80	165	125×100×32	125×100×40	20×155	20×100×30				
160		200	170		170	160×100×32	160×100×40	25×160	25×100×30	25×30.5×64	1.6×29×79	16×20	M6×16
200		250				200×100×32	200×100×40						
250		315				250×100×32	250×100×40						
125	125	160	200			125×125×32	125×125×40						
160		200				160×125×32	160×125×40						
200		250				200×125×32	200×125×40						
250		315	210	100	200	250×125×40	250×125×50	32×190	32×120×38	32×39.5×84	2×37×87		
315		400				315×125×40	315×125×50						
160	160	215	230	80	170	160×160×32	160×160×40	25×160	25×100×30	25×30.5×64	1.6×29×79		
200		250	240	100	200	200×160×40	200×160×50	32×190	32×120×38	32×39.5×84	2×37×87		
250		315				250×160×40	250×160×50						
315		400				315×160×40	315×160×50						
200	200	280	280			200×200×40	200×200×50				2×37×87	16×20	M6×16
250		315				250×200×40	250×200×50						
315		400				315×200×40	315×200×50						
400		500				400×200×40	400×200×50						
250	250	315	335			250×250×40	250×250×50					20×20	M8×20
315		400				315×250×40	315×250×50						
400		500	350	120	245	400×250×50	400×250×63	40×230	40×150×48	40×49.5×84	2×45×107		
500		600				500×250×50	500×250×63						

4　要求

技术要求应符合 JB/T 8050 的规定。

5 标记

本部分后侧导柱模架的标记应有下列内容：

a) 后侧导柱模架；

b) 模架的凹模周界 $L\times B$，以毫米为单位；

c) 模架的闭合高度 H，以毫米为单位；

d) 模架的精度等级；

e) 本部分代号，即 GB/T 23563.1—2009。

示例：

$L=125$ mm、$B=100$ mm、$H=140$ mm、0I 级精度的后侧导柱模架的标记如下：

后侧导柱模架 125×100×140-0I GB/T 23563.1—2009

ICS 25.120.30
J 46

中华人民共和国国家标准

GB/T 23563.2—2009

冲模滚动导向钢板模架 第2部分:对角导柱模架

Ball-bearing guide steel-plate die sets of stamping dies—Part 2: Diagonal-pillar die sets

2009-04-02 发布

2010-01-01 实施

中华人民共和国国家质量监督检验检疫总局
中国国家标准化管理委员会 发布

前言

GB/T 23563《冲模滚动导向钢板模架》分为四部分：

——第 1 部分：后侧导柱模架；

——第 2 部分：对角导柱模架；

——第 3 部分：中间导柱模架；

——第 4 部分：四导柱模架。

本部分为 GB/T 23563 的第 2 部分。

本部分由全国模具标准化技术委员会(SAC/TC 33)提出并归口。

本部分起草单位：镇江船山模架厂、桂林电器科学研究所、桂林电子科技大学、杭州萧山精密模具标准件厂、佛山市南海区粤诚五金塑料模具有限公司。

本部分主要起草人：祁伟根、翁史振、廖宏谊、张玉琴、梁达志、奉双。

冲模滚动导向钢板模架
第2部分:对角导柱模架

1 范围

GB/T 23563 的本部分规定了冲模滚动导向钢板模架对角导柱模架的尺寸规格和标记。

本部分适用于冲模滚动导向钢板模架的对角导柱模架。

2 规范性引用文件

下列文件中的条款通过 GB/T 23563 的本部分的引用而成为本部分的条款。凡是注日期的引用文件,其随后所有的修改单(不包括勘误的内容)或修订版均不适用于本部分,然而,鼓励根据本部分达成协议的各方研究是否可使用这些文件的最新版本。凡是不注日期的引用文件,其最新版本适用于本部分。

GB/T 70.1　内六角圆柱头螺钉

GB/T 2861.2　冲模导向装置　第2部分:滚动导向导柱

GB/T 2861.4　冲模导向装置　第4部分:滚动导向导套

GB/T 2861.5　冲模导向装置　第5部分:钢球保持圈

GB/T 2861.6　冲模导向装置　第6部分:圆柱螺旋压缩弹簧

GB/T 2861.11　冲模导向装置　第11部分:压板

GB/T 23564.2　冲模滚动导向钢板上模座　第2部分:对角导柱上模座

GB/T 23562.2　冲模钢板下模座　第2部分:对角导柱下模座

JB/T 8050　冲模模架技术条件

3 尺寸规格

滚动导向对角导柱模架结构和尺寸规格见图1、表1。

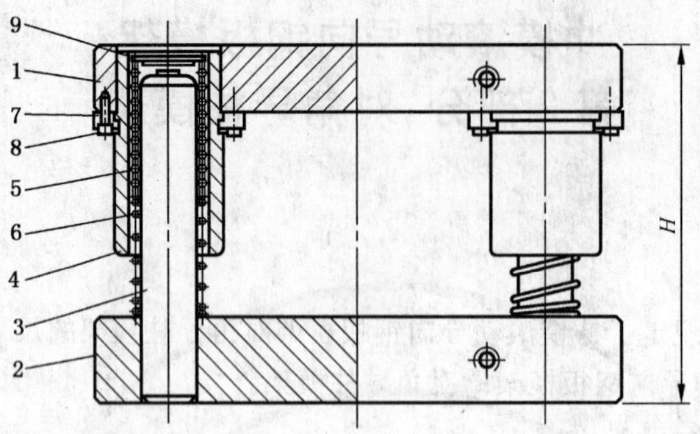

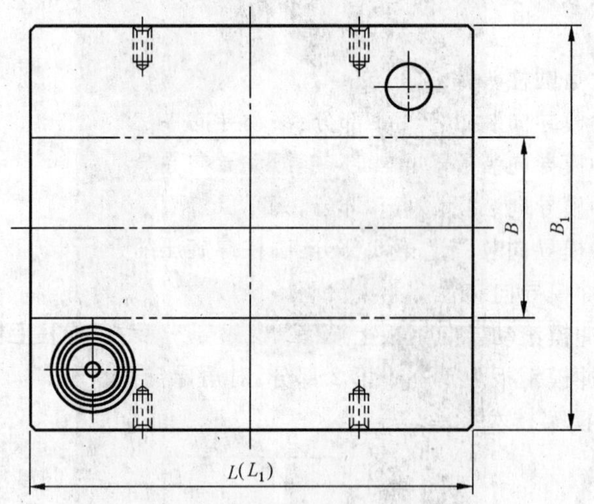

1——上模座；

2——下模座；

3——导柱；

4——导套；

5——钢球保持圈；

6——弹簧；

7——压板；

8——螺钉；

9——限程器。

注：限程器结构和尺寸由制造者确定。

导套与上模座装配允许采用粘接方式。

允许采用可卸导柱。

图1 滚动导向对角导柱模架

4 要求

技术要求应符合 JB/T 8050 的规定。

5 标记

本部分对角导柱模架的标记应有下列内容：

a） 对角导柱模架；

b） 模架的凹模周界 $L\times B$，以毫米为单位；

c） 模架的闭合高度 H，以毫米为单位；

d） 模架的精度等级；

e） 本部分代号，即 GB/T 23563.2—2009。

示例：

$L=250$ mm、$B=125$ mm、$H=200$ mm、0I 级精度的对角导柱模架的标记如下：

对角导柱模架 250×125×200-0I GB/T 23563.2—2009

表 1 滚动导向对角导柱

凹模周界		外形尺寸		最大行程	最小闭合高度	零件件号、			
						1	2	3	
						上模座 GB/T 23564.2	下模座 GB/T 23562.2	导柱 GB/T 2861.2	
L	*B*	L_1	B_1	*S*	*H*	1	1	1	1
100	80	100	200	60	140	100×80×25	100×80×32	18×130	20×130
				80	165	100×80×32	100×80×40	18×155	20×155
125		125		60	140	125×80×25	125×80×32	18×130	20×130
				80	165	125×80×32	125×80×40	18×155	20×155
160		160		60	140	160×80×25	160×80×32	18×130	20×130
				80	165	160×80×32	160×80×40	18×155	20×155
200		200	225		170	200×80×32	200×80×40	22×160	25×160
250		250				250×80×32	250×80×40		
125	100	125		60	140	125×100×25	125×100×32	18×130	20×130
				80	165	125×100×32	125×100×40	18×155	20×155
160		160	250		170	160×100×32	160×100×40	22×160	25×160
200		200				200×100×32	200×100×40		
250		250				250×100×32	250×100×40		
315		315	265	100	200	315×100×40	315×100×50	28×190	32×190
160	125	160	280	80	170	160×125×32	160×125×40	22×160	25×160
200		200				200×125×32	200×125×40		
250		250		100	200	250×125×40	250×125×50	28×190	32×190
315		315				315×125×40	315×125×50		
400		400				400×125×40	400×125×50		
200	160	200	335			200×160×40	200×160×50		
250		250				250×160×40	250×160×50		
315		315				315×160×40	315×160×50		
400		400				400×160×40	400×160×50		
500		500				500×160×40	500×160×50		
250	200	250	375			250×200×40	250×200×50		
315		315				315×200×40	315×200×50		
400		400				400×200×40	400×200×50		
500		500	400	120	245	500×200×50	500×200×63	35×230	40×230

模架尺寸规格 单位为毫米

名称及标准编号							
4		5		6		7	8
导套 GB/T 2861.4		钢球保持圈 GB/T 2861.5		弹簧 GB/T 2861.6		压板 GB/T 2861.11	螺钉 GB/T 70.1
数　量							
1	1	1	1	1	1	4或6	4或6
规　格							
18×80×23	20×80×23	18×23.5×64	20×25.5×64	1.6×22×72	1.6×22×72	12×12	M4×14
18×100×30	20×100×30						
18×80×23	20×80×23						
18×100×30	20×100×30						
18×80×23	20×80×23						
18×100×30	20×100×30						
22×100×30	25×100×30	22×27.5×64	25×30.5×64	1.6×26×72	1.6×29×79	16×20	M6×16
18×80×23	20×80×23	18×23.5×64	20×25.5×64	1.6×22×72	1.6×22×72	12×12	M4×14
18×100×30	20×100×30						
22×100×30	25×100×30	22×27.5×64	25×30.5×64	1.6×26×72	1.6×29×79	16×20	M6×16
28×120×38	32×120×38	28×35.5×84	32×39.5×84	1.6×32×86	2×37×87		
22×100×30	25×100×30	22×27.5×64	25×30.5×64	1.6×26×72	1.6×29×79		
28×120×38	32×120×38	28×35.5×84	32×39.5×84	1.6×32×86	2×37×87		
35×150×48	40×150×48	35×44.5×84	40×49.5×84	2×40×88	2×45×88	20×20	M8×20

表 1

凹模周界		外形尺寸		最大行程	最小闭合高度	零件件号、			
						1	2	3	
						上模座 GB/T 23564.2	下模座 GB/T 23562.2	导柱 GB/T 2861.2	
L	B	L_1	B_1	S	H	1	1	1	1
315	250	315	425	100	200	315×250×40	315×250×50	28×190	32×190
400		400	450	120	245	400×250×50	400×250×63	35×230	40×230
500		500				500×250×50	500×250×63		
630		630				630×250×50	630×250×63		
315	315	315	530			315×315×50	315×315×63		
400		400				400×315×50	400×315×63		
500		500	560			500×315×50	500×315×63		
630		630				630×315×50	630×315×63		
400	400	400	630			400×400×50	400×400×63		
500		500				500×400×50	500×400×63		
630		630			275	630×400×63	630×400×80	45×260	50×260
800		800				800×400×63	800×400×80		

（续）　　单位为毫米

名称及标准编号							
4		5		6		7	8
导套 GB/T 2861.4		钢球保持圈 GB/T 2861.5		弹簧 GB/T 2861.6		压板 GB/T 2861.11	螺钉 GB/T 70.1
数　量							
1	1	1	1	1	1	6	6
规　格							
28×120×38	32×120×38	28×35.5×84	32×39.5×84	1.6×32×86	2×37×87	20×20	M8×20
35×150×48	40×150×48	35×44.5×84	40×49.5×84	2×40×88	2×45×88		
45×150×58	50×150×58	45×54.5×90	50×59.5×90	2×50×107	2×55×107		

ICS 25.120.30
J 46

中华人民共和国国家标准

GB/T 23563.3—2009

冲模滚动导向钢板模架 第3部分：中间导柱模架

Ball-bearing guide steel-plate die sets of stamping dies—Part 3：Center-pillar die sets

2009-04-02 发布　　2010-01-01 实施

中华人民共和国国家质量监督检验检疫总局
中国国家标准化管理委员会　发布

前　言

GB/T 23563《冲模滚动导向钢板模架》分为四部分：

——第 1 部分：后侧导柱模架；

——第 2 部分：对角导柱模架；

——第 3 部分：中间导柱模架；

——第 4 部分：四导柱模架。

本部分为 GB/T 23563 的第 3 部分。

本部分由全国模具标准化技术委员会(SAC/TC 33)提出并归口。

本部分起草单位：桂林电子科技大学、桂林电器科学研究所、杭州萧山精密模具标准件厂、镇江船山模架厂、佛山市南海区粤诚五金塑料模具有限公司。

本部分主要起草人：廖宏谊、翁史振、张玉琴、祁伟根、梁达志、奉双。

冲模滚动导向钢板模架
第3部分:中间导柱模架

1 范围

GB/T 23563的本部分规定了冲模滚动导向钢板模架中间导柱模架的尺寸规格和标记。

本部分适用于冲模滚动导向钢板模架的中间导柱模架。

2 规范性引用文件

下列文件中的条款通过GB/T 23563的本部分的引用而成为本部分的条款。凡是注日期的引用文件,其随后所有的修改单(不包括勘误的内容)或修订版均不适用于本部分,然而,鼓励根据本部分达成协议的各方研究是否可使用这些文件的最新版本。凡是不注日期的引用文件,其最新版本适用于本部分。

GB/T 70.1 内六角圆柱头螺钉

GB/T 2861.2 冲模导向装置 第2部分:滚动导向导柱

GB/T 2861.4 冲模导向装置 第4部分:滚动导向导套

GB/T 2861.5 冲模导向装置 第5部分:钢球保持圈

GB/T 2861.6 冲模导向装置 第6部分:圆柱螺旋压缩弹簧

GB/T 2861.11 冲模导向装置 第11部分:压板

GB/T 23562.3 冲模钢板下模座 第3部分:中间导柱下模座

GB/T 23564.3 冲模滚动导向钢板上模座 第3部分:中间导柱上模座

JB/T 8050 冲模模架技术条件

3 尺寸规格

滚动导向中间导柱模架结构和尺寸规格见图1、表1。

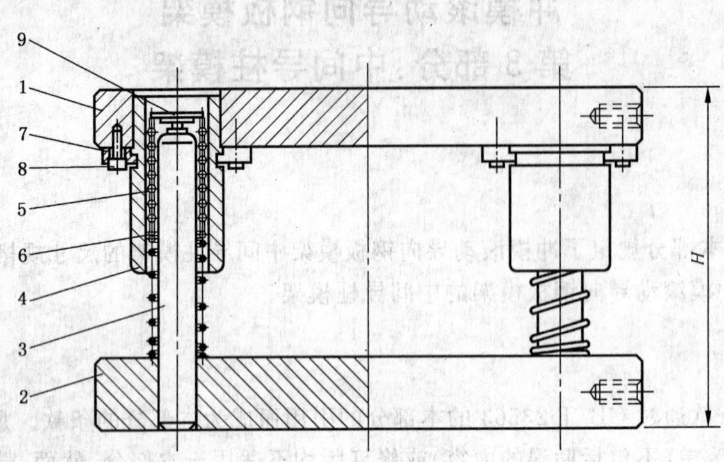

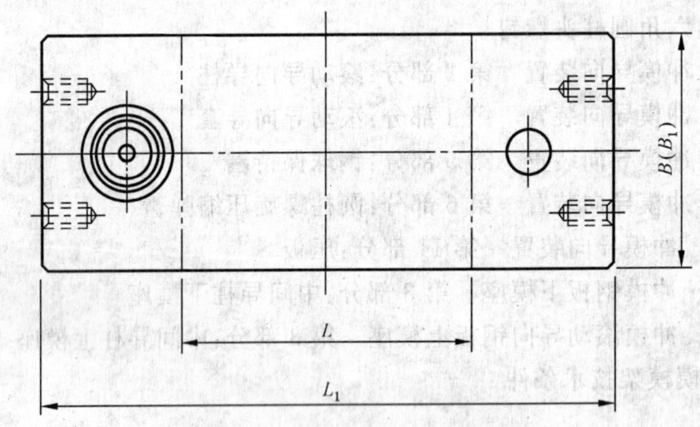

1——上模座；

2——下模座；

3——导柱；

4——导套；

5——钢球保持圈；

6——弹簧；

7——压板；

8——螺钉；

9——限程器。

注：限程器结构和尺寸由制造者确定。

导套与上模座装配允许采用粘接方式。

允许采用可卸导柱。

图 1　滚动导向中间导柱模架

4 要求

技术要求应符合 JB/T 8050 的规定。

5 标记

本部分中间导柱模架的标记应有下列内容：

a) 中间导柱模架；

b) 模架的凹模周界 $L \times B$，以毫米为单位；

c) 模架的闭合高度 H，以毫米为单位；

d) 模架的精度等级；

e) 本部分代号，即 GB/T 23563.3—2009。

示例：

L=200 mm、B=160 mm、H=200 mm、0I 级精度的中间导柱模架的标记如下：

中间导柱模架 200×160×200-0I GB/T 23563.3—2009

表 1 滚动导向中间导柱

凹模周界		外形尺寸		最大行程	最小闭合高度	零件件号、			
						1	2	3	
						上模座 GB/T 23564.3	下模座 GB/T 23562.3	导柱 GB/T 2861.2	
						1	1	1	1
L	B	L_1	B_1	S	H				
100	100	215	100	60	140	100×100×25	100×100×32	18×130	20×130
				80	165	100×100×32	100×100×40	18×155	20×155
125		250		60	140	125×100×25	125×100×32	18×130	20×130
				80	165	125×100×32	125×100×40	18×155	20×155
160		315			170	160×100×32	160×100×40	22×160	25×160
200		355				200×100×32	200×100×40		
250		400				250×100×32	250×100×40		
315		475		100	200	315×100×40	315×100×50	28×190	32×190
125	125	280	125	80	170	125×125×32	125×125×40	22×160	25×160
160		315				160×125×32	160×125×40		
200		355				200×125×32	200×125×40		
250		400		100	200	250×125×40	250×125×50	28×190	32×190
315		475				315×125×40	315×125×50		
400		560				400×125×40	400×125×50		
160	160	315	160	80	170	160×160×32	160×160×40	22×160	25×160
200		355		100	200	200×160×40	200×160×50	28×190	32×190
250		425				250×160×40	250×160×50		
315		475				315×160×40	315×160×50		
400		560				400×160×40	400×160×50		
500		670				500×160×40	500×160×50		
200	200	375	200			200×200×40	200×200×50		
250		425				250×200×40	250×200×50		
315		475				315×200×40	315×200×50		
400		560				400×200×40	400×200×50		
500		710			245	500×200×50	500×200×63	35×230	40×230
250	250	425	250	120	200	250×250×40	250×250×50	28×190	32×190
315		475				315×250×40	315×250×50		
400		600			245	400×250×50	400×250×63	35×230	40×230
500		710				500×250×50	500×250×63		
315	315	530	315			315×315×50	315×315×63		
400		600				400×315×50	400×315×63		
500		750				500×315×50	500×315×63	45×230	50×230
630		850				630×315×50	630×315×63		
500	400	750	400			500×400×50	500×400×63		
630		850			275	630×400×63	630×400×80	45×260	50×260

模架尺寸规格

单位为毫米

<table>
<tr><td colspan="8">名称及标准编号</td></tr>
<tr><td colspan="2">4</td><td colspan="2">5</td><td colspan="2">6</td><td>7</td><td>8</td></tr>
<tr><td colspan="2">导套
GB/T 2861.4</td><td colspan="2">钢球保持圈
GB/T 2861.5</td><td colspan="2">弹簧
GB/T 2861.6</td><td>压板
GB/T 2861.11</td><td>螺钉
GB/T 70.1</td></tr>
<tr><td colspan="8">数　量</td></tr>
<tr><td>1</td><td>1</td><td>1</td><td>1</td><td>1</td><td>1</td><td>4 或 6</td><td>4 或 6</td></tr>
<tr><td colspan="8">规　格</td></tr>
<tr><td>18×80×23</td><td>20×80×23</td><td rowspan="4">18×23.5×64</td><td rowspan="4">20×25.5×64</td><td rowspan="4">1.6×22×72</td><td rowspan="4">1.6×22×72</td><td rowspan="4">12×12</td><td rowspan="4">M4×14</td></tr>
<tr><td>18×100×30</td><td>20×100×30</td></tr>
<tr><td>18×80×23</td><td>20×80×23</td></tr>
<tr><td>18×100×30</td><td>20×100×30</td></tr>
<tr><td>22×100×30</td><td>25×100×30</td><td>22×27.5×64</td><td>25×30.5×64</td><td>1.6×26×72</td><td>1.6×29×79</td><td rowspan="6">16×20</td><td rowspan="6">M6×16</td></tr>
<tr><td>28×120×38</td><td>32×120×38</td><td>28×35.5×84</td><td>32×39.5×84</td><td>1.6×32×86</td><td>2×37×87</td></tr>
<tr><td>22×100×30</td><td>25×100×30</td><td>22×27.5×64</td><td>25×30.5×64</td><td>1.6×26×72</td><td>1.6×29×79</td></tr>
<tr><td>28×120×38</td><td>32×120×38</td><td>28×35.5×84</td><td>32×39.5×84</td><td>1.6×32×86</td><td>2×37×87</td></tr>
<tr><td>22×100×30</td><td>25×100×30</td><td>22×27.5×64</td><td>25×30.5×64</td><td>1.6×26×72</td><td>1.6×29×79</td></tr>
<tr><td>28×120×38</td><td>32×120×38</td><td>28×35.5×84</td><td>32×39.5×84</td><td>1.6×32×86</td><td>2×37×87</td></tr>
<tr><td>35×150×48</td><td>40×150×48</td><td>35×44.5×84</td><td>40×49.5×84</td><td>2×40×88</td><td>2×45×88</td><td rowspan="5">20×20</td><td rowspan="5">M8×20</td></tr>
<tr><td>28×120×38</td><td>32×120×38</td><td>28×35.5×84</td><td>32×39.5×84</td><td>1.6×32×86</td><td>2×37×87</td></tr>
<tr><td>35×150×48</td><td>40×150×48</td><td>35×44.5×84</td><td>40×49.5×84</td><td>2×40×88</td><td>2×45×88</td></tr>
<tr><td>45×150×48</td><td>50×150×48</td><td rowspan="2">45×54.5×90</td><td rowspan="2">50×59.5×90</td><td>2×50×107</td><td>2×55×107</td></tr>
<tr><td>45×150×58</td><td>50×150×58</td><td>2×50×128</td><td>2×55×128</td></tr>
</table>

ICS 25.120.30
J 46

中华人民共和国国家标准

GB/T 23563.4—2009

冲模滚动导向钢板模架 第4部分:四导柱模架

Ball-bearing guide steel-plate die sets of stamping dies—Part 4: Four-pillar die sets

2009-04-02 发布

2010-01-01 实施

中华人民共和国国家质量监督检验检疫总局
中国国家标准化管理委员会 发布

前　言

GB/T 23563《冲模滚动导向钢板模架》分为四部分：

——第 1 部分：后侧导柱模架；

——第 2 部分：对角导柱模架；

——第 3 部分：中间导柱模架；

——第 4 部分：四导柱模架。

本部分为 GB/T 23563 的第 4 部分。

本部分由全国模具标准化技术委员会(SAC/TC 33)提出并归口。

本部分起草单位：佛山市南海区粤诚五金塑料模具有限公司、桂林电器科学研究所、桂林电子科技大学、杭州萧山精密模具标准件厂、镇江船山模架厂。

本部分主要起草人：梁达志、翁史振、廖宏谊、张玉琴、祁伟根、奉双。

冲模滚动导向钢板模架
第 4 部分:四导柱模架

1 范围

GB/T 23563 的本部分规定了冲模滚动导向钢板模架四导柱模架的尺寸规格和标记。

本部分适用于冲模滚动导向钢板模架的四导柱模架。

2 规范性引用文件

下列文件中的条款通过 GB/T 23563 的本部分的引用而成为本部分的条款。凡是注日期的引用文件,其随后所有的修改单(不包括勘误的内容)或修订版均不适用于本部分,然而,鼓励根据本部分达成协议的各方研究是否可使用这些文件的最新版本。凡是不注日期的引用文件,其最新版本适用于本部分。

GB/T 70.1 内六角圆柱头螺钉

GB/T 2861.2 冲模导向装置 第 2 部分:滚动导向导柱

GB/T 2861.4 冲模导向装置 第 4 部分:滚动导向导套

GB/T 2861.5 冲模导向装置 第 5 部分:钢球保持圈

GB/T 2861.6 冲模导向装置 第 6 部分:圆柱螺旋压缩弹簧

GB/T 2861.11 冲模导向装置 第 11 部分:压板

GB/T 23562.4 冲模钢板下模座 第 4 部分:四导柱下模座

GB/T 23564.4 冲模滚动导向钢板上模座 第 4 部分:四导柱上模座

JB/T 8050 冲模模架技术条件

3 尺寸规格

滚动导向四导柱模架结构和尺寸规格见图 1、表 1。

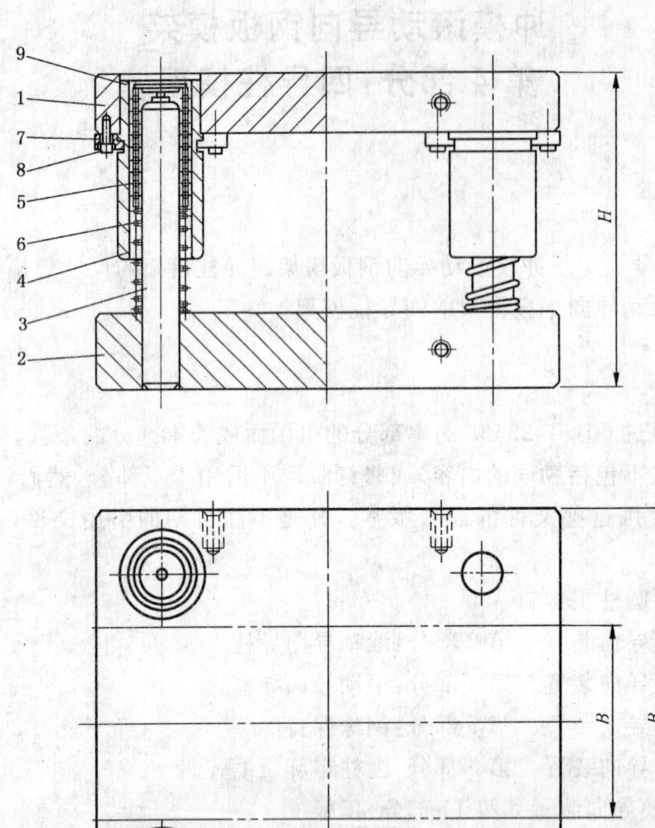

1——上模座；

2——下模座；

3——导柱；

4——导套；

5——钢球保持圈；

6——弹簧；

7——压板；

8——螺钉；

9——限程器。

注：限程器结构和尺寸由制造者确定。

导套与上模座装配允许采用粘接方式。

允许采用可卸导柱。

图 1　滚动导向四导柱钢板模架

表 1 滚动导向四导柱模架尺寸规格

单位为毫米

凹模周界		外形尺寸		最大行程	最小闭合高度	零件件号、名称及标准编号							
						1	2	3	4	5	6	7	8
						上模座 GB/T 23564.4	下模座 GB/T 23562.4	导柱 GB/T 2861.2	导套 GB/T 2861.4	钢球保持圈 GB/T 2861.5	弹簧 GB/T 2861.6	压板 GB/T 2861.11	螺钉 GB/T 70.1
						数量							
						1	1	4	4	4	4	8 或 12	8 或 12
L	*B*	L_1	B_1	*S*	*H*	规格							
160	100	160	250	80	170	160×100×32	160×100×40	25×160	25×100×30	25×30.5×64	1.6×29×79	16×20	M6×16
200		200				200×100×32	200×100×40						
250		250				250×100×32	250×100×40						
315		315	265	100	200	315×100×40	315×100×50	32×190	32×120×38	32×39.5×84	2×37×87		
400		400				400×100×40	400×100×50						
200	125	200		80	170	200×125×32	200×125×40	25×160	25×100×30	25×30.5×64	1.6×29×79		
250		250	280	100	200	250×125×40	250×125×50	32×190	32×120×38	32×39.5×84	2×37×87		
315		315				315×125×40	315×125×50						
400		400				400×125×40	400×125×50						
500		500				500×125×40	500×125×50						
250	160	250	315			250×125×40	250×160×50						
315		315				315×160×40	315×160×50						
400		400				400×160×40	400×160×50						
500		500				500×160×40	500×160×50						
630		630	355	120	245	630×160×50	630×160×63	40×230	40×150×48	40×49.5×84	2×45×88		
250	200	250		100	200	250×200×40	250×200×50	32×190	32×120×38	32×39.5×84	2×37×87		
315		315				315×200×40	315×200×50						
400		400				400×200×40	400×200×50						
500		500	400	120	245	500×200×50	500×200×63	40×230	40×150×48	40×49.5×84	2×45×88	20×20	M8×20
630		630				630×200×50	630×200×63						
315	250	315	425	100	200	315×250×40	315×250×50	32×190	32×120×38	32×39.5×84	2×37×87	16×20	M6×16
400		400	450	120	245	400×200×50	400×250×63	40×230	40×150×48	40×49.5×84	2×45×88	20×20	M8×20
500		500				500×250×50	500×250×63						
630		630				630×250×50	630×250×63						
800		800				800×250×50	800×250×63						
400	315	400	530			400×315×50	400×315×63						
500		500	560			500×315×50	500×315×63	50×230	50×150×48	50×59.5×90	2×55×107		
630		630				630×315×50	630×315×63						
800		800			275	800×315×63	800×315×80	50×260	50×150×58		2×50×128		
500	400	500	630		245	500×400×50	500×400×63	50×230	50×150×48		2×55×107		
630		630			275	630×400×63	630×400×80	50×260	50×150×58		2×55×128		
800		800				800×400×63	800×400×80						
1 000		1 000	670	140	335	1 000×400×80	1 000×400×100	60×320	60×180×78	60×69.5×110	3×65×135	24×24	M10×25

表 1（续） 单位为毫米

<table>
<tr><th colspan="2" rowspan="4">凹模周界</th><th colspan="2" rowspan="4">外形尺寸</th><th rowspan="4">最大行程</th><th rowspan="4">最小闭合高度</th><th colspan="8">零件件号、名称及标准编号</th></tr>
<tr><th>1</th><th>2</th><th>3</th><th>4</th><th>5</th><th>6</th><th>7</th><th>8</th></tr>
<tr><th>上模座
GB/T
23564.4</th><th>下模座
GB/T
23562.4</th><th>导柱
GB/T
2861.2</th><th>导套
GB/T
2861.4</th><th>钢球保持圈
GB/T
2861.5</th><th>弹簧
GB/T
2861.6</th><th>压板
GB/T
2861.11</th><th>螺钉
GB/T
70.1</th></tr>
<tr><th colspan="8">数 量</th></tr>
<tr><th rowspan="2">L</th><th rowspan="2">B</th><th rowspan="2">L_1</th><th rowspan="2">B_1</th><th rowspan="2">S</th><th rowspan="2">H</th><td>1</td><td>1</td><td>4</td><td>4</td><td>4</td><td>4</td><td>8 或 12</td><td>8 或 12</td></tr>
<tr><th colspan="8">规 格</th></tr>
<tr><td>630</td><td rowspan="3">500</td><td>630</td><td rowspan="3">750</td><td>120</td><td>275</td><td>630×500×63</td><td>630×500×80</td><td>50×260</td><td>50×150×58</td><td>50×59.5×90</td><td>2×55×128</td><td>20×20</td><td>M8×20</td></tr>
<tr><td>800</td><td>800</td><td rowspan="3">140</td><td rowspan="3">335</td><td>800×500×80</td><td>800×500×100</td><td rowspan="3">60×320</td><td rowspan="3">60×180×78</td><td rowspan="3">60×69.5×110</td><td rowspan="3">3×65×135</td><td rowspan="3">24×24</td><td rowspan="3">M10×25</td></tr>
<tr><td>1 000</td><td>1 000</td><td>1 000×500×80</td><td>1 000×500×100</td></tr>
<tr><td>1 000</td><td>630</td><td>1 000</td><td>900</td><td>1 000×630×80</td><td>1 000×630×100</td></tr>
</table>

4 要求

技术要求应符合 JB/T 8050 的规定。

5 标记

本部分四导柱模架的标记应有下列内容：

a) 四导柱模架；

b) 模架的凹模周界 $L \times B$，以毫米为单位；

c) 模架的闭合高度 H，以毫米为单位；

d) 模架的精度等级；

e) 本部分代号，即 GB/T 23563.4—2009。

示例：

L=630 mm、B=500 mm、H=275 mm、01 级精度的四导柱模架的标记如下：

四导柱模架 630×500×275-01 GB/T 23563.4—2009

ICS 25.120.30
J 46

中华人民共和国国家标准

GB/T 23564.1—2009

冲模滚动导向钢板上模座 第1部分:后侧导柱上模座

Ball-bearing guide steel-plate punch holders of stamping dies—Part 1:Rear-pillar punch holders

2009-04-02 发布

2010-01-01 实施

中华人民共和国国家质量监督检验检疫总局
中国国家标准化管理委员会
发布

前 言

GB/T 23564《冲模滚动导向钢板上模座》分为四部分：

——第 1 部分：后侧导柱上模座；

——第 2 部分：对角导柱上模座；

——第 3 部分：中间导柱上模座；

——第 4 部分：四导柱上模座。

本部分为 GB/T 23564 的第 1 部分。

本部分由全国模具标准化技术委员会(SAC/TC 33)提出并归口。

本部分起草单位：桂林电器科学研究所、桂林电子科技大学、杭州萧山精密模具标准件厂、镇江船山模架厂、佛山市南海区粤诚五金塑料模具有限公司。

本部分主要起草人：翁史振、廖宏谊、张玉琴、祁伟根、梁达志、奉双。

冲模滚动导向钢板上模座 第1部分:后侧导柱上模座

1 范围

GB/T 23564 的本部分规定了冲模滚动导向钢板上模座后侧导柱上模座的尺寸规格和标记。

本部分适用于冲模滚动导向钢板上模座的后侧导柱上模座。

2 规范性引用文件

下列文件中的条款通过 GB/T 23564 的本部分的引用而成为本部分的条款。凡是注日期的引用文件，其随后所有的修改单(不包括勘误的内容)或修订版均不适用于本部分，然而，鼓励根据本部分达成协议的各方研究是否可使用这些文件的最新版本。凡是不注日期的引用文件，其最新版本适用于本部分。

JB/T 8050 冲模模架技术条件

JB/T 8070—2008 冲模模架零件技术条件

3 尺寸规格

滚动导向后侧导柱上模座的结构和尺寸规格见图1、表1。

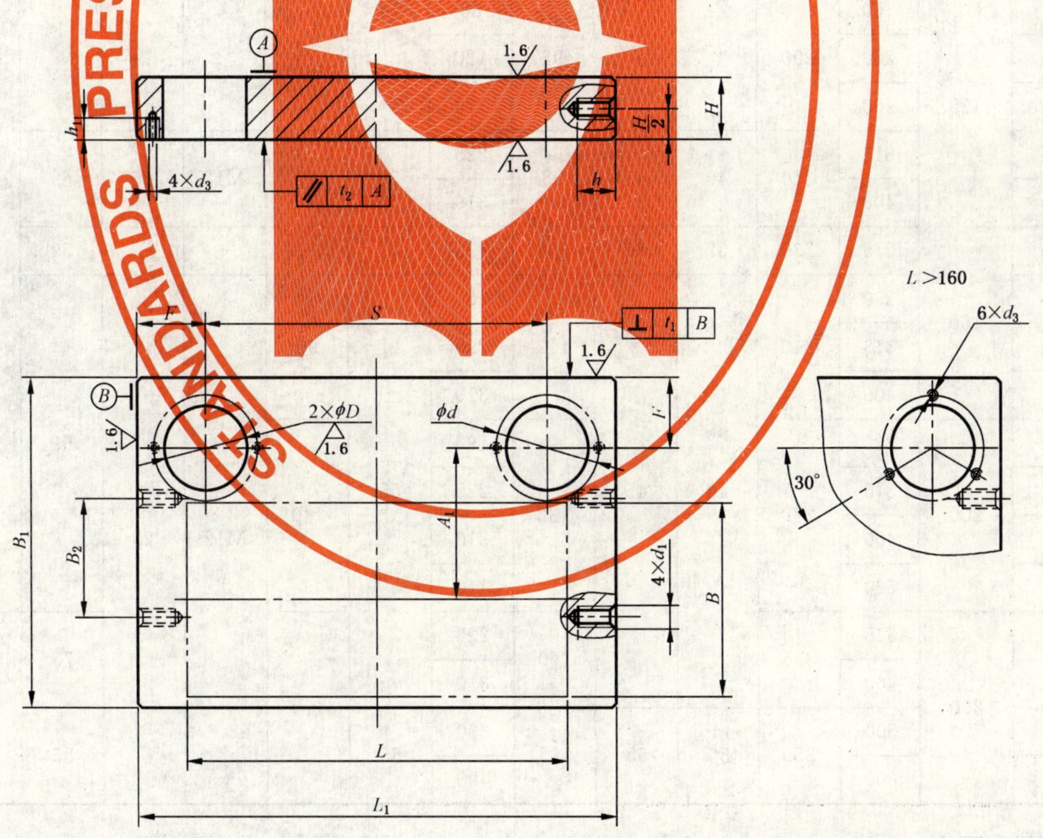

注：未注表面粗糙度 $Ra6.3\ \mu m$。

h_1 为2倍的 d_3。

吊装螺孔的位置尺寸由制造者确定。

图1 滚动导向后侧导柱上模座

表 1　滚动导向后侧导柱上模座尺寸规格

单位为毫米

<table>
<tr><th colspan="2">凹模周界</th><th rowspan="2">L_1</th><th rowspan="2">B_1</th><th rowspan="2">H</th><th rowspan="2">F</th><th rowspan="2">A_1</th><th rowspan="2">S</th><th rowspan="2">D H6</th><th rowspan="2">B_2</th><th rowspan="2">d_1-7H</th><th rowspan="2">h</th><th rowspan="2">d</th><th rowspan="2">d_3-6H</th></tr>
<tr><th>L</th><th>B</th></tr>
<tr><td rowspan="2">100</td><td rowspan="8">80</td><td rowspan="2">140</td><td rowspan="6">140</td><td>25</td><td rowspan="6">32</td><td rowspan="6">65</td><td rowspan="2">76</td><td rowspan="6">40</td><td rowspan="16">—</td><td rowspan="16">—</td><td rowspan="16">—</td><td rowspan="6">51</td><td rowspan="6">M4</td></tr>
<tr><td>32</td></tr>
<tr><td rowspan="2">125</td><td rowspan="2">160</td><td>25</td><td rowspan="2">96</td></tr>
<tr><td>32</td></tr>
<tr><td rowspan="2">160</td><td rowspan="2">200</td><td>25</td><td rowspan="2">136</td></tr>
<tr><td rowspan="3">32</td></tr>
<tr><td>200</td><td>250</td><td rowspan="2">150</td><td rowspan="2">40</td><td rowspan="2">68</td><td>170</td><td rowspan="2">45</td><td rowspan="2">59</td><td rowspan="2">M6</td></tr>
<tr><td>250</td><td>315</td><td>235</td></tr>
<tr><td rowspan="2">125</td><td rowspan="5">100</td><td rowspan="2">160</td><td rowspan="2">160</td><td>25</td><td rowspan="2">32</td><td rowspan="2">75</td><td rowspan="2">96</td><td rowspan="2">40</td><td rowspan="2">51</td><td rowspan="2">M4</td></tr>
<tr><td rowspan="7">32</td></tr>
<tr><td>160</td><td>200</td><td rowspan="3">170</td><td rowspan="6">40</td><td rowspan="3">78</td><td>120</td><td rowspan="6">45</td><td rowspan="6">59</td><td rowspan="16">M6</td></tr>
<tr><td>200</td><td>250</td><td>170</td></tr>
<tr><td>250</td><td>315</td><td>235</td></tr>
<tr><td>125</td><td rowspan="5">125</td><td>160</td><td rowspan="3">200</td><td rowspan="3">92</td><td>80</td></tr>
<tr><td>160</td><td>200</td><td>120</td></tr>
<tr><td>200</td><td>250</td><td>170</td></tr>
<tr><td>250</td><td>315</td><td rowspan="2">210</td><td rowspan="2">40</td><td rowspan="2">45</td><td rowspan="2">98</td><td>225</td><td rowspan="2">55</td><td rowspan="2">60</td><td rowspan="2">M12</td><td rowspan="2">25</td><td rowspan="2">69</td></tr>
<tr><td>315</td><td>400</td><td>310</td></tr>
<tr><td>160</td><td rowspan="4">160</td><td>215</td><td>230</td><td>32</td><td>40</td><td>108</td><td>135</td><td>45</td><td>—</td><td>—</td><td>—</td><td>59</td></tr>
<tr><td>200</td><td>250</td><td rowspan="3">240</td><td rowspan="9">40</td><td rowspan="9">45</td><td rowspan="3">112</td><td>160</td><td rowspan="9">55</td><td rowspan="3">90</td><td rowspan="11">M12</td><td rowspan="11">25</td><td rowspan="7">69</td></tr>
<tr><td>250</td><td>315</td><td>225</td></tr>
<tr><td>315</td><td>400</td><td>310</td></tr>
<tr><td>200</td><td rowspan="4">200</td><td>280</td><td rowspan="4">280</td><td rowspan="4">132</td><td>190</td><td rowspan="4">140</td></tr>
<tr><td>250</td><td>315</td><td>225</td></tr>
<tr><td>315</td><td>400</td><td>310</td></tr>
<tr><td>400</td><td>500</td><td>410</td></tr>
<tr><td>250</td><td rowspan="4">250</td><td>315</td><td rowspan="2">335</td><td rowspan="2">160</td><td>225</td><td rowspan="4">170</td><td rowspan="2">75</td><td rowspan="4">M8</td></tr>
<tr><td>315</td><td>400</td><td>310</td></tr>
<tr><td>400</td><td>500</td><td rowspan="2">350</td><td rowspan="2">50</td><td rowspan="2">55</td><td rowspan="2">165</td><td>390</td><td rowspan="2">65</td><td rowspan="2">85</td></tr>
<tr><td>500</td><td>600</td><td>490</td></tr>
</table>

4　材料和硬度

材料和硬度由制造者选定。

5 要求

图1形位公差 t_1、t_2 应符合 JB/T 8070—2008 表1、表2的规定；孔距 S 的制造精度应符合 JB/T 8050 对模架装配的要求。

其余技术要求应符合 JB/T 8070—2008 的规定。

6 标记

本部分后侧导柱上模座的标记应有下列内容：

a) 后侧导柱上模座；

b) 模座的凹模周界 $L\times B$，以毫米为单位；

c) 模座厚度 H，以毫米为单位；

d) 本部分代号，即 GB/T 23564.1—2009。

示例：

L=200 mm、B=200 mm、H=40 mm 的后侧导柱上模座的标记如下：

后侧导柱上模座　200×200×40　GB/T 23564.1—2009

ICS 25.120.30
J 46

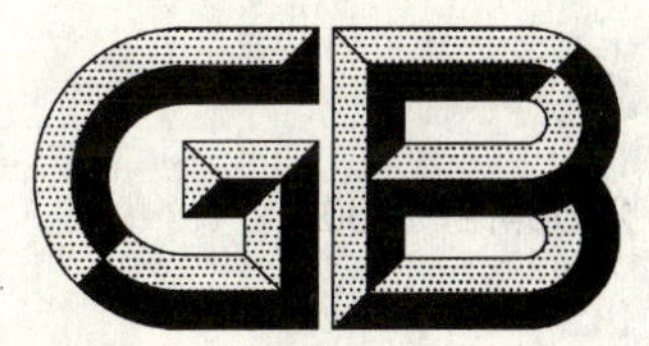

中华人民共和国国家标准

GB/T 23564.2—2009

冲模滚动导向钢板上模座 第2部分:对角导柱上模座

Ball-bearing guide steel-plate punch holders of stamping dies—Part 2:Diagonal-pillar punch holders

2009-04-02 发布　　2010-01-01 实施

中华人民共和国国家质量监督检验检疫总局
中国国家标准化管理委员会　发布

前　言

GB/T 23564《冲模滚动导向钢板上模座》分为四部分：

——第1部分：后侧导柱上模座；

——第2部分：对角导柱上模座；

——第3部分：中间导柱上模座；

——第4部分：四导柱上模座。

本部分为GB/T 23564的第2部分。

本部分由全国模具标准化技术委员会(SAC/TC 33)提出并归口。

本部分起草单位：桂林电器科学研究所、桂林电子科技大学、杭州萧山精密模具标准件厂、镇江船山模架厂、佛山市南海区粤诚五金塑料模具有限公司。

本部分主要起草人：翁史振、廖宏谊、张玉琴、祁伟根、梁达志、奉双。

冲模滚动导向钢板上模座 第2部分:对角导柱上模座

1 范围

GB/T 23564 的本部分规定了冲模滚动导向钢板上模座对角导柱上模座的尺寸规格和标记。

本部分适用于冲模滚动导向钢板上模座的对角导柱上模座。

2 规范性引用文件

下列文件中的条款通过 GB/T 23564 的本部分的引用而成为本部分的条款。凡是注日期的引用文件,其随后所有的修改单(不包括勘误的内容)或修订版均不适用于本部分,然而,鼓励根据本部分达成协议的各方研究是否可使用这些文件的最新版本。凡是不注日期的引用文件,其最新版本适用于本部分。

JB/T 8050 冲模模架技术条件

JB/T 8070—2008 冲模模架零件技术条件

3 尺寸规格

滚动导向对角导柱上模座的结构和尺寸规格见图 1、表 1。

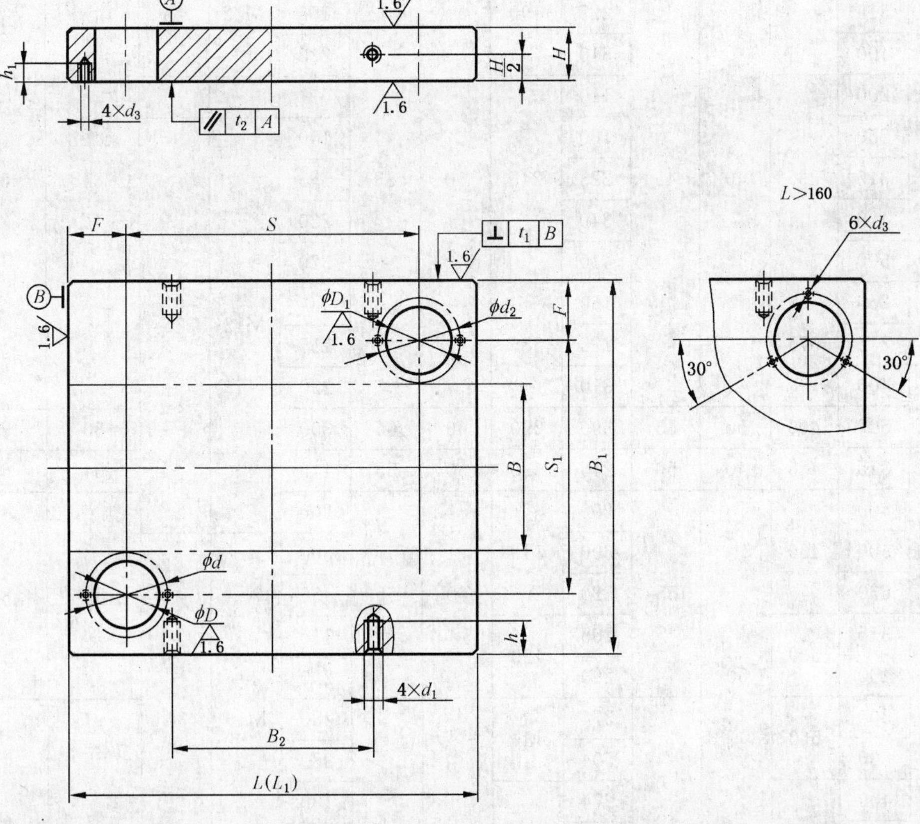

注:未注表面粗糙度 $Ra6.3\ \mu m$。

h_1 为 2 倍的 d_3。

图 1 滚动导向对角导柱上模座

表 1 滚动导向对角导柱上模座尺寸规格

单位为毫米

凹模周界		L_1	B_1	H	F	S	S_1	D H6	D_1 H6	B_2	d_1-7H	h	d	d_2	d_3-6H
L	B														
100		100		25 32		36				—					
125		125	200	25 32	32	61	136	38	40	—			49	51	M4
160	80	160		25		96				—					
200		200		32	40	120	145	42	45	—	—	—	56	59	M6
250		250	225			170				—					
125		125		25	32	61	161	38	40	—			49	51	M4
160	100	160		32		80				—					
200		200	250		40	120	170	42	45	—			56	59	
250		250				170				—					
315		315	265	40	45	225	175	50	55	155	M12	25	64	69	
160		160		32	40	80	200	42	45	—	—	—	56	59	
200		200				120				—					
250	125	250	280			160				100					
315		315				225	190			155	M12	25			
400		400				310				220					M6
200		200				110				—	—	—			
250		250				160				100					
315	160	315	335	40	45	225	245	50	55	155			64	69	
400		400				310				220					
500		500				410				320					
250		250				160				80					
315	200	315	375			225	285			155	M12	25			
400		400				310				220					
500		500	400	50	55	390	290	60	65	300			80	85	
315		315	425	40	50	215	325	50	55	145			64	69	
400		400				290				200					
500	250	500	450			390	340			300					
630		630			55	520		60	65	430			80	85	
315		315	530			205	420			115					
400		400		50		290				200					M8
500	315	500	560			374	434			280	M16	30			
630		630				504				380					
400		400				274				180					
500		500			63	374		70	76	280			91	97	
630	400	630	630			504	504			380					
800		800		63		674				550	M20	35			

4 材料和硬度

材料和硬度由制造者选定。

5 要求

图1形位公差 t_1、t_2 应符合 JB/T 8070—2008 表1、表2的规定；孔距 S、S_1 的制造精度应符合 JB/T 8050 对模架装配的要求。

其余技术要求应符合 JB/T 8070—2008 的规定。

6 标记

本部分对角导柱上模座的标记应有下列内容：

a) 对角导柱上模座；

b) 模座的凹模周界 $L \times B$，以毫米为单位；

c) 模座厚度 H，以毫米为单位；

d) 本部分代号，即 GB/T 23564.2—2009。

示例：

L=125 mm、B=100 mm、H=25 mm 的对角导柱上模座的标记如下：

对角导柱上模座 125×100×25 GB/T 23564.2—2009

ICS 25.120.30
J 46

中华人民共和国国家标准

GB/T 23564.3—2009

冲模滚动导向钢板上模座
第3部分：中间导柱上模座

**Ball-bearing guide steel-plate punch holders of stamping dies—
Part 3: Center-pillar punch holders**

2009-04-02 发布　　2010-01-01 实施

中华人民共和国国家质量监督检验检疫总局
中国国家标准化管理委员会　发布

前　言

GB/T 23564《冲模滚动导向钢板上模座》分为四部分：

——第 1 部分：后侧导柱上模座；

——第 2 部分：对角导柱上模座；

——第 3 部分：中间导柱上模座；

——第 4 部分：四导柱上模座。

本部分为 GB/T 23564 的第 3 部分。

本部分由全国模具标准化技术委员会(SAC/TC 33)提出并归口。

本部分起草单位：桂林电器科学研究所、桂林电子科技大学、杭州萧山精密模具标准件厂、镇江船山模架厂、佛山市南海区粤诚五金塑料模具有限公司。

本部分主要起草人：翁史振、廖宏谊、张玉琴、祁伟根、梁达志、奉双。

冲模滚动导向钢板上模座
第3部分：中间导柱上模座

1 范围

GB/T 23564 的本部分规定了冲模滚动导向钢板上模座中间导柱上模座的尺寸规格和标记。

本部分适用于冲模滚动导向钢板上模座的中间导柱上模座。

2 规范性引用文件

下列文件中的条款通过 GB/T 23564 的本部分的引用而成为本部分的条款。凡是注日期的引用文件，其随后所有的修改单（不包括勘误的内容）或修订版均不适用于本部分，然而，鼓励根据本部分达成协议的各方研究是否可使用这些文件的最新版本。凡是不注日期的引用文件，其最新版本适用于本部分。

JB/T 8050 冲模模架技术条件

JB/T 8070—2008 冲模模架零件技术条件

3 尺寸规格

滚动导向中间导柱上模座的结构和尺寸规格见图1、表1。

注：未注表面粗糙度 $Ra6.3\ \mu m$。

h_1 为2倍的 d_3。

图1 滚动导向中间导柱上模座

表 1 滚动导向中间导柱上模座尺寸规格

单位为毫米

凹模周界 L	凹模周界 B	L_1	B_1	H	F	S	D H6	D_1 H6	B_2	d_1-7H	h	d	d_2	d_3-6H
100	100	215	100	25	32	151	38	40	—	—	—	49	51	M4
				32										
125		250		25		186								
				32										
160		315			40	235	42	45				46	59	M6
200		355				275								
250		400				320								
315		475		40	45	385	50	55				64	69	
125	125	280	125	32	40	200	42	45				56	59	
160		315				235								
200		355				275								
250		400		40	45	310	50	55				64	69	
315		475				385								
400		560				470			75	M12	25			
160	160	315	160	32	40	235	42	45	—	—	—	56	59	
200		355		40	45	265	50	55				64	69	
250		425				335			120	M12	25			
315		475				385			110					
400		560				470								
500		670				580								
200	200	375	200			285			150					
250		425				335								
315		475				385								
400		560				470								
500		710		50	55	600	60	65				80	85	M8
250	250	425	250	40	45	335	50	55	200			70	75	
315		475				385								
400		600		50	55	490	60	65	190			80	85	
500		710				600								
315	315	530	315			420			255					
400		600				490								
500		750			63	624	70	76	235	M16	30	91	97	
630		850				724								
500	400	750	400			624			320					
630		850		63		724								

4 材料和硬度

材料和硬度由制造者选定。

5 要求

图1形位公差 t_1、t_2 应符合 JB/T 8070—2008 表1、表2的规定；孔距 S 的制造精度应符合 JB/T 8050 对模架装配的要求。

其余技术要求应符合 JB/T 8070—2008 的规定。

6 标记

本部分中间导柱上模座的标记应有下列内容：

a） 中间导柱上模座；

b） 模座的凹模周界 $L \times B$，以毫米为单位；

c） 模座厚度 H，以毫米为单位；

d） 本部分代号，即 GB/T 23564.3—2009。

示例：

L=160 mm、B=160 mm、H=32 mm 的中间导柱上模座的标记如下：

中间导柱上模座 160×160×32 GB/T 23564.3—2009

ICS 25.120.30
J 46

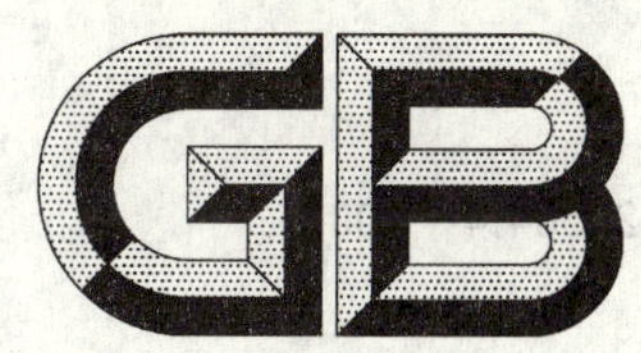

中华人民共和国国家标准

GB/T 23564.4—2009

冲模滚动导向钢板上模座 第4部分:四导柱上模座

Ball-bearing guide steel-plate punch holders of stamping dies—Part 4:Four-pillar punch holders

2009-04-02 发布　　2010-01-01 实施

中华人民共和国国家质量监督检验检疫总局
中国国家标准化管理委员会　发布

前　言

GB/T 23564《冲模滚动导向钢板上模座》分为四部分：

——第 1 部分：后侧导柱上模座；

——第 2 部分：对角导柱上模座；

——第 3 部分：中间导柱上模座；

——第 4 部分：四导柱上模座。

本部分为 GB/T 23564 的第 4 部分。

本部分由全国模具标准化技术委员会(SAC/TC 33)提出并归口。

本部分起草单位：桂林电器科学研究所、桂林电子科技大学、杭州萧山精密模具标准件厂、镇江船山模架厂、佛山市南海区粤诚五金塑料模具有限公司。

本部分主要起草人：翁史振、廖宏谊、张玉琴、祁伟根、梁达志、奉双。

冲模滚动导向钢板上模座
第4部分:四导柱上模座

1 范围

GB/T 23564 的本部分规定了冲模滚动导向钢板上模座四导柱上模座的尺寸规格和标记。

本部分适用于冲模滚动导向钢板上模座的四导柱上模座。

2 规范性引用文件

下列文件中的条款通过 GB/T 23564 的本部分的引用而成为本部分的条款。凡是注日期的引用文件,其随后所有的修改单(不包括勘误的内容)或修订版均不适用于本部分,然而,鼓励根据本部分达成协议的各方研究是否可使用这些文件的最新版本。凡是不注日期的引用文件,其最新版本适用于本部分。

JB/T 8050 冲模模架技术条件

JB/T 8070—2008 冲模模架零件技术条件

3 尺寸规格

滚动导向四导柱上模座的结构和尺寸规格见图1、表1。

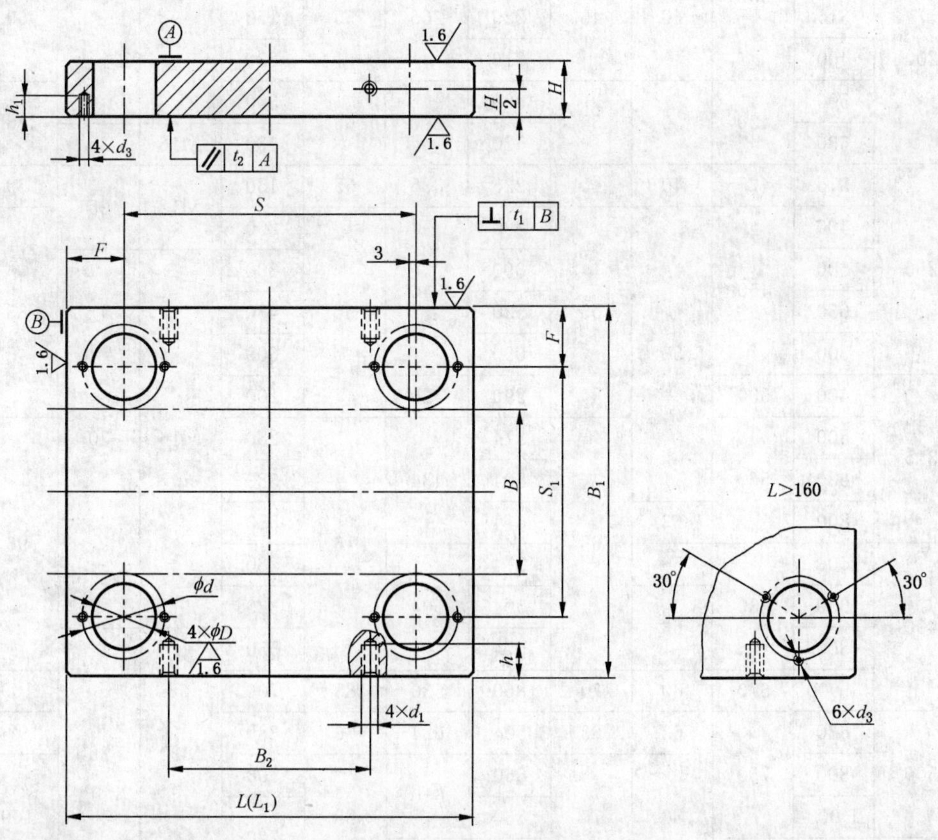

注:未注表面粗糙度 $Ra6.3\ \mu m$。

h_1 为 2 倍的 d_3。

图1 滚动导向四导柱上模座

表 1　滚动导向四导柱上模座尺寸规格

单位为毫米

凹模周界		L_1	B_1	H	F	S	S_1	D H6	B_2	d_1-7H	h	d	d_3-6H
L	B												
160		160				80							
200		200	250	32	40	120	170	45	—	—	—	59	
250	100	250				170							
315		315		40	45	225	175	55	155	M12	25	69	
400		400	265			310			240				
200		200		32	40	120	185	45	—	—	—	59	
250		250				160			100				
315	125	315				225			155				
400		400	280			310	190		240				
500		500			45	410			330				M6
250		250		40		160		55	100			69	
315		315				225			155				
400	160	400	315			310	225		230	M12	25		
500		500			45	410			330				
630		630		50	55	520	245	65	430			79	
250		250				160			100				
315		315	355	40	45	225	265	55	150			69	
400	200	400				310			230				
500		500				390			300				
630		630	400	50	55	520	290	65	430	M16	30	85	M8
315		315	425	40	45	225	335	55	150	M12	25	69	M6
400		400				290			200				
500	250	500				390			300				
630		630	450		55	520	340	65	430			85	
800		800		50		690			600				
400		400	530			290	420		200				
500		500				374			280	M16	30		M8
630	315	630	560			504	434		380				
800		800		63		674			550				
500		500		50	63	374		76	280			96	
630		630	630			504	504		380				
800	400	800		63		674			550				
1 000		1 000	670	80	70	860	530	88	700			109	M10
630		630		63	63	504	624	76	380	M20	35	97	M8
800	500	800	750			660	610		500				
1 000		1 000		80	70	860		88	700			109	M10
1 000	630	1 000	900			860	760						

4 材料和硬度

材料和硬度由制造者选定。

5 要求

图 1 形位公差 t_1、t_2 应符合 JB/T 8070—2008 表 1、表 2 的规定；孔距 S、S_1 的制造精度应符合 JB/T 8050 对模架装配的要求。

其余技术要求应符合 JB/T 8070—2008 的规定。

6 标记

本部分四导柱上模座的标记应有下列内容：

a) 四导柱上模座；

b) 模座的凹模周界 $L \times B$，以毫米为单位；

c) 模座厚度 H，以毫米为单位；

d) 本部分代号，即 GB/T 23564.4—2009。

示例：

L=400 mm、B=250 mm、H=40 mm 的四导柱上模座的标记如下：

四导柱上模座 400×250×40　GB/T 23564.4—2009

ICS 25.120.30
J 46

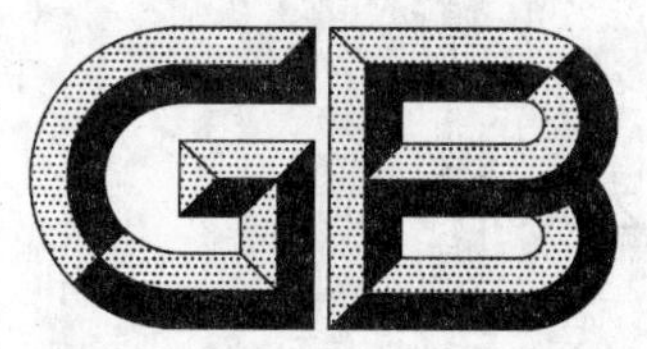

中华人民共和国国家标准

GB/T 23565.1—2009

冲模滑动导向钢板模架
第1部分:后侧导柱模架

Sliding guide steel-plate die sets of stamping dies—
Part 1:Rear-pillar die sets

2009-04-02 发布 2010-01-01 实施

中华人民共和国国家质量监督检验检疫总局
中国国家标准化管理委员会 发布

前言

GB/T 23565《冲模滑动导向钢板模架》分为四部分：

——第1部分：后侧导柱模架；

——第2部分：对角导柱模架；

——第3部分：中间导柱模架；

——第4部分：四导柱模架。

本部分为GB/T 23565的第1部分。

本部分由全国模具标准化技术委员会(SAC/TC 33)提出并归口。

本部分起草单位：桂林电器科学研究所、桂林电子科技大学、杭州萧山精密模具标准件厂、镇江船山模架厂、佛山市南海区粤诚五金塑料模具有限公司。

本部分主要起草人：翁史振、廖宏谊、张玉琴、祁伟根、梁达志、奉双。

冲模滑动导向钢板模架
第1部分：后侧导柱模架

1 范围

GB/T 23565 的本部分规定了冲模滑动导向钢板模架后侧导柱模架的尺寸规格和标记。

本部分适用于冲模滑动导向钢板模架的后侧导柱模架。

2 规范性引用文件

下列文件中的条款通过 GB/T 23565 的本部分的引用而成为本部分的条款。凡是注日期的引用文件，其随后所有的修改单(不包括勘误的内容)或修订版均不适用于本部分，然而，鼓励根据本部分达成协议的各方研究是否可使用这些文件的最新版本。凡是不注日期的引用文件，其最新版本适用于本部分。

GB/T 2861.1 冲模导向装置 第1部分：滑动导向导柱

GB/T 2861.3 冲模导向装置 第3部分：滑动导向导套

GB/T 23562.1 冲模钢板下模座 第1部分：后侧导柱下模座

GB/T 23566.1 冲模滑动导向钢板上模座 第1部分：后侧导柱上模座

JB/T 8050 冲模模架技术条件

3 尺寸规格

滑动导向后侧导柱模架结构和尺寸规格见图1、表1。

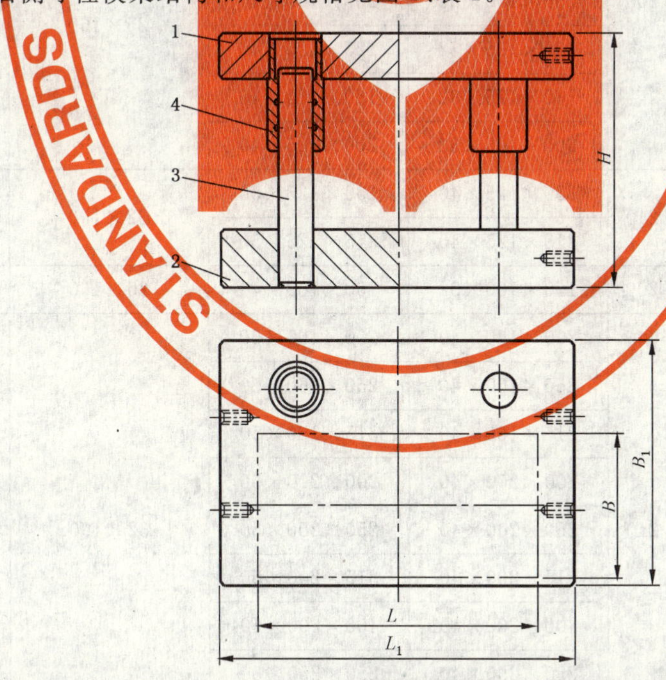

1——上模座；
2——下模座；
3——导柱；
4——导套。

注：允许采用可卸导柱。

图1 滑动导向后侧导柱模架

表 1　滑动导向后侧导柱模架尺寸规格　　　　单位为毫米

凹模周界		外形尺寸		闭合高度 H		零件件号、名称及标准编号			
						1	2	3	4
						上模座 GB/T 23566.1	下模座 GB/T 23562.1	导柱 GB/T 2861.1	导套 GB/T 2861.3
						数　量			
L	B	L_1	B_1	最小	最大	1	1	2	2
						规　格			
100	80	140	140	135	165	100×80×25	100×80×32	20×130	20×65×23
				165	200	100×80×32	100×80×40	20×160	20×70×28
125		160		135	165	125×80×25	125×80×32	20×130	20×65×23
				165	200	125×80×32	125×80×40	20×160	20×70×28
160		200		135	165	160×80×25	160×80×32	20×130	20×65×23
				165	200	160×80×32	160×80×40	20×160	20×70×28
200		250	150			200×80×32	200×80×40	25×160	25×80×28
250		315				250×80×32	250×80×40		
125	100	160	160	135	165	125×100×25	125×100×32	20×130	20×65×23
				165	200	125×100×32	125×100×40	20×160	20×70×28
160		200	170			160×100×32	160×100×40	25×160	25×80×28
200		250				200×100×32	200×100×40		
250		315				250×100×32	250×100×40		
125	125	160	200			125×125×32	125×125×40		
160		200				160×125×32	160×125×40		
200		250				200×125×32	200×125×40		
250		315	210	195	240	250×125×40	250×125×50	32×190	32×100×38
315		400				315×125×40	315×125×50		
160	160	215	230	165	200	160×160×32	160×160×40	25×160	25×80×28
200		250	240	195	240	200×160×40	200×160×50	32×190	32×100×38
250		315				250×160×40	250×160×50		
315		400				315×160×40	315×160×50		
200	200	280	280			200×200×40	200×200×50		
250		315				250×200×40	250×200×50		
315		400				315×200×40	315×200×50		
400		500				400×200×40	400×200×50		
250	250	315	335			250×250×40	250×250×50		
315		400				315×250×40	315×250×50		
400		500	350	240	280	400×250×50	400×250×63	40×230	40×125×48
500		600				500×250×50	500×250×63		

4 要求

技术要求应符合 JB/T 8050 的规定。

5 标记

本部分后侧导柱模架的标记应有下列内容：

a) 后侧导柱模架；

b) 模架的凹模周界 $L \times B$，以毫米为单位；

c) 模架的闭合高度 H，以毫米为单位；

d) 模架的精度等级；

e) 本部分代号，即 GB/T 23565.1—2009。

示例：

L=160 mm、B=100 mm、H=165 mm、Ⅰ级精度的后侧导柱模架的标记如下：

后侧导柱模架 160×100×165-Ⅰ GB/T 23565.1—2009

ICS 25.120.30
J 46

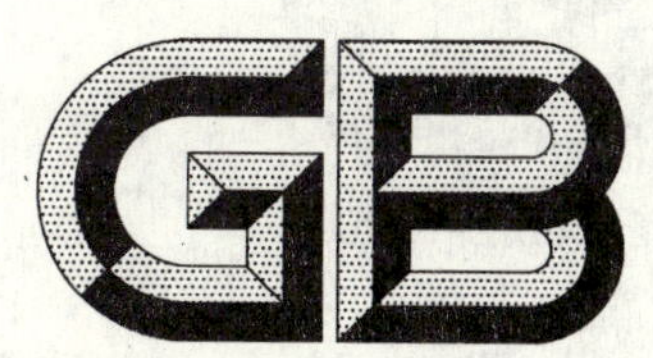

中华人民共和国国家标准

GB/T 23565.2—2009

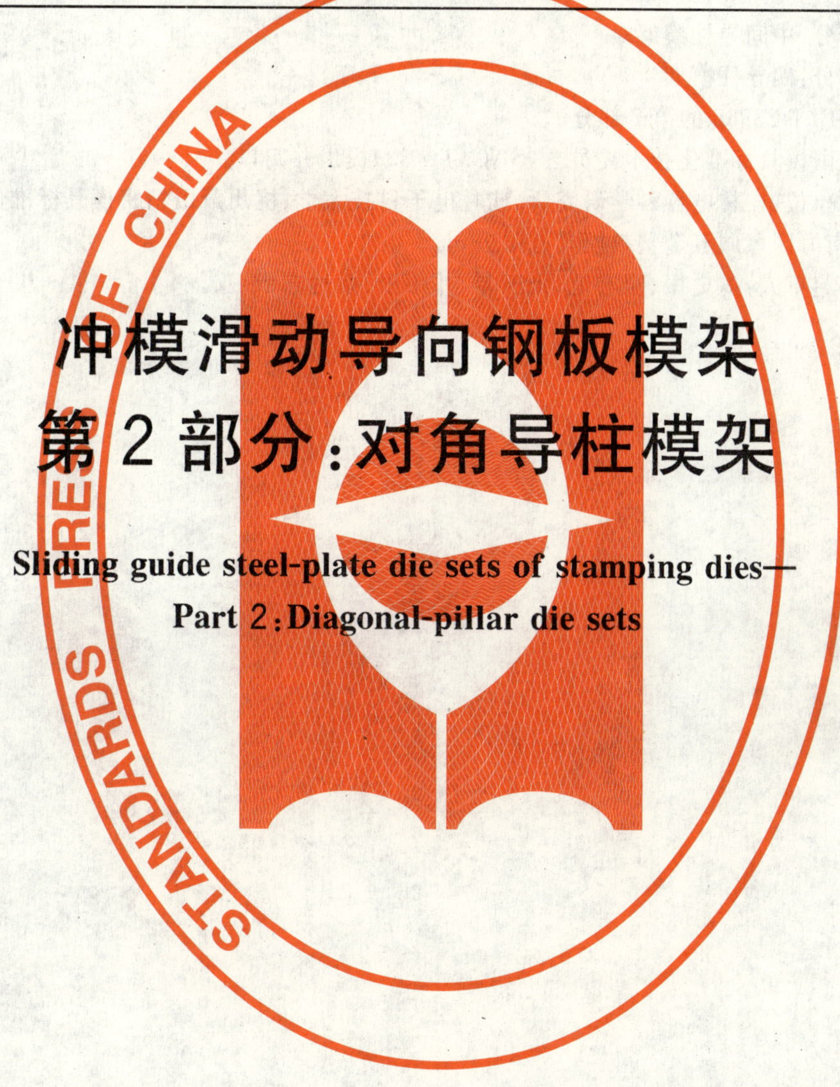

冲模滑动导向钢板模架 第2部分:对角导柱模架

Sliding guide steel-plate die sets of stamping dies—
Part 2: Diagonal-pillar die sets

2009-04-02 发布 2010-01-01 实施

中华人民共和国国家质量监督检验检疫总局
中国国家标准化管理委员会 发布

前　言

GB/T 23565《冲模滑动导向钢板模架》分为四部分：

——第1部分：后侧导柱模架；

——第2部分：对角导柱模架；

——第3部分：中间导柱模架；

——第4部分：四导柱模架。

本部分为GB/T 23565的第2部分。

本部分由全国模具标准化技术委员会(SAC/TC 33)提出并归口。

本部分起草单位：桂林电器科学研究所、桂林电子科技大学、杭州萧山精密模具标准件厂、镇江船山模架厂、佛山市南海区粤诚五金塑料模具有限公司。

本部分主要起草人：翁史振、廖宏谊、张玉琴、祁伟根、梁达志、奉双。

冲模滑动导向钢板模架
第 2 部分:对角导柱模架

1 范围

GB/T 23565 的本部分规定了冲模滑动导向钢板模架对角导柱模架的尺寸规格和标记。

本部分适用于冲模滑动导向钢板模架的对角导柱模架。

2 规范性引用文件

下列文件中的条款通过 GB/T 23565 的本部分的引用而成为本部分的条款。凡是注日期的引用文件，其随后所有的修改单(不包括勘误的内容)或修订版均不适用于本部分，然而，鼓励根据本部分达成协议的各方研究是否可使用这些文件的最新版本。凡是不注日期的引用文件，其最新版本适用于本部分。

GB/T 2861.1　冲模导向装置　第 1 部分:滑动导向导柱

GB/T 2861.3　冲模导向装置　第 3 部分:滑动导向导套

GB/T 23562.2　冲模钢板下模座　第 2 部分:对角导柱下模座

GB/T 23566.2　冲模滑动导向钢板上模座　第 2 部分:对角导柱上模座

JB/T 8050　冲模模架技术条件

3 尺寸规格

滑动导向对角导柱模架结构和尺寸规格见图 1、表 1。

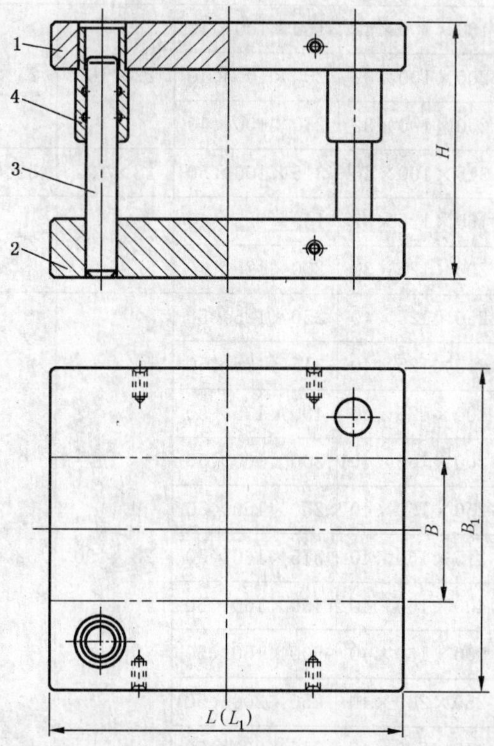

1——上模座；

2——下模座；

3——导柱；

4——导套。

注：允许采用可卸导柱。

图 1　滑动导向对角导柱模架

表 1　滑动导向对角导柱模架尺寸规格

单位为毫米

凹模周界		外形尺寸		闭合高度 H		零件件号、名称及标准编号					
						1	2	3		4	
						上模座 GB/T 23566.2	下模座 GB/T 23562.2	导柱 GB/T 2861.1		导套 GB/T 2861.3	
						数　量					
L	B	L_1	B_1	最小	最大	1	1	1	1	1	1
						规　格					
100	80	100	200	135	165	100×80×25	100×80×32	18×130	20×130	18×65×23	20×65×23
				165	200	100×80×32	100×80×40	18×160	20×160	18×70×28	20×70×28
125		125		135	165	125×80×25	125×80×32	18×130	20×130	18×65×23	20×65×23
				165	200	125×80×32	125×80×40	18×160	20×160	18×70×28	20×70×28
160		160		135	165	160×80×25	160×80×32	18×130	20×130	18×65×23	20×65×23
				165	200	160×80×32	160×80×40	18×160	20×160	18×70×28	20×70×28
200		200	225			200×80×32	200×80×40	22×160	25×160	22×80×28	25×80×28
250		250				250×80×32	250×80×40				
125	100	125		135	165	125×100×25	125×100×32	18×130	20×130	18×65×23	20×65×23
				165	200	125×100×32	125×100×40	18×160	20×160	18×70×28	20×70×28
160		160	250			160×100×32	160×100×40	22×160	25×160	22×80×28	25×80×28
200		200				200×100×32	200×100×40				
250		250				250×100×32	250×100×40				
315		315	265	195	240	315×100×40	315×100×50	28×190	32×190	28×100×38	32×100×38
160	125	160	280	165	200	160×125×32	160×125×40	22×160	25×160	22×80×28	25×80×28
200		200				200×125×32	200×125×40				
250		250		195	240	250×125×40	250×125×50	28×190	32×190	28×100×38	32×100×38
315		315				315×125×40	315×125×50				
400		400				400×125×40	400×125×50				
200	160	200	335			200×160×40	200×160×50				
250		250				250×160×40	250×160×50				
315		315				315×160×40	315×160×50				
400		400				400×160×40	400×160×50				
500		500				500×160×40	500×160×50				
250	200	250	375			250×200×40	250×200×50				
315		315				315×200×40	315×200×50				
400		400				400×200×40	400×200×50				
500		500	400	240	280	500×200×50	500×200×63	35×230	40×230	35×125×48	40×125×48

表 1（续）

单位为毫米

凹模周界		外形尺寸		闭合高度 H		零件件号、名称及标准编号					
						1	2	3		4	
						上模座 GB/T 23566.2	下模座 GB/T 23562.2	导柱 GB/T 2861.1		导套 GB/T 2861.3	
						数　量					
L	B	L_1	B_1	最小	最大	1	1	1	1	1	1
						规　格					
315	250	315	425	195	240	315×250×40	315×250×50	28×190	32×190	28×100×38	32×100×38
400		400	450	240	280	400×250×50	400×250×63	35×230	40×230	35×125×48	40×125×48
500		500				500×250×50	500×250×63				
630		630				630×250×50	630×250×63				
315	315	315	530			315×315×50	315×315×63				
400		400				400×315×50	400×315×63				
500		500	560			500×315×50	500×315×63	45×230	50×230	45×125×48	50×125×48
630		630				630×315×50	630×315×63				
400	400	400	630			400×400×50	400×400×63				
500		500				500×400×50	500×400×63				
630		630		270	320	630×400×63	630×400×80	45×260	50×260	45×150×58	50×150×58
800		800				800×400×63	800×400×80				

4　要求

技术要求应符合 JB/T 8050 的规定。

5　标记

本部分对角导柱模架的标记应有下列内容：

a)　对角导柱模架；

b)　模架的凹模周界 $L \times B$，以毫米为单位；

c)　模架的闭合高度 H，以毫米为单位；

d)　模架的精度等级；

e)　本部分代号，即 GB/T 23565.2—2009。

示例：

L=200 mm、B=120 mm、H=165 mm、Ⅰ级精度的对角导柱模架的标记如下：

对角导柱模架 200×125×165-Ⅰ　GB/T 23565.2—2009

ICS 25.120.30
J 46

中华人民共和国国家标准

GB/T 23565.3—2009

冲模滑动导向钢板模架 第3部分：中间导柱模架

Sliding guide steel-plate die sets of stamping dies—Part 3：Center-pillar die sets

2009-04-02 发布　　2010-01-01 实施

中华人民共和国国家质量监督检验检疫总局
中国国家标准化管理委员会　发布

前　言

GB/T 23565《冲模滑动导向钢板模架》分为四部分：

——第 1 部分：后侧导柱模架；

——第 2 部分：对角导柱模架；

——第 3 部分：中间导柱模架；

——第 4 部分：四导柱模架。

本部分为 GB/T 23565 的第 3 部分。

本部分由全国模具标准化技术委员会(SAC/TC 33)提出并归口。

本部分起草单位：桂林电器科学研究所、桂林电子科技大学、杭州萧山精密模具标准件厂、镇江船山模架厂、佛山市南海区粤诚五金塑料模具有限公司。

本部分主要起草人：翁史振、廖宏谊、张玉琴、祁伟根、梁达志、奉双。

冲模滑动导向钢板模架
第3部分:中间导柱模架

1 范围

GB/T 23565的本部分规定了冲模滑动导向钢板模架中间导柱模架的尺寸规格和标记。

本部分适用于冲模滑动导向钢板模架的中间导柱模架。

2 规范性引用文件

下列文件中的条款通过GB/T 23565的本部分的引用而成为本部分的条款。凡是注日期的引用文件,其随后所有的修改单(不包括勘误的内容)或修订版均不适用于本部分,然而,鼓励根据本部分达成协议的各方研究是否可使用这些文件的最新版本。凡是不注日期的引用文件,其最新版本适用于本部分。

GB/T 2861.1 冲模导向装置 第1部分:滑动导向导柱

GB/T 2861.3 冲模导向装置 第3部分:滑动导向导套

GB/T 23562.3 冲模钢板下模座 第3部分:中间导柱下模座

GB/T 23566.3 冲模滑动导向钢板上模座 第3部分:中间导柱上模座

JB/T 8050 冲模模架技术条件

3 尺寸规格

滑动导向中间导柱模架结构和尺寸规格见图1、表1。

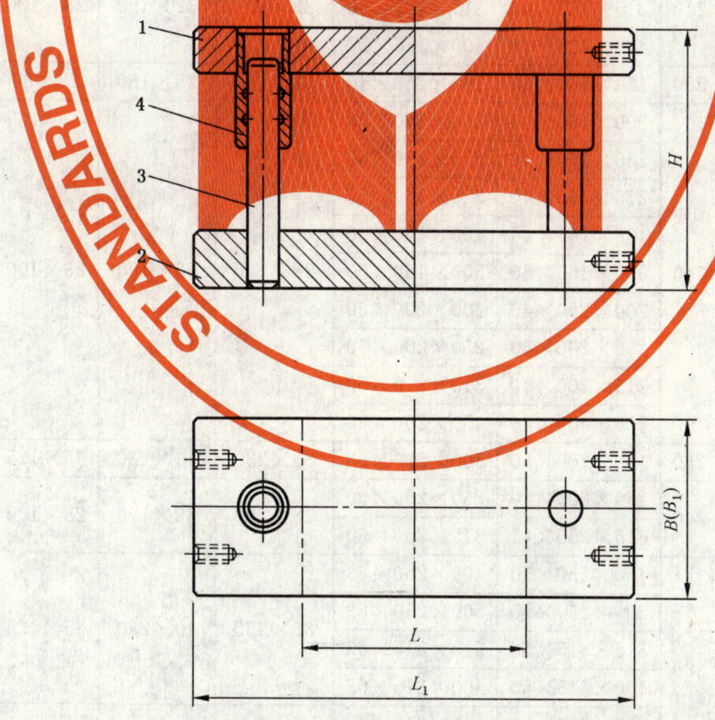

1——上模座; 3——导柱;

2——下模座; 4——导套。

注:允许采用可卸导柱。

图1 滑动导向中间导柱模架

表 1 滑动导向中间导柱模架尺寸规格 单位为毫米

<table>
<tr><td colspan="2" rowspan="4">凹模周界</td><td colspan="2" rowspan="4">外形尺寸</td><td colspan="2" rowspan="4">闭合高度
H</td><td colspan="6">零件件号、名称及标准编号</td></tr>
<tr><td>1</td><td>2</td><td colspan="2">3</td><td colspan="2">4</td></tr>
<tr><td>上模座
GB/T 23566.3</td><td>下模座
GB/T 23562.3</td><td colspan="2">导柱
GB/T 2861.1</td><td colspan="2">导套
GB/T 2861.3</td></tr>
<tr><td colspan="6">数量</td></tr>
<tr><td rowspan="2">L</td><td rowspan="2">B</td><td rowspan="2">L_1</td><td rowspan="2">B_1</td><td rowspan="2">最小</td><td rowspan="2">最大</td><td>1</td><td>1</td><td>1</td><td>1</td><td>1</td><td>1</td></tr>
<tr><td colspan="6">规格</td></tr>
<tr><td rowspan="2">100</td><td rowspan="8">100</td><td rowspan="2">215</td><td rowspan="8">100</td><td>135</td><td>165</td><td>100×100×25</td><td>100×100×32</td><td>18×130</td><td>20×130</td><td>18×65×23</td><td>20×65×23</td></tr>
<tr><td>165</td><td>200</td><td>100×100×32</td><td>100×100×40</td><td>18×160</td><td>20×160</td><td>18×70×28</td><td>20×70×28</td></tr>
<tr><td rowspan="2">125</td><td rowspan="2">250</td><td>135</td><td>165</td><td>125×100×25</td><td>125×100×32</td><td>18×130</td><td>20×130</td><td>18×65×23</td><td>20×65×23</td></tr>
<tr><td rowspan="4">165</td><td rowspan="4">200</td><td>125×100×32</td><td>125×100×40</td><td>18×160</td><td>20×160</td><td>18×70×28</td><td>20×70×28</td></tr>
<tr><td>160</td><td>315</td><td>160×100×32</td><td>160×100×40</td><td rowspan="3">22×160</td><td rowspan="3">25×160</td><td rowspan="3">22×80×28</td><td rowspan="3">25×80×28</td></tr>
<tr><td>200</td><td>355</td><td>200×100×32</td><td>200×100×40</td></tr>
<tr><td>250</td><td>400</td><td>250×100×32</td><td>250×100×40</td></tr>
<tr><td>315</td><td>475</td><td>195</td><td>240</td><td>315×100×40</td><td>315×100×50</td><td>28×190</td><td>32×190</td><td>28×100×38</td><td>32×100×38</td></tr>
<tr><td>125</td><td rowspan="4">125</td><td>280</td><td rowspan="6">125</td><td rowspan="3">165</td><td rowspan="3">200</td><td>125×125×32</td><td>125×125×40</td><td rowspan="3">22×160</td><td rowspan="3">25×160</td><td rowspan="3">22×80×28</td><td rowspan="3">25×80×28</td></tr>
<tr><td>160</td><td>315</td><td>160×125×32</td><td>160×125×40</td></tr>
<tr><td>200</td><td>355</td><td>200×125×32</td><td>200×125×40</td></tr>
<tr><td>250</td><td>400</td><td rowspan="3">195</td><td rowspan="3">240</td><td>250×125×40</td><td>250×125×50</td><td rowspan="3">28×190</td><td rowspan="3">32×190</td><td rowspan="3">28×100×38</td><td rowspan="3">32×100×38</td></tr>
<tr><td>315</td><td rowspan="2">125</td><td>475</td><td>315×125×40</td><td>315×125×50</td></tr>
<tr><td>400</td><td>560</td><td>400×125×40</td><td>400×125×50</td></tr>
<tr><td>160</td><td rowspan="6">160</td><td>315</td><td rowspan="6">160</td><td>165</td><td>200</td><td>160×160×32</td><td>160×160×40</td><td>22×160</td><td>25×160</td><td>22×80×28</td><td>25×80×28</td></tr>
<tr><td>200</td><td>355</td><td rowspan="9">195</td><td rowspan="9">240</td><td>200×160×40</td><td>200×160×50</td><td rowspan="9">28×190</td><td rowspan="9">32×190</td><td rowspan="9">28×100×38</td><td rowspan="9">32×100×38</td></tr>
<tr><td>250</td><td>425</td><td>250×160×40</td><td>250×160×50</td></tr>
<tr><td>315</td><td>475</td><td>315×160×40</td><td>315×160×50</td></tr>
<tr><td>400</td><td>560</td><td>400×160×40</td><td>400×160×50</td></tr>
<tr><td>500</td><td>670</td><td>500×160×50</td><td>500×160×50</td></tr>
<tr><td>200</td><td rowspan="5">200</td><td>375</td><td rowspan="5">200</td><td>200×200×40</td><td>200×200×50</td></tr>
<tr><td>250</td><td>425</td><td>250×200×40</td><td>250×200×50</td></tr>
<tr><td>315</td><td>475</td><td>315×200×40</td><td>315×200×50</td></tr>
<tr><td>400</td><td>560</td><td>400×200×40</td><td>400×200×50</td></tr>
<tr><td>500</td><td>710</td><td>240</td><td>280</td><td>500×200×50</td><td>500×200×63</td><td>35×230</td><td>40×230</td><td>35×125×48</td><td>40×125×48</td></tr>
<tr><td>250</td><td rowspan="4">250</td><td>425</td><td rowspan="4">250</td><td rowspan="2">195</td><td rowspan="2">240</td><td>250×250×40</td><td>250×250×50</td><td rowspan="2">28×190</td><td rowspan="2">32×190</td><td rowspan="2">28×100×38</td><td rowspan="2">32×100×38</td></tr>
<tr><td>315</td><td>475</td><td>315×250×40</td><td>315×250×50</td></tr>
<tr><td>400</td><td>600</td><td rowspan="6">240</td><td rowspan="6">280</td><td>400×250×50</td><td>400×250×63</td><td rowspan="4">35×230</td><td rowspan="4">40×230</td><td rowspan="4">35×125×48</td><td rowspan="4">40×125×48</td></tr>
<tr><td>500</td><td>710</td><td>500×250×50</td><td>500×250×63</td></tr>
<tr><td>315</td><td rowspan="4">315</td><td>530</td><td rowspan="4">315</td><td>315×315×50</td><td>315×315×63</td></tr>
<tr><td>400</td><td>600</td><td>400×315×50</td><td>400×315×63</td></tr>
<tr><td>500</td><td>750</td><td>500×315×50</td><td>500×315×63</td><td rowspan="3">45×230</td><td rowspan="3">50×230</td><td rowspan="3">45×125×48</td><td rowspan="3">50×125×48</td></tr>
<tr><td>630</td><td>850</td><td>630×315×50</td><td>630×315×63</td></tr>
<tr><td>500</td><td rowspan="2">400</td><td>750</td><td rowspan="2">400</td><td>240</td><td>280</td><td>500×400×50</td><td>500×400×63</td></tr>
<tr><td>630</td><td>850</td><td>270</td><td>320</td><td>630×400×63</td><td>630×400×80</td><td>45×260</td><td>50×260</td><td>45×150×58</td><td>50×150×58</td></tr>
</table>

4 要求

技术要求应符合 JB/T 8050 的规定。

5 标记

本部分中间导柱模架的标记应有下列内容：

a) 中间导柱模架；

b) 模架的凹模周界 $L \times B$,以毫米为单位；

c) 模架的闭合高度 H,以毫米为单位；

d) 模架的精度等级；

e) 本部分代号，即 GB/T 23565.3—2009。

示例：

L=200 mm、B=160 mm、H=195 mm、Ⅰ级精度的中间导柱模架的标记如下：

中间导柱模架 200×165×195-Ⅰ GB/T 23565.3—2009

ICS 25.120.30
J 46

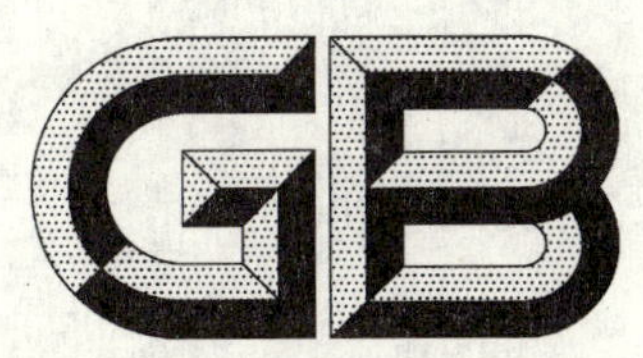

中华人民共和国国家标准

GB/T 23565.4—2009

冲模滑动导向钢板模架 第4部分:四导柱模架

Sliding guide steel-plate die sets of stamping dies—Part 4:Four-pillar die sets

2009-04-02 发布　　　　2010-01-01 实施

中华人民共和国国家质量监督检验检疫总局
中国国家标准化管理委员会　发布

前 言

GB/T 23565《冲模滑动导向钢板模架》分为四部分：

——第1部分：后侧导柱模架；

——第2部分：对角导柱模架；

——第3部分：中间导柱模架；

——第4部分：四导柱模架。

本部分为GB/T 23565的第4部分。

本部分由全国模具标准化技术委员会(SAC/TC 33)提出并归口。

本部分起草单位：桂林电器科学研究所、桂林电子科技大学、杭州萧山精密模具标准件厂、镇江船山模架厂、佛山市南海区粤诚五金塑料模具有限公司。

本部分主要起草人：翁史振、廖宏谊、张玉琴、祁伟根、梁达志、奉双。

冲模滑动导向钢板模架
第4部分:四导柱模架

1 范围

GB/T 23565 的本部分规定了冲模滑动导向钢板模架四导柱模架的尺寸规格和标记。

本部分适用于冲模滑动导向钢板模架的四导柱模架。

2 规范性引用文件

下列文件中的条款通过 GB/T 23565 的本部分的引用而成为本部分的条款。凡是注日期的引用文件,其随后所有的修改单(不包括勘误的内容)或修订版均不适用于本部分,然而,鼓励根据本部分达成协议的各方研究是否可使用这些文件的最新版本。凡是不注日期的引用文件,其最新版本适用于本部分。

GB/T 2861.1　冲模导向装置　第1部分:滑动导向导柱

GB/T 2861.3　冲模导向装置　第3部分:滑动导向导套

GB/T 23562.4　冲模钢板下模座　第4部分:四导柱下模座

GB/T 23566.4　冲模滑动导向钢板上模座　第4部分:四导柱上模座

JB/T 8050　冲模模架技术条件

3 尺寸规格

滑动导向四导柱模架结构和尺寸规格见图1、表1。

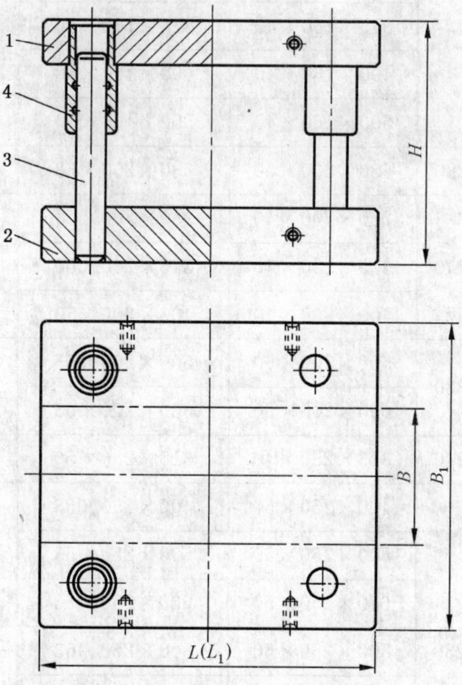

1——上模座;

2——下模座;

3——导柱;

4——导套。

注:允许采用可卸导柱。

图1　滑动导向四导柱模架

表 1　滑动导向四导柱模架尺寸规格　　单位为毫米

凹模周界		外形尺寸		闭合高度 H		零件件号、名称及标准编号			
						1 上模座 GB/T 23566.4	2 下模座 GB/T 23562.4	3 导柱 GB/T 2861.1	4 导套 GB/T 2861.3
						数量			
						1	1	4	4
L	B	L_1	B_1	最小	最大	规格			
160	100	160	250	165	200	160×100×32	160×100×40	25×160	25×80×28
200		200				200×100×32	200×100×40		
250		250				250×100×32	250×100×40		
315		315	265	195	240	315×100×40	315×100×50	32×190	32×100×38
400		400				400×100×40	400×100×50		
200	125	200		165	200	200×125×32	200×125×40	25×160	25×80×28
250		250	280	195	240	250×125×40	250×125×50	32×190	32×100×38
315		315				315×125×40	315×125×50		
400		400				400×125×40	400×125×50		
500		500				500×125×40	500×125×50		
250	160	250	315			250×160×40	250×160×50		
315		315				315×160×40	315×160×50		
400		400				400×160×40	400×160×50		
500		500				500×160×40	500×160×50		
630		630		240	280	630×200×50	630×200×63	40×230	40×125×48
250	200	250	355	195	240	250×200×40	250×200×50	32×190	32×100×38
315		315				315×200×40	315×200×50		
400		400				400×200×40	400×200×50		
500		500	400	240	280	500×200×50	500×200×63	40×230	40×125×48
630		630				630×200×50	630×200×63		
315	250	315	425	195	240	315×250×40	315×250×50	32×190	32×100×38
400		400	450	240	280	400×250×50	400×250×63	40×230	40×125×48
500		500				500×250×50	500×250×63		
630		630				630×250×50	630×250×63		
800		800				800×250×50	800×250×63		
400	315	400	530			400×315×50	400×315×63		
500		500	560			500×315×50	500×315×63	50×230	50×125×48
630		630				630×315×50	630×315×63		
800		800		270	320	800×315×63	800×315×80	50×260	50×150×58

表 1（续） 单位为毫米

凹模周界		外形尺寸		闭合高度 H		零件件号、名称及标准编号			
						1	2	3	4
						上模座 GB/T 23566.4	下模座 GB/T 23562.4	导柱 GB/T 2861.1	导套 GB/T 2861.3
						数量			
L	B	L_1	B_1	最小	最大	1	1	4	4
						规格			
500	400	500	630	240	280	500×400×50	500×400×63	50×230	50×125×48
630		630		270	320	630×400×63	630×400×80	50×260	50×150×58
800		800				800×400×63	800×400×80		
1 000		1 000	670	330	370	1 000×400×80	1 000×400×100	60×320	60×170×73
630	500	630	750	270	320	630×500×63	630×500×80	50×260	50×150×58
800		800		330	370	800×500×80	800×500×100	60×320	60×170×73
1 000		1 000				1 000×500×80	1 000×500×100		
1 000	630	1 000	900			1 000×630×80	1 000×630×100		

4 要求

技术要求应符合 JB/T 8050 的规定。

5 标记

本部分四导柱模架的标记应有下列内容：

a) 四导柱模架；

b) 模架的凹模周界 $L \times B$，以毫米为单位；

c) 模架的闭合高度 H，以毫米为单位；

d) 模架的精度等级；

e) 本部分代号，即 GB/T 23565.4—2009。

示例：

L=250 mm、B=200 mm、H=195 mm、Ⅰ级精度的四导柱模架的标记如下：

四导柱模架 250×200×195-Ⅰ GB/T 23565.4—2009

ICS 25.120.30
J 46

中华人民共和国国家标准

GB/T 23566.1—2009

冲模滑动导向钢板上模座 第1部分:后侧导柱上模座

Sliding guide steel-plate punch holders of stamping dies—Part 1:Rear-pillar punch holders

2009-04-02 发布　　2010-01-01 实施

中华人民共和国国家质量监督检验检疫总局
中国国家标准化管理委员会　发布

前言

GB/T 23566《冲模滑动导向钢板上模座》分为四部分：

——第1部分：后侧导柱上模座；

——第2部分：对角导柱上模座；

——第3部分：中间导柱上模座；

——第4部分：四导柱上模座。

本部分为GB/T 23566的第1部分。

本部分由全国模具标准化技术委员会(SAC/TC 33)提出并归口。

本部分起草单位：桂林电器科学研究所、桂林电子科技大学、杭州萧山精密模具标准件厂、镇江船山模架厂、佛山市南海区粤诚五金塑料模具有限公司。

本部分主要起草人：翁史振、廖宏谊、张玉琴、祁伟根、梁达志、奉双。

冲模滑动导向钢板上模座
第1部分：后侧导柱上模座

1 范围

GB/T 23566的本部分规定了冲模滑动导向钢板上模座后侧导柱上模座的尺寸规格和标记。

本部分适用于冲模滑动导向钢板上模座的后侧导柱上模座。

2 规范性引用文件

下列文件中的条款通过GB/T 23566的本部分的引用而成为本部分的条款。凡是注日期的引用文件，其随后所有的修改单(不包括勘误的内容)或修订版均不适用于本部分，然而，鼓励根据本部分达成协议的各方研究是否可使用这些文件的最新版本。凡是不注日期的引用文件，其最新版本适用于本部分。

JB/T 8050　冲模模架技术条件

JB/T 8070—2008　冲模模架零件技术条件

3 尺寸规格

滑动导向后侧导柱上模座的结构和尺寸规格见图1、表1。

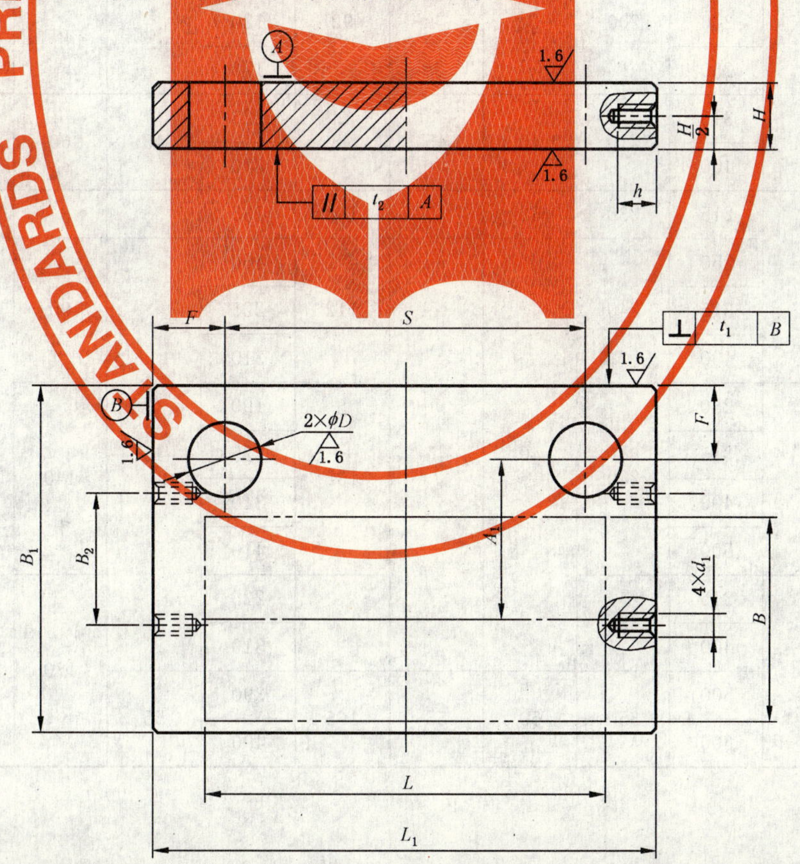

注：未注表面粗糙度 $Ra6.3\ \mu m$。

吊装螺孔的位置尺寸由制造者确定。

图1　滑动导向后侧导柱上模座

表 1　滑动导向后侧导柱上模座尺寸规格

单位为毫米

<table>
<tr><th colspan="2">凹模周界</th><th rowspan="2">L_1</th><th rowspan="2">B_1</th><th rowspan="2">H</th><th rowspan="2">F</th><th rowspan="2">A_1</th><th rowspan="2">S</th><th rowspan="2">D H7</th><th rowspan="2">B_2</th><th rowspan="2">d_1-7H</th><th rowspan="2">h</th></tr>
<tr><th>L</th><th>B</th></tr>
<tr><td rowspan="2">100</td><td rowspan="8">80</td><td rowspan="2">140</td><td rowspan="6">140</td><td>25</td><td rowspan="6">32</td><td rowspan="6">65</td><td rowspan="2">76</td><td rowspan="6">32</td><td rowspan="15">—</td><td rowspan="15">—</td><td rowspan="15">—</td></tr>
<tr><td>32</td></tr>
<tr><td rowspan="2">125</td><td rowspan="2">160</td><td>25</td><td rowspan="2">96</td></tr>
<tr><td>32</td></tr>
<tr><td rowspan="2">160</td><td rowspan="2">200</td><td>25</td><td rowspan="2">136</td></tr>
<tr><td rowspan="3">32</td></tr>
<tr><td>200</td><td>250</td><td rowspan="2">150</td><td rowspan="2">40</td><td rowspan="2">68</td><td>170</td><td rowspan="2">38</td></tr>
<tr><td>250</td><td>315</td><td>235</td></tr>
<tr><td>125</td><td rowspan="4">100</td><td>160</td><td>160</td><td>25</td><td>32</td><td>75</td><td>96</td><td>32</td></tr>
<tr><td>160</td><td>200</td><td rowspan="3">170</td><td rowspan="6">32</td><td rowspan="6">40</td><td rowspan="3">78</td><td>120</td><td rowspan="6">38</td></tr>
<tr><td>200</td><td>250</td><td>170</td></tr>
<tr><td>250</td><td>315</td><td>235</td></tr>
<tr><td>125</td><td rowspan="5">125</td><td>160</td><td rowspan="3">200</td><td rowspan="3">92</td><td>80</td></tr>
<tr><td>160</td><td>200</td><td>120</td></tr>
<tr><td>200</td><td>250</td><td>170</td></tr>
<tr><td>250</td><td>315</td><td rowspan="2">210</td><td rowspan="2">40</td><td rowspan="2">45</td><td rowspan="2">98</td><td>225</td><td rowspan="2">45</td><td rowspan="2">60</td><td rowspan="2">M12</td><td rowspan="2">25</td></tr>
<tr><td>315</td><td>400</td><td>310</td></tr>
<tr><td>160</td><td rowspan="4">160</td><td>215</td><td>230</td><td>32</td><td>40</td><td>108</td><td>135</td><td>38</td><td>—</td><td>—</td><td>—</td></tr>
<tr><td>200</td><td>250</td><td rowspan="3">240</td><td rowspan="9">40</td><td rowspan="9">45</td><td rowspan="3">112</td><td>160</td><td rowspan="9">45</td><td rowspan="3">90</td><td rowspan="11">M12</td><td rowspan="11">25</td></tr>
<tr><td>250</td><td>315</td><td>225</td></tr>
<tr><td>315</td><td>400</td><td>310</td></tr>
<tr><td>200</td><td rowspan="4">200</td><td>280</td><td rowspan="4">280</td><td rowspan="4">132</td><td>190</td><td rowspan="4">140</td></tr>
<tr><td>250</td><td>315</td><td>225</td></tr>
<tr><td>315</td><td>400</td><td>310</td></tr>
<tr><td>400</td><td>500</td><td>410</td></tr>
<tr><td>250</td><td rowspan="4">250</td><td>315</td><td rowspan="2">335</td><td rowspan="2">160</td><td>225</td><td rowspan="4">170</td></tr>
<tr><td>315</td><td>400</td><td>310</td></tr>
<tr><td>400</td><td>500</td><td rowspan="2">350</td><td rowspan="2">50</td><td rowspan="2">55</td><td rowspan="2">165</td><td>390</td><td rowspan="2">55</td></tr>
<tr><td>500</td><td>600</td><td>490</td></tr>
</table>

4　材料和硬度

材料和硬度由制造者选定。

5 要求

图1形位公差 t_1、t_2 应符合 JB/T 8070—2008 表 1、表 2 的规定；孔距 S 的制造精度应符合 JB/T 8050对模架装配的要求。

其余技术要求应符合 JB/T 8070—2008 的规定。

6 标记

本部分后侧导柱上模座的标记应有下列内容：

a) 后侧导柱上模座；

b) 模座的凹模周界 $L \times B$，以毫米为单位；

c) 模座厚度 H，以毫米为单位；

d) 本部分代号，即 GB/T 23566.1—2009。

示例：

L=200 mm、B=200 mm、H=40 mm 的后侧导柱上模座的标记如下：

后侧导柱上模座 200×200×40 GB/T 23566.1—2009

ICS 25.120.30
J 46

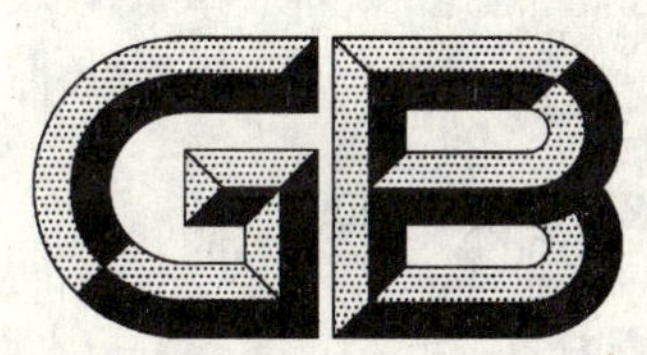

中华人民共和国国家标准

GB/T 23566.2—2009

冲模滑动导向钢板上模座 第2部分:对角导柱上模座

Sliding guide steel-plate punch holders of stamping dies—Part 2:Diagonal-pillar punch holders

2009-04-02 发布　　　　2010-01-01 实施

中华人民共和国国家质量监督检验检疫总局
中国国家标准化管理委员会　发布

前 言

GB/T 23566《冲模滑动导向钢板上模座》分为四部分：

——第1部分：后侧导柱上模座；

——第2部分：对角导柱上模座；

——第3部分：中间导柱上模座；

——第4部分：四导柱上模座。

本部分为GB/T 23566的第2部分。

本部分由全国模具标准化技术委员会(SAC/TC 33)提出并归口。

本部分起草单位：桂林电器科学研究所、桂林电子科技大学、杭州萧山精密模具标准件厂、镇江船山模架厂、佛山市南海区粤诚五金塑料模具有限公司。

本部分主要起草人：翁史振、廖宏谊、张玉琴、祁伟根、梁达志、奉双。

冲模滑动导向钢板上模座
第2部分:对角导柱上模座

1 范围

GB/T 23566的本部分规定了冲模滑动导向钢板上模座对角导柱上模座的尺寸规格和标记。

本部分适用于冲模滑动导向钢板上模座的对角导柱上模座。

2 规范性引用文件

下列文件中的条款通过GB/T 23566的本部分的引用而成为本部分的条款。凡是注日期的引用文件,其随后所有的修改单(不包括勘误的内容)或修订版均不适用于本部分,然而,鼓励根据本部分达成协议的各方研究是否可使用这些文件的最新版本。凡是不注日期的引用文件,其最新版本适用于本部分。

JB/T 8050 冲模模架技术条件

JB/T 8070—2008 冲模模架零件技术条件

3 尺寸规格

滑动导向对角导柱上模座的结构和尺寸规格见图1、表1。

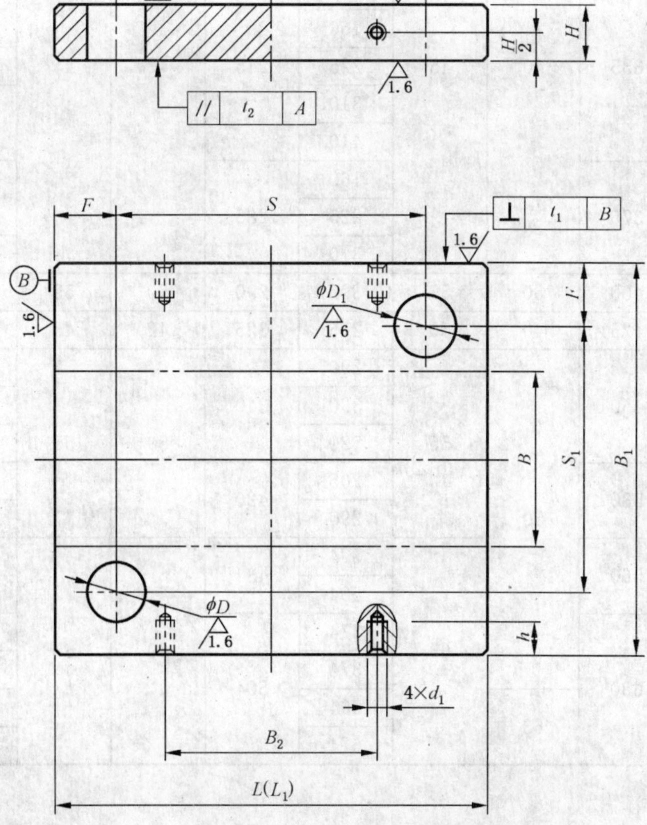

注:未注表面粗糙度 $Ra6.3\ \mu m$。

图1 滑动导向对角导柱上模座

表 1　滑动导向对角导柱上模座尺寸规格　　　　单位为毫米

凹模周界		L_1	B_1	H	F	S	S_1	D H7	D_1 H7	B_2	d_1-7H	h
L	B											
100		100		25		36						
				32								
125		125	200	25	32	61	136	28	32			
				32								
160	80	160		25		96						
200		200		32	40	120	145	35	38	—	—	—
250		250	225			170						
125		125		25	32	61	161	28	32			
160		160		32		80						
200	100	200	250		40	120	170	35	38			
250		250				170						
315		315	265	40	45	225	175	42	45	155	M12	25
160		160		32	40	80	200	35	38	—	—	—
200		200				120						
250	125	250	280			160				100		
315		315				225	190			155	M12	25
400		400				310				220		
200		200				110				—	—	—
250		250				160				100		
315	160	315	335	40	45	225	245	42	45	155		
400		400				310				220		
500		500				410				320		
250		250				160				80	M12	25
315		315	375			225	285			155		
400	200	400				310				220		
500		500	400	50	55	390	290	50	55	300		
315		315	425	40	50	215	325	42	45	145		
400	250	400				290				200		
500		500	450			390	340			300		
630		630			55	520		50	55	430		
315		315				205				115		
400		400	530	50		290	420			200		
500	315	500	560			374	434			280	M16	30
630		630				504				380		
400		400				274				180		
500		500			63	374		60	65	280		
630	400	630	630			504	504			380		
800		800		63		674				550	M20	35

4　材料和硬度

材料和硬度由制造者选定。

5 要求

图1形位公差 t_1、t_2 应符合 JB/T 8070—2008 表1、表2的规定；孔距 S、S_1 的制造精度应符合 JB/T 8050对模架装配的要求。

其余技术要求应符合 JB/T 8070—2008 的规定。

6 标记

本部分对角导柱上模座的标记应有下列内容：

a) 对角导柱上模座；

b) 模座的凹模周界 $L\times B$，以毫米为单位；

c) 模座厚度 H，以毫米为单位；

d) 本部分代号，即 GB/T 23566.2—2009。

示例：

L=125 mm、B=100 mm、H=25 mm 的对角导柱上模座的标记如下：

对角导柱上模座 125×100×25 GB/T 23566.2—2009

ICS 25.120.30
J 46

中华人民共和国国家标准

GB/T 23566.3—2009

冲模滑动导向钢板上模座
第3部分：中间导柱上模座

Sliding guide steel-plate punch holders of stamping dies—
Part 3：Center-pillar punch holders

2009-04-02 发布　　2010-01-01 实施

中华人民共和国国家质量监督检验检疫总局
中国国家标准化管理委员会　发布

前　言

GB/T 23566《冲模滑动导向钢板上模座》分为四部分：

——第 1 部分：后侧导柱上模座；

——第 2 部分：对角导柱上模座；

——第 3 部分：中间导柱上模座；

——第 4 部分：四导柱上模座。

本部分为 GB/T 23566 的第 3 部分。

本部分由全国模具标准化技术委员会(SAC/TC 33)提出并归口。

本部分起草单位：桂林电器科学研究所、桂林电子科技大学、杭州萧山精密模具标准件厂、镇江船山模架厂、佛山市南海区粤诚五金塑料模具有限公司。

本部分主要起草人：翁史振、廖宏谊、张玉琴、祁伟根、梁达志、奉双。

冲模滑动导向钢板上模座
第3部分：中间导柱上模座

1 范围

GB/T 23566的本部分规定了冲模滑动导向钢板上模座中间导柱上模座的尺寸规格和标记。

本部分适用于冲模滑动导向钢板上模座的中间导柱上模座。

2 规范性引用文件

下列文件中的条款通过GB/T 23566的本部分的引用而成为本部分的条款。凡是注日期的引用文件，其随后所有的修改单(不包括勘误的内容)或修订版均不适用于本部分，然而，鼓励根据本部分达成协议的各方研究是否可使用这些文件的最新版本。凡是不注日期的引用文件，其最新版本适用于本部分。

JB/T 8050　冲模模架技术条件

JB/T 8070—2008　冲模模架零件技术条件

3 尺寸规格

滑动导向中间导柱上模座的结构和尺寸规格见图1、表1。

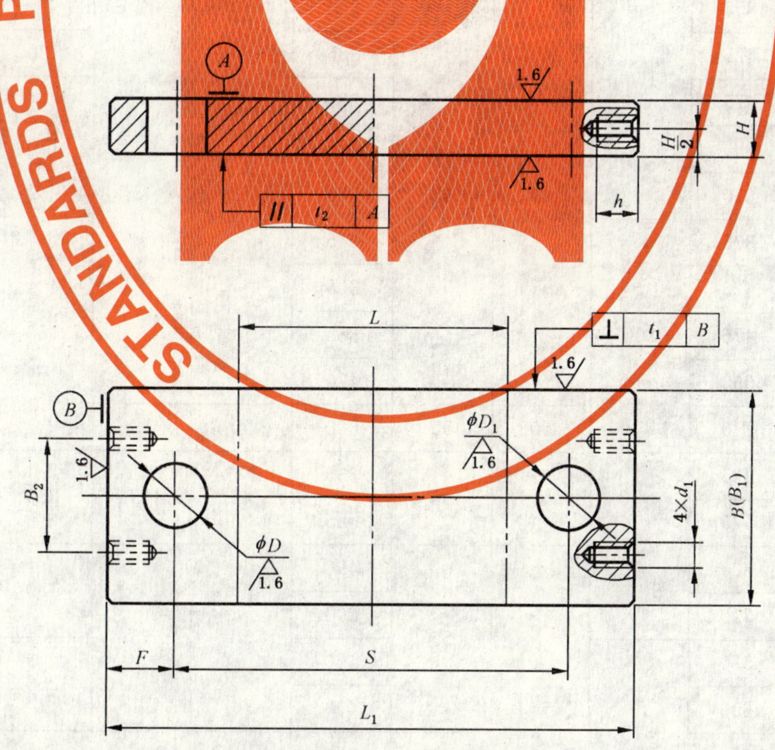

注：未注表面粗糙度 $Ra6.3\ \mu m$。

图1　滑动导向中间导柱上模座

表 1　滑动导向中间导柱上模座尺寸规格　　单位为毫米

<table>
<tr><th colspan="2">凹模周界</th><th rowspan="2">L_1</th><th rowspan="2">B_1</th><th rowspan="2">H</th><th rowspan="2">F</th><th rowspan="2">S</th><th rowspan="2">D H7</th><th rowspan="2">D_1 H7</th><th rowspan="2">B_2</th><th rowspan="2">d_1-7H</th><th rowspan="2">h</th></tr>
<tr><th>L</th><th>B</th></tr>
<tr><td rowspan="2">100</td><td rowspan="8">100</td><td rowspan="2">215</td><td rowspan="8">100</td><td>25</td><td rowspan="4">32</td><td rowspan="2">151</td><td rowspan="4">28</td><td rowspan="4">32</td><td rowspan="13">—</td><td rowspan="13">—</td><td rowspan="13">—</td></tr>
<tr><td>32</td></tr>
<tr><td rowspan="2">125</td><td rowspan="2">250</td><td>25</td><td rowspan="2">186</td></tr>
<tr><td rowspan="4">32</td></tr>
<tr><td>160</td><td>315</td><td rowspan="3">40</td><td>235</td><td rowspan="3">35</td><td rowspan="3">38</td></tr>
<tr><td>200</td><td>355</td><td>275</td></tr>
<tr><td>250</td><td>400</td><td>320</td></tr>
<tr><td>315</td><td>475</td><td>40</td><td>45</td><td>385</td><td>42</td><td>45</td></tr>
<tr><td>125</td><td rowspan="6">125</td><td>280</td><td rowspan="6">125</td><td rowspan="3">32</td><td rowspan="3">40</td><td>200</td><td rowspan="3">35</td><td rowspan="3">38</td></tr>
<tr><td>160</td><td>315</td><td>235</td></tr>
<tr><td>200</td><td>355</td><td>275</td></tr>
<tr><td>250</td><td>400</td><td rowspan="3">40</td><td rowspan="3">45</td><td>310</td><td rowspan="3">42</td><td rowspan="3">45</td></tr>
<tr><td>315</td><td>475</td><td>385</td></tr>
<tr><td>400</td><td>560</td><td>470</td><td>75</td><td>M12</td><td>25</td></tr>
<tr><td>160</td><td rowspan="6">160</td><td>315</td><td rowspan="6">160</td><td>32</td><td>40</td><td>235</td><td>35</td><td>38</td><td rowspan="2">—</td><td rowspan="2">—</td><td rowspan="2">—</td></tr>
<tr><td>200</td><td>355</td><td rowspan="9">40</td><td rowspan="9">45</td><td>265</td><td rowspan="9">42</td><td rowspan="9">45</td></tr>
<tr><td>250</td><td>425</td><td>335</td><td>120</td><td rowspan="15">M12</td><td rowspan="15">25</td></tr>
<tr><td>315</td><td>475</td><td>385</td><td rowspan="3">110</td></tr>
<tr><td>400</td><td>560</td><td>470</td></tr>
<tr><td>500</td><td>670</td><td>580</td></tr>
<tr><td>200</td><td rowspan="5">200</td><td>375</td><td rowspan="5">200</td><td>285</td><td rowspan="5">150</td></tr>
<tr><td>250</td><td>425</td><td>335</td></tr>
<tr><td>315</td><td>475</td><td>385</td></tr>
<tr><td>400</td><td>560</td><td>470</td></tr>
<tr><td>500</td><td>710</td><td>50</td><td>55</td><td>600</td><td>50</td><td>55</td></tr>
<tr><td>250</td><td rowspan="4">250</td><td>425</td><td rowspan="4">250</td><td rowspan="2">40</td><td rowspan="2">45</td><td>335</td><td rowspan="2">42</td><td rowspan="2">45</td><td rowspan="2">200</td></tr>
<tr><td>315</td><td>475</td><td>385</td></tr>
<tr><td>400</td><td>600</td><td rowspan="7">50</td><td rowspan="4">55</td><td>490</td><td rowspan="4">50</td><td rowspan="4">55</td><td rowspan="2">190</td></tr>
<tr><td>500</td><td>710</td><td>600</td></tr>
<tr><td>315</td><td rowspan="4">315</td><td>530</td><td rowspan="4">315</td><td>420</td><td rowspan="2">255</td></tr>
<tr><td>400</td><td>600</td><td>490</td></tr>
<tr><td>500</td><td>750</td><td rowspan="4">63</td><td>624</td><td rowspan="4">60</td><td rowspan="4">65</td><td rowspan="2">235</td><td rowspan="4">M16</td><td rowspan="4">30</td></tr>
<tr><td>630</td><td>850</td><td>724</td></tr>
<tr><td>500</td><td rowspan="2">400</td><td>750</td><td rowspan="2">400</td><td>624</td><td rowspan="2">320</td></tr>
<tr><td>630</td><td>850</td><td>63</td><td>724</td></tr>
</table>

4 材料和硬度

材料和硬度由制造者选定。

5 要求

图1形位公差 t_1、t_2 应符合 JB/T 8070—2008 表1、表2的规定;孔距 S 的制造精度应符合 JB/T 8050对模架装配的要求。

其余技术要求应符合 JB/T 8070—2008 的规定。

6 标记

本部分中间导柱上模座的标记应有下列内容:

a) 中间导柱上模座;

b) 模座的凹模周界 $L \times B$,以毫米为单位;

c) 模座厚度 H,以毫米为单位;

d) 本部分代号,即 GB/T 23566.3—2009。

示例:

L=160 mm、B=160 mm、H=32 mm 的中间导柱上模座的标记如下:

中间导柱上模座 160×160×32 GB/T 23566.3—2009

ICS 25.120.30
J 46

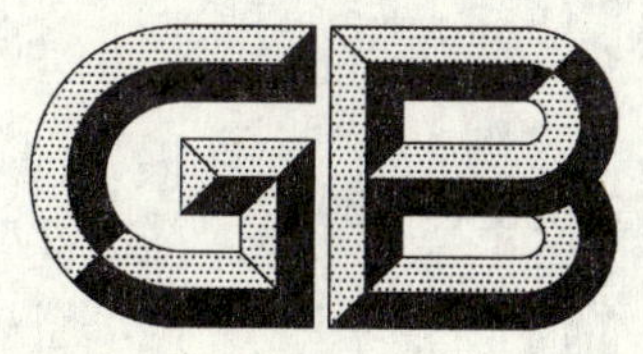

中华人民共和国国家标准

GB/T 23566.4—2009

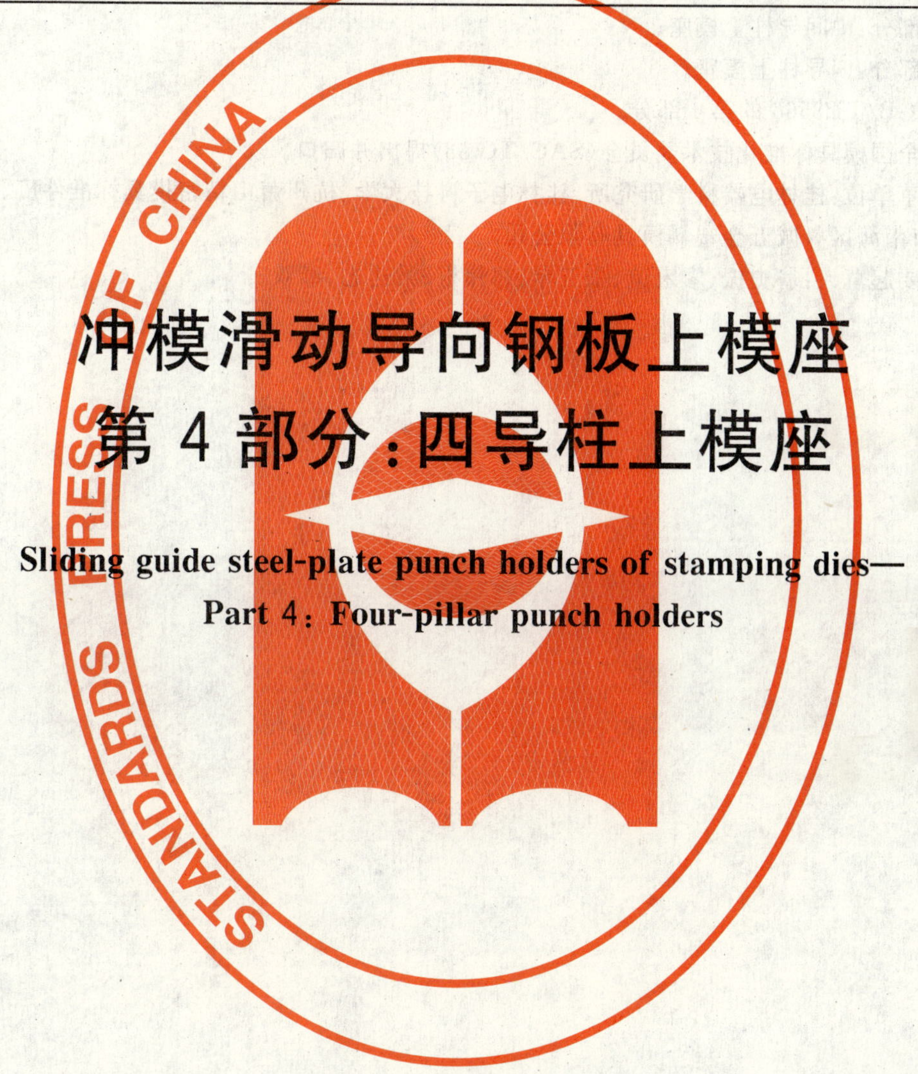

冲模滑动导向钢板上模座 第4部分:四导柱上模座

Sliding guide steel-plate punch holders of stamping dies—Part 4: Four-pillar punch holders

2009-04-02 发布　　2010-01-01 实施

中华人民共和国国家质量监督检验检疫总局
中国国家标准化管理委员会　发布

前　言

GB/T 23566《冲模滑动导向钢板上模座》分为四部分：

——第1部分：后侧导柱上模座；

——第2部分：对角导柱上模座；

——第3部分：中间导柱上模座；

——第4部分：四导柱上模座。

本部分为 GB/T 23566 的第4部分。

本部分由全国模具标准化技术委员会(SAC/TC 33)提出并归口。

本部分起草单位：桂林电器科学研究所、桂林电子科技大学、杭州萧山精密模具标准件厂、镇江船山模架厂、佛山市南海区粤诚五金塑料模具有限公司。

本部分主要起草人：翁史振、廖宏谊、张玉琴、祁伟根、梁达志、奉双。

冲模滑动导向钢板上模座
第4部分:四导柱上模座

1 范围

GB/T 23566的本部分规定了冲模滑动导向钢板上模座四导柱上模座的尺寸规格和标记。

本部分适用于冲模滑动导向钢板上模座的四导柱上模座。

2 规范性引用文件

下列文件中的条款通过GB/T 23566的本部分的引用而成为本部分的条款。凡是注日期的引用文件,其随后所有的修改单(不包括勘误的内容)或修订版均不适用于本部分,然而,鼓励根据本部分达成协议的各方研究是否可使用这些文件的最新版本。凡是不注日期的引用文件,其最新版本适用于本部分。

JB/T 8050 冲模模架技术条件

JB/T 8070—2008 冲模模架零件技术条件

3 尺寸规格

滑动导向四导柱上模座的结构和尺寸规格见图1、表1。

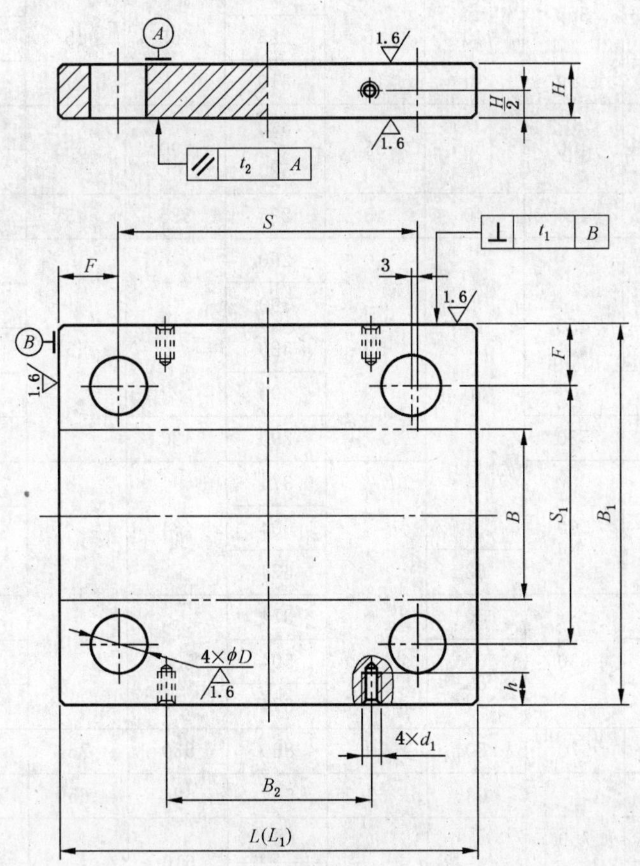

注:未注表面粗糙度 Ra6.3 μm。

图1 滑动导向四导柱上模座

表 1　滑动导向四导柱上模座尺寸规格

单位为毫米

凹模周界		L_1	B_1	H	F	S	S_1	D H7	B_2	d_1-7H	h
L	B										
160		160				80					
200		200	250	32	40	120	170	38	—	—	—
250	100	250				170					
315		315		40	45	225	175	45	155	M12	25
400		400	265			310			240		
200		200		32	40	120	185	38	—	—	—
250		250				160			100		
315	125	315	280			225	190		155		
400		400				310			240		
500		500		40	45	410		45	330		
250		250				160			100		
315		315	315			225	225		155		
400	160	400				310			230	M12	25
500		500				410			330		
630		630		50	55	520	245	55	430		
250		250	355			160			100		
315		315		40	45	225	265	45	150		
400	200	400				310			230		
500		500	400	50	55	390	290	55	300		
630		630				520			430	M16	30
315		315	425	40	45	225	335	45	150	M12	25
400		400				290			200		
500	250	500	450			390	340		300		
630		630			55	520		55	430		
800		800		50		690			600		
400		400	530			290	420		200		
500	315	500				374			280	M16	30
630		630	560			504	434		380		
800		800		63	63	674		65	550		
500		500		50		374			280		
630	400	630	630	63		504	504		380		
800		800				674			550		
1 000		1 000	670	80	70	860	530	76	700		
630		630		63	63	504	624	65	380	M20	35
800	500	800	750			660	610		500		
1 000		1 000		80	70	860		76	700		
1 000	630	1 000	900			860	760				

4 材料和硬度

材料和硬度由制造者选定。

5 要求

图 1 形位公差 t_1、t_2 应符合 JB/T 8070—2008 表 1、表 2 的规定；孔距 S、S_1 的制造精度应符合 JB/T 8050对模架装配的要求。

其余技术要求应符合 JB/T 8070—2008 的规定。

6 标记

本部分四导柱上模座的标记应有下列内容：

a) 四导柱上模座；

b) 模座的凹模周界 $L \times B$，以毫米为单位；

c) 模座厚度 H，以毫米为单位；

d) 本部分代号，即 GB/T 23566.4—2009。

示例：

L=400 mm、B=250 mm、H=40 mm 的四导柱上模座的标记如下：

四导柱上模座 400×250×40 GB/T 23566.4—2009

ICS 25.040.20
J 50

中华人民共和国国家标准

GB/T 23567.1—2009

数控机床可靠性评定
第1部分:总则

Reliability evaluation for numerical control machine tools—
Part 1:General rule

2009-04-13 发布 2010-01-01 实施

中华人民共和国国家质量监督检验检疫总局
中国国家标准化管理委员会 发布

前 言

GB/T 23567《数控机床可靠性评定》分为以下八个部分：

——第 1 部分：总则；

——第 2 部分：加工中心；

——第 3 部分：数控车床；

——第 4 部分：数控铣床；

——第 5 部分：数控磨床；

——第 6 部分：数控齿轮加工机床；

——第 7 部分：五轴联动机床；

——第 8 部分：复合加工机床。

本部分为 GB/T 23567 的第 1 部分。

本部分的附录 A 为规范性附录，附录 B、附录 C 和附录 D 为资料性附录。

本部分由中国机械工业联合会提出。

本部分由全国金属切削机床标准化技术委员会(SAC/TC 22)归口。

本部分起草单位：北京机床研究所，国家机床质量监督检验中心。

本部分主要起草人：张维、李祥文、赵钦志、官端阳。

数控机床可靠性评定
第1部分:总则

1 范围

GB/T 23567 的本部分规定了数控机床(以下简称机床)在进行可靠性验证、测定、评定时的故障判定原则、抽样原则、试验方法、数据处理、结果评定的总的要求。

本部分适用于数控机床产品的可靠性验证、测定、鉴定和评定。

各类数控机床可根据本部分的原则补充编制相应的可靠性评定方法和要求。

2 规范性引用文件

下列文件中的条款通过 GB/T 23567 的本部分的引用而成为本部分的条款。凡是注日期的引用文件,其随后所有的修改单(不包括勘误的内容)或修订版均不适用于本部分,然而,鼓励根据本部分达成协议的各方研究是否可使用这些文件的最新版本。凡是不注日期的引用文件,其最新版本适用于本部分。

GB/T 3187—1994 可靠性、维修性术语

3 术语和定义

GB/T 3187 确立的以及下列术语和定义适用于 GB/T 23567 的本部分。

3.1

故障 fault

产品不能执行规定功能的状态。预防性维修或其他计划性活动或缺乏外部资源的情况下除外。

故障通常是产品本身失效后的状态,但也可能在失效前就存在。

[GB/T 3187—1994,4.2.1]

3.2

关联故障 relevant fault

在解释试验或工作结果或者计算可靠性量值时必须计入的故障。计入的准则应加以规定。

[GB/T 3187—1994,4.1.13]

3.3

非关联故障 non-relevant fault

在解释试验或工作结果或者计算可靠性量值时应予排除的故障。

[GB/T 3187—1994,4.1.14]

3.4

误用故障 misuse fault

使用中超出产品允许范围引起的故障。

[GB/T 3187—1994,4.2.6]

3.5

误操作故障 mishandling fault

由于对产品操作不当或粗心引起的故障。

[GB/T 3187—1994,4.2.7]

3.6

间歇故障 intermittent fault

产品未经任何修复性维修而在有限的持续时间内自行恢复规定功能的故障。

这种故障往往是反复出现的。

[GB/T 3187—1994,4.2.17]

3.7

平均故障间隔时间 MTBF mean time between failures

相邻两故障间工作时间的平均值。

3.8

MTBF 的观测值(点估计) observed MTBF

产品总的累计工作时间除以关联故障数。

3.9

MTBF 的验证区间 demonstrated MTBF interval

在试验条件下真实 MTBF 的可能范围,即在所规定的置信度下对 MTBF 的区间估计。

3.10

平均修复时间 MTTR mean time to restoration

从发现故障到恢复规定性能所需时间的平均值。

3.11

预防性维护 preventive maintenance

为降低产品失效的概率或防止功能退化,按预定的时间间隔或时间准则实施的维护。

[GB/T 3187—1994,5.7]

3.12

验证试验 compliance test

验证产品的特性或性能是否符合规定要求的试验。

[GB/T 3187—1994,8.1.2]

3.13

测定试验 determination test

确定产品特性值或性能值的试验。

[GB/T 3187—1994,8.1.3]

3.14

定时截尾试验 time truncated test

为缩短试验时间,试验进行到一定时间即行停止试验。

4 故障判定

4.1 故障的判定原则

4.1.1 如果有若干功能丧失或性能指标超过了规定界限,而且它们是由同一个原因引起的,则判为机床只产生了一个故障。

4.1.2 如果有一项功能丧失或性能指标超过了规定界限,而且它是由两个或更多独立的故障原因引起,则每一个独立的故障均判为机床的一个故障。

4.1.3 如果在同一部位多次出现故障模式相同的间歇故障,则只判机床产生了一个故障。

4.1.4 故障模式相同,由同一个原因引起的重复发生的故障,则只判机床产生了一个故障。

4.2 故障的计数原则

4.2.1 计数原则

4.2.1.1 在计算机床的可靠性指标时，只计关联故障。

4.2.1.2 发生一次关联故障或符合4.1规定的故障应判定为一个故障次数。

4.2.1.3 停机监测或试验中止、结束时发现的故障，应计入故障数中。

4.2.2 不计数原则

4.2.2.1 非关联故障不计数，但在考核时应作记录。非关联故障包括：

a) 安装不当引起的故障；

b) 误用故障；

c) 误操作故障；

d) 维修不当引起的故障；

e) 试验装置故障引起的故障；

f) 试验条件超过设计规定所造成的故障；

g) 其他外界因素引起的故障。

4.2.2.2 按规定程序进行的预防性维修不作为故障计数，包括：

a) 按说明书规定的易损件的更换或损坏；

b) 必要的调整和调校。

凡是不符合规定程序进行的任何维修和保养，均作为关联故障计数。

4.2.2.3 在规定考核期截止范围以外的故障不计数。

5 抽样

5.1 抽样原则

5.1.1 样机应具有合格的性能和功能，或具有出厂合格证。

5.1.2 样机应为新产品或符合正常生产条件下生产的批量产品，并且为近两年内生产的产品。

5.1.3 样机应是按正常使用工况使用的产品。

5.1.4 样机试验单位应具有良好的设备管理手段。

5.2 抽样数量

根据抽样原则，在产品中随机抽样。抽样数量按表1的规定。

表1

试验方式	试验场试验	现场跟踪统计试验
抽样数量	≥1台～2台	年产量的5%或10台～50台

6 试验方式

6.1 试验方案

6.1.1 机床可靠性测定包括试验场试验和现场跟踪统计试验两种方法，两者可任选其一。

6.1.2 对于新研制的产品应采用试验场试验。

6.1.3 采用无替换的定时截尾试验方案。

6.2 试验定时截尾时间

6.2.1 采用试验场试验的每台样机累积相关试验时间 $T \geqslant 500$ h。

6.2.2 采用现场跟踪统计试验的每台样机累积相关试验时间 $T \geqslant 2\,000$ h。

7 试验条件

7.1 预检

7.1.1 试验前，按机床使用说明书或技术文件进行检查，确认合格后，方可进行试验。

7.1.2 试验前，不允许对机床进行任何质量方面的特殊处理。

7.2 试验环境条件

试验环境条件应符合试验规程的规定。

7.3 试验场试验工况

7.3.1 应尽量模拟机床的实际使用工况，并能充分暴露机床的故障。

7.3.2 采用加速方法进行试验的工况条件应符合下列要求：

——采用的加速方法应有明显的加速性；

——不能改变故障模式和故障机理；

——已知加速系数。

7.4 现场跟踪统计试验工况

7.4.1 机床的运行工况应具有代表性，并符合设计或产品说明书的规定。

7.4.2 选择的观察样机应尽可能在相似的工况条件下。

7.5 试验样机的预防性维护

试验过程中允许按规定程序进行预防性维护(如必须的更换、调整、润滑等)。

8 试验方法

8.1 试验场试验

8.1.1 试验内容

机床可靠性试验应至少包括以下内容：

——空运转试验；

——加载试验；

——静刚度试验；

——扭矩和功率加载试验；

——典型试件切削试验；

——空运转加速试验；

——安全试验。

8.1.2 试验要求

8.1.2.1 空运转试验

空运转试验按各类型机床技术条件标准的规定进行。

8.1.2.2 加载试验

8.1.2.2.1 在模拟工作状态下，对机床进行加载试验。

8.1.2.2.2 试验时，施加的载荷至少超过正常使用的载荷。

8.1.2.2.3 试验时，分别按规定的低、中、高载荷进行加载。中、高载荷加载的比例至少占50%以上。

8.1.2.2.4 试验时，每次加载的保持时间至少为5 min。

8.1.2.2.5 每次加载的间隔时间不超过1 min。

注：可根据各类机床特点施加相应的载荷。

8.1.2.3 静刚度试验

8.1.2.3.1 在模拟工作状态下，对机床进行静刚度加载试验。每个方向均应进行静刚度试验。

8.1.2.3.2 加载力不应超过设计规定的最高载荷。

8.1.2.3.3 每个方向的加载力应分三挡进行加载，并且每挡加载力应重复三次。

8.1.2.4 扭矩和功率加载试验

8.1.2.4.1 在模拟工作状态下，在机床低速运转下进行扭矩加载试验；在机床高速运转下进行功率试验。

8.1.2.4.2 试验时，施加的载荷至少超过正常使用的载荷。

8.1.2.4.3 试验时，分别按规定的低、中、高载荷进行加载。中、高载荷加载的比例至少占50%以上。

注1：可根据各类机床特点进行相应试验，如磨床可不进行扭矩加载试验。

注2：可根据各类机床特点施加相应的载荷。

8.1.2.5 典型试件切削试验

8.1.2.5.1 加工有关标准规定的典型试件或其他试件，可参照企业提供的切削规范或规定的加工要求，进行试件切削试验，考核机床在加工状态下的可靠性。

8.1.2.5.2 加工试件的数量由试验方确定。

8.1.2.6 空运转加速试验

在空运转试验内容基础上，数控程序的设置主轴采用中速和高速运转，并增加部件快速移动和主轴高速运行的时间，增大冷却液体的喷射量，增加模拟切削运动等。

8.1.2.7 安全试验

8.1.2.7.1 安全试验按相关安全标准的规定进行。一般应包括安全防护装置、联锁装置、控制装置、运动部件、排屑装置等试验。

8.1.2.7.2 机床动作安全试验的次数应至少20次，功能安全试验应至少10次，其他试验的次数按有关规定进行。

8.2 现场跟踪统计试验

一般应在机床工作3个月后进行可靠性现场跟踪统计试验。如需跟踪早期故障和正常使用期故障，可在机床开始工作起进行可靠性现场跟踪统计试验。

9 故障监测

9.1 每8 h检查一次样机的性能，包括：噪声，温度和温升，油、气渗漏，部件运转情况等。

9.2 每4 h检查工况条件，包括环境温度、相对温度、电源电压等。

9.3 试验场试验每台样机累积250 h以及在试验前、试验结束后，检查和记录样机的精度。

9.4 试验过程中一旦发生故障，应立即停机检查。

10 数据的采集

10.1 试验场试验

10.1.1 试验过程中应随时检查机床运行的情况，并做好记录(见附录B)。记录应准确，凡涂改之处应有记录人的签章并说明理由。

10.1.2 一旦发生故障，检验人员应根据故障判定原则、计数原则，对故障立即进行记录，并填写“故障记录表”(见附录C)、“故障分析报告”(见附录D)。

10.1.3 在试验过程中，达到寿命期限的耗损件和配套件的更换不计故障，但应作记录。

10.2 现场跟踪试验

10.2.1 机床可靠性现场跟踪试验的数据采集点应至少2个～3个。

10.2.2 试验过程中可由试验方或组织用户检查机床运行的情况，并做好记录(见附录B)。记录应准确，凡涂改之处应有记录人的签章并说明理由。

10.2.3 由用户进行数据采集时，应对用户进行培训，使用户明确有关定义和含义，掌握故障判定原则，并应向用户提供机床的故障记录表和故障分析报告。

10.2.4 试验方应定期到用户现场了解情况，并对具体问题予以指导，同时应定期或一次性对用户的记录和报告进行回收并负责保存。

10.2.5 一旦发生故障，检验方或用户应根据故障判定原则、计数原则，对故障立即进行记录，并填写“故障记录表”(见附录C)、“故障分析报告”(见附录D)。

10.2.6 对于达到寿命期限的耗损件和配套件的更换不计故障，但应作记录。

10.2.7 若观察期间未发现故障，或中途停止试验，可根据有关方法(如累积故障法等)处理中断数据。

11 可靠性评定指标

11.1 平均故障间隔时间 MTBF(指数分布)

注：对于符合其他分布的如威布尔分布，按这些分布的有关要求进行评定。

11.1.1 MTBF 的点估计

$$m = k\frac{\sum_{j=1}^{n} T_j}{\sum_{j=1}^{n} r_j} \quad \cdots\cdots(1)$$

式中：

m——MTBF 的点估计值；

n——样机数；

T_j——评定周期内第 j 台机床的累积工作时间，单位为小时(h)；

r_j——评定周期内第 j 台机床的累积故障数；

k——可靠性修正系数。

如果到定时截尾试验时间，机床没有出现故障，则 MTBF 的点估计为：

$$m = 3T \quad \cdots\cdots(2)$$

式中：

m——MTBF 的点估计值；

T——定时截尾试验总试验时间，单位为小时(h)。

11.1.2 MTBF 的区间点估计

$$m_L = mC_L \quad \cdots\cdots(3)$$

$$m_U = mC_U \quad \cdots\cdots(4)$$

式中：

m_L——MTBF 的单侧置信下限；

m_U——MTBF 的单侧置信上限；

m——MTBF 的点估计值(见公式 1)；

C_L——定时截尾时 MTBF 置信下限系数(见表 2)；

C_U——定时截尾时 MTBF 置信上限系数(见表 2)。

表 2 定时截尾计算 MTBF 时双侧(或单侧)的置信系数 C_L、C_U

累积故障数 r	置信区间							
	40%双侧		60%双侧		80%双侧		90%双侧	
	70% 单侧下限	70% 单侧上限	80% 单侧下限	80% 单侧上限	90% 单侧下限	90% 单侧上限	95% 单侧下限	95% 单侧下限
1	0.410	2.804	0.334	4.481	0.257	9.491	0.211	19.417
2	0.553	1.803	0.467	2.426	0.376	3.761	0.317	5.658
3	0.630	1.568	0.544	1.955	0.449	2.722	0.387	3.659
4	0.679	1.447	0.595	1.742	0.500	2.293	0.437	2.930
5	0.714	1.376	0.632	1.618	0.539	2.055	0.476	2.534
6	0.740	1.328	0.661	1.537	0.570	1.904	0.507	2.294
7	0.760	1.294	0.684	1.479	0.595	1.797	0.534	2.132

表 2(续)

累积故障数 r	置信区间							
	40%双侧		60%双侧		80%双侧		90%双侧	
	70% 单侧下限	70% 单侧上限	80% 单侧下限	80% 单侧上限	90% 单侧下限	90% 单侧上限	95% 单侧下限	95% 单侧下限
8	0.777	1.267	0.703	1.435	0.616	1.718	0.556	2.008
9	0.790	1.247	0.719	1.400	0.634	1.657	0.573	1.916
10	0.802	1.230	0.733	1.372	0.649	1.607	0.590	1.842
11	0.812	1.215	0.744	1.349	0.663	1.567	0.603	1.783
12	0.821	1.203	0.755	1.329	0.675	1.533	0.615	1.733
13	0.828	1.193	0.764	1.312	0.686	1.504	0.627	1.689
14	0.835	1.184	0.772	1.297	0.696	1.478	0.639	1.653
15	0.841	1.176	0.780	1.284	0.705	1.456	0.649	1.623
16	0.847	1.169	0.787	1.272	0.713	1.437	0.659	1.597
17	0.852	1.163	0.793	1.262	0.720	1.419	0.668	1.597
18	0.856	1.157	0.799	1.253	0.727	1.404	0.676	1.548
19	0.861	1.152	0.804	1.244	0.734	1.390	0.683	1.528
20	0.864	1.147	0.809	1.237	0.740	1.377	0.689	1.508
30	0.891	1.115	0.844	1.185	0.783	1.291	0.737	1.389

11.2 平均修复时间 MTTR

$$\mathrm{MTTR}=\frac{\sum_{j=1}^{n} t_{\mathrm{R}_j}}{\sum_{j=1}^{n} r_j} \qquad \cdots\cdots(5)$$

式中：

n——样品数；

t_{R_j}——评定内第 j 台机床的累积修复时间，单位为小时(h)；

r_j——评定周期内第 j 台机床的累积故障数。

12 结果判定

12.1 可靠性验证试验

12.1.1 当试验进行到规定的试验时间，试验可结束。

12.1.2 验证试验主要是暴露缺陷，并验证采取措施的有效性。

12.1.3 根据试验累计时间和故障数计算 MTBF 和 MTTR 数值。

12.1.4 达到规定的指标和要求，可结束试验，判定试验合格；否则应采取措施重新试验，再达不到规定的指标和要求，则判定试验不合格。

12.1.5 也可根据协议要求，判定机床可靠性接收或拒收。

12.1.6 如在试验期间未发生关联故障，则判定机床的可靠性符合要求。

12.2 可靠性测定试验

12.2.1 当试验进行到规定的试验时间，试验可结束。

12.2.2 根据试验累计时间和故障数计算 MTBF 和 MTTR 数值。

附 录 A
（规范性附录）
关于可靠性修正系数 k

A.1 可靠性修正系数 k 见公式 A.1。

$$k = k_A k_T k_S \qquad \text{(A.1)}$$

式中：

k_A——加速系数（与强化条件有关）；

k_T——工况系数（与转速、工作期限、功率、环境等有关）；

k_S——寿命系数（与材料、受载等有关）。

注：上述系数根据具体情况可全部或部分使用。

附　录　B
（资料性附录）
可靠性试验运行记录

B.1　可靠性试验运行记录表见表 B.1。

表 B.1　可靠性试验运行记录表

（盖　章）

产品名称				产品型号		出厂编号	
制造单位				出厂日期			
试验日期	年　月　日　时　至　年　月　日　时						
日期	班次	机床运行时间/h		故障停机开始时间	恢复使用时时间	预防性维修时间	试验者签字
		开始	结束				
注：每台产品填写一份表格，表可续页。							

附 录 C
（资料性附录）
可靠性试验故障记录

C.1 可靠性试验故障记录表见表C.1。

表C.1 可靠性试验故障记录表

<table>
<tr><td>产品名称</td><td colspan="2"></td><td>产品型号</td><td></td><td>出厂编号</td><td></td></tr>
<tr><td>制造单位</td><td colspan="3"></td><td>出厂日期</td><td colspan="2"></td></tr>
<tr><td>试验日期</td><td colspan="6">年 月 日 时 至 年 月 日 时</td></tr>
<tr><td>现场工况条件</td><td colspan="6"></td></tr>
<tr><td>序号</td><td>故障发现时间</td><td>故障部位</td><td>故障现象</td><td>采取措施</td><td colspan="2">修复时间</td></tr>
<tr><td></td><td></td><td></td><td></td><td></td><td colspan="2"></td></tr>
<tr><td></td><td></td><td></td><td></td><td></td><td colspan="2"></td></tr>
<tr><td></td><td></td><td></td><td></td><td></td><td colspan="2"></td></tr>
<tr><td></td><td></td><td></td><td></td><td></td><td colspan="2"></td></tr>
<tr><td></td><td></td><td></td><td></td><td></td><td colspan="2"></td></tr>
<tr><td></td><td></td><td></td><td></td><td></td><td colspan="2"></td></tr>
<tr><td></td><td></td><td></td><td></td><td></td><td colspan="2"></td></tr>
<tr><td></td><td></td><td></td><td></td><td></td><td colspan="2"></td></tr>
<tr><td>累计工作时间/h</td><td></td><td>累计故障数</td><td></td><td>累计修复时间/h</td><td colspan="2"></td></tr>
<tr><td colspan="7">注：每台产品填写一份表格，表可续页。</td></tr>
</table>

试验者(签字)： 填表人(签字)： 试验单位(盖章)：

年 月 日

附 录 D
（资料性附录）
故障分析报告

D.1 故障分析报告见表 D.1。

表 D.1 故障分析报告

<table>
<tr><td>产品名称</td><td></td><td>出厂编号</td><td></td></tr>
<tr><td>产品型号</td><td></td><td>出厂日期</td><td></td></tr>
<tr><td>制造单位</td><td></td><td></td><td></td></tr>
<tr><td>发现故障时间</td><td></td><td>累计工作时间</td><td></td></tr>
<tr><td>修复时间</td><td></td><td>故障现象</td><td></td></tr>
<tr><td colspan="4">故障描述</td></tr>
<tr><td colspan="4">故障原因

设计问题 □　零件质量问题 □　动力源问题 □
制造问题 □　误操作 □　松脱 □
装配问题 □　试验装置问题 □　损坏 □
选用不当 □　渗漏 □　从属故障 □
超负荷 □　失效、退化、磨损 □　其他 □</td></tr>
<tr><td colspan="4">故障分类

关联故障 □　非关联故障 □</td></tr>
<tr><td colspan="4">对故障采取的措施

设计更改 □　工艺更改 □
更换零件 □　材料更改 □
调整 □</td></tr>
</table>

填表人：(签字)

试验单位：(盖章)

年　月　日

ICS 25.060.10
J 51

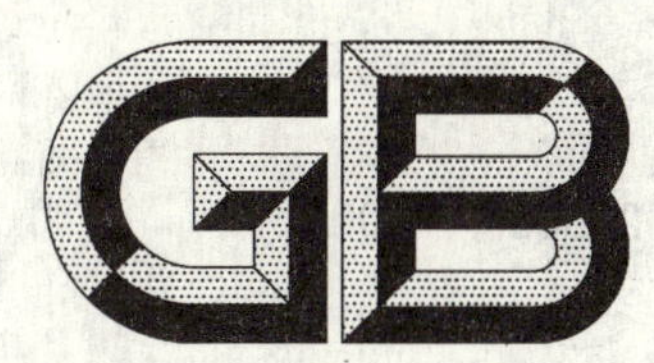

中华人民共和国国家标准

GB/T 23568.1—2009

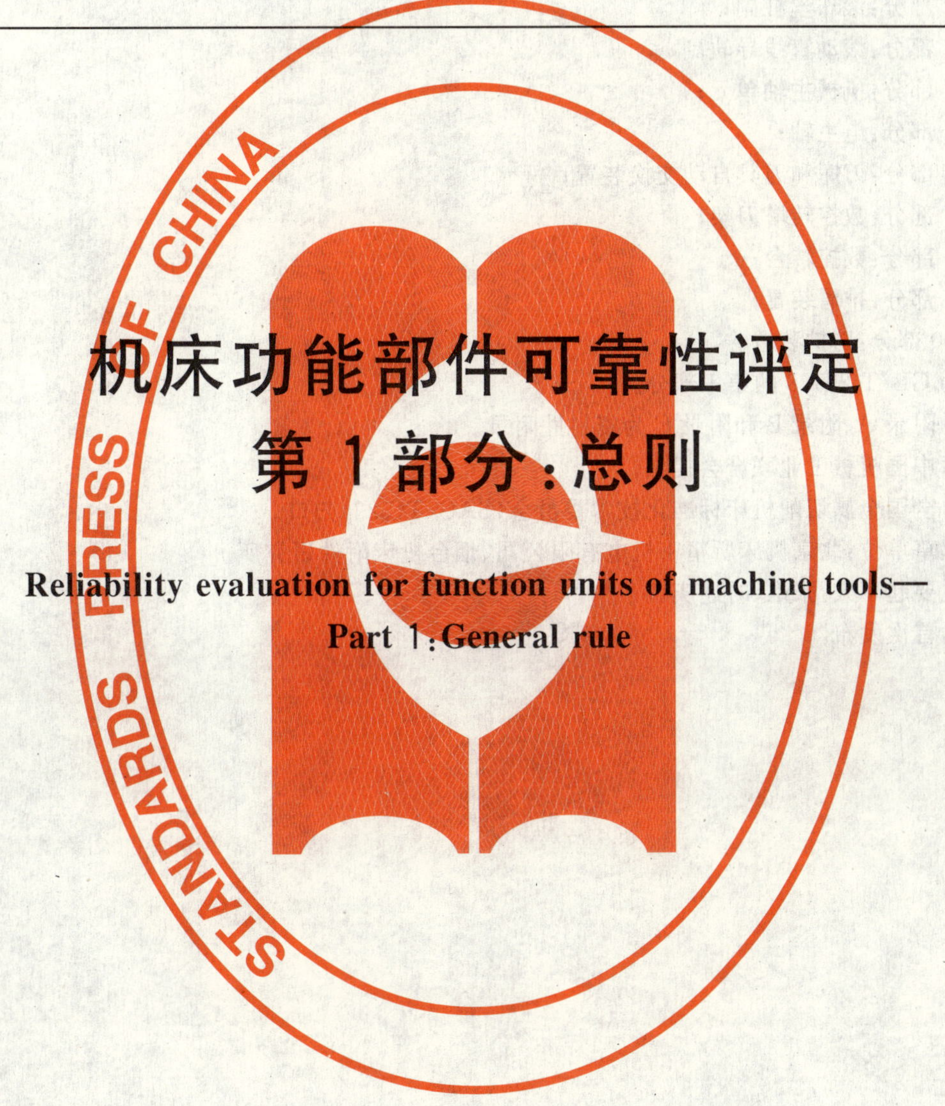

机床功能部件可靠性评定 第1部分：总则

Reliability evaluation for function units of machine tools—Part 1:General rule

2009-04-13 发布　　　　2010-01-01 实施

中华人民共和国国家质量监督检验检疫总局
中国国家标准化管理委员会　发布

前　言

GB/T 23568《机床功能部件可靠性评定》分为以下十个部分：

——第1部分：总则；

——第2部分：滚珠丝杠副；

——第3部分：滚动直线导轨副；

——第4部分：机械主轴单元；

——第5部分：电主轴；

——第6部分：刀库和刀具自动交换装置；

——第7部分：数控转塔刀架；

——第8部分：数控转台；

——第9部分：排屑装置；

——第10部分：防护装置。

本部分为GB/T 23568的第1部分。

本部分的附录A、附录B和附录C为资料性附录。

本部分由中国机械工业联合会提出。

本部分由全国金属切削机床标准化技术委员会(SAC/TC 22)归口。

本部分起草单位：北京机床所精密机电有限公司、烟台机床附件研究所。

本部分主要起草人：张维、时述庆。

本部分为首次发布。

机床功能部件可靠性评定
第1部分:总则

1 范围

GB/T 23568 的本部分规定了机床功能部件在进行可靠性评定时的故障判定准则、抽样原则、试验方法、数据处理、结果评定的总的要求。

本部分适用于滚珠丝杠副、滚动直线导轨副、机械主轴单元、电主轴、刀库和刀具自动交换装置、数控转塔刀架、数控转台、排屑装置、防护装置等机床功能部件(以下简称功能部件)产品的可靠性评定。

各类功能部件产品可根据本部分的原则补充编制相应的可靠性评定方法和要求。

其他功能部件产品可参照执行。

2 规范性引用文件

下列文件中的条款通过 GB/T 23568 的本部分的引用而成为本部分的条款。凡是注日期的引用文件,其随后所有的修改单(不包括勘误的内容)或修订版均不适用于本部分,然而,鼓励根据本部分达成协议的各方研究是否可使用这些文件的最新版本。凡是不注日期的引用文件,其最新版本适用于本部分。

GB/T 3187—1994 可靠性、维修性术语

3 术语和定义

GB/T 3187 确立的以及下列术语和定义适用于 GB/T 23568 的本部分。

3.1

机床功能部件 function units of machine tools

实现机床某一功能的部件。

3.2

故障 fault

丧失规定功能或性能指标超过规定界限的状态和事件。

[GB/T 3187—1994,4.2.1]

3.3

关联故障 relevant fault

在解释试验或工作结果或者计算可靠性量值时必须计入的故障。计入的准则应加以规定。

[GB/T 3187—1994,4.1.13]

3.4

非关联故障 non-relevant fault

在解释试验或工作结果或者计算可靠性量值时应予排除的故障。

[GB/T 3187—1994,4.1.14]

3.5

平均故障间隔时间 MTBF mean time between failures

相邻两故障间工作时间的平均值。

3.6

平均故障间隔次数　MTBF mean time between failures

相邻两故障间工作次数的平均值。

3.7

平均修复时间　MTTR mean time to restoration

从发现故障到恢复规定性能所需时间的平均值。

3.8

定时截尾试验　time truncated test

为缩短试验时间，试验进行到一定时间即行停止试验。

3.9

定数截尾试验　truncated test

试验进行到一定故障数量即行停止试验。

4　一般要求

4.1　新研制的功能部件产品及其在定型鉴定时，应进行可靠性试验。

4.2　正常生产的功能部件产品应定期进行可靠性试验。

5　故障判定原则

5.1　在计算功能部件产品的可靠性指标时，只计关联故障。

5.2　发生一次关联故障应计为一个故障次数。

5.3　停机监测或试验中止、结束时发现的故障，应计入故障数中。

5.4　非关联故障不计数，但在考核时应作记录。非关联故障包括：试验装置故障引起的、超出规定的试验规程和试验条件，超过设计的规定等；

5.5　按规定程序进行的预防性维修不作为故障计数。包括易损件的更换或损坏、必要的调整和调校等。

5.6　凡是不符合规定程序进行的任何维修和保养，均计为关联故障。

5.7　在规定考核期截止范围以外的故障不计数。

6　试验样品的要求

6.1　样品应具有合格的性能和功能，或具有出厂合格证。

6.2　样品应为符合正常生产条件下生产的批量产品或试生产的批量产品，并且为近两年内生产的产品。

6.3　从检验合格的产品中随机抽取样品，样品不允许进行任何质量方面的特殊处理。抽取样品的数量见表1。

表1　抽样数量　　单位为台(套)

批量数	抽取样品数量
≤50	1～2
＞50～200	3～5
＞200～500	6～10
＞500	2%～3%

7 试验方式

7.1 功能部件产品的可靠性试验应采用试验方式。

7.2 试验可以采用试验装置进行，也可联机进行。

7.3 试验可采用替换或无替换的定时或定数截尾试验。

8 试验内容

功能部件产品可靠性试验内容按表2的规定。

表2 功能部件产品可靠性试验内容

产品名称	试验内容	试验时间或次数
滚珠丝杠副	滚珠丝杠副承载下连续运动试验，包括： ——以转数计；或 ——以行程计；或 ——以时间计	由各类功能部件产品可靠性评定标准确定
滚动直线导轨副	滚动直线导轨副直线运动系统承载下连续运动试验，包括： ——以行程计；或 ——以时间计	
机械主轴单元	承载下连续运转试验，以时间计	
电主轴	承载下连续运转试验，以时间计	
刀库和刀具自动交换装置	连续运转和交换试验，以次数计	
数控转塔刀架	承载下连续运转试验，以次数计	
数控转台	承载下连续运转试验，包括： ——以时间计；或 ——以次数计	
排屑装置	承载下连续运转试验，以时间计	
防护装置	连续运行试验，以次数计	

9 试验要求

9.1 试验的环境条件应符合相关规定。

9.2 试验的运行工况应具有代表性，并符合设计或产品说明书的规定。

9.3 试验样品应尽量在同一试验条件下，以及在性能类似的试验台上进行试验。

9.4 试验过程中应按规定程序进行预防性维修。

9.5 功能部件可靠性试验要求见表3。

表 3 功能部件可靠性试验要求

产品名称	试 验 要 求
滚珠丝杠副	1. 模拟使用条件下进行； 2. 试验前，滚珠丝杠副的预加载荷应符合有关规定； 3. 安装型式按相关规定； 4. 将滚珠丝杠副安装至试验台，逐步加载至规定值； 5. 连续运转进行试验； 6. 试验时，润滑可采用脂润滑或油润滑
滚动直线导轨副	1. 模拟使用条件下进行； 2. 试验前，滚动直线导轨副的预加载荷应符合有关规定； 3. 安装型式按相关规定； 4. 将滚动直线导轨副安装至试验台，逐步加载至规定值； 5. 连续运转进行试验； 6. 试验时，润滑可采用脂润滑或油润滑
机械主轴单元	1. 模拟实际工作状态，对机械主轴单元施加规定的载荷进行连续运转试验； 2. 冷却条件按有关规定； 3. 主轴转速应包括低、中、高在内的 5 种以上正转、反转停止和定位，其中高速运转时间一般不少于每个循环程序所用时间的 10%，各循环的暂停时间≤1 min
电主轴	1. 模拟实际工作状态，对电主轴施加规定的载荷进行连续运转试验； 2. 冷却条件按有关规定； 3. 主要轴转速应包括低、中、高在内的 5 种以上正转、反转停止和定位，其中高速运转时间一般不少于每个循环程序所用时间的 10%； 4. 各循环的暂停时间≤1 min
刀库和刀具自动交换装置	1. 在刀库上安装设计规定的刀具(模拟刀具)，应包括：最大质量、最大直径及最大长度的刀具； 2. 每个刀位均应安装刀具(模拟刀具)，并按设计规定加偏重； 3. 试验时，每个刀位都应进行转位、抓刀动作，包括正、反向的连续顺序转位、不等位转位； 4. 每次换刀之间的间隔时间≤1 min
数控转塔刀架	1. 在刀架安装设计规定刀具(模拟刀具)，应包括最大刀体尺寸，悬伸长度应符合刀架实际使用情况； 2. 每个工位均应安装刀具(模拟刀具)，并按设计规定加偏重； 3. 试验时，每一工位都应在逐位转换、越位转换下，进行刀架松开、转位和锁紧的连续运转试验
数控转台	1. 在承载状态下，进行连续运转试验； 2. 转台在允许的转速范围内，应用低、中、高在内的 5 种以上正转、反转，进行运转、停止、锁紧、松开和运转试验，其中高速运转时间一般不少于每个循环程序所用时间的 10%； 3. 各循环的暂停时间≤1 min
排屑装置	1. 在加入各种切屑状态下，进行连续运转试验； 2. 试验动作包括起动、停止等
防护装置	1. 模拟实际工作条件(如喷水、抛切屑)，进行连续运行试验； 2. 试验包括运行、停止、打开、闭合等

10 故障监测和记录

10.1 试验过程中应随时检查样品运行的情况(载荷、转速、噪声、温升、油压等),并做好记录(见附录 A)。记录应准确,凡涂改之处应有记录人的签章并说明理由。

10.2 试验过程中一旦发生故障,应立即停止检查。检验人员应根据故障判据、计数原则,对故障立即进行记录,并填写“故障记录表”(见附录 B)、“故障分析报告”(见附录 C)。

11 可靠性评定指标

11.1 平均故障间隔时间 MTBF

$$\mathrm{MTBF} = k\frac{\sum_{j=1}^{n} T_j}{\sum_{j=1}^{n} r_j} \qquad (1)$$

式中:

n——样品数;

T_j——评定周期内第 j 台样品的累积工作时间,单位为小时(h);

r_j——评定周期内第 j 台样品的累积故障数;

k——修正系数。

11.2 平均故障间隔次数 MTBF

$$\mathrm{MTBF} = k\frac{\sum_{j=1}^{n} S_j}{\sum_{j=1}^{n} r_j} \qquad (2)$$

式中:

n——样品数;

S_j——评定周期内第 j 台样品的累积工作次数;

r_j——评定周期内第 j 台样品的累积故障数;

k——修正系数。

11.3 平均修复时间 MTTR

$$\mathrm{MTTR} = \frac{\sum_{j=1}^{n} t_{\mathrm{R}j}}{\sum_{j=1}^{n} r_j} \qquad (3)$$

式中:

n——样品数;

$t_{\mathrm{R}j}$——评定周期内第 j 台样品的累积修复时间,单位为小时(h);

r_j——评定周期内第 j 台样品的累积故障数。

12 结果判定

12.1 当试验进行到规定的试验时间或次数,试验可结束。

12.1.1 对于无替换的可靠性试验,MTBF 和 MTTR 达到规定的目标值或无故障,则评定功能部件的可靠性合格;未达到规定的目标值则判为不合格。

12.1.2 对于可替换的可靠性试验,MTBF 和 MTTR 未达到规定的目标值,则替换样品重新进行试验,如果 MTBF 和 MTTR 达到规定的目标值或无故障,则评定功能部件的可靠性合格;未达到规定的目标值则判为不合格。

附　录　A
（资料性附录）
可靠性试验运行记录

A.1　可靠性试验运行记录表

可靠性试验运行记录表见表 A.1。

表 A.1　可靠性试验运行记录表

（盖章）

产品名称				产品型号		出厂编号	
制造单位				出厂日期			
额定寿命[a]				径向载荷[a]			
试验速度[a]				轴向载荷[a]			
冷却方式[a]				当量载荷[a]			
试验日期	年　月　日　时　至　年　月　日　时						
重新试验日期	年　月　日　时　至　年　月　日　时						
日期	班次	试验运行时间/h		故障停止开始时间	恢复使用时间	预防性维修时间	试验者签字
		开始	结束				

[a] 适用于滚动功能部件。

附 录 B
（资料性附录）
可靠性试验故障记录

B.1 可靠性试验故障记录表

可靠性试验故障记录表见表 B.1。

表 B.1 可靠性试验故障记录表

产品名称			产品型号		
出厂编号			出厂日期		
制造单位			样品编号		
试验日期	年 月 日 时 至 年 月 日 时				
重新试验日期	年 月 日 时 至 年 月 日 时				
试验工况条件					
序号	故障发现时间	故障部位	故障现象	采取措施	修复时间
累计工作时间/h		累计故障数		累计修复时间/h	

试验者（签字）： 填表人（签字）： 试验单位（盖章）：

年 月 日

附　录　C
（资料性附录）
故障分析报告

C.1　故障分析报告

故障分析报告见表 C.1。

表 C.1　故障分析报告

<table>
<tr><td>产品名称</td><td></td><td>出厂编号</td><td></td></tr>
<tr><td>产品型号</td><td></td><td>出厂日期</td><td></td></tr>
<tr><td>制造单位</td><td></td><td>样品编号</td><td></td></tr>
<tr><td>发现故障时间</td><td></td><td>累计工作时间</td><td></td></tr>
<tr><td>修复时间</td><td></td><td>故障描述</td><td></td></tr>
<tr><td colspan="4">故障现象</td></tr>
<tr><td colspan="4">故障原因

设计问题 □　零件质量问题 □　动力源问题 □
制造问题 □　误操作 □　松脱 □
装配问题 □　试验装置问题 □　损坏 □
选用不当 □　渗漏 □　从属故障 □
超负荷 □　失效、退化、磨损 □　其他 □</td></tr>
<tr><td colspan="4">故障分类

关联故障 □　非关联故障 □</td></tr>
<tr><td colspan="4">对故障采取的措施

设计更改 □　工艺更改 □
更换零件 □　材料更改 □
调整 □</td></tr>
</table>

填表人：（签字）　　　　　　　　　　　　试验单位：（盖章）

年　月　日

ICS 25.040.20
J 53

中华人民共和国国家标准

GB/T 23569—2009

重型卧式车床检验条件　精度检验

Test conditions for heavy duty horizontal lathes—Testing of the accuracy

(ISO 1708:1989, Acceptance conditions for general purpose parallel lathes—Testing of the accuracy, MOD)

2009-04-13 发布　　2010-01-01 实施

中华人民共和国国家质量监督检验检疫总局
中国国家标准化管理委员会　发布

前 言

本标准修改采用 ISO 1708:1989《普通车床检验条件　精度检验》(英文版)。

本标准根据 ISO 1708:1989 重新起草。

考虑到我国国情,在采用 ISO 1708:1989 时做了技术内容修改。有关技术性差异已编入正文中并在它们所涉及的条款的页边空白处用垂直单线标识。这些技术性差异见附录 A 的一览表。

本标准还做了下列修改:

——将“本国际标准”改为“本标准”;

——用小数点符号“.”代替作为小数点的逗号“,”;

——删除了国际标准的前言,国际标准的引言用我国的语言方法表述;

——对 ISO 1708:1989 引用的其他国际标准,用被采用为我国的标准代替对应的国际标准;

——第 1 章中扩大了技术内容的范围;

——第 3 章标题“简要说明”改为第 4 章“一般要求”;

——第 4 章标题“检验条件和允差”改为第 5 章“几何精度检验”和第 6 章“工作精度检验”;

——第 5 章改为第 8 章;

——第 3 章、第 7 章和附录 A 为增加的内容;

——删除了附录 A 参考文献内容。

本标准的附录 A 为资料性附录。

本标准由中国机械工业联合会提出。

本标准由全国金属切削机床标准化技术委员会(SAC/TC 22)归口。

本标准起草单位:齐重数控装备股份有限公司、武汉重型机床有限公司、上海重型机床厂有限公司、星火机床有限责任公司、青海华鼎重型机床公司。

本标准主要起草人:赵嗣龙、伍竟平、王艳平、沈利、杨春晖、李维谦、王仲利。

本标准为首次发布。

重型卧式车床检验条件　精度检验

1　范围

本标准规定了一般用途和普通精度的重型卧式车床的几何精度、工作精度、数控轴线定位精度和重复定位精度检验及相应的公差。

本标准适用于床身上最大回转直径 1 000 mm～5 000 mm，顶尖间最大工件质量大于或等于 10 t 的普通和数控重型卧式车床。

2　规范性引用文件

下列文件中的条款通过本标准的引用而成为本标准的条款。凡是注日期的引用文件，其随后所有的修改单(不包括勘误的内容)或修订版均不适用于本标准，然而，鼓励根据本标准达成协议的各方研究是否可使用这些文件的最新版本。凡是不注日期的引用文件，其最新版本适用于本标准。

GB/T 17421.1—1998　机床检验通则　第 1 部分：在无负荷或精加工条件下机床的几何精度(eqv ISO 230-1:1996)

GB/T 17421.2—2000　机床检验通则　第 2 部分：数控轴线的定位精度和重复定位精度的确定(eqv ISO 230-2:1997)

3　轴线运动坐标的代号和方向

3.1　轴线的代号

本标准中轴线运动坐标的代号见图 1。

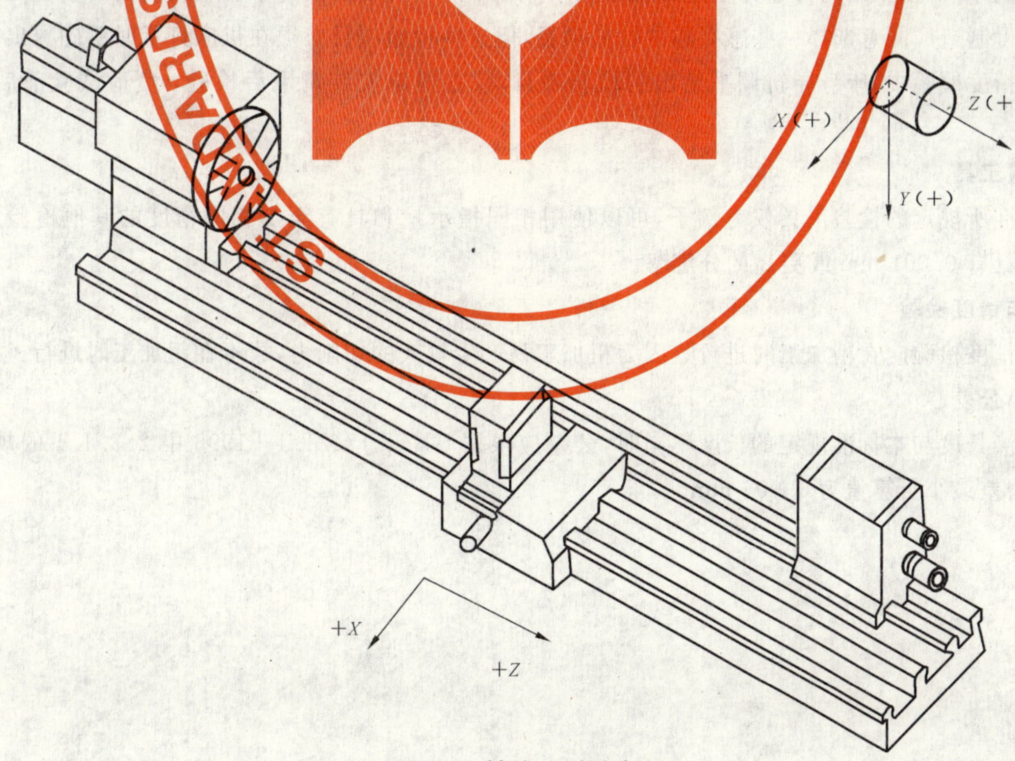

图 1　轴线运动坐标

当机床具有两个刀架时，左刀架指定为第一直线运动，用 X、Y 和 Z 表示；右刀架指定为第二直线运动，用 U、V 和 W 表示。

3.2 轴线的移动方向

本标准中平行于床身导轨（Z 轴）移动的方向称为纵向；垂直于床身导轨（X 轴）移动的方向称为横向。

4 一般要求

4.1 计量单位

本标准中所有线性尺寸及相应公差均用毫米（mm）为单位表示；角度尺寸的单位为度（°），角度公差主要用比值表示。

4.2 相关标准

4.2.1 GB/T 17421.1 检验方法

使用本标准时应按 GB/T 17421.1，尤其是机床检验前的安装，主轴和其他运动部件的空运转升温、检验方法和检验工具的推荐精度。

4.2.2 GB/T 17421.2 位置精度检验

使用本标准时应按 GB/T 17421.2，尤其是环境条件、机床升温、检验方法的描述，结果的评定和表达。

4.3 检验顺序

本标准所给出的检验项目的顺序并不表示实际检验顺序。为了使装拆检验工具和检验方便，可按任意次序进行检验。

4.4 检验项目

检验机床时，根据结构特点并不是必须检验本标准中的所有项目。为了验收目的而要求检验时，可由用户取得制造厂同意选择一些感兴趣的检验项目，但这些检验项目必须在机床订货时明确提出。

几何精度检验中，床身导轨调平给出的检验项目，仅在机床安装调平后检验，负荷试验前后不再复检。

4.5 检验工具

本标准所规定的检验工具仅为例子，可以使用相同指示量和具有至少相同精度的其他检验工具。指示器应具有 0.001 mm 或更高的分辨率。

4.6 工作精度检验

工作精度检验应在精加工时进行。因为粗加工易产生较大的切削力，故不在粗加工时进行。

4.7 最小公差

当实测长度与本标准规定的长度不同时，公差应根据 GB/T 17421.1—1998 中 2.3.1.1 的规定进行折算，公差最小折算值为 0.005 mm。

5 几何精度检验

5.1 床身导轨调平

检验项目 G1

床身导轨在(*ZY*)垂直平面内的直线度。

简图

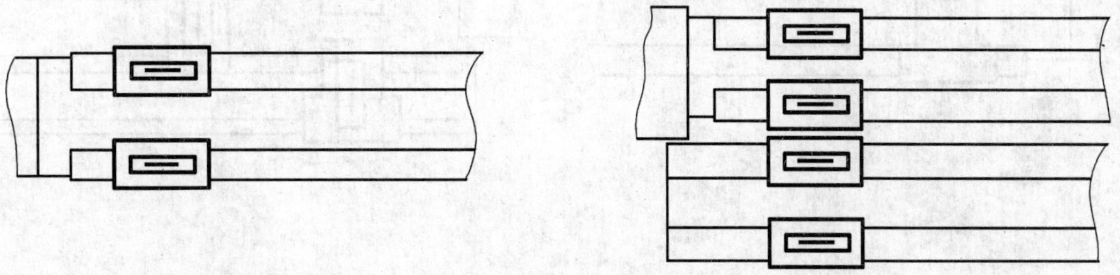

公差

最大工件长度 *Dc*

≤5 000	≤8 000	≤12 000	≤16 000	≤20 000
0.050	0.060	0.080	0.100	0.120

(只许凸)

局部公差:任意 500 测量长度上为 0.020。

检验工具

a) 精密水平仪和桥板;

b) 光学测量仪器。

检验方法(按 GB/T 17421.1—1998 的 3.1.1,3.2.1 和 5.2.1.2.2)

在床身导轨上沿纵向放一桥板,桥板上沿纵向放一水平仪。移动桥板,每隔 500 mm 记录一次读数,在导轨全长上检验。画出导轨误差曲线。每条导轨均需检验。

每条导轨误差曲线上各点对其两端点连线间坐标值的最大差值不应超过公差值。局部误差以任意相邻两点对其相应曲线的两端点连线间坐标值的最大差值计。

(也可将水平仪放在溜板上,靠近前导轨处,移动溜板检验)

检验项目

床身导轨在(XY)垂直平面内的角度偏差(俯仰)。

G2

简图

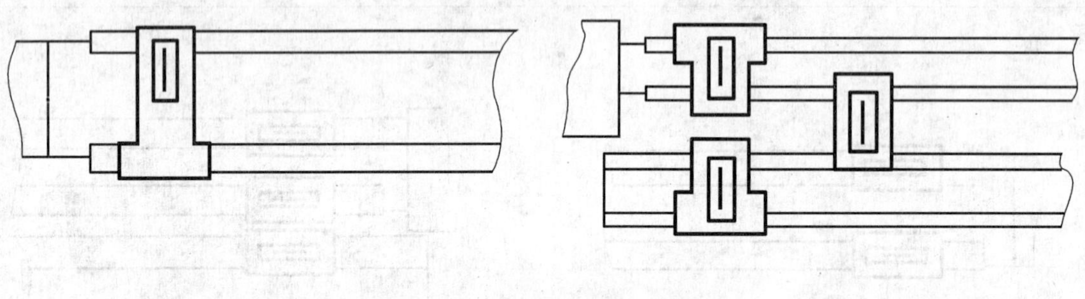

公差

Da≤1 600	Da>1 600
0.040/1 000	0.050/1 000

其中 Da 表示床身上最大回转直径。

检验工具

精密水平仪、平尺或专用检具。

检验方法(按 **GB/T** 17421.1—1998 的 5.2.3.1.3 和 5.2.3.2.2)

在床身上放一平尺或专用检具,检具上沿横向放一水平仪,等距离(约 500 mm)移动检具,在导轨全长上检验。

水平仪最大和最小读数的差值不应超过公差值。

(也可将水平仪放在溜板上,移动溜板检验)

检验项目	G3
床身导轨在(*ZX*)水平面内的直线度(本项检验只适用于拼接床身的机床)。	

简图

公差

Dc	≤5 000	≤12 000	≤20 000
Da≤1 600	0.040	0.050	0.060
Da>1 600	0.050	0.060	0.070

局部公差:任意 500 测量长度上为 0.015。

其中 *Dc* 表示最大工件长度。

检验工具

a) 专用检具、钢丝和显微镜;

b) 光学测量仪器。

检验方法(按 GB/T 17421.1—1998 的 5.2.1.2.1.2)

在刀架床身的两端沿纵向张紧一根钢丝,导轨上放一专用检具,检具上固定显微镜。调整钢丝,使显微镜读数在钢丝两端相等。移动检具,每隔 500 mm 记录一次读数,在导轨全长上检验。

显微镜最大和最小读数的差值不应超过公差值;局部误差以任意相邻两点读数的最大差值计。

检验项目 刀架床身导轨对工件床身导轨在(*ZX*)水平面内的平行度(本项检验只适用于刀架床身和工件床身分离的机床)。	G4

简图

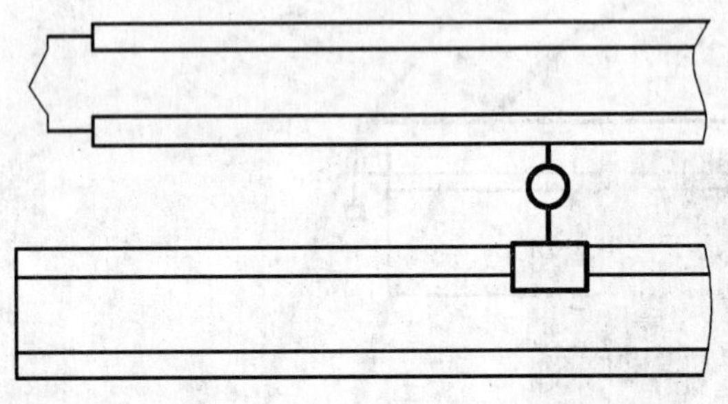

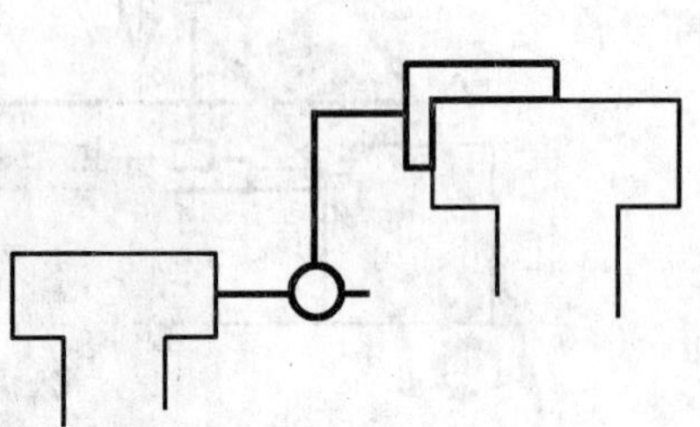

公差

最大工件长度 *Dc*		
≤5 000	≤12 000	≤20 000
0.050	0.060	0.070

局部公差:任意 500 测量长度上为 0.015。

检验工具

专用检具和指示器。

检验方法(按 **GB/T** 17421.1—1998 的 5.4.1.2.2.1)

在刀架床身上放一专用检具,检具上固定指示器,测头垂直触及工件床身导轨面。移动检具,每隔 500 mm 记录一次读数,在全长上检验。

指示器最大和最小读数的差值,不应超过公差值;局部误差以任意相邻两点指示器读数的最大差值计。

5.2 溜板

检验项目

溜板移动（Z 轴线）在（ZX）水平面内的直线度。

G5

简图

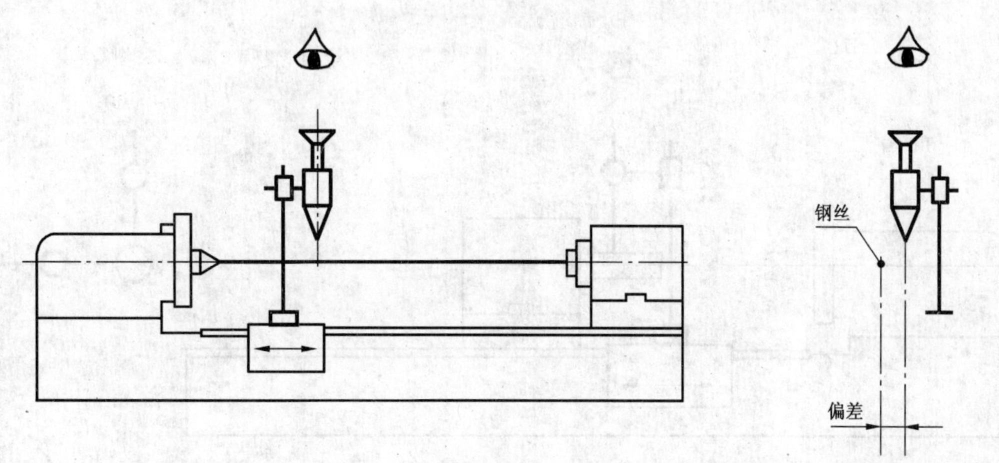

公差

Dc	≤5 000	≤12 000	≤20 000
Da≤1 600	0.040	0.050	0.060
Da>1 600	0.050	0.060	0.070

局部公差：任意 500 测量长度上为 0.015。

检验工具

a） 钢丝和显微镜；

b） 光学测量仪器。

检验方法（按 GB/T 17421.1—1998 的 5.2.1.2.1.2）

在刀架床身的两端沿纵向张紧一根钢丝，溜板上固定显微镜。调整钢丝，使显微镜读数在钢丝两端相等。移动溜板，每隔 500 mm 记录一次读数，在全行程上检验。

显微镜最大和最小读数的差值不应超过公差值；局部误差以任意相邻两点读数的最大差值计。

检验项目

G6

尾座移动(R 轴线)对溜板移动(Z 轴线)的平行度:

a) 在(ZX)水平面内;

b) 在(ZY)垂直平面内。

(当具有两个刀架时,应以右刀架 W 轴线代替 Z 轴线)

简图

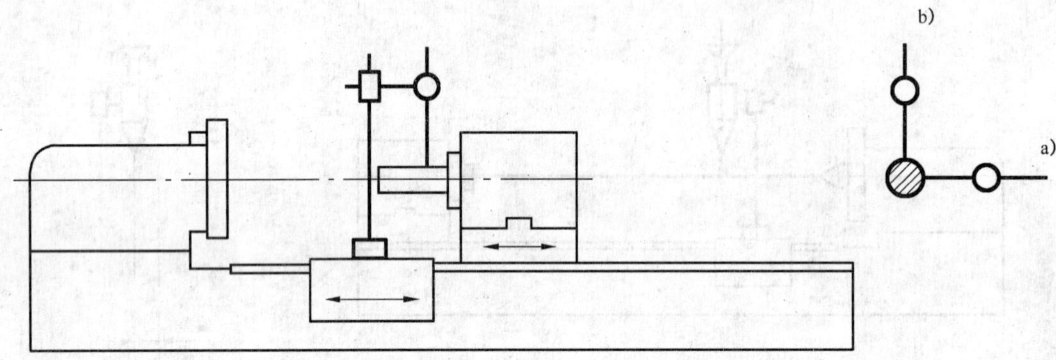

公差

a)和 b)

Dc	≤5 000	≤8 000	>8 000
Da≤1 600	0.040	0.040	0.050
Da>1 600	0.040	0.050	0.060

局部公差:任意 500 测量长度上为 0.030。

检验工具

指示器和检验棒。

检验方法(按 GB/T 17421.1—1998 的 5.4.2.2.5)

尾座套筒应锁紧。尾座尽可能靠近溜板。

在尾座心轴锥孔内插入一检验棒。溜板上固定指示器,测头分别触及检验棒或尾座套筒的(ZX)水平面和(ZY)垂直平面。溜板和尾座一起移动,每隔 500 mm 记录一次读数,在全行程上检验。

a)和 b)误差分别计算。指示器最大和最小读数的差值,不应超过公差值;局部误差以任意相邻两点指示器读数的最大差值计。

5.3 主轴

检验项目	G7
a) 主轴的轴向窜动； b) 主轴轴肩支承面的跳动(包括轴向窜动)。	

简图

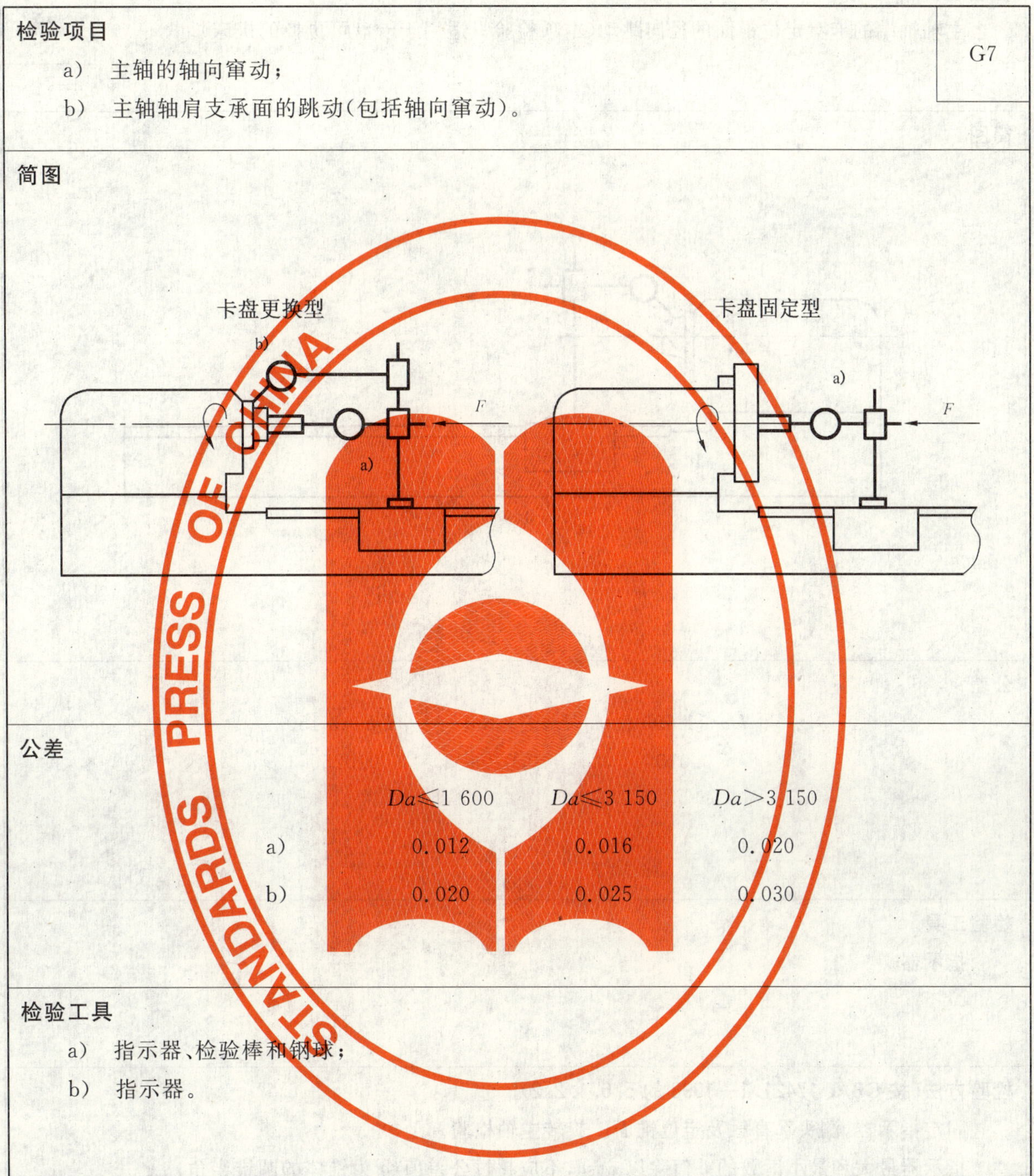

公差

	$Da \leqslant 1\ 600$	$Da \leqslant 3\ 150$	$Da > 3\ 150$
a)	0.012	0.016	0.020
b)	0.020	0.025	0.030

检验工具

a) 指示器、检验棒和钢球；

b) 指示器。

检验方法(按 GB/T 17421.1—1998 的 5.6.2.1.2 和 5.6.2.2.2)

a) 在主轴锥孔内插入一检验棒。固定指示器，测头触及检验棒中心孔内的钢球表面。

b) 固定指示器，测头触及轴肩支承面，旋转主轴检验。

a)、b)误差分别计算。指示器最大和最小读数的差值不应超过公差值。

施加力 F 的数值由制造厂规定。当机床具有消除主轴轴承的轴向游隙机构时，可以不施加力 F。

检验项目	
主轴轴端的卡盘定位锥面的径向跳动(本项检验只适用于卡盘可更换的机床)。	G8

简图

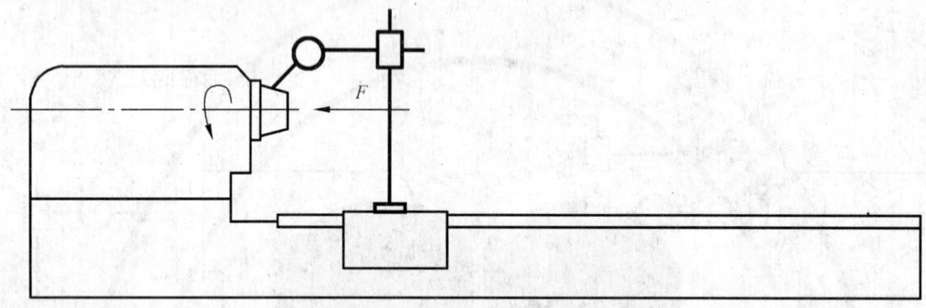

公差

$Da\leqslant 1\ 600$	$Da\leqslant 3\ 150$	$Da>3\ 150$
0.015	0.020	0.025

检验工具

指示器。

检验方法(按 GB/T 17421.1—1998 的 5.6.1.2.2)

固定指示器,测头垂直触及定位锥面。旋转主轴检验。

指示器最大和最小读数的差值除以 $\cos\alpha$,不应超过公差值(α 为锥体的圆锥半角)。

施加力 F 的数值由制造厂规定。当机床具有消除主轴轴承的轴向游隙机构时,可以不施加力 F。

G9

检验项目

主轴锥孔轴线的径向跳动:

a) 靠近主轴端面处;

b) 距主轴端面 500 mm 处。

简图

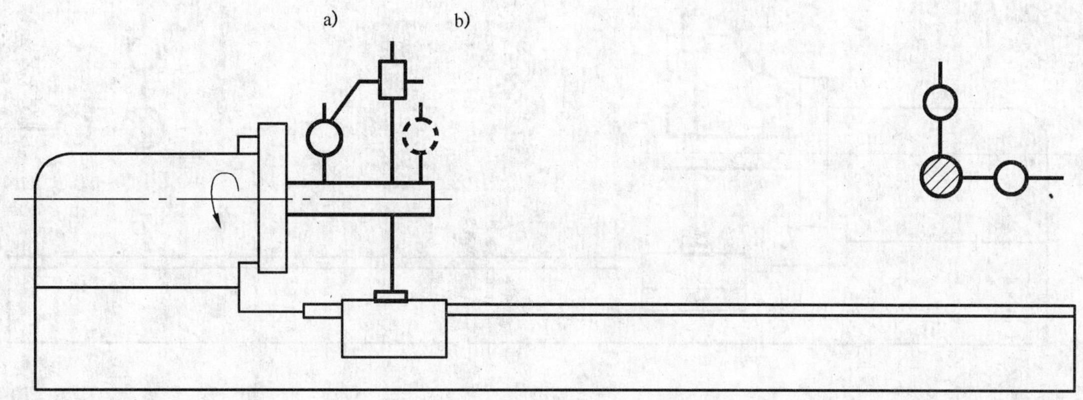

公差

	$Da \leqslant 1\ 600$	$Da \leqslant 3\ 150$	$Da > 3\ 150$
a)	0.015	0.020	0.025
b)	0.040	0.050	0.060

检验工具

指示器和检验棒。

检验方法(按 **GB/T** 17421.1—1998 的 5.6.1.2.3)

在主轴锥孔内插入一检验棒。固定指示器,测头分别触及靠近主轴端面处和距主轴端面500 mm处的检验棒表面,旋转主轴检验。拔出检验棒旋转 90°重新插入,再依次检验三次。

a)、b)误差分别计算。以四次测量结果的平均值计算,不应超过公差值。

在(*ZX*)水平面和(*ZY*)垂直平面内均需检验。

检验项目	
主轴轴线对溜板移动(*Z* 轴线)的平行度： a) 在(*ZX*)水平面内； b) 在(*ZY*)垂直平面内。	G10

简图

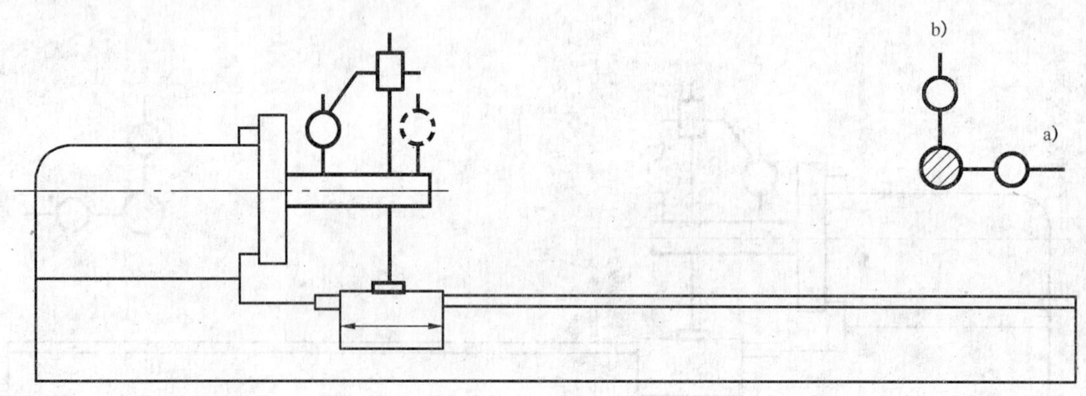

公差

在 500 测量长度上		*Da*≤1 600	*Da*≤3 150	*Da*>3 150
	a)	0.030	0.030	0.040
	b)	0.040	0.050	0.060

a)只许向前倾，b)只许向上倾。

检验工具

指示器和检验棒。

检验方法(按 GB/T 17421.1—1998 的 5.4.2.2.3)

在主轴锥孔内插入一检验棒。溜板上固定指示器，测头分别触及检验棒的(*ZX*)水平面和(*ZY*)垂直平面。移动溜板检验。主轴旋转 180°，再依次检验一次。

a)、b)误差分别计算。以两次测量读数的最大差值的平均值不应超过公差值。

检验项目 主轴顶尖的径向跳动。	G11

简图

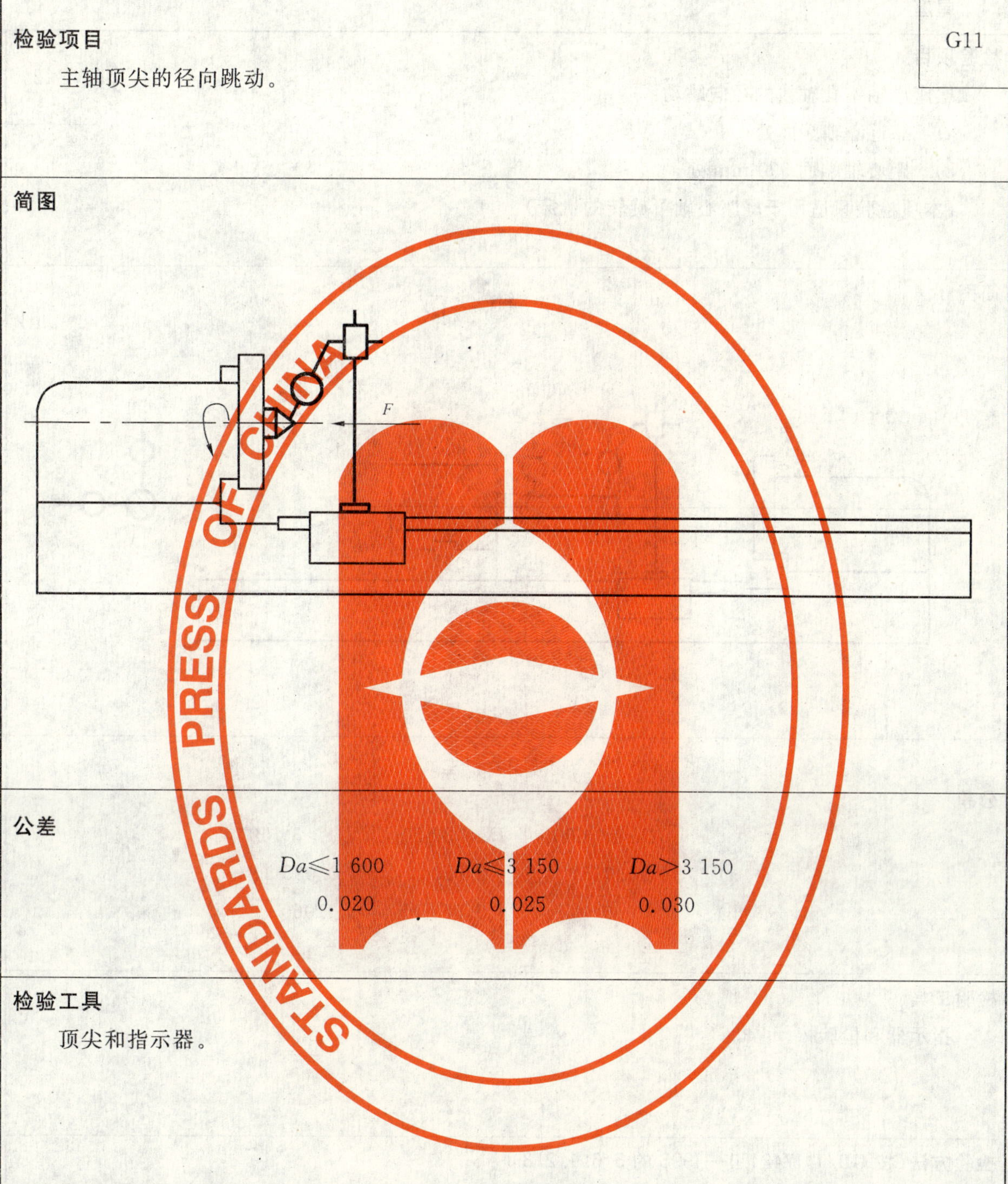

公差

$Da \leqslant 1\,600$	$Da \leqslant 3\,150$	$Da > 3\,150$
0.020	0.025	0.030

检验工具

顶尖和指示器。

检验方法(按 GB/T 17421.1—1998 的 5.6.1.2.2 和 5.6.2.1.1)

在主轴锥孔内插入一顶尖。固定指示器,测头垂直触及顶尖锥面。旋转主轴检验。

指示器最大和最小读数的差值除以 cosα 不应超过公差值(α 为顶尖锥体的圆锥半角)。

施加力 F 的数值由制造厂规定。当机床具有消除主轴轴承的轴向游隙机构时,可以不施加力 F。

5.4 尾座

检验项目

G12

尾座心轴锥孔轴线的径向跳动：

a) 靠近心轴端面处；

b) 距心轴端面 500 mm 处。

(本项检验只适用于尾座心轴可旋转的机床)

简图

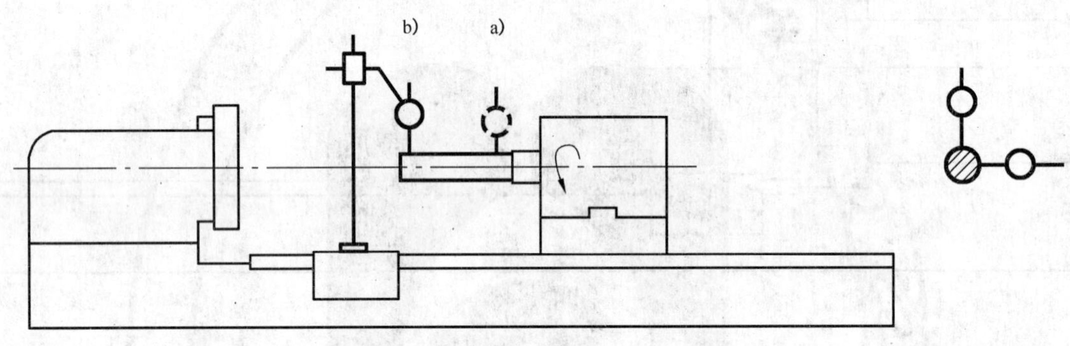

公差

	$Da \leqslant 1\ 600$	$Da \leqslant 3\ 150$	$Da > 3\ 150$
a)	0.015	0.020	0.025
b)	0.040	0.050	0.060

检验工具

指示器和检验棒。

检验方法(按 **GB/T** 17421.1—1998 的 5.6.1.2.3)

在尾座心轴锥孔内插入一检验棒。固定指示器，测头分别触及靠近心轴端面处和距心轴端面 500 mm 处的检验棒表面，旋转心轴检验。拔出检验棒旋转 90°重新插入，再依次检验三次。

a)、b)误差分别计算。以四次测量结果的平均值计算，不应超过公差值。

在(ZX)水平面和(ZY)垂直平面内均需检验。

检验项目	
尾座顶尖的径向跳动(本项检验只适用于尾座心轴可旋转的机床)。	G13

简图

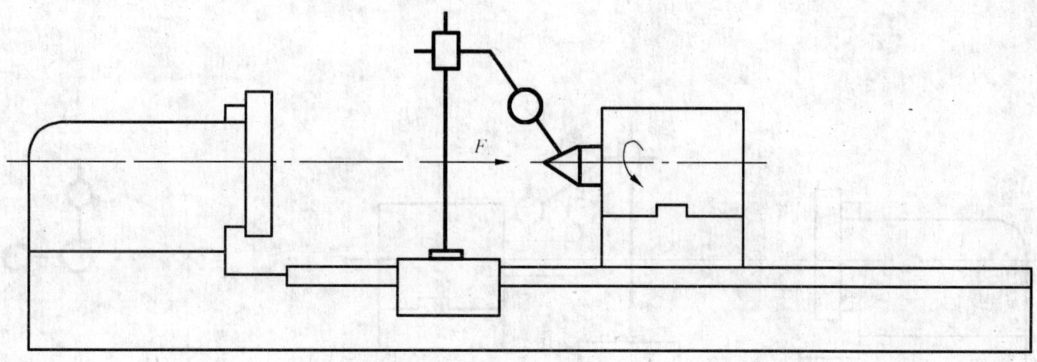

公差

$Da \leqslant 1\ 600$	$Da \leqslant 3\ 150$	$Da > 3\ 150$
0.020	0.025	0.030

检验工具

顶尖和指示器。

检验方法(按 **GB/T** 17421.1—1998 的 5.6.1.2.2 和 5.6.2.1.1)

尾座置于距主轴端 2 倍～3 倍溜板长度处并锁紧。尾座套筒缩回并锁紧。

在尾座心轴锥孔内插入一顶尖。固定指示器,测头垂直触及顶尖锥面。旋转心轴检验。

指示器最大和最小读数的差值除以 cosα 不应超过公差值(α 为顶尖锥体的圆锥半角)。

施加力 F 的数值由制造厂规定。当机床具有消除主轴轴承的轴向游隙机构时,可以不施加力 F。

检验项目 G14

尾座套筒轴线对溜板移动(Z 轴线)的平行度:

a) 在(ZX)水平面内;

b) 在(ZY)垂直平面内。

(当具有两个刀架时,应以右刀架 W 轴线代替 Z 轴线)

简图

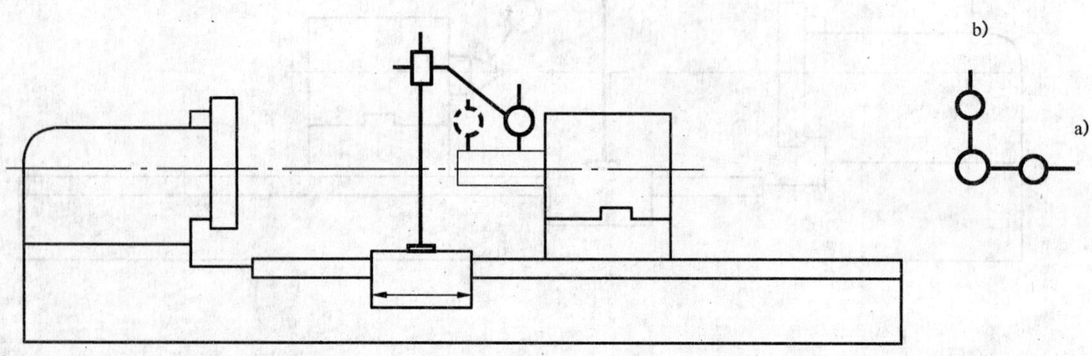

公差

	Da≤1 600	Da≤3 150	Da>3 150
测量长度为	100	300	300
a)	0.015	0.025	0.030
b)	0.020	0.050	0.065

a)只许向前倾,b)只许向上倾。

检验工具

指示器。

检验方法(按 GB/T 17421.1—1998 的 5.4.2.2.3)

尾座置于距主轴端2倍~3倍溜板长度处并锁紧。尾座套筒伸出量为最大伸出长度的一半并锁紧。

在溜板上固定指示器,测头分别触及尾座套筒的(ZX)水平面和(ZY)垂直平面。移动溜板检验。a)、b)误差分别计算。指示器最大和最小读数的差值不应超过公差值。

检验项目 尾座心轴轴线对溜板移动(*Z* 轴线)的平行度： a) 在(*ZX*)水平面内； b) 在(*ZY*)垂直平面内。 (当具有两个刀架时，应以右刀架 *W* 轴线代替 *Z* 轴线)	G15

简图

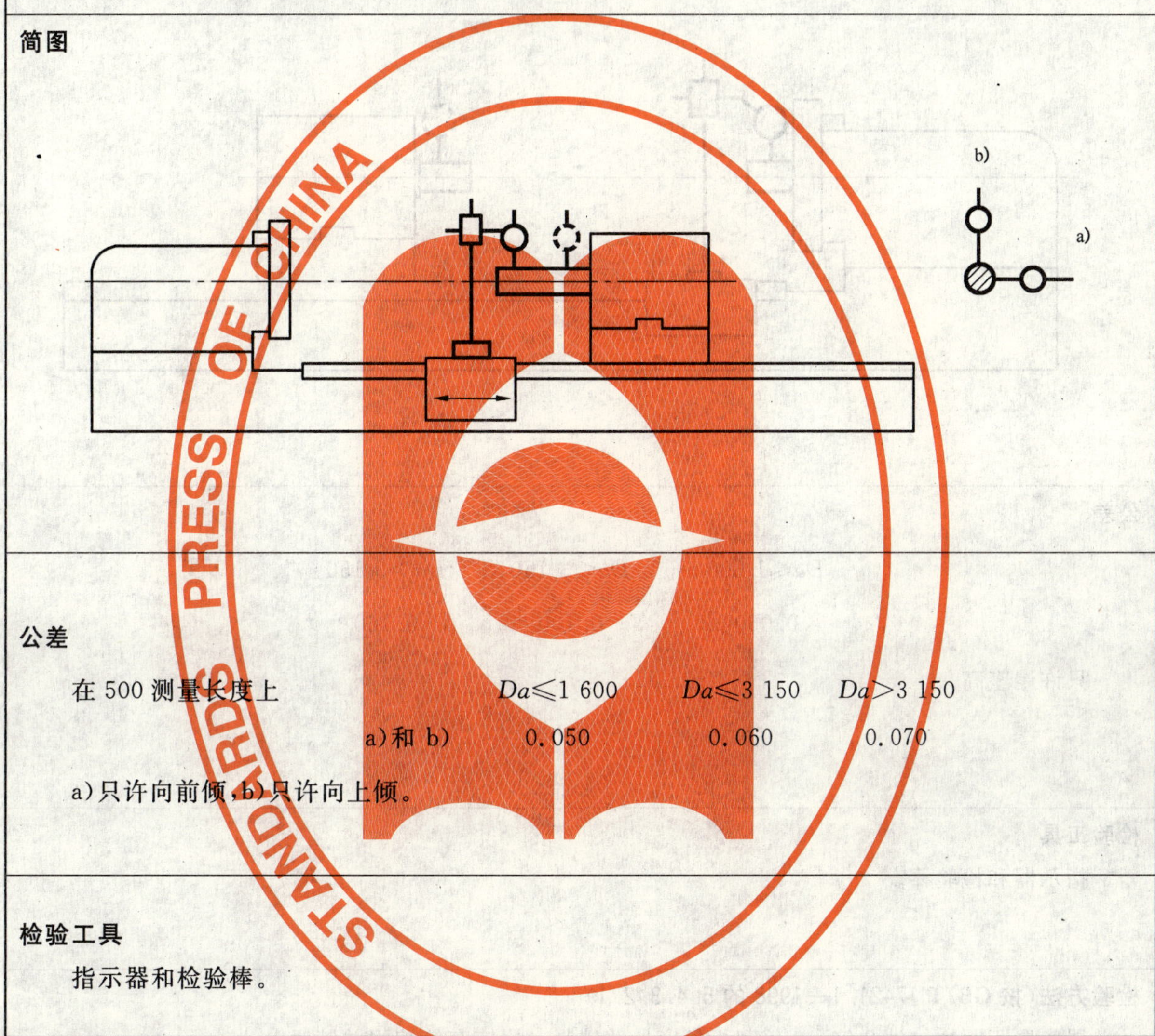

公差

在 500 测量长度上	*Da*≤1 600	*Da*≤3 150	*Da*>3 150
a)和 b)	0.050	0.060	0.070

a)只许向前倾，b)只许向上倾。

检验工具

指示器和检验棒。

检验方法(按 GB/T 17421.1—1998 的 5.4.2.2.3)

尾座置于距主轴端 2 倍～3 倍溜板长度处并锁紧。尾座套筒缩回并锁紧。

在尾座心轴锥孔内插入一检验棒。溜板上固定指示器，测头分别触及检验棒的(*ZX*)水平面和(*ZY*)垂直平面。移动溜板检验。心轴旋转 180°或拔出检验棒旋转 180°重新插入，再依次检验一次。

a)、b)误差分别计算。以两次测量读数的最大差值的平均值不应超过公差值。

5.5 顶尖

检验项目 G16

主轴和尾座两顶尖轴线的等高度。

简图

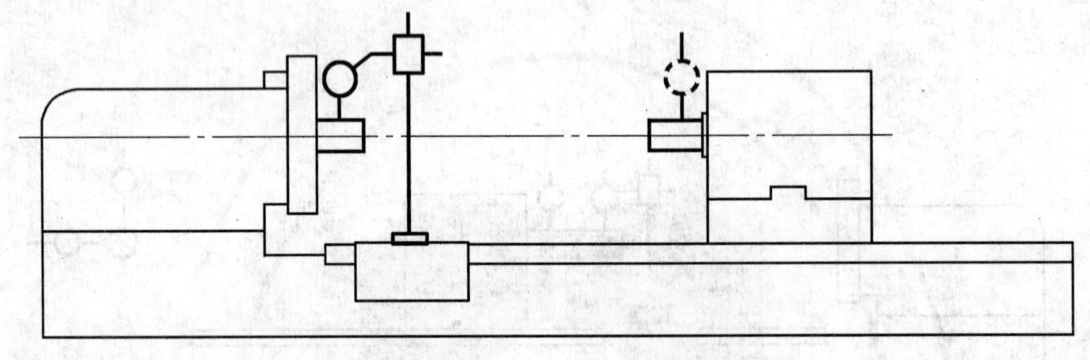

公差

$Da \leqslant 1\ 600$	$Da \leqslant 3\ 150$	$Da > 3\ 150$
0.060	0.100	0.160

只许尾座高。

检验工具

指示器和检验棒。

检验方法(按 GB/T 17421.1—1998 的 5.4.3.2.1)

尾座置于距主轴端 2 倍～3 倍溜板长度处并锁紧。尾座套筒缩回并锁紧。

在主轴和尾座心轴锥孔内各插入一根直径相同的检验棒。在溜板上固定指示器,测头在垂直平面内触及检验棒表面。移动溜板,在靠近主轴和尾座两端面测取读数。

指示器在主轴和尾座处读数的差值不应超过公差值。

5.6 刀架

检验项目 刀架纵向移动(Z 轴线)对主轴轴线的平行度(本项检验只适用于刀架具有纵滑板的机床)。	G17
简图 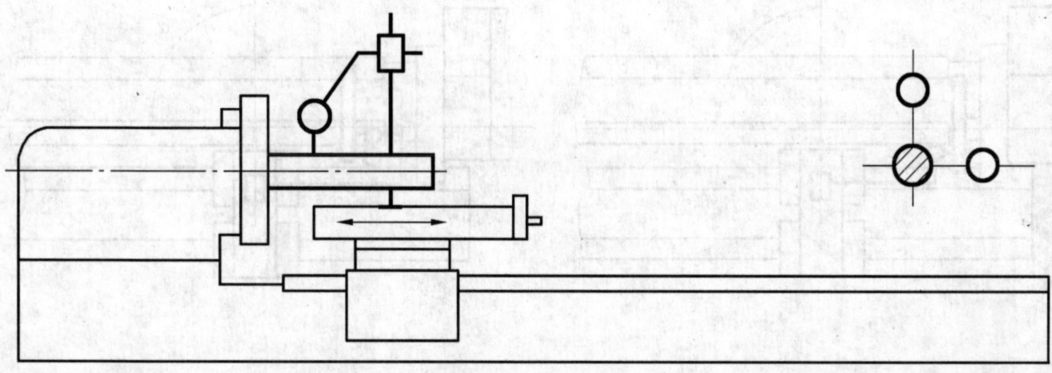	
公差 在 300 测量长度上为 0.04。	
检验工具 指示器和检验棒。	
检验方法(按 **GB/T** 17421.1—1998 的 5.4.2.2.3) 在主轴锥孔内插入一检验棒。在纵滑板上固定指示器,测头在水平面内触及检验棒表面,调整纵滑板,使指示器在检验棒两端的读数相等。再将指示器测头在垂直平面内触及检验棒表面,移动纵滑板检验。将主轴旋转 180°,再依次检验一次。 以两次测量读数的最大差值的平均值不应超过公差值。	

检验项目 刀架横向移动（X 轴线）对主轴轴线的垂直度。	G18

简图

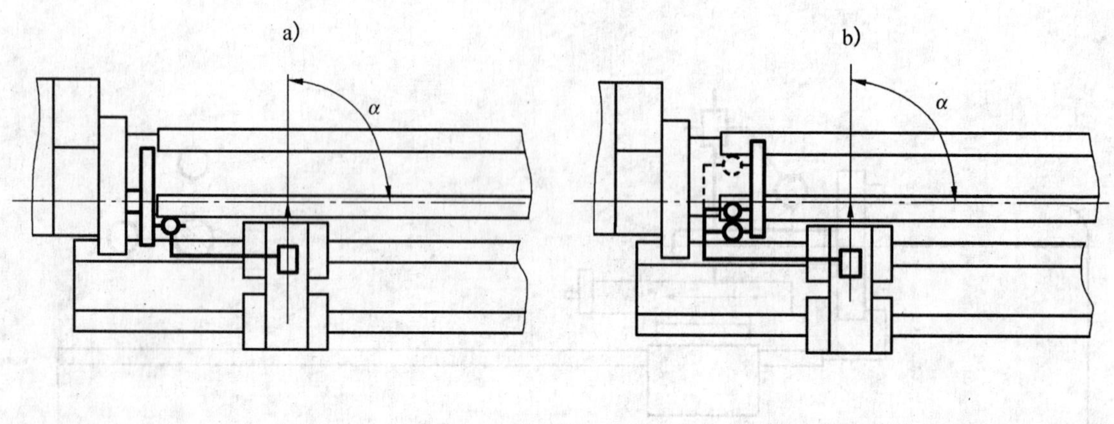

公差

$Da \leqslant 1\ 600$	$Da \leqslant 3\ 150$	$Da > 3\ 150$
0.020/300	0.030/500	0.060/1 000

$\alpha \geqslant 90°$。

检验工具

a） 指示器和专用平尺；

b） 指示器和平尺。

检验方法（按 **GB/T** 17421.1—1998 的 5.5.2.2.3）

a） 在主轴锥孔内插入带平尺的检验棒。指示器固定在刀架上，测头触及平尺检验面。移动刀架检验。主轴旋转 180°，再依次检验一次。

以两次测量读数的最大差值的平均值不应超过公差值。

b） 在主轴轴线等高处放置平尺，指示器固定在花盘上，测头触及平尺检验面。旋转主轴，调整平尺至指示器在平尺两端读数相等。

在刀架上固定指示器，测头触及平尺检验面。移动刀架检验。

指示器最大和最小读数的差值不应超过公差值。

6 工作精度检验

6.1 精车圆柱体圆环表面

<table>
<tr><td>切削条件和检验项目
用单刃刀具车削圆柱体三个环带表面，检验其：
a) 圆度；
b) 加工直径的一致性。</td><td>M1</td></tr>
<tr><td colspan="2">试件简图
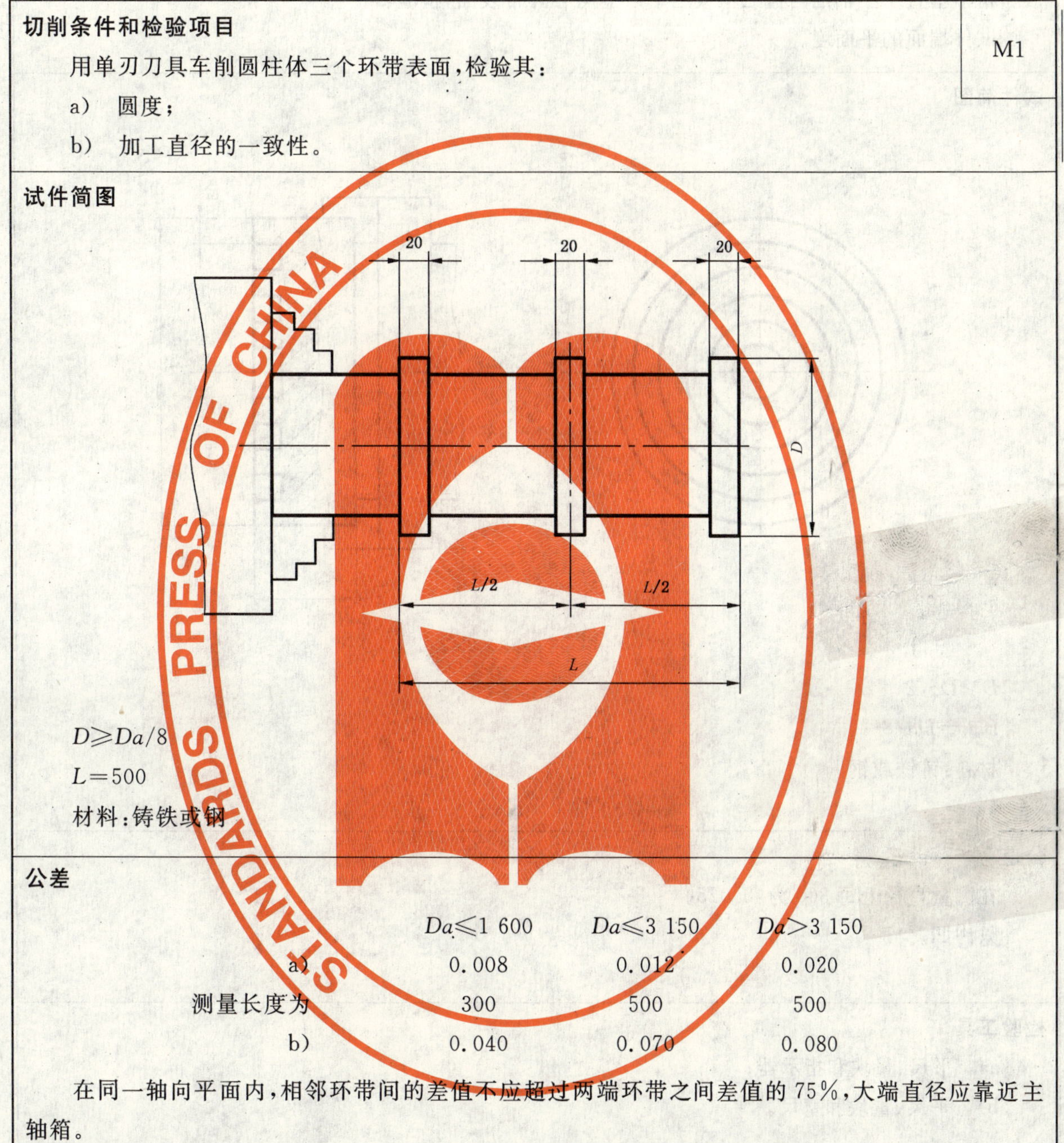

$D \geqslant Da/8$
$L=500$
材料：铸铁或钢</td></tr>
<tr><td colspan="2">公差
<table>
<tr><td></td><td>$Da \leqslant 1\ 600$</td><td>$Da \leqslant 3\ 150$</td><td>$Da > 3\ 150$</td></tr>
<tr><td>a)</td><td>0.008</td><td>0.012</td><td>0.020</td></tr>
<tr><td>测量长度为</td><td>300</td><td>500</td><td>500</td></tr>
<tr><td>b)</td><td>0.040</td><td>0.070</td><td>0.080</td></tr>
</table>
在同一轴向平面内，相邻环带间的差值不应超过两端环带之间差值的75%，大端直径应靠近主轴箱。</td></tr>
<tr><td colspan="2">检验工具
a) 千分尺；
b) 指示器和V形块。</td></tr>
<tr><td colspan="2">检验方法（按 GB/T 17421.1—1998 的 6.6、6.8 和 4.1）
加工直径的一致性是指在试件的单个轴向平面内，测取的最大和最小直径差值，不应超过公差值。</td></tr>
</table>

6.2 精车圆盘端面

M2

切削条件和检验项目

精车垂直于主轴的圆盘三个或三个以上同心环带表面，检验：

试件端面的平面度。

试件简图

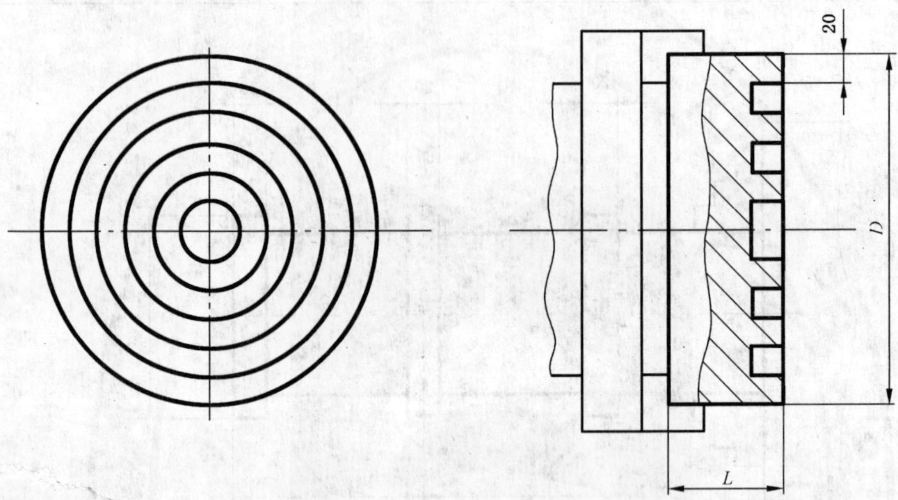

$D \geqslant Da/2$

$L_{max} = Da/8$

材料：铸铁或钢

公差

在测量直径上每 300 为：0.025。

只许凹。

检验工具

a) 平尺、量块和指示器；

b) 平尺、量块和塞尺。

检验方法（按 GB/T 17421.1—1998 的 5.3.2.2.1 和 4.1）

在端面上通过中心平面放一平尺。在平尺上安放指示器，测头触及端面。移动指示器检验。再使平尺在不同的径向位置上，重复检验。允许用塞尺检验。

指示器读数的最大差值不应超过公差值。

6.3 精车圆柱试件螺纹

切削条件和检验项目

M3

按规定切削规范或编程指令进行螺纹切削，检验：

试件的螺距累积公差。

试件简图

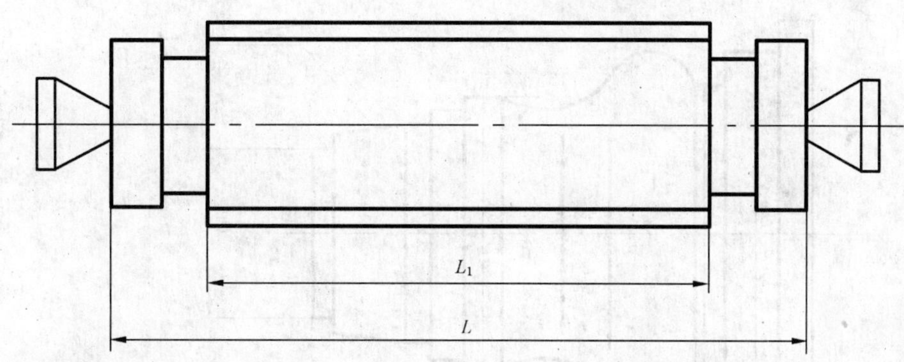

$L_1=300$

$L_{max}=1\ 000$

材料：铸铁或钢

公差

	$Da\leqslant1\ 600$	$Da\leqslant3\ 150$	$Da>3\ 150$
在 300 测量长度上	0.050	0.060	0.070
局部公差：任意 60 测量长度上为	0.015	0.020	0.030

检验工具

螺距测量仪。

检验方法（按 GB/T 17421.1—1998 的 6.1,6.2 和 4.1）

车削螺纹应经过进给机构。当无母丝杠时，应利用刀架的丝杠车削螺纹，此时可不检验局部公差。当数控机床具有螺距误差补偿功能、间隙补偿功能时，应在使用这些功能的条件下进行精加工和检验。

6.4 数控切削

切削条件和检验项目 M4

按规定切削规范编程指令对端面、各台阶面、各圆柱面、圆弧面精切加工：

a) 检验各圆柱面直径与指令值的差值；

b) 检验各台阶面距离与指令值的差值；

c) 各加工面的表面粗糙度。

（本项检验只适用于数控机床）

试件简图

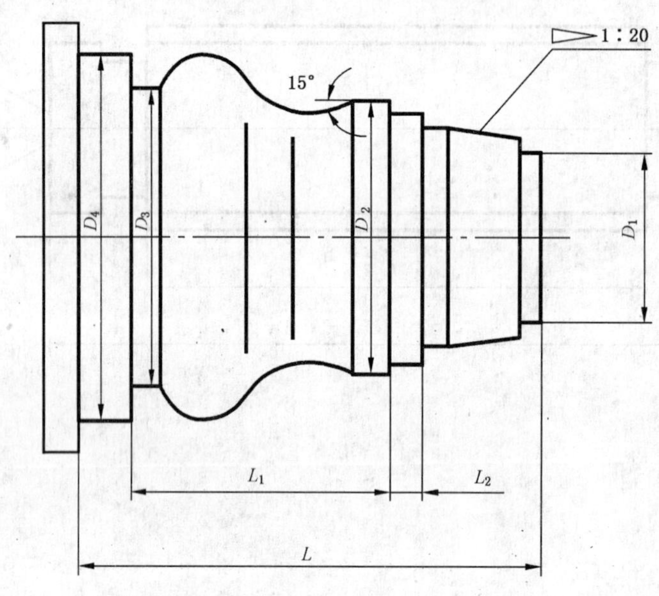

$D_1 \geqslant 150$

$D_2 \leqslant 500$

$L \leqslant 600$

材料：铸铁

公差

a)和 b)	0.025
c)平面、圆柱面	$Ra1.6$
圆锥面、圆弧面	$Ra3.2$

检验工具

千分尺、精密检验工具、正弦规和表面粗糙度样板。

检验方法（按 **GB/T** 17421.1—1998 的 4.1 和 4.2）

a) 通过轴线且相互垂直的两个轴向平面内，分别测量各圆柱面直径。实测值与指令值的最大代数差值不应超过公差值。

b) 沿轴线方向分别测量各台阶面的距离，且至少应测四个读数，实测值与指令值的最大代数差值不应超过公差值。

c) 用粗糙度样板比较评定。

7 数控轴线定位精度和重复定位精度的检验

检验项目 P1

刀架 X 轴线(U 轴线)横向移动的定位精度和重复定位精度。

简图

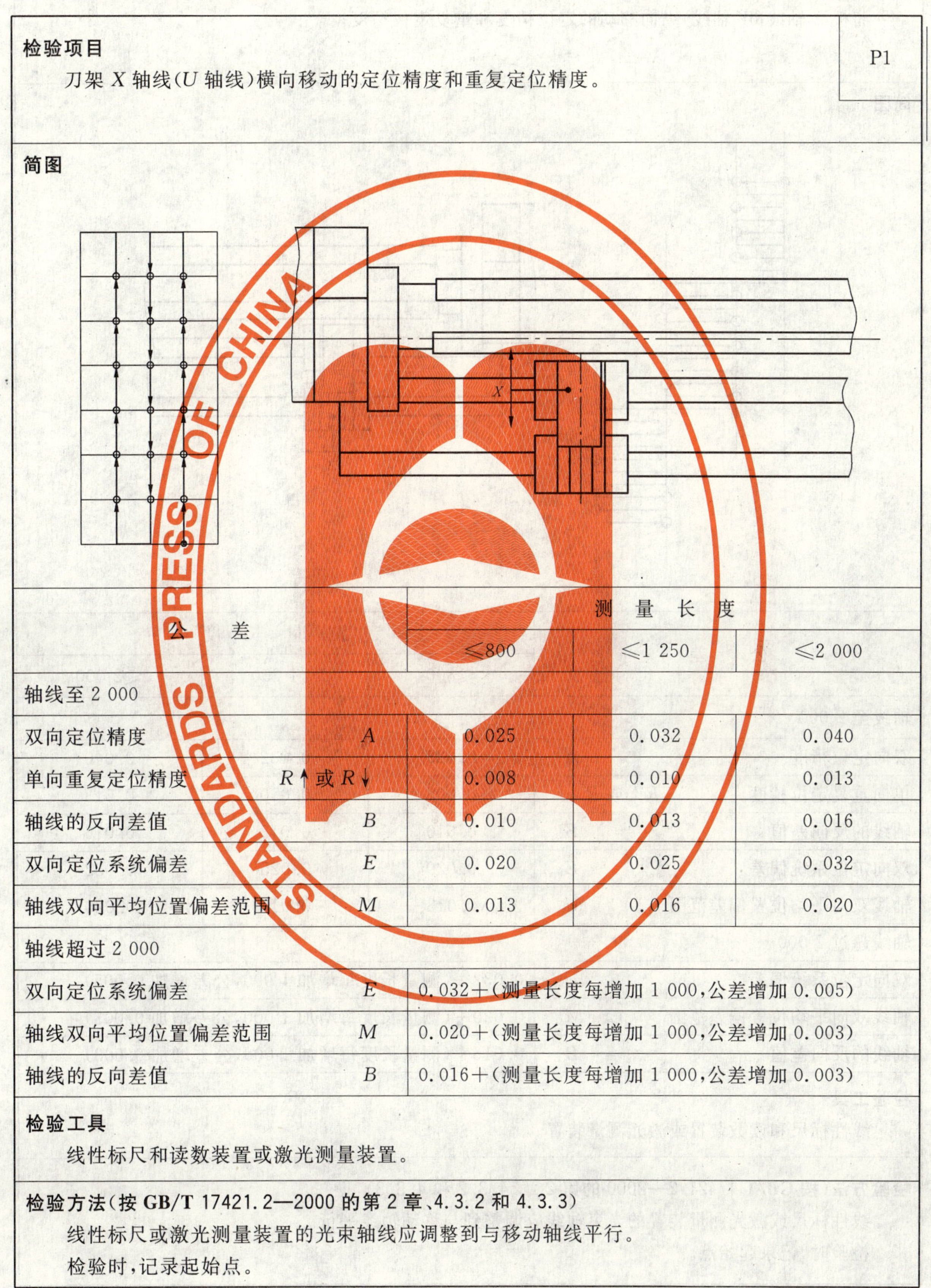

公差		测量长度		
		≤800	≤1 250	≤2 000
轴线至 2 000				
双向定位精度	A	0.025	0.032	0.040
单向重复定位精度	$R\uparrow$ 或 $R\downarrow$	0.008	0.010	0.013
轴线的反向差值	B	0.010	0.013	0.016
双向定位系统偏差	E	0.020	0.025	0.032
轴线双向平均位置偏差范围	M	0.013	0.016	0.020
轴线超过 2 000				
双向定位系统偏差	E	0.032+(测量长度每增加 1 000,公差增加 0.005)		
轴线双向平均位置偏差范围	M	0.020+(测量长度每增加 1 000,公差增加 0.003)		
轴线的反向差值	B	0.016+(测量长度每增加 1 000,公差增加 0.003)		

检验工具

线性标尺和读数装置或激光测量装置。

检验方法(按 GB/T 17421.2—2000 的第 2 章、4.3.2 和 4.3.3)

线性标尺或激光测量装置的光束轴线应调整到与移动轴线平行。

检验时,记录起始点。

检验项目 P2

溜板 Z 轴线(W 轴线)纵向移动的定位精度和重复定位精度。

简图

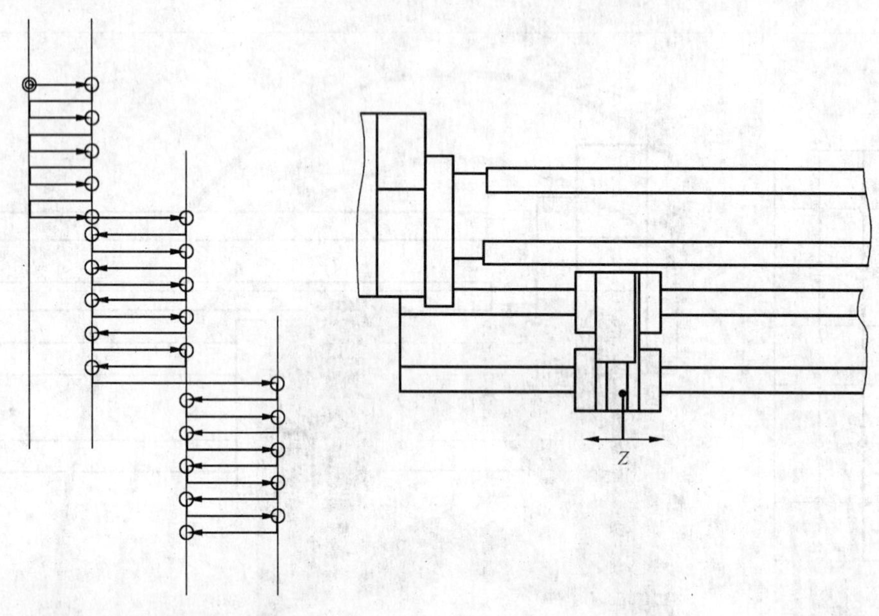

公差		测量长度		
		≤800	≤1 250	≤2 000
轴线至 2 000				
双向定位精度	A	0.025	0.032	0.040
单向重复定位精度	$R\uparrow$ 或 $R\downarrow$	0.008	0.010	0.013
轴线的反向差值	B	0.010	0.013	0.016
双向定位系统偏差	E	0.020	0.025	0.032
轴线双向平均位置偏差范围	M	0.013	0.016	0.020
轴线超过 2 000				
双向定位系统偏差	E	0.032+(测量长度每增加 1 000,公差增加 0.005)		
轴线双向平均位置偏差范围	M	0.020+(测量长度每增加 1 000,公差增加 0.003)		
轴线的反向差值	B	0.016+(测量长度每增加 1 000,公差增加 0.003)		

检验工具

线性标尺和读数装置或激光测量装置。

检验方法(按 GB/T 17421.2—2000 的第 2 章、4.3.2 和 4.3.3)

线性标尺或激光测量装置的光束轴线应调整到与移动轴线平行。

检验时,记录起始点。

8 关于导轨直线度的解释(几何精度检验 G1)

8.1 术语"凸的导轨"的定义

当导轨上所有的点均位于其两端点连线之上时,则该导轨被认为是凸的。

8.2 术语"直线度局部偏差"的定义

导轨直线度局部偏差是指在给定的基本长度上两端点垂直坐标的差值。基本长度与导轨长度相比是小的。

在给定长度 l 上 a 和 b 间的局部偏差为 h_2-h_1(见图 2)。

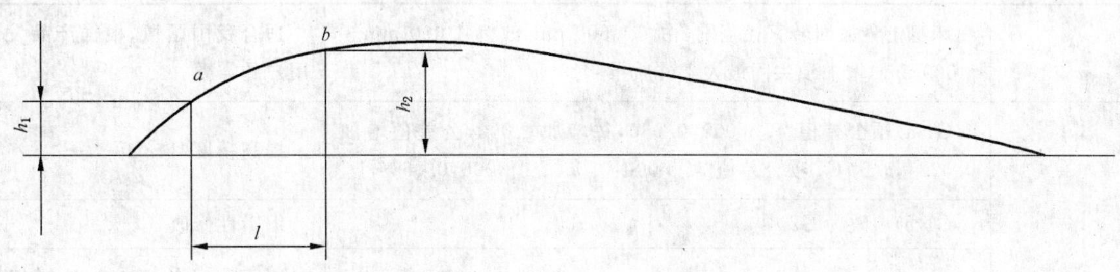

图 2 直线度局部偏差计算图例

8.3 有关具有规则凸起曲线的导轨

局部公差的规定,仅仅是为了消除直线导轨出现大的直线度偏差集中在一个小的长度上的可能性(见 GB/T 17421.1—1998 的 2.3.2.2.4)。

即使是对于全长上具有中心近似对称的规则凸起曲线导轨,也要限制导轨两端处的局部公差。在这种情况下导轨两端四分之一部位的局部公差规定值可以加倍。

附 录 A
(资料性附录)
本标准与 ISO 1708:1989 技术性差异及其原因一览表

表 A.1 给出了本标准与 ISO 1708:1989 的技术性差异及其原因一览表。

表 A.1 本标准与 ISO 1708:1989 的技术性差异及其原因

本标准的章条编号	技术性差异	原因
1	床身上最大回转直径范围,由≤1 600 mm 改为 1 000 mm~5 000 mm,增加顶尖间最大工件质量≥10 t	适合我国国情,根据产品发展和用户的需要
5.1	G1 a)项公差值"≤1 000:0.030,每增加 1 000,公差值增加 0.020",改为 G1 项公差值"≤5 000:0.050、≤8 000:0.060…"	提高精度
	G1 b)项改为 G2 项	编辑性修改
	增加 G3 检验项目	用于测量长度较长的拼接床身的调平检验
	增加 G4 检验项目	用于大规格机床分离床身的调平检验
5.2	G2 项公差值"≤1 000:0.025,每增加 1 000,公差值增加 0.005,最大值 0.05",改为 G5 项公差值"≤5 000:0.040、≤12 000:0.050"	提高精度
5.3	G4 a)项公差值 0.015 改为 G7 a)项公差值 0.012	提高精度
	G6 项中公差值分别为 0.015、500:0.050 改为 G9 项公差值分别为 0.015、500:0.040	提高精度
5.4	增加 G12、G13 检验项目	符合国情;产品结构需要
	G9 项中公差值分别为 0.020、0.030 改为 G14 项公差值分别为 0.015、0.020	提高精度
	G14、G15 项母丝杠检验取消	国际标准规定进行 M3 工作精度检验,则可以删除;适合我国国情
6.1	P1 a)项中公差值 0.020(直径差),改为 M1 a)项公差值 0.008(半径差)	提高精度
6.4	增加 M4 检验项目	适合我国国情;用于数控型机床的工作精度检验
7	增加 P1、P2 检验项目	用于数控型机床定位精度和重复定位精度的检验

ICS 25.080.01
J 50

中华人民共和国国家标准

GB/T 23570—2009

金属切削机床焊接件通用技术条件

Welding parts for metal cutting machines—General specifications

2009-04-13 发布　　　　2010-01-01 实施

中华人民共和国国家质量监督检验检疫总局
中国国家标准化管理委员会　发布

前　言

本标准由中国机械工业联合会提出。

本标准由全国金属切削机床标准化技术委员会(SAC/TC 22)归口。

本标准起草单位:沈阳机床(集团)有限责任公司、北京机床研究所。

本标准主要起草人:王兴海、李祥文、张维。

本标准为首次发布。

金属切削机床焊接件
通用技术条件

1 范围

本标准规定了金属切削机床(以下简称机床)焊接零部件的制造和验收的基本要求。

本标准适用于由碳素结构钢、低合金结构钢和不锈钢采用手工电弧焊或气体保护焊等方法制造的金属切削机床焊接件。

2 规范性引用文件

下列文件中的条款通过本标准的引用而成为本标准的条款。凡是注日期的引用文件,其随后所有的修改单(不包括勘误的内容)或修订版均不适用于本标准,然而,鼓励根据本标准达成协议的各方研究是否可使用这些文件的最新版本。凡是不注日期的引用文件,其最新版本适用于本标准。

GB/T 985.1 气焊、焊条电弧焊、气体保护焊和高能束焊的推荐坡口(GB/T 985.1—2008,ISO 9692-1:2003,MOD)

GB/T 2649 焊接接头机械性能试验取样方法

GB/T 2650 焊接接头冲击试验方法(GB/T 2650—2008,ISO 9016:2001,IDT)

GB/T 2651 焊接接头拉伸试验方法(GB/T 2651—2008,ISO 4136:2001,IDT)

GB/T 2653 焊接接头弯曲试验方法(GB/T 2653—2008,ISO 5173:2000,IDT)

GB/T 2654 焊接接头硬度试验方法(GB/T 2654—2008,ISO 9015-1:2001,IDT)

GB/T 3323 金属熔化焊焊接接头射线照相(GB/T 3323—2005,EN 1435:1997,MOD)

3 材料

3.1 焊接母材的钢号、规格、机械性能等应符合有关标准的规定,并应满足图样或工艺文件的要求。

3.2 焊接材料应符合工艺文件的规定,并应按相应标准检验合格后方可使用。

4 零件的下料与成形

4.1 火焰切割下料的尺寸偏差应符合表1的规定。

表 1

单位为毫米

下料尺寸	用于不需切削加工			用于需切削加工		
	板材厚度					
	≤20	>20～40	>40～60	≤20	>20～40	>40～60
	极限偏差					
≤500	±1.0	±1.5	±2.0	±2.0	±2.5	±3.0
>500～1 000	±1.5	±2.0	±2.5	±3.0	±3.5	±4.0
>1 000～1 600	±1.8	±2.3	±2.8	±3.7	±4.2	±4.8
>1 600～2 500	±2.2	±2.7	±3.2	±4.5	±5.0	±5.5
>2 500～4 000	±2.7	±3.2	±3.7	±5.4	±5.9	±6.4
>4 000～6 300	±3.3	±3.8	±4.3	±6.6	±7.1	±7.8
>6 300	±4.0	±4.5	±5.0	±8.0	±8.5	±9.0

4.2 激光切割机下料尺寸偏差为±0.2 mm。

4.3 剪切下料的尺寸偏差应符合表2的规定。

表2

单位为毫米

下料尺寸	用于不需切削加工			用于需切削加工		
	板材厚度					
	≤3	>3～8	>8～14	≤3	>3～8	>8～14
	极限偏差					
≤500	±0.7	±1.0	±1.4	±1.4	±1.7	±2.1
>500～1 000	±1.0	±1.3	±1.7	±2.0	±2.3	±2.7
>1 000～1 600	±1.2	±1.5	±1.9	±2.4	±2.7	±3.1
>1 600～2 500	±1.4	±1.7	±2.1	±2.8	±3.1	±3.5
>2 500～4 000	±1.6	±1.9	±2.3	±3.3	±3.6	±4.0

4.4 数控等离子切割下料尺寸偏差为±0.2 mm;手工等离子切割下料尺寸偏差应符合表3的规定。

表3

单位为毫米

下料尺寸	板材厚度								
	≤1	>1～2	>2～3	>3～4	>4～5	>5～6	>6～8	>8～10	>10～14
	极限偏差								
≤500	±0.2	±0.5	±1.0	±2.0	±2.5	±3.0	±3.5	±4.0	±4.5
>500～1 000	±0.5	±1.0	±1.5	±2.5	±3.0	±3.5	±4.0	±4.5	±5.5
>1 000～1 600	±1.0	±2.0	±2.5	±3.5	±4.0	±4.5	±5.0	±5.5	±7.0
>1 600～2 500	±1.5	±3.0	±3.5	±4.5	±5.0	±5.5	±6.0	±6.5	±8.0
>2 500～4 000	±2.0	±3.5	±4.0	±5.0	±5.5	±6.0	±6.5	±7.0	±8.5

4.5 零件的角度下料,其偏差由相应的尺寸偏差确定。

4.6 板材零件的平面度公差在任意1 000 mm长度内为2 mm,在全长范围内的公差应符合表4的规定。

表4

单位为毫米

板材长边尺寸	板材厚度		
	≤3	>3～14	>14
	平面度公差		
>1 000～1 600	3.0	2.5	2.0
>1 600～2 500	4.0	3.0	2.5
>2 500～4 000	5.0	4.0	3.0
>4 000～6 300	6.0	5.0	4.0
>6 300	7.0	6.0	5.0

4.7 板材零件棱边在板材平面内相互间的平行度、垂直度和直线度公差应符合表5的规定。

表 5

单位为毫米

下料尺寸	平行度	垂直度	直线度
	公差		
≤500	2.0	1.5	1.0
>500～1 000	2.5	2.0	1.2
>1 000～1 600	2.8	2.3	1.4
>1 600～2 500	3.2	2.7	1.6
>2 500～4 000	3.7	3.2	1.8

4.8 型材零件的纵向直线度公差、各垂直面相互间的垂直度公差应符合表 6 的规定。

表 6

单位为毫米

下料尺寸	≤500	>500～1 000	>1 000～1 600	>1 600～2 500	>2 500～4 000
直线度公差	1.0	1.5	2.0	3.0	4.0
垂直度公差	2.0				

4.9 型材零件的扭曲量，当长度小于或等于 2 000 mm 时不得超过 1 mm，长度大于 2 000 mm 时不得超过 3 mm。

4.10 火焰切割面对板材、型材平面的垂直度公差应符合表 7 的规定。

表 7

单位为毫米

板材厚度	型材高度(边宽)	垂直度公差
≤8	≤50	1.0
>8～20	>50～100	1.5
>20～40	>100～200	2.0
>40～60	>200	2.5

4.11 对不需切削加工的零件，剪切下料的切割面上不应有超过 0.5 mm 的凸刺，火焰下料的切割面上的割痕深度(粗糙度)不应超过表 8 的规定。

表 8

单位为毫米

板材厚度	手工火焰切割	机械火焰切割
	割痕深度	
≤20	1.0	0.5
>20～40	1.5	1.0
>40～60	2.0	1.5

4.12 冷作零件的成型应符合图样或技术文件的规定。

5 焊接部件

5.1 焊接部件的外观表面不应有锤痕、焊瘤、金属飞溅物及引弧痕迹，边棱、尖角处应光滑。所有焊缝的熔渣均应清理干净，外观焊缝还应打磨平整。

5.2 焊接部件的尺寸偏差应符合表 9 的规定。当焊接部件需经切削加工时，其尺寸偏差不得超过加工余量的 2/3，并应保证不小于 4 mm 的加工余量。

表 9 单位为毫米

基本尺寸	用于需切削加工	用于不需切削加工
	极限偏差	
≤500	±1.5	±2.5
>500～1 000	±2.0	±3.0
>1 000～1 600	±2.5	±3.5
>1 600～2 500	±3.0	±4.5
>2 500～4 000	±4.0	±6.0
>4 000～6 300	±5.0	±7.5
>6 300	±6.0	±9.0
注：当需要提高精度时，需在工艺文件中注明。		

5.3 焊接部件的角度偏差应符合表 10 的规定。

表 10 （适用于小于 90°） 单位为毫米

基准边(短边)尺寸	长边尺寸				
	≤1 000	>1 000～2 500	>2 500～4 000	>4 000～6 300	>6 300
	极限偏差				
≤500	±5	±6	±7	±8	±9
>500～1 000	±4	±5	±6	±7	±8
>1 000	—	±4	±5	±6	±7

5.4 焊接部件表面的平面度公差，以及有关部位的同轴度、垂直度、对称度和平行度的公差应符合表 11 的规定。

表 11 单位为毫米

基本尺寸	平面度	同轴度、垂直度、对称度	平行度
	公差		
≤500	2.0	2.5	5.0
>500～1 000	3.0	3.0	6.0
>1 000～1 600	4.0	3.5	7.0
>1 600～2 500	5.0	4.5	9.0
>2 500～4 000	6.0	6.0	12.0
>4 000～6 300	7.0	7.5	15.0
>6 300	8.0	9.0	18.0

5.5 焊接接头与焊接

5.5.1 焊接接头的基本尺寸形式和尺寸应符合 GB/T 985.1 或图样的规定。

5.5.2 焊接坡口表面不应有裂纹、分层和夹杂等冶金缺陷。采用火焰切割的坡口，应将熔渣、氧化皮等清理干净。

5.5.3 非加工面的外观焊缝的余高一般应符合表 12 的规定。下塌量一般不大于 0.5 mm。

表 12

单位为毫米

焊逢宽度	焊缝余高
＞3～6	≤1.3
＞6～10	≤1.5
＞10～18	≤1.9
＞18～30	≤2.5
＞30	≤3.0

5.5.4　外观焊缝沿长度方向的尺寸均匀性一般应符合表 13 的规定。

表 13

单位为毫米

焊缝宽度	宽度(单边)允差
≤18	3.0
＞18～30	3.5
＞30	4.0

5.5.5　外观焊缝应呈光滑的或均匀的鳞片状波纹表面。

5.5.6　对接焊缝的错边量不应大于板厚的¼，且最大不得超过 2 mm。

5.5.7　重要的承载焊缝，在任意 100 mm 长度上直径不大于 2 mm 的气孔不应多余一个。未焊深度不应大于母材壁厚的 15%。咬边深度不应超过较薄母材壁厚的 5%，且最大不应超过 1.5 mm；咬边长度不应超过焊缝全长的 10%。

5.5.8　焊缝不允许出现裂纹，连续焊缝不允许出现间断。

5.5.9　油箱、油池等常压容器的焊缝不允许出现渗、漏现象。

5.5.10　油缸等承压焊缝的质量按有关规定。

5.6　重要的焊接部件应进行消除应力处理。

6　检验方法

6.1　焊接部件的外观质量一般用目测法检验。

6.2　焊接零件、部件和焊缝的尺寸及形状、位置误差用通用或专用的量具、检具检验。

6.3　焊缝的外部缺陷用目测或低倍放大镜观察。内部缺陷可根据不同要求用超声波法、磁力探伤法、钻孔法或按 GB/T 3323 检验。

6.4　容器的密封性用涂刷煤油、盛水或其他等效方法检验。用涂刷煤油检验的方法是在焊缝的一侧涂刷白垩粉水溶液，待干燥后在焊缝另一侧涂刷煤油 2～3 次，经 15 min～20 min 后，如白垩粉上未出现油斑和油带，则为合格。进行煤油试漏时，环境温度不应低于 5 ℃。

6.5　焊缝的耐压性一般用水压(或压缩空气)方法检验，水压检验的压力不应低于工作压力的 1.5 倍，保持时间不应少于 5 min。

6.6　焊缝的机械性能检验，按 GB/T 2650、GB/T 2651、GB/T 2653、GB/T 2654 等标准规定的方法进行。

6.7　对需要进行机械性能试验的焊缝，按 GB/T 2649 的规定。试件的钢号、厚度、坡口型式、焊接规范、焊条及焊点热处理均应与焊接部件完全相同。

7　验收规则

7.1　焊接零件及部件应按图样、工艺文件和本标准进行检查验收。

7.2　焊接部件的外观质量应逐件检查。

7.3 重要焊接部件的主要尺寸应逐件检查。

7.4 重要的承载焊缝和外观焊缝的尺寸及表面质量应逐个检查，其他焊缝抽查。

7.5 焊缝内部质量和机械性能检查的项目、数量与技术指标应根据图样和工艺文件的规定进行。

7.6 储油、储水的常压及高压容器应逐件进行渗漏或耐压检查。

ICS 25.080.01
J 50

中华人民共和国国家标准

GB/T 23571—2009

金属切削机床　随机技术文件的编制

Metal cutting machine tools—Technic document compiled

2009-04-13 发布　　　　2010-01-01 实施

中华人民共和国国家质量监督检验检疫总局
中国国家标准化管理委员会　发布

前言

本标准的附录 A、附录 B、附录 C 和附录 D 为资料性附录。

本标准由中国机械工业联合会提出。

本标准由全国金属切削机床标准化技术委员会(SAC/TC 22)归口。

本标准起草单位:北京第二机床厂有限公司、北京机床研究所。

本标准主要起草人:张秀兰、李祥文、张维、王波、张卫、李笑声。

本标准为首次发布。

金属切削机床　随机技术文件的编制

1　范围

本标准规定了金属切削机床随机技术文件编制的基本要求及其格式与内容。

本标准适用于金属切削机床(以下简称机床)使用说明书、合格证明书和装箱单等随机技术文件(以下简称文件)的编制。

2　规范性引用文件

下列文件中的条款通过本标准的引用而成为本标准的条款。凡是注日期的引用文件，其随后所有的修改单(不包括勘误的内容)或修订版均不适用于本标准，然而，鼓励根据本标准达成协议的各方研究是否可使用这些文件的最新版本。凡是不注日期的引用文件，其最新版本适用于本标准。

GB/T 1.1　标准化工作导则　第1部分：标准的结构和编写规则(GB/T 1.1—2000，ISO/IEC Directives，Part 3，1997，Rules for the structure and drafting of International Standards，NEQ)

GB 5226.1　机械安全　机械电气设备　第1部分：通用技术条件(GB 5226.1—2002，IEC 60204-1：2000，IDT)

GB/T 6576　机床润滑系统(GB/T 6576—2002，ISO 5170：1977，MOD)

GB/T 7932　气动系统通用技术条件(GB/T 7932—2003，ISO 4414：1998，IDT)

GB/T 9969　工业产品使用说明书　总则

GB/T 15706.2　机械安全　基本概念与设计通则　第2部分：技术原则(GB/T 15706.2—2007，ISO 12100-2：2003，IDT)

GB 15760　金属切削机床　安全防护通用技术条件

GB/T 23572　金属切削机床　液压系统通用技术条件

3　基本要求

3.1　文件应能正确指导用户调整、操作、维护机床，文件的内容应简明扼要，图表清晰，文字表达应通顺易懂、段落分明、标点无误。

3.2　文件中的机床名称、型号及技术参数、术语、计量单位、代号及符号应符合有关标准的规定，并应保持前后一致，相互一致。

3.3　文件中的汉字、数字及字母等均应字体端正、笔划清楚、排列整齐，汉字应采用国家公布的简化字。

3.4　文件中的结构附图不应直接采用工作图样。

3.5　文件总页数超过一页时，每页都应有页码。

3.6　文件一般应采用印刷、晒印或复印。

3.7　文件的幅面采用(A4)竖放，文字叙述中的附图允许横向加长，但不得超过841 mm，与文字叙述分离装订的附图允许加大到420 mm×891 mm。必要时附图可采用其他幅面尺寸。

3.8　文件内容应与机床实际相符。

3.9　文件内容不允许涂改、颠倒和插字，如有错误可用勘误表或修改底图更正。

3.10　使用说明书还应符合GB/T 9969的有关规定。

4　文件的格式

4.1　文件封面应包括机床型号及名称、文件名称、机床主参数、编号或合同号、国名和企业名称(见附录A)。

使用说明书若分装成几个分册，则封面上应注明内容名称，如机械部分、电气部分、安全部分、数控系统等(见附录A)。

4.2 文件封面上允许印有照片、图形和经认可的标记(如注册商标、企业标识等)。

4.3 文件及附图的表头应包括产品型号、文件名称，置于幅面的上方或右上方(见附录B)。

4.4 使用说明书文字叙述按不同内容划分层次独立编排，其章条号及说明书中的图、表、公式和数值的表示方法应符合GB/T 1.1的有关规定。

5 文件内容

5.1 使用说明书的内容

5.1.1 封面。

5.1.2 封底。封底应有生产企业的详细地址、邮政编码和电话号码。

注：生产企业的详细地址、邮政编码和电话号码也可放在封面里。

5.1.3 目次。章条较多时，应编写目次。

5.1.4 安全使用注意事项：按照GB/T 15706.2和GB 15760的规定明确机床的安全性能、安全注意事项以及安装、调试、操作和维护等方面的安全要求。对不正确使用机床时可能会产生的后果应提出警告。

5.1.5 主要用途和适用范围。

5.1.6 技术参数。

5.1.7 性能及结构的简要介绍。

5.1.8 传动系统：包括主传动、进给传动和辅助传动系统图和说明；工作循环图及说明；滚动轴承位置图及明细表(轴承代号、数量和安装部位等)；带的型号及规格明细表；齿轮副、蜗轮副、链轮副及丝杠副等应列明细表。

5.1.9 液压系统：按GB/T 23572的有关规定编制。

5.1.10 电气系统：按GB 5226.1的有关规定编制。

5.1.11 气动系统：按GB/T 7932的有关规定编制。

5.1.12 光学系统：包括光学系统图及说明，光学标准元件的型号、规格明细表。

5.1.13 检测系统：包括检测系统图及说明，检测标准元件的型号、规格明细表。

5.1.14 冷却系统：包括冷却系统图及说明，冷却系统元件的型号、规格明细表。

5.1.15 润滑系统：按GB/T 6576的有关规定编制。

5.1.16 吊运与安装：包括吊运图与开箱注意事项；机床上可移动部分的极限位置图；安装地基图(包括电源引线位置)；对地基的要求及安装方法；接线(液压、气动管道，电气线路)的注意事项及检验方法。

5.1.17 试车、调整、操作：包括试车前与试车过程中的注意事项，调整部位的简图，调整方法与注意事项，调整参数及调整后达到的要求等；各操作件的位置分布图及其作用；机床操作方法及步骤；各种指示仪、指示灯和信号灯的作用；使用标准未规定的形象化符号时需说明其含义。

5.1.18 维护、保养及故障排除。

5.1.19 附件、备件及易损件：包括特殊订货供应的附件目录及说明；备件与易损件目录或加工图；特殊配套件的使用说明书也应随机提供给用户。

5.2 合格证明书的内容

5.2.1 封面。

5.2.2 首页为检验简述，内容包括：机床执行标准的编号、名称及"经检验合格，准予出厂。"由企业负责人、检验部门负责人签章，并填上年、月、日(见附录C)。

注：对于依合同约定出厂的机床，可写为"机床经检验合格，准予出厂"。

5.2.3 续页为精度检验单,内容包括序号、检验项目、简图、允差值及实测值,并应符合相应的标准或有关规定。

5.3 装箱单的内容

5.3.1 一般应有封面。

5.3.2 首页的内容包括箱号、箱体尺寸、净重与毛重,包装品的序号、名称、规格或标记、数量及备注(见附录D)。包装品装入包装箱的部位和装在主机上的附件可在备注栏中注明。最后由装箱检验员签章,并填上年、月。

5.3.3 包装品的项目按下列顺序填写:

a) 主机、辅机及从主机上拆下的零、部件;

b) 附件及工具;

c) 备件及易损件;

d) 不安装在机床上的电气设备;

e) 其他;

f) 随机技术文件。

5.3.4 装箱单应按箱号分别填写,包装品的标记或规格与装箱单应一致。

附 录 A
（资料性附录）
封 面 格 式

文件封面推荐两种格式。第一种格式为有边框形式，参见图 A.1；第二种格式为无边框形式，参见图 A.2。

机 床 型 号、名 称

文 件 名 称

分 册 内 容 名 称

机床主参数　　　　　　单位

出厂编号

国　　名

厂　　名

图 A.1　格式 1

机 床 型 号、名 称

文 件 名 称

分 册 内 容 名 称

机床主参数 单位

出厂编号

国 名

厂 名

图 A.2 格式 2

附 录 B
（资料性附录）
文件及附图的表头格式

文件及附图的表头推荐两种格式。第一种格式为有边框形式，参见图 B.1；第二种格式为无边框形式，参见图 B.2。

产 品 型 号	文 件 名 称	共　　页
		第　　页

图 B.1 格式 1

图 B.2 格式2

附　录　C
（资料性附录）
合格证明书首页格式

合格证明书首页推荐两种格式。第一种格式为有边框形式，参见图 C.1；第二种格式为无边框形式，参见图 C.2。

合格证明书

本机床执行 GB/T ××××—××××《××××精度检验》标准。经检验合格，准予出厂。

厂　　长(签章)　　　　年　　月

检验科长(签章)　　　　年　　月

图 C.1　格式 1

产品型号　　　　　　　　　　　　装箱单　　　　　　　　　　　　第　页　共　页

箱号：

箱体尺寸：(长×宽×高)　　　　cm×　　　cm×　　　cm

毛重：　　　kg

净重：　　　kg

序号	名称	规格或标记	数量	备注

装箱检察员：(签章)

年　　月　　日

图 D.2　格式 2

ICS 25.060.99
J 50

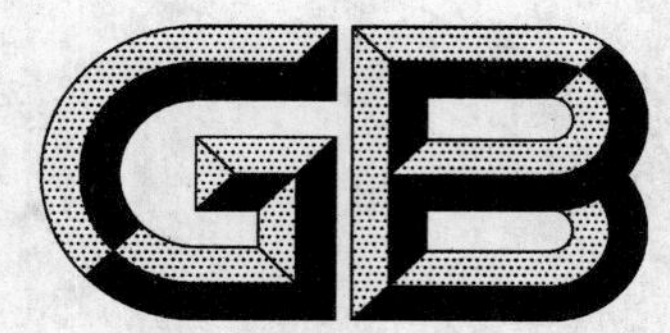

中华人民共和国国家标准

GB/T 23572—2009

金属切削机床　液压系统通用技术条件

Hydraulic system general specifications for metal cutting machine tools

2009-04-13 发布　　　　2010-01-01 实施

中华人民共和国国家质量监督检验检疫总局
中国国家标准化管理委员会　发布

前　言

本标准由中国机械工业联合会提出。

本标准由全国金属切削机床标准化技术委员会(SAC/TC 22)归口。

本标准起草单位:广州机械科学研究院、北京机床研究所、广州宝力特液压密封有限公司。

本标准主要起草人:陈恬生、李祥文、张维、何文杰、林本宏、成国真。

本标准为首次发布。

金属切削机床　液压系统通用技术条件

1　范围

本标准规定了金属切削机床液压系统的技术要求、装配要求、安全要求、试验方法、检验规则及其他要求。

本标准适用于以液压油为工作介质的金属切削机床液压传动及控制系统。

2　规范性引用文件

下列文件中的条款通过本标准的引用而成为本标准的条款。凡是注日期的引用文件，其随后所有的修改单(不包括勘误的内容)或修订版均不适用于本标准，然而，鼓励根据本标准达成协议的各方研究是否可使用这些文件的最新版本。凡是不注日期的引用文件，其最新版本适用于本标准。

GB/T 786.1　流体传动系统及元件图形符号和回路图　第1部分：用于常规用途和数据处理的图形符号(GB/T 786.1—2009，ISO 1219-1:2006，IDT)

GB/T 3766　液压系统通用技术条件(GB/T 3766—2001，eqv ISO 4413:1998)

GB/T 7632　机床用润滑剂的选用(GB/T 7632—1987，neq BS 5063:1982)

GB/T 7935　液压元件　通用技术条件

GB/T 14039　液压传动　油液　固体颗粒污染等级代号(GB/T 14039—2002，ISO 4406:1999，MOD)

GB/T 16769　金属切削机床　噪声声压级测量方法

GB/T 17489　液压颗粒污染分析　从工作系统管路中提取液样(GB/T 17489—1998，idt ISO 4021:1992)

JB/T 7938　液压泵站油箱公称容量系列

JB/T 8356.1　机床包装　技术条件

3　技术要求

3.1　基本要求

液压系统设计、制造和使用应符合GB/T 3766的规定，应保证设备使用寿命长，维修方便。

3.2　液压元件及部件

液压系统所用液压元件应符合GB/T 7935的规定，其他部件应符合相应标准的要求。

3.3　液压油

3.3.1　液压系统所用液压油应符合GB/T 3766及GB/T 7632的规定。液压系统应在便于更换维修的位置设置油液过滤装置。油液在注入液压系统油箱前应充分过滤。

3.3.2　液压系统用油与导轨或其他机械部件用油宜相互分隔。

3.4　管路、接头及通道

3.4.1　液压系统管接头材料一般为金属。管道材料一般为金属、耐油橡胶编织软管、树脂高压软管及其他与工作介质相容的材质，其管壁在承受系统最大工作压力的1.5倍时应能正常工作。

3.4.2　液压系统所有接头处和外露结合处不应渗漏。在接头及其他结合处可使用密封填料或密封胶，但不可使用麻、丝等杂物代替。

3.4.3　油管弯曲处应圆滑，不应有明显的凹痕及压偏现象，短长轴比应不小于0.75。

3.4.4　液压系统在装配前，接头、管道、通道(包括铸造型芯孔、机加工孔等)及油箱，均应清洗干净。

3.4.5 液压系统的油液通道应有足够的通流面积。

3.4.6 管道设置应安全合理，排列应整齐，便于元件调整、修理、更换。为避免管道的振动、撞击，管道间应有一定的间隙。在长管道间或管道产生振动、撞击发出声响时应采用管夹加以固定，各管夹间距离可参考表1的数值。

表1 管夹间距离

单位为毫米

管子外径 D	管夹间距离 L
≤10	1 000
>10～25	1 500
>25～50	2 000
>50	3 000

3.4.7 管夹不应焊于管子上，也不应损坏管路。

3.4.8 管路一般不应被用来支承元件或支承油路板。

3.4.9 软管一般用于可动件之间且便于替换件的更换、抑制机械振动或噪声的传递，其长度应尽可能短，避免设备在运行中软管发生严重弯曲与变形，必要时应设软管保护装置。

3.4.10 管道需架空跨越时，其高度应便于维修及保证人员的安全，支承应牢靠。

3.4.11 管路应做标记，压力管路、控制管路、回油及泄漏管路应用不同的标志。

3.4.12 管路联接两端应有标志，便于拆卸后恢复。

3.5 液压系统油箱

3.5.1 液压系统油箱的公称容量应符合JB/T 7938的规定。

3.5.2 在整个工作周期内，油箱液位应保持安全工作高度。油箱应有足够的空间以便油液热膨胀和分离空气。在正常工况下，油箱应能容纳全部从系统中流回的油液。应防止溢出或漏出的被污染油液直接流回到油箱中。

3.5.3 在条件允许的情况下，液压站的底部可提高到离安装面150 mm以上，以便于搬运、放油和散热。

3.5.4 可拆卸的盖板在其结构上应能防止杂质进入油箱。

3.5.5 用挡流板或其他措施将回油与液压泵的进口分开，采用的措施应不妨碍油箱清洗。

3.5.6 油箱底部的形状应能将液压油排空。油箱应设置放油孔、取样孔、注油口和清洗口。放油孔应设置在油箱底部最低的位置。取样孔也可设置于工作管路中。油箱应配备一个或一个以上的清洗口，以便清洗油箱整个内部。

3.5.7 穿过油箱顶盖的管子均应有密封，回油管路终端应在油箱最低液位之下。

3.5.8 注油口旁应设有液位计，在通气油箱的上部应有空气滤清器。

3.5.9 油箱材料应与油液相容。对普通钢板制作的油箱，其内表面的处理可采用酸洗后磷化、喷丸或喷砂后喷镀等化学稳定性和物理稳定性优异的方法，也可涂以与油液相容的不脱落的防锈涂层。

3.6 压力表

3.6.1 液压系统设置的压力表应安装在便于观察的明显部位。

3.6.2 压力表量程应为被检测压力的1.5倍～2.0倍。

3.6.3 压力表一般应带有卸压装置，或采用耐震压力表，外加阻尼器等。

3.6.4 测量多个压力时，可采用具有一个压力表和一个选择阀组成的多点测量装置。

4 装配要求

4.1 液压系统的管道与主机分离部件的接口处均应进行编号和标志，并使管道编号、标志与有关技术文件一致。

4.2 安装液压泵时应保证泵轴与驱动电动机传动轴的同轴度。刚性联结时，其同轴度允差为 ϕ0.05 mm；柔性联结时，其同轴度允差为 ϕ0.1 mm。

4.3 装配与试运行的其他要求应符合 GB/T 3766 的规定。

5 安全要求

5.1 液压系统设计、制造和使用的安全要求应符合 GB/T 3766 中的规定。

5.2 运动部件间的动作顺序应有联锁安全装置。采用静压装置时，为确保在建立静压后才能驱动液压系统或其他机械运动，一般也应有联锁安全装置。

5.3 当机床的液压系统失去正常压力可能产生不安全因素时，应在系统中设置必要的报警装置、指示信号及防护措施。

5.4 液压泵与驱动电动机联结处外露时应设有安全防护装置。

5.5 当机床停车时，装有蓄能器的液压回路应能自动释放蓄能器中的压力，或能使回路与蓄能器可靠隔离。

5.6 当机床停车时，若液压回路仍要利用蓄能器中有压油液来工作的情况下，应在蓄能器上或靠近蓄能器的明显地方标示出安全使用说明，其中包括“注意，压力容器”的字样。

5.7 所有质量超过 15 kg 的部件或设备，应能方便地起吊或设有起吊装置。

6 试验方法

6.1 试验前准备工作

试验前应对液压系统进行循环过滤。循环过滤时液压系统上的伺服阀、比例阀、蓄能器等应予以短路。

6.2 性能试验

考虑到可操作性，液压系统性能试验在液压泵站范围内进行。试验项目、试验方法及技术要求见表 2。

表 2 液压系统性能试验项目、试验方法及技术要求

序号	试验项目	试验方法	技术要求
1	空载试验	1) 液压泵站在卸荷状态下运转，调整压力 0.1 MPa～0.2 MPa，无异常声音后进行空载试验； 2) 空载试验：与电气配合，适当调整压力，检查各液压元件及其顺序动作的正确性	1) 液压泵站中元件、辅件的安装、联接应符合设计要求； 2) 工作循环和顺序动作应符合设计要求
2	载荷试验	1) 逐步升高压力，达到额定负载，试验时间不少于 0.5 h； 2) 检查额定压力、额定流量及压力振摆值	1) 额定压力、额定流量应符合设计要求(允差值小于 5%)； 2) 压力振摆在±0.2 MPa 内
3	耐压试验	对液压泵站施加耐压试验压力(设计中对限定使用压力的元器件除外)；耐压试验压力为液压泵站额定压力的 1.5 倍(额定压力＞16 MPa 时，取 1.25 倍)；压力匀速递增，达到耐压试验压力后，保压 5 min	不得出现外渗漏及其他异常现象
4	噪声试验	在进行额定负载运转时，用声级计分别置于距液压泵站半径 1 m 的球面上 4 个点(不同方向)上测定，测量方法按GB/T 16769 的规定	噪声值应符合表 4 的规定

表 2（续）

序号	试验项目	试验方法	技术要求
5	油液污染度试验	液压泵站送检油液取样按 GB/T 17489 的规定	液压油的固体污染物等级应符合表 3 的规定
6	连续运行试验	调整液压系统在额定压力下连续运行	连续运行 60 h，运行中应无故障出现
7	温升试验	液压系统在额定工作压力下连续运行，用测温计不断检测油箱油液温度的变化，直到油液达到热平衡温度为止（油液达到热平衡温度是指温升幅度每小时不大于 2 ℃时的温度）	热平衡后油液温度和温升应符合表 5 的规定

表 3　油液污染度试验技术要求

试验系统	油液污染度等级
电液比例系统	不得高于—/18/15
电液伺服系统	不得高于—/16/13
其他液压系统	不得高于—/19/16
注：液压油的固体污染物等级按 GB/T 14039 的规定。	

表 4　噪声试验技术要求

压力/MPa	流量/(L/min)	噪声/dB(A)
≤6.3	≤15	≤70
	＞15～36	≤71
	＞36～65	≤72
	＞65～90	≤73
＞6.3～16	≤15	≤71
	＞15～36	≤72
	＞36～65	≤73
	＞65～90	≤74
＞16	≤15	≤72
	＞15～36	≤73
	＞36～65	≤74
	＞65～90	≤75

表 5　温升试验技术要求

温度/℃	温升/℃
≤55	≤25

7　检验规则

液压系统检验在液压泵站范围内实施，分出厂检验和型式检验两种。

7.1 出厂检验

每一台出厂的液压泵站都需做出厂检验，并附合格证。出厂检验项目包括：

a) 空载试验；

b) 载荷试验；

c) 耐压试验。

其性能应符合表2中技术要求的规定。

7.2 型式检验

7.2.1 有下列情况之一者，应进行型式检验：

a) 新产品或老产品转厂生产的试制定型鉴定；

b) 产品批量生产时，应周期性(3年～5年)进行一次型式检验；

c) 产品长期停产后恢复生产时；

d) 国家质量监督检验机构提出型式检验要求时。

7.2.2 型式试验应包括表2中的所有试验项目，其性能要求应符合表2的规定。

7.2.3 型式检验的样品按生产批次从库存中随机抽取，数量不少于3台。检验有一项不合格时，可对该项目加倍复检，如再有不合格时，则判该批次产品为不合格。

8 其他

8.1 液压系统说明应编入机床使用说明书，其内容一般应包括：

a) 液压系统原理与使用说明，包括：

——液压系统原理图，管道示意图；

——液压元件型号与规格的明细表，包含对专用液压元件代号及制造厂的说明；

——每个液压控制阀的压力调定值；

——要求注入系统最高液位的油量；

——规定的油液品种与黏度范围；

——有关的电气及机械控制元件操作时间程序表；

——管路两端的识别标志；

——安全注意事项；

——其他说明。

b) 液压系统使用注意事项。

c) 液压系统维修、故障及其分析和排除的说明。

d) 要求定期测试与维护保养的测试点、加油口、排油口、取样口、滤油器等的设置位置。

8.2 液压系统所用图形符号应符合GB/T 786.1的规定。

8.3 包装

8.3.1 液压系统的外露口应用密封帽封闭，外螺纹应加以保护。

8.3.2 包装的其他要求应符合JB/T 8356.1的规定。

ICS 25.080.01
J 50

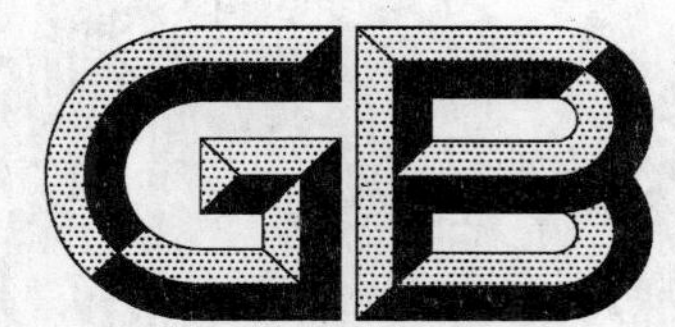

中华人民共和国国家标准

GB/T 23573—2009

金属切削机床　粉尘浓度的测量方法

Metal cutting machine tools—
Determination method of dust concentration

2009-04-13 发布　　2010-01-01 实施

中华人民共和国国家质量监督检验检疫总局
中国国家标准化管理委员会　发布

前　言

本标准的附录A为资料性附录。

本标准由中国机械工业联合会提出。

本标准由全国金属切削机床标准化技术委员会(SAC/TC 22)归口。

本标准起草单位:北京第二机床厂有限公司、北京机床研究所。

本标准主要起草人:张秀兰、张卫、王波、李祥文、张维。

本标准为首次发布。

金属切削机床 粉尘浓度的测量方法

1 范围

本标准规定了金属切削机床生产性粉尘浓度的滤膜测量方法。

本标准适用于经常产生生产性粉尘的金属切削机床(以下简称机床)。

2 规范性引用文件

下列文件中的条款通过本标准的引用而成为本标准的条款。凡是注日期的引用文件,其随后所有的修改单(不包括勘误的内容)或修订版均不适用于本标准,然而,鼓励根据本标准达成协议的各方研究是否可使用这些文件的最新版本。凡是不注日期的引用文件,其最新版本适用于本标准。

GB/T 17061 作业场所空气采样仪器的技术规范

3 术语和定义

下列术语和定义适用于本标准。

3.1

粉尘浓度 dust concentration

单位体积空气中粉尘的质量,单位为毫克每立方米(mg/m^3)。

4 一般要求

4.1 测量机床粉尘浓度时,其周围产生粉尘的其他机床应停止工作。

4.2 机床粉尘浓度的测量,应在正常工作状况下或设计规定的容易产生较大粉尘的切削条件下工作30 min后进行。有吸尘装置的机床,吸尘装置应处于工作状态。

4.3 采样前后,滤膜称量应使用同一台分析天平。

4.4 测尘滤膜通常带有静电,影响称量的准确性,因此,应在每次称量前除去静电。

5 测量原理

机床粉尘用已知质量的滤膜采集,由滤膜的增量和采气量计算出机床粉尘的浓度。

6 测量工具

机床粉尘浓度的测量,主要采用以下测量仪表及器具:

——采用直径为40 mm的过氯乙烯滤膜或其他测尘滤膜;

——粉尘采样器:包括采样夹和采样器两部分,性能和技术指标应符合GB/T 17061的规定;

——分析天平:感量0.1 mg;

——秒表或其他计时器;

——干燥器:内装变色硅胶;

——镊子;

——除静电器。

7 测量方法

7.1 滤膜的准备

7.1.1 干燥:称量前,将滤膜置于干燥器内2 h以上。

7.1.2 称量：用镊子取下滤膜的衬纸，将滤膜通过除静电器，除去滤膜的静电，在分析天平上准确称量，记录滤膜的质量 M_1。在衬纸上和记录表上记录滤膜的质量和编号。将滤膜和衬纸放入相应容器中备用，或将滤膜直接安装在采样夹上。

7.2 采样

7.2.1 采样器的采样头应面向机床产生粉尘的粉尘源，并保持与水平面平行。

7.2.2 采样器的采样头应安放在经常操作的位置上，距离粉尘源为 500 mm。当不能在 500 mm 位置测量时，应使采样头安放在尽量接近粉尘源的位置处。采样器的采样头距离地面高度为 1 500 mm。

7.2.3 机床有若干操作位置时，每个操作位置都应进行测量，并取其中最大值作为该机床的粉尘浓度值。

7.2.4 采样时的抽气流量应为 15 L/min～40 L/min。

7.2.5 采样后，收集在滤膜上的粉尘质量应为 1 mg～10 mg。

7.2.6 采样后称量，将采样后的滤膜置于干燥器内 2 h 以上，除静电后，在分析天平上准确称量，记录滤膜和粉尘的质量 M_2。

8 数据处理

8.1 机床粉尘浓度值按公式(1)进行计算：

$$N = \frac{1\,000(M_2 - M_1)}{QT} \qquad (1)$$

式中：

N——粉尘浓度值，单位为毫克每立方米(mg/m^3)；

M_1——采样前滤膜质量数值，单位为毫克(mg)；

M_2——采样后滤膜和粉尘的质量数值，单位为毫克(mg)；

Q——采样的抽气流量数值，单位为升每分钟(L/min)；

T——采样时间数值，单位为分钟(min)。

8.2 机床粉尘浓度的记录见附录 A。

附 录 A
（资料性附录）
机床粉尘浓度测量记录表

机床制造厂名称			
机床名称		型号及规格	
出厂日期		出厂编号	
刀具牌号及规格			
测量位置简图		刀具转速/(r/min)	
		工件转速/(r/min)	
		切削深度/mm	
		进给量/mm	
		工件材料	
		工件尺寸/mm	
		测量仪器名称及型号	

实测数据记录

滤膜号	测量位置	测量距离/mm	测量高度/mm	采样前滤膜质量 M_1/mg	采样后滤膜和粉尘的质量 M_2/mg	采样抽气流量 Q/(L/min)	采样时间 T/min	粉尘浓度值 N/(mg/m^3)	备注

测量者：(签字)　　　　　　　　　　　　测量日期：

ICS 25.080.01
J 50

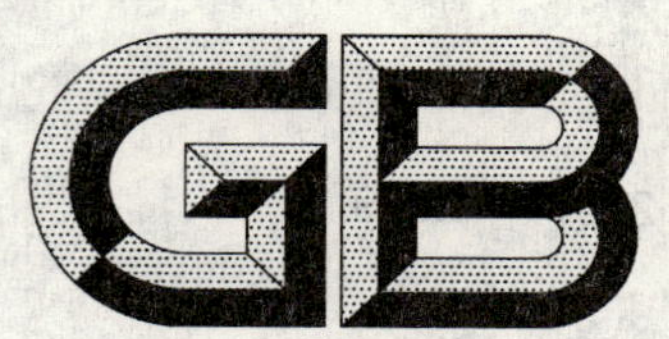

中华人民共和国国家标准

GB/T 23574—2009

金属切削机床　油雾浓度的测量方法

Metal cutting machine tools—
Determination method of oil mist concentration

2009-04-13 发布　　2010-01-01 实施

中华人民共和国国家质量监督检验检疫总局
中国国家标准化管理委员会　发布

前　言

本标准的附录 A 为资料性附录。

本标准由中国机械工业联合会提出。

本标准由全国金属切削机床标准化技术委员会(SAC/TC 22)归口。

本标准起草单位:北京第二机床厂有限公司、北京机床研究所。

本标准主要起草人:张秀兰、张卫、王波、李祥文、张维。

本标准为首次发布。

金属切削机床　油雾浓度的测量方法

1　范围

本标准规定了金属切削机床在工作过程中产生的油雾浓度的测量方法。

本标准适用于经常产生生产性油雾的金属切削机床(以下简称机床)。

2　规范性引用文件

下列文件中的条款通过本标准的引用而成为本标准的条款。凡是注日期的引用文件,其随后所有的修改单(不包括勘误的内容)或修订版均不适用于本标准,然而,鼓励根据本标准达成协议的各方研究是否可使用这些文件的最新版本。凡是不注日期的引用文件,其最新版本适用于本标准。

GB/T 17061　作业场所空气采样仪器的技术规范

3　术语和定义

下列术语和定义适用于本标准

3.1

油雾浓度　oil mist concentration

单位体积空气中油雾的质量,单位为毫克每立方米(mg/m^3)。

3.2

本底油雾浓度　basic oil mist concentration

在机床工作前测得的单位体积空气中油雾的质量,单位为毫克每立方米(mg/m^3)。

4　一般要求

4.1　测量机床油雾浓度时,在机床工作前应先做本底油雾浓度测量。

4.2　采样时,应关闭周围窗户及通风设备。

4.3　采集机床油雾时,产生油雾的其他机床应停止工作。

4.4　采样时,应使机床冷却系统及其他产生油雾的系统在最大流量下工作,并在机床运转 30 min 后进行采样。有吸雾装置的机床运转时应使吸雾装置处于工作状态。

4.5　采样前滤膜称重到开始采样的时间及采样结束到样品称重的时间,一般不应超过 20 min。

4.6　采样前后要测量环境温度和气压。

5　测量原理

机床油雾用已知质量的滤膜采集,由滤膜的增量和采气量计算出油雾的浓度。

6　测量工具

机床油雾浓度的测量,主要采用以下测量仪表及器具:

——采样装置:包括采样头、采样夹、采样动力、流量计和支持架等,性能和技术指标应符合 GB/T 17061 的规定;

——分析天平:感量 0.10 mg;

——采用直径为 40 mm 的合成纤维滤膜或其他测油雾滤膜;

——秒表或其他计时器;

——干湿球温度计；
——空盒气压表；
——干燥器。

7 测量方法

7.1 滤膜的准备

7.1.1 将恒重过的滤膜编号，然后在分析天平上称重。

注：恒重的目的使滤膜质量趋于恒定，其方法是将滤膜在干燥器中放置 24 h，然后隔 1 h 称量一次，直到前后两次质量差不超过 0.20 mg。

7.1.2 将称量后的滤膜放在滤膜盒中备用。

7.2 采样

7.2.1 将滤膜装到采样装置上。

7.2.2 采样头应有左右两个滤膜，安放在经常操作的位置，距离机床一般不超过 1 000 mm。采样头应面向机床产生油雾的油雾源，采样头距地面高 1 500 mm。

7.2.3 机床上有若干操作位置时，每个操作位置都应进行测量，并取其中最大值作为机床的油雾浓度值。

7.2.4 采样时，抽气流量应为 15 L/min～40 L/min。

7.2.5 采集在滤膜上油雾的质量应在 1 mg～10 mg 范围内。

7.2.6 采样结束后切断电源，关闭采样管路，防止由于负压将油粒倒抽出来，然后取出滤膜。

7.2.7 本底试验在机床油雾浓度测量前进行，两者的测量方法相同，测量位置一致，时间间隔不应超过 40 min。

7.2.8 将采样后的滤膜称重。

8 数据处理

8.1 机床油雾浓度按下列公式进行计算：

$$N = N_1 - N_2 \quad \cdots\cdots(1)$$

$$N_1 = 1\,000(M_2 - M_1)/V_0 \quad \cdots\cdots(2)$$

$$N_2 = 1\,000(M_4 - M_3)/V_0 \quad \cdots\cdots(3)$$

$$V_0 = V_t \frac{273}{273 + t} \times \frac{p}{101\,324.72} \quad \cdots\cdots(4)$$

$$V_t = q_v T \quad \cdots\cdots(5)$$

式中：

N——机床油雾浓度值，单位为毫克每立方米(mg/m^3)；

N_1——实际测量的油雾浓度值，单位为毫克每立方米(mg/m^3)；

N_2——本底试验的油雾浓度值（包括空气绝对湿度），单位为毫克每立方米(mg/m^3)；

M_1——油雾浓度测量采样前滤膜质量数值，单位为毫克(mg)；

M_2——油雾浓度测量采样后滤膜质量数值，单位为毫克(mg)；

M_3——本底试验采样前滤膜质量数值，单位为毫克(mg)；

M_4——本底试验采样后滤膜质量数值，单位为毫克(mg)；

V_0——标准状态(0 ℃，101 324.72 Pa 大气压)下采样空气体积，单位为升(L)；

V_t——实际采样体积数值，单位为升(L)；

q_v——采样时抽气流量数值，单位为升每分钟(L/min)；

T——采样时间数值，单位为分钟(min)；

t——采样时环境温度数值，单位为摄氏度(℃)；

p——采样时大气压力数值，单位为帕(Pa)。

8.2　当两个平行样品的油雾浓度差值不超过其平均值的20%时，作为有效样品。采样点的油雾浓度以两个平行样品油雾浓度的平均值计。

注：平行样品是指采样装置上同时采样的左、右两个滤膜。

8.3　油雾浓度检验的记录见附录A。

附 录 A
（资料性附录）
金属切削机床油雾浓度记录表

机床制造厂名称			
机床名称		型号及规格	
出厂日期		出厂编号	
刀具牌号及规格			
测量位置简图	刀具转速/(r/min)		
	工件转速/(r/min)		
	切削深度/mm		
	进给量/mm		
	工件材料		
	工件尺寸/mm		
	测量仪器名称及型号		
	测量日期		

实测数据记录

滤膜号	测量位置	测量距离/mm	测量高度/mm	采样前本底滤膜质量 M_3/mg	采样后本底滤膜质量 M_4/mg	采样前滤膜质量 M_1/mg	采样后滤膜质量 M_2/mg	采样流量 q_v/(L/min)	采样时间 T/min	气温 t/℃	气压 p/Pa	本底油雾浓度 N_2/(mg/m^3)	实测油雾浓度 N_1/(mg/m^3)	油雾浓度 N/(mg/m^3)

测量者：（签字）

测量日期：

ICS 25.080.01
J 50

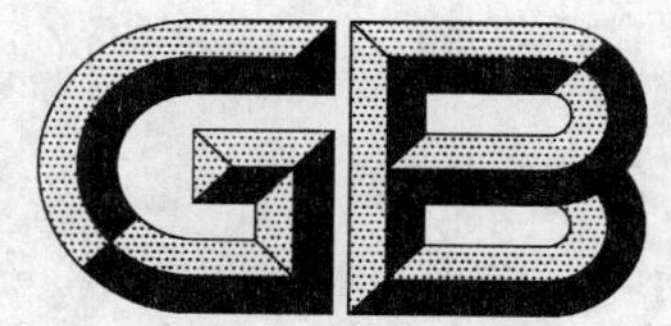

中华人民共和国国家标准

GB/T 23575—2009

金属切削机床 圆锥表面涂色法检验及评定

Metal cutting machine tools—Check and evaluation for taper surface by miniating

2009-04-13 发布

2010-01-01 实施

中华人民共和国国家质量监督检验检疫总局
中国国家标准化管理委员会 发布

前　言

本标准的附录 A 为资料性附录。

本标准由中国机械工业联合会提出。

本标准由全国金属切削机床标准化技术委员会(SAC/TC 22)归口。

本标准起草单位:沈阳机床(集团)有限责任公司、北京机床研究所。

本标准主要起草人:王兴海、李祥文、张维。

本标准为首次发布。

金属切削机床
圆锥表面涂色法检验及评定

1 范围

本标准规定了零件圆锥表面接触用涂色法检验时的检验及评定方法。

本标准适用于金属切削机床及其附件的主轴、套筒和与其相配的芯轴、顶尖、刀柄等附件和工具的圆锥表面接触的检验及评定，其他圆锥表面也可参照使用。

2 规范性引用文件

下列文件中的条款通过本标准的引用而成为本标准的条款。凡是注日期的引用文件，其随后所有的修改单(不包括勘误的内容)或修订版均不适用于本标准，然而，鼓励根据本标准达成协议的各方研究是否可使用这些文件的最新版本。凡是不注日期的引用文件，其最新版本适用于本标准。

GB 253 煤油(GB 253—2008，ASTM D3699：2005，NEQ)

GB 443 L-AN 全损耗系统用油(GB 443—1989，neq JIS K2238：1983)

GB/T 11852—2003 圆锥量规公差与技术条件

GB/T 11853—2003 莫氏与公制圆锥量规

GB/T 11854—2003 7/24 工具圆锥量规

HG/T 3850 红丹(HG/T 3850—2006，ISO 787-7：1981，NEQ)

3 一般要求

3.1 圆锥表面接触的涂色法检验，应使用圆锥量规(或相配件)合研检验。

3.2 用量规检验时，应使用不低于 GB/T 11852—2003、GB/T 11853—2003 和 GB/T 11854—2003 规定的公差等级为 2 级的圆锥量规。

3.3 被检圆锥表面的技术要求应符合有关标准和图样的规定。

3.4 圆锥表面接触的涂色法检验，采用红丹、全损耗系统用油和煤油配置而成的红丹混合涂料作为介质，其中质量比如下：

红丹：全损耗系统用油：煤油≈100：7：3

红丹应符合 HG/T 3850 中涂料工业用红丹的质量指标；全损耗系统用油应符合 GB 443 规定的黏度等级为 L-AN32 质量指标；煤油应符合 GB 253 规定的质量指标。

允许采用红印油、特种红铅笔等涂料代替红丹混合涂料。当对评定结论有争议时，应以红丹混合涂料检验的结果作为仲裁。

4 检验方法

4.1 量规及被检圆锥表面应擦洗干净，把涂料涂敷在量规或被检件的外圆锥表面上：在相隔 120°的母线方向，涂三条宽度约 5 mm 的涂色线；被检圆锥表面大端直径超过 100 mm 时，允许在相隔 90°的母线方向，涂四条同样宽度的涂色线。涂料应涂敷均匀，其厚度小于 2 μm。涂色层厚度可按附录 A 推荐的简易判定方法判断。

4.2 量规(或相配件)与被检圆锥表面结合后，施加适当的轴向力，使合研面紧密接触，相对转动后脱开。转动角度不大于 60°，转动次数不超过往复 1 次。被检圆锥表面长度与大端直径之比约等于 1 或小于 1 时，允许转动次数不超过往复 2 次。

5 评定方法

5.1 观察涂色线经合研后呈现的接触状态，以涂色线实际接触长度的平均值与合研面工作长度之比作为接触比值评定依据。

注：实际接触长度是一条涂色线连续接触长度，或是各段断续接触长度之和。

5.2 要求接触靠近圆锥表面的大端，从圆锥大端起，在接触比值的 75%以内，不应有明显的空白区。

附　录　A
（资料性附录）
涂色层厚度限值的简易判定方法

A.1　专用工具

利用量块做一专用工具，其上磨出凹槽，深度为 2 μm，两端凸出部分作为支承面（见图 A.1）。

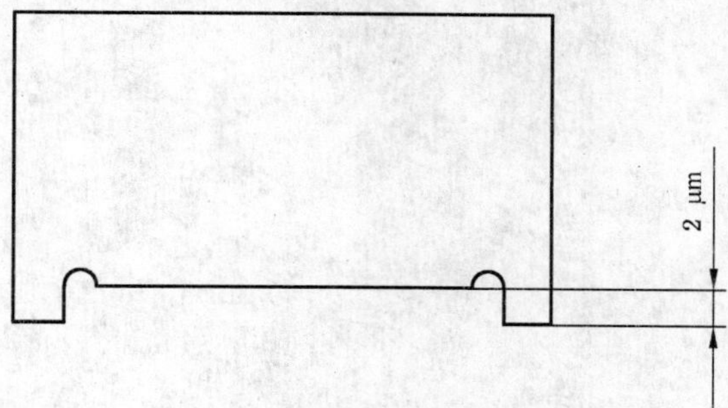

图 A.1　专用工具

A.2　检验方法

根据凹槽及两端支承面宽度，将涂色线上与专用工具支承面接触处的涂料用汽油擦洗干净，支承面紧贴擦洗部位表面，沿圆锥的圆周方向慢慢移动（见图 A.2）。

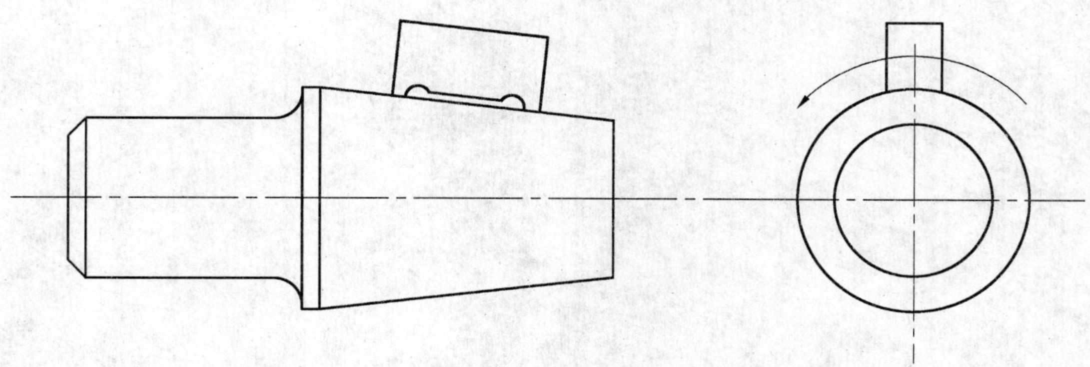

图 A.2　涂色层厚度的检查方法

A.3　判定依据

专用工具凹槽表面未粘上涂料，则测得的涂层厚度小于 2 μm。